謹獻給敬愛的
母親游丹離老師和
父親戴家祥老師！

理论物理方法精选教程

戴显熹 著

上海科学技术出版社

图书在版编目（CIP）数据

理论物理方法精选教程 / 戴显熹著. -- 上海 ： 上
海科学技术出版社，2024. 10. -- ISBN 978-7-5478
-6802-7

Ⅰ. O41

中国国家版本馆 CIP 数据核字第 2024YU8161 号

责 任 编 辑　　　张　晨
封 面 设 计　　　赵　军

理论物理方法精选教程

戴显熹　著

上海世纪出版（集团）有限公司
上 海 科 学 技 术 出 版 社　　　出版、发行

（上海市闵行区号景路 159 弄 A 座 9F—10F）
邮政编码 201101　　　　www.sstp.cn
上海光扬印务有限公司印刷
开本 889×1194　　1/16　　印张 34　　插页 1
字数 600 千字
2024 年 10 月第 1 版　　2024 年 10 月第 1 次印刷
ISBN 978-7-5478-6802-7/O・125
定价：198.00 元

本书如有缺页、错装或坏损等严重质量问题，请向印刷厂联系调换

前　言

记得数十年前，笔者参加一次理论物理教学研究的全国性会议。会议由著名的科学家彭桓武、周光召、喀兴林、王锡绂和倪光炯等主持和参加。会上，笔者作了发言，要点如下。

第一，不同的历史时期，理论物理的涵义和前沿都在变迁。它犹如勇敢机智的探险者，不畏漫漫而又修远的路，不怕艰难而又险峻的峰，或上下而求索，或勇往直前；有时又像雄才大略的巨匠，坚忍不拔地建筑起富丽堂皇的文明大厦，为工农业革命提供精神武库。理论物理的文献、教材和习题，犹如滔滔潮水。提高理论物理的教与学的质量的关键，不在于漫山遍野的材料、海洋般的习题、马拉松式的课时和千人一面的教材等，关键在于提高教师的水平，在于投身于科学研究的激流中，锻炼和提高教师科学研究的能力。下狠心使教师有较多时间和环境从事研究，并把它看作教学工作中必不可少的一部分。

第二，理论物理教学应重视发现、分析和解决问题的能力和创造能力的培养。创造是科学的生命。标新立异、独树一帜和埋头苦干的精神在教学中应同样受到重视。而教师则应身体力行！

第三，重视物理直觉的培养和正确处理数学和物理的辩证关系。

第四，正确处理物理前沿和教学的关系，适当增加一些选修课。一个十几亿人口的国家，应在各个领域都有自己的人才和储备。

第五，希望我国理论物理教学逐步建立自己独特的风格，创建适合我国国情的创造性的学术及教育体系和学派。

"缪斯之神领我到诗泉之滨"(莎士比亚)，笔者主张从国内外现代的丰富实践中汲取理论物理的养分，正如"四大力学"创建时那样！应如达·芬奇所建议的那样，少临摹，多写生。伟大的自然是我们最好的老师。古人云："画鬼神易，画犬马难！"研究那些朝夕相见的课题，正如苏东坡所言"嬉笑怒骂皆成文章"，可能对未来的理论物理的发展会有难以预料的作用。

在会上，笔者表示要写一本书，得到许多与会老师的支持与鼓励。编著本书的目的之一也就是希望实现当时的愿望。数十年来，笔者搜集一些与"四大力学"有关的现代应用的课题，并努力去研究与求解，编写成此书，起名为"理论物理方法精选教程"，主要将自己研究过的材料，献给研究生、高年级学生与有关的同仁们。只要每个人贡献自己的哪怕是十分微小的力量，相信我们炎黄子孙，必将"滴水穿石、积沙成塔"，我国理论物理和有特殊风格的教学体系总有一天会如奥运会上胜利的旗帜那样冉冉升起！

笔者衷心感谢大科学家杨振宁、彭桓武、周光召、卢鹤绂、谢希德、苏步青、戴元本、谷超豪、夏道行、胡和生、周同庆、王福山、吴大榕、杨福家等的宝贵鼓励和支持，衷心感谢导师周世勋、殷鹏程、毛清献、戴乐山等诸位老师们多年的辛勤培养和指导，也衷心感谢喀兴林、王锡绂、葛墨林、于渌、朱邦芬、方成、王迅、倪光炯、孙昌璞等知名科学家的鼓励与支持。

笔者感激 W.E.Evenson、P.Hor（何北衡）、C.S.Ting（丁秦生）、P.W.Chu（朱经武）、Gao Li 等著名学者的宝贵合作。笔者还要感激同事和亦师亦友者蔡怀新、蔡圣善、陆全康、曾心愉、胡祠柱、邱经武、郑家骠、郑永令等教授的宝贵合作。

笔者感激温州中学金嵘轩校长在笔者家中经济极端困难的两个学期里，给笔者一个勤工俭学的机会，使笔者得以在温州中学就读。感谢温州中学优秀教师陈垂平、王尊川、张楷、虞明素、陈修仁、王祥娣、李式吾和华东师范大学大附属中学优秀教师凌贤骅、归孟坚、陈品端等对笔者的精心培养与关怀。

笔者衷心感谢中国自然科学基金（Grant Nos. 10675031, 10375012 and 19975009）的宝贵支持和杨振宁先生授予的旭日奖金（the Glorious Sun fellowship through CEEC）的宝贵支持。

记得笔者年轻时谢希德先生曾亲自到笔者的小房间，问笔者将致力于哪个研究方向。笔者说，目前不准备集中在某一方向，因为有些人在研究方向最乱的时期，往往是最出成绩的时期，例如爱因斯坦。谢先生说，那也是。不过随着时间的推移，集中方向还是需要的。后来笔者决定取量子统计与理论物理方法研究组为研究组的名字，以包含比较广泛的方向。

本书也可以说是一部集体创作的作品，包含着笔者许多学生的贡献。笔者特别感谢叶纪平和温涛（在本书插图和统一编排上的辛勤贡献）、张晨（对全书的统一校对）以及马永利、俞权、温涛、明灯明、季丰民、胡光熹、相湘、叶纪平和何源等对各章节作了仔细的校对。笔者衷心感谢同事杨晓靓、复旦大学物理系和数学系图书馆为本书提供了珍贵的文献资料，也感谢杜春芳等老师的帮助与支持。

笔者感谢家人陈霞、霁穹、霁昕、金永红、刘弋、显煌、霁明、戴风、戴政、朱勋、朱钢、涂学玲等和诸多亲朋好友的鼎力支持。

笔者衷心感激敬爱的母亲游丹雏老师和父亲戴家祥老师，感谢他们对笔者的养育之恩和教育笔者热爱我们伟大的民族、人民和祖国，做一个正直和有用的人！

小　序

　　曾经有过"四大力学"有没有用的争论，结论自然是它们非常有用。这主要取决于工作者们是否愿意和是否有能力去运用。同时，也有教材是否能结合实际并给出实际应用范例的问题。本书希望在此方向上做出努力。

　　有人说理论物理和理论物理方法很难学，这应该是误会。任何学科的学习，都须要付出艰难的努力，没有必要突出理论物理一门学科。

　　诚然，各门学科都有各自的特点，这是真的。了解了它们的特点，对于学习是非常有利的。

　　这里说说理论物理学习比其他学科有利的地方。首先，它不需要各种昂贵的设备和财力支持，即使在简陋的条件下，照样可以学习和工作；其次，对于学习和研究者们没有眼快手巧的严格要求；第三，即使一种方案失败了，还可以从头再来，而实验上一个方案失败后，许多设备更新和财力损失可能导致研究者们一蹶不振！所以，许多国家的物理系中配备大约三分之一的人员在理论物理方面工作，这是可以理解的。

　　理论物理的重要特点是对数学要求比较严格。它是定量精密的学科，相信其他精密学科也一样离不开数学。

　　杨振宁先生在为 20 世纪百科全书撰写的统计力学一文中指出，"如果要总结这个领域中七十年来的发展而得到单个结论的话，这结论就是平衡态热力学统计基础获得了辉煌的胜利。"Gibbs 是美国首位理论物理学家，在那二氧化碳有几个自由度都讨论不清的年代里，能取得如此伟大的成就，依赖于他参照热力学的合理基础和在数学上的优美论证。这说明数学在理论物理的发展中的非凡作用。

　　笔者曾告诉学生：如果一个人数学好，"四大力学"和数理方法就是一门课，否则就是五门课！那么理论物理方法对数学究竟有怎样的要求呢？笔者作如下建议：

　　1. 数理方法内容的广度基本上是够的，但希望学生们在学习深度上能更深些就更好了。

　　2. 希望学生们能喜欢数学，至少用到时知道如何去查。

　　3. 数学与其他学科一样是学不完的！遇到大块数学知识时，我们只能在用到时逢山开路，遇水搭桥。关键在于培养这方面的能力与勇气。

　　4. 要备几套优秀的数学用书、手册和数据表等。

关于如何学理论物理，笔者提出一些建议：

1. 特别鼓励读者多提出问题。这些问题，就是宝贵财富。它们主要不是希望别人或教师来回答的，而是问自己的！

2. 强调不惜从最常见的物理问题做起。

3. 记录下有兴趣的问题和课题，以备接受时间的考验或筛选。

4. 一旦发现记录的问题和课题非常有价值，就大力投入。不要临渴掘井，匆促上阵。要有所准备，提高成功率，方能有望水到渠成！

理论物理中有许多事要讲，为何只强调提问题一项呢？因为一项研究的物理思想往往是几句话或一段话就能讲清楚的，它是研究的精髓，但须要仔细思考获得的。韩愈云："行成于思毁于随。"现实主义画家列宾说过："一幅画的开头与结尾，都需要天才，而中间却是苦干。"这天才，指的就是构思与主题。绘画与理论物理研究有诸多惊人的相似之处。一旦物理思想确定，经过适当的数学表述（formulation）之后，就是艰苦的数学推理和运算，最后得出结论和进行讨论。

这里再次强调一下认真提问的重要性。长期以来，人们把掌握的可靠知识称为学问，旨在突出"问"在求学中的重要性。

先师孔子就提出不耻下问，意思是要放下身段向比你地位低的人求教，也包含着从实践中求证的意思。

这使笔者想起一个故事。据说一天古希腊哲学的创建人之一——苏格拉底（他的继承人有柏拉图和亚里士多德）的妻子给钱要他去买菜，路上他遇见一位铜匠，就拉着铜匠问来问去。铜匠一一回答过后，说还有活要干，告辞了。苏格拉底把全部的钱给了铜匠，要求铜匠继续解答他的提问。结束后苏格拉底满意地回到家。

妻子问："菜呢？"

苏格拉底："没买！"

"钱呢？"

"问问题了！"苏格拉底满意地傻笑着。

在妻子的阵阵怒骂声中，苏格拉底还一直沉浸在满意的傻笑中，不再开口。

妻子怒不可遏，就把一盆洗脸水劈头盖脸地浇向苏格拉底！

这下苏格拉底终于开口了，拍手大笑道："我早就预料到了：大雷之后必有大雨！"

虽然这是笔者初中时听老师讲的数千年前希腊的故事，讲故事的是西南联大历史系毕业的王祥娣老师，七十年过去了，仍记忆犹新。故事强调的是通过提问来求学是多么重要！即使苏格拉底这样伟大的哲学家也是如此！

但笔者所强调的多思考、多提问和记录问题与苏格拉底的问题不同，因为我们所关心的问题大部分都不是别人能即时回答的，即使理论物理学家，如果他没有研究过这些问题，也未必能解答。笔者强调这些问题主要向自己提问，其中有意义的问题，可以经研究后写成论文发表，与国内外同行讨论交流。这是笔者主张的提问的特点。

笔者的这些建议，是笔者亲身经历过并行之有效的，故特别提出来，供读者们参考。

思路、行动与文献

笔者认为大自然蕴藏着许多珍贵的宝藏，等待所有人去发现，去开发。笔者力主思路要开阔，要敏捷，行动要踏实，要步步为营，经得起事实和时间的检验。按照这些原则，本书提供了不少文献。在此，笔者需要说明提供的理由，并建议如何使用这些文献。

诸多正规的大学物理系都设有：普通物理课、普通物理实验和高等数学课；中级物理课（包括"四大力学"）、中级物理实验课和和数理方法课；专业课和专门化实验；毕业论文和专业设计或实践。

本书的文献设置与使用建议如下：

1. 本书假设大部分读者是有普通物理和中级物理的基础的，所以有关这方面的参考书不再列出。各个学校和不同时期里，这方面的书和课本繁多，举不胜举。本书也没有任何与某个学校和特定时期的教材相衔接的意向。笔者甚至反对为阅读本书而特别复习上列的功课。这没有必要，而且会浪费宝贵时间。所以，在本书的基础部分（前七章）很少列文献，即使列出个别的参考书，也只是需要的时候翻阅一下。

2. 在进入专题研究的章节中，会列出相当数量的文献。是否这些文献都要看呢？显然不是，否则将会浪费大量的宝贵时间！

a. 引论部分，会出现较多文献。这是因为科学研究必须言必有据，尽可能将有关的工作都列出来。进而说明在这样的学术环境下，提出须研究的问题。

b. 理论表述、具体研究、数值计算方面，一般很少有文献。着重在于对问题的分析，进而提出解决问题的具体方案。这是研究的核心部分，是最需要学习的。

c. 与其他研究或实验的比较时会出现一些文献。

根据上面的分析，大部分文献是不必看的，只需要集中力量学习正文部分，增强自己的研究本领。

什么时候需要特别查文献呢？当你觉得对该问题有特别兴趣时；发现有必要作相关的研究时；发现有问题、有疑问时。笔者特别强调：我们要知道别人作了什么贡献，而那可能是学不完的，更重要的是发现别人不懂的东西！

这样，我们就可以大大地提高效率，把力量真正用在刀刃上！

在数值计算这一环节一般很少论述，但非常重要。在泛函积分方法中，我们运用数值计算机。但不同时期可能有不同的方式，这里特别推荐使用 Mathmatica 软件。

如何获取这些文献呢？本书绝大部分文献，都可以在大型图书馆通过网络获得，但少许专著可能只能在大型实体图书馆中获得。

插　图

目 录

第 1 章　　力学中几个应用的例子

1.1　中学物理在工厂中一个应用例子：颠震台的鉴定

一提到测量，人们往往联想到高精尖的仪器；正如一提到理论物理方法的应用，人们往往联想到高深的或繁复的数学计算。其实并非必须如此，一切应视具体的实际情况而定。按中医的说法，就是"要对症下药，才能药到病除"。应该说，理论物理的核心，是观念 (idea)，而数学和表述形式，则是为它服务的。在科学史上，场的发现，就是一个典型的例子。法拉第数学并不很好，但有清晰的物理图象。他率先提出电场和磁场的概念，进而实验发现电磁感应定律。这些成就之后被麦克斯韦发展为统一的电磁场理论。这是物理学史上的伟大贡献之一。此外，激光、中子和介子等，也都是以基础观念为先导的，并非先有高深的或繁复的数学计算。Giaever 由于正常电子隧道效应的发现，而荣获诺贝尔物理学奖，其所用的仪器却是非常平常的电流表和电压表。下面我们试着用一个细小但真实的故事，来说明人们要注意具体情况的分析，决定对方法的选择。

笔者曾为寻求改进"四大力学"的教学、希望开辟"四大力学"运用的途径和场所而来到一个电表厂劳动。为保证电表测量的准确性，必须屏蔽周围磁场的干扰，因而有技术员提出了磁屏蔽问题和颠震台的问题等。为了减轻电表的重量和节约磁屏蔽材料，工厂在设计上运用了多层屏蔽的技术。这给了我们不少感性认识，这些内容后来都收录在当时的电动力学的习题中。而颠震台的问题却是一个很有挑战性的问题。

正如许多工厂一样，电表厂的许多产品在出厂前必须经过适当的破坏性试验，其中一项就是颠震台试验。因为产品需运输，不可避免要经过长时间的路途颠簸，颠震台试验就是模拟这种路途颠簸的。当时颠震台试验技术标准是"颠震 24 小时，颠震的最大加速度必须达到三倍重力加速度，即 $3g$"。

电表厂的技术组已经按照要求做了设计，其中参考了国际上流行的方案，并造出了一个很气派的颠震台。但是因为无法测量出它的最大加速度，一直没正式上岗服务。于是请来了大学物理系实验方面的专家参观他们的颠震台，商讨和研究测量的办法。笔者有幸也有机会参观。

颠震台的装置主要有两部分：一个是放置电表的平台；一个是颠震台的动力装置——将放有电表的平台缓缓托起到一定的高度，突然松开，让平台自由坠下，砸在一个制动装置上。这样周而复始，颠震 24 小时，就是颠震台试验的全过程。据说国外的制动装置是用一个弯曲的不锈钢板做的，运用能量守恒定律计算加速度。当时的条件下，该电表厂没法买如此的不锈钢板，就因地制宜，采用的是一块硬橡皮。由于无法确定这种替代可能出现的非弹性应变和机械能的损耗，无法通过技术鉴定。

为了测量出最大加速度，专家们提出了多个测量方案。其中最被看好的是利用光杠杆。因为人们对测加速度的第一印象自然是测出位置矢量 $\vec{r}(t)$ 与时间的关系。由于位置矢量变化不太大，为提高测量的准确度，利用光杠杆将位置矢量投影并放大在一个屏幕（例如墙壁）上。进而运用探测器将位置矢量随时间的关系输入到电子仪器中，然后用微分线路对位置矢量作一阶和二阶微商。这样就得到加速度 $\vec{a}(t) = \mathrm{d}^2\,\vec{r}(t)/\mathrm{d}\,t^2$。最后从这些加速度中得到最大的加速度。这个方案得到人们的重视，并给予了相当的期待。

笔者虽然听懂了这个方案，但因理论物理的专业所限，手头没有可用的相关设备，立即估计到实现它的难度，但并不放弃测量上的努力。经过一个晚上的思考，设想了另一个方案。利用工余时间，与工人朋友一起，准备一根引线针，一个能垂直站立的铝片，上面涂有紫药水（龙胆紫），一些重物和一个磅秤。经过了一阵忙碌后，我们即向技术组报告：现在运行的颠震台的最大加速度已远超过 $3g$！下面就是向他们解释的理由。

现在来考察和分析颠震试验的三个基本过程。平台缓缓托起过程中，速度和加速度均非常小，因此不必考虑。在平台自由坠下过程中，为自由落体，加速度就是重力加速度 g。加速度超过 g 可能性只能在制动过程中发生。从物理上看，测量加速度除运用位置矢量的二阶微商外，还可以运用牛顿力学第二定律 $\vec{F} = m\vec{a}$。当平台的底部刚接触到制动装置硬橡皮时，向下的加速度数值开始变小，因为受到弹性力的抵抗。在弹性限度内，这个弹性力可以用胡克定律表示：$f = -k\,\varepsilon$。当弹性力与重力平衡时，加速度变为零。但是此时速度不为零，由于惯性的作用，平台继续向下，硬橡皮继续受挤压，形变继续增大，弹性力也继续变大。动能完全消耗尽时，速度变为零，形变达到最大。此时向上的加速度也变成最大

$$m\,a_{\mathrm{max}} = f_{\mathrm{max}} - m\,g \tag{1.1}$$

其中，a_{max}、f_{max} 和 m 分别为最大加速度、最大弹性力和平台与电表的质量和。

此时，我们并未假设胡克定律仍然成立，因此我们不能利用硬橡皮的劲度系数 k 和应变求出 f_{max}，但一定可以认为弹性力与形变是单调递增关系。为了测出 f_{max}，我们在硬橡皮的接近上表面的侧面刺上一根水平向引线针。当平台下坠时，针在垂直站立的铝片的涂有紫药水的表面留下一条划痕，因而可以记下应变最大时针的位置。进而我们用重物将平台压至应变最大时针的位置，然后将重物搬出来称一下，从而有

$$M\,g = f_{\mathrm{max}} - m\,g \tag{1.2}$$

其中 M 为平台与重物的总重量。这样我们就可以求出最大的加速度

$$a_{\mathrm{max}} = \frac{M}{m}g \tag{1.3}$$

这里求最大弹性力的方法，有点像历史上传说的曹冲称象的方法，而关键之点，是利用了牛顿力学第二定律。

1.2　阿基米德定律的理论证明与推广

1.2.1　引言

阿基米德（Archimedes）浮力定律，有时被称作阿基米德原理（Archimedes axiom），对于陆地沉降、航海、军舰潜艇、地震、地壳、冰山、地心板块等运动，均是不可忽视的。虽然它已是一个众所周知的物理定律，中学教材中已予以论述，但在大学教材中却未见分析和研究。它的惊人的魅力在于指出浮力等于物体所排开的液体的重量，而与物体的形状无关。这让学物理的人常感到非常好奇。这个定律究竟是严格的还是近似的？如何推导？近似条件怎样？如何推广？这些问题常引起我们的注意。本节致力于这些问题的研究，并希望以浅显易懂但非常明确的形式，回答这些问题。

人们可以通过称量所排出的等体积的液体来验证阿基米德定律，但是当考察潜艇和地心中的板块在不同的深度有不同的浮力时，人们就不可能将流体拿出来称了（因为拿出来称得的重量已不再是原来的重量）。因此理论的推导、推广，进而研究广义阿基米德定律就非常必要了。

1.2.2　问题的理论表述

用 $P(\vec{r})$ 表示液体的压强，它是位置 $\vec{r}$ 的函数。我们只讨论各向同性的液体，故它与方向无关，因此 $P(\vec{r})$ 为标量。按照物理的自然考虑，浮力实质上就是液体对物体的压强所形成的总压力（对物体表面的压力的合力），即浮力 $\vec{F}$ 为

$$\vec{F} = -\iint P(\vec{r})\,\mathrm{d}\vec{S} \tag{1.4}$$

积分遍及所排开的液体的整个表面。其中 S 为面积，$\mathrm{d}\vec{S}$ 为面积元，方向为外法线方向。而压力是沿着内法线方向的，所以积分前有一负号。

正如前面所指出的，该定律的魅力在于浮力与物体的形状无关，因此它必然联系于某种数学定理。在场论中与积分形状无关的定理有高斯 (Gauss) 定理和 Stokes 定理等。显然本问题与 Stokes 定理无关，因为后者联系着封闭线积分与面积分。该定律与高斯定理亦有所不同，因为高斯定理是有关散度（标量）的体积分的转化公式，因此我们需作进一步探索。

1.2.3　一个数学公式

[定理一]

设 $\phi(x, y, z) \equiv \phi(\vec{r})$ 为可微的三维空间的点函数, 则存在下列联系面积分和体积分的普适关系:

$$\iint_S \phi \, \mathrm{d}\vec{s} = \iiint_V \nabla(\phi) \, \mathrm{d}v \tag{1.5}$$

其中, V 为由曲面 S 所包围的体积。

证明:

设 $\vec{i}$、$\vec{j}$、$\vec{k}$ 分别为 x、y、z 三个坐标轴上的单位矢量。取 $\iint_S \phi \, \mathrm{d}\vec{s}$ 在 x 轴上的投影, 即标乘 $\vec{i}$, 由高斯定理得

$$\begin{aligned}
\iint_S \phi \, \mathrm{d}\vec{s} \cdot \vec{i} &= \iint_S \phi \vec{i} \cdot \mathrm{d}\vec{s} = \iiint_V \mathrm{div}\,(\phi \vec{i}) \, \mathrm{d}v \\
&= \iiint_V \frac{\partial \phi}{\partial x} \, \mathrm{d}v \\
&= \iiint_V \vec{i} \cdot \nabla(\phi) \, \mathrm{d}v
\end{aligned} \tag{1.6}$$

由于 x 轴是任选的, 即同理得到其他轴上的投影公式。换言之, 矢量关系 (1.6) 对三个轴上的投影均成立, 并且 $\vec{i}$、$\vec{j}$、$\vec{k}$ 是三维空间完备的基矢, 故矢量关系 (1.5) 得证。

关于矢量分析与场论方面的基础知识, 如需要, 可参考 [1]。

1.2.4 推导阿基米德定律

由所证的定理, 有

$$\vec{F} = -\iiint_V \nabla(P) \, \mathrm{d}v \tag{1.7}$$

液体的内压强是上层的液体的重量引起的。对均匀的流体, 不难由一以单位面积为底柱体中的液体重量得到在点 (x, y, z) 处的压强为

$$P(x, y, z) = \rho g (Z - z) \tag{1.8}$$

其中, ρ、Z、g 分别为液体的密度、液面高度和重力加速度。代入 (1.7), 得

$$\vec{F} = \vec{k} \rho g \iiint_V \mathrm{d}v = \rho g V \vec{k} \tag{1.9}$$

换言之, 浮力方向向上, 数值等于物体所排开的液体的重量, 与物体的形状无关, 即阿基米德定律。将此式得到的 $\vec{F}$ 记为 $\vec{F}_a$, 作为原始的阿基米德定律给出的浮力。

如果进一步须要流体力学方面的知识, 可参考 [2]。

1.2.5　广义阿基米德定律

下面考虑阿基米德定律的推广。考虑在重力场中的大尺度的流体，如海洋，考察其中的大陆、冰山、岛屿、巨轮、潜艇等在海水中的浮力问题。基于液体的内压强是上层的液体的重量引起的事实，为方便计，只考虑球对称的重力场，不难由一以单位面积为底、以球坐标面为界的体积中的液体重量得到在点 (x, y, z) 处的压强为

$$P(\vec{r}) = \int_r^R \rho(\vec{r}) \, g(\vec{r}) \, \mathrm{d}\, r \tag{1.10}$$

其中 R 为地球半径。已考虑到在各向同性流体中，$P(\vec{r})$ 与方向无关。以 $\vec{e}_r$ 表示径向单位矢量，下同，则

$$\nabla P(\vec{r}) = -\rho(\vec{r}) \, g(\vec{r}) \, \vec{e}_r \tag{1.11}$$

由一般的公式 (1.7)，得

$$\vec{F} = \vec{e}_r \int \int \int_V \rho(r) \, g(r) \, \mathrm{d}\, v \tag{1.12}$$

我们称它为广义阿基米德定律。

作为一个例子，计算一个由各球坐标面 $(r \to r_0; \theta_0 \to \theta_0 + \delta\,\theta; \phi_0 \to \phi_0 + \delta\,\phi)$ 围成的体积所承受的浮力

$$\begin{aligned}
\vec{F} &= \vec{e}_r \int_r^{r_0} r^2 \, \mathrm{d}\, r \int_{\theta_0}^{\theta_0 + \delta\,\theta} \sin(\theta) \, \mathrm{d}\,\theta \int_{\phi_0}^{\phi_0 + \delta\,\phi} d\,\phi \, \rho(r) \, g(r) \\
&= \vec{e}_r \, \delta\,\phi \, [\cos(\theta_0) - \cos(\theta_0 + \delta\,\theta)] \int_r^{r_0} \rho(r) \, g(r) \, r^2 \, \mathrm{d}\, r
\end{aligned} \tag{1.13}$$

考虑到牛顿万有引力定律：$f = k \dfrac{mM}{r^2}$，其中 k、m、M、r、f 分别为万有引力常数、两物体的质量、距离和引力。

为计及海水对引力加速度的贡献，考虑到地球表面大部被海洋所包围，我们可将它近似为半径为 R_{sb} 的地核包围着一层海水。海面的半径为 R，地核和海水的平均密度分别为 ρ_0 和 ρ_{w}，则地球的质量为 $m_0 = \frac{4\pi}{3}\rho_0 R_{\mathrm{sb}}^3 + \frac{4\pi}{3}\rho_{\mathrm{w}}(R^3 - R_{\mathrm{sb}}^3)$。令海面的引力加速度为 g，则海水中的 $g(r)$ 可由牛顿万有引力定律和 Gauss 定律算出

$$g(r) = g \frac{R^2}{r^2} [1 - \frac{4\pi}{3} \frac{\rho_{\mathrm{w}}}{m_0} R^3 + \frac{4\pi}{3} \frac{\rho_{\mathrm{w}}}{m_0} r^3] \tag{1.14}$$

对不可压缩流体模型（比如将海水近似为不可压缩流体），则 $\rho(\vec{r}) = \rho_{\mathrm{w}}$，得到近似广义阿基米德定律的表达式 (1.13)，其浮力为

$$\begin{aligned}
F = \delta\,\phi \, [\cos(\theta_0) - \cos(\theta_0 + \delta\,\theta)] \rho_{\mathrm{w}} \, g \, R^2 \{ [1 - \frac{4\pi}{3} \frac{\rho_{\mathrm{w}}}{M_0} R^3] (r_0 - r) \\
+ \frac{4\pi}{3} \frac{\rho_{\mathrm{w}}}{M_0} \frac{1}{4} (r_0^4 - r^4) \}
\end{aligned} \tag{1.15}$$

流体的体积为

$$V = \delta\phi\left[\cos(\theta_0) - \cos(\theta_0 + \delta\theta)\right]\frac{1}{3}\left(r_0^3 - r^3\right) \tag{1.16}$$

这样，改进后的浮力对原阿基米德定律的浮力的比为

$$\eta_1 \equiv \frac{F}{F_a} = (1-\alpha)\frac{3\frac{R^2}{r_0^2}}{1+\tilde{r}+\tilde{r}^2} + \alpha\frac{3}{4\frac{R}{r_0}}\frac{1+\tilde{r}+\tilde{r}^2+\tilde{r}^3}{1+\tilde{r}+\tilde{r}^2} \tag{1.17}$$

其中 $\alpha \equiv 1/[1+(\frac{R_{sb}}{R})^3(\frac{\rho_0}{\rho_w}-1)]$ 和 $\tilde{r} \equiv \frac{r}{r_0}$。在 $\tilde{r} \equiv \frac{r}{r_0} = 1-\epsilon \sim 1$ 接近于 1 时，这个比可简化为

$$\eta_1 \sim (1-\alpha)\frac{R^2}{r_0^2}(1+\epsilon) + \frac{\alpha}{\frac{R}{r_0}}\left(1-\frac{\epsilon}{2}\right)$$

1.2.6 广义阿基米德定律：地下岩浆中固体的浮力

对阿基米德定律的另一种改进，可考察地下岩浆中固体的浮力问题。如所周知，由于地心温度高，存在大量岩浆，可看做液体，同时也存在某些固体，例如板块。我们可以以此为模型，考察阿基米德定律的改进。鉴于牛顿万有引力定律与库仑定律的相似性和数学等价性，仿照电场强度，可引入引力场强度 $\vec{g}(\vec{r})$

$$\vec{g}(\vec{r}) = k\frac{M}{r^2}\vec{e}_r \tag{1.18}$$

进而引入引力场强度的场方程

$$\nabla \cdot \vec{g}(\vec{r}) = 4\pi k\rho(\vec{r}) \tag{1.19}$$

显然，由高斯定理，在地球表面的 $\vec{g}(\vec{R})$ 为

$$\vec{g}(\vec{R}) = k\frac{M}{R^2}\vec{e}_r = k\frac{4\pi}{3}\rho R\vec{e}_r \tag{1.20}$$

其中，ρ 为平均密度。在 ρ 不变情况下，由高斯定理得出地球内部 $\vec{r}$ 处的引力场强度

$$\vec{g}(\vec{r}) = g\frac{r}{R}\vec{e}_r \tag{1.21}$$

将 (1.21) 作为一个例子，计算一个在地心的由各球坐标面（$r \to r_0; \theta_0 \to \theta_0 + \delta\theta; \phi_0 \to \phi_0 + \delta\phi$）围成的体积所承受的浮力。对不可压缩流体模型，得

$$F = \delta\phi\left[\cos(\theta_0) - \cos(\theta_0 + \delta\theta)\right]\rho g\frac{r_0^4 - r^4}{4R} \tag{1.22}$$

由 (1.22) 得到相应的体积及原始阿基米德定律的浮力 F_a，进而阿基米德定律对改进后的浮力与原始值的比为

$$\eta_2 = \frac{F}{F_a} = \frac{3}{4\frac{R}{r_0}}\frac{1+\tilde{r}+\tilde{r}^2+\tilde{r}^3}{1+\tilde{r}+\tilde{r}^2} \tag{1.23}$$

其中，$\tilde{r} \equiv \frac{r}{r_0}$。在 $\tilde{r} \equiv \frac{r}{r_0} = 1-\epsilon \sim 1$ 接近于 1 时，这个比可简化为

$$\eta_2 \sim \frac{1-\frac{1}{2}\epsilon}{\frac{R}{r_0}} \tag{1.24}$$

1.2.7 结论与讨论

阿基米德 (287—212 BC) 在公元前二三世纪就猜出这个在任意形状下的浮力定律, 结论如此简单: 浮力等于物体所排开的液体的重量, 而与形状无关。当时绝对不可能知道数千年后才发现的牛顿 (1642—1727) 力学与微积分和高斯 (1777—1855) 定理, 这不得不佩服他的惊人的科学洞察力。当然, 是实验与综合的分析, 导致他的伟大成就。但实验只能在有限个形状下做出, 与一切形状无关的结论只能是分析与猜测。因此, 理论和数学上的证明是必要的。本文要说明的, 正是由定理一（它可以由 2000 年后的高斯定理导出）给出了阿基米德定律的理论解释与理论证明。它使阿基米德由实验观察, 到获得数学上严格支持的总结和推理。

此外, 实验和观察的范围往往最初是局限的, 只有在与理论相互印证中得以发展与扩展。所以, 本文试图对阿基米德定律推导的同时, 力图予以推广。其实, 这推广了的公式 (1.12) 可看作广义阿基米德定律。公式 (1.12) 可解释为"流体中物体所受的浮力等于物体所排开的液体的重量"。只是重量不简单地表示为 $W = mg$, 而是解释为该部分流体所受的引力的总和。因此, 它在地心和地表的情况将是截然不同的, 表达式也大相径庭。在地表, 小范围内, 结论与阿基米德定律原始表述是一致的。可喜的是, 阿基米德定律是非常准确的。因为, 这个小范围是对地球而言的, 而地球的半径则是 6370 千米! 故 $r \sim r_0$, 但是, 当考察接近地心时, 这种改进就明显可观了, 见 (1.24) 式。

显然, 阿基米德定律的原始形式, 只在尺寸远比地球尺寸小的范围内适用。这在通常情况下是足够好的。广义阿基米德定律可适用于大尺寸和地心的情况, 但它是在中心（辏）力场下导出的。物理上引力场（牛顿万有引力定律）正好是辏力场。这也是广义阿基米德定律非常幸运的地方。对于非辏力场情况, 如考虑地球的质量分布非球对称性, 那么广义阿基米德定律需作改进或修正。

总之, 本节给出阿基米德浮力定律的一个理论证明, 研究它的推广, 并给出广义阿基米德定律, 进而研究其局限性和成立条件。

关于阿基米德定律理论推导及其推广已经公开发表[3]。关于各向异性流体[4] 的相关浮力定律, 可能也是很有意义的, 尚需仔细讨论。

参考文献

[1] 斯米尔诺夫. 高等数学教程（II 卷）. 北京: 高等教育出版社，1956.

[2] Landau L D, Lifshitz E M. Fluid Mechanics. in Course of Theoretical Physics: Vol.6. (Translated from Russian by Sykex J B, Reid W H). Oxford: Pergamon Press, 1987.

[3] 朱钢，戴显熹. 大学物理，2004,**23** (8): 13-15.

[4] Wen T, Dai X X, etc. Bose-Einstein Condensation in Confined Geometry: Thermodynamic Mapping Study. J. Phys: Condensed Matter, 2003, **15**: 5511-5521.

第 2 章　物理世界的统一性

2.1　引　言

许多学科和课程，例如电动力学、理论力学、热力学与统计物理、量子力学、量子场论、量子统计等，都是以纵向研究为主的。这样做是很有必要的，可以把问题分领域研究得很细。但也带来一些问题，例如实际问题往往是不少效应混在一起的，没有先天性规定属于哪一领域，有时候甚至不知道应属于哪一领域。要知道领域的划分有一定的科学依据，同时也有人为性质与历史暂时性。比如说，相对论刚出现时，人们应该将它划给哪一领域呢？它深入物理的各个领域，因为它研究的是时间、空间和引力的基本属性。又如以混沌（chaos）、孤粒子（soliton）为代表的非线性物理、对称性、物理学中泛函积分理论等，很难预先划定它们的范围和属性，可能发展为独立学科，也可能归属于发展较好的领域。这启示我们：将争论归属的时间省下来去研究问题，会更有价值。不仅如此，物理各领域之间经常渗透，成果交相辉映，方法相互借用，而且已成为促进学科发展的主要模式之一。因此，在研究和学习的过程中，除了重视纵向的研究方式之外，还应该重视横向的研究方式。

本书希望在横向联系方面多注意一些，特别在许多课程以纵向研究为主的情况下，这种尝试相信是会有意义的。

理论物理研究中，归纳方法和演绎方法是辩证使用的。在实际研究工作中也是如此，从提出问题、分析问题到解决问题，很难把这两种方法截然分开。当然普通物理与"四大力学"对这两种方法各有侧重。我们认为，提倡两种方法的自然融合，还是需要的。我们将在论述、教学与考试中，鼓励读者自己从实际中提出问题、分析问题和解决问题，着重于能力的培养，希望读者在多次研究中，领略从提出问题到解决问题的整个过程中的精华。

由于学科间的渗透、交流，导致许多学科相互促进和发展，以理论物理方法的角度来研究，常常可以避免重复，有时更容易看清不同现象、问题间的联系。有些不同学科的理论，本身就以理论方法的形式联系着（例如超导和超流中的正则变换理论等），有些根本就是同一作者用相似的方法建立起来的不同领域中的理论。因此，从理论方法研究的角度可以帮助人们从一个领域进入另一个领域，并求得对它们的共同点和相异点的深入理解。

不同物理领域，常常运用惊人相似的理论，这给理论物理方法的研究提供了现实的可能，其更深刻的背景，可能是物理世界的统一性。

2.2　不同的物理领域，完全相同的基本方程

许多完全不同的物理领域，有时却有着完全相同的基本方程。这个事实，可以在许多例子中看到。

[例 1] Laplace 方程

$$\nabla^2 \varphi = 0 \tag{2.1}$$

静电场、静磁场、静引力场、稳定电流场、温度场、流体场、稳定热传导问题等，都会遇到 Laplace 方程。它们对应的有源问题，会遇到 Poisson 方程

$$\nabla^2 \varphi = -4\pi\rho \tag{2.2}$$

因为它是线性方程，故存在叠加原理。一般外源问题均可以看作点源的影响函数（Green 函数）通过叠加得出。它的对应 Green 函数 $G(\vec{r}, \vec{r}\prime)$ 所满足的方程为

$$\nabla^2 G(\vec{r}, \vec{r}\prime) = -4\pi\delta(\vec{r} - \vec{r}\prime) \tag{2.3}$$

$\vec{r}$ 与 $\vec{r}\prime$ 分别为场点（观察点）和源点的坐标矢量。它们对应的无界空间的解为

$$G(\vec{r}, \vec{r}\prime) = \frac{1}{|\vec{r} - \vec{r}\prime|} \tag{2.4}$$

在静电、静磁学中就是库仑定律，经典引力场中就是牛顿万有引力定律。

矢势 $\vec{A}$ 在静磁场中满足下列 Poisson 方程

$$\nabla^2 \vec{A} = -\frac{4\pi}{c}\vec{j} \tag{2.5}$$

$\vec{j}$ 为电流密度。故基本解为

$$\vec{A} = \int_c \frac{\vec{j}}{R} \mathrm{d}\tau \qquad R = |\vec{r} - \vec{r}\prime| \tag{2.6}$$

因此磁场强度 $\vec{B}$ （历史上也称它为磁感应强度）为

$$\vec{B} = \nabla \times \vec{A} = \int_c \frac{\vec{j} \times \vec{R}}{R^3} \mathrm{d}\tau\prime \tag{2.7}$$

这就是著名的 Biot-Savart-Laplace 定律。

这些结果，明显地表现出它们的相似性。不同领域中的物理问题，对 φ 的解释、边界条件问题的提法、性质，均会有所不同。因而有界问题的解将会出现各种差异，而这种差异，正是在解决问题与做研究时要特别注意的。

有时边界条件的影响会变得非常重要，甚至会出现解的奇异性！

边界条件的影响，实质上就是分布在边界上的源的影响。不要因为它与场方程分开来写就忽略了它们的作用！积分方程常常把边界条件、初始条件写到统一的积分形式中去，

这不但在处理上有时是方便的，而且也反映出一种统一性。所以，在实际问题中常常要注意积分方程的运用。

[例 2] 广义 Poisson 方程

在核力势的 Yukawa 理论、等离子体的 Debye-Huckel 理论和 London 的超导宏观理论中，人们会遇到广义 Poisson 方程

$$\left(\nabla^2 - K_c^2\right)\varphi(\vec{r}) = -4\pi\rho \tag{2.8}$$

它对应的基本解或无界空间 Green 函数为

$$G(R) = \frac{\mathrm{e}^{-K_c R}}{R} \tag{2.9}$$

它与库仑定律的差别是多一个衰减因子。

[a] Debye-Huckel 理论

在电解溶液中，在等离子体中，粒子间的相互作用主要是库仑力。它是长程作用。Debye 等运用 Poisson 方程与 Boltzmann 分布结合起来，得到电势与粒子密度分布的自洽方程，它线性化后，就是方程 (2.8)。由于"同性相斥，异性相吸"效应，荷电粒子周围受到异号电荷云的包围，因而对荷电粒子的库仑势起着屏蔽作用。这就是出现上列衰减因子的物理原因。(2.9) 又叫屏蔽库仑势。$1/K_c$ 即为它的力程，又叫 Debye-Huckel 半径或屏蔽长度。

[b] 核力中的 Yukawa 势

鉴于与电磁作用的对比，Yukawa 预计存在着传播核力的中间玻色子——介子。由于核力的短程性，介子应该有静止质量，m 不为零。介子场可能满足的最简单方程在静态近似下可具有广义 Poisson 方程的形式 (2.8)，因而核力势具有 (2.9) 形式。可以导出力程为

$$\lambda = \frac{\hbar}{mc} = \frac{1}{K_c} \tag{2.10}$$

由力程的实验数据可以估计出介子的质量（约 200 多倍电子质量）。这个预言后来被实验发现的 π 介子所证实。

这种形式的核力势又叫 Yukawa 势。

[c] 超导理论中的 London 方程

为了解释实验上发现的超导体处于超导态时将磁场排挤到超导体外的 Meissner 效应，London 引进了一个现在称为 London 方程的基本方程，它与麦克斯韦方程联立后，可以导出形如 (2.8) 的方程。该方程的解 (2.9) 中的指数衰减因子正好说明为什么磁场只能集中于超导体表面，只能穿透一个不大的深度 $\lambda = 1/K_c$。这个长度也称为 London 穿透深度，后来被实验所观察到。

我们再一次看到不同物理领域中出现完全相同的基本方程的事实。

如果考察电磁法探测石油时，也会遇到类似于 (2.8) 的方程，不过这时的 K_c^2 是个纯虚数。关于广义 Poisson 方程的详细讨论，将在第 6 章中进行。

[例 3] 波动方程

在声波、水波、弹性波的研究中，我们都会遇见波动方程

$$\left(\nabla^2 - \frac{1}{v^2}\frac{\partial^2}{\partial t^2}\right)\varphi = 0 \tag{2.11}$$

它们都可以具有波动形式的解，而且传播速度都是 v。

麦克斯韦在建立了统一的电磁场理论之后，在无源情况下获得电场 $\vec{E}$ 和磁场 $\vec{B}$ 所满足的方程也是波动方程

$$\left(\nabla^2 - \frac{1}{c^2}\frac{\partial^2}{\partial t^2}\right)\left\{\begin{array}{c}\vec{E}\\\vec{B}\end{array}\right\} = 0 \tag{2.12}$$

因此，麦克斯韦作出了电磁波的预言，同时，指出电磁波的速度为 c，即光速，进而建立了光的电磁波学说：光本质上就是电磁波。这二者在实验中证实之后，与麦克斯韦方程以及统计理论中的速度分布律，成为麦克斯韦在理论物理上的不朽贡献。

由这些分析看到，尽管水波、声波等与电磁场有诸多不同，但它们仍可以有相似的运动形态。这可从它们的基本方程的比较中获得。

由光与电磁波的传播速度、折射定律、偏振等的比较，竟得出光的电磁波本质的理解，这不能不认为是对物理世界统一性认识的进一步发展。这是学科横向发展所获得的一个富有历史性意义的成就。

由于不同领域中的基本方程有时可能是相似的，这就提供了一种作为统一的理论物理处理的可能性，这也是将理论物理方法作为一个专题来讨论的依据。

2.3　作用量驻值原理

如所周知，人们早在 17 世纪，从几何光学研究中，总结了著名的 Fermart 原理：光沿着光程（几何路径乘以折射率）为极值的路径传播。数学上可表示为光程的一级变分为零

$$\delta \int_A^B n\mathrm{d}l = 0 \tag{2.13}$$

后来，18 世纪，哈密顿将牛顿力学归结为一个变分原理：设在时刻 t_1 和 t_2，体系的位置已确定，那么，这两个位置之间的运动以下列方式进行，作用量取极值。

数学上可表示为

$$\delta A = 0 \tag{2.14}$$

这个原理又叫哈密顿原理、最小作用量原理或作用量驻值原理。

为什么人们称它为驻值原理呢？这是因为有些情况下，作用量并不一定最小，实际上有时可以是极大，或稳定值。所以，有些人宁愿不用早已为人们熟悉的最小作用量原理，而采用驻值原理这个词。

为说明此原理详细含义, 考察任一质点系, 广义坐标和广义速度分别记为$\{q_i\}$、$\{\dot{q}_i\}$。力学体系有一个确定的函数L（Lagrange 函数）所表征

$$L = L\left(q_1, q_2, \cdots q_s, \dot{q}_1, \dot{q}_2, \cdots \dot{q}_s, t\right) \tag{2.15}$$

或简记为$L(q, \dot{q}, t)$。s 为自由度数。则体系的作用量A 定义为

$$A = \int_{t_1}^{t_2} L\left(q, \dot{q}, t\right) \mathrm{d}t \tag{2.16}$$

现在我们由最小作用量原理来导出体系的运动方程。为简单计, 令自由度数$s = 1$。

假设$q(t)$正好是A 取极小值那个函数, 那么当$q(t)$ 变更为任何函数形式时

$$q(t) \rightarrow q(t) + \delta q(t) \tag{2.17}$$

对应的A 的变换δA 总为零。$\delta q(t)$ 称为函数$q(t)$ 的变分。它与微分相似, 但微分是函数形式已知, 由自变量变化而引起的函数的变化, 而变分是指由函数$q(t)$ 的形式的变化而引起的函数变化。时刻t_1和t_2的所有参加比较的函数的值是预先给定的, 故有

$$\delta q(t_1) = \delta q(t_2) = 0 \tag{2.18}$$

因此

$$\begin{aligned} \delta A &= \int_{t_1}^{t_2} L(q + \delta q, \dot{q} + \delta \dot{q}, t)\mathrm{d}t - \int_{t_1}^{t_2} L(q, \dot{q}, t)\mathrm{d}t \\ &= \int_{t_1}^{t_2} \left(\frac{\partial L}{\partial q}\delta q + \frac{\partial L}{\partial \dot{q}}\delta \dot{q}\right)\mathrm{d}t = 0 \end{aligned} \tag{2.19}$$

注意到变分与微商运算可交换

$$\delta \dot{q} = \frac{\mathrm{d}}{\mathrm{d}t}\delta q \tag{2.20}$$

将 (2.19) 的第二项做分部积分, 得

$$\delta A = \left.\frac{\partial L}{\partial \dot{q}}\delta q\right|_{t_1}^{t_2} + \int_{t_1}^{t_2} \left(\frac{\partial L}{\partial \dot{q}} - \frac{\mathrm{d}}{\mathrm{d}t}\frac{\partial L}{\partial \dot{q}}\right)\delta q\mathrm{d}t = 0 \tag{2.21}$$

由边值条件 (2.18) 知道 (2.21) 第一项为零, 后一项对一切变分δq 均为零, 因此必须有被积函数恒等于零, 从而获得运动方程为

$$\frac{\mathrm{d}}{\mathrm{d}t}\frac{\partial L}{\partial \dot{q}} - \frac{\partial L}{\partial q} = 0 \tag{2.22}$$

当体系有s 个自由度时, 因A对s 个不同函数$q_i(t)$ 的独立变分取极值, 显然获得s 个方程

$$\frac{\mathrm{d}}{\mathrm{d}t}\frac{\partial L}{\partial \dot{q}_k} - \frac{\partial L}{\partial q_k} = 0 \qquad (k = 1, 2, \cdots s) \tag{2.23}$$

这就是由最小作用量原理导出的运动方程, 通常称为 Euler-Lagrange 方程。

为与力学上的经验相一致，必须选体系的 Lagrange 函数为动能与相互作用势能之差

$$L = T - U \tag{2.24}$$

例如，对质点系就是各粒子的总动能与相互作用势能之差

$$L = \sum_{k=1}^{N} \frac{1}{2} m_k (\dot{X}_k{}^2 + \dot{Y}_k{}^2 + \dot{Z}_k{}^2) - U(\vec{r}_1, \vec{r}_2, \cdots \vec{r}_N) \tag{2.25}$$

由 Euler-Lagrange 方程导出运动方程为

$$m_k \frac{\mathrm{d}\vec{V}_k}{\mathrm{d}t} = -\frac{\partial U}{\partial \vec{r}_k} \qquad (k = 1, 2, \cdots N) \tag{2.26}$$

这实际上就是牛顿方程。因为

$$-\frac{\partial U}{\partial \vec{r}_k} = \vec{f}_k \tag{2.27}$$

就是作用在第 k 个粒子上的力。这样，分析力学的结果就与牛顿力学结果完全一致。

对照几何光学中的 Fermart 原理和经典力学中的 Hamilton 原理，就会发现它们惊人的相似性。光的干涉、衍射效应以及麦克斯韦的光的电磁波本性学说，使光的波动性变得确信无疑，后来光电效应和 Compton 效应解释了光的粒子性，它的能量E 和动量$\vec{P}$ 与频率 ω 及波矢$\vec{K}$ 的基本关系为

$$E = \hbar\omega \qquad \vec{P} = \hbar\vec{K} \qquad \left(K = \frac{2\pi}{\lambda}\right) \tag{2.28}$$

电子具有确定的电荷、质量等，因此电子的粒子性是明显的。De-Broglie 为了寻求 Bohr 量子理论的物理根据，基于上述相似性的分析，猜测电子也具有波动性，并且也符合上列的能量、动量与频率ω 和波矢$\vec{K}$ 的关系。从而，由动量可以预计波长。后来，这个预言得到晶体的电了衍射实验的证实。现在，人们已经证实所有发现的微观粒子都具有波粒二象性，这实际上是现代量子理论的基础之一。非常值得注意的是，迄今发现的微观粒子都服从上面的关系（2.28），后来人们称之为 de Broglie-Einstein 关系。这种关系的普遍性、简单性和统一性，直到现在还是令人赞叹和惊奇的。我们相信，这从一个侧面反映了物理世界的统一性。

Hamilton 原理还可以进一步推广：驻值原理竟可以普遍到如此程度，以至于迄今发现的一切基本方程均可以写为驻值原理的形式。由于它的普遍性和重要性，我们这里将讨论如何推广它到场的情况，并加以适当的说明。

场的状态由场量来描写，为满足相对性原理的要求，场方程必须在不同惯性系中是形式不变的（相对协变的），因而常量必须是 Lorentz 张量或旋量。它可以有多个分量，记为$u_\alpha(\vec{x}, t)$。

对场同样引入 Langrange 量 L，并引入 Lagrange 密度 $\$(\vec{x},t)$。作用量的定义为

$$A = \int_{t_1}^{t_2} L\mathrm{d}t = \int_{t_1}^{t_2} \int \int \int_{-\infty}^{+\infty} \$(\vec{x},t)\,\mathrm{d}\vec{x}\mathrm{d}t \tag{2.29}$$

$\$(\vec{x},t)$ 不仅与 $\{u_\alpha(\vec{x},t)\}$、t 有关，而且与场量对时空坐标的微商 $\left\{\dfrac{\partial u_\alpha}{\partial x_\mu}\right\}$ 有关。

驻值原理表述为：当 t_1、t_2 时刻的场量 $\{u_\alpha(\vec{x},t_1)\}$ 和 $\{u_\alpha(\vec{x},t_2)\}$ 固定时，场的运动规律由作用量取极值决定。

即在下列边值条件下

$$\delta u_\alpha(\vec{x},t_1) = \delta u_\alpha(\vec{x},t_2) = 0 \tag{2.30}$$

有

$$\delta A = 0 \tag{2.31}$$

现在由最小作用量原理推导运动方程。

实际上，

$$
\begin{aligned}
\delta A &= \delta \int_{t_1}^{t_2} \int \int \int_{-\infty}^{+\infty} \$\left(u_\alpha, \frac{\partial u_\alpha}{\partial x_\mu}, t\right) \mathrm{d}t\mathrm{d}\vec{x} \\
&= \int_{t_1}^{t_2} \int \int \int_{-\infty}^{+\infty} \left\{ \$\left[u_\alpha + \delta u_\alpha, \frac{\partial u_\alpha}{\partial x_\mu} + \frac{\delta\partial u_\alpha}{\partial x_\mu}, t\right] \right. \\
&\qquad \left. -\$\left[u_\alpha, \frac{\partial u_\alpha}{\partial x_\mu}, t\right] \right\} \mathrm{d}t\mathrm{d}\vec{x} \\
&= \int_{t_1}^{t_2} \int \int \int_{-\infty}^{+\infty} \left[\sum_\alpha \frac{\partial \$}{\partial u_\alpha}\delta u_\alpha + \sum_\alpha \sum_\mu \frac{\partial \$}{\partial\left(\frac{\partial u_\alpha}{\partial x_\mu}\right)}\left(\frac{\partial \delta u_\alpha}{\partial x_\mu}\right) \right] \\
&\quad \cdot \mathrm{d}t\mathrm{d}x\mathrm{d}y\mathrm{d}z
\end{aligned}
\tag{2.32}
$$

其中，$\mu = 0$、1、2、3，$x_0 = t$，而 $\vec{r} \equiv (x_1, x_2, x_3)$。考虑对第二项作分部积分。

$$\because \frac{\partial \delta u_\alpha}{\partial x_\mu} = \delta\left(\frac{\partial u_\alpha}{\partial x_\mu}\right)$$

$$\therefore \int_{-\infty}^{+\infty} \sum_\alpha \frac{\partial \$}{\partial\left(\frac{\partial u_\alpha}{\partial x_i}\right)}\frac{\partial \delta u_i}{\partial x_i}\mathrm{d}x_i$$

$$= \sum_\alpha \frac{\partial \$}{\partial\left(\frac{\partial u_\alpha}{\partial x_i}\right)}\delta u_i \Bigg|_{-\infty}^{+\infty} - \sum_\alpha \int_{-\infty}^{+\infty} \frac{\partial}{\partial x_i}$$

$$\cdot \left[\frac{\partial \$}{\partial\left(\frac{\partial u_\alpha}{\partial x_i}\right)}\right]\delta u_\alpha \mathrm{d}x_i$$

$$= -\sum_\alpha \int_{-\infty}^{+\infty} \frac{\partial}{\partial x_i} \left[\frac{\partial \$}{\partial \left(\frac{\partial u_\alpha}{\partial x_i} \right)} \right] \delta u_\alpha \mathrm{d}x_i$$

$$(i = 0, 1, 2, 3) \tag{2.33}$$

当 $i = 0$ 时，运用了边值条件（2.20），当 $x_i \to \pm\infty$ 时，利用了场趋于零的事实。因而极值条件化为

$$\int_{t_1}^{t_2} \int \int \int_{-\infty}^{+\infty} \left[\sum_\alpha \frac{\partial \$}{\partial u_\alpha} - \sum_{\alpha\mu} \frac{\partial}{\partial x_\mu} \frac{\partial \$}{\partial \left(\frac{\partial u_\alpha}{\partial x_\mu} \right)} \right] \delta u_\alpha dt d^3 x = 0 \tag{2.34}$$

这时 δu_α 是独立变分。因而获得场的运动方程为

$$\frac{\partial \$}{\partial u_\alpha} - \sum_\mu \frac{\partial}{\partial x_\mu} \frac{\partial \$}{\partial \left(\frac{\partial u_\alpha}{\partial x_\mu} \right)} = 0 \tag{2.35}$$

它又称为场的 Euler-Lagrange 方程。

[例 1] 电磁场方程

作为一个例子，利用驻值原理来建立常用的电磁场方程。我们知道，电场强度 $\vec{E}$ 和磁场强度 $\vec{B}$ 可以用矢势 $\vec{A}$ 和标势 φ 来表示。

$$\vec{B} = \nabla \times \vec{A} \qquad \vec{E} = -\frac{1}{c} \frac{\partial}{\partial t} \vec{A} - \nabla\varphi \tag{2.36}$$

$\vec{A}$ 和 $\mathrm{i}\varphi$ 组成 Lorentz 变换下的四维矢量。显然，由（2.36）推知

$$\nabla \times \vec{E} = -\frac{1}{c} \frac{\partial}{\partial t} \vec{B} \tag{2.37}$$

$$\nabla \cdot \vec{B} = 0 \tag{2.38}$$

它们亦称为第一对麦克斯韦方程。

电场 $\vec{E}$ 和磁场 $\vec{B}$ 本身并不是 Lorentz 张量，但它们可组合成一个二价的反对称张量 $\{F_{\mu\nu}\}$，它与场的四维矢量 $A_\mu = \{\vec{A}; \mathrm{i}\varphi\}$ 的关系是

$$F_{\mu\nu} = \frac{\partial A_\nu}{\partial x_\mu} - \frac{\partial A_\mu}{\partial x_\nu} \tag{2.39}$$

对应的矩阵形式为

$$\{F_{\mu\nu}\} = \begin{pmatrix} 0 & B_x & -B_y & -\mathrm{i}E_x \\ -B_z & 0 & B_x & -\mathrm{i}E_y \\ B_y & -B_x & 0 & -\mathrm{i}E_z \\ \mathrm{i}E_x & \mathrm{i}E_y & \mathrm{i}E_z & 0 \end{pmatrix} \tag{2.40}$$

容易证明，第一对麦克斯韦方程可以写成下列张量形式

$$\frac{\partial F_{\mu\nu}}{\partial x_\lambda} + \frac{\partial F_{\lambda\mu}}{\partial x_\nu} + \frac{\partial F_{\nu\lambda}}{\partial x_\mu} = 0 \tag{2.41}$$

它又称毕安契（Bianchi）等式。因为 $F_{\mu\nu}$ 是反对称的

$$F_{\mu\nu} = -F_{\nu\mu} \tag{2.42}$$

因此，当 μ、ν、λ 中有两个指标相同时，（2.41）为恒等式；当 $\mu \neq \nu \neq \lambda$ 时，所对应的四条独立方程就是第一对麦克斯韦方程。现在证明麦克斯韦方程组确实也可以纳入做最小作用量原理的体系。

考虑在电荷运动已知的情况下，包含电荷和电磁场的体系，作用量积分可以看作两部分之和

$$A = A_{\mathrm{f}} + A_{\mathrm{int}} \tag{2.43}$$

其中，A_{f} 是电磁场的作用量，A_{int} 是场与电荷相互作用所贡献的作用量。为保证叠加原理，场方程必须是线性的。A_{int} 中应包含电荷运动和场的状态所组成的标量，显然是

$$A_{\mathrm{int}} = \int_{t_1}^{t_2} \int \int \int_{-\infty}^{+\infty} \sum_\mu A_\mu j_\mu \mathrm{d}^3 x \mathrm{d}t \tag{2.44}$$

其中，$j_\mu = (\vec{j}, \mathrm{i}c\rho)$ 是由电流密度及电荷密度组成的四维矢量。

自由场的作用量 A_{f} 中只能包含有场量 $\{F_{\mu\nu}\}$，为保证场方程的线性性，只能包含 $\{F_{\mu\nu}\}$ 的二次式。由 $\{F_{\mu\nu}\}$ 二次式组成的不变量只有一个

$$F_{\mu\nu}^2 = \sum_{\mu\nu} F_{\mu\nu} F_{\mu\nu} = 2(E^2 - B^2) \tag{2.45}$$

故

$$A_f = -\frac{1}{16\pi} \int_{t_1}^{t_2} \int \int \int_\infty^{+\infty} \sum_{\rho\lambda} F_{\rho\lambda} F_{\rho\lambda} \mathrm{d}^3 x \mathrm{d}t \tag{2.46}$$

其中，系数与单位的选择有关（这里选的是 Gauss 制），因此体系的 Lagrange 密度为

$$\$ = \frac{1}{c} \sum_\mu j_\mu A_\mu - \frac{1}{16\pi} \sum_{\rho\lambda} F_{\rho\lambda} F_{\rho\lambda} \tag{2.47}$$

在运用变分原理时，注意到电荷的运动已经给定，因此变分只对 A_μ 进行，而对 j_μ 不变分。由此就导出相应的 Euler-Lagrange 方程

$$\frac{1}{c} j_\alpha + \frac{1}{16\pi} \sum_\mu \frac{\partial}{\partial x_\mu} \frac{\partial \sum_{\rho\lambda} (F_{\rho\lambda} F_{\rho\lambda})}{\partial \left(\frac{\partial A_\alpha}{\partial x_\mu} \right)}$$

$$= \frac{1}{c}j_\alpha + \frac{1}{8\pi}\sum_\mu \sum_{\rho\lambda} \frac{\partial}{\partial x_\mu} F_{\rho\lambda} \frac{\partial\left(\frac{\partial A_\lambda}{\partial x_\rho} - \frac{\partial A_\rho}{\partial x_\lambda}\right)}{\partial\left(\frac{\partial A_\alpha}{\partial x_\mu}\right)} = 0 \tag{2.48}$$

$$\because \sum_{\rho\lambda} F_{\rho\lambda} \frac{\partial\left(\frac{\partial A_\lambda}{\partial x_\rho}\right)}{\partial\left(\frac{\partial A_\alpha}{\partial x_\mu}\right)} - \sum_{\rho\lambda} F_{\rho\lambda} \frac{\partial\left(\frac{\partial A_\rho}{\partial x_\lambda}\right)}{\partial\left(\frac{\partial A_\alpha}{\partial x_\mu}\right)}$$

$$= 2\sum_{\rho\lambda} F_{\rho\lambda} \frac{\partial\left(\frac{\partial A_\lambda}{\partial x_\rho}\right)}{\partial\left(\frac{\partial A_\alpha}{\partial x_\mu}\right)}$$

$$= 2\sum_{\rho\lambda} F_{\rho\lambda}\delta_{\lambda\alpha}\delta_{\rho\mu} = 2F_{\mu\alpha} \tag{2.49}$$

其中，运用了场张量的反对称性。最后得到场方程为

$$\sum_\mu \frac{\partial F_{\alpha\mu}}{\partial x_\mu} = \frac{4\pi}{c}j_\alpha \tag{2.50}$$

它实际上就是第二对麦克斯韦方程的四维形式（即有源方程）。实际上令 $\alpha = 1$ ，有

$$\frac{\partial F_{11}}{\partial x} + \frac{\partial F_{12}}{\partial y} + \frac{\partial F_{13}}{\partial z} + \frac{1}{\mathrm{i}c}\frac{\partial F_{14}}{\partial t} = \frac{4\pi}{c}j_1 \tag{2.51}$$

由（2.40）有

$$\frac{\partial B_x}{\partial y} - \frac{\partial B_y}{\partial z} - \frac{1}{c}\frac{\partial E_x}{\partial t} = \frac{4\pi}{c}j_x \tag{2.52}$$

同理，令 $\alpha = 2$、3，合起来得到矢量式

$$\nabla \times \vec{B} = \frac{1}{c}\frac{\partial \vec{E}}{\partial t} + \frac{4\pi}{c}\vec{j} \tag{2.53}$$

令 $\alpha = 4$ ，由（2.50）得

$$\nabla \cdot \vec{E} = 4\pi\rho \tag{2.54}$$

总之，由变分原理可以获得电磁场运动方程，而且可以写为四维形式。

[例 2] Schrödinger 方程

变分原理不仅适用于质点力学系、经典场论，而且还可以推广到量子理论中去。这里以 Schrödinger 方程为例。考虑在势能为 U 的外场中运动的质量为 m 的单粒子。

取 Lagrange 密度为

$$\$ = -\frac{\hbar^2}{2m}\nabla\psi^* \cdot \nabla\psi - \frac{\hbar}{2i}\left(\psi^*\frac{\partial}{\partial t}\psi^*\right) - \psi^* U\psi \tag{2.55}$$

与经典情况不同，量子理论中描写微观粒子的状态的量——波函数 ψ 可以是复数，它具有实部和虚部，因此实际上对应于两个独立的场量。故而，在运用变分原理时，将 ψ 和 ψ^* 看作两个独立的场量做独立变分。对 ψ 做变分得到下列 Euler-Lagrange 方程

$$\frac{\partial \$}{\partial \psi} - \sum_{\mu} \frac{\partial \$}{\partial x_\mu} \frac{\partial \$}{\partial \left(\frac{\partial \psi}{\partial x_\mu}\right)}$$

$$= -U\psi^* + \frac{\hbar}{2i}\frac{\partial}{\partial t}\psi^* + \frac{\hbar^2}{2m}\sum_{\alpha=1}^{3}\frac{\partial^2}{\partial x_\alpha^2}\psi^* + \frac{\hbar}{2i}\frac{\partial}{\partial t}\psi^* = 0$$

得

$$i\hbar\frac{\partial}{\partial t}\psi^* = \frac{\hbar^2}{2m}\nabla^2\psi^* - U\psi* \tag{2.56}$$

对 ψ^* 作独立变分，得

$$i\hbar\frac{\partial}{\partial t}\psi = -\frac{\hbar^2}{2m}\nabla^2\psi + U\psi \tag{2.57}$$

（2.57）就是非相对论力学中的基本动力学方程——Schrödinger 方程，而（2.56）即为它的复共轭。

Klein-Gordon 方程、Dirac 方程等相对论性方程同样可以由变分原理导出。人们还可以运用变分原理，建立流体力学方程、广义相对论的 Einstein 引力场方程、粒子物理中色动力学的方程、各种规范场论的方程等。

迄今为止所发现的所有基本运动方程，均可以纳入变分原理的体系。这又从一个侧面，反映出物理世界的统一性。

但是，人们也可以从另一个角度与观点来看待这个问题。因为变分原理中的 Lagrange 密度并不能唯一确定，所以，我们可以认为那些 Lagrange 密度是通过运动方程（由实验建立的）反推出来的，故而变分原理包含这些运动方程的结论就变得平庸了！人们可以从这个角度来批评变分原理的普遍的科学价值。

诚然，客观地来看，应该承认变分原理并不可能完全明确地给出作用量的形式，但从物理出发，毕竟可以对 L 作出若干基本的限制，而实际物理实验所证实的一些基本方程确实符合相对论协变性。叠加原理、守恒定律等要求下得到的最简单的低阶张量或旋量形式，比如最低阶的旋量的线性运动方程自然会导出 Dirac 方程，U(1) 群下最低阶张量的规范场方程必然导致麦克斯韦方程，等等。这样，就不能不承认变分原理的客观性及其物理基础。

此外，所有微观粒子都具有原子性、波粒二象性，都具有能量、动量，等等，这也反映出物理世界的统一性。

对理论统一性的追求，同样是理论物理探索的一个重要方向。由电场、磁场的统一形成统一的电磁场理论，弱作用与电磁作用的统一形成弱电统一理论等，都是统一观念的发展。而且，对统一的追求，一直在继续。显然，这是基于物理世界统一性的观念。如果物

理世界本身的统一性不存在的话，这些统一理论怎么能一个接一个地取得进展与成功呢？关于力学中变分原理，已有专著，如 Polak 的书[1]。

2.4　对称性与守恒律，Neother 定理和 Einstein 路径

人们在实验中可以发现一些守恒律，例如能量守恒、动量守恒等。后来，人们发现，它们与体系的对称性质有直接联系。这个事实，被著名的 Neother 定理所概括：作用量在任何一种连续变换下的不变性，对应于一种守恒律。例如，时间的平移对称性，对应于能量；空间的均匀性，导致动量守恒定律；Lorentz 变换所反映的时空-空间各向同性，则自然导致总角动量（包括轨道角动量与自旋角动量之和）的守恒。（Neother 定理的证明，见 Bogoliubov[2] 的书或 Polak[1] 的书。）

爱因斯坦在这方面重要的贡献之一，是开辟了一个相反的途径，即运用相对论协变性，对实验上所确定的守恒律所启示的对称性，运用变分原理发现新规律（探索与构建那些未知的运动方程）。而这种处理方法，在高能物理、引力场和宇宙论的探索工作中得到长期重视与发展。

这种对称性研究，后来被发展为高能粒子内部对称性（如电荷、重子数、同位旋、夸克的味道和颜色等）的研究。这种以对称性为线索的探索一直在继续。规范场论，就是其中杰出的代表。

练　习

（1）取相对论标量粒子的 Lagrange 密度为

$$L = -\frac{\hbar^2}{2m}\left(\nabla\psi^*\nabla\psi\right) + \frac{\hbar^2}{2mc^2}\left(\dot{\psi}^*\dot{\psi}\right) - \frac{1}{2}mc^2\psi^*\psi$$

由变分原理或 Euler-Lagrange 方程导出相应的运动方程。（Klein-Gordon 方程）

（2）在电磁场（矢势为 $\vec{A}$，标势为 ϕ）中，标量粒子的 Lorentz 协变且规范不变的 Lagrange 密度为

$$\$ = -\frac{\hbar^2}{2m}\left[\left(\nabla\psi^* \frac{\mathrm{i}e}{\hbar c}\vec{A}\psi^*\right)\left(\nabla\psi - \frac{\mathrm{i}e}{\hbar c}\vec{A}\psi\right)\right.$$

$$-\left(\frac{1}{c}\right)^2\left(\frac{\partial\psi^*}{\partial t} - \frac{\mathrm{i}e}{\hbar}\phi\psi^*\right)\left(\frac{\partial\psi}{\partial t} + \frac{\mathrm{i}e}{\hbar}\phi\psi\right)$$

$$\left. + \left(\frac{mc}{\hbar}\right)^2\psi^*\psi\right]$$

导出相应的运动方程。

（3）考虑自旋为 1/2 的粒子，状态由四分量的旋量波函数 ψ 来描写。

$$\psi = \begin{pmatrix} \psi_1 \\ \psi_2 \\ \psi_3 \\ \psi_4 \end{pmatrix}$$

取 Lagrange 密度为

$$\$ = \frac{\hbar c}{2\mathrm{i}} \left[(\nabla \psi^+) \cdot \hat{\vec{\alpha}} \psi - \psi^+ \hat{\vec{\alpha}} \cdot \nabla \psi \right]$$

$$+ \frac{\hbar}{2\mathrm{i}} \left[\frac{\partial}{\partial t} \psi^+ \psi - \psi^+ \frac{\partial}{\partial t} \psi \right] - mc^2 \psi^+ \hat{\beta} \psi$$

其中

$$\hat{\vec{\alpha}} = \begin{pmatrix} 0 & \vec{\sigma} \\ \vec{\sigma} & 0 \end{pmatrix}, \hat{\beta} = \begin{pmatrix} 1 & 0 & 0 & 0 \\ 0 & 1 & 0 & 0 \\ 0 & 0 & -1 & 0 \\ 0 & 0 & 0 & -1 \end{pmatrix}$$

为 4×4 的 Dirac 矩阵，$\vec{\sigma}$ 为 Pauli 矩阵，试由变分原理或 Euler-Lagrange 方程导出 Dirac 方程。

2.5　电流密度算子、对应原理和 Weyl 规则

2.5.1　问题的提出

人们熟知的量子力学中单体的电流密度为

$$\vec{j} = \frac{\mathrm{i}e\hbar}{2m} (\psi \nabla \psi^* - \psi^* \nabla \psi) \tag{2.58}$$

另外，人们知道量子力学中的对应原理：如果经典力学中的力学量为 $F(x, p)$，则对应量子力学中的力学量可用下列算子表示

$$\hat{F} = \hat{F}\left(x, \frac{\hbar}{\mathrm{i}} \nabla\right) \tag{2.59}$$

在经典电动力学中，电流为可测量的量，其密度表达式为

$$\vec{j} = \rho \vec{v} \tag{2.60}$$

ρ 为电荷密度，v 为速度，它对应的量子力学表达式应为

$$\vec{j} = \frac{\vec{p}}{m} \rho = \frac{e\hbar}{m\mathrm{i}} \nabla \psi \psi^*$$
$$= -\frac{\mathrm{i}e\hbar}{m} (\psi \nabla \psi^* + \psi^* \nabla \psi) \tag{2.61}$$

式 (2.58) 来自电荷守恒与 Schrödinger 方程，式 (2.61) 来自经典表达式与对应原理，仿佛都有道理，但结果不同。那么观念问题出在哪里呢？

鉴于电流密度是个常见的物理量，它在实际中很有用处，特别是超导物理的 London 方程、Ginzburg-Landau 方程、Josephson 方程、磁通量子化[3-6] 以及凝聚态物理电导等问题的讨论中，均有应用；另外，许多量子力学教材中都对电流表达式详细推导，包括单体无外场、单体有磁场以及多体问题等三种情况[7-9]。因此，我们就这个问题讨论与之有关的对应原理、厄米化、唯一性和 Weyl 规则，并给出电流密度表达式简明的推导，它既有利于节约时间，也有利于记忆，而且在观念上同样清楚。

2.5.2 电流密度算子和电流密度表达式

电流密度表达式 (2.58) 显然是正确的，它来自 Schrödinger 方程和电荷守恒。表达式 (2.61) 是不对的，因为对应原理讲的是力学量，而式 (2.61) 不是算子，因而在量子力学中它不代表力学量。

按照对应原理 (2.59)，量子力学中电流密度算子似应为

$$\hat{\vec{j}} = \rho \frac{\hat{\vec{p}}}{m}$$

其实不然，因为它不是厄米的，为此必须使其厄米化

$$\hat{\vec{j}} = \frac{1}{2} \left(\frac{\hat{\vec{p}}}{m} \rho + \rho \frac{\hat{\vec{p}}}{m} \right) \tag{2.62}$$

是否将 $\rho = e\psi^*\psi$ 代入式 (2.62) 就可以得出表达式 $\vec{j}$ 呢？答案是否定的，因为 $\rho = e\psi^*\psi$ 也不是算子。为了讨论具体些，分三种情况来分析。

单体问题

通常在量子力学中，都采用点模型，因此电荷密度算子是

$$\hat{\rho} = e\delta(x - x') \tag{2.63}$$

对应的电流密度算子是

$$\hat{\vec{j}} = \frac{e}{2m} [\hat{p}\delta(x - x') + \delta(x - x')\hat{p}] \tag{2.64}$$

那么算子 (2.64) 与表达式 (2.58) 的关系是怎样的呢？我们认为，表达式 (2.64) 是算子在态 ψ 中的平均值。事实上

$$\int \psi^* \hat{\vec{j}} \psi \mathrm{d}\tau = \frac{\mathrm{i}e\hbar}{2m} [\psi\nabla\psi^* - \psi^*\nabla\psi] = \vec{j} \tag{2.65}$$

式中的负号自然地出现了，因为

$$\frac{\mathrm{d}}{\mathrm{d}x}\delta(x - x') = -\delta(x - x')\frac{\mathrm{d}}{\mathrm{d}x} \tag{2.66}$$

磁场中的单体问题

按照规范不变性要求，磁场中荷电为 e 的单体的速度为

$$\vec{v} = \frac{1}{m}\left(\vec{p} - \frac{e}{c}\vec{A}\right) \tag{2.67}$$

由此立刻导出外场中电流密度算子为

$$\hat{\vec{j}} = \frac{e}{2m}\left[\hat{\vec{p}}\delta\left(x - x'\right) + \delta\left(x - x'\right)\hat{\vec{p}}\right]$$
$$- \frac{e^2}{mc}\vec{A}\delta\left(x - x'\right) \tag{2.68}$$

对应的表达式为

$$\vec{j} = \int \psi^*\hat{\vec{j}}\psi\mathrm{d}\tau$$
$$= \frac{\mathrm{i}\hbar e}{2m}\left[\psi\nabla\psi^* - \psi^*\nabla\psi\right] - \frac{e^2}{mc}\vec{A}\psi^*\psi \tag{2.69}$$

多体问题

多粒子体系中，电荷密度算子显然是

$$\hat{\rho} = e\sum_{n=1}^{\infty}\delta\left(\vec{x}_n - \vec{x}\right) \tag{2.70}$$

因而对应的电流密度算子为

$$\hat{\vec{j}} = \frac{e}{2m}\sum_{n=1}^{N}\left[\hat{\vec{p}}_n\delta\left(\vec{x}_n - \vec{x}\right) + \delta\left(\vec{x}_n - \vec{x}\right)\hat{\vec{p}}_n\right]$$
$$- \frac{e}{mc}\vec{A}\sum_{n=1}^{N}\delta\left(\vec{x}_n - \vec{x}\right) \tag{2.71}$$

电流密度表达式是 j 在 ψ 态中的平均值，即

$$\vec{j}(x) = \int \psi^*\left(\vec{x}_1, \cdots \vec{x}_N\right)\hat{\vec{j}}\psi\left(\vec{x}_1, \cdots \vec{x}_N\right)\mathrm{d}\,\vec{x}_1 \cdots \mathrm{d}\,\vec{x}_N$$
$$= \sum_{n=1}^{N}\int\left\{\frac{\mathrm{i}\hbar e}{2m}\left[\psi\nabla_n\psi^* - \psi^*\nabla_n\psi\right]\right.$$
$$\left. - \frac{e^2}{mc}\vec{A}\psi^*\psi\right\}\delta\left(\vec{x}_n - \vec{x}\right)\mathrm{d}\,\vec{x}_1 \cdots \mathrm{d}\,\vec{x}_N \tag{2.72}$$

注意：N 个粒子体系的在物理空间的电流密度表达式是 $3(N-1)$ 维积分。

通常，从 Schrödinger 方程出发，对这三个表达式的推导需要较长的篇幅，又不容易记忆；而用算子的方法，三个表达式只需一页多就可以导出，易于记忆。从物理意义来讲，这里突出了经典表达式 (它来自守恒律) 和对应原理，同时突出了在对应过程中易被人们所忽视的厄米性要求。所以，这种推导有一定的优点。

2.5.3 由对应原理和 Weyl 规则导出电流密度算子

从以上关于电流密度算子的论述中，我们已看出通常量子力学教材中的对应原理叙述中有下列不足之处。

首先，经典力学中，动量与坐标是可交换的，按下列对应

$$F(x,p) \to \hat{F}\left(x, \frac{\hbar}{i}\nabla\right) \tag{2.73}$$

有时不能保证算子的厄米性。电流密度算子就是这种规则不能直接引用的一个典型例子。

其次，即使加上厄米性要求，仍不能唯一地决定量子力学中对应的算子。例如某经典力学量为 $F = xp^2$，与之对应的厄米算子可以是 $\hat{p}x\hat{p}$，$\frac{1}{2}\left(\hat{p}^2x + x\hat{p}^2\right)$，也可以是

$$\frac{1}{c_1 + c_2}\left[c_1\hat{p}x\hat{p} + \frac{c_2}{2}\left(p^2x + xp^2\right)\right]$$

而通常都认为力学量均可以展开为坐标、动量的幂级数。因此获得正确的、唯一的厄米对应关系是必要的。

解决这个问题的关键是线性叠加原理与对称化。首先将经典力学量的解析性要求放宽，我们不妨一般地假设经典力学量可展开为坐标、动量的 Fourier 积分

$$F(x,p) = \iint_{-\infty}^{\infty} f(\zeta,\eta)\exp\left[i\zeta x + i\eta p\right]d\zeta d\eta \tag{2.74}$$

其优点是：

(i) 这个变换同样是线性的，基矢是正交完备的，逆变换存在唯一。

(ii) 这个函数展开式所允许的函数类较宽。例如方势阱就不能展为幂级数，但可以展为 Fourier 积分。

(iii) 在式 (2.74) 中，p 和 x 是对称的。

给出经典力学量与算子的唯一对应关系是 Weyl 规则[10,11]。

[Weyl 规则] 如果在经典物理中，力学量 $F(x,p)$ 可以表示为式 (2.74)，则这个力学量对应的算子为

$$\hat{F}(\hat{x},\hat{p}) = \iint_{-\infty}^{\infty} f(\zeta,\eta)\exp\left[i\zeta\hat{x} + i\eta\hat{p}\right]d\zeta d\eta \tag{2.75}$$

即相当于将式 (2.74) 中的 x 和 p 改为 $\hat{x}$ 和 $\hat{p}$。

注意：

(i) 在式 (2.75) 中，不论怎样改变 x 和 p 在 $F(x,p)$ 中的次序，不会改变 $f(\zeta,\eta)$，从而也不会改变 $\hat{x},\hat{p}$ 在 $\hat{F}(\hat{x},\hat{p})$ 中的次序。

(ii) 在经典物理中，力学量都是 x 和 p 的实函数，有

$$f^*(\zeta,\eta) = f(-\zeta,-\eta) \tag{2.76}$$

故

$$\hat{F}^+\left(\hat{x}, \hat{p}\right)$$
$$= \int\int_{-\infty}^{\infty} f^*\left(\zeta, \eta\right) \sum_{n=0}^{\infty} \frac{\left(-\mathrm{i}\zeta\hat{x}^+ - \mathrm{i}\eta\hat{p}^+\right)^n}{n!}\mathrm{d}\zeta\mathrm{d}\eta \qquad (2.77)$$
$$= \hat{F}\left(\hat{x}, \hat{p}\right)$$

因此，Weyl 规则提供了唯一的厄米对应关系。当然 Weyl 规则本身是一个假设，其正确性要由其结论与实验比较来检验。我们准备以 j 的表式为例来说明其正确性。

人们往往有这样的错觉，以为厄米性要求可以唯一地决定 j 只能取式 (2.64) 的形式，其实不然。我们可以举出许多例子，例如具有任意实参数 α 的下列算子族

$$\hat{j}' = \frac{e}{2m}\left[\hat{p}\delta\left(x - x'\right) + \delta\left(x - x'\right)\hat{p}\right]$$
$$+ \frac{\alpha e}{2mi}\left[\hat{p}\delta\left(x - x'\right) - \delta\left(x - x'\right)\hat{p}\right]$$

同样可以保证厄米性，而且当忽略对易关系时，同样得出经典结果。因此 Weyl 规则能否给出 j 的唯一正确形式，同样也是对 Weyl 规则的一个检验。

在运用 Weyl 规则之前，先证明一个算子公式[11]。

[算子等式] 如果算子 $\hat{\alpha}$、$\hat{\beta}$ 的对易关系 $\left[\hat{\alpha}, \hat{\beta}\right] = \hat{\gamma}$，而 $\hat{\gamma}$ 为 c 数，则下列公式成立：

$$e^{\left(\hat{\alpha}+\hat{\beta}\right)} = e^{\hat{\alpha}}e^{\hat{\beta}}e^{-\frac{1}{2}\hat{\gamma}} \qquad (2.78)$$

把两边用幂级数展开，做比较，可以逐项证明其正确性，正如 [11] 所指出的那样。此算子等式有些文献上称为 Baker-Campbell-Hausdorff 公式。如对此公式的证明有兴趣或需要，可参考 [12] 中 3.13 的证明。

现在来讨论电流密度。以一维问题为例，其经典表示为

$$j = \frac{e}{m}\delta(x - x')\,p,$$

则对应的 Fourier 变换为

$$f\left(\zeta, \eta\right) = \frac{e}{m}\frac{\mathrm{i}}{2\pi}\frac{\mathrm{d}}{\mathrm{d}\eta}\delta\left(\eta\right)\mathrm{e}^{-\mathrm{i}\zeta\,x'} \qquad (2.79)$$

令 $q \equiv (x - x')$，由 Weyl 规则有

$$\hat{J} = \frac{e}{m}\int\int_{-\infty}^{\infty}\mathrm{d}\zeta\mathrm{d}\eta\left[\frac{\mathrm{i}}{2\pi}\delta'(\eta)\right]\mathrm{e}^{\mathrm{i}\zeta\hat{q}+\mathrm{i}\eta\hat{p}}$$
$$= \frac{e}{2\pi m}\int_{-\infty}^{\infty}d\zeta\left[-\mathrm{i}\frac{\mathrm{d}}{\mathrm{d}\eta}\mathrm{e}^{\mathrm{i}\zeta\hat{q}}\mathrm{e}^{\mathrm{i}\eta\hat{p}}\mathrm{e}^{\frac{\mathrm{i}}{2}\hbar\zeta\eta}\right]\Bigg|_{\eta=0}$$
$$= \frac{e}{2\pi m}\left[\int_{-\infty}^{\infty}d\zeta\exp\left[\mathrm{i}\zeta\hat{q}\right]\hat{p} + \int_{-\infty}^{\infty}d\zeta\exp\left[\mathrm{i}\zeta\hat{q}\right]\left(\frac{\hbar}{2}\zeta\right)\right] \qquad (2.80)$$
$$= \frac{e}{m}\left[\delta(q)\hat{p} + \frac{\hbar}{2\mathrm{i}}\frac{\mathrm{d}}{\mathrm{d}q}\delta(q)\right]$$

其中第二行，我们用到了公式 (2.78)。考虑到量子力学中熟知的对易关系

$$g(x)\hat{p} - \hat{p}g(x) = i\hbar\frac{\mathrm{d}}{\mathrm{d}x}g(x) \tag{2.81}$$

得

$$\hat{J} = \frac{e}{2m}\left[\delta(q)\hat{p} + \hat{p}\delta(q)\right] \tag{2.82}$$

由此可见，根据 Weyl 规则由单项的经典电流密度表达式，自然地给出厄米的电流密度算子，它具有正确的形式，而且是唯一的。这实际上也是对它的正确性的一次考验。

Weyl 规则曾在量子多体问题里的 Wigner 函数理论中起过重要作用[13]，相信它在孤粒子理论的量子化问题上[14]也会发挥作用，因为那需要考虑对应的量子力学算子的次序问题。

在由通常的量子力学坐标表象向多体二次量子化表象的过渡中，也存在着对应规则。多体的力学量在二次量子化表象中的算子，也可以由其对应的单体力学量在态 ψ 中的平均值表达式中令波函数 ψ 换为算子 $\hat{\psi}$。能量、动量与粒子数等均是如此，例如

$$\begin{aligned}\hat{H} = &\int \hat{\psi}^+(r)\hat{H}_1\hat{\psi}(r)\mathrm{d}r \\ &+ \frac{1}{2}\int\int \hat{\psi}^+(r)\hat{\psi}^+(r')U(r,r')\hat{\psi}(r')\hat{\psi}(r)\mathrm{d}r\mathrm{d}r'\end{aligned} \tag{2.83}$$

电流密度在二次量子化表象中的算子，也可以用这个原则对应得出

$$\hat{J} = \frac{i\hbar e}{2m}\left[\hat{\psi}\nabla\hat{\psi}^+ - \hat{\psi}^+\nabla\hat{\psi}\right] \tag{2.84}$$

总之，由算子的办法导出电流表达式，有其简便清晰之处；其唯一性、厄米性可由 Weyl 规则保证，理论是自洽的。

关于 Weyl 规则还可以参考 [15]，关于 Weyl 规则的若干表达式及其比较可参考 [16]。

2.5.4　结论与记注

1. 一般认为量子力学中的力学量算子是由经典力学的力学量通过对应原理获得的，但这样得到的算子有时不一定是厄米的，而且往往是不唯一的。

2. Weyl 规则指出，将经典力学量按照 Fourier 变换展开，根据经典力学量本身为实数的固有要求，获得它们的 Fourier 变换的自然要求，保证了它们的厄米性；同时由变换的唯一性导致算子对应关系的唯一性。因此，Weyl 规则是一个非常自然和聪明的选择。

3. Weyl 规则本质上是一个假定，或者说是一个新的原理。因为它从无穷多种力学中选出一种，尽管它是自然的、唯一的，但它必须获得独立的佐证。

4. 由于寻求独立佐证比较困难，本文实际上提出通过由电流密度算子的寻求获得 Weyl 规则的物理验证的方案：由电流密度经典力学量的单项表示，通过 Weyl 规则获得量

子力学对应的算子。由于它的量子力学表达式可以由电荷守恒定律独立获得，从而可以获得独立的检验。

5. 本文还指出所获得的电流密度算子在多体问题和量子场论为基础的量子统计中同样适合，换言之，在二次量子化中再次成功地经受了考验。

本研究主要内容曾在《大学物理》[17] 发表，这里做了一些修改。

H. Weyl 在数学界被公认为大师，在物理学界被认为量子论和相对论的先驱。他曾长期在普林斯顿的高级研究院（Institute for Advanced Study）工作。那里周边有多条道路以大科学家命名，例如 Einstein Dr., Maxwell Ln., Gödel Ln., Von Neuman Rd. 等，Weyl Ln. 是专门纪念他的。Einstein 和 Gödel 都是说德语的，经常在一起散步和谈论；而 Von Neuman，Weyl 和 Wigner 都是说匈牙利语的，经常在一起谈论。

非常凑巧，Weyl 和 Wigner 的故居就在同一条路的边上。

参考文献

[1] Polak D S. The Variational Principles of Mechanics, 苏联物理-数学文献编辑局，1959.

[2] Bogoliubov N N, Shirkov D V. *Introduction to the Theory of Quantied Fields*. translated from Russuan by Volkov G M. New York: Interscience Publishers, 1959.

[3] London F. Super fluids, Vol.1. Macroscopic theory of superconductivity. New York: Dover Publication, 1960.

[4] Parks R D. Superconductivity. New York: Marcel Dekker, 1969.

[5] Josephson B D. Phys Lett, 1962 (**1**): 251.

[6] 戴显熹. 复旦学报, 1976(3-4 合刊):178.

[7] 周世勋. 量子力学教程. 上海：上海科学技术出版社，1961.

[8] Блохинцев Д И. Основы Квантовой Механики, Гостехиздат, 1963.

[9] Schiff L I. Quantum Mechanics, New York: McGraw-Hill, 1968.

[10] Weyl H. The Theory of Group and Quantum Mechanics(English Translation). New York: Dover，1932 or 1950.

[11] Balescu R. Equilibrium and Nonequilibrium Statistical Mechanics. New York: John Wiley & Son，1975.

[12] Derenzinski J. Introduction to Quantization. Warsaw: University of Warsaw, 2021.

[13] Wigner E. Phys Rew, 1932, **40**:749.

[14] Eilenberg G. Solitons, Mathematical Methods for Physics. Berlin, Heidelberg, New York: Springer-Verlag，1981.

[15] Lee T D. Particle Physics and Introduction of Field Theory. New York: Harwood Academic, 1981: 476, 480.

[16] 戴显熹, 喀兴林. Weyl 规则的若干表式及其比较. 北京师范大学学报: 1984，3: 91-96.

[17] 戴显熹, 贺黎明, 徐炳若, 黄静宜. 电流密度算子、对应原理和 Weyl 规则. 大学物理, 1981, **11**: 1-4.

第 3 章　量纲分析

3.1　量纲分析在物理学中的应用，同位素效应

物理上，量纲分析具有相当的重要性。许多物理学专著与教科书中都提到这个问题。这里希望对量纲分析的若干应用作一个系统分析。

第一，用量纲分析来核对方程、表达式的正确性。

如果一个方程式或表达式是正确的，首先量纲必须是正确的。因此，量纲上的正确性，是方程或表达式成立的必要条件。物理理论往往需要冗长的算式计算，因此常需要用量纲分析来核对。当然，这只是检验推导工作的一个方面，但却是相当重要的一个自我核对的方法。

王福山教授曾特别提到 Heisenberg 对量纲分析和算式的重视。"在计算中他总是不多几步就用量纲验算一下式子。因为他说，如果等式两边量纲对了，就说明没有算错，至多错一个无关紧要的数字因子，这在复算中不难予以更正。"

第二，无量纲处理，是一切数值计算的前奏。

现代理论物理计算，常常需要做数值计算。必须知道，一切数值分析之前，必须将表达式无量纲化，因为计算机或其他计算设备均需要输入无量纲数和对无量纲数做运算。

理论计算中，近似计算、微扰和小参量展开等常常是难免的。这时常常要做量的比较和数量级分析。量的大小只有在同量纲时才可以比较，因此必须找到适当的特征参量和无量纲参量。

第三，猜测可能的实验关系或定律。

实验上预计被测量R与几个物理量$(a,b,c,\cdots)$ 有关，其中已知R和$(a,b,c,\cdots)$ 中部分量的关系，例如 $(a,b$等)。那么，由量纲分析有时可给出与其他量的大致函数关系。当然，这只有在比较简单的情况下有效。

第四，对应态定律。

在实验上，研究一组数据并不容易，有时要作出许许多多曲线，但并不能说明什么物理本质，只能说明某种样品的若干特性。对于实验数据的科学整理工作，量纲分析同样是很重要的。

比如说，研究 van der Waals 气体的等温线，实验上要对不同的气体做许许多多的等

温线

$$P = \frac{NKT}{V - Nb} - \frac{aN^2}{V^2} \tag{3.1}$$

对不同的 van der Waals 气体，a、b、N 都不同，因此等温线的形状也会有很大差异；即使对同一种气体，等温线仍然是非常多的。为了突出各种气体的共同特征，有效地以统一的形式整理数据，人们可以采用适当的特征参量和折合参量。Van der Waals 气体有相变，因此相变点的参量就自然地称为特征参量。相变点由下列两条方程及态方程（3.1）定出

$$\frac{\partial P(T, n)}{\partial n} = 0 \qquad n = \frac{N}{V} \tag{3.2}$$

$$\frac{\partial^2 P(T, n)}{\partial n^2} = 0 \tag{3.3}$$

由这两条方程得出临界压强P_c、临界数密度n_c 和临界温度T_c

$$P_c = \frac{a}{27b^2} \qquad n_c = \frac{1}{3b} \qquad KT_c = \frac{8a}{27b} \tag{3.4}$$

以这些特征参量为标准，引入无量纲的折合量

$$\tilde{P} = \frac{P}{P_c} \qquad \tilde{n} = \frac{n}{n_c} \qquad \tilde{T} = \frac{T}{T_c} \tag{3.5}$$

从而 van der Waals 方程可以用折合量表示

$$\tilde{P} = \frac{3\tilde{n}\tilde{T}}{3 - \tilde{n}} - 3\tilde{n}^2 \tag{3.6}$$

引入折合量以后，将不同的 van der Waals 气体的态方程纳入无量纲的形式，同一条等温线可以拟合不同气体的等温线，只需它们的折合温度相同。这一点，在实验上是很重要的。

当然，为了正确描写气液共存时饱和蒸汽压现象，麦克斯韦提出了重要的改进，并被称为 Van der Waals – Maxwell 方程

$$
\begin{aligned}
\tilde{P} &= \frac{8\tilde{n}\tilde{T}}{3 - \tilde{n}} - 3\tilde{n}^2 \quad && T > T_c, \text{对一切} n \\
& && T < T_c, n > n_L, n < n_G \\
\tilde{P} &= \tilde{P}_s && T < T_c, n_G < n < n_L
\end{aligned}
\tag{3.7}
$$

其中，n_G、n_L 分别为全部变为气体或液体时的数密度，$\tilde{P}_s$ 为折合饱和蒸汽压。

第二个例子是孤立导体面的电荷分布与曲率的关系。人们从尖端放电的事实中得到启发，知道光滑孤立凸导体在曲率大的地方电荷较集中。人们往往以球体为例，电荷密度$\omega = \frac{Q}{4\pi R^2}$，因为曲率随$R$ 减小而增大，所以认为可以此来说明ω 与曲率关系。

其实这是不正确的，因为球面的曲率是处处相等的，以上的ω 与R^2 成反比是面积效应，不是曲率效应。所谓曲率效应，应该只与相对曲率有关，这就要引入无量纲的折合量来描写。

这个问题，在理论上仍是一个很困难的问题，ω 究竟与 Gauss 曲率$(K = \frac{1}{R_1 R_2})$ 还是与平均曲率$(H = \frac{1}{2}\left[\frac{1}{R_1} + \frac{1}{R_2}\right])$ 有关系，还是与二者都有关系？对这个问题有严格而且明确结论的是椭球体和椭圆柱面问题。

对一切孤立椭球导体，面电荷相对密度$\tilde{\omega}$ 等于相对 Gauss 曲率$\tilde{K}$ 的 1/4 次方，

$$\tilde{\omega} = \tilde{K}^{\frac{1}{4}} \tag{3.8}$$

这里可以用椭球面任何一点的量做基准。一般有

$$\omega = \frac{Q}{4\pi\sqrt{abc}}K^{\frac{1}{4}} \qquad (a, b, c\text{为三个半轴}) \tag{3.9}$$

特别强调一下，引入折合量以后，物理含义清楚多了，而且指明ω 不是人们所猜想的那样$\omega \sim K$ 。

对椭圆柱面，有

$$\tilde{\omega} = \left|\tilde{H}\right|^{\frac{1}{3}} \tag{3.10}$$

这里请大家特别注意一下，对一切椭球面，都是（3.8）关系，尽管各个椭球面并"不相似"。这就显示了量纲分析和对应态定律或标度律的好处。

第三个例子是实验上对应态定律的分析，往往给理论的发展以重要的提示。

比如，从事超导实验的工作者从大量的实验得出，尽管超导现象是十分奥妙的，但当采用折合量以后，例如电子比热C_{es} 用临界温度T_c 处的比热γT_c 来量，则

$$C_{es}/\gamma T_c = F(T/T_c) \tag{3.11}$$

是个近乎普适的函数。同时，临界场用零度的临界场$H_c(0)$ 来除，得到的折合临界场$\tilde{H}_c = H_c/H_c(0)$ ，对不同材料，在百分之几的精度下，基本上可以看作

$$H_c/H_c(0) = 1 - \left(\frac{T}{T_c}\right)^2 \tag{3.12}$$

许多理论工作者，如 Bardeen 等，由此获得提示，认为有可能用少数几个参数（费米表面上的态密度 $N(0)$ 和平均相互作用矩阵元$|\bar{V}|$ 及正常态电子平均 Fermi 表面速度）来建立统一的超导理论，并指出，在一定的精度下，可以忽略能带等具体结构的影响。而这在决定做需要长时间努力、需要许多人参加的基本理论研究前的决策时，是十分有用的。以后完成的、可与实验比较的 BCS 理论也正是用这三个参量 $(N(0), V_F, |\bar{V}|)$ 来拟合实验的。

第五，有时，用量纲分析可以越过许多数学困难，获得有用的结果。

[例 1] 当用 Planck 黑体辐射公式讨论 Stefan-Boltzmann 定律时会遇到一个不容易计算的积分

$$U = \int_0^\infty \rho_\nu \mathrm{d}\nu = \frac{8\pi h}{c^3}\int_0^\infty \frac{\nu^3\mathrm{d}\nu}{\mathrm{e}^{h\nu/KT} - 1} \tag{3.13}$$

如果引入无量纲量 $x = \frac{h\nu}{KT}$, 则有

$$U = \frac{8\pi(KT)^4}{(ch)^3} \int_0^\infty \frac{x^3 \mathrm{d}x}{\mathrm{e}^x - 1} \tag{3.14}$$

如果引入

$$\sigma = \frac{8\pi K^4}{(ch)^3} \int_0^\infty \frac{x^3 \mathrm{d}x}{\mathrm{e}^x - 1} \tag{3.15}$$

则 Stefan—Boltzmann 定律已经变为

$$U = \sigma T^4 \tag{3.16}$$

尽管这个积分比较复杂, 但毕竟与 T 无关。当然, 现在人们已经知道, 这个积分仍然是简单的,

$$\int_0^\infty \frac{x^3 \mathrm{d}x}{\mathrm{e}^x - 1} = \frac{\pi^4}{15}$$

[例 2] 考虑体系的势能为坐标的齐次式

$$U(q) = \sum_{i<j} a_{ij} J r_{ij}^n \qquad r_{ij} = |\vec{q}_i - \vec{q}_j| \tag{3.17}$$

并设 a_{ij} 为无量纲量, J 有量纲, $n > 0$, 因而有

$$U(q) \to +\infty \qquad \text{当} r_{ij} \to \infty \tag{3.18}$$

则可以证明热容量为

$$C_V = 3NK \left(\frac{1}{2} + \frac{1}{n} \right) \tag{3.19}$$

事实上, 配分函数 Z 为

$$Z = \frac{1}{N!} \lambda^{-3N} \int \mathrm{e}^{-U(q)/KT} \mathrm{d}^N \vec{q}$$
$$= \frac{1}{N!} \lambda^{-3N} Q$$

其中, λ 为热波长

$$\lambda = \sqrt{\frac{h^2}{2m\pi KT}} \tag{3.20}$$

Q 为组态积分

$$Q = \int \mathrm{e}^{-\sum_{i<j} a_{ij} J r_{ij}^n \beta} \mathrm{d}^N \vec{q}$$
$$= V \int_{-\infty}^{+\infty} \mathrm{e}^{-\sum_{i<j} a_{ij} J r_{ij}^n \beta} \prod_{j=2}^N \mathrm{d}\vec{r}_j$$
$$= \left(\frac{KT}{J} \right)^{3(N-1)\frac{1}{n}} V I \tag{3.21}$$

其中，I 与 V、T 无关

$$I = \int_{-\infty}^{+\infty} e^{-\sum_{i<j} a_{ij}(r_{ij}^0)^n} \prod_{j=2}^{N} d\vec{r}_j^0$$

$$\vec{r}_{ij}^0 = (\vec{q}_i - \vec{q}_j) \cdot \left(\frac{J}{KT}\right)^{\frac{1}{n}} \tag{3.22}$$

故正则配分函数 Z 及自由能 F 可以直接求出

$$Z = \frac{1}{N!} \left(\frac{h^2}{2m\pi KT}\right)^{-\frac{3}{2}N} \left(\frac{KT}{J}\right)^{\frac{3N}{n}} IV \tag{3.23}$$

$$F = -KT\left[-\ln N! + 3N\left(\frac{1}{2} + \frac{1}{n}\right)\ln KT + \ln \xi\right] \tag{3.24}$$

其中，ξ 是与 T 无关（但依赖于 V）的复杂的量。

熵为

$$S = 3NK\left(\frac{1}{2} + \frac{1}{n}\right)\ln KT + 3NK\left(\frac{1}{2} + n\right) + \text{const} \tag{3.25}$$

热容量的严格结果为

$$C_V = 3N\left(\frac{1}{2} + \frac{1}{n}\right)K \tag{3.26}$$

这个结果表明：

（i）对谐振子势，$n=2$，

$$C_V = 3NK \tag{3.27}$$

这就是 Dulong-Petit 定律和能量均分定律的结果。

（ii）对线性势，$n=1$，

$$C_V = \frac{9}{2}NK \tag{3.28}$$

（iii）库仑势，有 $n = -1$，因为负幂次势不满足条件（3.18），故得不到（3.26）型的结论。

这些工作表明，积分 I 非常复杂，即使到现在，实际上还是无法算出 I，但由量纲分析，却得到比热的严格结果。

第六，有时，会给出方向性指示。

虽然量纲分析在大部分问题中不会给出完备的结果，但有时候会给某些基本理论以方向性指示，而这些指示给某些基本理论研究带来重大影响。这些分析都是灵活多变的，并无标准的方法。这些工作的重要性，我们将在第二节中举例来说明。

总之，量纲分析在理论物理方法中是重要的基本方法之一。虽然它不能在一般问题中得到完备的结论，但有时候它的结论是相当重要的，并且有推理简单、结论可靠的特点。因此，这是一种值得重视的方法。

3.2 几个著名的量纲分析和标度律的应用例子

[例 1] 同位素效应

超导现象在 1911 年就被发现，而微观机制和微观理论直到 1950 年前还没有建立。其原因是固体中存在着许许多多的相互作用，人们搞不清究竟哪种相互作用是引起超导的主要因素。当时，人们已经知道，电子间的库仑作用是长程的且相当强，此外还有电子间的磁矩作用、轨道-自旋耦合、能带的影响、电子与晶格振动间相互作用，等等。由于超导是一种量子效应，当时量子统计理论能力尚非常有限，场论方法的引进还处在初始阶段，解决多种相互作用的效应在当时看来是不可能的。

Heisenberg 曾用电子-电子间库仑作用来讨论超导机制，也解释了一些宏观定律。

1950 年的一个重大突破，是 Fröhlich [1] 由实验资料的分析，考虑到第一类元素都没有超导的，其他类元素中，T_c 高的如铌（Nb，T_c =9 K）、铅（Pb，T_c =7 K）在常温下电阻却很大。因此，他认为，可能那些在常温下产生电阻的原因（电子与晶格振动（声子）相互作用）正是低温下引起超导的原因。他基于这个带有辩证思想的设想，运用了（或者说首次在固体理论中引进了）量子场论方法，建立了电子-声子相互作用的哈密顿量（现称为 Fröhlich 哈密顿量）。但要求解这个哈密顿量对应的量子统计问题还是十分困难的，他经过一些粗糙的计算之后，运用量纲分析，指出超导凝聚能ΔE 正比于 Debye 频率ω_D，而后者与粒子的质量M 的方根成反比

$$\Delta E \sim KT_c \sim \omega_D \sim \frac{1}{\sqrt{M}} \tag{3.29}$$

因而

$$T_c \sim \frac{1}{\sqrt{M}} \tag{3.30}$$

这个结果明显地把电声子理论与其他机制区分开了，例如电子-电子间库仑作用不可能包含离子的质量。这个结果几乎同时独立地被 Maxwell 和 Reynolds 用 Hg 的不同同位素的 T_c 的精密测量所证实。这个实验证实的重大意义在于首次找到了正确的超导机制，而这一探索经历了艰辛的 40 年。另外，由于同位素效应所提示的电声子作用的正确性，吸引了大量的优秀科学家集中于这个领域，从而完成了举世瞩目的超导微观理论。这为整个量子统计广泛运用量子场论方法，建立有效的量子统计理论奠定了基础。因此，现在来回顾同位素效应中量纲分析的功绩，是很有意义的。

目前，较准确的超导T_c 的公式为

$$T_c = 1.13\omega_D \exp\left[-(1+\lambda)/(\lambda - \mu^*)\right] \tag{3.31}$$

$$(\text{Mc Millan})$$

其中，μ^* 为库仑赝势

$$\lambda = 2 \int_c^\infty \frac{\alpha^2 F(\omega\prime)}{\omega\prime} \mathrm{d}\omega\prime \tag{3.32}$$

或更一般地

$$T_c = \alpha_0 (\lambda < \omega^2 >)^{\frac{1}{2}} \left[1 + \lambda^{-1} \alpha; \frac{< \omega^4 >}{< \omega^2 >^2} \right.$$

$$\left. + \lambda^{-2} \left(\alpha_{21} \frac{< \omega^6 >}{< \omega^2 >^3} + \alpha_{22} \frac{< \omega^4 >^2}{< \omega^2 >^4} \right) + \cdots \right] \tag{3.33}$$

其中

$$< \omega^n > = \frac{2}{\lambda} \int_0^\infty \frac{\mathrm{d}\omega\prime}{\omega\prime} \alpha^2 F(\omega\prime) \omega\prime \tag{3.34}$$

$\alpha^2 F(\omega)$ 为 Mc Milllan 引入的分布函数或声子谱。

这些经过许多人努力，花了二十多年工作的改进，仍然保持着同位素效应的结果 (3.30)。

[例 2] 相变研究中的标度律 [2]

在许多相变过程中，在相变温度 T_c 处，不少物理量可能出现奇性（例如气体-液体相变、磁性相变等过程中）。为了描写临界点附近（即 $\theta = \frac{T-T_c}{T_c}$ 很小时）这些物理量奇性的详细情况，人们可以引进适当的幂函数关系。这些指数，就叫临界指数。

（i）比热指数 α、α'

对气液相变

$$\begin{cases} C_V \sim \theta^{-\alpha} & \theta \to 0^+ \\ C_V \sim (-\theta)^{-\alpha'} & \theta \to 0^- \end{cases}$$

对磁性相变

$$\begin{aligned} C_H \sim \theta^{-\alpha} & \quad \theta \to 0^+ \\ C_H \sim (-\theta)^{-\alpha'} & \quad \theta \to 0^- \end{aligned} \tag{3.35}$$

当比热为有限跳跃时，或对数发散时，相当于

$$\alpha = \alpha' = 0 \tag{3.36}$$

（ii）序参数指数 β

对气体-液体相变，序参数 $\triangle$ 为液体密度与气体数密度的差；磁性相变中，序参数可以取自发磁化强度（即磁场强度 H 为零时的磁化强度）$\triangle = M(0)$。序参数是反映有序的程度。在相变点 T_c 处变为零，在 $T > T_c$ 时，$\triangle$ 恒为零。在 $T < T_c$ 而接近于 T_c 时，可以设

$$\triangle \sim (-\theta)^\beta \tag{3.37}$$

(iii) 磁化率 $\chi(T)$ 或等温压缩系数 K_T 的临界指数 γ、γ'

$$\frac{\chi_T}{K_T} \sim \theta^{-\gamma} \qquad \theta \to 0^+$$

$$\frac{\chi_T}{K_T} \sim (-\theta)^{-\gamma'} \qquad \theta \to 0^- \tag{3.38}$$

(iv) 等温线临界指数 δ

在 $T = T_c$ 处，等温线在通过 T_c 时

$$P - P_c \sim (n - n_c)^\delta \qquad H \sim M^\delta \tag{3.39}$$

P 为压强，M 为磁化率。

以上的六个临界指数 α、α'、β、γ、γ'、δ 称为宏观临界指数。下面介绍微观临界指数，它是基于关联长度 $\xi(T)$ 这个微观量的临界行为定出来的。

(v) 关联函数 $\nu_2(r,T)$ 的临界指数 ν、ν'

以磁学问题为例，二体关联函数 $\nu_2(r)$ 的定义为

$$\nu_2(r,\theta,h) = \langle s_0 s_1 \rangle \tag{3.40}$$

其中 s_0、s_1 分别为坐标 o 和 r 处的自旋，$\langle \cdots \rangle$ 表示系综平均。h 正比于磁场强度 H。在临界温度 T_c 附近，ν_2 有下列行为

$$\nu_2(r,T) \sim R^{-2}\frac{\mathrm{e}^{-r/\xi(T)}}{r^{d-2+\eta}} \tag{3.41}$$

d 为维数，$T \to T_c$ 时有

$$\xi(T) \to \infty$$

$$\xi(T) \sim \theta^{-\nu} \qquad \theta \to 0^+$$

$$\xi(T) \sim (-\theta)^{-\nu'} \qquad \theta \to 0^- \tag{3.42}$$

(vi) 维数临界指数 η

当 $T = T_c$ 时，

$$\gamma_2(r,T_c) \sim \gamma^{-(d-2+\eta)} \qquad (\gamma \to \infty) \tag{3.43}$$

η 称为维数临界指数。

当定义了 α、α'、β、γ、γ'、δ、ν、ν'、η 这九个临界指数之后，开始时尚未发现它们之间的任何联系。后来，人们从 $C_V \geq 0$（或 $C_M \geq 0$）的一般性要求出发，证明了

$$\alpha' + \gamma' + 2\beta \geq 2 \quad \text{(Rushbrook)} \tag{3.44}$$

由自由能凸性定理，证明了

$$\alpha' + \beta(1+\delta) \geq 2 \quad \text{(Griffith)} \tag{3.45}$$

以及由其他一些特殊的（非普遍的）假设，证明了

$$\gamma' \geq \beta\,(\delta - 1) \tag{3.46}$$

$$(2 - \eta)\,\nu \geq \gamma \qquad \text{(Fisher)} \tag{3.47}$$

$$\eta + \frac{\delta - 1}{\delta + 1}d \geq 2 \tag{3.48}$$

$$\alpha \geq \alpha' \tag{3.49}$$

但是，这些不等式并不能减少独立临界指数的数目，只有 (3.44)、(3.45) 是普遍的关系，可以与实验数据核对。

当人们用几个严格可解模型的结果来核对这些不等式时，就会发现一个惊人的事实：所有上列等式或不等式实际上均是等式。这一点，读者可以从二维 Ising 模型的严格解（Onsager）的结果自行验证之。

$$\alpha = \alpha' = 0 \qquad \beta = \frac{1}{8} \qquad \gamma = \gamma' = 7/4 \qquad \delta = 15$$

$$\gamma = \nu' = 1 \qquad \eta = 1/4 \tag{3.50}$$

关系 (3.44)—(3.45) 的另一个惊人的地方是：平均场理论的微观指数并不满足上列关系。

平均场理论假设自由能 $F(T, M)$ 在相变点处仍然是解析的，因而必然导致

$$\mathcal{H} = b'M(\theta + C'M^2) \tag{3.51}$$

令 $\mathcal{H} = 0$，则在 $T = T_c$ 时有

$$M \sim (-\theta)^\beta \qquad \theta \to 0 \qquad \beta = \frac{1}{2} \tag{3.52}$$

但实验结果以及模型严格解却指出 $\beta \neq 1/2$，这意味着自由能在临界点处不解析。

为了寻求上面关系的物理解释与描述，Widom 提出标度律。这个标度律可以由下面的分析得出。为了允许不解析，$\beta \neq 1/2$，可以假设 $\mathcal{H}$ 与 M 在临界点附近有下列关系

$$\mathcal{H} = bM(\theta + CM^{1/\beta}) \tag{3.53}$$

但由此推出指数 $\gamma = 1$，为了允许 γ 可以不是 1，将 (3.53) 推广为

$$\mathcal{H} = bM(\theta + CM^{1/\beta})^\gamma \tag{3.54}$$

由数学分析，不难看出，$\mathcal{H}$ 与 θ，$M^{1/\beta}$ 的关系可以推广为

$$\mathcal{H} = M\psi\left(\theta, M^{1/\beta}\right) \tag{3.55}$$

$$\psi\left(\lambda\theta, \lambda M^{1/\beta}\right) = \lambda^{\gamma}\psi\left(\theta, M^{1/\beta}\right) \tag{3.56}$$

其中，ψ 为 θ 与 $M^{1/\beta}$ 的 γ 阶的广义齐次函数。这就是 Widom 的基本假设。

由这个基本假设，可以导出宏观指数间的全部标度律。实际上，当 $\mathcal{H} = 0$ 时，有

$$\psi\left(\theta, M_0{}^{1/\beta}\right) = 0 \tag{3.57}$$

但

$$\psi\left(\theta, M^{1/\beta}\right) = \lambda^{-\gamma}\psi\left(\lambda\theta, \lambda M^{1/\beta}\right) = 0 \tag{3.58}$$

由此解出

$$M^{1/\beta} = \varphi\left(\theta\right) \tag{3.59}$$

$$\lambda M_0{}^{1/\beta} = \varphi\left(\lambda\theta\right) \tag{3.60}$$

$$M_0{}^{1/\beta} = \frac{1}{\lambda}\varphi\left(\lambda\theta\right) = a\theta \tag{3.61}$$

$$M_0 \sim \left(-\theta\right)^{\beta} \tag{3.62}$$

因此 β 就是序参数临界指数。

同样，还可以证明 γ 就是磁化率临界指数，而且有

$$\gamma' = \gamma \tag{3.63}$$

现在再计算 δ。由 (3.50)，当 $\theta = 0$、$M \to 0$ 时，有

$$\mathcal{H} = M\psi\left(0, M^{1/\beta}\right) = M\lambda^{-\gamma}\psi\left(0, \lambda M^{1/\beta}\right) \tag{3.64}$$

取 $\lambda = M^{-1/\beta}$，则

$$\mathcal{H} = M^{1+\frac{\gamma}{\beta}}\psi\left(0, 1\right) \sim M^{\delta} \tag{3.65}$$

因此有

$$\delta = 1 + \gamma/\beta \tag{3.66}$$

$$\gamma = \beta\left(\delta - 1\right) \tag{3.67}$$

这样，由 (3.63)、(3.67) 就得到 (3.46) 中的那个等式。

Widom 首次给出了标度律及其唯象描述。这里需要提请注意的是：虽然物态方程决定于 γ、β、ψ，但临界指数只与 γ、β 有关，而与 ψ 毫无关系！

为了理解这种标度律指标的物理含义，Kadonoff 指出，关键在于临界点附近关联长度 $\xi(T)$ 趋向无穷大

$$\xi\left(T\right) \to \infty \qquad \left(T \to T_{\mathrm{c}}\right) \tag{3.68}$$

因而，临界点性质将与用原胞为单位作统计或以比原胞线度大 L 倍的"体积"为单位作统计无关。从这个观点出发，也可以导出全体标度律

$$
\begin{cases}
\alpha = \alpha' \qquad \gamma = \gamma' \qquad \nu = \nu' \\
\gamma + 2\beta = \beta\,(\delta + 1) = \nu d = 2 - \alpha \\
(2 - \eta)\,\nu = \gamma
\end{cases}
\tag{3.69}
$$

Wilson 进一步发展了这个思想，认为对单个自旋的平均自由焓、关联长度在标度变换下存在着标度变换关系。从而发展了临界现象和相变理论中的重整化群理论，不但给标度律提出了理论证明，而且给出了临界指数可行的计算方法，为相变理论和临界现象研究提供了强有力的理论与方法，并因此获得诺贝尔物理学奖。

在杨振宁的文章[3] 中对相变临界指数的标度律也给予仔细论述，并介绍了 Widom 的贡献。

关于高等统计物理学的系统论述，可参见 [4] 。

3.3　扩散法制备 P-N 结的深度与时间的关系

在半导体 P-N 结扩散法制备工艺中，常需要控制结深度。结深度 x_0 与哪些物理量有关呢？显然与扩散系数 D 有关，也与时间 t 有关。对于确定的样品，D 是已知的，因此，希望由控制时间 t 来控制 x_0。现在的问题是问 x_0 与 t 的关系是什么？

当然，这个具体关系并不简单。我们首先用量纲分析，来得到一个基本的关系。

实际上，由扩散方程有

$$
\frac{\partial}{\partial t} u(\vec{x}, t) - a^2 \nabla^2 u(\vec{x}, t) = \rho(\vec{x}, t)
\tag{3.70}
$$

$$
a^2 = D
$$

此处 $u(\vec{x}, t)$ 为数密度。为简单计，可以讨论一维问题。考虑无源情况

$$
\frac{\partial}{\partial (ta^2)} u(\vec{x}, t) - \frac{\partial^2}{\partial x^2} u(\vec{x}, t) = 0
\tag{3.71}
$$

从量纲考虑，有

$$
x^2 \sim a^2 t
\tag{3.72}
$$

因此

$$
x \sim a\sqrt{t}
\tag{3.73}
$$

因为结的深度为长度量纲，所以有结深度 x_0 与 $\sqrt{t}$ 成正比

$$
x_0 \sim a\sqrt{t}
\tag{3.74}
$$

这个结论是相当普遍且有用的，因为扩散时间一般较长，所以可以利用控制扩散时间获得对结深度 x_0 的足够有效的控制。

为了对比起见，我们用一些例子做较详细的计算，来讨论这个问题。

首先讨论对应的问题的 Green 函数

$$\frac{\partial}{\partial t} G\left(\vec{x}, t; \vec{x}', t'\right) - a^2 \nabla^2 G\left(\vec{x}, t; \vec{x}', t'\right) = \delta\left(\vec{x} - \vec{x}'\right) \delta\left(t - t'\right) \tag{3.75}$$

利用 Fourier 变换，使上面微分方程代数化

$$G\left(\vec{x}, t; \vec{x}', t'\right) = \iiint \int_{-\infty}^{\infty} g\left(\omega, \vec{K}\right) e^{i\left(\vec{K} \cdot \vec{r} - \omega \tau\right)} \mathrm{d}\vec{K} \mathrm{d}\omega \tag{3.76}$$

令 $\vec{r} = \vec{x} - \vec{x}'$、$\tau = t - t'$，则 (3.75) 化为

$$\left(-\mathrm{i}\omega + a^2 K^2\right) g\left(\omega, \vec{K}\right) = \frac{1}{(2\pi)^4} \tag{3.77}$$

解出 $g\left(\omega, \vec{K}\right)$

$$g\left(\omega, \vec{K}\right) = \frac{1}{(2\pi)^4} \left(\frac{1}{-\mathrm{i}\omega + a^2 K^2}\right) \tag{3.78}$$

则

$$G\left(\vec{r}, \tau\right) = \frac{1}{(2\pi)^4} \iiint \int_{-\infty}^{\infty} \frac{e^{i\left(\vec{K} \cdot \vec{r} - \omega \tau\right)}}{-\mathrm{i}\omega + a^2 K^2} \mathrm{d}\vec{K} \mathrm{d}\omega \tag{3.79}$$

考虑到 $\tau > 0$，取实轴和下半复平面的大半圆 $(R \to \infty)$ 为积分回路，引用 Jordan 引理

$$\int_{-\infty}^{\infty} g\left(\omega, \vec{K}\right) \mathrm{d}\omega = \oint \frac{e^{-\mathrm{i}\omega\tau} \mathrm{d}\omega}{-\mathrm{i}(\omega + \mathrm{i}a^2 K^2)} \tag{3.80}$$

由留数定理

$$\int_{-\infty}^{\infty} g\left(\omega, \vec{K}\right) \mathrm{d}\omega = 2\pi e^{-a^2 K^2 \tau} \tag{3.81}$$

得

$$G\left(\vec{r}, \tau\right) = \frac{1}{(2\pi)^3} \int \prod_{\alpha=1}^{3} e^{-a^2 K_\alpha^2 + \mathrm{i}K_\alpha(x_\alpha - x'_\alpha)} \mathrm{d}K_\alpha$$

$$= \left(\frac{1}{2\pi a} \sqrt{\frac{\pi}{t}}\right)^3 \exp\left(-\frac{r^2}{4a^2 t}\right) \tag{3.82}$$

其中，利用了下列积分公式

$$\int_{-\infty}^{\infty} e^{-\alpha^2 \xi^2 + 2\beta\xi} \mathrm{d}\xi = \frac{\sqrt{\pi}}{\alpha} e^{\frac{\beta^2}{\alpha^2}} \quad \left(\mathrm{Re}\,\alpha^2 > 0\right) \tag{3.83}$$

为确定起见，考虑一维问题，扩散样品可以看作半无穷大的空间，初条件为

$$u\left(x', 0\right) = N_0 \left[1 - \theta\left(x'\right)\right] \tag{3.84}$$

$$\theta\left(x\right)=\begin{cases} 1 & x\geqslant 0 \\ 0 & x<0 \end{cases} \tag{3.85}$$

则 $t>0$ 时的数密度为

$$u\left(x,t\right)=\frac{1}{4\pi}\int G\left(x-x',t-t'\right)u(x',0)\mathrm{d}x'=\frac{1}{4\pi}\frac{N_0}{2\pi a}\sqrt{\frac{\pi}{t}}\int_{-\infty}^{0}\mathrm{e}^{-\frac{(x-x')^2}{4a^2t}}\mathrm{d}x'$$

令 $-\xi=x'-x$, 则

$$u\left(x,t\right)=\frac{N_0}{8\pi^2 a}\sqrt{\frac{\pi}{t}}\int_{x^2}^{\infty}\mathrm{e}^{-\xi^2/4a^2t}\mathrm{d}\xi$$

令 $\lambda^2=\frac{\xi^2}{4a^2t}$, 则

$$u\left(x,t\right)=\frac{N_0}{4\pi\sqrt{\pi}}\left[\int_{\frac{x}{2a\sqrt{t}}}^{\infty}\mathrm{e}^{-\lambda^2}\mathrm{d}\lambda\right]=\frac{N_0}{4\pi\sqrt{\pi}}\left[\int_{0}^{\infty}-\int_{0}^{\frac{x}{2a\sqrt{t}}}\right]\mathrm{e}^{-\lambda^2}\mathrm{d}\lambda$$

$$=\frac{N_0}{8\pi}\frac{2}{\sqrt{\pi}}\left[\int_{0}^{\infty}-\int_{0}^{\frac{x}{2a\sqrt{t}}}\right]\mathrm{e}^{-\lambda^2}\mathrm{d}\lambda=\frac{N_0}{8\pi}\left[1-erf\left(\frac{x}{2a\sqrt{t}}\right)\right] \tag{3.86}$$

其中, 误差函数的定义为

$$erf\left(x\right)=\frac{2}{\sqrt{\pi}}\int_{0}^{x}\mathrm{e}^{-\lambda^2}\mathrm{d}\lambda \tag{3.87}$$

余误差函数的定义为

$$cerfc\left(x\right)=1-\frac{2}{\sqrt{\pi}}\int_{0}^{x}\mathrm{e}^{-\lambda^2}\mathrm{d}\lambda \tag{3.88}$$

则

$$u\left(x,t\right)=\frac{N_0}{8\pi}cerfc\left(\frac{x}{2a\sqrt{t}}\right) \tag{3.89}$$

结深度 x_0 由密度抵消方程确定

$$u\left(x,t\right)+N_1=0 \tag{3.90}$$

即

$$\frac{N_0}{8\pi}cerfc\left(\frac{x}{2a\sqrt{t}}\right)=-N_1 \tag{3.91}$$

设这函数方程的解为 ξ_0, 则

$$\frac{x}{2a\sqrt{t}}=\xi_0 \tag{3.92}$$

$$x_0=2a\xi_0\sqrt{t} \tag{3.93}$$

当然, 这里的 ξ_0 可能是 N_0、N_1 的函数, 但绝不是 t 的函数

$$\xi_0=\xi_0\left(N_0/N_1\right) \tag{3.94}$$

因此，结深度 x_0 与 $\sqrt{t}$ 成正比的结论是正确的。量纲分析结果 (3.74) 与这里的结果是一致的。

这两种方法的特点是：由 (3.91) 还可以求出系数 $\xi_0(N_0/N_1)$。前面的一般性分析只能给出 (3.74) 的 $x_0 \sim \sqrt{t}$ 的关系，并不能给出系数，但优点是对于有限厚度的薄片（甚至弯曲的表面）这种分析依然有效，只是前面的系数可能与表面的几何参数有关。

参考文献

[1] Fröhlich H. Proc. Roy. Soc., 1952, **215A**: 291.

[2] Balescu R. Equilibrium and Nonequilibrium Statistical Mechanics. New York: John Wiley & Sons, 1975.

[3] Yang C N. Statistical Mechanics. in The XX-th Century Encyclopedia. 按照杨先生提供的预印本，杨振宁. 统计力学. 戴显熹译，周世勋校. 中国自然杂志增刊现代物理专辑第一期，转载于低温与超导，1980, **1**: 1-16.

[4] Dai X X. Advanced Statistical Physics. Shanghai: Fudan University Press, 2007.

第 4 章　电像法、半导体材料电阻率测量

电像法在电动力学的许多教材与专著中都有论述，这里不准备重复。这里着重说明一下它的基本精神及其若干应用。

电像法是电动力学中寻求 Green 函数的一种有效方法。点源的贡献，显然就是 $1/R$，而边界上感应电荷，则用像电荷来表达，一般是猜测适当的大致位置，像电荷的大小待定，然后由边界条件来定下这些待定的参数。

有几点需要特别说明一下：

（1）像电荷必须设在考察的空间区域之外，不然，将会不满足原来的 Poisson 方程。

（2）虽然解的形式带有猜测的成分，但由于静电场或静磁场的唯一性定理，只要满足场方程与边界条件，则解就是唯一正确的。这就是电像法的理论基础。

（3）像可以由许多个点电荷组成，也可以由无限个点电荷组成，也可以是连续分布的，这需要视问题的性质而灵活掌握。

（4）既然电像法的理论基础是 Poisson 方程的解的唯一性定理，那么，不仅可以运用于静电场、静磁场，也可以运用到其他问题（例如电流场、微波等）中去。正由于这种可能性，我们将会发现，在许多现代应用中常可以找到这种方法的不同形式应用。

半导体材料或外延片或薄片的电阻率测量，是目前半导体研究应用中常常遇到的，它对于半导体材料、器件特别是集成电路的成品率，均是有用的。我们将由若干例子来看电动力学的应用。

4.1　四探针法测量半导体材料的电阻率

一提到电阻率测量，人们自然想到电阻公式

$$R = \rho \frac{l}{s} \tag{4.1}$$

这里 R 为电阻，ρ 为电阻率，l 为导体的长度，s 是导体的正截面面积。因此

$$\rho = R\left(\frac{s}{l}\right) \tag{4.2}$$

电阻率的量纲是电阻长度，通常单位取为欧姆-厘米。以上的计算与测量只适用于线材，或样品的几何形状为均匀柱体的情况。对于多晶材料，规定一个形状，问题并不太困

难，但对于生产单晶的工厂、实验室，人们不希望把已成型的成品加工成柱体，因为这样会造成测试工作的不方便以及材料的浪费。通常人们在单晶上磨出一个不太大的平面，不但可以检查材料是否为单晶，同时可以用四探针法测量电阻率。

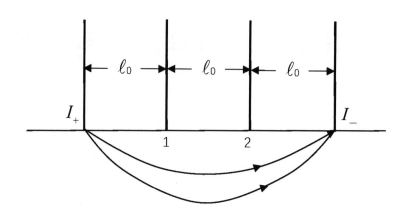

图 4.1　四探针法测量电导率示意图

四探针法测电阻率 ρ（或电导率 σ）的工作原理是：

（1）由二条探针提供电流源 I，一进一出，形成稳定电流。

（2）由另外二个探针测量电势差 $\triangle V$。在测量中，保持电势差测量线路中电流为零，其目的是消除接触电阻的影响。这是四探针法测量设计中的巧妙之处。

为了计算方便，探针的间距相等，设为 l_0。

怎样由 I、$\triangle V$ 和 l_0 来求出电阻率 ρ 呢？这个问题与静电学怎么联系呢？

这是需要了解的第一步。关键在于欧姆定律：电流密度 $\vec{j}$ 和电场强度 $\vec{E}$ 成正比

$$\vec{j} = \sigma\vec{E} \tag{4.3}$$

σ 为电导率

$$\sigma = 1/\rho \tag{4.4}$$

因此，电流线与电力线重合。电流线流出的地方，相当于有电荷似的。由 Gauss 定理，可以求出它相应的电荷量 Q

$$I = \iint \vec{j} \cdot \mathrm{d}\vec{\Sigma} = \sigma \iint \vec{E} \cdot \mathrm{d}\vec{\Sigma} = \sigma 2\pi Q \tag{4.5}$$

这里用 $2\pi Q$ 而不是用 $4\pi Q$，其原因是我们只考察半无界空间。由此，电流 I 的探针触点，相当于电量为 Q 的点电荷所在的地方

$$Q = \frac{I}{2\pi\sigma} \tag{4.6}$$

同样，电流为—I 的地方，相当于有电荷为—Q 的点电荷。这样，预计下半空间的电势 φ 为

$$\varphi = \frac{Q}{r} - \frac{Q}{r'} \tag{4.7}$$

其中 r 和 r' 分别为 $+Q$ 和—Q 处引出的矢径长度。

φ 显然满足 Poisson 方程。但值得重视的是 φ 还要满足

$$\varphi \to 0 \qquad (r \to \infty, r' \to \infty) \tag{4.8}$$

$$E_n \big|_{z=0} = 0 \tag{4.9}$$

显然，(4.8) 和 (4.9) 是 $\varphi = \frac{Q}{r} - \frac{Q}{r'}$ 所自然满足的，因为两个电荷正好在表面上。由唯一性定理，(4.7) 便是唯一正确的。由 (4.7) 立刻可以求出两电压探针的电势差

$$\triangle V = \varphi(1) - \varphi(2) = \left(\frac{Q}{l_0} - \frac{Q}{2l_0} \right) - \left(\frac{Q}{2l_0} - \frac{Q}{l_0} \right) = \frac{Q}{l_0} \tag{4.10}$$

由 (4.6)、(4.10) 得到

$$\triangle V = \frac{I}{2\pi\sigma l_0} \tag{4.11}$$

因此获得四探针公式

$$\sigma = \frac{I}{2\pi l_0 \triangle V} \tag{4.12}$$

即测出 I 和 $\triangle V$，就可以由探针间距 l_0 算出电阻率。这对于大块样品的平均电阻率 ρ 或电导率 σ 的测量已足够方便了。

4.2　四探针法测外延片或薄片的电导率

制造器件的实验室、研究部门和工厂，还希望知道薄片和外延层的电导率。因为大块单晶的电阻率的测量只给出大块材料的平均值，有时因为材料电阻率不均匀导致器件合格率下降。

一般的薄片厚度 a 与探针间距 l_0 有相同的量级，因此，边界效应不可忽略；至于外延片的情况，当外延层的电导率 σ 很大而衬底 σ 很小时，衬底可以看作是绝缘的，此时相当于 $a \sim 1\mu m \sim 10\mu m$ 的极薄的薄片，边界效应就变得非常重要。此时场的观念就显得十分有用。

电流源触点相当于点电荷 Q，电量如 (4.6) 式所示。边界条件为

$$j_n \big|_{z=0} = \sigma E_n \big|_{z=0} = 0 \qquad j_n \big|_{z=-a} = 0 \tag{4.13}$$

为了满足这个边界条件，要运用电像法。例如为了满足 $z=0$ 平面上条件，我们可以用 (4.7) 形式的解，但这个解不满足 $z=-a$ 时 $j_n = 0$ 的条件。为此要在 $z=-2a$ 处设二

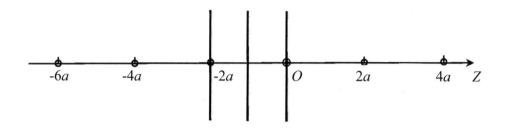

图 4.2   四探针法测量外延片电导率示意图

个电量与源电荷相等同号的像电荷，但这样 $z = 0$ 的平面的边界条件又不成立，为此又得在对 $z = 0$ 平面对称的位置设有对称的像电荷，如此反复，以至无穷多个电像位置分别在下列位置上

$$z_n = 2na, \ \ n = -\infty, \cdots -1, 0, +1, \cdots \infty \tag{4.14}$$

因此，所求的电势为

$$\varphi = \sum_{n=-\infty}^{\infty} \left[\frac{Q}{\sqrt{x^2 + (z - 2na)^2}} - \frac{Q}{\sqrt{(x - x_0)^2 + (z - 2na)^2}} \right] \tag{4.15}$$

$$x_0 = 3l_0$$

注意，这个级数分为二个级数时为发散的，但物理上是将它看作一个级数，结果是收敛的。

显然，这个势是以 $2a$ 为周期的，从对称性来看，可以看出是满足边界条件 (4.1) 的。以后，我们还将对此做详细证明。由 (4.15) 可以求出两电压探针的电势差

$$\triangle V = \varphi(1) - \varphi(2) = \frac{Q}{2l_0} \sum_{n=-\infty}^{\infty} \left(\frac{1}{\sqrt{1 + (2n\varepsilon)^2}} - \frac{1}{\sqrt{4 + (2n\varepsilon)^2}} \right) \tag{4.16}$$

其中

$$\varepsilon = a/l_0 \tag{4.17}$$

$$\sigma = \frac{I}{2\pi l_0 \triangle V} \left[1 + 4 \sum_{n=1}^{\infty} \left(\frac{1}{\sqrt{1 + (2n\varepsilon)^2}} - \frac{1}{\sqrt{4 + (2n\varepsilon)^2}} \right) \right] \tag{4.18}$$

或

$$\rho = \frac{2\pi l_0 \triangle V}{I} f(\varepsilon) \tag{4.19}$$

其中，$f(\varepsilon)$ 为边界效应的校正函数

$$f(\varepsilon) = \left[1 + 4 \sum_{n=1}^{\infty} \left(\frac{1}{\sqrt{1 + (2n\varepsilon)^2}} - \frac{1}{\sqrt{4 + (2n\varepsilon)^2}} \right) \right]^{-1} \tag{4.20}$$

关于校正函数 $f(\varepsilon)$ 由公式 (4.20) 计算出来的大部分数值原先是由朱蕾提供的。在 1967 年没有什么计算条件，他还只是个中学生，通过中学数学用表计算十分辛苦，在此特别感谢他的努力和付出。这个级数在通常情况收敛得很慢，特别当 $\varepsilon \ll 1$ 时，为了以后的计算方便，同时为了验证边界条件 (4.13)，我们希望获得一个好的封闭式。下面来研究级数的积分表示。

首先寻求一般项的积分表示。由积分表知道

$$\int_0^{\infty} \mathrm{e}^{-\alpha\lambda} J_{\nu}(\beta\lambda) \lambda^{\nu} \mathrm{d}\lambda = \frac{(2\beta)^{\nu} \Gamma\left(\nu + \frac{1}{2}\right)}{\sqrt{\pi}(\alpha^2 + \beta^2)^{\nu + \frac{1}{2}}} \tag{4.21}$$

$$\left(\mathrm{Re}\nu > -\frac{1}{2}; \quad \mathrm{Re}\alpha > |\mathrm{Im}\beta| \right)$$

令 $\nu = 0$，有

$$\int_0^{\infty} \mathrm{e}^{-\alpha\lambda} J_0(\beta\lambda) \mathrm{d}\lambda = \frac{1}{\sqrt{\alpha^2 + \beta^2}} \tag{4.22}$$

利用等比级数求和公式

$$\sum_{k=1}^{n} q^{k-1} = \frac{q^n - 1}{q - 1} \tag{4.23}$$

$$\sum_{n=-\infty}^{\infty} \mathrm{e}^{-|z-2na|\lambda} = \frac{\mathrm{ch}\,|a+z|\,\lambda}{\mathrm{sh}a\lambda} \quad |z| \leqslant a \tag{4.24}$$

有

$$\varphi = Q \sum_{n=-\infty}^{\infty} \int_0^{\infty} \mathrm{e}^{-|z-2na|\lambda} \left[J_0(|x|\,\lambda) - J_0(|x-x_0|\,\lambda) \right] \mathrm{d}\lambda$$

$$= Q \int_0^{\infty} \frac{\mathrm{ch}\,|a+z|\,\lambda}{\mathrm{sh}a\lambda} \left[J_0(|x|\,\lambda) - J_0(|x-x_0|\,\lambda) \right] \mathrm{d}\lambda \tag{4.25}$$

(4.25) 式是电势的封闭式，如果考虑 $y \neq 0$，则有

$$\rho = \sqrt{x^2 + y^2} \quad \rho' = \sqrt{(x-x_0)^2 + y^2} \tag{4.26}$$

$$\varphi = Q \int_0^{\infty} \frac{\mathrm{ch}\,|a+z|\,\lambda}{\mathrm{sh}a\lambda} \left[J_0(\rho\lambda) - J_0(\rho'\lambda) \right] \mathrm{d}\lambda \tag{4.27}$$

$$E_n = -\frac{\partial \varphi}{\partial z} = -Q \int_0^{\infty} \frac{\lambda\mathrm{sh}\left[(a+z)\,\lambda\right]}{\mathrm{sh}a\lambda} \left[J_0(\rho\lambda) - J_0(\rho'\lambda) \right] \mathrm{d}\lambda \tag{4.28}$$

显然，我们有

$$E_n \mid_{z=-a} = 0 \tag{4.29}$$

但在计算 $z = 0$ 时，条件 (4.13) 却不易证明被满足，其原因是 (4.13) 只对无奇点处适合。为此，要将奇点独立出来。

引用

$$\sum_{n=-\infty}^{\infty} e^{-(|2na-z|)\lambda} = \frac{e^{z\lambda} + e^{z\lambda}}{e^{a\lambda} - e^{-a\lambda}} e^{-a\lambda} + e^{z\lambda} = \frac{2\mathrm{ch}\,(z\lambda)\,e^{-a\lambda}}{e^{a\lambda} - e^{-a\lambda}} + e^{z\lambda} \tag{4.30}$$

则

$$\varphi = Q \int_0^{\infty} \frac{2\mathrm{ch}\,(z\lambda)\,e^{-a\lambda}}{e^{a\lambda} - e^{-a\lambda}} [J_0\,(\rho\lambda) - J_0\,(\rho'\lambda)]\,\mathrm{d}\lambda + Q\left(\frac{1}{r} - \frac{1}{r'}\right)$$

即

$$\varphi = Q \int_0^{\infty} \frac{\mathrm{ch}\,(z\lambda)\,e^{-a\lambda}}{\mathrm{sh}\,(\lambda a)} [J_0\,(\rho\lambda) - J_0\,(\rho'\lambda)]\,\mathrm{d}\lambda + Q\left(\frac{1}{r} - \frac{1}{r'}\right) \tag{4.31}$$

由于 $\lambda\mathrm{sh}\,(\lambda z)\mid_{z=0} = 0$，因此第一项在 $z = 0$ 的平面上对 E_n 贡献为零，第二项在非奇点处对 E_n 贡献也为零。在奇点处正好提供正确的电流。因此，封闭式 (4.27) 正是所求的唯一正确的解。由 (4.25) 得

$$\triangle V = 2Q \int_0^{\infty} \mathrm{cth}\,(a\lambda) [J_0\,(l_0\lambda) - J_0\,(2l_0\lambda)]\,\mathrm{d}\lambda$$

$$= \frac{2Q}{l_0} \int_0^{\infty} \mathrm{cth}\,(\varepsilon k) [J_0\,(k) - J_0\,(2k)]\,\mathrm{d}k \tag{4.32}$$

比较 (4.18)，可得出

$$f\,(\varepsilon) = \frac{1}{2I\,(\varepsilon)}$$

$$I\,(\varepsilon) = \int_0^{\infty} \mathrm{cth}\,(\varepsilon x) [J_0\,(x) - J_0\,(2x)]\,\mathrm{d}x \tag{4.33}$$

我们为了克服小 ε 时计算的困难，需要利用这个积分表示来获得有用的结果，特别是证明下列一个有用的公式

$$I\,(\varepsilon) = \frac{1}{\varepsilon}\ln 2 + \frac{1}{2} \int_0^{\infty} \mathrm{th}\left(\frac{\varepsilon x}{2}\right) J_0\,(x)\,\mathrm{d}x \tag{4.34}$$

我们可以用特殊的级数过渡的办法，去分析小 ε 时 (4.33) 的情况，并证明

$$I\,(\alpha, \beta) = \int_0^{\infty} \frac{J_0\,(\alpha x) - J_0\,(\beta x)}{x}\,\mathrm{d}x = \ln\,(\beta/\alpha) \tag{4.35}$$

但为了以后分析的方便，我们引入消发散积分的概念。

如果积分

$$I = \int_{\alpha}^{\beta} [f\,(x) - g\,(x)]\,\mathrm{d}x \tag{4.36}$$

其中二项均是发散的，但 I 却是收敛的，这类积分称作消发散型积分。

这类积分在物理上是常常遇到的。(4.33)、(4.31)、(4.25)、(4.28) 等均属于这种类型的。我们可以用特殊的级数过渡的方法求解某些问题。

历史上曾有过 Froullani 公式（关于 Froullani 公式，可参考 [1]）

$$I(a,b) = \int_0^\infty \frac{f(ax) - f(bx)}{x} \mathrm{d}x$$

$$= \lim_{\delta \to 0} \int_{a\delta}^{b\delta} \frac{f(z)\,\mathrm{d}z}{z} - \lim_{\triangle \to 0} \int_{a\triangle}^{b\triangle} \frac{f(z)\,\mathrm{d}z}{z} \quad (a > 0, b > 0) \tag{4.37}$$

(I) 如果 $f(x)$ 在 $x \geqslant 0$ 时有定义且连续，并且 $x \to \infty$ 时具有有限的极限

$$f(+\infty) = \lim_{x \to +\infty} f(x)$$

则

$$I(a,b) = [f(0) - f(\infty)] \ln\left(\frac{b}{a}\right) \tag{4.38}$$

(II) 有时函数 $f(x)$ 当 $x \to \infty$ 时没有有限的极限，但却存在

$$\int_A^\infty \frac{f(z)\,\mathrm{d}z}{z}$$

则

$$I(a,b) = f(0) \ln\left(\frac{b}{a}\right) \tag{4.39}$$

(III) 如果 $f(a)$ 的连续性在 $x = 0$ 这一点被破坏，不过还存在积分 $\int_0^\infty \frac{f(z)\mathrm{d}z}{z}$ $(A < +\infty)$
则

$$I(a,b) = f(\infty) \ln\left(\frac{b}{a}\right) \tag{4.40}$$

由 Froullani 公式，(4.35) 的结果是显然的。因为 $J_0(x)$ 在 $x \to \infty$ 时没有有限极限，但是由 $J_0(x)$ 的渐近行为，可知 $\int_A^\infty \frac{J_0(x)}{x}\mathrm{d}x$ 是存在的，因此可以用公式 (4.39)。

为了证明 (4.34)，考虑下列积分

$$J(a,b) = \int_0^\infty [\mathrm{cth}(a\varepsilon x) J_0(ax) a - b\,\mathrm{cth}(b\varepsilon x) J_0(bx)] \mathrm{d}x$$

$$= \int_0^\infty \left[\frac{\mathrm{cth}(a\varepsilon x) J_0(ax) ax - \mathrm{cth}(b\varepsilon x) J_0(bx) bx}{x}\right] \mathrm{d}x \tag{4.41}$$

可以将 $J(a,b)$ 看作 Froullani 型积分，关于 Froullani 型积分的理论，可参考 [1]。

设

$$f(x) = \begin{cases} x\,\mathrm{cth}(\varepsilon x) J_0(x) & x > 0 \\ \lim_{x \to 0} x\,\mathrm{cth}(\varepsilon x) J_0(x) = \frac{1}{\varepsilon} & x = 0 \end{cases} \tag{4.42}$$

这样的 $f(x)$ 在 $x = 0$ 处仍然连续。因此有

$$J(a, b) = \frac{1}{\varepsilon} \ln\left(\frac{b}{a}\right) \tag{4.43}$$

故

$$\int_0^\infty \left[\mathrm{cth}(\varepsilon x) J_0(x) - 2\mathrm{cth}(2\varepsilon x) J_0(2x)\right] \mathrm{d}x = \frac{1}{\varepsilon} \ln 2$$

$$= \int_0^\infty \left[\mathrm{cth}(\varepsilon x) J_0(x) - \left[\mathrm{cth}(\varepsilon x) + \mathrm{th}(\varepsilon x)\right] J_0(2x)\right] \mathrm{d}x$$

$$= I(\varepsilon) - \frac{1}{2} \int_0^\infty \mathrm{th}\left(\frac{\varepsilon x}{2}\right) J_0(x) \, \mathrm{d}x \tag{4.44}$$

其中运用了

$$\mathrm{cth}2x = \frac{1}{2}(\mathrm{cth}x + \mathrm{th}x) \tag{4.45}$$

从而公式 (4.34) 得证。

公式 (4.34) 的吸引人之处在于，$\varepsilon \ll 1$ 的区域是 $f(\varepsilon)$ 计算最困难的区域，而 (4.34) 却给出一个非常准确的估计，因为第一项是发散的，是主要的项，而第二项是随 $\varepsilon \to 0$ 时趋于零的。

(i) 对外延片或极薄的薄片，有

$$f(\varepsilon) = \frac{\varepsilon}{2\ln 2} = (0.7213475205\cdots)\varepsilon \tag{4.46}$$

对稍厚一些的，则需要估计后一项，由下列公式

$$\mathrm{th}(\varepsilon x) = \frac{4}{\pi}\left(\frac{2\varepsilon x}{\pi}\right) \sum_{n=0}^\infty \frac{1}{(2n+1)^2 + \left(\frac{2\varepsilon x}{\pi}\right)^2} \tag{4.47}$$

则

$$\int_0^\infty \mathrm{th}\varepsilon x J_0(x) \, \mathrm{d}x = \left(\frac{2}{\varepsilon}\right) \sum_{n=0}^\infty \int_0^\infty \frac{\xi J_0\left(\frac{\xi\pi}{2\varepsilon}\right) \mathrm{d}\xi}{(2n+1)^2 + \xi^2}$$

$$= \left(\frac{2}{\varepsilon}\right) \sum_{n=0}^\infty K_0\left[(2n+1)\frac{\pi}{2\varepsilon}\right] \tag{4.48}$$

因此

$$G\left(\frac{\varepsilon}{2}\right) \equiv \int_0^\infty \mathrm{th}\left(\frac{\varepsilon x}{2}\right) J_0(x) \, \mathrm{d}x = \frac{4}{\varepsilon} \sum_{n=0}^\infty K_0\left[(2n+1)\frac{\pi}{\varepsilon}\right] \tag{4.49}$$

当 $\varepsilon \ll 1$ 时，$\left(n + \frac{1}{2}\right)\frac{\pi}{\varepsilon} \gg 1$，$K_0(x)$ 可用渐近式表示

$$K_0(x) = \sqrt{\frac{\pi}{2x}} \mathrm{e}^{-x} \tag{4.50}$$

因此下降很快。

(ii) 对一般不太厚的薄片的一个很好的展式是

$$f\left(\varepsilon\right)=\left[\frac{2}{\varepsilon}\ln2+\frac{4}{\varepsilon}\sum_{n=0}^{\infty}K_0\left[(2n+1)\frac{\pi}{\varepsilon}\right]\right]^{-1} \tag{4.51}$$

利用 (4.50)、(4.51)，可以计算出 (4.46) 的误差

$$G\left(\frac{\varepsilon}{2}\right)<\frac{2\sqrt{2}}{\sqrt{\varepsilon}}\left(\mathrm{e}^{-\frac{\pi}{\varepsilon}}+\mathrm{e}^{-\frac{3\pi}{\varepsilon}}\right)\quad(\varepsilon\ll1) \tag{4.52}$$

当 $\varepsilon<0.11$ 时，准确到 10^{-10}；$\varepsilon<0.24$ 时，准确到 10^{-5}。因此在很薄时，公式 (4.46) 已足够好了。在通常厚度时，(4.51) 只要取几项就可以了。

(iii) 当 ε 较大时，我们可以利用

$$\mathrm{th}\left(\frac{\varepsilon x}{2}\right)=1+2\sum_{n=1}^{\infty}\left(-1\right)^n\mathrm{e}^{-\varepsilon nx} \tag{4.53}$$

$$G\left(\frac{\varepsilon}{2}\right)=\int_0^{\infty}\mathrm{th}\left(\frac{\varepsilon x}{2}\right)J_0\left(x\right)\mathrm{d}x=1+2\sum_{n=1}^{\infty}\frac{\left(-1\right)^n}{\sqrt{1+\left(n\varepsilon\right)^2}} \tag{4.54}$$

利用二项式定理

$$\left(1+x\right)^{-\frac{1}{2}}=1-\frac{1}{2}x+\frac{1\cdot3}{2\cdot4}x^2-\frac{1\cdot3\cdot5}{2\cdot4\cdot6}x^3+\cdots$$

$$=1+\sum_{n=1}^{\infty}\frac{\left(-1\right)^n\left(2n-1\right)!!}{\left(2n\right)!!}x^n\quad(x<1) \tag{4.55}$$

则

$$f\left(\varepsilon\right)=\frac{1}{1+\triangle\left(\varepsilon\right)} \tag{4.56}$$

$$\triangle\left(\varepsilon\right)=2\left[\frac{1}{\sqrt{1+\left(2\varepsilon\right)^2}}-\frac{1}{\sqrt{1+\varepsilon^2}}\right]$$

$$+2\sum_{m=1}^{\infty}\frac{\left(-1\right)^m}{\left(2\varepsilon\right)^{2m+1}}\left\{\left[\zeta\left(2m+1\right)-1\right]-\left[\zeta\left(2m+1,\frac{1}{2}\right)-2^{2m+1}\right]\right\} \tag{4.57}$$

其中

$$\begin{cases}\zeta\left(m\right)\equiv\sum_{n=0}^{\infty}\frac{1}{\left(n+1\right)^m}\\\zeta\left(m,\frac{1}{2}\right)\equiv\sum_{n=0}^{\infty}\frac{1}{\left(n+\frac{1}{2}\right)^m}\end{cases} \tag{4.58}$$

$\varepsilon=2$ 时，取第二项即准确到 4×10^{-4}。

一般应用中，可以采用下列表达式：$\varepsilon = a/l_0 \gg 1$，

$$f(\varepsilon) = \frac{1}{1 + \frac{0.9015}{\varepsilon^3}} \tag{4.59}$$

由此可见，运用电像法求出解的形式，利用积分表示获得边界条件的严格验证，从而确定所求之解是唯一正确的。利用消发散积分分析及 Froullani 公式，给出 $f(\varepsilon)$、$I(\varepsilon)$ 的很好的表示，从而经过数值计算获得 $f(\varepsilon)$ 的曲线。

练　习

求下列积分的数值：

(1) $\int_0^\infty \frac{e^{-ax} - e^{-bx}}{x} dx$

(2) $\int_0^\infty \ln\left(\frac{p + qe^{-ax}}{p + qe^{-bx}}\right) \frac{dx}{x}$　　$(p > 0, \ q > 0)$

(3) $\int_0^\infty \frac{\text{arctg} ax - \text{arctg} bx}{x} dx$

(4) $\int_0^\infty \frac{\cos ax - \cos bx}{x} dx$

本章中引用了诸多积分表示和积分公式。有关物理和工程方面的读者，建议自备几本常用的数学工具书，例如文献 [2]。

4.3　无损伤测量和微区测量

1）无损伤测量

有些部门，例如器件的研究单位或工厂，需要无损伤地快速测量薄片材料的电导率。这时很自然地考虑用光、微波或红外线来做检测手段。

现在，我们来讨论怎样运用这些手段探测薄片电导率。为此，我们来研究电磁场在导电介质中传播的物理过程。

在绝缘介质中，电磁波的传播具有如下特点：

(1) 无色散的，波矢为 $\vec{K}$、$K = \frac{\omega}{c}\sqrt{\mu\varepsilon}$，其中 μ、ε 为介质的磁导率和介电系数；而且没有衰减。$\vec{E}$ 和 $\vec{H}$ 是同位相的。

(2) 电磁波为横波，$\vec{E}$、$\vec{H}$ 和 $\vec{K}$ 组成右手螺旋。

但在介质存在导电性时，情况就会两样。这时会存在欧姆电流

$$\vec{j} = \sigma\vec{E} \tag{4.60}$$

Maxwell 方程组为

$$\begin{aligned}
&\nabla \cdot \mu\vec{H} = 0 \qquad\qquad &&\nabla \times \vec{E} + \frac{\mu}{c}\frac{\partial \vec{H}}{\partial t} = 0 \\
&\nabla \cdot \varepsilon\vec{E} = 0 \qquad\qquad &&\nabla \times \vec{H} - \frac{\varepsilon}{c}\frac{\partial \vec{E}}{\partial t} - \frac{4\pi\sigma}{c}\vec{E} = 0
\end{aligned} \tag{4.61}$$

这时，电磁波的传播就会具有不同的特点：

（1）首先，横波的特性将会受到破坏。$\vec{E}$ 和 $\vec{H}$ 均可以存在纵向部分和横向部分的叠加，但不难看出，对于一般的材料，纵波部分完全可以忽略，而且纵磁场只可能是静态均匀磁场。因此，通常情况只须考虑横波部分。

（2）考虑平面波形式的解。对于横波形式

$$\vec{H} = \vec{H}_0 \exp\left(i\vec{K} \cdot \vec{r} - i\omega t\right)$$
$$\vec{E} = \vec{E}_0 \exp\left(i\vec{K} \cdot \vec{r} - i\omega t\right) \tag{4.62}$$

则由 (4.61)，有

$$\vec{H} = \frac{c}{\mu\omega}\left(\vec{K} \times \vec{E}\right) \tag{4.63}$$

$$i\left(\vec{K} \times \vec{H}\right) + i\varepsilon\frac{\omega}{c}\vec{E} - \frac{4\pi\sigma}{c}\vec{E} = 0 \tag{4.64}$$

由这二式消去 $\vec{H}$ 或 $\vec{E}$，得到 $\vec{H}$ 和 $\vec{E}$ 的无相互耦合的方程

$$\left[K^2 - \left(\varepsilon\mu\frac{\omega^2}{c^2} + 4\pi i\frac{\mu\omega\sigma}{c^2}\right)\right]\left\{\begin{array}{c} \vec{H} \\ \vec{E} \end{array}\right\} = 0 \tag{4.65}$$

由此可见，K^2 必须为复数。它满足的色散关系为

$$K^2 = \varepsilon\mu\left(\frac{\omega}{c}\right)^2\left(1 + i\frac{4\pi\sigma}{\omega\varepsilon}\right) \tag{4.66}$$

我们假设 a 和 b 分别为 K 的实部和虚部

$$K = a + ib \tag{4.67}$$

则

$$a^2 - b^2 + 2abi = \varepsilon\mu\left(\frac{\omega}{c}\right)^2\left(1 + i\frac{4\pi\sigma}{\omega\varepsilon}\right) \tag{4.68}$$

由实数的封闭性，有

$$a^2 - b^2 = \varepsilon\mu\left(\frac{\omega}{c}\right)^2 \qquad 2ab = \varepsilon\mu\left(\frac{\omega}{c}\right)^2\frac{4\pi\sigma}{\omega\varepsilon} \tag{4.69}$$

求解上列方程，实现对 K^2 的开方，得

$$\left\{\begin{array}{c} a \\ b \end{array}\right\} = \sqrt{\mu\varepsilon}\left(\frac{\omega}{c}\right)\left(\frac{\sqrt{1 \pm \left(\frac{4\pi\sigma}{\omega\varepsilon}\right)^2} \pm 1}{2}\right)^{1/2} \tag{4.70}$$

假设 $\vec{K}$ 的方向为 $\vec{K}_0$，则

$$\left\{\begin{array}{l} \vec{E} = \vec{E}_0 e^{-b\vec{K}_0 \cdot \vec{X}} e^{ia\vec{K}_0 \cdot \vec{X} - i\omega t} \\ \vec{H} = \vec{H}_0 e^{-b\vec{K}_0 \cdot \vec{X}} e^{ia\vec{K}_0 \cdot \vec{X} - i\omega t} \end{array}\right. \tag{4.71}$$

这说明波沿 $\vec{K}_0$ 方向传播，同时沿 $\vec{K}_0$ 方向衰减。衰减长度为

$$d = \frac{1}{b} = \left(\frac{c}{\omega}\right) \frac{1}{\sqrt{\varepsilon\mu}} \left(\frac{\sqrt{1 + \left(\frac{4\pi\sigma}{\omega\varepsilon}\right)^2} - 1}{2}\right)^{-1/2} \tag{4.72}$$

由 (4.63)，有

$$\begin{cases} \vec{H}_0 = \frac{c}{\mu\omega}(a + \mathrm{i}b)\,\vec{K}_0 \times \vec{E}_0 \\ \vec{E}_0 \cdot \vec{K}_0 = 0 \end{cases} \tag{4.73}$$

$$\begin{cases} |E| = \sqrt{a^2 + b^2} = \sqrt{\varepsilon\mu}\left(\frac{\omega}{c}\right)\left(1 + \left(\frac{4\pi\sigma}{\omega\varepsilon}\right)^2\right)^{1/4} \\ K = |K|\,\mathrm{e}^{\mathrm{i}\delta} \\ \delta = \mathrm{arctg}\left(\frac{b}{a}\right) = \frac{1}{2}\mathrm{arctg}\left(\frac{4\pi\sigma}{\omega\varepsilon}\right) \end{cases} \tag{4.74}$$

则

$$\vec{H}_0 = \sqrt{\frac{\varepsilon}{\mu}}\left(1 + \left(\frac{4\pi\sigma}{\omega\varepsilon}\right)^2\right)^{1/4} \mathrm{e}^{\mathrm{i}\delta}\,\vec{K}_0 \times \vec{E}_0 \tag{4.75}$$

这说明，$\vec{H}_0$ 现在不再与 $\vec{E}$ 同位相，而有一个相差 δ，落后于 $\vec{E}$。两者数值之比为

$$\frac{\left|\vec{H}_0\right|}{\left|\vec{E}_0\right|} = \sqrt{\frac{\varepsilon}{\mu}}\left(1 + \left(\frac{4\pi\sigma}{\omega\varepsilon}\right)^2\right)^{1/4} \tag{4.76}$$

当介质导电性很好时，$\left(\frac{4\pi\sigma}{\omega\varepsilon}\right)^2 \gg 1$，则场主要为磁场在传播。但对于半导体，则 $\left|\vec{H}_0\right|$ 可与 $\left|\vec{E}_0\right|$ 相近。

总之，导电介质中电磁波还具有衰减、色散和相移等性质。

由于衰减与 σ、ω 有关，可以利用电磁波通过薄片的衰减来测量 σ，这只须测量入射波强度与透射波强度之比：

$$\frac{I}{I_0} \sim \mathrm{e}^{-2bl} \tag{4.77}$$

知道 l、ω 就可以求出 σ。为实用起见，有时就用微波通过标准片子的衰减率作为基准，可以很快地检查薄片在电阻率问题上的合格率。当然，用单色的红外激光器也可以做这类工作。

2）微区探测

随着大规模集成电路的发展，人们已不满足于整个薄片的电导率平均数的测量，而希望了解各点电导率的情况。因为集成电路由许多元件构成，人们发现，成品率与片基电导率分布的均匀性有密切关系。

现在人们已有可能分析各点的电导率，这是因为激光技术的发展，它可以使光束聚焦于数微米的线度内。因此，移动片子，就可以有 (4.77)，通过透射光的衰减来测出各点的 σ。许多半导体材料，如 Ge、Si、Ga、As 等对 CO_2 激光器的 10.6 μm 是基本上透明的，

因此用透射法测量是可行的。但最近的实验发现，对毛粗表面，上面做法是可行的；而对已抛光的片基，吴仲稚发现，对低吸收样品，$bl < 0.4$ 时，存在吸收讯号振荡现象。这个有趣的现象，涉及实验如何改进，为此，需对实验现象做一些物理解释。

看来主要的原因是，漫反射情况下，多光束相干效应可以忽略，而次级的反射光束因方向杂乱而变为不重要，射向指定方向的成分很少；镜反射情况下，这种次级反射光，大部分均可能射向指定方向，而出现同源光束的相干效应。

为了做定量计算，我们引入前向反射算子 $\mathcal{L}$、折射算子 R、均匀介质中传播算子 T，反向的对应算子分别为 $\tilde{\mathcal{L}}$、$\tilde{R}$ 及 $\tilde{T}$。

对于法向投射，算子变为通常的函数的乘法运算，则最终投射的场 E' 为

$$E' = E\left[R_0TR + R_0T\,\tilde{\mathcal{L}}\tilde{T}\,\mathcal{L}TR + \cdots + R_0T\,\tilde{\mathcal{L}}\tilde{T}\,\mathcal{L}T\,\tilde{\mathcal{L}}\tilde{T}\,\mathcal{L}T\cdots R + \cdots\right]$$

$$= ER_0T\sum_{n=0}^{\infty}\left(\tilde{\mathcal{L}}\tilde{T}\,\mathcal{L}T\right)^n R$$

$$= ER_0T\left[I - X\right]^{-1}R \tag{4.78}$$

其中

$$X = \tilde{\mathcal{L}}\tilde{T}\,\mathcal{L}T$$

或用通常次序

$$E' = \left[RTR_0 + RT\mathcal{L}\,\tilde{T}\tilde{\mathcal{L}}\,TR_0 + \cdots + RT\mathcal{L}\,\tilde{T}\tilde{\mathcal{L}}\cdots T\mathcal{L}\,\tilde{T}\tilde{\mathcal{L}}\,TR_0 + \cdots\right]E$$

$$= R\left[I - \hat{X}\right]^{-1}TR_0E \tag{4.79}$$

$$\hat{X} \equiv T\mathcal{L}\,\tilde{T}\tilde{\mathcal{L}}$$

$$\hat{X} = \mathcal{L}_0\,\tilde{\mathcal{L}}_0\,\mathrm{e}^{-2bl+\mathrm{i}\delta\mathcal{L}+\mathrm{i}\delta\mathcal{L}_0+\mathrm{i}\delta T} \tag{4.80}$$

$\mathcal{L}_0$ 和 $\tilde{\mathcal{L}}_0$ 分别为振幅反射率。

令

$$\varepsilon = \mathcal{L}_0\mathrm{e}^{-bl} \qquad \delta = \delta\mathcal{L} + \delta\mathcal{L}_0 + 2Kl = \delta_0 + 2Kl$$

$$|E'|^2 = |R_0|^2\left(1 - \varepsilon^2\mathrm{e}^{\mathrm{i}\delta}\right)^{-1}\left(1 - \varepsilon^2\mathrm{e}^{-\mathrm{i}\delta}\right)^{-1}\mathrm{e}^{-2bl}|E|^2$$

$$\frac{|E'|^2}{|E|^2} = \frac{I}{I_0} = \frac{|R_0|^2\,\mathrm{e}^{-2bl}}{1 + \varepsilon^4 - 2\varepsilon^2\cos\left(\delta_0 + 2Kl\right)} \tag{4.81}$$

因此，当厚度 l 有微小变化时，则 I/I_0 就出现明显起伏。特别在 $bl \leqslant 0.5$ 时，效应可能很明显。因为

$$2\varepsilon^2 \leqslant 2\mathrm{e}^{-1} \tag{4.82}$$

分母一般均大于零，因为分母 $\triangle$ 总有

$$\triangle \geqslant 1 - 2\varepsilon^2 + \varepsilon^4 = \left(1 - \varepsilon^2\right)^2 > 0 \qquad |\varepsilon| < 1 \tag{4.83}$$

这样，就解释了为什么会出现镜反射时吸收信号的起伏（在 $bl \leqslant 0.5$ 时）。这个问题在实验上如何解决，仍是一个问题。

参考文献

[1] 菲赫金戈尔茨. 微积分学教程（三卷集）. 杨弢亮，叶彦谦，译. 北京：高等教育出版社，2022.

[2] Gradshtyn I S, Ryzhik L M. *Table of Integrals, Series and Products.* Sixth Edition. New York: Academic Press，2000.

第 5 章　对偶积分方程组的退耦、降维与形式解

5.1　引　言

在静电学、静磁学、弹性力学等领域中，经常会遇见一类特殊的积分方程组——对偶积分方程组。这类积分方程组的求解实际上是相当重要的，但也相当困难。

为了自然地引入这类方程组，我们先回顾一下普通的关于 Laplace 方程边值的提法。

(i)Dirichlet 问题：给出边界上的势。这类问题的解是唯一的。

(ii)Cauchy 问题：给出边界上场（即势的负梯度）的法向投影。这类问题的解对势来说，除了一个任意相加常数外，唯一确定。

(iii) 导体表面总电荷给定的边值问题：

$$\begin{cases} \varphi|_\Sigma = V & (V \text{ 是常数，但未知}) \\ -\frac{1}{4\pi} \oint_\Sigma \frac{\partial \varphi}{\partial n} \mathrm{d}\sigma = Q & (Q \text{ 是已知的总电荷}) \end{cases} \tag{5.1}$$

这类边界条件是混合边界条件。当无穷边界条件确定后，解往往是唯一的。这里特别要说明的是，常数 V 和 Q 不能事先都给定，不然，两个条件有时会不相容。

以上三种问题，许多书和文章都有论述，不做仔细讨论了。这里特别要分析的是第 (iv) 类问题。

(iv) 混合边界条件：即在一个边界上，部分区域给出势，而另外部分却给出法向微商。这样的问题就变得复杂得多。

在电磁学测量中（如半导体外延层的电阻率测量等）会遇到下列组态的静电学问题：水银电极与外延层接触面为直径为 $2a$ 的导体圆盘。

边界条件为

$$\psi(\rho, \varphi, z)|_{z=0} = 0 \qquad (0 \leqslant \rho \leqslant \infty) \tag{5.2}$$

$$\psi(\rho, \varphi, z)|_{z=d} = V_0 \qquad (\rho \leqslant a) \tag{5.3}$$

$$\frac{\partial}{\partial z} \psi(\rho, \varphi, z)|_{z=d} = 0 \qquad (\rho > a) \tag{5.4}$$

这便是混合型边界条件。

满足 Laplace 方程且满足条件 (5.2) 的一般解为

$$\psi\left(\rho,\varphi,z\right)=\int_0^\infty A_k \sinh\left(kz\right) J_0\left(k\rho\right)\mathrm{d}k \tag{5.5}$$

为满足条件 (5.3)、(5.4)，A_k 由下列对偶积分方程组决定

$$\begin{cases} \int_0^\infty A_k \sinh\left(kd\right) J_0\left(k\rho\right)\mathrm{d}k = V_0 & \left(\rho \leqslant a\right) \\ \int_0^\infty k A_k \cosh\left(kd\right) J_0\left(k\rho\right)\mathrm{d}k = 0 & \left(\rho > a\right) \end{cases} \tag{5.6}$$

与第 (i)、(ii) 类问题相比较，混合类型的问题要复杂得多。对于第 (i)、(ii) 类或第 (iii) 类，一般相当于单条全区间积分方程，它可由 Fourier-Bessel 积分方程解出，而混合边界条件要求的是两条在不同区间上定义的积分方程。

对偶积分方程组与通常的积分方程组不同，虽然有两条积分方程，但只有一个未知数。而右端作为 ρ 的函数，不同区间的值由不同的积分核通过积分给出。

这类对偶积分方程曾经在静电圆盘问题中遇到过

$$\begin{cases} \int_0^\infty g\left(k\right) J_0\left(k\rho\right)\mathrm{d}k = V_0 & \left(\rho \leqslant a\right) \\ \int_0^\infty k g\left(k\right) J_0\left(k\rho\right)\mathrm{d}k = 0 & \left(\rho > a\right) \end{cases} \tag{5.7}$$

历史上，Titchmarsh [1]、Copson [2] 等都做了研究，并获得严格解

$$g\left(k\right) - \frac{2}{\pi}V_0 a\left[\frac{\sin\left(ka\right)}{ka}\right] \tag{5.8}$$

现在对偶积分方程组 (5.6) 的核要复杂得多。此外，弹性力学、静磁场问题也常会遇到对偶积分方程组的问题。

鉴于对偶积分方程组在物理上有一定的应用，下面将讨论它的求解问题。由于解方程 (5.6) 时，会遇到若干相当重要的步骤——退耦与降维、判别法和形式解等，因此我们将以 (5.6) 为典型，来展开下面的论述。

5.2 对偶积分方程组 (5.6) 的退耦与降维

首先引入无量纲的系数，使方程组 (5.6) 无量纲化

$$\begin{cases} \xi = ka & x = \rho/a & \delta = d/a \\ kd = \xi\delta = \lambda & r = \rho/d & r_0 = a/d \end{cases} \tag{5.9}$$

做变换

$$f\left(\lambda\right)=\frac{1}{V_0 a\delta}A\left(\lambda/\delta\right)\sinh\left(\lambda\right) \tag{5.10}$$

则 (5.6) 变为

$$\int_0^\infty f(\lambda) J_0(\lambda r)\, \mathrm{d}\lambda = 1 \qquad (0 < r < r_0) \tag{5.11}$$

$$\int_0^\infty \lambda f(\lambda) \coth(\lambda) J_0(\lambda r)\, \mathrm{d}\lambda = 0 \qquad (r_0 < r < \infty) \tag{5.12}$$

运用 Titchmarsh [1]、Copson [2] 等工作的经验，为使上列方程组退耦，引入下列积分变换

$$f(\lambda) = \coth(\lambda) \int_0^{r_0} \varphi(t) \cos(\lambda t)\, \mathrm{d}t \tag{5.13}$$

其中 $\varphi(t)$ 为 $(0, r_0)$ 上的连续函数。

考虑到下列积分公式

$$\int_0^\infty J_0(\alpha x) \sin(\beta x)\, \mathrm{d}x = \begin{cases} 0 & (\alpha \geqslant \beta) \\ \dfrac{1}{\sqrt{\beta^2 - \alpha^2}} & (\alpha < \beta) \end{cases} \tag{5.14}$$

则有

$$\int_0^\infty J_0(\lambda r) \sin(\lambda t)\, \mathrm{d}\lambda = 0 \qquad (0 \leqslant t \leqslant r_0 < r) \tag{5.15}$$

由 (5.15)、(5.13) 可以证明 (5.12) 恒等满足。实际上

$$
\begin{aligned}
&\int_0^\infty \lambda \coth(\lambda) \cot(\lambda) \left[\int_0^{r_0} \varphi(t) \cos(\lambda t)\, \mathrm{d}t \right] J_0(\lambda r)\, \mathrm{d}\lambda \\
=\ &\int_0^\infty \varphi(r_0) \sin(\lambda r_0) J_0(\lambda r)\, \mathrm{d}\lambda - \int_0^{r_0} \frac{\mathrm{d}\varphi}{\mathrm{d}t} \mathrm{d}t \int_0^\infty \sin(\lambda r_0) J_0(\lambda r)\, \mathrm{d}\lambda \\
=\ &0
\end{aligned}
$$

因为 $0 \leqslant t \leqslant r_0 < r$，所以积分方程组退耦为唯一的一条方程

$$\int_0^\infty \cot(\lambda) J_0(r\lambda)\, \mathrm{d}\lambda \int_0^{r_0} \varphi(t) \cos(\lambda t)\, \mathrm{d}t = V \qquad V = 1 \tag{5.16}$$

引入

$$g(\lambda) = 1 - \cot(\lambda) \tag{5.17}$$

则 (5.16) 式化为

$$\int_0^\infty [1 - g(\lambda)] J_0(r\lambda)\, \mathrm{d}\lambda \int_0^{r_0} \varphi(t) \cos(\lambda t)\, \mathrm{d}t = V \tag{5.18}$$

考虑到 Watson 书上的一个公式

$$\int_0^\infty J_0(\lambda r) \cos(\lambda t)\, \mathrm{d}\lambda = \begin{cases} \dfrac{1}{\sqrt{r^2 - t^2}} & (r > t \geqslant 0) \\ 0 & (t > r) \end{cases} \tag{5.19}$$

得

$$\int_0^{r_0} \int_0^{\infty} J_0(\lambda r) \cos(\lambda t) \, \mathrm{d}\lambda \varphi(t) \, \mathrm{d}t = \int_0^r \frac{1}{\sqrt{r^2 - t^2}} \varphi(t) \, \mathrm{d}t \tag{5.20}$$

这是一个微妙的结果，对 t 的积分限变为 0 到 r。

现在考虑 (5.18) 式的第一项，注意到 Bessel 函数的一个积分表示

$$J_n(z) = \frac{1}{\pi} \int_0^{\pi} \cos(n\theta - z \sin \theta) \, \mathrm{d}\theta \tag{5.21}$$

其中，n 为自然数。故

$$\int_0^{\infty} g(\lambda) J_0(\lambda r) \cos(\lambda t) \, \mathrm{d}\lambda$$
$$= \frac{1}{2\pi} \int_0^{\pi} \mathrm{d}\theta \int_0^{\infty} g(\lambda) \{\cos[\lambda(t - r\sin\theta)] + \cos[\lambda(t + r\sin\theta)]\} \, \mathrm{d}\lambda \tag{5.22}$$

定义

$$G(x) = \int_0^{\infty} g(\lambda) \cos(\lambda x) \, \mathrm{d}\lambda \tag{5.23}$$

则方程 (5.11) 化为

$$\int_0^r \frac{\varphi(t) \, \mathrm{d}t}{\sqrt{r^2 - t^2}} - \frac{1}{\pi} \int_0^{r_0} \varphi(t) \, \mathrm{d}t \int_0^{\pi/2} [G(t - r\sin\theta) + G(t + r\sin\theta)] \, \mathrm{d}\theta$$
$$= V \quad (0 \leqslant r \leqslant r_0) \tag{5.24}$$

做变量代换

$$t = r \sin \theta \tag{5.25}$$

有

$$\int_0^{\pi/2} \left\{ \varphi(r\sin\theta) - \frac{1}{\pi} \int_0^{r_0} \varphi(t) [G(t - r\sin\theta) + G(t + r\sin\theta)] \, \mathrm{d}t \right\} \mathrm{d}\theta$$
$$= V \quad (0 \leqslant r \leqslant r_0) \tag{5.26}$$

这就是 Schlömilch 型积分方程

$$\frac{2}{\pi} \int_0^{\pi/2} F(x \sin \theta) \, \mathrm{d}\theta = f(x) \tag{5.27}$$

根据 Schlömilch 定理：如果 $f(x)$ 在 $-\pi \leqslant x < \pi$ 中有连续微商，则方程 (5.27) 有且仅有一个导数连续的解

$$F(x) = \left[f(0) + x \int_0^{\pi/2} f'(x \sin \theta) \, \mathrm{d}\theta \right] \tag{5.28}$$

在我们的情况中，有 $f(x) = \frac{2}{\pi} V$ 为常数，故

$$F(x) = \frac{2}{\pi} V \tag{5.29}$$

即 $\varphi(x)$ 满足下列 Fredholm 方程

$$\varphi(x) - \frac{1}{\pi}\int_0^{r_0}\varphi(t)\left[G(t-x)+G(t+x)\right]\mathrm{d}t = \frac{2}{\pi}V \tag{5.30}$$

令

$$K(x,t) = \frac{1}{\pi}\left[G(t-x)+G(t+x)\right] \tag{5.31}$$

$$\psi(x) = \frac{2}{\pi}V \tag{5.32}$$

则对偶积分方程组经退耦、降维为下列一维的 Fredholm 积分方程

$$\varphi(x) - \lambda_0\int_0^{r_0}K(x,t)\varphi(t)\mathrm{d}t = \psi(x) \qquad \lambda_0 = 1 \tag{5.33}$$

5.3 对偶积分方程组的形式解与唯一性证明

前面已经证明对偶积分方程组归结为求解方程 (5.33)。为求其形式解，引入线性积分算子 $\hat{K}$，使方程 (5.33) 改写为

$$\varphi(x) - \lambda_0\hat{K}\varphi(x) = \psi(x) \tag{5.34}$$

迭代求解为

$$\varphi(x) = \sum_{n=0}^{N}\left(\lambda_0\hat{K}\right)^n\psi + \left(\lambda_0\hat{K}\right)^{N+1}\varphi \tag{5.35}$$

如果级数是收敛的，则我们获得形式解

$$\varphi = \sum_{n=0}^{\infty}\left(\lambda_0\hat{K}\right)^n\psi \tag{5.36}$$

现在来证明这个级数的收敛性。对 (5.34) 形式的积分方程存在下列两个判别法。

(i) 如果 $|\psi(x)| \leqslant M$，$|K(x,t)| \leqslant M\ (a \leqslant x \leqslant b)$，且

$$|\lambda_0| < \frac{1}{M(b-a)} \tag{5.37}$$

则解核存在唯一，而且解析。

(ii) 如果

$$|\lambda_0| < \frac{1}{\int_a^b\int_a^b|K(x,t)|^2\,\mathrm{d}x\mathrm{d}t} \tag{5.38}$$

则迭代法结果收敛。

第一个判别法不适用于我们的情况，因为 $b-a=r_0=a/d$ 可以很大。第二个判别法由于本问题中核 $K(x,t)$ 很复杂，它的二重积分很难估计，因此需要建立其他的判别法来分析我们遇到的问题。

[定理 I] 如果 $|\psi(x)| < M$，而且 $K(x,t)$ 有界、连续

$$|\lambda_0| < \left[\text{Max}\left|\int_a^b K(x,t)\,\mathrm{d}t\right|\right]^{-1} \tag{5.39}$$

则解核收敛、绝对收敛而且一致收敛，存在唯一。

[证明] 令

$$\varphi(x) = \sum_{n=0}^{\infty} \lambda_0^n \varphi_n(x) \qquad \varphi_0(x) = \psi(x) \tag{5.40}$$

则

$$\varphi_n(x) = \int_a^b K(x,t)\,\varphi_{n-1}(t)\,\mathrm{d}t \tag{5.41}$$

$$|\varphi_0(x)| < M \qquad |\varphi_1(x)| < M\bar{K}_0$$

其中 $\bar{K}_0 = \text{Max}\left|\int_a^b K(x,t)\,\mathrm{d}t\right|$。

则有

$$|\varphi_n(x)| < M\left(\bar{K}_0\right)^n \tag{5.42}$$

因此，当 $|\lambda_0| < \left|\bar{K}_0\right|^{-1}$ 时，级数就收敛而且一致收敛。

定义解核 $R(x,t,\lambda_0)$

$$\begin{cases} R(x,t;\lambda_0) = K(x,t) + \lambda_0 \int_a^b K(x,t_1)\,R(t_1,t;\lambda_0)\,\mathrm{d}t_1 \\ R(x,t;\lambda_0) = K(x,t) + \lambda_0 \int_a^b K(t_1,t)\,R(x,t_1;\lambda_0)\,\mathrm{d}t_1 \end{cases} \tag{5.43}$$

显然

$$\varphi(x) = \varphi(x) + \lambda_0 \int_a^b R(x,t;\lambda_0)\,\psi(x)\,\mathrm{d}t \tag{5.44}$$

由于 $K(x,t)$ 在正方形中连续，由上面所证，$R(x,t;\lambda_0)$ 在 λ_0 满足 (5.39) 条件下在同一正方形中连续，则由于存在唯一性定理，解核 $R(x,t;\lambda_0)$ 存在唯一，解 (5.40) 或者 (5.44) 存在唯一。

这里所提出的判别法的好处是只需研究 $K(x,t)$ 的单重积分。当收敛性的证明很困难时，这种研究是十分有用的。现在我们就利用定理 I 来分析我们的问题。

首先，将 $K(x,t)$ 的积分表示化为适当的级数表示

$$K(x,t) = \frac{1}{\pi}\sum_{n=1}^{\infty}\left[\frac{(-1)^{n-1}4n}{(2n)^2+(t+x)^2} + \frac{(-1)^{n-1}4n}{(2n)^2+(t-x)^2}\right] \tag{5.45}$$

故有

$$\int_0^{r_0} K(x,t)\,\mathrm{d}t = \frac{2}{\pi}\sum_{n=1}^{\infty}(-1)^{n-1}\left[\text{arc tg}\left(\frac{r_0+x}{2n}\right) + \text{arc tg}\left(\frac{r_0-x}{2n}\right)\right] \tag{5.46}$$

这个级数收敛很慢（当 r_0 很大时）。其一般项的绝对值是分段递降的，因而交叉级数可以用其第一项的值作为适当的估计，但这种估计仍不能适合条件 (5.39)。我们需要做更详细的估计。

[定理 II]　当 $r_0 = a/d$ 有限时，方程 (5.33) 的核满足

$$\int_0^{r_0} K(x,t)\,\mathrm{d}t < 1 \tag{5.47}$$

因此积分方程组 (5.6) 的解存在唯一。

[证明]　显然，$K(x,t)$ 可以用 ψ 函数来表示

$$
\begin{aligned}
K(x,t) = &\ \frac{1}{4\pi}\left[\psi\left(1+\frac{t+x}{4}\mathrm{i}\right)+\psi\left(1-\frac{t+x}{4}\mathrm{i}\right)\right] \\
&-\frac{1}{4\pi}\left[\psi\left(\frac{1}{2}+\frac{t+x}{4}\mathrm{i}\right)+\psi\left(\frac{1}{2}-\frac{t+x}{4}\mathrm{i}\right)\right] \\
&+\frac{1}{4\pi}\left[\psi\left(1+\frac{t-x}{4}\mathrm{i}\right)+\psi\left(1-\frac{t-x}{4}\mathrm{i}\right)\right] \\
&-\frac{1}{4\pi}\left[\psi\left(\frac{1}{2}+\frac{t-x}{4}\mathrm{i}\right)+\psi\left(\frac{1}{2}-\frac{t-x}{4}\mathrm{i}\right)\right]
\end{aligned}
\tag{5.48}
$$

其中

$$\psi(z) = -c - \sum_{k=0}^{\infty}\left[\frac{1}{z+k}-\frac{1}{k+1}\right] \tag{5.49}$$

c 为 Euler 常数。

严格完成 $K(x,t)$ 的积分，它可用 Γ 函数的辐角 $\gamma(z)$ 表示

$$
\begin{aligned}
\int_0^{r_0} K(x,t)\,\mathrm{d}t = &\ \frac{2}{\pi}\left[\gamma\left(1+\frac{r_0+x}{4}\mathrm{i}\right)+\gamma\left(1+\frac{r_0-x}{4}\mathrm{i}\right)\right] \\
&+\frac{2}{\pi}\left[\gamma\left(\frac{1}{2}-\frac{r_0+x}{4}\mathrm{i}\right)+\gamma\left(\frac{1}{2}-\frac{r_0-x}{4}\mathrm{i}\right)\right]
\end{aligned}
\tag{5.50}
$$

其中 $\gamma(z)$ 的定义是

$$
\begin{aligned}
\Gamma(z) &= |\Gamma(z)|\exp(\mathrm{i}\gamma(z)) \\
\Gamma(z) &= \int_0^{\infty}\mathrm{e}^{-t}t^{z-1}\mathrm{d}t \qquad (\mathbf{Re}\,z>0)
\end{aligned}
\tag{5.51}
$$

$$I(x,r_0) \equiv \int_0^{r_0} K(x,t)\,\mathrm{d}t \tag{5.52}$$

显然

$$
\begin{aligned}
\frac{\mathrm{d}}{\mathrm{d}x}I(x,r_0) = &\ \frac{4}{\pi}\sum_{n=1}^{\infty}(-1)^{n-1}n\times \\
&\left\{\frac{1}{(2n)^2+(r_0+x)^2}-\frac{1}{(2n)^2+(r_0-x)^2}\right\}
\end{aligned}
$$

故

$$\frac{\mathrm{d}}{\mathrm{d}x}I\left(x,r_0\right)<0 \tag{5.53}$$

可知 $I\left(x,r_0\right)$ 是 x 的递降函数，因此

$$\mathrm{Max}I\left(x,r_0\right)=I\left(0,r_0\right)=\frac{4}{\pi}\left[\gamma\left(1+\frac{r_0}{4}\mathrm{i}\right)+\gamma\left(\frac{1}{2}-\frac{r_0}{4}\mathrm{i}\right)\right] \tag{5.54}$$

$$\mathrm{Min}I\left(x,r_0\right)=I\left(r_0,r_0\right)=\frac{2}{\pi}\left[\gamma\left(1+\frac{r_0}{2}\mathrm{i}\right)+\gamma\left(\frac{1}{2}-\frac{r_0}{2}\mathrm{i}\right)\right] \tag{5.55}$$

现在求 $I\left(0,r_0\right)$ 的最大值。利用表达式 (5.46)，有

$$I\left(0,r_0\right) = \frac{4}{\pi}\sum_{n=1}^{\infty}\left(-1\right)^{n-1}\mathrm{arc\,tg}\left(\frac{r_0}{2n}\right)$$

$$\frac{\mathrm{d}}{\mathrm{d}r_0}I\left(0,r_0\right) = \frac{4}{\pi}\sum_{n=1}^{\infty}\left(-1\right)^{n-1}\frac{2n}{\left(2n\right)^2+r_0^2}>0 \tag{5.56}$$

故

$$\mathrm{Max}I\left(0,r_0\right)=I\left(0,\infty\right) \tag{5.57}$$

为了算出 $I\left(0,\infty\right)$，利用

$$\gamma\left(z\right)=\mathbf{Im}\left(\ln\Gamma\left(z\right)\right) \tag{5.58}$$

及 $|z|\gg1$ 时，$\ln\Gamma\left(z\right)$ 的渐近式

$$\ln\Gamma\left(z\right) \quad - \quad z\ln z-z-\frac{1}{2}\ln z+\ln\sqrt{2\pi}$$

$$+\sum_{k=1}^{n-1}\frac{\left(-1\right)^{k-1}B_{lk}}{2k\left(2k-1\right)z^{2k-1}}+R_n\left(z\right) \tag{5.59}$$

$$\left|R_n\left(z\right)\right|\leqslant\frac{|B_{2n}|}{2n\left(2n-1\right)|z|^{2n-1}\cos^{2n-1}\left(\frac{1}{2}\arg z\right)} \tag{5.60}$$

其中，B_{2n} 为 Bernoulli 数。由于我们只须考虑 $z=1+\frac{r_0}{4}\mathrm{i},z=\frac{1}{2}-\frac{r_0}{4}\mathrm{i}$ 等，故

$$\arg z\neq\pi+2K\pi \tag{5.61}$$

因此余项 $\left|R_n\left(z\right)\right|$ 在 $|z|\gg1$ 时，完全可以忽略。

令 $B=\frac{r_0}{4}$，$A_0=\frac{1}{2}$，$A=1$，则

$$\mathbf{Im}\left[\ln\Gamma\left(A+B\mathrm{i}\right)+\ln\left(A_0-B\mathrm{i}\right)\right]$$

$$\cong \quad B\ln\sqrt{\frac{A^2+B^2}{A_0^2+B^2}}+A\mathrm{arc\,tg}\left(\frac{B}{A}\right)-A_0\mathrm{arc\,tg}\left(\frac{B}{A_0}\right)$$

$$-\mathrm{arc\,tg}\left(\frac{B}{A}\right)+\frac{1}{2}\mathrm{arc\,tg}\left(\frac{B}{A_0}\right)$$

$$\to \quad \frac{\pi}{4} \tag{5.62}$$

因此

$$
\begin{aligned}
I(0,\infty) &= \mathrm{Max}\, I(0,r_0) \\
&= \frac{4}{\pi} \lim_{r_0 \to \infty} \mathbf{Im} \left[\ln \Gamma \left(1 + \frac{r_0}{4}\mathrm{i} \right) + \ln \left(\frac{1}{2} - \frac{r_0}{4}\mathrm{i} \right) \right] \\
&= 1
\end{aligned} \tag{5.63}
$$

得证

$$
\left| \int_0^{r_0} K(x,t)\,\mathrm{d}t \right| < 1 \qquad (x, r_0 < \infty) \tag{5.64}
$$

因此积分方程 (5.33) 满足下列条件：

$$
|\lambda_0| < \left[\mathrm{Max} \left| \int_0^{r_0} K(x,t) \right| \mathrm{d}t \right]^{-1} \tag{5.65}
$$

由定理 I 及前面的推导，得证对偶方程组 (5.6) 的解存在唯一。

5.4　总电流的表示和收敛速度的估计

首先讨论如何由 $\varphi(t)$ 表示电流密度。显然

$$
\vec{j} = \sigma \vec{E} = -\sigma \nabla \psi(\vec{r}) \tag{5.66}
$$

$$
j_n = -\sigma \int_0^\infty A_k k \,\mathrm{ch}(kd)\, J_0(k\rho)\,\mathrm{d}k \tag{5.67}
$$

总电流 I 为

$$
\begin{aligned}
I &= -2\pi V_0 \sigma a \int_0^\infty \frac{k\mathrm{d}k}{\mathrm{sh}(\lambda)} \mathrm{th}(\lambda) \times \\
&\quad \int_0^{r_0} \varphi(t)\cos(\lambda t)\,\mathrm{d}t\,\mathrm{ch}(kd) \int_0^a J_0(k\rho)\,\rho\mathrm{d}\rho \\
&= -2\pi V_0 \sigma d \int_0^\infty \mathrm{d}k \int_0^{a/d} \varphi(t)\cos(ktd)\,\mathrm{d}t \frac{k}{k^2}\left[x J_1(x) \right]\big|_0^{ka} \\
&= -2\pi V_0 \sigma da \int_0^\infty \mathrm{d}k \int_0^{a/d} \varphi(t)\cos(ktd)\,\mathrm{d}t J_1(ka)
\end{aligned} \tag{5.68}
$$

交换积分次序，得

$$
I = -2\pi V_0 \sigma da \int_0^{a/d} \varphi(t) \left[\int_0^\infty \mathrm{d}k J_1(ka)\cos(ktd) \right] \mathrm{d}t \tag{5.69}
$$

利用 Watson 的书上的一个公式：

$$
\int_0^\infty J_1(ka)\cos(ktd)\,\mathrm{d}k = \frac{\cos\left[\mathrm{arc}\sin\left(\frac{td}{a}\right)\right]}{\sqrt{a^2 - (td)^2}} = \frac{1}{a} \tag{5.70}
$$

表 5.1　$I(0, r_0)$ 和 $I(r_0, r_0)$

r_0	$I(0, r_0) = \mathrm{Max} \int_0^{r_0} K(x, t)\,\mathrm{d}t$	$I(r_0, r_0) = \mathrm{Min} \int_0^{r_0} K(x, t)\,\mathrm{d}t$
30	0.9787636	
28	0.9772441	
26	0.9754904	
24	0.9734432	
22	0.9710225	
20	0.9682638	0.4920389
18	0.9645583	0.4911534
16	0.9601055	0.4900464
14	0.9543685	0.4886221
12	0.9466937	0.4867216
10	0.9358898	0.4840577
8	0.9195124	0.4800528
6	0.8915366	0.4733469
4	0.8318932	0.4597562
2	0.6451135	0.4159466
1.6	0.5658680	0.3921916
1.2	0.4621742	0.3524452
0.8	0.3308007	0.2829340
0.4	0.1735224	0.1654003

在计算 (5.70) 时，特别注意到 $t < r_0$ 的条件。代入 (5.69)，得到总的电流的一个简洁表示式

$$I = -2\pi V_0 \sigma d \int_0^{a/d} \varphi(t)\,\mathrm{d}t \tag{5.71}$$

特别值得注意的是 I 的原来表示式 (5.68) 是三重积分，现在已经化为单重积分表示。电流-电压的关系归结为 $\int_0^{a/d} \varphi(t)\,\mathrm{d}t = R(a/d)$ 的计算

$$\frac{|I|}{2\pi V_0 \sigma d} = +\int_0^{a/d} \varphi(t)\,\mathrm{d}t = R(a/d) \tag{5.72}$$

这里考虑到 $V_0 > 0$ 时，电流是流向薄片的，因而 $I < 0$。

下面来估计收敛速度。这主要在于计算迭代次数，换言之，要计算 $\int_0^{r_0} K(x, t)\,\mathrm{d}t$ 的最大值与最小值。表达式 (5.51) 计算虽然较初等，但太费时间，收敛速度太慢。最好的表达式是用 Γ 函数辐角表示的公式 (5.54) 和 (5.55)。因为它的表示不但简单，而且函数 $r(z)$ 可以由美国标准局编制的复宗量 Γ 函数表中查出，其准确度高达 12 位有效数字。下面是计算结果。

由上面的计算看到，当 $r_0 = a/d < \cong 1$ 时，迭代级数收敛很快，而 $r_0 > \cong 10$ 时，迭代级数收敛很慢。

现在讨论 r_0 小时的情况。

$$
\begin{aligned}
\varphi(x) &\doteq \psi(x) + \lambda_0 \int_0^{r_0} K(x,t)\,\varphi(t)\,\mathrm{d}t \\
&= \frac{2}{\pi} + \frac{2}{\pi} \int_0^{r_0} K(x,t)\,\mathrm{d}t \\
&= \frac{2}{\pi} + \left(\frac{2}{\pi}\right)^2 \left[\gamma\left(1 + \frac{r_0+x}{4}\mathrm{i}\right) + \gamma\left(1 + \frac{r_0-x}{4}\mathrm{i}\right)\right] \\
&\quad + \left(\frac{2}{\pi}\right)^2 \left(\gamma\left(\frac{1}{2} - \frac{r_0+x}{4}\mathrm{i}\right) + \gamma\left(\frac{1}{2} - \frac{r_0-x}{4}\mathrm{i}\right)\right)
\end{aligned} \tag{5.73}
$$

为了计算 $R(a/d)$，可以证明下列一个表示

$$
\gamma\left(1 + \frac{z\mathrm{i}}{2}\right) + \gamma\left(1 - \frac{z\mathrm{i}}{2}\right) = \sum_{n=1}^{\infty} (-1)^{n-1} \operatorname{arctg}\left(\frac{z}{n}\right) \tag{5.74}
$$

再利用下列积分公式

$$
\int \operatorname{arctg}\left(\frac{x}{a}\right)\mathrm{d}x = x\operatorname{arctg}\left(\frac{x}{a}\right) + \frac{a}{2}\ln\left(a^2 + x^2\right) \tag{5.75}
$$

得

$$
\begin{aligned}
R(a/d) &= \frac{2}{\pi}\frac{a}{d} + 2\left(\frac{a}{d}\right)\left(\frac{2}{\pi}\right)^2 \times \\
&\quad \left[\gamma\left(1 + \frac{r_0\mathrm{i}}{2}\right) + \gamma\left(\frac{1}{2} - \frac{r_0\mathrm{i}}{2}\right)\right] \\
&\quad + \left(\frac{2}{\pi}\right)^2 \sum_{n=1}^{\infty} (-1)^{n-1} n\ln\left(1 + \left(\frac{r_0}{2}\right)^2\right)
\end{aligned} \tag{5.76}
$$

可以证明，沿着相同的处理途径，可以作高级近似，其级数仍然是单重的，从而得到适合中间大小 r_0 的情况。

$R(a/d)$ 的另一个表示式，可以联合 (5.72) 和 (5.13) 得到:

$$
R(a/d) = \lim_{\lambda \to 0} f(\lambda)\operatorname{cth}(\lambda) \tag{5.77}
$$

换言之，只需知道 $f(\lambda)\operatorname{cth}(\lambda)$ 的原点极限值。而且由此可以看出，$f(\lambda)$ 在 $\lambda \to 0$ 时，应趋于零。

参考文献

[1] Titchmarsh E C. Introduction to the Theory of Fourier Integrals. 2nd ed. Oxford University Press, 1948.

[2] Copson E T. Proc. Edin. Math. Soc., 1947, II(8): 14.

第 6 章 广义 Poisson 方程、电磁波和各种辐射、广义 d'Alembert 方程等

6.1 广义 Poisson 方程及其在石油探测中的应用

电磁测井在实践中已经证明是有效的。最早实现的静电探矿，已经被实践所采用，而且逐步为电磁测井所代替。其原因是，电磁测井可以在井内主动发出电磁信号，井外接收，可以较好地排除干扰。因此，这方面的研究工作很快得到工业界、研究单位和高校的研究部门的重视，特别是能源问题受到国际上重视后，这些研究得到更快地发展。

我们知道，各学科间的互相渗透对各学科的发展是十分有利的。已成熟的某些学科的经验，往往给新兴学科带来宝贵的借鉴。

当我们分析电磁测井工作时，很快发现这里常用的方法是微扰论。但从量子场论与量子统计的发展史来看，有时越出微扰论的限制是必要的。Green 函数理论就是一种很好的理论形式。这一想法引导我们对测井问题做非微扰论处理的尝试。

目前最常用的是用似稳场形式来测井。在似稳近似下，Maxwell 方程组为

$$
\begin{aligned}
\nabla \cdot \vec{B} &= 0 \qquad \nabla \cdot \vec{D} = 4\pi \rho = 0 \\
\nabla \times \vec{E} &= -\frac{1}{c}\frac{\partial \vec{B}}{\partial t} \\
\nabla \cdot \vec{H} &= \frac{4\pi}{c}\vec{j} + \frac{1}{c}\frac{\partial \vec{D}}{\partial t} \cong \frac{4\pi}{c}\vec{j}
\end{aligned} \tag{6.1}
$$

物态方程为

$$
\vec{B} = \mu \vec{H} \tag{6.2}
$$

此外，还有欧姆定律

$$
\vec{j} = \sigma \vec{E} \tag{6.3}
$$

在似稳条件下，忽略了位移电流的影响。这时最方便的表示是采用复数表示

$$
\vec{j} = \vec{j}_0 \cos{(\omega t + \phi)} = \vec{j}_0 \mathbf{Re} e^{i(\omega t + \phi)} \tag{6.4}
$$

引入矢势 $\vec{A}$ 和标势 φ,有

$$
\begin{aligned}
\vec{E} &= -\frac{1}{c}\frac{\partial \vec{A}}{\partial t} - \nabla\varphi \cong -\frac{1}{c}\frac{\partial \vec{A}}{\partial t} \\
\vec{B} &= \nabla \times \vec{A}
\end{aligned}
\tag{6.5}
$$

在井外测电动势 ε,它可以表示为

$$
\begin{aligned}
\varepsilon &= \oint \vec{E}\cdot \mathrm{d}\vec{l} = -\frac{1}{c}\frac{\partial}{\partial t}\oint \vec{A}\cdot \mathrm{d}\vec{l} \\
&= -\frac{1}{c}\frac{\partial}{\partial t}\int\int_{\Sigma} \nabla\times\vec{A}\cdot \mathrm{d}\vec{\Sigma} \\
&= -\frac{1}{c}\frac{\partial}{\partial t}\int\int_{\Sigma} \vec{B}\cdot \mathrm{d}\vec{\Sigma}
\end{aligned}
\tag{6.6}
$$

而且获得矢势 $\vec{A}$ 的方程为

$$
\nabla^2 \vec{A}(\vec{r}) = \frac{4\pi i}{c}\left(\frac{\omega}{c}\right)\mu\sigma(\vec{r})\vec{A}(\vec{r}) - \frac{4\pi}{c}\vec{J}
\tag{6.7}
$$

其中,$\vec{J}$ 为探测时置于井内的已知线圈电流密度。

这就是我们要讨论的基本方程,它类似于人们熟知的广义 Poisson 方程

$$
\left(\nabla^2 - K_0^2\right)\varphi(\vec{r}) = -4\pi\rho
\tag{6.8}
$$

它曾经被用于 Debye-Hückel 理论、Yukawa 核力势理论和超导宏观理论中为解释 Meissner 效应而建立的 London 理论等。其 Green 函数为

$$
G(R) = \frac{\mathrm{e}^{-K_0 R}}{R} \qquad (R \equiv |\vec{r} - \vec{r}'|)
\tag{6.9}
$$

但是这里的情况不同,这里的 K_0 是复数。因此,现在讨论的实际上是复的广义 Poisson 方程。它是应用相当广的理论问题,所以要特别来分析一下。

6.2　微扰展开式

为了得到收敛性较好的级数,把均匀介质背景与矿藏等不均匀部分分开。将 $\sigma(F)$ 分为均匀部分与非均匀部分

$$
\sigma(\vec{r}) = \sigma(o) + \tilde{\sigma}(\vec{r})
\tag{6.10}
$$

这样可以用均匀介质为背景,作为微扰论基础。定义对应的无微扰 Green 函数

$$
\vec{G}_0(\vec{r},\vec{r}') \equiv \vec{G}_0(\vec{r}-\vec{r}')
$$

$$
\left[\nabla^2 - \frac{4\pi}{c}\left(\frac{\omega}{c}\right)\mu\sigma(o)\,\mathrm{i}\right]\vec{G}_0(\vec{r}-\vec{r}') = -4\pi\vec{I}\delta(\vec{r}-\vec{r}')
\tag{6.11}
$$

由叠加原理，有

$$\vec{A}\left(\vec{r}\right) = \int \left[\frac{\vec{J}}{c}\left(\vec{r'}\right) - \frac{\mathrm{i}\omega\mu\tilde{\sigma}\left(\vec{r'}\right)}{c^2}\vec{A}\left(\vec{r'}\right) \right] \cdot \vec{G}_0\left(\vec{r} - \vec{r'}\right)\mathrm{d}\vec{r'} \tag{6.12}$$

令

$$\lambda K^2\left(\vec{r}\right) = -\frac{\mathrm{i}\omega\mu\tilde{\sigma}\left(\vec{r}\right)}{c^2} \tag{6.13}$$

$$K^2\left(o\right) = +\frac{4\pi\mathrm{i}\omega\mu\sigma\left(o\right)}{c^2} \tag{6.14}$$

其中 λ 为微扰参数，将来令 $\lambda = 1$，在计算过程中，作为微扰级次的指示。

(6.12) 实际上是个积分方程。对此积分方程的解做微扰展开式

$$\vec{A}\left(\vec{r}\right) = \sum_{n=0}^{\infty} \lambda^n \vec{A}_n \tag{6.15}$$

这是因为考虑 $|K^2|$ 很小，即不均匀性很微弱，因而可以作为微扰参数。由 (6.12)，有各分量方程为

$$
\begin{aligned}
& A_0\left(\vec{r}\right) + \sum_{n=0}^{\infty} \lambda^{n+1} A_{n+1}\left(\vec{r}\right) \\
= \quad & \int \left[\lambda K^2\left(\vec{r'}\right) \sum_{n=0}^{\infty} \lambda^n \vec{A}_n\left(\vec{r'}\right) + \frac{J\left(\vec{r'}\right)}{c} \right] G_0\left(\vec{r} - \vec{r'}\right) d\vec{r'} \\
= \quad & \int \left[\sum_{n=0}^{\infty} \lambda^{n+1} K^2\left(\vec{r'}\right) A_n\left(\vec{r'}\right) + \frac{J\left(\vec{r'}\right)}{c} \right] G_0\left(\vec{r} - \vec{r'}\right) d\vec{r'}
\end{aligned} \tag{6.16}
$$

由解析函数一致性定理，有

$$A_0\left(\vec{r}\right) = \int \frac{J\left(\vec{r'}\right)}{c} G_0\left(\vec{r} - \vec{r'}\right)\mathrm{d}\vec{r'}$$

$$A_{n+1}\left(\vec{r}\right) = \int K^2\left(\vec{r'}\right) A_n\left(\vec{r'}\right) G_0\left(\vec{r} - \vec{r'}\right)\mathrm{d}\vec{r'} \tag{6.17}$$

(6.17) 是严格的微扰级数解。当空间的不均匀性是微弱的，或者只限制在小的区域，则这个级数收敛很快。因此它是相当有用的。

6.3　非微扰形式

从探测大型矿藏的要求来说，希望有非微扰形式的解。因此寻求非微扰形式的解更令人神往。为此，我们来讨论封闭形式解的问题。

将方程 (6.11) 的分量方程写为

$$\left[\nabla^2 - K^2\left(o\right)\right] G_0\left(\vec{r} - \vec{r'}\right) = -4\pi I\delta\left(\vec{r} - \vec{r'}\right) \tag{6.18}$$

引入矩阵 D, 将 (6.18) 写成矩阵表示

$$\hat{D}\hat{G}_0 = -4\pi\hat{I} \tag{6.19}$$

则

$$\hat{G}_0 = -4\pi\hat{D}^{-1}\hat{I} \tag{6.20}$$

其中 $\hat{D}^{-1}$ 为 $\hat{D}$ 的逆矩阵。作具体的坐标表示, 以平面波为基矢

$$\psi_k(\vec{r}) = \frac{1}{(2\pi)^{3/2}}e^{i\vec{k}\cdot\vec{r}} \tag{6.21}$$

则

$$\begin{aligned} G_0(\vec{r}-\vec{r'}) &= \langle\vec{r}|G|\vec{r'}\rangle \\ &= -4\pi\hat{D}^{-1}\sum_{k'}\psi_{k'}^*(\vec{r})\psi_{k'}(\vec{r'}) \end{aligned} \tag{6.22}$$

由 Fourier 展开, 同样可以得出

$$G_0(\vec{r}-\vec{r'}) = +4\pi\sum_{k'}\frac{\psi_{k'}^*(\vec{r})\psi_{k'}(\vec{r'})}{k'^2+K_0^2} \tag{6.23}$$

令

$$A_n(\vec{r}) = \sum_{k_2}C_n(\vec{k}_2)\psi_{k_2}(\vec{r}) \tag{6.24}$$

$$k^2(\vec{r}) = \sum_{k_3}\alpha(\vec{k}_3)\psi_{k_3}(\vec{r}) \tag{6.25}$$

则

$$\begin{aligned} A_{n+1}(\vec{r}) &= \sum_{k_2}C_{n+1}(\vec{k}_2)\psi_{k_2}(\vec{r}) \\ &= \sum_{k_1}\sum_{k_2}\sum_{k_3}\frac{4\pi\alpha(\vec{k}_3)C_n(\vec{k}_2)}{k_1^2+K_0^2}\int\psi_{k_1}^*(\vec{r})\psi_{k_1}(\vec{r'})\psi_{k_2}(\vec{r'})\psi_{k_3}(\vec{r'})\,d\vec{r'} \\ &= 4\pi\sum_{k_1}\sum_{k_2}\sum_{k_3}\frac{\alpha(\vec{k}_3)C_n(\vec{k}_2)}{k_1^2+K_0^2}\psi_{k_1}^*(\vec{r})\delta_{-k_1,k_2+k_3} \\ &= 4\pi\sum_{k_1}\sum_{k_2}\alpha(-\vec{k}_1-\vec{k}_2)C_n(\vec{k}_2)\frac{\psi_{-k_1}(\vec{r})}{k_1^2+K_0^2} \\ &= 4\pi\sum_{k_1}\sum_{k_2}\alpha(\vec{k}_1-\vec{k}_2)C_n(\vec{k}_2)\frac{\psi_{k_1}(\vec{r})}{k_1^2+K_0^2} \end{aligned} \tag{6.26}$$

利用平面波的正交性，有

$$C_{n+1}\left(\vec{k}_1\right) = 4\pi \sum_{\vec{k}_2} \frac{\alpha\left(\vec{k}_1 - \vec{k}_2\right) C_n\left(\vec{k}_2\right)}{k_1^2 + K_0^2} = \sum_{\vec{k}_2} \Gamma_{k_1, k_2} C_n\left(k_2\right) \tag{6.27}$$

$$\Gamma_{k_1, k_2} \equiv 4\pi \frac{\alpha\left(\vec{k}_1 - \vec{k}_2\right)}{k_1^2 + K_0^2} \tag{6.28}$$

将 (6.27) 写成矩阵形式

$$C_{n+1} = \hat{\Gamma} C_n = \hat{\Gamma}\left(\hat{\Gamma} C_{n-1}\right) \cdots = \hat{\Gamma}^{n+1} C_0 \tag{6.29}$$

一般形式下，我们有

$$\begin{aligned} A\left(\vec{r}\right) &= \sum_{n=0}^{\infty} A_n \lambda^n|_{\lambda=1} = \sum_k \sum_{n=0}^{\infty} C_n\left(\vec{n}\right) \psi_k\left(\vec{r}\right) \\ &= \sum_k C\left(\vec{k}\right) \psi_k\left(\vec{r}\right) \end{aligned} \tag{6.30}$$

$$C = \sum_{n=0}^{\infty} \hat{\Gamma}^n C_0 = \left(\hat{I} - \hat{\Gamma}\right)^{-1} C_0 \tag{6.31}$$

而 $\left(\hat{I} - \hat{\Gamma}\right)^{-1}$ 是 $\left(\hat{I} - \hat{\Gamma}\right)$ 的逆矩阵。因此，我们得到了 Green 函数形式下的严格解

$$\begin{aligned} A\left(\vec{r}\right) &= \left(\hat{I} - \hat{\Gamma}\right)^{-1} A_0\left(\vec{r}\right) \\ &= \sum_k \left(\hat{I} - \hat{\Gamma}\right)^{-1} C_0\left(\vec{k}\right) \psi_k\left(\vec{r}\right) \end{aligned} \tag{6.32}$$

$\hat{\Gamma}$ 的定义由 (6.28) 给出。因此就严格地给出了问题的封闭形式的解。在做具体计算时，可以取有限维表示的近似，通过计算机求出 $\left(\hat{I} - \hat{\Gamma}\right)$ 的逆矩阵。

由 (6.17)，我们还可以获得 $\hat{\Gamma}$ 的一个坐标表象下的表示

$$\hat{\Gamma}\left(\vec{r}, \vec{r}'\right) = K^2\left(\vec{r}'\right) G_0\left(\vec{r} - \vec{r}'\right) \tag{6.33}$$

求 $\left(\hat{I} - \hat{\Gamma}\right)^{-1} = \hat{R}$ 的方程可以从下列考虑得到

$$\hat{R}\left(\hat{I} - \hat{\Gamma}\right)^{-1} = \hat{I} \tag{6.34}$$

取坐标表示，有

$$\int R\left(\vec{r}, \vec{r}''\right)\left[\delta\left(\vec{r}'', \vec{r}'\right) \mathrm{d}\vec{r}'' - \Gamma\left(\vec{r}'', \vec{r}'\right)\right] = \delta\left(\vec{r} - \vec{r}'\right) \tag{6.35}$$

即

$$\int R\left(\vec{r},\vec{r}''\right)\left[\delta\left(\vec{r}''-\vec{r}'\right)-K^2\left(\vec{r}'\right)G_0\left(\vec{r}''-\vec{r}'\right)\right]\mathrm{d}\vec{r}''=\delta\left(\vec{r}-\vec{r}'\right) \tag{6.36}$$

因此 $R\left(\vec{r},\vec{r}'\right)$ 满足下列条件

$$\int\int R\left(\vec{r},\vec{r}''\right)\left[\delta\left(\vec{r}''-\vec{r}'\right)-K^2\left(\vec{r}'\right)G_0\left(\vec{r}''-\vec{r}'\right)\right]\mathrm{d}\vec{r}\mathrm{d}\vec{r}''=1 \tag{6.37}$$

故

$$\int R\left(\vec{r},\vec{r}'\right)\mathrm{d}\vec{r}-\int\int R\left(\vec{r},\vec{r}''\right)K^2\left(\vec{r}'\right)G_0\left(\vec{r}''-\vec{r}'\right)\mathrm{d}\vec{r}\mathrm{d}\vec{r}''=1 \tag{6.38}$$

6.4　复化广义 Poisson 方程的广义 Green 函数

为了完成矢势 $\vec{A}$ 的展式 (6.15)，或计算 $\hat{R}$ 矩阵的积分方程，我们均需要求解复化了的广义 Poisson 方程 (6.11) 的解。

这个 Green 函数是可以严格解出的。为了以后引用方便起见，我们将方程写为

$$\left(\nabla^2-K_0^2\right)G_0\left(\vec{r}-\vec{r}'\right)=-4\pi\delta\left(\vec{r}-\vec{r}'\right) \tag{6.39}$$

其中假设 K_0 为一般的复数

$$K_0=\alpha+\mathrm{i}\beta\quad(\alpha>0) \tag{6.40}$$

运用 Fourier 变换，使方程 (6.39) 在波矢空间化为代数方程。实际上，令

$$\vec{R}=\vec{r}-\vec{r}' \tag{6.41}$$

$$G\left(\vec{R}\right)=\frac{1}{(2\pi)^{3/2}}\int C\left(\vec{k}\right)\mathrm{e}^{\mathrm{i}\vec{k}\cdot\vec{R}}\mathrm{d}\vec{k} \tag{6.42}$$

δ 函数的 Fourier 表示为

$$\delta\left(\vec{R}\right)=\frac{1}{(2\pi)^3}\int\mathrm{e}^{\mathrm{i}\vec{k}\cdot\vec{R}}\mathrm{d}\vec{k} \tag{6.43}$$

由 (6.39) 得出 $C\left(\vec{k}\right)$ 所满足的代数方程

$$\left(k^2+K_0^2\right)C\left(\vec{k}\right)=+4\pi\left(2\pi\right)^{-3/2} \tag{6.44}$$

因而求出 $C\left(\vec{k}\right)$

$$C\left(\vec{k}\right)=\frac{4\pi}{(2\pi)^{3/2}}\cdot\frac{1}{k^2+K_0^2} \tag{6.45}$$

$G\left(\vec{R}\right)$ 可以通过 Fourier 逆变换得出

$$\begin{aligned}
G\left(\vec{R}\right)&=\frac{4\pi}{(2\pi)^3}\int_0^\infty\int_0^\pi\int_0^{2\pi}\frac{\mathrm{e}^{\mathrm{i}kR\cos\theta}k^2\mathrm{d}k\sin\theta\mathrm{d}\theta\mathrm{d}\varphi}{k^2+K_0^2}\\
&=\frac{2}{\pi R}\int_0^\infty\frac{k\sin kR}{k^2+K_0^2}\mathrm{d}k
\end{aligned} \tag{6.46}$$

为计算最后一重积分，我们考虑下列积分

$$I(p, w) = \int_0^\infty \frac{x \sin px}{x^2 + w^2} \mathrm{d}x \qquad (p > 0) \tag{6.47}$$

将上列积分中的被积函数开拓到复数 z 平面上，则

$$I(p, w) = \frac{1}{2\mathrm{i}} \int_{-\infty}^\infty \frac{z \mathrm{e}^{\mathrm{i}pz}}{z^2 + w^2} \mathrm{d}z = \frac{1}{2\mathrm{i}} \oint_c \frac{z \mathrm{e}^{\mathrm{i}pz}}{z^2 + w^2} \mathrm{d}z \tag{6.48}$$

其中的回路 c 为以原点为中心、位于上半平面的半圆和实轴构成的封闭回路。当半径趋于无穷时，有 Jordan 引理。当 $p > 0$ 时，可以证明在弧上的积分贡献为零，从而保证 (6.48) 的最后一式成立。

由留数定理

$$\oint_c f(z) \mathrm{d}z = 2\pi\mathrm{i} \sum_\alpha \mathbf{Res} f(z_\alpha) \tag{6.49}$$

其中 z_α 是函数 $f(z)$ 在回路中的奇点，$\mathbf{Res} f(z_\alpha)$ 为对应奇点处的留数。在现在情况下

$$f(z) = \frac{z \mathrm{e}^{\mathrm{i}pz}}{z^2 + w^2}$$

这个函数的奇点为 $z = \pm w\mathrm{i}$。设其中虚部为正的那个奇点为

$$z_1 = w\mathrm{i} = (a + b\mathrm{i})\mathrm{i} = -b + a\mathrm{i} \qquad (a = \mathbf{Re}\, w > 0) \tag{6.50}$$

则 $w\mathrm{i}$ 在回路内，$-w\mathrm{i}$ 在回路外。

$$\mathbf{Res} f(w\mathrm{i}) = \lim_{z \to w\mathrm{i}} \frac{(z - w\mathrm{i}) z \mathrm{e}^{\mathrm{i}pz}}{z^2 + w^2} = \frac{1}{2} \mathrm{e}^{-pw} \tag{6.51}$$

因此，得到下列积分公式

$$I(p, w) = \int_0^\infty \frac{x \sin px}{x^2 + w^2} \mathrm{d}x = \frac{\pi}{2} \mathrm{e}^{-pw} \quad (\mathbf{Re}\, w > 0) \tag{6.52}$$

考虑到 (6.40)，有

$$G\left(\vec{R}\right) = \frac{1}{R} \mathrm{e}^{-(\alpha + \mathrm{i}\beta)R} \tag{6.53}$$

这就是复化广义 Poisson 方程的 Green 函数的严格解。这表明在导电介质中的传播，既有波动，又有衰减的效应。

下面讨论几个特例。

(i) 导电介质情况：K_0^2 为纯虚数

$$\begin{aligned} K_0^2 &= \frac{4\pi\mathrm{i}\omega\mu\sigma(0)}{c^2} \\ K_0 &= \alpha + i\beta = \frac{\sqrt{4\pi\omega\mu\sigma(0)}}{c} \left(\frac{1 + \mathrm{i}}{\sqrt{2}}\right) \\ &= \frac{\sqrt{2\pi\omega\mu\sigma(0)}}{c} (1 + \mathrm{i}) = \frac{|K_0|}{\sqrt{2}} (1 + \mathrm{i}) \end{aligned} \tag{6.54}$$

$$G\left(\vec{R}\right) = \frac{1}{R}e^{-\frac{|K_0|}{\sqrt{2}}(1+\mathrm{i})R} \tag{6.55}$$

(ii) 导电介质情况：K_0^2 为纯实数

$$G\left(\vec{R}\right) = \frac{1}{R}e^{-K_0 R} \tag{6.56}$$

现在讲一下这个结果在不同领域中的应用。

（A）Debye-Hückel 理论：高温或低密度等离子体

现在考虑完全电离的气体，它由电子与各种成分的离子组成。这些荷电粒子的电荷记为 $z_\alpha e$，其中 e 为电子电荷，z_α 为正负整数，而 n_{α_0} 表示各种荷电粒子的单位体积中的平均粒子数（即数密度）。现在只讨论均匀的等离子体，因此由等离子体在总体上的电中性要求

$$\sum_\alpha z_\alpha n_{\alpha_0} = 0 \tag{6.57}$$

我们假设气体离 Boltzmann 气体不远，即认为荷电粒子间的平均库仑作用能

$$\left[(ze)^2/r_0 \sim (ze)^2 n^{\frac{1}{3}}\right]$$

远比粒子的平均动能 $(\sim KT)$ 小，即

$$(ze)^2 n^{\frac{1}{3}} \ll KT \tag{6.58}$$

或

$$n \ll \left(\frac{KT}{z^2 e^2}\right)^3 \tag{6.59}$$

也就是说要求低密度或高温的条件。

在这类等离子体的热力学量的计算中，库仑作用对能量的贡献比量子效应的贡献显著。按照经典静电学，电荷体系的静电能可以通过电荷与电荷所处的电势的乘积之半的总和求出。

$$E_c = \frac{V}{2}\sum_\alpha e z_\alpha n_{\alpha_0}\varphi_\alpha \tag{6.60}$$

其中，φ_α 是作用在第 α 类荷电粒子上的其他粒子产生的静电势（注意，φ_α 中不包含点电荷自身所产生的势）。

由于电荷间的同性相斥、异性相吸的性质，每个荷电粒子都在自己的周围吸引了许多异号电荷，形成所谓的"电荷云"或"离子云"，从而形成电荷分布的不均匀性。

任意选定气体中的一个荷电粒子，考虑其余粒子相对于这个电荷中心所形成的电荷数密度 $n_\alpha(\vec{r})$，其中 $\vec{r}$ 是以选定的那个粒子为原点的矢径，平均地说，$n_\alpha(\vec{r})$ 是球对称分布的，第 α 类粒子的周围的静电势为 $z_\alpha e\varphi(\vec{r})$，因此由 Boltzmann 统计得

$$n_\alpha(\vec{r}) = n_{\alpha_0}\exp\left(-\frac{z_\alpha e\varphi(\vec{r})}{KT}\right) \tag{6.61}$$

其中归一化常数 n_{α_0} 是这样取定的：因为

$$\lim_{r \to \infty} \varphi(\vec{r}) = 0$$

所以

$$\lim_{r \to \infty} n_\alpha(\vec{r}) = n_{\alpha_0}$$

即第 α 类粒子的平均密度。电势 φ 与所在点的电荷密度（即 $\sum_\alpha e z_\alpha n_\alpha$）由静电学的 Poisson 方程联系起来

$$\nabla^2 \varphi = -4\pi e \sum_\alpha z_\alpha n_\alpha \tag{6.62}$$

将 (6.61) 代入 (6.62)，得到决定静电势的自洽方程：

$$\nabla^2 \varphi = -4\pi e \Sigma_\alpha Z_\alpha n_{\alpha o} \exp[-\frac{Z_\alpha e \varphi}{KT}] \tag{6.63}$$

(6.63) 亦被称为 Poisson-Boltzmann 方程。它是非线性方程，求解是困难的。但因粒子间的库仑作用的能量 $e Z_\alpha \varphi$ 比起 KT 来是微小的，故可以将方程线性化

$$n_\alpha = n_{\alpha o} - \frac{n_{\alpha o} e Z_\alpha}{KT} \varphi \tag{6.64}$$

代入 (6.62)，再用平均电中性条件 (6.57)，则 (6.62) Green 函数方程化为

$$[\nabla^2 - \frac{1}{d^2}]\varphi = -4\pi Z e \delta(\vec{r}) \tag{6.65}$$

其中，Ze 是选定的那个粒子的电荷。

$$\frac{1}{d^2} = \frac{4\pi e^2}{KT} \Sigma_\alpha n_{\alpha o} Z_\alpha \tag{6.66}$$

根据本节讨论的广义 Poisson 方程的基本解 (6.56)，得到现在等离子情况下方程 (6.65) 的基本解：

$$\varphi = \frac{Ze}{r} e^{-\frac{r}{d}} \tag{6.67}$$

这个解说明由于屏蔽作用，当 $r > d$ 时，φ 很快衰减。d 就是荷电离子在自己的周围所建立的"电荷云"的尺寸，称为屏蔽长度或 Debye-Hückel 半径。

人们知道，用通常的微扰论讨论统计问题时，对库仑气体会遇到红外发散的问题。这是因为未考虑屏蔽作用时，由库仑作用的长程性引起的。Debye 理论利用了明确的物理考虑，导出了屏蔽效应（运用了广义 Poisson 方程），从而不再有长程发散的困难。之后，Salpeter-Mayer 在这个启示下，以统计的观点，将最发散的图形加起来，得出了 Debye 理论，从而为给出明确的统计物理基础，并为它的进一步发展指出了方向。

(B) 介子的预言与 Yukawa 势

77

汤川秀树（Yukawa）基于粒子间作用与电磁作用的对比以及核力的短程性的分析，做出对介子的预言，并提出核力势的一种形式。由核子间的散射实验和对核的大小的估计等实验分析，知道核子的半径大约是 1 费米 (10^{-13}cm) 的量级。核力的力程大约是 $d_0 \simeq 10^{-13}$cm 的数量级。可以预料，核子间的相互作用不是超距的，而是通过场做媒介的，犹如电子间的作用是通过电磁场（或者说通过电磁场的量子—光子）来实现的那样。光子的静止质量为零，因为库仑势是长程的。实际上自由电磁场的标势满足的方程是波动方程

$$[\nabla^2 - \frac{1}{c^2}\frac{\partial^2}{\partial t^2}]\psi = 0 \tag{6.68}$$

静电势满足的方程是 Laplace 方程

$$\nabla^2\psi = 0 \tag{6.69}$$

因此静电场的 Green 函数，即点源影响函数 $G(\vec{r}-\vec{r'})$ 满足的是 Poisson 方程

$$\nabla^2 G(\vec{r}-\vec{r'}) = -4\pi e\delta(\vec{r}-\vec{r'}) \tag{6.70}$$

由此解出 $G(\vec{r}-\vec{r'})$，故点电荷的静电势为

$$U(\vec{r}-\vec{r'}) = eG(\vec{r}-\vec{r'}) = \frac{e^2}{|\vec{r}-\vec{r'}|} \tag{6.71}$$

自然设想也存在一种传播核力的场量子，Yukawa 称它为介子。核力是短程的，这与电磁力不同。为了实现核力的短程性，必须假定介子的静止质量不为零。由相对论知道，静止质量不为零的自由粒子所服从的最简单的相对论协变的波动方程是 Klein-Gordon 方程（无源的）

$$\nabla^2\psi - \frac{1}{c^2}\frac{\partial^2}{\partial t^2}\psi - \frac{m^2c^2}{\hbar^2}\psi = 0 \tag{6.72}$$

静场满足下列方程

$$\nabla^2\psi - \frac{m^2c^2}{\hbar^2}\psi = 0 \tag{6.73}$$

因为点状核子的静势或 Green 函数满足下列方程

$$[\nabla^2 - \frac{m^2c^2}{\hbar^2}]G(\vec{r}-\vec{r'}) = 4\pi g\delta(\vec{r}-\vec{r'}) \tag{6.74}$$

令

$$\lambda = \frac{h}{mc}, \quad g > 0 \tag{6.75}$$

其中，$g > 0$ 是因为核力总的来说是吸力，不然氘核的束缚态不能形成（这里不讨论短距离内斥力心的存在）。方程 (6.74) 就是广义 Poisson 方程，它的解如 (6.56) 所示。因为荷子间的核力势为

$$U(R) = gG(R) = -\frac{g^2}{R}e^{-R/\lambda} = -\frac{U_o}{(R/\lambda)}e^{-R/\lambda} \tag{6.76}$$

这就是 Yukawa 势。为了符合实验上的力程数据

$$\lambda = (1.3 \sim 1.4) \times 10^{-13} \text{cm} \tag{6.77}$$

由 λ 的定义得知

$$m = \frac{h}{\lambda c} = \frac{1.055 \times 10^{-27}}{2.988 \times 10^{10}} \frac{1}{\lambda} = (2.70 - 2.55) \times 10^{-25} \text{g} \tag{6.78}$$

与电子质量 m_e 相比较，约为电子质量的 200 多倍

$$m = (273 \sim 296) m_e \tag{6.79}$$

后来，实验上发现了介子，并且质量确实在这个范围内

$$m_{\pi\pm} = (273.25 + 0.12) m_e$$

$$m_{\pi0} = (264.27 + 0.21) m_e \tag{6.80}$$

因此，Yukawa 关于核力方面的理论分析确实定性上是合理的。但在高能下，由于强作用与电磁作用毕竟有很大的区别，因此在高能下定量上与实验数据有分歧是可以预料的。

（C）London 方程及其对 Meissner 效应的解释

自 1991 年 H.K.Onnes 发现超导电现象后，1933 年 W.Meissner 和 R. Ochsenfeld 发现超导体在进入超导态后，将磁力线明显地排斥到超导体外面。这个性质称为完全抗磁性，也称为 Meissner-Ochsenfeld 效应。这个现象是可逆的，指明了可逆热力学可以适用于超导体，从而促进了超导体的热力学理论的建立。这个现象的重要性更在于指明超导现象是经典物理所不能说明的。London 根据超导和超流的相似性，指出它们均属于**超流体**，并指出它们属于一种宏观量子现象。他首先提出一种唯象的想法：即认为磁力线并不是完全排挤到体外，而是排挤到表面的一个薄层中。为了对此作唯象的描述，他提出电流和磁场 $\vec{H}$ 的相互关系：

$$\triangledown \times (\Lambda \vec{j}) = -\vec{H} \tag{6.81}$$

这就是人们称之为 London 方程的一条著名的方程。Λ 为常数。联合 Maxwell 方程中的一条——安培定律

$$\triangledown \times \vec{H} = -\frac{4\pi}{c} \vec{j} \tag{6.82}$$

由它们消去 $\vec{j}$，得到 $\vec{H}$ 的方程

$$\triangledown^2 \vec{H} - \frac{4\pi}{c\Lambda} \vec{H} = 0 \tag{6.83}$$

这就是前面讨论过的形式的方程。它对应的 Green 函数方程，就是广义 Poisson 方程。其解就是 (6.56) 所示

$$G(R) = \frac{1}{R} e^{-R/\lambda} \qquad \lambda = \sqrt{\frac{c\Lambda}{4\pi}} \tag{6.84}$$

这说明磁场进入表面的一个薄层，很快地作指数衰减。λ 为 London 穿透系数。这样就给 Meissner 效应以唯象解释。

由 (6.81) 和 (6.82) 消去 $\vec{H}$，考虑到电荷守恒和稳态条件，有

$$\nabla \cdot \vec{j} = 0 \tag{6.85}$$

故

$$\left(\nabla^2 - \frac{4\pi}{c\Lambda}\right) \cdot \vec{j} = 0 \tag{6.86}$$

这说明电流也将与磁场有相同的 Green 函数，因而也以同样的形式由表面向体内作指数式衰减，而且具有与磁场相同的穿透深度。这在物理上可以给人们如下的启示：磁场集中于表面的原因是由于电流集中于表面，它们产生的磁场正好与外磁场相抵消，致使体内的磁场为零。这好像静电场中导体的表面电荷作适当的分布后，正好抵消外电场，以保证体内电场为零那样。

为了对 Meissner 效应进一步理解，并给出 London 深度的定量估计，London 提出一个具有深刻物理洞察力的见解：认为超导态是一种宏观量子态。因为，在经典物理中，电流密度 $\vec{j}$ 只与电场联系起来，而不会与磁场联系在一起，只有在量子力学中，电流密度 $\vec{j}$ 才与磁场自然地发生关系。

London 的宏观量子态的观念可以如此理解：整个超导状态可以看作宏观量子态，即宏观数量的超导电子可以用一个统一的波函数 ψ 来描述

$$\psi = \sqrt{\rho(\vec{r})}\mathrm{e}^{\mathrm{i}\phi(\vec{r})} \tag{6.87}$$

量子力学中磁场下的电流的电流密度 $\vec{j}$ 表达式

$$\vec{j} = \frac{\mathrm{i}\hbar q}{2m^*}(\psi \nabla \psi^* - \psi^* \nabla \psi) - \frac{q^2}{me^*}\vec{A}\psi\psi^* \tag{6.88}$$

其中 $\vec{A}$ 为矢势，q、m^* 为超导电子的有效电荷与有效质量。将 (6.87) 代入 (6.88)，有

$$\vec{j} = \rho(\vec{r})\frac{q^2}{m^*}\left(\frac{\hbar}{q} \nabla \phi - \frac{\vec{A}}{c}\right) \tag{6.89}$$

因此

$$\nabla \times \left(\frac{m^*}{\rho(\vec{r})q^2}\vec{j}\right) = \frac{\hbar}{q} \nabla \times (\nabla\phi) - \frac{1}{c} \nabla \times \vec{A} = -\frac{\vec{B}}{c} \tag{6.90}$$

其中利用了矢量公式

$$\nabla \times (\nabla\phi) = 0 \tag{6.91}$$

令

$$\Lambda = \frac{\omega^* c}{\rho q^2} \tag{6.92}$$

略去 ρ 与空间的变化关系，考虑密度的均匀分布的情况，则

$$\bigtriangledown \times (\Lambda \vec{j}) = -\vec{B} \tag{6.93}$$

这样就自然地导出了 London 方程。由 Λ 的表示求出 London 透穿深度为

$$\lambda = \sqrt{\frac{4\pi nq^2}{m^*c^2}} \tag{6.94}$$

其中 n 为超导电荷密度，由此可以估计 London 透穿深度的量化为

$$\lambda = 10^{-5}\text{cm} \tag{6.95}$$

这后来被胶体汞的电感首次证明（D.Sheonberg）。微观理论可以证明这些超导电子实际上自旋相反、动量相反是由于电子声子吸引作用而引起的束缚对偶（库柏对，Cooper pair）。因此有效电荷 q 和有效质量为

$$q = 2e \qquad m^* \simeq 2m_\mathrm{c} \tag{6.96}$$

并可以建立宏观方程（如 London 方程、临界场与温度的关系、比热等）。

由超导体中磁通量子化实验和 Josephson 效应可以证明库柏对的存在。由上面的讨论看到，不同的物理领域（如核力问题、等离子体、超导和油井探测等）可以有完全相同的基本方程（如这里讨论的广义 Poisson 方程）。

6.5 电磁波和各种辐射

1）电磁波、光的电磁学说

凡谈到 Maxwell 在电磁场理论上的成就时，不可避免会谈到他的上述的贡献。自从他引入位移电流使得电磁场理论形成自洽的整体后，他获得了 d'Alembert 方程，在无源时，即得到波动方程。接着预言电磁波的存在，并且由于它的速度与光速一致，自然地指出光的本质也是电磁波，并且是横波。后来这一切都得到实际观察的证实，成为理论物理成就的一个里程碑。

2）轫致辐射（bremsstrahlung）

当荷电粒子在加速过程中，就会发出电磁波。这一点非常容易理解，因为加速过程中，它必受力的作用。换言之，外力对它做了功。这导致它的能量升高，如果对它没有其他改变，能量自然以电磁波的形式释放出来（联系到引力场中，加速运动的物体也会导致引力波的发射）。如果加速度很大，这种辐射就很明显。当真空管里的电子枪发射的电子猛烈地轰击金属（例如铜）靶时，速度骤然改变，就可以产生轫致辐射。这辐射最早被伦琴所发现，后称之为伦琴射线，或 X 射线，并被广泛地以各种形式应用于医学。伦琴因为这一贡献，获得第一个诺贝尔物理学奖。

3）切连科夫辐射（Cherenkov radiation）

当用高能粒子（例如来自核反应或加速器）轰击介质时，切连科夫（也有说瓦维洛夫和他）发现有一种以短波长为主的电磁辐射，其特征是蓝色辉光，并观察到圆锥形的波阵面。后来塔姆和弗朗克给出了理论解释。

如所周知，按照狭义相对论，静质量不为零的粒子（如电子）的速度不会超过无界空间里真空中光的速度 c。注意，这是指真空中光的速度。但其可以超过介质里的光速 v（$v = c/n$，其中 n 为介质的折射率）。平常的波动方程为椭圆型的，在这种情况下变为双曲型方程，它的解具有激震波的形式，从而出现圆锥形的波阵面，而且它的锥角也与实验观察一致。

切连科夫、塔姆和弗朗克因此而获得诺贝尔物理学奖。

4）同步加速器辐射（synchrotron radiation）

荷电粒子在粒子同步加速器中加速时，会发出一种辐射。它往往是强的相干辐射，常被用来做物理实验。

5）约瑟夫森辐射（Josephson radiation）

这是指超导电子（库柏对）穿越有电势差的隧道所发出的电磁辐射，通常在微波波段。反之，用微波照射隧道结时会在电流-电压特征曲线上出现严格的特征性的台阶。它们可用于测量基本物理常数 $2e/h$（其中 e 和 h 分别为电子电荷和 Planck 常数）的精密测量和电压基准监测。

这里的 2）、3）、4）各点均有各种专著涉及，5）在本书中将会提及。

Fourier 积分的数学理论基础及其在物理中若干应用，在专著 [1]、[2]、[3] 中已有涉及。

6.6 广义 d'Alembert 方程

电动力学在实际探矿中的应用，偶尔得到人们的注意。如曹昌祺的《电动力学》[4] 中的静电探矿作为电像法的应用，曾分别与海森堡率先建议中子的伊凡宁科所写的《经典场论》[5] 中也有石油在矿井中的简单论述，但是这些都是简单的静态场的应用。随着科技的发展，寻找矿藏和能源的技术在迅速地发展，特别在主动发送信号和定点接收信号方面。例如在大力发展的石油测井技术中，就有将信号发射线圈随钻井器逐步放入探测的井中，而在地面上接收信号。这样就需要下面研究的广义 d'Alembert 方程。

对导电介质中的电磁场 Green 函数、广义 d'Alembert 方程，当油井探测用的电磁场的频率较高时，就需要仔细考虑位移电流、如何使 Maxwell 方程组退耦、如何满足 Green 函数初始条件等。

导电介质中的 Maxwell 方程组

$$\nabla \cdot \vec{B} = 0 \tag{6.97}$$

$$\nabla \cdot \vec{D} = 4\pi\rho \tag{6.98}$$

$$\bigtriangledown \times \vec{E} = -\frac{1}{c}\frac{\partial}{\partial t}\vec{B} \tag{6.99}$$

$$\bigtriangledown \times \vec{H} = \frac{4\pi}{c}\vec{j} + \frac{1}{c}\frac{\partial}{\partial t}\vec{D} \tag{6.100}$$

$$\vec{j} = \vec{j}_0 + \sigma\vec{E} \tag{6.101}$$

物态方程为

$$\vec{B} = \mu\vec{H} \tag{6.102}$$

$$\vec{D} = \varepsilon\vec{E} \tag{6.103}$$

由 (6.97)、(6.99) 这两个无源方程引入矢势 $\vec{A}$ 和标势 φ

$$\vec{B} = \bigtriangledown \times \vec{A} \tag{6.104}$$

$$\vec{E} = -\bigtriangledown\varphi - \frac{1}{c}\frac{\partial}{\partial t}\vec{A} \tag{6.105}$$

代入其他两条方程，有

$$[\bigtriangledown^2 - \frac{\varepsilon\mu}{c^2}\frac{\partial^2}{\partial t^2}]\vec{A} + \bigtriangledown(\bigtriangledown \times \vec{A} + \frac{\varepsilon\mu}{c}\frac{\partial}{\partial t}\varphi) = -\frac{4\pi}{c} \cdot \vec{j} \tag{6.106}$$

$$\bigtriangledown \cdot (-\bigtriangledown\varphi - \frac{1}{c}\frac{\partial}{\partial t}\vec{A}) = -\bigtriangledown^2\varphi - \frac{1}{c}\frac{\partial}{\partial t}\bigtriangledown \cdot \vec{A} = \frac{4\pi}{\varepsilon}\rho \tag{6.107}$$

考虑到 (6.104)、(6.105) 引入 $\vec{A}$、φ 是不唯一的，在下列变换下

$$\vec{A} \longrightarrow \vec{A}' = \vec{A} + \bigtriangledown f \qquad \Phi \longrightarrow \Phi - \frac{1}{c}\frac{\partial}{\partial t}f \tag{6.108}$$

场强 $\vec{E}$、$\vec{B}$ 是不变的。这个性质叫做电磁场在规范变换 (6.108) 下的不变性，所以电磁场是一种规范场。

利用场的规范不变性，我们总可以选一些特殊的规范，使方程便于求解。例如，可以证明，我们总可以寻求符合下列条件的解

$$\bigtriangledown \cdot \vec{A} - \frac{\varepsilon\mu}{c}\frac{\partial}{\partial t}\varphi = 0 \tag{6.109}$$

这一条件称为 Lorentz 规范。此时的势方程化为

$$[\bigtriangledown^2 - \frac{\varepsilon\mu}{c^2}\frac{\partial^2}{\partial t^2}]\vec{A} = -\frac{4\pi}{c}[\vec{j}_0 - \sigma(\bigtriangledown\varphi + \frac{1}{c}\frac{\partial}{\partial t}\vec{A})] \tag{6.110}$$

$$[\bigtriangledown^2 - \frac{\varepsilon\mu}{c^2}\frac{\partial^2}{\partial t^2}]\varphi = -\frac{4\pi}{\varepsilon}\rho \tag{6.111}$$

这时，(6.110) 仍存在 $\vec{A}$ 和 φ 的耦合，但 (6.111) 则只含有 φ，因此要先解出 φ，再代入 (6.110) 解出 $\vec{A}$。

在油井探测中，经常使用 $\rho = 0$ 的情况。这时，假设无穷远边界上 φ，则可以证明

$$\varphi(\vec{r}, t) \equiv 0 \tag{6.112}$$

则 $\vec{A}$ 的方程化为广义 d'Alembert 方程

$$[\nabla^2 - \frac{\varepsilon\mu}{c^2}\frac{\partial^2}{\partial t^2}]\vec{A} - \frac{4\pi\sigma\mu}{c^2}\frac{\partial}{\partial t}\vec{A} = -\frac{4\pi}{c}\mu\vec{j_0} \tag{6.113}$$

与前两节相似，先讨论均匀介质的情况下的 Green 函数

$$[\nabla^2 - \frac{\varepsilon\mu}{c^2}\frac{\partial^2}{\partial t^2} - \frac{4\pi\sigma\mu}{c^2}\frac{\partial}{\partial t}]G_0(\vec{x}, \vec{x'}) = -4\pi\delta(\vec{x}, \vec{x'})\delta(t, t') \tag{6.114}$$

由于位移电流的存在，推迟效应变得相当重要，因而 Green 函数所满足的初始条件就必须重视的。

通常我们需要讨论的是推迟 Green 函数，满足下列初始条件：

$$G(\vec{x}, \vec{x'}, \tau) = 0 \qquad (\tau \equiv t - t' \leqslant 0) \tag{6.115}$$

$$\dot{G}(\vec{x}, \vec{x'}, \tau) = 0 \qquad (\tau \leqslant 0) \tag{6.116}$$

当然，这是因为现在是时间的二次方程，同时需要微商条件 (6.116)。

为考虑初始条件，我们以绝缘介质的情况为例。利用时间-空间 Fourier 变换，使方程代数化，结果为

$$\dot{G}_0(r, \tau) = \frac{1}{4\pi^3} \int d\vec{k} \int d\omega \frac{e^{i(\vec{k}\cdot\vec{r} - \omega t)}}{k^2 - \left(\frac{\omega + i\varepsilon}{c}\right)^2} \qquad (\varepsilon \longrightarrow 0^+) \tag{6.117}$$

但是，由 Fourier 变换解方程时，并不能自动得出虚量 $i\epsilon$，而且为了使本征函数正交完备，ω 和 $\vec{k}$ 必须是严格的实量。因此，这里的 $i\epsilon$ 只是为满足初始化条件而引入的，其理论依据需要作进一步的说明。作为一种计算技巧，对于绝缘介质或 Schrödinger 方程等，可以证明是合理的，因为极点均为严格的实数。但对于有导电介质的情况，这个法则或技巧就不再正确了。此时

$$\dot{G}_o(r, \tau) = \frac{1}{4\pi^3} \int d\vec{k} \int d\omega \frac{e^{i(\vec{k}\cdot\vec{r} - \omega t)}}{k^2 - \left(\frac{W}{c}\right)^2 - \frac{4\pi\sigma}{c^2}\omega\mu i} \tag{6.118}$$

这时即使使用下列变换

$$\omega \longrightarrow \omega + i\varepsilon \tag{6.119}$$

仍然不能保证初始条件 (6.115) 和 (6.116)。如果将 ω 或 $\vec{k}$ 的积分回路移离实数，则违反本征函数的正交完备性。因此，此时这种法则不但存在叙述上的不严密性，而且可能存在物理上的差别。为此，我们对 Green 函数的初值问题，做一些详细分析。

我们知道，对线性微分方程来说，Laplace 变换也可以使它变为代数方程，这一点与 Fourior 变换相同。此外，Laplace 变换还可以很方便地考虑初始条件，因此它在线路网络分析中、在电工中很有用处。这里我们将用 Laplace 变换与 Fourier 变换联合起来的做法，来自然地考虑满足初始条件的问题。我们称这种求解方法为**联合 Laplace-Fourier 方法**。

Laplace 变换的定义是：函数 $f(\tau)$ 在 $0 \leqslant \tau < \infty$ 上给定，如果下列积分存在且可以解析延拓到全平面

$$\bar{f}(p) = \int_0^\infty \mathrm{e}^{-p\tau} f(\tau) \mathrm{d}\tau \tag{6.120}$$

则称 $\bar{f}(p)$ 为 $f(\tau)$ 的 Laplace 变换，或象函数 $\bar{f}(p)$。简记为

$$\bar{f}(p) \doteq f(\tau) \qquad \bar{f}(\tau) \doteq f(p) \tag{6.121}$$

Laplace 变换 $\bar{f}(p)$ 与其原函数 $f(\tau)$ 的对应关系是一一对应的。由象函数求原函数有许多公式，而且在许多书上都有所论述（例如 [3]、[6]、[7]、[8] 和 [9] 等），这里不做重复。但需指出，逆变换的一个重要公式是 Riemann-Mellin 公式

$$f(\tau) = \frac{1}{2\pi\mathrm{i}} \int \mathrm{e}^{\tau p} \bar{f}(p) \mathrm{d}p \tag{6.122}$$

其中，积分路径是平行于 p 平面的虚轴的直线，而且在 $f(p)$ 的所有极点的右方。显然有下列公式

$$\frac{\mathrm{d}f(\tau)}{\mathrm{d}\tau} \doteq p\bar{f}(p) - f(0) \tag{6.123}$$

$$\frac{\mathrm{d}^2 f(\tau)}{\mathrm{d}\tau^2} \doteq p^2 \bar{f}(p) - pf(0) - f(0)' \tag{6.124}$$

一般而言，有 n 阶微商与象函数及各阶初值之间的关系

$$f^{(n)}(\tau) \doteq p^n \bar{f}(p) - \Sigma_{k=1}^n p^{n-k} f^{(k-1)}(0) \tag{6.125}$$

现在，我们来讨论满足 (6.114) 及初始条件 (6.115)、(6.116) 的 Green 函数 $G_0(\vec{x} - \vec{x}', \tau)$。先对空间做 Fourier 变换

$$G_0(\vec{r}, \tau) = \frac{1}{(2\pi)^{3/2}} \int \mathrm{d}\vec{k}\, g(\vec{k}, \tau) \mathrm{e}^{\mathrm{i}\vec{k}\cdot\vec{r}} \qquad (\vec{r} = \vec{x} - \vec{x}') \tag{6.126}$$

其中考虑到 G_0 只是差 r 和 τ 的函数。代入 (6.114)，由正交性得到 $g(\vec{k}, \tau)$ 所满足的方程

$$[k^2 + \frac{1}{v^2}\frac{\partial^2}{\partial t^2} + \frac{4\pi\sigma\mu}{c^2}\frac{\partial}{\partial t}]g(\vec{k}, \tau) = \frac{4\pi}{(2\pi)^{3/2}}\delta(\tau) \tag{6.127}$$

对 $g(\vec{k}, \tau)$ 做 Laplace 变换

$$\bar{g}(\vec{k}, p) = \int_0^\infty \mathrm{e}^{-p\tau}\bar{g}(\vec{k}, \tau)\mathrm{d}\tau \tag{6.128}$$

$\delta(\vec{k},\tau)$ 函数的象函数由下列公式求出

$$\delta(\tau) \doteq \int_0^\infty \mathrm{e}^{-p\tau}\frac{\mathrm{d}}{\mathrm{d}\tau}\theta(\tau)\mathrm{d}\tau = 1 \tag{6.129}$$

$$\theta(\tau) = \begin{cases} 1 & \tau > 0 \\ 0 & \tau < 0 \end{cases} \tag{6.130}$$

则 $\bar{g}(\vec{k},p)$ 满足下列方程

$$[k^2 + \frac{p^2}{v^2}]\bar{g}(\vec{k},p) + \frac{1}{v^2}[-pg(\vec{k},0) - \dot{g}(\vec{k},0)] + D[pg(\vec{k},0) - g(\vec{k},0)]$$
$$= \frac{4\pi}{(2\pi)^{3/2}} \tag{6.131}$$

其中

$$D = \frac{4\pi\sigma(0)}{c^2}\mu \tag{6.132}$$

由初条件 (6.115)、(6.116) 以及正交性，有

$$g(\vec{k},0) = 0 \qquad \dot{g}(\vec{k},0) = 0 \tag{6.133}$$

则

$$[k^2 + \frac{p^2}{v^2} + Dp]\bar{g}(\vec{k},p) = \frac{4\pi}{(2\pi)^{3/2}} \tag{6.134}$$

得

$$\bar{g}(\vec{k},p) = \frac{2}{2\pi}\frac{1}{[k^2 + \frac{p^2}{v^2} + Dp]} \tag{6.135}$$

由 Riemann-Mellin 公式求其逆变换

$$\bar{g}(\vec{k},\tau) = \frac{1}{2\pi\mathrm{i}}\int_{a-\mathrm{i}\infty}^{a+\mathrm{i}\infty}\frac{2}{\sqrt{2\pi}}\cdot\frac{eV^2}{[k^2 + \frac{V^2}{v^2} + Dp]}\mathrm{d}p \tag{6.136}$$

$\bar{g}(\vec{k},p)$ 的奇点的实部必须小于 a。由 Jordan 引理与留数定理

$$\bar{g}(\vec{k},\tau) = \sum_n \mathrm{Res}\,\bar{g}(\vec{k},p_n) \tag{6.137}$$

奇点由分母为零定出

$$p^2 + DV^2p + V^2k^2 = 0 \tag{6.138}$$

$$p = -\frac{DV^2}{2} \pm \sqrt{\left(\frac{DV^2}{2}\right)^2 - V^2k^2} = \alpha_\pm\beta_k = p_1, p_2 \tag{6.139}$$

单极点的留数由下列公式给出

$$\mathrm{Res}f(b) = [(z-b)f(z)]_{z\to b} \tag{6.140}$$

因此得

$$\bar{g}(\vec{k}, \tau) = v^2 \sqrt{\frac{2}{\pi}} [\frac{1}{p_1 - p_2}][e^{p_1 \tau} - e^{p_2 \tau}] = \frac{v^2}{\sqrt{2\pi}} \cdot \frac{1}{\beta_k} e^{-\alpha\tau}[e^{\beta_k \tau} - e^{-\beta_k \tau}] \tag{6.141}$$

由 Fourier 变换，求出 $G(\vec{r}, \tau)$

$$\begin{aligned}
G_0(\vec{r}, \tau) &= \frac{1}{(2\pi)^{3/2}} \cdot \frac{v^2}{\sqrt{2\pi}} \cdot \int_0^\infty dk \frac{2}{\beta k} sh(\beta_{k\tau}) \cdot k^2 \int_0^{2\pi} \int_0^\pi e^{ikr\cos\theta} \sin\theta d\theta d\varphi e^{-\alpha\tau} \\
&= \frac{1}{2\pi} \cdot \frac{4}{r} V^2 \int_0^\infty dk \frac{k\sin(kr)\sinh(\beta_{k\tau})}{\beta_k} e^{-\alpha\tau}
\end{aligned} \tag{6.142}$$

考虑到 $\beta_k = 0$ 时为可去奇点，而且

$$\beta_k = \{ \begin{array}{ll} \sqrt{\alpha^2 - k^2 V^2} & k \leqslant (\alpha/V) \\ \sqrt{k^2 V^2 - \alpha^2} & k \geqslant (\alpha/V) \end{array} \tag{6.143}$$

$$\sinh(ix) = i\sin x \tag{6.144}$$

有

$$\begin{aligned}
G_0(r, \tau) &= \frac{2V}{\pi r} e^{-\frac{1}{2}DV^2\tau} \{ \int_0^{\frac{DV}{2}} \frac{k\sin(kr)\sinh[V\tau\sqrt{(\frac{DV}{2})^2 - k^2}]}{\sqrt{(\frac{DV}{2})^2 - k^2}} + \\
&\quad + \int_{\frac{DV}{2}}^\infty \frac{k\sin(kr)\sinh[V\tau\sqrt{k^2 - (\frac{DV}{2})^2}]}{\sqrt{k^2 - (\frac{DV}{2})^2}} \} dk
\end{aligned} \tag{6.145}$$

这个 Green 函数既包含了欧姆电流引起的衰减，而且存在着波动、推迟和衰减效应的复杂的组合效应。这远非在 (6.118) 中做变换 $\omega \to \omega + i\varepsilon$ 所能得出的。这说明在仔细考虑了初始条件后，不仅理论上严密，而且在物理上也是有必要的。

显然，在 $\tau = 0$ 时，确实有

$$G_0(r, \tau) = 0 \tag{6.146}$$

现在讨论 $\sigma = 0$ 时特殊情况，此时 $D=0$

$$\begin{aligned}
G(r, \tau) &= \frac{2V}{\pi r} \int_0^\infty dk \sin(kr)\sin(V\tau k) \\
&= \frac{\tau}{r}[\delta(r - V\tau) - \delta(r + V\tau)] \\
&= \frac{1}{r}[\delta(\tau - r/V) - \delta(\tau + r/V)] \quad (\tau \geqslant 0)
\end{aligned} \tag{6.147}$$

显然有人们所熟知的推迟势解

$$G(r, \tau) = \frac{1}{r}\delta(\tau - r/V) \quad (\tau > 0) \tag{6.148}$$

下面讨论电导率 $\sigma(\vec{r})$ 与位置有关的情况

$$\sigma(\vec{r}) = \sigma(0) + \tilde{\sigma}(\vec{r}) \tag{6.149}$$

此时矢势 $\vec{A}$ 满足的方程为

$$\left[\nabla^2 - \frac{1}{V}\frac{\partial^2}{\partial t^2} - D\frac{\partial}{\partial \tau}\right]\vec{A}(\vec{x},t) = -\frac{4\pi}{c}\mu\vec{j}_0 + \frac{4\pi\tilde{\sigma}(\vec{r})\mu}{c^2}\frac{\partial}{\partial t}\vec{A} \tag{6.150}$$

由叠加原理，得到

$$[\vec{A}(\vec{x},t) = \frac{1}{c}\int[\vec{j}_0(\vec{x}',t') - \frac{\tilde{\sigma}(\vec{r})\mu}{c}\frac{\partial}{\partial t'}\cdot\vec{A}(\vec{x}',t')]G_0(\vec{r},t-t')\,\mathrm{d}\vec{x}'\mathrm{d}t' \tag{6.151}$$

利用分部积分及 $t' \to \pm\infty$ 时，$\vec{A}$ 与 G_0 趋于零，则有

$$\int\frac{\partial}{\partial t'}\vec{A}(\vec{x}',t')G_0(\vec{r},t-t')\,\mathrm{d}t' = -\int\vec{A}(\vec{x}',t')\frac{\partial}{\partial t'}G_0(\vec{r},t-t')\,\mathrm{d}t' \tag{6.152}$$

得

$$\begin{aligned}\vec{A}(\vec{x},t) &= \frac{1}{c}\int\vec{j}_0(\vec{x}',t')G_0(\vec{r},t-t')\,\mathrm{d}t'\mathrm{d}\vec{x}' + \\ &\quad \frac{1}{c}\int\frac{\tilde{\sigma}(\vec{r}')\mu}{c}\frac{\partial}{\partial t'}\cdot\vec{A}(\vec{x}',t')G_0(\vec{r},t-t')\,\mathrm{d}t'\mathrm{d}\vec{x}'\end{aligned} \tag{6.153}$$

(6.153) 为矢势的积分方程，可以作为石油测井的出发点。也可以求它的微扰展开式。

令

$$\lambda K^2(\vec{r}') = \frac{\tilde{\sigma}(\vec{r}')\mu}{c} \tag{6.154}$$

并将 $\vec{A}(\vec{r},t)$ 作为 λ 的解析函数

$$\vec{A}(\vec{x},t) = \sum_{n=0}^{\infty}\lambda^n A_n(\vec{r},t) \tag{6.155}$$

代入方程 (6.153)，有

$$\begin{aligned}\vec{A}(\vec{x},t) + \sum_{n=0}^{\infty}\lambda^{n+1}A_{n+1}(\vec{r},t) &= \int\sum_{n=0}^{\infty}\lambda^{n+1}K^2(\vec{r}')A_n(\vec{r}',t')\dot{G}_0(\vec{r},t-t')\,\mathrm{d}t'd\vec{x}' + \\ &\quad \frac{1}{c}\int\vec{j}_0(\vec{x}',t')G_0(\vec{r},t-t')\,\mathrm{d}t'd\vec{x}'\end{aligned} \tag{6.156}$$

由解析函数一致性定理，得到了微扰展开

$$\left\{\begin{aligned}\vec{A}(\vec{r},t) &= \frac{1}{c}\int\vec{j}_0(\vec{x}',t')G_0(\vec{r},t-t')\,\mathrm{d}t'\mathrm{d}\vec{x}' \\ A_{n+1}(\vec{r},t) &= \int K^2(\vec{r}')A_n(\vec{r}',t')\dot{G}_0(\vec{r},t-t')\,\mathrm{d}t'\mathrm{d}\vec{k}'\end{aligned}\right. \tag{6.157}$$

这就是考虑到位移电流情况下的微扰展开。(6.153) 就是 $\vec{A}(\vec{r},t)$ 的积分方程。展开 (6.157) 与似稳场的情况形式上相似，但这里出现了 $G_0(r,\tau)$，而且多了对时间的积分，$G_0(r,\tau)$ 和 $K^2(r)$ 的定义也不一样。

6.7　扩散波动方程及其解

许多实际现象可以伴随着多种物理过程。比如在某些尖端探索里，扩散和波动过程交织在一起，这就提出了扩散-波动方程。

当考虑电磁波在导电介质中传播时，我们会遇到无源的广义 d'Alembert 方程

$$D\dot{\psi} = \nabla^2 \psi - \frac{1}{V^2}\ddot{\psi} \tag{6.158}$$

这实际上就是上面提到的广义 d'Alembert 方程（5.10）的特例。这里的 D 为扩散系数，V 为波的速度。对这类物理问题，常常先给出 ψ 的初始条件，然后讨论其发展。因此，Laplace 变换将是很有用的。我们将**联合 Laplace-Fourier 方法**运用到求解扩散-波动方程中。

（1）利用分离变量法，求出时间因子。

令

$$\psi(\vec{r}, t) = \varphi(\vec{r}) f(t) \tag{6.159}$$

则

$$D\frac{\dot{f}(t)}{f(t)} + \frac{\frac{1}{V^2}\ddot{f}(t)}{f(t)} = \frac{\nabla^2 \varphi(\vec{r})}{\varphi(\vec{r})} = -k^2 \tag{6.160}$$

经分离变量，得

$$\nabla^2 \varphi(\vec{r}) + k^2 \varphi(\vec{r}) = 0 \tag{6.161}$$

$$\frac{1}{V^2}\ddot{f}(t) + D\dot{f}(t) + k^2 f(t) = 0 \tag{6.162}$$

设初始条件为

$$f(0) = f_0 \qquad \dot{f}(0) = 0 \tag{6.163}$$

利用 Laplace 变换

$$\frac{1}{V^2}[p\bar{f}(p) - pf(0) - \dot{f}(0)] + D[p\bar{f}(p) - f(0)] + k^2\bar{f}(p) = 0 \tag{6.164}$$

得

$$\bar{f}(p) = f(0)\frac{\frac{p}{V^2} + D}{\left[\frac{p^2}{V^2} + Dp + k^2\right]} = \frac{f(0)}{p} - \frac{f(0)k^2V^2}{p[p^2 + DV^2p + k^2V^2]} \tag{6.165}$$

利用 Riemann-Mellin 公式、Jordan 引理和留数定理，有

$$\begin{aligned} f(t) &= f(0) - \frac{f(0)k^2V^2}{2\pi i}\int_{\alpha-i\infty}^{\alpha+i\infty}\frac{e^{pt}dp}{p[p^2 + DV^2p + k^2V^2]} = \\ &\quad f(0) - f(0)k^2V^2\sum\text{Res}\{\frac{e^{pt}}{p[p^2 + DV^2p + k^2V^2]}\} \end{aligned} \tag{6.166}$$

奇点的位置在

$$p = -\frac{DV^2}{2} \pm \sqrt{\left(\frac{DV}{2}\right)^2 - k^2V^2} = \alpha + \beta_k = p_1, p_2 \tag{6.167}$$

而且均为单极点。其留数由公式 (6.140) 求出

$$
\begin{aligned}
f(t) &= f(0) - f(0)\,k^2V^2\{\frac{\mathrm{e}^{p_1 t}}{p_1(p_1-p_2)} + \frac{\mathrm{e}^{p_2 t}}{p_2(p_2-p_1)}\} \\
&= \frac{f(0)}{2\beta_k}[p_1\mathrm{e}^{p_2 t} - p_2\mathrm{e}^{p_1 t}]
\end{aligned}
\tag{6.168}
$$

代入 β_k、p、p_z 的表达式，并简化之。分两种情况

(i)$DV^2 > 2kV$ 时

$$
\begin{aligned}
f_k(t) &= f(0)\{\frac{(DV^2)\sinh[\sqrt{(\frac{DV^2}{2})^2 - k^2V^2}t]}{\sqrt{D^2V^4 - 4k^2V^2}} \\
&\quad + \cosh[\sqrt{(\frac{DV^2}{2})^2 - k^2V^2}t]\}\mathrm{e}^{-\frac{DV^2}{2}t}
\end{aligned}
\tag{6.169}
$$

由此可见，当 $\frac{1}{D} < \frac{V}{2k}$ 时，出现反常扩散，即时间因子随时间衰减将比 $\mathrm{e}^{-\frac{Dv^2}{2}t}$ 慢，为

$$
f(t) \sim \mathrm{e}^{\frac{k^2}{D}t} \qquad \frac{k^2}{D} < \frac{DV^2}{4}
\tag{6.170}
$$

(ii)$DV^2 < 2kV$ 时

$$
P = \frac{1}{2}[-DV^2 \pm \mathrm{i}\sqrt{4k^2V^2 - D^2V^4}] = -\alpha \pm \mathrm{i}\gamma_k
\tag{6.171}
$$

$$
\begin{aligned}
f_k(t) &= f(0)\{\frac{(DV^2)\sin[\sqrt{k^2V^2t - \frac{1}{4}D^2V^2}t]}{\sqrt{4k^2V^2 - D^2V^4}} + \cos[\sqrt{k^2V^2 - \frac{1}{4}D^2V^2}t]\}\mathrm{e}^{-\frac{DV^2}{2}t} \\
&= f(0)\mathrm{e}^{-\frac{DV^2}{2}t}\cos[\gamma_k + \phi_k]
\end{aligned}
\tag{6.172}
$$

由此可见，当 $\frac{1}{D} > \frac{V}{2k}$ 时，出现衰减波动。衰减的时间因子为

$$
f(t) \sim \mathrm{e}^{-\frac{Dv^2}{2}t}
\tag{6.173}
$$

(2) 柱对称有界问题中的空间因子。

现在求解方程 (6.161)，考虑柱对称且与 z 无关的情况

$$
\varphi(\rho, \phi, z) = \varphi(\rho)
\tag{6.174}
$$

则经分离变量后，$\varphi(\rho)$ 满足下列方程

$$
\frac{\mathrm{d}^2}{\mathrm{d}\rho^2}\varphi(\rho) + \frac{1}{\rho}\frac{\mathrm{d}}{\mathrm{d}\rho}\varphi(\rho) + [k^2 - \frac{m^2}{\rho^2}]\varphi(\rho) = 0 \qquad (m = 0)
\tag{6.175}
$$

这是 Bessel 方程，有界的解为

$$
\varphi(\rho) = \alpha J_0(k\rho)
\tag{6.176}
$$

假设 $\rho = b$ 时 $\varphi(b = 0)$ 作为边界条件，则

$$J_0(kb) = 0 \tag{6.177}$$

则 $k = \frac{\mu_n}{b}$，μ_n 为 n 阶 Bessel 函数零点。

一般解为

$$\psi(\vec{r}, t) = \sum_{n=1}^{\infty} \alpha_n J_0(\frac{\mu_n}{b}\rho) f_n(t) \tag{6.178}$$

其中 $f_n(t)$ 即由 (6.169) 或 (6.172) 确定。k 取 (6.177) 的值。设初始条件为

$$\psi(\vec{r}, 0) = \begin{cases} n_0 & (\rho \leqslant d) \\ 0 & (\rho > d) \end{cases} \tag{6.179}$$

则由

$$\psi(\vec{r}, 0) = \sum_{n=1}^{\infty} \alpha_n J_0(\frac{\mu_n}{b}\rho) \tag{6.180}$$

经过 Fourier 逆变换，得到

$$
\begin{aligned}
\alpha_n &= \frac{2}{b^2 J_1^2(\mu_n)} \int_0^b J_0(\frac{\mu_n}{b}\rho)\psi(\rho, 0)\rho\mathrm{d}\rho = \frac{2n_0}{b^2 J_1^2(\mu_n)} \int_0^b J_0(\frac{\mu_n}{b}\rho)\rho\mathrm{d}\rho \\
&= \frac{2n_0 d}{b\mu_n J_1^2(\mu_n)} J_0(\frac{\mu_n}{b}d) \tag{6.181}
\end{aligned}
$$

其中运用了公式

$$\int_0^X \xi J_0(\xi)\mathrm{d}\xi = X J_1(X) \tag{6.182}$$

因而得到

$$\psi(\rho, t) = \frac{2n_0 d}{b} \sum_{n=1}^{\infty} \frac{J_0(\frac{\mu_n}{b}d)}{\mu_n J_1(\mu_n)} J_0(\frac{\mu_n}{b}\rho) f_n(t) \tag{6.183}$$

在做近似计算时，还需要做级数的收敛性的研究，以决定取多少项。

(3) 柱对称无界问题的空间因子。

这里仍运用 Fourier 变换与 Laplace 变换的联合，求解二维问题。初条件为

$$\psi(\vec{r}, t)|_{t=0} = \psi(\vec{r}, 0) \qquad \dot{\psi}(\vec{r}, 0) = 0 \tag{6.184}$$

令

$$\psi(\vec{r}, t) = \int\int_{-\infty}^{\infty} \tilde{\psi}(\vec{k}, t)\mathrm{e}^{\mathrm{i}\vec{k}\cdot\vec{r}}\mathrm{d}\vec{k} \tag{6.185}$$

$$
\begin{aligned}
&\tilde{\psi}(\vec{k}, t) \\
&= \tilde{f}(\vec{k})\left\{\left\{\frac{DV^2 \sin(\sqrt{k^2V^2 - \frac{1}{4}D^2V^2}t)}{4k^2V^2 - D^2V^4} + \cos(\sqrt{k^2V^2 - \frac{1}{4}D^2V^2}t)\right\}\mathrm{e}^{-\frac{DV^2}{2}t}\right\} \\
&= \tilde{f}(\vec{k})T_k(t) \tag{6.186}
\end{aligned}
$$

而

$$\tilde{f}(\vec{k}) = \frac{1}{(2\pi)^2} \int_0^{2\pi} \int_0^\infty \psi(\vec{r},0) \mathrm{e}^{-\mathrm{i}\vec{k}\cdot\vec{r}} \mathrm{d}\vec{r} \tag{6.187}$$

如果我们所假设的初始条件为

$$\psi(\vec{r},0) = \{ \begin{array}{ll} n_0 & (\pi \leqslant d) \\ 0 & (\rho > d) \end{array} \tag{6.188}$$

则

$$\tilde{f}(\vec{k}) = \frac{1}{(2\pi)^2} n_0 \int_0^{2\pi} \int_0^d \mathrm{e}^{-\mathrm{i}k\rho\cos\varphi} \mathrm{d}\varphi \mathrm{d}\rho \tag{6.189}$$

运用变换

$$\cos\varphi = \frac{\mathrm{e}^{\mathrm{i}\varphi} + \mathrm{e}^{-\mathrm{i}\varphi}}{2} = \frac{(z+z^{-1})}{2} \tag{6.190}$$

$$\begin{aligned} I &= \int_0^{2\pi} \mathrm{e}^{-\mathrm{i}k\rho\cos\varphi} \mathrm{d}\varphi = \frac{1}{\mathrm{i}} \int_{|z|=1} \frac{\mathrm{e}^{-\mathrm{i}\frac{k\rho}{2}(z+z^{-1})}}{z} \mathrm{d}z \\ &= \frac{1}{\mathrm{i}} \int_{|z|=1} \frac{\mathrm{e}^{-\mathrm{i}\frac{k\rho}{2}Z} \sum_{n=0}^\infty \frac{1}{n!}[\frac{-\mathrm{i}k\rho}{2Z}]^n}{z} \mathrm{d}z \\ &= \frac{2\pi\mathrm{i}}{\mathrm{i}} \sum_{n=0}^\infty (-1)^n \frac{(k\rho)^{2n}}{2^{2n}(n!)^2} = 2\pi J_0(k\rho) \end{aligned} \tag{6.191}$$

因为

$$J_0(Z) = \sum_{n=0}^\infty (-1)^n \frac{Z^{2n}}{2^{2n}(n!)^2} \tag{6.192}$$

故

$$\tilde{f}(\vec{k}) = \frac{n_0}{(2\pi)} \int_0^d J_0(k\rho)\rho d\rho = \frac{n_0 d}{2\pi k} J_1(kd) \tag{6.193}$$

得到 $\psi(\rho,t)$ 的严格解为

$$\begin{aligned} \psi(\rho,t) &= \int_0^\infty \int_0^{2\pi} \tilde{f}(\vec{k}) T_k(t) \mathrm{e}^{\mathrm{i}k\rho\cos\varphi} k\mathrm{d}k\mathrm{d}\varphi \\ &= n_0 d \int_0^\infty T_k(t) J_1(kd) J_0(k\rho) \mathrm{d}k \end{aligned} \tag{6.194}$$

总之，扩散-波动方程可以看作广义 d'Alembert 方程的特例——无源情况。这两种方程，都可以用**联合 Laplace-Fourier 方法**求解。这两种方法，消除了通常在 Fourier 变换极点上加以无穷小虚部的做法的含混之处，并且可以讨论含微商初条件 $\dot{\psi}(\vec{r},0)$ 的情况。因此，这种方法值得提倡和重视。

6.8　奇性分析和临界波矢

接着我们对解进行奇性分析，进而发现存在一个临界波矢 k_0，以及随之而来的一个有趣的现象。假设在 $t=0$ 时刻，激发一个单模式的电磁波

$$\psi(\vec{r}, 0) = \tilde{f}(\vec{k}) \mathrm{e}^{\mathrm{i}\vec{k}\cdot\vec{r}} \tag{6.195}$$

微商的初条件为

$$\dot{\psi}(\vec{r}, 0) = 0 \tag{6.196}$$

则在时刻 t 的场 $\psi(\vec{r}, t)$ 为

$$\psi(\vec{r}, 0) = \tilde{f}(\vec{k}) \mathrm{e}^{\mathrm{i}\vec{k}\cdot\cdot\vec{r}} T_k(t) \tag{6.197}$$

不论哪一种模式，随着时间的推移，一般均是随时间单调下降，而且是指数下降的。对 $DV^2 > 2kV$，有

$$T_k(t) \sim \mathrm{e}^{-\frac{k^2}{2}t} \tag{6.198}$$

对 $DV^2 < 2kV$，有

$$T_k(t) \sim \mathrm{e}^{-\frac{D^2}{2}t} \tag{6.199}$$

但值得注意的是下列情况

$$DV = 2k \tag{6.200}$$

这时 $T_k(t)$ 出现奇性。显然，这是可去奇点，但在时间关系上，却出现非常特殊的现象：

$$T_k(t) = [\frac{DV^2}{2}t + 1]\mathrm{e}^{-\frac{DV^2}{2}t} \tag{6.201}$$

此外，如果令

$$k_0 = \frac{DV}{2} \tag{6.202}$$

当 $k < k_0$ 时，不再存在波动的解，而且场的衰减速率大大下降；当 $k > k_0$ 时，才开始出现波动。如果初始条件下建立两个模式

$$\psi(\vec{r}, 0) = \tilde{f}(\vec{k}_1)\mathrm{e}^{\mathrm{i}\vec{k}_1\cdot\vec{r}} + \tilde{f}(\vec{k}_2)\mathrm{e}^{\mathrm{i}\vec{k}_2\cdot\vec{r}} \tag{6.203}$$

得以后的场的值为

$$\begin{aligned}
\psi(\vec{r}, t) &= \tilde{f}(\vec{k}_1)\mathrm{e}^{\mathrm{i}\vec{k}_1\cdot\vec{r}}T_{k_1}(t) + \tilde{f}(\vec{k}_2)\mathrm{e}^{\mathrm{i}\vec{k}_2\cdot\vec{r}}T_{k_2}(t) \\
&= \psi_1(\vec{r}, t) + \psi_2(\vec{r}, t)
\end{aligned} \tag{6.204}$$

比较这两个场

$$R = \frac{\psi_1(\vec{r}, t)}{\psi_2(\vec{r}, t)} \tag{6.205}$$

如果 $k_z > k_0$，由大于 k_0 逐步变为小于 k_0 时，则这个比突然上升，而且 $\psi(\vec{r}, t)$ 的波动性骤然消失。

利用这个性质，可以定出 k_0，从而求出 D，或 $\sigma(0)$，因而有可能是有用的结果。

关于本章所涉及的一些数学理论可查阅数学图书 [6]、[7]、[8] 和 [9]。

参考文献

[1] Titchmarsh E C. *Introduction to the Theory of Fourier Integrals*. 2nd ed. Oxford University Press, 1948.

[2] Copson E T. Proc. Edin. Math. Soc., 1947, II(8): 14.

[3] More P M, Feshbach H. *Method of Theoretical Physics (Part I and II)*. New York: McGraw-Hill, 1953.

[4] 曹昌祺. 电动力学. 北京：人民教育出版社，1962.

[5] 伊凡宁柯，索科洛夫. 经典场论. 黄祖洽译. 北京：科学出版社，1958.

[6] 梁昆淼. 数学物理方法. 北京：高等教育出版社，1979.

[7] 郭敦仁，王竹溪. 特殊函数概论. 北京：北京大学出版社，2012.

[8] 斯米尔诺夫. 高等数学教程 (I-V 卷). 孙念增等译. 北京：人民教育出版社, 1979.

[9] Gradshtyn I S, Ryzhik L M. *Table of Integrals, Series and Products*. Sixth Edition. New York: Academic Press, 2000.

第 7 章　孤立导体面电荷分布与高斯曲率的关系

7.1　引　言

尖端放电效应早已为人们所熟知，但电荷在导体表面究竟如何分布，这种分布与导体表面各部分的几何形状的关系如何，对于这个应属电动力学的问题，却不见电动力学论著有所论述。其原因可能是相应的数学问题太复杂。目前，对此问题的表述方法有很多，许多是不严格的，有的甚至是不正确的，因此有必要将这个问题讨论一下。

带电导体的电荷分布不仅受形状的影响，而且受外场和外源的影响；外场、外源的影响有时甚至可以超过形状的影响。本章不准备讨论外场和外源对导体电荷分布的影响，而限于讨论孤立导体面电荷分布与导体表面微分几何性质的关系。

由于问题的复杂性，我们认为，目前首要的是如何提出一个有希望或有可能正确的数学命题。

通常，往往把面电荷分布简单地与表面曲率联系起来。一种流行的提法是："孤立导体的面电荷在曲率大的地方较多。"这种提法一般是不正确的。

（1）设想在深谷中出现凸的尖端，深谷的屏蔽效应可以掩盖尖端效应而使尖端不呈现电荷积聚的现象。

这种情况是与表面几何性质有关的。按照微分几何理论，曲面上的点可以分为椭圆性点、抛物性点和双曲性点几种[1]。上述现象的复杂性正是与表面存在双曲性点分不开的，如果我们限于讨论凸导体面的问题，使所有点的两个主曲率不会异号，就可排除双曲性点。

（2）考虑半径为 a、带电量为 Q 的金属平面圆盘。这是具有混合型边界条件的问题，对应的积分方程组的严格解[2] 给出电荷的面密度 ω 为离中心距离 ρ 的函数

$$\omega(\rho) = \frac{Q}{2\pi a} \frac{1}{\sqrt{a^2 - \rho^2}} \tag{7.1}$$

虽然圆盘平面上的各点曲率均为零，但电荷分布仍有变化；长方体形的导体也有类似的情况。造成这类现象的原因可能是平面上的高斯曲率为零，属椭圆性点，且边界上的曲率具有奇性。

（3）如果将长方体形导体的棱角磨得十分光滑，使曲率奇性消失，那些曲率为零的平面上各点的电荷密度仍然可以不同。

这表明电荷分布不仅取决于考察点的曲率，而且取决于导体的整体形状。其实，带电圆盘边缘曲率奇性对盘面上电荷分布的影响以及深谷对其上尖端的屏蔽效应也是整体效应的一种反映。

鉴于以上情况，提出下列命题。为确定起见，宜先讨论导体面是封闭的情况。

数学命题　静电势 φ 满足下面一组条件

$$
\begin{cases}
\nabla^2 \varphi = 0 \\
\varphi|_\Sigma = V \quad (V\text{ 为常量，}\Sigma\text{ 为导体面}) \\
-\dfrac{1}{4\pi}\oint_\Sigma \dfrac{\partial \varphi}{\partial n}\,\mathrm{d}\sigma = Q \quad (Q\text{ 为总电量}) \\
\lim_{r\to\infty} \varphi = 0 \quad (\text{孤立导体面是封闭的})
\end{cases}
\tag{7.2}
$$

命题 1　在导体面整体已固定的条件下，如果椭圆性点处的面元有微小的变更，则面电荷密度 ω 随高斯曲率的变大而增加。

命题 2　对处处有椭圆性点的凸导体面，如果条件 (7.2) 成立，且高斯曲率 K 分区单调，则在 K 单调区域中，ω 随 K 的增加而增加。

命题 3　在命题 2 的条件成立的前提下，如果曲面二阶导数存在且连续，曲面具有一定对称性，使 K 分区单调的区域形成光滑的整体，则在整个曲面上，ω 随 K 增加而增大。

这些命题目前还是猜测。与通常的数学问题不同，这是一类特殊的边值问题：在场方程、边值条件类型给定，而边界形状却有一系列可变化的余地的条件下，讨论解的某些特性（ω）与曲面微分几何性质（曲率）的某种一般性联系。

对这些猜测的物理图象可做下列粗糙的分析：导体面与无穷远球面均是等势面，尖端处离球面较近。因 $\omega = -\dfrac{1}{4\pi}\dfrac{\partial \varphi}{\partial n}$，故在尖端处（或曲率较大处）自然要大一些。这个分析虽粗糙，但定性上较易接受。

7.2　一类严格可解的例子

在未能找到一般猜测的论证之前，一个可行的方法是寻求各种可能问题的严格解，虽然它们只是一些特例，但能显示问题的一些主要特征。量子力学中氢原子模型的解，统计物理中 Ising 模型的 Onsager 解[3]，就曾为各自领域的理论起过这种作用。

通常人们要用分离变量法来严格求解偏微分方程。而分离变量首先要求正交坐标系，并使坐标面与孤立导体面一致。到目前为止，人们只知道十几种可使 Laplace 方程分离变量的正交坐标系。较有普通意义的是椭球坐标系，它可以退化出许多常见的坐标系，例如球坐标系、圆柱坐标系、椭圆圆柱坐标系、长椭球和扁椭球坐标系等。

引入椭球坐标 (ξ, η, ζ)，它们是下列方程对 u 的解

$$\frac{x^2}{(a^2 + u)} + \frac{y^2}{(b^2 + u)} + \frac{z^2}{(c^2 + u)} = 1 \quad (a > b > c) \tag{7.3}$$

设导体的表面是椭球面，则方程为

$$\frac{x^2}{a^2} + \frac{y^2}{b^2} + \frac{z^2}{c^2} = 1 \tag{7.4}$$

利用椭球坐标系可以严格解出椭球导体的势，并得到面电荷密度

$$\omega = \frac{Q}{4\pi abc} \left[\frac{x^2}{a^4} + \frac{y^2}{b^4} + \frac{z^2}{c^4} \right]^{-\frac{1}{2}} \tag{7.5}$$

椭球导体的 ω 也可从静电平衡条件的分析严格得出，这个解法简单且直观，不必借助于求解 Laplace 方程[4]。下面为行文方便，我们把凡经过坐标的线性标度变换（$\hat{x}_\alpha = \lambda_\alpha x_\alpha$，$\alpha = 1$、$2$、$3$，$\lambda_\alpha$ 为常数）得到的图形族，称为同科的。显然，所有的椭球面是球面的同科图形。牛顿曾指出 [5]，由两个同心相似椭球面所夹的均质椭球壳，在内椭球面内部任何一点的引力场为零。显然，牛顿所谓的同心相似椭球面不难推广到同科椭球面的情形。由于静电力与引力遵从相同的平方反比律，这一思想可直接应用于静电现象。

如所周知，带电导体球上的电荷均匀地分布在球面上。正是这样的分布，保证球内的电场为零，这一点证明如下。

以球内任一点 $\widetilde{P}$（位矢为 $\widetilde{r}$）为顶点做锥面，分别在球面上截取无限小面元 $\mathrm{d}\widetilde{s}_1$ 和 $\mathrm{d}\widetilde{s}_2$，如图7.1（a）所示。显然，$\dfrac{\mathrm{d}\widetilde{s}_1}{\mathrm{d}\widetilde{s}_2} = \dfrac{\widetilde{l}_1^2}{\widetilde{l}_2^2}$，其中 $\widetilde{l}_1$、$\widetilde{l}_2$ 分别为 $\mathrm{d}\widetilde{s}_1$ 和 $\mathrm{d}\widetilde{s}_2$ 到 $\widetilde{P}$ 点的距离。因而 $\mathrm{d}\widetilde{s}_1$ 和 $\mathrm{d}\widetilde{s}_2$ 所包含的电荷元 $\widetilde{\omega}\mathrm{d}\widetilde{s}_1$ 和 $\widetilde{\omega}\mathrm{d}\widetilde{s}_2$（$\omega$ 为球面上面电荷密度）在 $\widetilde{P}$ 点的合场为零。由于球面上任何一面元都可以在 $\widetilde{P}$ 点对侧找到对应的面元，使它们的库仑力一一抵消，因而保证球内是个等势体。

今设想电荷均匀分布在半径为 c 的绝缘体球面上，电荷不能自由移动，使球面沿 $\widetilde{x}$ 方向伸长 a/c 倍，即作下列线性标度变换

$$\hat{x} = \frac{a}{c}\widetilde{x} \qquad \hat{y} = \widetilde{y} \qquad \hat{z} = \widetilde{z} \tag{7.6}$$

则原来的球面就变为旋转椭球面，如图7.1（b）

$$\frac{\hat{x}^2}{a^2} + \frac{\hat{y}^2}{c^2} + \frac{\hat{z}^2}{c^2} = 1 \tag{7.7}$$

此时，面元 $\mathrm{d}\widetilde{s}_1$、$\mathrm{d}\widetilde{s}_2$，距离 $\widetilde{l}_1$、$\widetilde{l}_2$，点 $\widetilde{P}$ 的位矢 $\widetilde{r}$ 相应地变为 $\mathrm{d}\hat{s}_1$、$\mathrm{d}\hat{s}_2$、$\hat{l}_1$、$\hat{l}_2$、$\hat{r}$。不难看出

$$\frac{\widetilde{l}_1}{\widetilde{l}_2} = \frac{\hat{l}_1}{\hat{l}_2} \tag{7.8}$$

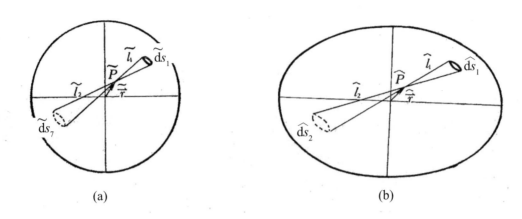

图 7.1　推导孤立椭球导体面电荷分布的示意图

而 $\mathrm{d}\hat{s}_1$、$\mathrm{d}\hat{s}_2$ 所包含的电荷未变，即 $\hat{\omega}_1\,\mathrm{d}\hat{s}_1 = \tilde{\omega}_1\,\mathrm{d}\tilde{s}_1$，$\hat{\omega}_2\,\mathrm{d}\hat{s}_2 = \tilde{\omega}_2\,\mathrm{d}\tilde{s}_2$，它们在 $\hat{P}$ 点产生的合场仍为零。同理沿 $\hat{y}$ 方向再作一次线性标度变换

$$x = \hat{x} \qquad y = \frac{b}{c}\hat{y} \qquad z = \hat{z} \tag{7.9}$$

从而使旋转椭球面变为一般的椭球面

$$\frac{x^2}{a^2} + \frac{y^2}{b^2} + \frac{z^2}{c^2} = 1 \tag{7.10}$$

不难看出，当面电荷以这种不均匀方式分布在椭球面上时，仍保证内部场为零。换言之，如果孤立椭球导体的表面电荷也以此方式分布，则亦能保持导体为等势体。根据静电学唯一性定理，这种分布就是孤立椭球导体表面上电荷的真实分布。

现在求椭球面上的面电荷分布 ω。按上面的推理，有 $\omega\mathrm{d}s = \hat{\omega}\,\mathrm{d}\hat{s} = \tilde{\omega}\,\mathrm{d}\tilde{s}$，故

$$\frac{\omega}{\tilde{\omega}} = \frac{\mathrm{d}\tilde{s}}{\mathrm{d}s} = \frac{\mathrm{d}\tilde{s}}{\mathrm{d}\hat{s}}\frac{\mathrm{d}\hat{s}}{\mathrm{d}s} \tag{7.11}$$

三个曲面的外法线单位矢量分别记为 $\boldsymbol{n}$、$\hat{\boldsymbol{n}}$ 和 $\tilde{\boldsymbol{n}}$；x、y 和 z 轴的单位矢量记为 $\boldsymbol{i}$、$\boldsymbol{j}$ 和 $\boldsymbol{k}$，显然有投影关系

$$\begin{cases} \mathrm{d}\tilde{s}\,\tilde{\boldsymbol{n}} \cdot \boldsymbol{i} = \mathrm{d}\hat{s}\,\hat{\boldsymbol{n}} \cdot \boldsymbol{i} \\ \mathrm{d}\hat{s}\,\hat{\boldsymbol{n}} \cdot \boldsymbol{j} = \mathrm{d}s\,\boldsymbol{n} \cdot \boldsymbol{j} \end{cases} \tag{7.12}$$

因而

$$\frac{\omega}{\tilde{\omega}} = \left(\frac{\hat{\boldsymbol{n}} \cdot \boldsymbol{i}}{\tilde{\boldsymbol{n}} \cdot \boldsymbol{i}}\right)\left(\frac{\boldsymbol{n} \cdot \boldsymbol{j}}{\hat{\boldsymbol{n}} \cdot \boldsymbol{j}}\right) \tag{7.13}$$

由微分几何得知，曲面 $F(x,\,y,\,z) = 0$ 的单位外法线矢量的方向余弦正比于 $\dfrac{\partial F}{\partial x}$、$\dfrac{\partial F}{\partial y}$

和 $\dfrac{\partial F}{\partial z}$，故

$$
\begin{cases}
\widetilde{\boldsymbol{n}} = \dfrac{1}{c}\left(\widetilde{x}\boldsymbol{i} + \widetilde{y}\boldsymbol{j} + \widetilde{z}\boldsymbol{k}\right) \\[3mm]
\hat{\boldsymbol{n}} = \left(\dfrac{\hat{x}}{a^2}\boldsymbol{i} + \dfrac{\hat{y}}{c^2}\boldsymbol{j} + \dfrac{\hat{z}}{c^2}\boldsymbol{k}\right)\left[\left(\dfrac{\hat{x}}{a^2}\right)^2 + \left(\dfrac{\hat{y}}{c^2}\right)^2 + \left(\dfrac{\hat{z}}{c^2}\right)^2\right]^{-\frac{1}{2}} \\[3mm]
\boldsymbol{n} = \left(\dfrac{x}{a^2}\boldsymbol{i} + \dfrac{y}{b^2}\boldsymbol{j} + \dfrac{z}{c^2}\boldsymbol{k}\right)\left[\left(\dfrac{x}{a^2}\right)^2 + \left(\dfrac{y}{b^2}\right)^2 + \left(\dfrac{z}{c^2}\right)^2\right]^{-\frac{1}{2}}
\end{cases}
\tag{7.14}
$$

将 (7.14) 代入 (7.13)，并考虑到标度变换关系 (7.6)、(7.9)，得

$$
\frac{\omega}{\widetilde{\omega}} = \frac{c}{ab}\left[\left(\frac{x}{a^2}\right)^2 + \left(\frac{y}{c^2}\right)^2 + \left(\frac{z}{c^2}\right)^2\right]^{-\frac{1}{2}}
\tag{7.15}
$$

因而得到了 ω 的严格表式，它与由 Laplace 方程严格解得到的 (7.5) 式完全一致。

现在我们来讨论它与曲率的关系。由微分几何得知，曲面上每点有两个主曲率 $1/R_1$ 和 $1/R_2$，或者高斯曲率 K 和平均曲率 H，并且有

$$
K = \frac{1}{R_1 R_2} \qquad H = \frac{1}{2}\left[\frac{1}{R_1} + \frac{1}{R_2}\right]
\tag{7.16}
$$

ω 究竟与高斯曲率 K 有关还是与平均曲率 H 有关？或者与两者都有关？定量关系怎样？是否敏感？下面来分析这些问题。

在椭球导体表面引入非正交参数坐标系 (u, v)

$$
\begin{cases}
x = a\cos u\sin v \\
y = b\sin u\sin v \\
z = c\cos v
\end{cases}
\tag{7.17}
$$

在 (7.17) 表示下，$\boldsymbol{n}$ 朝外，与法截线主法线相反，H 为负。

由微分几何理论，高斯曲率 K 和平均曲率 H 可由高斯微分系数表示，经过详细计算可以得到

$$
H = \frac{1}{2}\frac{(a^2\sin^2 u + b^2\cos^2 u) + (a^2\cos^2 u + b^2\sin^2 u)\cos^2 v + c^2\sin^2 v}{(abc)^2\left[\left(\dfrac{1}{a^2}\cos^2 u + \dfrac{1}{b^2}\sin^2 u\right)\sin^2 v + \dfrac{1}{c^2}\cos^2 v\right]^{\frac{3}{2}}}
\tag{7.18}
$$

$$
K = \frac{1}{(abc)^2}\left[\frac{1}{a^2}\cos^2 u\sin^2 v + \frac{1}{b^2}\sin^2 u\sin^2 v + \frac{1}{c^2}\cos^2 v\right]^{-2}
\tag{7.19}
$$

ω 由 (u, v) 表示，有

$$
\omega = \frac{Q}{4\pi abc}\left[\frac{1}{a^2}\cos^2 u\sin^2 v + \frac{1}{b^2}\sin^2 u\sin^2 v + \frac{1}{c^2}\cos^2 v\right]^{-\frac{1}{2}}
\tag{7.20}
$$

从而获得孤立椭球导体面的电荷密度 ω 的曲率表示式

$$\omega = \frac{Q}{4\pi\sqrt{abc}}\sqrt[4]{K} \tag{7.21}$$

讨论如下。

(1) 椭球类导体的面电荷分布只与高斯曲率 K 有关，而与平均曲率 H 完全无关。这是很有趣的结论。椭球面是凸型曲面，由 (7.19) 看出，处处是椭圆性点

$$K > 0 \tag{7.22}$$

符合命题 3 的全部条件，结论也与命题 3 的一致。由于 a、b、c 可以任意变化，因而 (7.21) 是对一切椭球类导体的一般结论，作为命题 3 的佐证，具有一定的代表性。

(2) 因 $\omega \sim K^{1/4}$，故 ω 与 K 的关系并没有通常想象的那么敏感，相反地却是相当迟钝的，这一点有些出乎意外。但它并不与尖端放电的经验相矛盾，因为 $K \to \infty$ 时，仍有

$$\omega \to \infty \tag{7.23}$$

换言之，尖端电荷的集中，并不是由于 ω 对 K 关系的敏感，而是 K 的急剧增大。

(3) 几个特例如下。

a) 回转椭球体。$a = b$，仍有 (7.21) 式，但

$$\begin{cases} |H| = \dfrac{a^2 c(1 + \cos^2 v) + c^2 \sin^2 v}{2a \left[a^2 \cos^2 v + c^2 \sin^2 v \right]^{3/2}} \\[3mm] K = \dfrac{1}{a^4 c^2} \left[\dfrac{1}{a^2} \sin^2 v + \dfrac{1}{c^2} \cos^2 v \right]^{-2} \end{cases} \tag{7.24}$$

b) 椭圆盘。当 $a \neq b$、$c/a \to 0$ 时，(7.20) 还可以导出椭圆盘的一个**新结果**

$$\omega = \frac{Q}{4\pi ab} \left[1 - \left(\frac{x}{a} \right)^2 - \left(\frac{y}{b} \right)^2 \right]^{-1/2} \tag{7.25}$$

c) 椭圆柱面。当 $a \neq b$、$c/a \to \infty$、$c/b \to \infty$ 时，导体面趋向椭圆柱面。此时，曲面变为非封闭的，而且高斯曲率处处为零，因而不满足命题 3 的条件，相对面电荷密度也只能依赖于平均曲率 H。实际上，当 $c/a \gg 1$、$c/b \gg 1$、$v = \dfrac{\pi}{2}$ 时，有

$$H = \frac{1}{2} ab \left[b^2 \cos^2 u + a^2 \sin^2 u \right]^{-3/2} \tag{7.26}$$

$\omega(u, v)$ 显然趋于 0，但可以引入相对电荷密度

$$\omega_0(u) = \frac{\omega\left(u, \frac{\pi}{2} \right)}{\omega\left(\frac{\pi}{2}, \frac{\pi}{2} \right)} = \lim_{c \to \infty} \left[\frac{K\left(u, \frac{\pi}{2} \right)}{K\left(\frac{\pi}{2}, \frac{\pi}{2} \right)} \right]^{1/2} = \frac{1}{\sqrt{b^2 \cos^2 u + a^2 \sin^2 u}} \tag{7.27}$$

ω_0 也可以用 H 表示

$$\omega_0(u) = \sqrt[3]{\frac{2a^2|H|}{b}} \sim |H|^{\frac{1}{3}} \tag{7.28}$$

换言之，椭圆柱面导体的相对面电荷分布 $\omega_0(u)$ 只与 H 有关。如果引入相对平均曲率 $H_0(u) = H/H(\frac{\pi}{2}, \frac{\pi}{2})$，则有

$$\omega_0(u) = |H_0(u)|^{\frac{1}{3}} \tag{7.29}$$

d) 实际应用。在许多实际情况下，孤立导体并非椭球，但在观察点附近，可以用椭球来近似。例如，避雷针可以看作与地球相接的拉长椭球，由于尖端离地面较远，尖端附近的 ω 可以准确地近似为 $\omega \sim K^{1/4}$。

7.3 由场方程给出的微商关系

在本章引言中，我们强调了 ω 不仅与观察点的邻域的性质（曲率）有关，而且与曲面的整体形状有关，即 ω 是 K、H 和形状 ψ 的泛函

$$\omega = \Omega(K, H, \psi) \tag{7.30}$$

(7.21) 正说明了这个事实，因为 a、b、c 就是形状的参数。人们往往有这样一个偏见，总希望找到一个与 ψ 无关的表达式。下面我们论证希望寻求 $\omega = \Omega(K, H)$ 的道路是无望的，因为微分关系莫过于场方程给出的全部信息。

现在来看场方程能给我们什么信息。为此我们选择正交曲线坐标系 (ξ, η, ζ)，其线元的微分式设为

$$\mathrm{d}l^2 = h_1^2 \mathrm{d}\xi^2 + h_2^2 \mathrm{d}\eta^2 + h_3^2 \mathrm{d}\zeta^2 \tag{7.31}$$

$\{h_l\}$ 为 Lamé 系数或标度因子。在这个坐标系中，场方程为

$$\frac{1}{h_1 h_2 h_3}\left[\frac{\partial}{\partial \xi}\left(\frac{h_2 h_3}{h_1}\frac{\partial}{\partial \xi}\varphi\right) + \frac{\partial}{\partial \eta}\left(\frac{h_3 h_1}{h_2}\frac{\partial}{\partial \eta}\varphi\right) + \frac{\partial}{\partial \zeta}\left(\frac{h_1 h_2}{h_3}\frac{\partial}{\partial \zeta}\varphi\right)\right] = 0 \tag{7.32}$$

因为导体表面是等势的，取 ξ 为法线方向，在导体表面的场方程简化为

$$\left.\frac{\partial}{\partial \xi}\left(\frac{h_2 h_3}{h_1}\frac{\partial}{\partial \xi}\varphi\right)\right|_{\Sigma} = 0 \tag{7.33}$$

考虑到曲线正交坐标系下梯度表达式为

$$\nabla\varphi = \sum_{\alpha=1}^{n} \frac{1}{h_\alpha}\frac{\partial \varphi}{\partial \xi_\alpha} \boldsymbol{e}_\alpha \tag{7.34}$$

其中，$\{\xi_\alpha\}$ 为坐标，$\boldsymbol{e}_\alpha$ 为坐标线上单位矢量。从而场方程给出

$$\frac{\dfrac{\mathrm{d}E_n}{\mathrm{d}n}}{\omega} = -\frac{4\pi}{h_1}\left[\frac{\dfrac{\partial}{\partial\xi}h_2}{h_2} + \frac{\dfrac{\partial}{\partial\xi}h_3}{h_3}\right] \tag{7.35}$$

左边是场量之比，右边是导体表面的微分几何量。因此，由场方程可严格证明场量之比 $\dfrac{\mathrm{d}E_n}{\mathrm{d}n}/\omega$ 仅由导体表面的局域微分几何性质决定，但不能证明可由局域微分几何性质决定 ω 本身。除场方程外，不再存在其他微分关系，因而断定 ω 除与曲率有关外，还依赖于导体整体形状。

如果将 (η, ζ) 的坐标线取在等势面 Σ 上，则有

$$\left.\frac{\dfrac{\mathrm{d}}{\mathrm{d}n}E_n}{E_n}\right|_\Sigma = -\frac{1}{h_1}\left[\frac{\dfrac{\partial}{\partial\xi}h_2}{h_2} + \frac{\dfrac{\partial}{\partial\xi}h_3}{h_3}\right]\Bigg|_\Sigma \tag{7.36}$$

此时，(7.36) 右边是导体表面 Σ 上的几何参量。(7.35)、(7.36) 右边究竟是否与曲率有关，关系怎样，均需进一步讨论。

7.4 曲率的一个表达式

如所周知，微分几何中一般给出的曲面曲率表达式，都由曲面上的矢径的微分系数表示，而不涉及法向分量[1]。但 (7.35) 式右边涉及法向微商。因此，它与曲率的关系可能不单纯，否则曲率存在其他微分表达式。下面我们将证明后一个预测是正确的，并建立这个新的表达式。

在正交曲线坐标系中，H 的表达式可以写为

$$H = \frac{1}{2}\left[\frac{N}{h_1^2} + \frac{L}{h_3^2}\right] \tag{7.37}$$

设 $\boldsymbol{r}$ 为曲面上的位矢，微商 $\boldsymbol{r}'_\xi$、$\boldsymbol{r}'_\eta$、$\boldsymbol{r}'_\zeta$ 组成右手系，法线方向朝外，第二高斯微分系数 N、L 现可表为

$$\begin{cases} L = \dfrac{\boldsymbol{r}''_{\eta^2}\cdot(\boldsymbol{r}'_\eta\times\boldsymbol{r}'_\xi)}{h_1 h_2} = \boldsymbol{r}''_{\eta^2}\cdot\boldsymbol{n} = -\boldsymbol{r}'_\eta\cdot\boldsymbol{n}'_\eta = -\boldsymbol{r}'_\eta\cdot\dfrac{\partial}{\partial\eta}\left(\dfrac{\boldsymbol{r}'_\xi}{h_1}\right) \\[4mm] N = \dfrac{\boldsymbol{r}''_{\zeta^2}\cdot(\boldsymbol{r}'_\eta\times\boldsymbol{r}'_\xi)}{h_1 h_2} = \boldsymbol{r}''_{\zeta^2}\cdot\boldsymbol{n} = -\boldsymbol{r}'_\zeta\cdot\boldsymbol{n}'_\zeta = -\boldsymbol{r}'_\zeta\cdot\dfrac{\partial}{\partial\zeta}\left(\dfrac{\boldsymbol{r}'_\xi}{h_1}\right) \end{cases} \tag{7.38}$$

利用正交性，我们得到 H 的下列新表达式

$$H = -\frac{1}{2h_1}\left[\frac{\boldsymbol{r}'_\eta\cdot\boldsymbol{r}''_{\xi\eta}}{h_2^2} + \frac{\boldsymbol{r}'_\zeta\cdot\boldsymbol{r}''_{\xi\zeta}}{h_3^2}\right] \tag{7.39}$$

考虑到

$$\frac{\partial h_2}{\partial \xi} = \frac{1}{h_2}(\mathbf{r}'_\eta \cdot \mathbf{r}''_{\xi\eta}) \qquad \frac{\partial h_3}{\partial \xi} = \frac{1}{h_3}(\mathbf{r}'_\zeta \cdot \mathbf{r}''_{\xi\zeta})$$

我们可获得 H 的另一个新表达式 (7.40)

$$H = -\frac{1}{2h_1}\left[\frac{h'_2}{h_2} + \frac{h'_3}{h_3}\right] \tag{7.40}$$

其中撇号表示对 ξ 微商。新表示 (7.39)、(7.40) 与原来的表示 [1] 的差别在于新的表示中包含法向微商，适用于正交系，比较简单。

在讨论物理问题时，新表示易于获得清晰的物理结论。比较 (7.40) 与 (7.35)，立即可得

$$\left.\frac{\mathrm{d}E_n}{\mathrm{d}n}\middle/\omega\right|_\Sigma = 8\pi H \tag{7.41}$$

一般说来，$\dfrac{\mathrm{d}E_n}{\mathrm{d}n}\Big/E_n$ 与等势面的平均曲率存在一般的正比关系

$$\left.\frac{\mathrm{d}E_n}{\mathrm{d}n}\middle/E_n\right|_\sigma = 2H \tag{7.42}$$

关系式 (7.41)、(7.42) 是场方程的直接结果，与导体的整体形状、外场、外源无关。虽然文献 [6] 和 [7] 讨论过关系式 (7.42)，但没有给出严格的微分几何论证，也没有得出曲率的这个新表示 (7.39) 与 (7.40)。

作为 (7.41) 的应用，计算椭球导体 E_n 的法向微商

$$\left.\frac{\mathrm{d}E_n}{\mathrm{d}n}\right|_\Sigma = \frac{2Q}{\sqrt{abc}}H\sqrt[4]{K} \tag{7.43}$$

它依赖于高斯曲率，也依赖于平均曲率。(7.43) 表明尖端效应一般只在尖端附近才明显。

7.5 面电荷密度 ω 的几何表示

这里必须强调的是，由场方程只能证明可以用导体上的曲率表示比值 $\dfrac{\mathrm{d}E_n}{\mathrm{d}n}\Big/\omega$，而不能给出 ω 本身。

为了给出 ω 的几何表示，我们准备对 (7.42) 进行积分。由于平均曲率 H 是空间地点的函数，而且 H 的通常表达式 [1] 非常复杂，等势面形式又是未知的，从而使人们感到很困惑。由于在前一节中我们建立了 H 的新表示，使这一积分成为可能

$$2\int_{\xi_0}^{\xi} H(\xi, \eta, \zeta)\mathrm{d}n = -\ln\left[\frac{h_2(\xi, \eta, \zeta)h_3(\xi, \eta, \zeta)}{h_2(\xi_0, \eta, \zeta)h_3(\xi_0, \eta, \zeta)}\right] \tag{7.44}$$

因而有

$$\frac{E_n(\xi,\,\eta,\,\zeta)}{E_n(\xi_0,\,\eta,\,\zeta)} = \frac{h_2(\xi_0,\,\eta,\,\zeta)h_3(\xi_0,\,\eta,\,\zeta)}{h_2(\xi,\,\eta,\,\zeta)h_3(\xi,\,\eta,\,\zeta)} \tag{7.45}$$

为了由 (7.45) 中取出 ω 的信息，令 ξ_0 为导体面坐标，$\xi \to \infty$ 对应于无穷远处等势面，令 $\boldsymbol{r}$ 为导体的任一内点为原点到考察点的位矢，显然有 $\varphi(r) \to \dfrac{Q}{r}$ $(r \to \infty)$，故

$$\lim_{\xi\to\infty} E_n(\xi,\,\eta,\,\zeta) = \frac{Q}{r^2} \tag{7.46}$$

因而获得 ω 的一个简单的几何表示

$$\omega = \frac{Q}{4\pi}\frac{\mathrm{d}\Omega}{\mathrm{d}s} \tag{7.47}$$

式中 $\mathrm{d}s$ 为所考察的面元，$\mathrm{d}\Omega$ 为 $\mathrm{d}s$ 上发出的力线在无穷远处所张立体角元。用 Lamé 系数表示就得到 ω 的几何量表示

$$\omega = \lim_{\substack{\xi\to\infty \\ (r\to\infty)}} \frac{Q}{4\pi r^2}\frac{h_2(\xi,\,\eta,\,\zeta)h_3(\xi,\,\eta,\,\zeta)}{h_2(\xi_0,\,\eta,\,\zeta)h_3(\xi_0,\,\eta,\,\zeta)} \tag{7.48}$$

作为这些关系式的简单例证，先考虑球面，显然

$$\omega = \frac{Q}{4\pi}\cdot\frac{\mathrm{d}\Omega}{a^2\mathrm{d}\Omega} = \frac{Q}{4\pi a^2} \tag{7.49}$$

下面考虑非平庸情况：椭球导体问题。取椭球坐标 $(\xi,\,\eta,\,\zeta)$，它们是 (7.3) 方程的解，定义域为

$$\xi \geqslant -c^2 \qquad -c^2 \geqslant \eta \geqslant -b^2 \qquad -b^2 \geqslant \zeta \geqslant -a^2 \tag{7.50}$$

Lamé 系数为 [8]

$$\begin{cases} h_1 = \dfrac{1}{2R_\xi}\sqrt{(\xi-\eta)(\xi-\zeta)} & h_2 = \dfrac{1}{2R_\eta}\sqrt{(\eta-\zeta)(\eta-\xi)} \\ h_3 = \dfrac{1}{2R_\zeta}\sqrt{(\zeta-\xi)(\zeta-\eta)} & R_u = \sqrt{(u+a^2)(u+b^2)(u+c^2)} \qquad (u=\xi,\,\eta,\,\zeta) \end{cases} \tag{7.51}$$

代入 (7.48)，利用逆变换 [8]

$$\begin{cases} x = \pm\left[\dfrac{(\xi+a^2)(\eta+a^2)(\zeta+a^2)}{(b^2-a^2)(c^2-a^2)}\right]^{\frac{1}{2}} \\ y = \pm\left[\dfrac{(\xi+b^2)(\eta+b^2)(\zeta+b^2)}{(c^2-b^2)(a^2-b^2)}\right]^{\frac{1}{2}} \\ z = \pm\left[\dfrac{(\xi+c^2)(\eta+c^2)(\zeta+c^2)}{(a^2-c^2)(b^2-c^2)}\right]^{\frac{1}{2}} \end{cases} \tag{7.52}$$

导得下列极限式

$$r^2 = \xi \left[\frac{\left(1 + \dfrac{a^2}{\xi}\right)(\eta + a^2)(\zeta + a^2)}{(b^2 - a^2)(c^2 - a^2)} + \frac{\left(1 + \dfrac{b^2}{\xi}\right)(\eta + b^2)(\zeta + b^2)}{(c^2 - b^2)(a^2 - b^2)} \right.$$
$$\left. + \frac{\left(1 + \dfrac{c^2}{\xi}\right)(\eta + c^2)(\zeta + c^2)}{(b^2 - c^2)(a^2 - c^2)} \right] \to \xi \quad (\xi \to \infty) \tag{7.53}$$

即可得出

$$\omega = \frac{Q}{4\pi} \frac{1}{\sqrt{\zeta\eta}} = \frac{Q}{4\pi abc} \left[\frac{x^2}{a^4} + \frac{y^2}{b^4} + \frac{z^2}{c^4} \right]^{-\frac{1}{2}} \tag{7.54}$$

关系式 (7.54) 与文献 [8] 的结果 (7.5) 完全一致。

注意，在求 ω 时，我们可以不必求解 Laplace 方程；由于 (7.48) 是普遍的，特别当 Laplace 方程对正交坐标系只能对 ξ 可分离变量，而对 (η, ζ) 不能分离变量时，(7.48) 仍然可用，有可能由它求出 ω 来。

在椭球导体情况，$\mathrm{d}\Omega$ 还有另一简单的几何意义：它也就是形变前球面面元所对应的立体角元，参见图7.2。

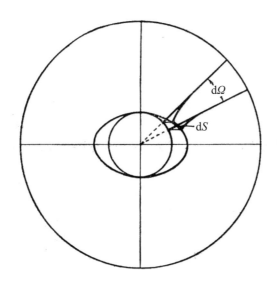

图 7.2　演示椭球导体情况下立体角元 $\mathrm{d}\Omega$ 的几何意义

7.6　命题的论证和讨论

(7.47)的物理意义是 ω 等于曲面上单位面元所发力线在无穷远球面所张立体角元的比率 $\dfrac{1}{4\pi}\dfrac{d\Omega}{ds}$ 乘以 Q。由此可得出下列推论：

(1) 在导体面整体已固定的条件下，如果椭圆点处的面元有微小的变更，则面电荷密度 ω 随高斯曲率的变大而增加。这就是命题1。因为 ds 与高斯曲率有关，另外对同一面积的面元，当高斯曲率变大，而整体曲面其他部分不变时，法线变得更分散，从而 $d\Omega$ 就愈大，参见图7.3。

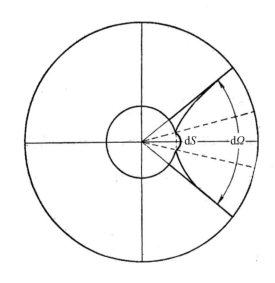

图 7.3　示意随着面元的高斯曲率增加，对应的电力线束所张的立体角元也变大

(2) 如果高斯曲率 K 分区单调，则在 K 单调区域中，上述趋势仍然保持，ω 随 K 的增加而增加，即命题2成立。

(3) 对封闭曲面，K 不可能在整体上单调。如果命题2的条件成立，并且曲率存在且连续，曲面有一定的对称性，从而使 K 分区单调的区域形成光滑的整体（例如卵形、椭球形等），则在这类曲面上，ω 随 K 的增加而增加。这就是命题3，(7.21) 便是例证。

以上推论的正确性，尚待进一步讨论。

在相变中，对某些类别的体系存在普适性和标度律是可能的 [9]。ω 与曲率关系中也存在着一些标度律。除相似曲面这种平庸例子之外，椭球类全体就存在下列标度律

$$\omega_0 = \sqrt[4]{K_0} \tag{7.55}$$

其中

$$\omega_0 \equiv \frac{\omega(\xi,\,\eta,\,\zeta)}{\omega(\xi_0,\,\eta_0,\,\zeta_0)} \qquad K_0 \equiv \frac{K(\xi,\,\eta,\,\zeta)}{K(\xi_0,\,\eta_0,\,\zeta_0)} \tag{7.56}$$

而 (ξ_0, η_0, ζ_0) 为椭球面上任一指定的点。注意 (7.55) 对一切椭球类成立，虽然它们并不相似。

另一类例子是椭圆柱面。在其上，$K \equiv 0$，故全为抛物性点，标度律为

$$\omega_0(u) = |H_0(u)|^{1/3} \tag{7.57}$$

类别不同，标度律形式可以不同。

第三类例子是平面圆盘和椭圆盘。平面上 $K \equiv 0$，$H \equiv 0$，电荷分布 ω 只由整体形状决定，见 (7.1) 和 (7.25) 两式。

参考文献

[1] 斯米尔诺夫. 高等数学教程（第二卷）. 孙念增译. 北京：人民教育出版社，1979.

[2] Copson E T. Proc. Edin. Math. Soc. II, 1947, **8**: 14.

[3] Onsager L. Phys. Rev., 1944, **65**: 117.

[4] 戴显熹，郑永令. 孤立导体面电荷分布与高斯曲率的关系. 复旦学报（自然科学版），1984, **3** (3): 335-346.

[5] Newton I. Principia Mathematica, Revised Translation by Fourian Cajori. Berkeley: University of California, 1934.

[6] 王国权. 物理通报，1996, **3**: 105.

[7] Jackson J D. Classical Electrodynamics. New York, London: John Wiley and Sons Inc., 1962.

[8] 朗道，栗夫席兹. 连续介质电动力学，莫斯科: 1957.

[9] Domb C, Green M S. Phase Transitions and Critical Phenomena, Vol. 5, Vol. 6. London, New York, San Francisco: Academic Press, 1976.

第 8 章　Ω 级数类求和公式及其在电磁理论计算中的应用

8.1　引　言

在示波管中的慢波结构（或称延迟结构）、微波中低端定向耦合器的研究中，均会遇到下面讨论的相当广泛的一类级数——Ω 级数的求和问题，为此我们建立了 Ω 级数的求和公式，并获得这些物理量的解析解。

现代核物理实验和基本粒子实验的某些瞬时测量中，讯号时间极短，为了使示波管不失真地反映讯号，需要用延迟结构来代替偏转板。目前试验性的结构较多，双层平行导线结构性能较好，但公开结构参数的较少。如何设计这些结构？它们的品质因素与它们的几何参数之间有怎样的关系？这便是实际中要解决的问题。

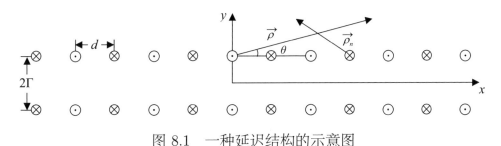

图 8.1　一种延迟结构的示意图

为抓住问题的主要矛盾，对物理模型作不失特征的简化：可以把导线看作无穷长的；又由于导线的根数很多，$N \simeq 10^2$，可以近似地看作无穷多。这相当于忽略了边缘效应 (图 8.1)。利用电磁场的基本定律和叠加原理，单排导线产生的电场和磁场强度为

$$\boldsymbol{E} = \sum_{n=-\infty}^{\infty} 2\eta \frac{\boldsymbol{\rho_n^0}}{\rho_n} \qquad \boldsymbol{B} = \sum_{n=-\infty}^{\infty} -\left(\frac{2I}{c}\right)\frac{(-1)^n \boldsymbol{\theta_n^0}}{\rho_n} \tag{8.1}$$

其中，I 为电流强度，η 为线电荷密度。采用固定的直角坐标，则

$$B_x = \frac{2I}{cd^2}\left[\sum_{n=-\infty}^{\infty} \frac{(-1)^n(y-\Gamma)}{\left(\frac{y-\Gamma}{d}\right)^2 + \left(n-\frac{x}{d}\right)^2} + \sum_{n=-\infty}^{\infty} \frac{(-1)^n(y+\Gamma)}{\left(\frac{y+\Gamma}{d}\right)^2 + \left(n-\frac{x}{d}\right)^2}\right]$$

$$B_y = -\frac{2I}{cd^2}\left[\sum_{n=-\infty}^{\infty} \frac{(-1)^n x}{\left(\frac{y-\Gamma}{d}\right)^2 + \left(n-\frac{x}{d}\right)^2} - \sum_{n=-\infty}^{\infty} \frac{(-1)^n nd}{\left(\frac{y-\Gamma}{d}\right)^2 + \left(n-\frac{x}{d}\right)^2} \right.$$
$$\left. + \sum_{n=-\infty}^{\infty} \frac{(-1)^n x}{\left(\frac{y+\Gamma}{d}\right)^2 + \left(n-\frac{x}{d}\right)^2} - \sum_{n=-\infty}^{\infty} \frac{(-1)^n nd}{\left(\frac{y+\Gamma}{d}\right)^2 + \left(n-\frac{x}{d}\right)^2} \right]$$

$$E_x = \frac{2\eta}{d}\left[\frac{x}{d} \sum_{n=-\infty}^{\infty} \frac{1}{\left(\frac{y-\Gamma}{d}\right)^2 + \left(n-\frac{x}{d}\right)^2} - \sum_{n=-\infty}^{\infty} \frac{n}{\left(\frac{y-\Gamma}{d}\right)^2 + \left(n-\frac{x}{d}\right)^2} \right.$$
$$\left. - \frac{x}{d} \sum_{n=-\infty}^{\infty} \frac{1}{\left(\frac{y+\Gamma}{d}\right)^2 + \left(n-\frac{x}{d}\right)^2} + \sum_{n=-\infty}^{\infty} \frac{n}{\left(\frac{y+\Gamma}{d}\right)^2 + \left(n-\frac{x}{d}\right)^2} \right]$$

$$E_y = \frac{2\eta}{d^2}\left[\sum_{n=-\infty}^{\infty} \frac{(y-\Gamma)}{\left(\frac{y-\Gamma}{d}\right)^2 + \left(n-\frac{x}{d}\right)^2} - \sum_{n=-\infty}^{\infty} \frac{(y+\Gamma)}{\left(\frac{y+\Gamma}{d}\right)^2 + \left(n-\frac{x}{d}\right)^2} \right] \tag{8.2}$$

8.2　Ω 级数类的求和问题

分析这些物理问题，要求我们建立下列级数求和公式

$$\mathscr{V}(\alpha,\beta) \equiv \sum_{n=-\infty}^{\infty} \frac{(-1)^n}{\alpha^2 + (n+\beta)^2} \qquad \mathscr{E}(\alpha,\beta) \equiv \sum_{n=-\infty}^{\infty} \frac{(-1)^n n}{\alpha^2 + (n+\beta)^2}$$
$$\mathscr{H}(\alpha,\beta) = \sum_{n=-\infty}^{\infty} \frac{1}{\alpha^2 + (n+\beta)^2} \qquad \mathscr{L}(\alpha,\beta) \equiv \sum_{n=-\infty}^{\infty} \frac{n}{\alpha^2 + (n+\beta)^2} \tag{8.3}$$

在数学上级数求和的一般法则较少，甚至不知有些级数的和是否为初等函数。经过多方面的探索，我们决定采用正交级数的求和法。如所周知，凡满足 Dirichlet 条件的相当广泛的函数类，都可以按照正交完备系 $\{\psi_n\}$ 展开

$$f(t) = \sum_n a_n \psi_n(t)$$

在目前已有的函数系中，我们选用指数系作为基矢

$$\psi_n(t) = \frac{1}{\sqrt{2\pi}}\, e^{int} \qquad (-\infty < n < \infty,\ -\pi \leqslant t \leqslant \pi)$$

因为"已知正交展式求它的和"比"已知和求正交展式"要困难得多，因此我们希望猜测出这个 $f(t)$，再求它的展式，使它与所要求的级数一致。但这仍然是困难的。因此，我们猜测 $f(t)$ 的大致形式，包含某些可调节的参数，寻求它们所满足的方程，然后由方程解出它们。

我们先研究三参数函数 $R(x,\alpha,\beta)$ 和 $S(x,\alpha,\beta)$

$$R(x,\alpha,\beta) \equiv \sum_{n=-\infty}^{\infty} \frac{(-1)^n}{\alpha^2 + (n+\beta)^2} \cos nx \qquad S(x,\alpha,\beta) \equiv \sum_{n=-\infty}^{\infty} \frac{(-1)^n n}{\alpha^2 + (n+\beta)^2} \cos nx$$

设计适当的函数，使它们的展式通过某些初等函数与 R、S 发生联系，从而得到 R、S 的方程。我们设计的是在 $[-\pi, \pi]$ 上的偶函数：$\sinh \alpha x \sin \beta x$ 和 $\cosh \alpha x \cos \beta x$，并把它们周期性地开拓到整个实轴，对 $\{\cos nx\}$ 作展开（设计函数时有许多是要摸索的，但验证下列展式并不困难），得到下列方程

$$
\begin{cases}
\pi \sinh \alpha x \sin \beta x = (\alpha \cosh \alpha \pi \sin \beta \pi - \beta \sinh \alpha \pi \cos \beta \pi) R(x, \alpha, \beta) \\
\qquad\qquad\qquad\qquad - \sinh \alpha \pi \cos \beta \pi S(x, \alpha, \beta) \\
\pi \cosh \alpha x \cos \beta x = (\alpha \sinh \alpha \pi \cos \beta \pi + \beta \cosh \alpha \pi \sin \beta \pi) R(x, \alpha, \beta) \\
\qquad\qquad\qquad\qquad + \cosh \alpha \pi \sin \beta \pi S(x, \alpha, \beta) \\
\qquad (\alpha、\beta \text{可以是任意复数}, \ -\pi \leqslant x \leqslant \pi)
\end{cases}
\tag{8.4}
$$

由 (8.4) 解得

$$
\begin{aligned}
R(x, \alpha, \beta) &= \frac{\pi}{\alpha} \cdot \frac{1}{\Delta(\alpha, \beta)} \big[\cosh \alpha \pi \sin \beta \pi \sinh \alpha x \sin \beta x \\
&\quad - \sinh \alpha \pi \cos \beta \pi \cosh \alpha x \cos \beta x \big] \\
S(x, \alpha, \beta) &= \frac{\pi}{\alpha} \cdot \frac{1}{\Delta(\alpha, \beta)} \big[(\alpha \cosh \alpha \pi \sin \beta \pi - \beta \sinh \alpha \pi \cos \beta \pi) \cosh \alpha x \cos \beta x \\
&\quad - (\alpha \sinh \alpha \pi \cos \beta \pi + \beta \cosh \alpha \pi \sin \beta \pi) \sinh \alpha x \sin \beta x \big]
\end{aligned}
\tag{8.5}
$$

其中

$$
\Delta(\alpha, \beta) \equiv \sinh^2 \alpha \pi + \sin^2 \beta \pi
$$

同理可以得到

$$
\begin{aligned}
P(x, \alpha, \beta) &\equiv \sum_{n=-\infty}^{\infty} \frac{(-1)^n \sin nx}{\alpha^2 + (n + \beta^2)} \\
&= \frac{\pi}{\alpha} \cdot \frac{1}{\Delta(\alpha, \beta)} \big[\cosh \alpha \pi \sin \beta \pi \sinh \alpha x \cos \beta x \\
&\quad - \sinh \alpha \pi \cos \beta \pi \cosh \alpha x \sin \beta x \big] \\
Q(x, \alpha, \beta) &\equiv \sum_{n=-\infty}^{\infty} \frac{(-1)^n n \sin nx}{\alpha^2 + (n + \beta^2)} \\
&= \frac{\pi}{\alpha} \cdot \frac{1}{\Delta(\alpha, \beta)} \big[(\beta \sinh \alpha \pi \cos \beta \pi - \alpha \cosh \alpha \pi \sin \beta \pi) \cosh \alpha x \sin \beta x \\
&\quad - (\alpha \sinh \alpha \pi \cos \beta \pi + \beta \cosh \alpha \pi \sin \beta \pi) \sinh \alpha x \cos \beta x \big]
\end{aligned}
\tag{8.6}
$$

大家知道，千变万化的电路实际上是由电阻、电容、电感等元件组成的。在级数类的求和中，我们也可以引入"求和元件"的概念。比如说，我们讨论相当一般的级数类 $\Omega_1(x, P, Q) \equiv \sum\limits_{n=-\infty}^{\infty} \dfrac{P(n)}{Q(n)} \sin nx$、$\Omega_2(x, p, Q) \equiv \sum\limits_{n=-\infty}^{\infty} \dfrac{P(n)}{Q(n)} \cos nx$，其中 $P(n)$、$Q(n)$ 均为 n 的多项式，且 Q 比 P 高一次以上，因此它们是收敛的。可以证明，它们都是初等函数，

因为由 (8.5)、(8.6) 这四个求和元件可知 Ω_1、Ω_2 均可以用 P、Q、R、S 及其微商及初等变换 $x' \to x - \pi$ 得到。现在我们调节参数 x，求出 (8.3) 中各级数的和

$$\mathscr{V}(\alpha, \beta) = R(0, \alpha, \beta) = \frac{\pi}{\alpha} \frac{\sinh \alpha\pi \cos \beta\pi}{\sinh^2 \alpha\pi + \sin^2 \beta\pi}$$

$$\mathscr{E}(\alpha, \beta) = S(0, \alpha, \beta) = \frac{\pi}{\alpha} \left[\frac{\alpha \cosh \alpha\pi \sin \beta\pi - \beta \sinh \alpha\pi \cos \beta\pi}{\sinh^2 \alpha\pi + \sin^2 \beta\pi} \right]$$

$$\mathscr{H}(\alpha, \beta) = R(\pi, \alpha, \beta) = \frac{\pi}{\alpha} \frac{\sinh \alpha\pi \cosh \alpha\pi}{\sinh^2 \alpha\pi + \sin^2 \beta\pi}$$

$$\mathscr{L}(\alpha, \beta) = S(\pi, \alpha, \beta) = \frac{\pi}{2\alpha} \left[\frac{\alpha \sin 2\beta\pi - \beta \sinh 2\alpha\pi}{\sinh^2 \alpha\pi + \sin^2 \beta\pi} \right] \tag{8.7}$$

其中，注意到 R、S 在 $x = \pi$ 处不连续（周期性开拓的边界），因此按 Dirichlet 定理，级数和等于 (8.5) 式右端的算术平均值。(8.7) 式就是我们所要求的公式。

考虑级数类

$$\Omega(P, Q) = \sum_{n=-\infty}^{\infty} \frac{P(n)}{Q(n)}$$

其中 $P(n)$、$Q(n)$ 均为多项式，且因 $Q(n)$ 至少比 $P(n)$ 高一阶，故而是收敛的。为了下面行文的方便，称这类级数为 Ω 级数。它存在下列定理和求和法则。

定理 Ω 级数类中任一级数的和必然是初等函数。

定理 按照代数中熟知的定理，$Q(n)$ 多项式也可以用它的根来表示

$$Q(n) = C_0 \prod_{l=1}^{r} (n - \gamma_l)^{j_l} \prod_{m=1}^{s} \left[(n - \beta_m)^2 + \alpha_m^2 \right]^{k_m}$$

j_l、k_m 为实根与复根的重数。任一真分式均可以按其根表示成部分分式[1]

$$\frac{P(n)}{Q(n)} = \sum_{l=1}^{r} \sum_{\mu=1}^{j_l} \frac{A_\mu^{(l)}}{(n - \gamma_l)^\mu} + \sum_{m=1}^{s} \sum_{\nu=1}^{k_m} \frac{B_\nu^{(m)} n + C_\nu^{(m)}}{\left[(n - \beta_m)^2 + \alpha_m^2 \right]^\nu}$$

因而 $\Omega(P, Q)$ 求和归结为两个求和元件，由 (8.7) 得

$$\omega_1(\gamma) = \sum_{n=-\infty}^{\infty} \frac{1}{n + \gamma} = \pi \cot \gamma\pi$$

$$\omega_2(\alpha, \beta) = \sum_{n=-\infty}^{\infty} \frac{Bn + E}{(n - \beta)^2 + \alpha^2} = \frac{\pi}{2\alpha} \left[\frac{(B\beta + E) \sinh 2\alpha\pi - \alpha B \sin 2\beta\pi}{\sinh^2 \alpha\pi + \sin^2 \beta\pi} \right]$$

因而获得 Ω 级数求和的一般法则

$$\Omega(P, Q) = -\sum_{l=1}^{r} \sum_{\mu=1}^{j_l} \frac{A_\mu^{(l)} \pi}{(\mu - 1)!} \left(\frac{\mathrm{d}}{\mathrm{d}\gamma_l} \right)^{\mu-1} [\cot \gamma_l \pi]$$

$$+ \sum_{m=1}^{s} \sum_{\nu=1}^{k_m} \frac{(-1)^{\nu-1} \pi}{2(\nu-1)!} \left(\frac{\mathrm{d}}{\mathrm{d}\alpha_m} \right)^{\nu-1} \left[\frac{(B_\nu^{(m)} \beta_m + C_\nu^{(m)}) \sinh 2\alpha_m\pi - \alpha_m B_\nu^{(m)} \sin 2\beta_m\pi}{\alpha_m (\sinh^2 \alpha_m\pi + \sin^2 \beta_m\pi)} \right]$$

$$\tag{8.8}$$

对交叉 Ω 级数（记为 $\widetilde{\Omega}$），则 $A_\mu^{(l)}$、$B_\nu^{(m)}$、$C_\nu^{(m)}$ 中含有 $(-1)^n$ 的因子，求和元件由 (8.7) 中 $\mathscr{V}(\alpha,\beta)$、$\mathscr{E}(\alpha,\beta)$ 得出

$$
\begin{aligned}
\widetilde{\omega}_1(\gamma) &= \sum_{n=-\infty}^{\infty} \frac{(-1)^n}{n+\gamma} = \frac{\pi}{\sin\gamma\pi} \\
\widetilde{\omega}_2(\alpha,\beta) &= \sum_{n=-\infty}^{\infty} \frac{(-1)^n(Bn+E)}{(n-\beta)^2+\alpha^2} = B\mathscr{E}(\alpha,-\beta) + C\mathscr{V}(\alpha,-\beta)
\end{aligned}
$$

$$
\begin{aligned}
\therefore \quad \widetilde{\Omega}(P,Q) =& -\sum_{l=1}^{r}\sum_{\mu=1}^{j_l} \frac{A_\mu^{(l)}}{(\mu-1)!}\left(\frac{\mathrm{d}}{\mathrm{d}\gamma_l}\right)^{\mu-1}\left[\widetilde{\omega}_1(\gamma_l)\right] \\
&+ \sum_{m=1}^{s}\sum_{\nu=1}^{k_m} \frac{(-1)^{\nu-1}}{(\nu-1)!}\left(\frac{\mathrm{d}}{\mathrm{d}\alpha_m}\right)^{\nu-1}\left[\widetilde{\omega}_2(\alpha_m,\beta_m)\right]
\end{aligned} \tag{8.9}
$$

特别说明一下，以上 α、β 均可以是复数。当 α 为纯虚数时，(8.7) 式常常是有用的，例如

$$
\sum_{n=-\infty}^{\infty} \frac{(-1)^n}{(n+\beta)^2-\alpha^2} = \frac{\cos\beta\pi\sin\alpha\pi}{\sin^2\beta\pi - \sin^2\alpha\pi} \tag{8.10}
$$

顺便考察一个级数类

$$
\Omega_1(x,P,Q) \equiv \sum_{n=-\infty}^{\infty} \frac{P(n)}{Q(n)}\sin nx \qquad \Omega_2(x,p,Q) \equiv \sum_{n=-\infty}^{\infty} \frac{P(n)}{Q(n)}\cos nx
$$

$$
\tilde{\Omega}_1(x,P,Q) \equiv \sum_{n=-\infty}^{\infty} \frac{(-1)^n P(n)}{Q(n)}\sin nx \qquad \tilde{\Omega}_2(x,p,Q) \equiv \sum_{n=-\infty}^{\infty} \frac{(-1)^n P(n)}{Q(n)}\cos nx
$$

其中，$P(n)$、$Q(n)$ 均为多项式，且因 $Q(n)$ 至少比 $P(n)$ 高一阶，故而是收敛的。为了下面行文的方便，称这类级数为 Ω **函数级数**。

定理　Ω 函数级数类中任一级数的和必然是初等函数。

而且，它们都可以通过类似的方法获得求和法则。

8.3　慢波结构中的场强、电容与电感

8.3.1　理论推导

根据公式 (8.7)，由 (8.2) 可求出慢波结构的电场与磁场为

$$
\left\{
\begin{aligned}
B_x &= \frac{2\pi I}{cd}\left[\frac{\cos\left(\frac{x}{d}\pi\right)\sinh\left(\frac{y+\Gamma}{d}\pi\right)}{\sin^2\left(\frac{x}{d}\pi\right)+\sinh^2\left(\frac{y+\Gamma}{d}\pi\right)} - \frac{\cos\left(\frac{x}{d}\pi\right)\sinh\left(\frac{y-\Gamma}{d}\pi\right)}{\sin^2\left(\frac{x}{d}\pi\right)+\sinh^2\left(\frac{y-\Gamma}{d}\pi\right)}\right] \\
B_y &= -\frac{2\pi I}{cd}\left[\frac{\sin\left(\frac{x}{d}\pi\right)\cosh\left(\frac{y+\Gamma}{d}\pi\right)}{\sin^2\left(\frac{x}{d}\pi\right)+\sinh^2\left(\frac{y+\Gamma}{d}\pi\right)} - \frac{\sin\left(\frac{x}{d}\pi\right)\cosh\left(\frac{y-\Gamma}{d}\pi\right)}{\sin^2\left(\frac{x}{d}\pi\right)+\sinh^2\left(\frac{y-\Gamma}{d}\pi\right)}\right] \\
E_x &= \frac{\eta\pi}{d}\left[\frac{\sin\left(\frac{2x}{d}\pi\right)}{\sin^2\left(\frac{x}{d}\pi\right)+\sinh^2\left(\frac{y+\Gamma}{d}\pi\right)} - \frac{\sin\left(\frac{2x}{d}\pi\right)}{\sin^2\left(\frac{x}{d}\pi\right)+\sinh^2\left(\frac{y-\Gamma}{d}\pi\right)}\right] \\
E_y &= \frac{\eta\pi}{d}\left[\frac{\sinh\left(2\frac{y+\Gamma}{d}\pi\right)}{\sin^2\left(\frac{x}{d}\pi\right)+\sinh^2\left(\frac{y+\Gamma}{d}\pi\right)} - \frac{\sinh\left(2\frac{y-\Gamma}{d}\pi\right)}{\sin^2\left(\frac{x}{d}\pi\right)+\sinh^2\left(\frac{y-\Gamma}{d}\pi\right)}\right]
\end{aligned}
\right.
\tag{8.11}
$$

电场能量密度为

$$
\begin{aligned}
u_c = \frac{\boldsymbol{E}^2}{8\pi} = \frac{\eta^2\pi}{8d^2}\Bigg\{ &\frac{\sin^2\left(\frac{2x}{d}\pi\right)+\sinh^2\left(2\frac{y+\Gamma}{d}\pi\right)}{\sinh^2\left(\frac{y+\Gamma}{d}\pi\right)+\sin^2\left(\frac{x}{d}\pi\right)} + \frac{\sin^2\left(\frac{2x}{d}\pi\right)+\sinh^2\left(2\frac{y-\Gamma}{d}\pi\right)}{\sinh^2\left(\frac{y-\Gamma}{d}\pi\right)+\sin^2\left(\frac{x}{d}\pi\right)} \\
&-2\frac{\sinh\left(2\frac{y+\Gamma}{d}\pi\right)\sinh\left(2\frac{y-\Gamma}{d}\pi\right)+\sin^2\left(\frac{2x}{d}\pi\right)}{\left[\sinh^2\left(\frac{y+\Gamma}{d}\pi\right)+\sin^2\left(\frac{x}{d}\pi\right)\right]\left[\sinh^2\left(\frac{y-\Gamma}{d}\pi\right)+\sin^2\left(\frac{x}{d}\pi\right)\right]}\Bigg\}
\end{aligned}
\tag{8.12}
$$

这种结构的能量分布特点是集中于两层中间的空间，外面的区域（$|y|>\Gamma$）能量很少。能密度的体积积分得到总能量，它与等效电容 C 的联系是（Q 为电量）

$$
U_c = \int u_c \mathrm{d}V = \frac{Q^2}{2C}
\tag{8.13}
$$

当用 (8.12) 代入 (8.13) 时，每项积分都是发散的，但三项一起求积分时，则是收敛的。因此计算时要很小心，略去冗长的积分计算步骤，由 (8.13) 得电容为（令导线半径为 a，长为 l）

$$
C = \frac{Nl}{2\left[2\ln\sinh\left(2\frac{\Gamma+a}{d}\pi\right)+\ln\sinh\left(\frac{4\Gamma}{d}\pi\right)-2\sinh\left(\frac{2a}{d}\pi\right)-\ln\sinh\left(2\frac{2\Gamma+a}{d}\pi\right)\right]}
\tag{8.14}
$$

磁场能量密度为

$$u_{\mathrm{m}} = \frac{\pi I^2}{2c^2 d^2} \left\{ \frac{1}{\sin^2\left(\frac{x}{d}\pi\right) + \sinh^2\left(\frac{y+\Gamma}{d}\pi\right)} + \frac{1}{\sin^2\left(\frac{x}{d}\pi\right) + \sinh^2\left(\frac{y-\Gamma}{d}\pi\right)} \right.$$

$$\left. + 2 \frac{\cos\left(\frac{x}{d}\pi\right)\left[\sinh\left(\frac{y+\Gamma}{d}\pi\right)\sinh\left(\frac{y-\Gamma}{d}\pi\right)\right] + \sin^2\left(\frac{x}{d}\pi\right)\left[\cosh\left(\frac{y+\Gamma}{d}\pi\right)\cosh\left(\frac{y-\Gamma}{d}\pi\right)\right]}{\left[\sin^2\left(\frac{x}{d}\pi\right) + \sinh^2\left(\frac{y+\Gamma}{d}\pi\right)\right] \cdot \left[\sin^2\left(\frac{x}{d}\pi\right) + \sinh^2\left(\frac{y-\Gamma}{d}\pi\right)\right]} \right\}$$

$$(8.15)$$

总磁场能量 U_{m} 与总电感的联系为

$$U_{\mathrm{m}} = \int u_{\mathrm{m}} \mathrm{d}V = \frac{I^2}{2c^2} L \tag{8.16}$$

因此求得电感 L 为

$$L = 2Nl\left[\frac{1}{2} + 2\ln\left(\frac{d}{\pi a}\right) + 2\ln\coth\left(\frac{\Gamma+a}{d}\pi\right) + \varepsilon\right] \quad \left(\frac{1}{2} < \varepsilon < 1\right) \tag{8.17}$$

当 $d \gg \pi a$ 时，(8.17) 式近似得较好。当导线粗细不可忽略，半径 a 为任意时，可以用矢势法来求严格的解案。人们知道，电流均匀分布的无限长圆柱的矢势 $\boldsymbol{A}$ 为

$$\boldsymbol{A} = A(\rho)\boldsymbol{K} = \begin{cases} \dfrac{I}{c}[A_0 - \rho^2/a^2]\boldsymbol{K} & (\rho \leqslant a) \\[3mm] \dfrac{I}{c}[A_0 - 1 - 2\ln(\rho/a)]\boldsymbol{K} & (\rho \geqslant a) \end{cases} \tag{8.18}$$

A_0 为任意常数[2]。又因为通常金属中，磁导率 $\mu \simeq 1$（精确到 10^{-6}），因此多根导体的磁场和矢势均可以用简单的矢量叠加求出（忽略了圆柱边界上 $\boldsymbol{B}$ 的在切向上的微小不连续性）。如果上下层导线的编号分别记为 λ、ν，则磁场总能量为

$$\begin{aligned} U_{\mathrm{m}} &= \frac{1}{2c}\int \boldsymbol{A} \cdot \boldsymbol{j}\mathrm{d}V \\ &= \frac{1}{2c}\left\{ \sum_{\lambda,\lambda'}\int \boldsymbol{A}_\lambda \cdot \boldsymbol{j}_{\lambda'}\mathrm{d}V_{\lambda'} + \sum_{\nu,\nu'}\int \boldsymbol{A}_\nu \cdot \boldsymbol{j}_{\nu'}\mathrm{d}V_{\nu'} + 2\sum_{\lambda,\nu}\int \boldsymbol{A}_\lambda \cdot \boldsymbol{j}_\nu \mathrm{d}V_\nu \right\} \\ &= \frac{1}{2}\left(\frac{I}{c}\right)^2 [2L_1 + 2L_{12}] \end{aligned} \tag{8.19}$$

恒定电流的情况下，N 必须是偶数。将 (8.18) 代入，完成 (8.19) 的积分，经过仔细整理后得到自感 L_1（任意常数 A_0 正好相消）为

$$L_1 = Nl\left\{\frac{1}{2} + 2\left[\Sigma(N/2)\frac{d}{a}\right]\right\} \tag{8.20}$$

其中

$$\begin{aligned}
\Sigma(k) &\equiv \left[\frac{1^{2k-1} \cdot 3^{2k-3} \cdot 5^{2k-5} \cdots (2k-5)^5 \cdot (2k-3)^3 \cdot (2k-1)^1}{2^{2k-2} \cdot 4^{2k-4} \cdot 6^{2k-6} \cdots (2k-6)^6 \cdot (2k-4)^4 (2k-2)^2}\right]^{1/k} \\
&= \frac{2}{\pi}\left\{\sqrt{\pi}\,\Gamma(k+1/2)\left[\frac{\Gamma(k-1/2)\Gamma(k-3/2)\cdots\Gamma(3/2)}{\Gamma(k)\Gamma(k-1)\cdots\Gamma(2)}\right]^2\right\}^{1/k}
\end{aligned} \tag{8.21}$$

这里 $\Gamma(x)$ 是 Euler Γ 函数。用 Γ 函数递推关系直接可以证明上面两式的一致性。

$\Sigma(k)$ 的极限值为

$$\lim_{k\to\infty}\Sigma(k) = \frac{2}{\pi} \tag{8.22}$$

证明：取 (8.21) 的对数

$$\ln\Sigma(k) = \ln\left(\frac{2}{\pi}\right) + \frac{1}{k}\ln\sqrt{\pi} + \frac{1}{k}\ln\Gamma(k+1/2) - \frac{2}{k}\left[\sum_{\nu=2}^{m}\varphi(\nu) + \sum_{\nu=m+1}^{k}\varphi(\nu)\right] \tag{8.23}$$

其中，$\varphi(\nu) \equiv \ln\Gamma(\nu) - \ln\Gamma(\nu-1/2)$。

(8.23) 中故意取 m 的数目较大，$m \gg 1$，目的在于后一求和中 Γ 函数可以采用熟知的渐近式

$$\begin{aligned}
\ln\Gamma(z) &= (z-1)\ln z - z + \frac{1}{2}\ln 2\pi \\
&\quad + \sum_{r=1}^{n}\frac{(-1)^{r-1}B_r}{2r(2r-1)}z^{-2r-1} + O(z^{-2n-1})
\end{aligned}$$

其中，B_r 为贝努利数。

所以，$m \gg 1$ 时，

$$\varphi(\nu) = \frac{1}{2}\frac{\mathrm{d}}{\mathrm{d}z}\ln\Gamma(z)\Big|_{z=\nu-1/2} + \frac{1}{8}\frac{1}{\nu} + O\left(\frac{1}{\nu^2}\right) \tag{8.24}$$

又因为 $\varphi(\nu) > 0$，而且是 ν 的单调函数，因此存在下列积分估计

$$\int_{m+1}^{k+1}\varphi(\nu)\mathrm{d}\nu \geqslant \sum_{\nu=m+1}^{k}\varphi(\nu) \geqslant \int_{m+1}^{k}\varphi(\nu)\mathrm{d}\nu \tag{8.25}$$

令

$$\begin{aligned}
\beta(k) &\equiv \ln\left(\frac{2}{\pi}\right) + \frac{1}{k}\ln[\sqrt{\pi}\,\Gamma(k+1/2)] \\
&\quad - \frac{2}{k}\left\{\sum_{\nu=2}^{m}\varphi(\nu) + \frac{1}{2}[\ln\Gamma(k+1) - \ln\Gamma(m+1)] + \frac{1}{8}\ln\left(\frac{k+1}{m+1}\right) + |O(1/k)|\right\} \\
\alpha(k) &\equiv \ln\left(\frac{2}{\pi}\right) + \frac{1}{K}\ln[\sqrt{\pi}\,\Gamma(k+1/2)] \\
&\quad - \frac{2}{k}\left\{\sum_{\nu=2}^{m}\varphi(\nu) + \frac{1}{2}[\ln\Gamma(k) - \ln\Gamma(m+1)] + \frac{1}{8}\ln\left(\frac{k}{m+1}\right) - |O(1/k)|\right\}
\end{aligned}$$

由 (8.23)—(8.25) 有 $\alpha(k) \geqslant \ln \Sigma(k) \geqslant \beta(k)$，但 $\lim\limits_{k \to \infty} \alpha(k) = \lim\limits_{k \to \infty} \beta(k) = \ln\left(\dfrac{2}{\pi}\right)$，有

$\lim\limits_{k \to \infty} \Sigma(k) = \dfrac{2}{\pi}$，故 $L_1 = Nl\left[\dfrac{1}{2} + 2\ln\dfrac{2d}{\pi a}\right]$。

下面分析互感。

由 (8.19)、(8.17) 经过积分和仔细整理后得到互感 L_{12}，当 $N = 2k$ 为有限数时，有

$$L_{12} = -2Nl\mathscr{E}\left(N/2, \frac{2\Gamma}{d}\right)$$

$$\mathscr{E}(k, r) \equiv \left[\frac{r^{4k}(2^2 + r^2)^{2(k-1)} \cdot (4^2 + r^2)^{2(k-2)} \cdots [2^2(k-1)^2 + r^2]^2}{(1 + r^2)^{2k-1} \cdot (3^2 + r^2)^{2k-3} \cdots [(2k-1)^2 + r^2]^1}\right]^{1/2k} \tag{8.26}$$

当 $N \to \infty$ 时，有（两层的对应电流相互平行的情况）

$$L_{12} = -Nl\ln \prod_{k=-\infty}^{\infty} \frac{(2k)^2 + \left(\dfrac{2\Gamma}{d}\right)}{(2k+1)^2 + \left(\dfrac{2\Gamma}{d}\right)^2} \tag{8.27}$$

为了算出 (8.27) 中的无穷乘积，我们建立下列无穷乘积公式

$$\prod_{n=-\infty}^{\infty} \frac{\alpha^2 + (2n + \beta)^2}{\alpha^2 + (2n + 1 + \beta)^2} = \frac{\cosh \alpha\pi - \cos \beta\pi}{\cosh \alpha\pi + \cos \beta\pi} \quad (\alpha、\beta \text{ 均为复数}) \tag{8.28}$$

证明：先讨论 α 为实数的情况。在 (8.7) 中 $\mathscr{V}(\alpha, \beta)$ 的求和公式中，令 $\alpha = \sqrt{t}$，两边对 t 积分

$$\begin{aligned}
\int_{t_0}^{t} \mathscr{V}(\sqrt{t_1}, \beta)\mathrm{d}t_1 &= \sum_{n=-\infty}^{\infty} \ln\left[\frac{t + (2n + \beta)^2}{t + (2n + 1 + \beta)^2}\right]\Bigg|_{t_0}^{t} \\
&= \ln \frac{\cosh(\sqrt{t}\,\pi) - \cos \beta\pi}{\cosh(\sqrt{t}\,\pi) + \cos \beta\pi}\Bigg|_{t_0}^{t}
\end{aligned}$$

令 $t_0 \to \infty$，考虑到

$$\lim_{t_0 \to \infty} \ln\left[\frac{\cosh(\sqrt{t_0}\,\pi) - \cos \beta\pi}{\cosh(\sqrt{t_0}\,\pi) + \cos \beta\pi}\right] = 0$$

及

$$\begin{aligned}
&\lim_{t_0 \to \infty} \sum_{n=-\infty}^{\infty} \ln\left[\frac{t_0 + (2n + \beta)^2}{t_0 + (2n + 1 + \beta)^2}\right] = \lim_{t_0 \to \infty} \sum_{n=-\infty}^{\infty} \ln\left[\frac{1 + \dfrac{4n\beta + \beta^2}{t_0 + 4n^2}}{1 + \dfrac{4n(\beta + 1) + (\beta + 1)^2}{t_0 + 4n^2}}\right] \\
&= \lim_{t_0 \to \infty} \left\{\sum_{n=-\infty}^{\infty} \frac{4n\beta + \beta^2 - 4n(\beta + 1) - (\beta + 1)^2}{t_0 + (2n)^2} + O(t_0^{-3/2})\right\} \\
&= \lim_{t_0 \to \infty} \left\{-\frac{2\beta + 1}{4}\frac{\pi}{\sqrt{t_0}}\coth\left(\frac{\sqrt{t_0}\,\pi}{2}\right) + O(t_0^{-3/2})\right\} = 0
\end{aligned}$$

最后二式中利用了 (8.7) 中的 $\mathscr{H}(\alpha,\beta)$ 的求和公式。

所以

$$\prod_{n=-\infty}^{\infty} \frac{\alpha^2 + (2n+\beta)^2}{\alpha^2 + (2n+1+\beta)^2} = \frac{\cosh\alpha\pi - \cos\beta\pi}{\cosh\alpha\pi + \cos\beta\pi}$$

同理，还可以证明更一般的无穷乘积公式

$$\prod_{n=-\infty}^{\infty} \frac{\alpha^2 + (n+\beta)^2}{\alpha^2 + (n+\gamma)^2} = \frac{\cosh 2\alpha\pi - \cos 2\beta\pi}{\cosh 2\alpha\pi - \cos\gamma\pi} \tag{8.29}$$

证明中只需从 (8.7) 中 $\mathscr{H}(\alpha,\beta)$ 的和式出发，考虑积分

$$\lim_{t_0\to\infty} \int_{t_0}^{t} [\mathscr{H}(\sqrt{t},\beta) - \mathscr{H}(\sqrt{t},\gamma)]\mathrm{d}t$$

就可以证出 (8.29)。

由于 (8.28)、(8.29) 在 α 为实数情况下已证明了，因此可以利用解析开拓将它们开拓到解析的区域中去，因为对数运算符号已经脱去，这种开拓是允许的。由解析函数一致性定理可知这种开拓是唯一的。

因此 (8.27) 中的互感 L_{12} 为

$$L_{12} = 2Nl\ln\coth\left(\frac{\Gamma}{d}\pi\right) \tag{8.30}$$

故粗细任意的导线组成的慢波结构的总电感的解析表示为

$$L = 2Nl\left[\frac{1}{2} + 2\ln\left(\frac{2d}{\pi a} + 2\ln\coth\left(\frac{\Gamma}{d}\pi\right)\right)\right] \tag{8.31}$$

如果两层对应的电流是反平行的，则利用 (8.29) 有

$$L' = 2Nl\left[\frac{1}{2} + 2\ln\left(\frac{2d}{\pi a}\right) + 2\ln\tanh\left(\frac{\Gamma}{d}\pi\right)\right] \tag{8.32}$$

8.3.2　与实验比较

检验真理的唯一标准是实践。除了对数学计算公式的仔细论证，还制作了一定的延迟结构模型，以检验模型是否合适。模型的参数为：$a = 0.0308$ cm，$l = 4.5$ cm，$d = 0.3$ cm，$N = 100$。用 615-A 型优值表测量 L、C，因为它们与 N、l、a、d 和 Γ 等五个参数有关。为了分析 L、C 的变化，我们改变二层间的距离 2Γ，实验值与理论值列于表 8.1 中。

实验曲线和理论曲线表示于图 8.2 中。

由这些实验曲线与理论曲线的比较表明：

（1）电感 L 和 Γ 之间的关系的理论曲线与实验曲线平行，因此可以认为 $L \sim \Gamma$ 的理论关系是正确的。

表 8.1 L、C 的实验值与理论值

$\Gamma(m,m)$	$L(\mu\mathrm{H})$		$C(\mathrm{pf})$	
	理 论 值	实 验 值	理 论 值	实 验 值
0.81	4.39	5.48	74.5	70.0
1.58	3.85	4.65	39.1	37.0
1.92	3.78	4.41	31.9	30.0
2.69	3.74	4.27	22.2	24.0
3.04	3.72	4.20	19.6	21.0

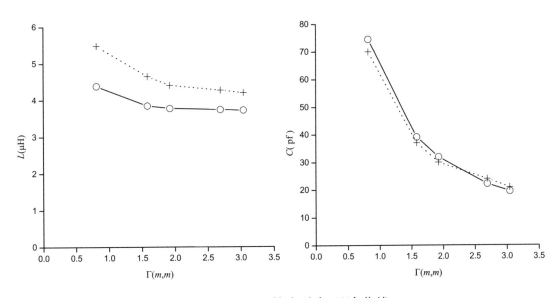

图 8.2 L、C 的实验与理论曲线

按照理论计算，当 $y/d \gg 1$ 时，

$$B_y \simeq -\frac{4\pi I}{cd} \sin\left(\frac{x}{d}\pi\right) \mathrm{e}^{-\frac{|y|}{d}\pi}$$

因此当衰减长度为 d/π，且 Γ 大于 d/π 的几倍时，互感消失。L 趋向常数 $2L_1$，实验确实表明当 $\Gamma \simeq 3d/\pi$ 时，即有 L 趋向常数，因而支持了场的指数衰减规律（衰减长度约为 d/π）。

如果考虑边缘上短导线的影响，则理论电感值应增加 $0.17(\mu H)$，因此边缘效应的误差不到 10%。

（2）电容 C 与距离 Γ 的关系，理论与实验符合得比 $L \sim \Gamma$ 的更好些。总之，在这样的模型下的解析解，与实验比较，在变化规律上较好地符合，定量上也基本是对的（因为忽略边缘效应）。

（3）关于 L/C 的最佳值问题。

慢波结构的阻抗 $\Omega = \sqrt{L/C}$ 要求越大越好。由计算表明：① $\Omega = \sqrt{L/C}$ 与 N、l 无关；② L/C 随 Γ 的增加而线性增加，但因偏转灵敏度要求，Γ 只能适当地增大，而不能太大；③ 改变 a/d 可使 L/C 达到最佳值（上面模型中，相当于 $d \simeq 3a$ 时，L/C 极大）。而且 L/C 与 a 及 d 本身数值无关，只与它们的相对值 a/d 有关，因此从趋肤效应考虑，可将导线做成薄片。④ 由于截止波长 λ_0 基本上与 d 成正比，因此为了提高截止频率，可以减小 d 来达到。故，同时提高 L/C 与截止频率的办法是：调节 a/d，使 L/C 达到极大，在保证这个 a/d 的条件下，用减小 d（因而也减小 a）来达到。

8.4　关于微波低端定向耦合器的场与电感

在微波方面，当时某些工厂研制的低端定向耦合器需要很好的频率响应，需要对这些器件作理论上的分析。这实际上是封在接地金属盒中的二根或三根导线（两侧边界上附有吸收介质，在某一方向上可以看作是无限的）。因此求电磁场，实际上是求解 Poisson 方程

$$\nabla^2 \psi = -4\pi\rho_c \qquad \nabla^2 \boldsymbol{A} = -\frac{4\pi}{c}\boldsymbol{j} \tag{8.33}$$

满足下列标准的边界条件（$\boldsymbol{E}$ 切向连续，$\boldsymbol{B}$ 法向连续，TEM 波条件为 (8.34) 所示）：

$$E_t\Big|_\Sigma = 0 \quad B_n\Big|_\Sigma = 0 \quad (x = \pm d/2) \tag{8.34}$$

目前这方面的理论，均仅讨论内导体对金属上下壁对称的情况，而且内导体间是互相平行的。因为对称性使人们可以预先求出对称面上的场的近似式，从而把问题分为二个区域来解。平行性使问题化为二维 Laplace 方程来解。由于大部分计算均为数值近似，因此无法从理论上证明耦合度与导线间距 2Γ 之间的指数关系。实际研制中，为了提高性能，常需采用非对称和非平行的形式。本文将先采用线模型，用上面发展的数学工具，正好可

以讨论包括非对称与非平行的结构，并且证明耦合度确实具有指数规律。对于内导体粗细为任意时，还获得了电感的解析表达式。

现在讨论一般的非对称情况。内导体离对称平面的距离为 x_0'，由于存在唯一性定理，只要满足场方程 (8.33) 和边界条件 (8.34) 的解，就是唯一正确的。因此我们就可以利用源像法，并考虑到库仑、安培定律及叠加原理，把场看作内导体和它的像所产生的场的叠加结果。仔细的分析可以证明满足上面的边界条件、源和像的位置必须如图 8.3 所示。

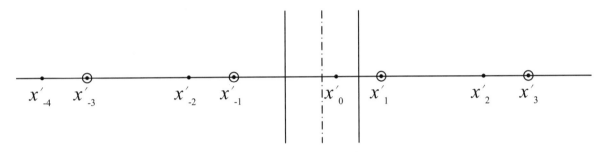

$$x_{-4}'\quad x_{-3}'\qquad\quad x_{-2}'\quad x_{-1}'\qquad\qquad x_0'\quad x_1'\qquad\qquad x_2'\quad x_3'$$

图 8.3　源和像的位置的示意图

$$x_{2n}' = x_0' + 2nd \qquad \text{（线电荷密度为 } \eta\text{，电流为 } I\text{）}$$
$$x_{2n+1}' = -x_0' + (2n+1)d \qquad \text{（线电荷密度为 } -\eta\text{，电流为 } -I\text{）}$$
$$(n = 0, \pm 1, \pm 2, \cdots, \pm\infty) \tag{8.35}$$

因此，利用求和公式 (8.7)，得到非对称的情况下耦合器中的场（单根内导体）为

$$
\begin{cases}
E_x = \dfrac{\eta\pi}{2d}\left[\dfrac{\sin\left(\frac{x-x_0'}{d}\pi\right)}{\sinh^2\left(\frac{y}{2d}\pi\right)+\sin^2\left(\frac{x-x_0'}{2d}\pi\right)}+\dfrac{\sin\left(\frac{x+x_0'}{d}\pi\right)}{\sinh^2\left(\frac{y}{2d}\pi\right)+\cos^2\left(\frac{x+x_0'}{2d}\pi\right)}\right]\\[4mm]
E_y = \dfrac{\eta\pi}{2d}\sinh\left(\dfrac{y}{d}\pi\right)\left[\dfrac{1}{\sinh^2\left(\frac{y}{2d}\pi\right)+\sin^2\left(\frac{x-x_0'}{2d}\pi\right)}+\dfrac{1}{\sinh^2\left(\frac{y}{2d}\pi\right)+\cos^2\left(\frac{x+x_0'}{2d}\pi\right)}\right]\\[4mm]
B_x = \dfrac{I\pi}{2cd}\sinh\left(\dfrac{y}{d}\pi\right)\left[\dfrac{1}{\sinh^2\left(\frac{y}{2d}\pi\right)+\sin^2\left(\frac{x-x_0'}{2d}\pi\right)}+\dfrac{1}{\sinh^2\left(\frac{y}{2d}\pi\right)+\cos^2\left(\frac{x+x_0'}{2d}\pi\right)}\right]\\[4mm]
B_y = -\dfrac{I\pi}{2cd}\left[\dfrac{\sin\left(\frac{x-x_0'}{d}\pi\right)}{\sinh^2\left(\frac{y}{2d}\pi\right)+\sin^2\left(\frac{x-x_0'}{2d}\pi\right)}+\dfrac{\sin\left(\frac{x+x_0'}{d}\pi\right)}{\sinh^2\left(\frac{y}{2d}\pi\right)+\cos^2\left(\frac{x+x_0'}{2d}\pi\right)}\right]
\end{cases}
\tag{8.36}
$$

(8.36) 显然满足场方程和边界条件

$$E_y = 0 \qquad B_x = 0 \qquad (x = \pm d/2) \tag{8.37}$$

双根内导体的情况是单根的场的叠加。

当 $y/d \gg 1$ 时，有

$$
\begin{cases}
E_x \simeq \dfrac{2\eta\pi}{d}\left[\sin\left(\dfrac{x-x_0'}{d}\pi\right)+\sin\left(\dfrac{x+x_0'}{d}\pi\right)\right]\mathrm{e}^{-\left(\frac{y}{d}\pi\right)} \\[2mm]
E_y \simeq \dfrac{4\eta\pi}{d}\left[\cos^2\left(\dfrac{x+x_0'}{2d}\pi\right)-\sin^2\left(\dfrac{x-x_0'}{2d}\pi\right)\right]\mathrm{e}^{-\left(\frac{y}{2d}\pi\right)} \\[2mm]
B_x \simeq \dfrac{4I\pi}{cd}\left[\cos^2\left(\dfrac{x+x_0'}{2d}\pi\right)-\sin^2\left(\dfrac{x-x_0'}{2d}\pi\right)\right]\mathrm{e}^{-\left(\frac{y}{2d}\pi\right)} \\[2mm]
B_y \simeq -\dfrac{2I\pi}{cd}\left[\sin\left(\dfrac{x-x_0'}{d}\pi\right)+\sin\left(\dfrac{x+x_0'}{d}\pi\right)\right]\mathrm{e}^{-\left(\frac{y}{d}\pi\right)}
\end{cases}
\tag{8.38}
$$

因此，当 $\pi(y/d) \gg 1$ 时，$\boldsymbol{E}$、$\boldsymbol{B} \sim \mathrm{e}^{-\frac{y}{d}\pi}$ 是一般性的结论，即在理论上证明了定向耦合器的耦合规律是指数式的。

令 $x_0' = 0$，则得到对称情况。如果内导体两侧充有介电常数分别为 ε_1、ε_2 的介质，则场具有下列形式（当二内导体平行时）

$$
\begin{aligned}
E_x &= 4\left(\frac{\eta_f}{\varepsilon_1+\varepsilon_2}\right)\frac{\pi}{d}\left[\frac{\sin\left(\frac{x}{d}\pi\right)\cosh\left(\frac{y+\Gamma}{d}\pi\right)}{\sin^2\left(\frac{x}{d}\pi\right)+\sinh^2\left(\frac{y+\Gamma}{d}\pi\right)}-\frac{\sin\left(\frac{x}{d}\pi\right)\cosh\left(\frac{y-\Gamma}{d}\pi\right)}{\sin^2\left(\frac{x}{d}\pi\right)+\sinh^2\left(\frac{y-\Gamma}{d}\pi\right)}\right] \\[2mm]
E_y &= 4\left(\frac{\eta_f}{\varepsilon_1+\varepsilon_2}\right)\frac{\pi}{d}\left[\frac{\cos\left(\frac{x}{d}\pi\right)\sinh\left(\frac{y+\Gamma}{d}\pi\right)}{\sin^2\left(\frac{x}{d}\pi\right)+\sinh^2\left(\frac{y+\Gamma}{d}\pi\right)}-\frac{\cos\left(\frac{x}{d}\pi\right)\sinh\left(\frac{y-\Gamma}{d}\pi\right)}{\sin^2\left(\frac{x}{d}\pi\right)+\sinh^2\left(\frac{y-\Gamma}{d}\pi\right)}\right] \\[2mm]
B_x &= \frac{2\pi I}{cd}\left[\frac{\cos\left(\frac{x}{d}\pi\right)\sinh\left(\frac{y+\Gamma}{d}\pi\right)}{\sin^2\left(\frac{x}{d}\pi\right)+\sinh^2\left(\frac{y+\Gamma}{d}\pi\right)}-\frac{\cos\left(\frac{x}{d}\pi\right)\sinh\left(\frac{y-\Gamma}{d}\pi\right)}{\sin^2\left(\frac{x}{d}\pi\right)+\sinh^2\left(\frac{y-\Gamma}{d}\pi\right)}\right] \\[2mm]
B_y &= -\frac{2\pi I}{cd}\left[\frac{\sin\left(\frac{x}{d}\pi\right)\cosh\left(\frac{y+\Gamma}{d}\pi\right)}{\sin^2\left(\frac{x}{d}\pi\right)+\sinh^2\left(\frac{y+\Gamma}{d}\pi\right)}-\frac{\cos\left(\frac{x}{d}\pi\right)\cosh\left(\frac{y-\Gamma}{d}\pi\right)}{\sin^2\left(\frac{x}{d}\pi\right)+\sinh^2\left(\frac{y-\Gamma}{d}\pi\right)}\right]
\end{aligned}
\tag{8.39}
$$

因此电场与慢波结构不同，而磁场与慢波结构相似。

利用矢势 $\boldsymbol{A}$ 来求电感，考虑到磁场能量只集中于盒子内部，在对称的情况下（见图8.4，当 $a=b$，$x_0'=x_0''=0$），可以利用慢波结构的分析，得到总电感的封闭表达式为

$$
L = 2l\left[\frac{1}{2}+2\ln\left(\frac{2d}{\pi a}\right)\pm 2\ln\coth\left(\frac{\Gamma}{d}\pi\right)\right]
\tag{8.40}
$$

其中，$\pm$ 号表示偶、奇模两种情况（两内导体电压相等且同号者称偶模，异号者称奇模）。

由于实践中需要利用不对称结构（增加调节参数，$a \neq b$，$x_0' \neq x_0'' \neq 0$）来获得好的性能，因此下面推导一下不对称情况（见图8.4）。假设 y、z 方向仍然是无限的，两内导体的圆心离对称平面的距离分别为 x_0' 和 x_0''，半径分别为 a 和 b。这是最一般的不对称情况。"电流像"的位置如图8.3所示。像的坐标可由 (8.35) 式表示。因此，推广 (8.19)、(8.20) 和 (8.27) 的论证，则内导体 a 的自感和它对壁的互感之和为

$$
L_1(a) = l\left\{\frac{1}{2}+2\ln\left(\frac{d}{a}\right)\prod_{\substack{n=-\infty \\ n\neq 0}}^{\infty}\left[\frac{(x_{2n+1}'-x_0')^2}{(x_{2n}'-x_0')^2}\right]^{\frac{1}{2}}\right\}
\tag{8.41}
$$

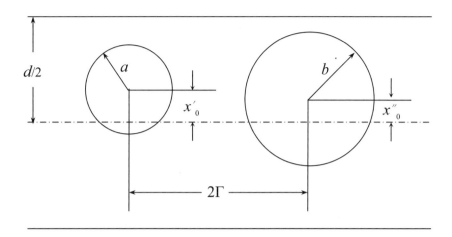

图 8.4　不对称情况的示意图

因为

$$\prod_{\substack{n=-\infty\\n\neq 0}}^{\infty} \frac{(x'_{2n+1}-x'_0)^2}{(x'_{2n}-x'_0)^2} = \lim_{\varepsilon\to 0}\prod_{n=-\infty}^{\infty}\left[\frac{2nd+d-2x'_0}{2nd+\varepsilon d}\right]\cdot\left(\frac{2\varepsilon d}{d-2x'_0}\right)$$

又

$$\prod_{\substack{n=-\infty\\n\neq 0}}^{\infty}\frac{(n+\beta)^2}{n^2} = \lim_{\substack{\alpha\to 0\\\beta\to 0}}\left(\frac{\gamma}{\beta}\right)^2\prod_{n=-\infty}^{\infty}\frac{\alpha^2+(n+\beta)^2}{\alpha^2+(n+\gamma)^2},$$

$$= \lim_{\substack{\alpha\to 0\\\beta\to 0}}\left(\frac{\gamma}{\beta}\right)^2\left[\frac{\cosh(2\alpha\pi)-\cos(2\beta\pi)}{\cosh(2\alpha\pi)-\cos(2\gamma\pi)}\right] = \frac{1}{2\pi^2}\left[\frac{1-\cos(2\beta\pi)}{\beta^2}\right] \tag{8.42}$$

所以

$$\prod_{\substack{n=-\infty\\n\neq 0}}^{\infty}\frac{(n+\beta)^2}{n^2} = \frac{1}{2\pi^2\beta^2}[1-\cos(2\beta\pi)] \tag{8.43}$$

故

$$L_1(a) = l\left\{\frac{1}{2}+\ln\frac{d^2}{2\pi^2a^2}\left(\frac{2d}{d-2x'_0}\right)^2\left[1+\cos\left(\frac{2x'_0}{d}\pi\right)\right]\right\} \tag{8.44}$$

同理

$$L_1(b) = l\left\{\frac{1}{2}+\ln\frac{d^2}{2\pi^2b^2}\left(\frac{2d}{d-2x''_0}\right)^2\left[1+\cos\left(\frac{2x''_0}{d}\pi\right)\right]\right\} \tag{8.45}$$

两导体的互感为

$$
\begin{aligned}
L_{12} &= \pm l\ln\prod_{n=-\infty}^{\infty}\frac{(2\Gamma)^2+(x'_{2n+1}-x''_0)^2}{(2\Gamma)^2+(x'_{2n}-x''_0)^2}\\
&= \pm l\ln\prod_{n=-\infty}^{\infty}\frac{(2\Gamma)^2+[(2n+1)d-(x'_0+x''_0)]^2}{(2\Gamma)^2+[2nd+x'_0-x''_0]^2}\\
&= \pm\ln\prod_{n=-\infty}^{\infty}\frac{\left(\frac{\Gamma}{d}\right)^2+\left[n+\frac{1}{2}-\frac{x'_0+x''_0}{2d}\right]^2}{\left(\frac{\Gamma}{d}\right)^2+\left[n+\frac{x'_0-x''_0}{2d}\right]^2}\\
&= \pm\ln\left[\frac{\cosh\left(\frac{2\Gamma}{d}\pi\right)+\cos\left(\frac{x'_0+x''_0}{d}\pi\right)}{\cosh\left(\frac{2\Gamma}{d}\pi\right)-\cos\left(\frac{x'_0-x''_0}{d}\pi\right)}\right]=L_{21}
\end{aligned}\tag{8.46}
$$

(8.43)、(8.46) 中用到了 (8.29)。因此得到非对称情况的总电感的解析表达式（正负号表示偶、奇模）为

$$
\begin{aligned}
L = l\Bigg\{&1+\ln\frac{d^2}{2\pi^2 a^2}\left(\frac{2d}{d-2x'_0}\right)^2\left[1+\cos\left(\frac{2x'_0}{d}\pi\right)\right]\\
&+\ln\frac{d^2}{2\pi^2 b^2}\left(\frac{2d}{d-2x''_0}\right)^2\left[1+\cos\left(\frac{2x''_0}{d}\pi\right)\right]\\
&\pm 2\ln\left[\frac{\cosh\left(\frac{2\Gamma}{d}\pi\right)+\cos\left(\frac{x'_0+x''_0}{d}\pi\right)}{\cosh\left(\frac{2\Gamma}{d}\pi\right)-\cos\left(\frac{x'_0-x''_0}{d}\pi\right)}\right]\Bigg\}
\end{aligned}\tag{8.47}
$$

比较有用的非对称情况是 $x'_0=x''_0\neq0$，$a=b$，则 (8.47) 简化为

$$
\begin{aligned}
L = l\Bigg\{&1+2\ln\frac{d^2}{2\pi^2 a^2}\left(\frac{2d}{d-2x'_0}\right)^2\left[1+\cos\left(\frac{2x'_0}{d}\pi\right)\right]\\
&\pm 2\ln\left[\frac{\cosh\left(\frac{2\Gamma}{d}\pi\right)+\cos\left(\frac{2x'_0}{d}\pi\right)}{\cosh\left(\frac{2\Gamma}{d}\pi\right)-1}\right]\Bigg\}
\end{aligned}\tag{8.48}
$$

微波中常用的奇、偶模电感实际上是指单位长度上单根内导体对另一根内导体和壁的互感（自感不计入），记为 L_{o} 和 L_{e}，则

$$
\begin{aligned}
L_{\mathrm{e}} = \Bigg\{&\ln\frac{d^2}{2\pi^2 a^2}\left(\frac{2d}{d-2x'_0}\right)^2\left[1+\cos\left(\frac{2x'_0}{d}\pi\right)\right]\\
&+\ln\left[\frac{\cosh\left(\frac{2\Gamma}{d}\pi\right)+\cos\left(\frac{2x'_0}{d}\pi\right)}{\cosh\left(\frac{2\Gamma}{d}\pi\right)-1}\right]\Bigg\}
\end{aligned}\tag{8.49}
$$

$$L_{\mathrm{o}} = \left\{ \ln \frac{d^2}{2\pi^2 a^2} \left(\frac{2d}{d - 2x'_0} \right)^2 \left[1 + \cos \left(\frac{2x'_0}{d}\pi \right) \right] \right.$$
$$\left. - \ln \left[\frac{\cosh \left(\frac{2\Gamma}{d}\pi \right) + \cos \left(\frac{2x'_0}{d}\pi \right)}{\cosh \left(\frac{2\Gamma}{d}\pi \right) - 1} \right] \right\} \tag{8.50}$$

当 $x'_0 = 0$ 时，由于 (8.43) 在 $\beta \to \frac{1}{2}$ 时，可以导出瓦理斯公式

$$\lim_{\beta \to \frac{1}{2}} \prod_{n=1}^{\infty} \left[\frac{(n+\beta)^2}{n^2} \right]^{\frac{1}{2}} = \prod_{n=1}^{\infty} \frac{2n+1}{2n} = \lim_{K \to \infty} \frac{1 \cdot 3 \cdot 5 \cdots 2K+1}{2 \cdot 4 \cdot 6 \cdots 2K} = \frac{2}{\pi}$$

因此自然导出对称情况

$$\left\{ \begin{matrix} L_{\mathrm{e}} \\ L_{\mathrm{o}} \end{matrix} \right\} = 2 \left\{ \ln \frac{2d}{\pi a} \pm \ln \coth \left(\frac{\Gamma}{d}\pi \right) \right\} \tag{8.51}$$

以上公式均在 Gauss 单位制下导出，因此电感单位是 cm，单位长度的电感是无量纲量，换到实用制，则是 nH/cm（每厘米毫微亨利）。由于 TEM 波的奇、偶模的阻抗 z_{oo} 和 z_{oe} 与奇、偶模互感（L_{oo} 和 L_{oe}）存在熟知的一般关系

$$z_{\mathrm{oe}} \sqrt{\varepsilon_r} = L_{\mathrm{e}} v_0$$
$$z_{\mathrm{oo}} \sqrt{\varepsilon_r} = L_{\mathrm{o}} v_0 \tag{8.52}$$

其中，v_0 为真空中光速。因此，阻抗就可以自然的求出了。

8.5　小　结

这里展示了一个如何由实际中提炼出有意义的物理问题，如何表述，如何逢山开路、遇水搭桥、接受实际的考验，并获得一些有一般意义的结果的全过程，从而提升自己的理论物理素养。

为了计算示波管中慢波结构的电场、磁场、电感和电容的解析表达式，建立了 Ω 级数的求和公式和无穷乘积公式 (8.7)、(8.8)、(8.9)、(8.28)、(8.29)，获得了慢波结构的电场和磁场 (8.11)、电容 (8.14)、电感 (8.17) 以及导线粗细任意时的电感解析表达式 (8.31)、(8.32)，并分析了提高特征阻抗这个质量指标的可能途径。理论结果和实验数据基本一致。

我们还计算了非对称及对称情况下微波定向耦合器的电场、磁场 (8.36)、(8.39)，理论上论证了指数耦合规律。当内导体半径为任意时，特别是两内导体半径不相等（$a \neq b$）、且都偏离对称平面（$x'_0 \neq x''_0 \neq 0$）的一般不对称情况的总电感、奇、偶模互感 L_{o}、L_{e} 以及它们的特例都获得了解析表达式 (8.47)—(8.51)。非对称情况参变数很多，因此解析式的优点就可能变得重要了。在实验室中制造了模型，理论值与实验值符合得很好。理论曲线与实验曲线平行。利用电感、电容的表达式，计算了阻抗的最佳值并分析了最佳条件。

为了实际需要，我们建立了四个基本级数的求和公式和 Ω 级数类的求和定理和公式、某些无穷乘积公式和 $\Sigma(k)$ 函数的极限值。这些公式大部分正好都在上列计算中获得应用。同时还获得 Ω 函数级数类的求和定理。

参考文献

[1] Kurush A. 高等代数教程. 北京：人民教育出版社，1958.
[2] 朗道，栗弗席兹. 连续介质电动力学. 北京：人民教育出版社，1963.

第 9 章 电磁场理论中的几何化 – 数论消发散方法（GNES）

9.1 GNES 方法的理论表述

9.1.1 引言

针对电磁场理论的高精度计算（如微波定向耦合器等），建议用几何化-数论消发散方法。这里给出整体的理论表述，接着利用前一章发展的 Ω 级数理论，建立相当一般的严格的一维、非对称、非厄米奇性积分方程组，然后将给出一般的解法——GNES方法细节、技术以及数值结果。

在许多电磁场理论计算中（如研究微波定向耦合器、微带线、传输线等时）常遇到阻抗、电感、电容的计算。通常将 Laplace 方程化为差分方程，解出电场、磁场及场能，进而求出电感、电容、阻抗。随着科技的发展，要求的精度越来越高。增加分点的办法，并不是经常有效的，因为分点的增加同时隐含着误差积累的危险。寻求其他更科学的理论方法是很必要的。

电感、电容实际上只取决于器件组态的几何参量及电磁场模式的奇偶性，而与电磁场分布的详细结构无关。这个性质对发展新的理论方法是至关重要的。

解析解的方法，有时是很有效的。我们在前一章（或见文献 [1]、[2]）中，在适当的物理模型下，求出了慢波结构的电磁场分布、电感、电容的解析表示式，理论与实验符合得很好。在前一章中，对定向耦合器（其几何组态一般如图9.1所示）的偶模及奇模的电感（L_e 和 L_o），在静磁模型下，运用我们建立的 Ω 级数求和公式，得到下列解析表示式

$$L_{e,o} = \frac{1}{2}\ln\left\{\frac{1}{2\pi^2}\left[\frac{2\left(\dfrac{d}{a}\right)}{1-2\left(\dfrac{y_0'}{d}\right)^2}\right]^2\left[1+\cos\left(\frac{2y_0'\pi}{d}\right)\right]\right\}$$

127

$$+\frac{1}{2}\ln\left\{\frac{1}{2\pi^2}\left[\frac{2\left(\dfrac{d}{b}\right)}{1-2\left(\dfrac{y_0''}{d}\right)^2}\right]^2\left[1+\cos\left(\frac{2y_0''\pi}{d}\right)\right]\right\}$$

$$\pm\ln\left[\frac{\cosh\left(\dfrac{2\Gamma}{d}x\right)+\cos\left(\dfrac{y_0'+y_0''}{d}x\right)}{\cosh\left(\dfrac{2\Gamma}{d}x\right)-\cos\left(\dfrac{y_0'-y_0''}{d}x\right)}\right]\tag{9.1}$$

这个表达式表明电感仅依赖于几何参数及场的模式的奇偶性。表达式还具有下列值得注意的特点。

第一，同时包含了六个几何参数，概括了物理上关心的相当广泛的一类问题。这是其他数值分析方法所难以实现的。

第二，这是 Ω 级数理论 [1] 的一个很好的应用实例。

第三，在对称情况下：$a=b$，$y_0'=y_0''=0$，与数值计算结果的比较中发现：

当 $a/d\ll1$ 时，与精密的数值计算一致；

当 $a/d\lesssim0.20$，误差 $\sigma\lesssim2\%$；

当 $a/d\lesssim0.40$，误差 $\sigma\lesssim10\%$。

因此，这个解析式是相当令人满意的，已被人们应用于实际设计并得到很好的结果[3]。

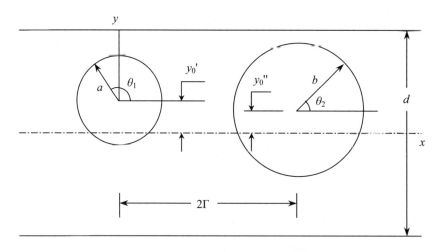

图 9.1 定向耦合器示意图

但当考虑 $a/d\gtrsim0.40$ 时，为了获得更高的精度，需要发展新的方法。显然，电磁场理论问题是多种多样的，关键在于发展若干典型的方法，并把某些典型的模型做深做细。众所周知，统计可解问题中把几个典型模型与 Bethe Ansatz 方法做深做细是非常关键的[4]。我们将以定向耦合器作为典型模型，发展一种理论方法，为行文方便，称它为 GNES 方法。鉴于方法的一般性，我们发表了一系列文章，系统地论述方法的理论表述、对称分析与计算技巧、方法的细节和数值结果等，以期被更多的专业工作者所掌握与应用。

9.1.2　几何化-数论消发散方法（GNES）的要点

根据上面的分析，要建立的新方法将包括下列几个要点。

第一，建立电容与几何参数直接相联系的积分方程组（而不是通过场的计算），从而实现几何化。

第二，降低方程的维数，缩小自变量的变化区间。例如图9.1中定向耦合器问题的偏微分方程定义在二维的无限空间中，而现在我们将建立的积分方程组则是一维的，而且自变量在 $0 \to 2\pi$ 这个有限区间内。

第三，这类问题的积分核一般都是奇性的。为了避免通常奇性方程组代数化所遇到的困难，将选择适当的正交完备系作为"表象基矢"，使积分方程组代数化。这样不仅可使奇性移到代数方程组系数的被积函数中，而且使电荷的表示非常简单。

第四，方程组的系数由二重积分表示。为了减少这些二重积分计算工作量并提高计算精度，将采用数学家华罗庚、王元所发展的数论方法[5]，它使多重积分用单重和式逼近，在许多困难的计算中表现出突出的优越性。例如在用泛函积分方法研究价起伏理论时 [6]，利用数论方法不仅可以提高精度（例如由 10^{-2} 提高到 10^{-5}），而且有效地缩短计算机计算时间（例如缩短 $90\% \sim 98\%$）。

第五，消除奇性。如果没有强有力的方法克服积分核的奇性所带来的困难，则降维的好处亦可能被淹没。现在的核奇性，不是表现为孤立奇点，而是存在奇性线。在价起伏的泛函积分研究 [6] 中，我们曾利用适当的变换，使得处于单位箱（unit box，或称正方形）边界上的被积函数的奇性线自然地被消去，从而保证了复杂的计算的顺利进行。电磁场计算的情况不同，某些核的奇性出现在单位箱的对角线上。因此寻求既与数论方法相适应又能自然地消除对角线奇性的方案，便成为本方法的重要部分之一。

由于本方案由几何化、数论和消发散等基本点有机结合成整体，故取名为 GNES 方法。

Einstein 的广义相对论，开创了物理学几何化。Gibbs 统计将平衡态性质归结为一个特征函数在特征变量的空间中的超曲面的微分几何性质。这里运用"几何化"这个术语目的在于强调电容、电感直接可与金属器件组态的几何参数及场的模式的奇偶性相连系，不必计及场分布的细节，强调了与偏微分方程、差分方程、有限元素等方法的差别。"几何化"在注重积分方程组与 Green 定理的运用这一点上与"边界元"方法一致。但 GNES 方法在几何化过程中，由于运用了我们在文献 [1] 中发展的 Ω 级数理论，从而不但实现了降维，而且自然地解脱了无穷长的平面边界带来的困难，使自变量限制在有限区域，并减少方程的个数。

9.1.3 几何化的理论表述：一般的奇性积分方程组与 Ω 级数

首先，寻求线电荷密度 $\eta = 1$ 的线电荷所产生的电势。设线电荷的位置坐标为 (x_0, y_0)，则由源像法，仔细求出像电荷位置为

$$
\begin{cases}
y'_{2k} = y_0 + 2kd & \eta = +1, \\
y'_{2k+1} = -y_0 + (2k+1)d & \eta = -1,
\end{cases}
\quad k = 0, \pm 1, \pm 2 \cdots
\tag{9.2}
$$

根据场方程的线性性，由叠加原理得到单位线电荷所产生的电势为下列格林（Green）函数

$$
\begin{aligned}
G(x, y; x_0, y_0) &= -\Bigg[2 \ln \sqrt{(x-x_0)^2 + (y-y_0)^2} \\
&\quad + 2 \sum_{\substack{k=-\infty \\ (k \neq 0)}}^{\infty} \ln \sqrt{(x-x_0)^2 + (y-y'_{2k})^2} \\
&\quad - 2 \sum_{k=-\infty}^{\infty} \ln \sqrt{(x-x_0)^2 + (y-y'_{2k+1})^2} \Bigg] \\
&= -\ln \prod_{k=-\infty}^{\infty} \frac{\left(\dfrac{x-x_0}{2d}\right)^2 + \left[\dfrac{y-y_0}{2d} - k\right]^2}{\left(\dfrac{x-x_0}{2d}\right)^2 + \left[\dfrac{y+y_0-d}{2d} - k\right]^2}
\end{aligned}
\tag{9.3}
$$

利用连乘积公式[1,7]，

$$
\prod_{k=-\infty}^{\infty} \frac{\alpha^2 + (k+\beta)^2}{\alpha^2 + (k+\gamma)^2} = \frac{\cosh(2\alpha\pi) - \cos(2\beta\pi)}{\cosh(2\alpha\pi) - \cos(2\gamma\pi)}
\tag{9.4}
$$

因而得到

$$
G(x, y; x_0, y_0) = -\ln \left[\frac{\cosh\left(\dfrac{x-x_0}{d}\pi\right) - \cos\left(\dfrac{y-y_0}{d}\pi\right)}{\cosh\left(\dfrac{x-x_0}{d}\pi\right) + \cos\left(\dfrac{y+y_0}{d}\pi\right)} \right]
\tag{9.5}
$$

值得注意的是：这不再是坐标差的函数，因为在 y 方向平移对称性已被破坏。

不难验证，它满足对应的 Poisson 方程及边界条件

$$
G(x, \pm d/2; x_0, y_0) = 0
\tag{9.6}
$$

1）任意形状的二内导体情况的基本积分方程组

设二内导体边界由极坐标表示为

$$
\rho_1 = \rho_1(\theta_1) \qquad \rho_2 = \rho_2(\theta_2)
\tag{9.7}
$$

则内导体 a 和 b 的线电荷分布 $\omega_1(\theta_1)$、$\omega_2(\theta_2)$ 满足下列线性积分方程组

$$\begin{cases} V_1 = \int_0^{2\pi} K^{11}(\theta_1,\theta_1')\xi_1(\theta_1')\omega_1(\theta_1')\mathrm{d}\theta_1' + \int_0^{2\pi} K^{12}(\theta_1,\theta_2')\xi_2(\theta_2')\omega_2(\theta_2')\mathrm{d}\theta_2' \\[2mm] V_2 = \int_0^{2\pi} K^{21}(\theta_2,\theta_1')\xi_1(\theta_1')\omega_1(\theta_1')\mathrm{d}\theta_1' + \int_0^{2\pi} K^{22}(\theta_2,\theta_2')\xi_2(\theta_2')\omega_2(\theta_2')\mathrm{d}\theta_2' \end{cases} \tag{9.8}$$

其中 ξ_1、ξ_2 由内导体截面的几何形状决定

$$\xi_\nu(\theta) = \sqrt{\rho_\nu^2(\theta) + \left(\frac{\mathrm{d}\rho_\nu(\theta)}{\mathrm{d}\theta}\right)^2} \qquad (\nu = 1, 2) \tag{9.9}$$

其中积分核 $K^{\mu\nu}(\theta,\theta')$ 可由 G 求出

$$\begin{cases} K^{11}(\theta_1,\theta_1') = G\left[\,x(a),y(a);x'(a),y'(a)\,\right] \\[1mm] K^{12}(\theta_1,\theta_2') = G\left[\,x(a),y(a);x'(b),y'(b)\,\right] \\[1mm] K^{21}(\theta_2,\theta_1') = G\left[\,x(b),y(b);x'(a),y'(a)\,\right] \\[1mm] K^{22}(\theta_2,\theta_2') = G\left[\,x(b),y(b);x'(b),y'(b)\,\right] \end{cases} \tag{9.10}$$

带撇与不带撇的量分别表示源点与观察点的坐标。设二柱体的极坐标中心离二平板的对称线的距离分别为 y_0' 和 y_0''，则

$$\begin{cases} x(a) = \rho_1(\theta_1)\cos\theta_1 & x'(a) = \rho_1(\theta_1')\cos\theta_1' \\[1mm] y(a) = y_0' + \rho_1(\theta_1)\sin\theta_1 & y'(a) = y_0' + \rho_1(\theta_1')\sin\theta_1' \\[1mm] x(b) = \rho_2(\theta_2)\cos\theta_2 + 2\Gamma & x'(b) = \rho_2(\theta_2')\cos\theta_2' + 2\Gamma \\[1mm] y(b) = y_0'' + \rho_2(\theta_2)\sin\theta_2 & y'(b) = y_0'' + \rho_2(\theta_2')\sin\theta_2' \end{cases} \tag{9.11}$$

(1) 当 V_1 和 V_2 已知时（一般可取 $V_1 = 1$，$V_2 = \pm 1$，相当于偶模与奇模），只要解出方程组 (9.8)，就得到电荷分布 $\omega_1(\theta_1)$ 和 $\omega_2(\theta_2)$，从而可求出两柱体单位长度上电量

$$Q_\nu = \int_0^{2\pi} \omega_\nu(\theta)\,\xi_\nu(\theta)\,\mathrm{d}\theta \qquad (\nu = 1, 2) \tag{9.12}$$

进而可求出电容系数。从而实现了电容系数与几何参数的相互联系，实现了几何化。

一切凸柱体，如圆、椭圆柱体等，截面上的点均可由极坐标 $\rho(\theta)$ 单值表示，都可以包含在相当普遍的积分方程组 (9.8) 所体现的理论表述中。

(2) 这类积分方程的建立，运用了 Ω 级数理论。由于它是初等函数，这对数值分析十分有利。

(3) 这个积分方程组是非对称且非厄米的。

(4) 原来二维的偏微分方程问题已归结为一维积分方程组。降维对数值分析是很有利的；自变量定义域由 $(-\infty < x < \infty, |y| \leqslant d/2)$ 压缩在有限的线段 $[0 \leqslant \theta \leqslant 2\pi]$ 上。柱体的形变只须调节 $K^{\mu\nu}$、ξ_ν 中的一些参数，自变量仍在 $[0, 2\pi]$ 之间，这犹如在操纵台上控制复杂的生产过程。这显然比差分方程、有限元等方法中调节网络的办法要简单。

(5) 核 $K^{\mu\nu}(\theta, \theta')$ 在 $\theta = \theta'$ 时存在对数奇性。GNES 方法将给出克服由它带来的困难的整套方案。

2) 双圆杆情况，这是微波研究中最常见的情况

$$\rho_1 = a \qquad \rho_2 = b \qquad \xi_1 = a \qquad \xi_2 = b \tag{9.13}$$

$$\begin{cases} V_1 = a \int_0^{2\pi} K^{11}(\theta_1, \theta_1')\omega_1(\theta_1')\mathrm{d}\theta_1' + b \int_0^{2\pi} K^{12}(\theta_1, \theta_2')\omega_2(\theta_2')\mathrm{d}\theta_2' \\ V_2 = a \int_0^{2\pi} K^{21}(\theta_2, \theta_1')\omega_1(\theta_1')\mathrm{d}\theta_1' + b \int_0^{2\pi} K^{22}(\theta_2, \theta_2')\omega_2(\theta_2')\mathrm{d}\theta_2' \end{cases} \tag{9.14}$$

$$K^{11}(\theta_1, \theta_1') = -\ln\left\{ \frac{\cosh\left[\dfrac{\pi}{d}a(\cos\theta_1 - \cos\theta_1')\right] - \cos\left[\dfrac{\pi}{d}a(\sin\theta_1 - \sin\theta_1')\right]}{\cosh\left[\dfrac{\pi}{d}a(\cos\theta_1 - \cos\theta_1')\right] - \cos\left[\dfrac{\pi}{d}a(\sin\theta_1 + \sin\theta_1') + \dfrac{2\pi}{d}y_0'\right]} \right\}$$

$$K^{12}(\theta_1, \theta_2')$$
$$= -\ln\left\{ \frac{\cosh\left[\dfrac{\pi}{d}(a\cos\theta_1 - 2\Gamma - b\cos\theta_2')\right] - \cos\left[\dfrac{\pi}{d}(a\sin\theta_1 - b\sin\theta_2' + y_0' - y_0'')\right]}{\cosh\left[\dfrac{\pi}{d}(a\cos\theta_1 - 2\Gamma - b\cos\theta_2')\right] + \cos\left[\dfrac{\pi}{d}(a\sin\theta_1 + b\sin\theta_2' + y_0' + y_0'')\right]} \right\}$$

$$K^{21}(\theta_2, \theta_1')$$
$$= -\ln\left\{ \frac{\cosh\left[\dfrac{\pi}{d}(b\cos\theta_2 + 2\Gamma - a\cos\theta_1')\right] - \cos\left[\dfrac{\pi}{d}(b\sin\theta_2 - a\sin\theta_1' + y_0'' - y_0')\right]}{\cosh\left[\dfrac{\pi}{d}(b\cos\theta_2 + 2\Gamma - a\cos\theta_1')\right] + \cos\left[\dfrac{\pi}{d}(b\sin\theta_2 + a\sin\theta_1' + y_0'' + y_0')\right]} \right\}$$

$$K^{22}(\theta_2, \theta_2') = -\ln\left\{ \frac{\cosh\left[\dfrac{\pi}{d}b(\cos\theta_2 - \cos\theta_2')\right] - \cos\left[\dfrac{\pi}{d}b(\sin\theta_2 - \sin\theta_2')\right]}{\cosh\left[\dfrac{\pi}{d}b(\cos\theta_2 - \cos\theta_2')\right] - \cos\left[\dfrac{\pi}{d}b(\sin\theta_2 + \sin\theta_2') + \dfrac{2\pi}{d}y_0''\right]} \right\}$$

3) 双椭圆杆情况

可以运用极坐标，也可以用参数方程。当两个椭圆杆相同时，令其长短半轴分别为 b_0 和 a_0，则在参数 t 的表示下

$$\begin{aligned} x(a) &= a_0 \cos(t_1) & x'(a) &= a_0 \cos(t_1') \\ y(a) &= y_0' + b_0 \sin(t_1) & y'(a) &= y_0' + b_0 \sin(t_1') \\ x(b) &= a_0 \cos(t_2) + 2\Gamma & x'(b) &= a_0 \cos(t_2') + 2\Gamma \\ y(b) &= y_0'' + b_0 \sin(t_2) & y'(b) &= y_0'' + b_0 \sin(t_2') \end{aligned} \tag{9.15}$$

$$\xi_1(t) = \xi_2(t) = \sqrt{a_0^2 \sin^2 t + b_0^2 \cos^2 t} \tag{9.16}$$

电荷分布 $\omega_1(t)$ 和 $\omega_2(t)$ 满足下列方程组

$$\begin{cases} V_1 = \displaystyle\int_0^{2\pi} K^{11}(t_1,t_1')\xi_1(t_1')\omega_1(t_1')\mathrm{d}t_1' + \int_0^{2\pi} K^{12}(t_1,t_2')\xi_2(t_2')\omega_2(t_2')\mathrm{d}t_2' \\ V_2 = \displaystyle\int_0^{2\pi} K^{21}(t_2,t_1')\xi_1(t_1')\omega_1(t_1')\mathrm{d}t_1' + \int_0^{2\pi} K^{22}(t_2,t_2')\xi_2(t_2')\omega_2(t_2')\mathrm{d}t_2' \end{cases} \tag{9.17}$$

当 $y_0' = y_0'' = 0$，式 (9.17) 变为对称的；当 $y_0' = y_0'' = 0$，且 $a = b$，式 (9.14) 变为对称的。

本节给出了 GNES 方法的理论要点，给出了微波定向耦合器有关的基本积分方程组的相当一般的形式，后续将论述对这一般的奇性积分方程组的解法及 GNES 方法的细节。

9.2　简约电荷分布，一般形式解及数论消发散定理

本节为 GNES 理论的第二部分。建议简约电荷分布的概念，并讨论其应用。给出一般的基本积分方程组的形式解，它将由几何参数直接表示电容系数。给出数论消发散定理，它提供了既自然地消除积分核的对角线奇性，又能同时运用数论方法的一个具体方案，而且不带调节参数。

9.2.1　简约电荷分布、电容系数的严格形式解

首先，为了今后计算的一般化与方便，我们引入简约电荷分布 $\widetilde{\omega}_\nu(\theta)$

$$\widetilde{\omega}_\nu(\theta) \equiv \omega_\nu(\theta)\,\xi_\nu(\theta) \tag{9.18}$$

这不仅因为当内导体截面确定后，$\xi_\nu(\theta)$ 由式 (9.9) 是已知的，从而 $\widetilde{\omega}_\nu(\theta)$ 与 ω_ν 有一一对应关系；更重要的是电荷 Q_ν 可直接与 $\widetilde{\omega}_\nu(\theta)$ 发生关系

$$Q_\nu = \int_0^{2\pi} \widetilde{\omega}_\nu(\theta)\,\mathrm{d}\theta \tag{9.19}$$

这使基本方程组 (9.8) 的核变为 $\{K^{\mu\nu}(\theta,\theta')\}$，它比原来的核 $\{K^{\mu\nu}(\theta,\theta')\xi_{nu}(\theta')\}$ 简单多了。使今后的理论分析及数值计算变得更简单、统一。

将积分化为求和，即将积分方程代数化。但由于我们的积分核具有奇性，奇点的贡献不可忽视，一般会遇到级数收敛慢、精度难以保证的困难。

现在，将 $\widetilde{\omega}_\nu(\theta)$（而不是 $\omega_\nu(\theta)$）展为收敛快的级数，使得每一项均有明确的物理意义（这一点与量子场论中的 Feynman 图解法的基本思想相似），同时将奇性吸收到系数的计算中去。

针对现在的问题，我们采用多极子（中心在极坐标原点的多级子电像）在球面上的感应电荷分布作为基矢，即取正交完备系 $\{\frac{1}{\sqrt{2\pi}}\mathrm{e}^{im\theta}\}$ 或它的实表示

$$U_m(\theta) = \begin{cases} U_0(\theta) = \dfrac{1}{\sqrt{2\pi}} \\[2mm] U_{2K-1}(\theta) = \dfrac{1}{\sqrt{\pi}}\sin(K\theta) & (K \geqslant 1) \\[2mm] U_{2K}(\theta) = \dfrac{1}{\sqrt{\pi}}\cos(K\theta) & (K \geqslant 1) \end{cases} \tag{9.20}$$

将 $\widetilde{\omega}_\nu$ 及核均用 $\{U_m(\theta)\}$ 展开

$$\begin{cases} \widetilde{\omega}_\nu(\theta) = \displaystyle\sum_{m=0}^{\infty} \beta_m^\nu U_m(\theta) \\[3mm] K^{\mu\nu}(\theta,\theta') = \displaystyle\sum_{m,n} R_{mn}^{\mu\nu} U_m(\theta) U_n(\theta') \end{cases} \tag{9.21}$$

式中，$\{\beta_m^\nu\}$、$\{R_{mn}^{\mu\nu}\}$ 即分别为 $\widetilde{\omega}_\nu$、$K^{\mu\nu}$ 的表示，且 $\{R_{mn}^{\mu\nu}\}$ 为已知的

$$R_{mn}^{\mu\nu} = \int_0^{2\pi} \int_0^{2\pi} U_m(\theta) K^{\mu\nu}(\theta,\theta') U_n(\theta')\, \mathrm{d}\theta\, \mathrm{d}\theta' \tag{9.22}$$

从而使积分方程组化为下列代数方程组

$$\sqrt{2\pi} V_\mu \delta_{m0} = \sum_{\nu=1}^{2} \sum_{n=0}^{\infty} R_{mn}^{\mu\nu} \beta_n^\mu \tag{9.23}$$

由 Cramer 法则，得到严格的形式解

$$\beta_0^1 = \Delta(1)/\Delta \qquad \beta_0^2 = \Delta(2)/\Delta \tag{9.24}$$

其中 Δ 为系数行列式

$$\Delta = \begin{pmatrix} R_{00}^{11} & R_{01}^{11} & \cdots & R_{00}^{12} & R_{01}^{12} & \cdots \\ R_{10}^{11} & R_{11}^{11} & \cdots & R_{10}^{12} & R_{11}^{12} & \cdots \\ \cdots & \cdots & \cdots & \cdots & \cdots & \cdots \\ R_{00}^{21} & R_{01}^{21} & \cdots & R_{00}^{22} & R_{01}^{22} & \cdots \\ R_{10}^{21} & R_{11}^{21} & \cdots & R_{10}^{22} & R_{11}^{22} & \cdots \\ \cdots & \cdots & \cdots & \cdots & \cdots & \cdots \end{pmatrix} \tag{9.25}$$

而 $\Delta(1)$、$\Delta(2)$ 分别为以 $\begin{pmatrix} \sqrt{2\pi}V_1 \\ 0 \\ \vdots \\ \sqrt{2\pi}V_2 \\ 0 \\ \vdots \end{pmatrix}$ 分别代替列 $\begin{pmatrix} R_{00}^{11} \\ R_{10}^{11} \\ \vdots \\ R_{00}^{21} \\ R_{10}^{21} \\ \vdots \end{pmatrix}$ 和 $\begin{pmatrix} R_{00}^{12} \\ R_{10}^{12} \\ \vdots \\ R_{00}^{22} \\ R_{10}^{22} \\ \vdots \end{pmatrix}$ 所得的行列式。

第 ν 个导体上的总电荷 Q_ν 为

$$Q_\nu = \sqrt{2\pi}\beta_0^\nu \tag{9.26}$$

利用简约电荷分布 $\widetilde{\omega}_\nu(\theta)$ 的好处体现在：

(1) 在计算电容系数时，只须研究 $V_1 = 1$，$V_2 = \pm 1$ 的两种情况，只须计算两个分量 β_0^1 和 β_0^2，而不必计算 $\{\beta_m^\nu\}$ 总体。如 m 取 M 个值，则解线性方程组的工作量只是求 $\{\beta_m^\nu\}$ 的 $1/M$。当 M 越大时，对计算时间的节约越明显。反之，如利用 $\widetilde{\omega}_\nu(\theta)$ 展开

$$\omega_\nu(\theta) = \sum_{m=0}^{\infty} \hat{\beta}_m^\nu U_m(\theta) \tag{9.27}$$

则 Q_ν 与 $\{\hat{\beta}_m^\nu\}$ 的全部系数有关，此外，计算核矩阵 $R_{mn}^{\mu\nu}$ 时，也将计及 $\xi_\nu(\theta)$ 的贡献，从而使计算大大复杂化。

(2) 简约电荷分布 $\widetilde{\omega}_\nu(\theta)$ 在一定程度上自动反映曲面形状对电荷分布的影响。例如 $\widetilde{\omega}_\nu(\theta)$ 为常数时，可能反映孤立内导体的电荷分布。以孤立椭圆圆柱为例，此时

$$\omega_\nu(t) \sim [\, a^2 \sin^2 t + b^2 \cos^2 t \,]^{-1/2} \tag{9.28}$$

我们曾证明（见本书第 7 章，或 [9]），孤立导体椭圆柱体电荷相对分布，正好严格地就是这个表示式

$$\omega_0(t) = \frac{\omega(t)}{\omega(\frac{\pi}{2})} = \frac{a}{\sqrt{b^2 \cos^2 t + a^2 \sin^2 t}} \sim H^{1/3} \tag{9.29}$$

其中 H 为平均曲率，这也反映以 $\widetilde{\omega}_\nu$ 来描写一般的曲率情况是非常自然的，而且统一的。

严格形式解 (9.24)、(9.26) 实际上已给出了电容系数与几何参数的直接的一般的联系。

9.2.2　数论方法求取系数矩阵 $R_{mn}^{\mu\nu}$

GNES 方法中常需计算相当数量的二重积分

$$R_{mn}^{\mu\nu} = \int_0^1 \int_0^1 F(x_1, x_2)\, \mathrm{d}x_1\, \mathrm{d}x_2 \tag{9.30}$$

其中

$$F(x_1, x_2) \equiv 4\pi^2 U_m(2\pi x_1) K^{\mu\nu}(2\pi x_1, 2\pi x_2) U_n(2\pi x_2) \tag{9.31}$$

通常将 s 维积分化为 s 重求和（如矩阵法，辛卜生法等），如每维取 N 个分点，则需 N^s 个取样点，故工作量随维数而激增。由华罗庚、王元等数学家发展的多维积分数论方法是强有力的。它可用适当的单重和式来逼近多维积分，而且其误差主部如同著名的 Monte-Carlo 法一样，是与维数无关的。从若干实例研究表明，其结果比 Monte-Carlo 法更省时、精密和可靠 [5]。

为下面的运用与分析，简述数论方法的要点如下。

令 $F(\boldsymbol{x}) \equiv F(x_1, x_2, \cdots, x_s)$ 为 s 维函数，它在 s 维单位箱（即 unit box，$0 \leqslant x_i \leqslant 1$）内积分定义为

$$I = \int_0^1 \mathrm{d}x_1 \int_0^1 \mathrm{d}x_2 \cdots \int_0^1 \mathrm{d}x_s F(\boldsymbol{x}) \tag{9.32}$$

经过适当的变数变换 $x_i = \psi(y_i)$ 后，上式化为

$$I = \int_0^1 \mathrm{d}y_1 \int_0^1 \mathrm{d}y_2 \cdots \int_0^1 \mathrm{d}y_s f(\boldsymbol{y}) \tag{9.33}$$

其中

$$f(\boldsymbol{y}) = f(y_1, y_2 \cdots y_s) = F\left[\psi(y_1), \psi(y_2) \cdots \psi(y_s)\right] \psi'(y_1)\psi'(y_2) \cdots \psi'(y_s) \tag{9.34}$$

变换函数 $\psi(y_i)$ 须满足

$$f(\boldsymbol{y}) = 0 \qquad (当任一 \ y_i = 0或1, \quad i = 1 \cdots s) \tag{9.35}$$

即函数 $f(\boldsymbol{y})$ 在积分边界上为零。

进而将 $f(\boldsymbol{y})$ 作周期为1的周期性开拓

$$f(\cdots y_i \cdots) = f(\cdots y_i + N_i \cdots) \qquad (i = 1 \cdots s) \tag{9.36}$$

N_i 为任意正负整数，从而使 $f(\boldsymbol{y})$ 开拓到整个 s 维空间。

如 $f(\boldsymbol{y})$ 满足式 (9.35)、(9.36)，则 s 维积分可以单和逼近 [5]

$$I = \int_0^1 \mathrm{d}y_1 \cdots \int_0^1 \mathrm{d}y_s f(\boldsymbol{y}) \approx \frac{1}{n} \sum_{k=1}^n f\left(\frac{K\boldsymbol{h}}{n}\right) \tag{9.37}$$

其中 $\boldsymbol{h}$ 为 s 维空间中某一矢量，它可由数论方法确定。

在二维积分情况下 [5]

$$\int_0^1 \mathrm{d}y_1 \int_0^1 \mathrm{d}y_2 f(y_1, y_2) \approx \frac{1}{n} \sum_{k=1}^n f\left(\frac{K}{n}, \frac{Kh}{n}\right) \tag{9.38}$$

n 需根据积分的精度来选取。由数论可证明，n 与 h 可由 Fibonaci 数列表示

$$n = \phi_m \qquad\qquad h = \phi_{m-1} \tag{9.39}$$

而 Fibonaci 数列 $\{\phi_n\}$ 可由下列关系导出

$$\phi_0 = 1 \qquad \phi_1 = 1 \qquad \phi_{m+1} = \phi_m + \phi_{m-1} \tag{9.40}$$

9.2.3　消去奇性线

核 $K^{\mu\nu}(x_1, x_2)$ 在 $x_1 = x_2$ 时，具有对数奇性。对被积函数奇性的处理，直接决定多维积分的计算精度与时间。

我们曾在价起伏的泛函积分理论中运用数论方法，并用下列变换，使被积函数在积分区域的边界上的奇性完全自然地被消去 [6]。

$$\begin{cases} x_i = \psi(y_i) = (2\mu - 1) C_{2\mu-2}^{\mu-1} \sum_{K=0}^{\mu-1} C_{\mu-1}^{K} \dfrac{(-1)^K y_i^{K+\mu}}{(K+\mu)} \\[3mm] \psi'_\mu(y_i) = (2\mu - 1) C_{2\mu-1}^{\mu-1} y_i^{\mu-1} (1 - y_i)^{\mu-1} \end{cases} \tag{9.41}$$

由于 $y_i = 0$、1 是函数 $\psi'(y_i)$ 的零点。适当地选择 $\mu \geqslant 1$，使零点的级次比 $F[\psi(y_1), \psi(y_2)]$ 的奇点的级次高，则使函数 $f(y_1, y_2)$ 没有奇性。

联合其他有效措施，这种数论消发散方法在工作 [6] 中运用得很成功。以典型数据为例，通常方法计算一个数据，在 Honeywell 6000 计算机中费时 3 小时，约 1000 美元，精度为 10^{-2}，而用新方法，只须 0.02 小时，约 6 美元，精度为 10^{-5}。因此将数论消发散方法推广到其他课题中去是十分有意义的。

在电磁场理论计算中，$F(x_1, x_2)$ 的奇性线不在单位箱边界上，而在主对角线上。

为自然地消去对角线上的全部奇性，作下列正交变换（相当于坐标转 $45°$）

$$\begin{cases} x' = \dfrac{1}{\sqrt{2}}(x_1 + x_2) \\[3mm] y' = \dfrac{1}{\sqrt{2}}(x_2 - x_1) \end{cases} \tag{9.42}$$

这样原来在 $x_1 - x_2$ 坐标系中的单位正方形，在新坐标系中不再是单位正方形，奇性线仍然不在边界上，而是在境界之内。如图9.2所示。

利用这些奇性线全部都平行于 x' 轴或在 x' 轴上的特点，我们试图用三角形拼成新的单位正方形，而积分值保持不变。鉴于 $F(x_1, x_2)$ 是 x_1、x_2 的周期函数，可以找出哪些三角形上的积分相等，我们在图9.2上标以相同的符号 α，$\beta \cdots$ 等。显然有

$$\begin{aligned} \iint_{ACDE} F(x_1, x_2)\, \mathrm{d}x_1\, \mathrm{d}x_2 &= \iint_{ACDE} \Phi(x', y')\, \mathrm{d}x'\, \mathrm{d}y' \\ &= 2 \int_0^1 \int_0^1 F(x_1, x_2)\, \mathrm{d}x_1\, \mathrm{d}x_2 = 2(I_1 + I_2) \end{aligned} \tag{9.43}$$

其中

$$I_1 = \iint_{CFOH} \Phi(x', y')\, \mathrm{d}x'\, \mathrm{d}y' \qquad I_2 = \iint_{OGAH} \Phi(x', y')\, \mathrm{d}x'\, \mathrm{d}y' \tag{9.44}$$

为了运用数论方法计算 I_1，对 $\Phi(x', y')$ 作对 x'，y' 的独立的周期开拓，周期为 $1/\sqrt{2}$。这里之所以强调独立的开拓，是因为 $\Phi(x', y')$ 原来一般不是周期性的。正因为如

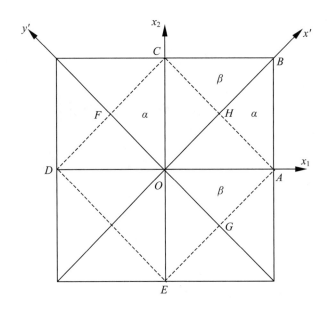

图 9.2　坐标系的变换

此，I_1 和 I_2 一般不相等。现在的开拓，目的在于运用数论方法进行计算，可以设想这个开拓是在另一个平面上独立进行的。

$$\Phi\left(x' + \frac{m}{\sqrt{2}}, y' + \frac{m}{\sqrt{2}}\right) = \Phi\left(x', y'\right) \qquad (n, m \text{为整数}) \tag{9.45}$$

再令

$$x' = y_1/\sqrt{2} \qquad y' = y_2/\sqrt{2} \tag{9.46}$$

则 I_1 化为在单位箱上的积分

$$I_1 = \frac{1}{2} \int_0^1 \int_0^1 \Phi\left(\frac{y_1}{\sqrt{2}}, \frac{y_2}{\sqrt{2}}\right) \mathrm{d}y_1 \, \mathrm{d}y_2 \tag{9.47}$$

由多元函数重积分理论，有

$$\iint_{(\sigma)} F(x_1, x_2) \, \mathrm{d}x_1 \, \mathrm{d}x_2 = \iint_{(\sigma)} F\left[x_1(x', y'); x_2(x', y')\right] |J| \, \mathrm{d}x' \, \mathrm{d}y'$$
$$= \iint_{(\sigma)} \Phi\left(x', y'\right) \mathrm{d}x' \, \mathrm{d}y' \tag{9.48}$$

由方程 (9.42) 算出 Jacobian

$$|J| = \left| \frac{\partial x_1}{\partial x'} \frac{\partial x_2}{\partial y'} - \frac{\partial x_1}{\partial y'} \frac{\partial x_2}{\partial x'} \right| = 1 \tag{9.49}$$

故有

$$\Phi\left(x', y'\right) = F\left[\frac{1}{\sqrt{2}}(x' - y'), \frac{1}{\sqrt{2}}(x' + y')\right] \tag{9.50}$$

故

$$I_1 = \frac{1}{2} \int_0^1 \int_0^1 F\left[\frac{1}{2}(y_1 - y_2), \frac{1}{2}(y_1 + y_2)\right] \mathrm{d}y_1 \, \mathrm{d}y_2 \tag{9.51}$$

此时奇性线在 $y_2 = 0$ 和 $y_2 = 1$ 上，利用下列变换，选择适当的整数 μ，即可自然地消去全部这类奇性

$$y_i = \psi(\omega_i) \tag{9.52}$$

函数 $\psi(x)$ 已由式 (9.41) 定义。

此外，我们还必须注意到，在 $CFOH$ 中，x_1 由 $-\dfrac{1}{2}$ 变到 0 然后变到 $+\dfrac{1}{2}$；x_1 由 0 变到 1，换言之，(x_1, x_2) 可能越出单位箱；如果 $F(x_1, x_2)$ 本身并非周期性函数，则须先作周期性开拓。最简洁的方法是定义

$$\begin{cases} x_1 = \mathrm{AMOD}\left(\dfrac{1}{2}(y_1 - y_2), 1.0\right) \\[3mm] x_2 = \mathrm{AMOD}\left(\dfrac{1}{2}(y_1 + y_2), 1.0\right) \end{cases} \tag{9.53}$$

这样，当 (y_1, y_2)、(ω_1, ω_2) 均限制在单位箱中，即使积分在 $\triangle CFO$ 内进行，仍自动地映照到 $\triangle HAB$ 中。由于余数 AMOD 在计算机中是内部函数，因而计算精度、速度是自然保证的。

同理计算 I_2，令

$$x' = y_1/\sqrt{2} \qquad y' = -y_2/\sqrt{2} \tag{9.54}$$

则

$$\begin{aligned} I_2 &= \int_0^{\frac{1}{\sqrt{2}}} \mathrm{d}x' \int_{-\frac{1}{\sqrt{2}}}^{0} \mathrm{d}y' \, \Phi(x', y') = \frac{1}{2} \int_0^1 \int_0^1 \Phi\left(\frac{y_1}{\sqrt{2}}, -\frac{y_2}{\sqrt{2}}\right) \mathrm{d}y_1 \, \mathrm{d}y_2 \\ &= \frac{1}{2} \int_0^1 \int_0^1 F\left[\frac{1}{2}(y_1 + y_2), \frac{1}{2}(y_1 - y_2)\right] \mathrm{d}y_1 \, \mathrm{d}y_2 \end{aligned} \tag{9.55}$$

同样考虑用变换式 (9.52) 消除边界上的奇性，并利用式 (9.53) 使越出单位箱的 $\triangle OGA$ 映照到 $\triangle CHB$ 中。

本节的全部讨论可归结为下列定理：

"数论消发散定理"为运用数论方法并自然地消除形如式 (9.30) 的积分中被积函数的对角线上的奇性

$$I = \int_0^1 \int_0^1 F(x_1, x_2) \, \mathrm{d}x_1 \, \mathrm{d}x_2 \tag{9.56}$$

可以运用二次变换，即式 (9.52) 和

$$\begin{cases} x_1 = \dfrac{1}{2}(y_1 - y_2) \\[3mm] x_2 = \dfrac{1}{2}(y_1 + y_2) \end{cases} \tag{9.57}$$

和二次周期性开拓，即式 (9.53) 和

$$\begin{cases} \omega_1 = K/\Phi_n \\ \omega_2 = MOD(K\Phi_{n-1})/\Phi_n \end{cases} \tag{9.58}$$

则

$$I \approx \frac{1}{\Phi_n} \sum_{K=1}^{\Phi_n} f(\omega_1, \omega_2) \tag{9.59}$$

其中

$$f(\omega_1, \omega_2) \equiv \frac{1}{2} \left[F(x_1, x_2) + F(x_2, x_1) \right] \psi'(\omega_1) \psi'(\omega_2) \tag{9.60}$$

这样，我们就完成了 GNES 方法的基本理论框架，并发表在 [2] 中。

9.3 对称分析及柱对称模型电容系数的解析解

在此节里，我们将对 GNES 方法中出现的各种对称性作系统的分析，指出当同时具有上下、左右对称的组态时，需独立计算的矩阵元数目可以减至原来的 1/8。本节同时给出柱对称模型定向耦合器的电容系数的严格解析式，它可作为 GNES 方法的初级近似和数值核对基准。

9.3.1 对称分析

利用 GNES 方法 [8,10] 进行电磁学理论计算时，有时需要计算较多的矩阵元，减少所需独立计算的矩阵元数目以及减少每一个矩阵元计算的时间，便成为相当重要的工作。正如许多复杂理论的探索中所作的那样（例如粒子理论、统计物理等），对称分析自然是首先引起注意的方面。

性质1　当体系的组态具有上下对称时（对某一确定的水平线），则对于 $U_m(\theta)$ $U_n(\theta)$ 含有奇数个正弦函数（简称奇基矢情况），均有

$$R_{mn}^{\mu\nu} = 0 \quad \text{（奇基矢情况）} \tag{9.61}$$

证明：按照定义

$$R_{mn}^{\mu\nu} = \int_0^{2\pi} \int_0^{2\pi} K^{\mu\nu}(\theta, \theta') U_m(\theta) U_n(\theta') \, d\theta \, d\theta' \tag{9.62}$$

令

$$f(\theta, \theta') = K^{\mu\nu}(\theta, \theta') U_m(\theta) U_n(\theta') \tag{9.63}$$

对于上下对称的情况，均有

$$K^{\mu\nu}(-\theta, -\theta') = K^{\mu\nu}(\theta, \theta') \tag{9.64}$$

但按照奇基矢的定义，有

$$f(-\theta, -\theta') = -f(\theta, \theta') \tag{9.65}$$

考虑到 $f(\theta, \theta')$ 的周期性，即推知性质 1，即式 (9.61)。

请注意，许多体系的组态具有上下对称性，例如 $y_0' = y_0'' = 0$ 的双圆杆情况（$a = b$ 或 $a \neq b$）、双椭圆杆以及多个位于中心线上的上下对称内导体等，这里证明的是相当一般的情况。由于引入简约电荷分布之后，GNES 方法可以计算各种几何形状的内导体情况并运用统一的理论方案，因此这里证明的性质是很有用的。

性质 2　当体系的组态具有上下对称时，对于乘积 $U_m(\theta) U_n(\theta)$ 含有偶数个正弦（或余弦）函数（简称偶基矢情况），则有

$$R_{mn}^{\mu\nu} = 2 \int_0^\pi \mathrm{d}\theta \int_0^\pi \mathrm{d}\theta' \{ K^{\mu\nu}(\theta, \theta') U_m(\theta) U_n(\theta') \\ + K^{\mu\nu}(-\theta, \theta') U_m(-\theta) U_n(\theta') \} \quad \text{（偶基矢情况）} \tag{9.66}$$

证明：按偶基矢的定义，则有

$$f(-\theta, -\theta') = f(\theta, \theta')$$

$$\begin{aligned} R_{mn}^{\mu\nu} &= \int_{-\pi}^\pi \mathrm{d}\theta \int_{-\pi}^\pi \mathrm{d}\theta' \, f(\theta, \theta') \\ &= \int_0^\pi \mathrm{d}\theta \left\{ \int_{-\pi}^\pi [\, f(\theta, \theta') + f(-\theta, \theta') \,] \, \mathrm{d}\theta' \right\} \\ &= \int_0^\pi \mathrm{d}\theta \left\{ \int_0^\pi [\, f(\theta, \theta') + f(-\theta, \theta') + f(\theta, -\theta') + f(-\theta, -\theta') \,] \, \mathrm{d}\theta' \right\} \\ &= 2 \int_0^\pi \mathrm{d}\theta \int_{-\pi}^\pi [\, f(\theta, \theta') + f(-\theta, \theta') \,] \, \mathrm{d}\theta' \end{aligned} \tag{9.67}$$

从而推知性质 2，即式 (9.66)。这个性质使我们在数值计算这些矩阵元时节约一半时间。

定理 1　对于上下对称的体系，电荷分布亦为上下对称的

$$\omega_\nu(\theta) = \sum_{K=0}^\infty \hat{\beta}_{2K}^\nu U_{2K}(\theta) \tag{9.68}$$

而且简约电荷分布也只包含余弦分量

$$\widetilde{\omega}_\nu(\theta) = \sum_{K=0}^\infty \beta_{2K}^\nu U_{2K}(\theta) \tag{9.69}$$

请注意，这个定理乍看起来是很显然的。但是，偏微分方程如果具有一定对称性（如球对称）和对称的边界条件，未必一定只能有某种对称性的解。氢原子定态问题就是例子：球对称方程，球对称边界，却允许具有非球对称的解

$$\Psi_{nlm}(\boldsymbol{r}) = R_{nl}(r) Y_{lm}(\theta, \varphi) \tag{9.70}$$

我们现在研究的积分方程组与偏微分方程是密切相关的，因此这里的定理是需要论证的。特别是，即使在上下对称时，全为正弦的偶基矢情况，矩阵元一般并不是零。因此在实际近似计算中，一般不能将它看作零。

证明：利用性质 1，将原积分方程组的代数表示

$$\sum_{\nu=1}^{2}\sum_{n=0}^{\infty} R_{mn}^{\mu\nu}\beta_n^{\mu} = \sqrt{2\pi}V_\mu\delta_{m0} \qquad (\mu=1,2) \tag{9.71}$$

进行简约，使其退耦为两组相互独立的代数方程组

$$\sum_{\nu=1}^{2}\sum_{n=0}^{\infty} R_{2m,2n}^{\mu\nu}\beta_{2n}^{\nu} = \sqrt{2\pi}V_\mu\delta_{2m} \tag{9.72}$$

$$\sum_{\nu=1}^{2}\sum_{n=0}^{\infty} R_{2m+1,2n+1}^{\mu\nu}\beta_{2n+1}^{\nu} = 0 \tag{9.73}$$

而代数方程组 (9.73) 存在唯一的解是

$$\left\{\beta_{2n+1}^{\nu}\right\} = 0 \quad (\nu=1,2, \quad n=0,1\cdots) \tag{9.74}$$

由前面所证的定理 1，得知基矢可以减少一半；从而矩阵元减少至原来的 $1/4$，考虑到偶基矢情况每个矩阵元可由性质 2，节约一半计算时间，从而使实际计算时间减至原来的约 $1/8$。

性质 3　交叉对称性：对于一般的非对称系统，均有

$$R_{mn}^{\mu\nu} = R_{mn}^{\nu\mu} \quad (\nu\neq\mu) \tag{9.75}$$

证明：为了有时讨论的方便，引入对称坐标

$$\varphi_2 = \pi - \theta_2 \qquad \varphi_2' = \pi - \theta_2' \tag{9.76}$$

这时双圆杆（可以为非对称）情况的交叉核为

$$\begin{aligned}
\hat{K}^{12}(\theta_1,\varphi_2') &\equiv K^{12}(\theta_1,\pi-\varphi_2')\\
&= -\ln\left\{\frac{\cosh\left[\alpha\cos\theta_1+\beta\cos\varphi_2'-\gamma\right]-\cos\left[\alpha\sin\theta_1+\beta\sin\varphi_2'+\delta\right]}{\cosh\left[\alpha\cos\theta_1+\beta\cos\varphi_2'-\gamma\right]+\cos\left[\alpha\sin\theta_1-\beta\sin\varphi_2'+\sigma\right]}\right\}
\end{aligned} \tag{9.77}$$

$$\begin{aligned}
\hat{K}^{21}(\varphi_2,\theta_1') &\equiv K^{21}(\pi-\varphi_2,\theta_1')\\
&= -\ln\left\{\frac{\cosh\left[\beta\cos\varphi_2+\alpha\cos\theta_1'-\gamma\right]-\cos\left[\beta\sin\varphi_2+\alpha\sin\theta_1'+\delta\right]}{\cosh\left[\beta\cos\varphi_2+\alpha\cos\theta_1'-\gamma\right]+\cos\left[\alpha\sin\theta_1'-\beta\sin\varphi_2+\sigma\right]}\right\}
\end{aligned} \tag{9.78}$$

其中

$$\begin{cases} \alpha = \dfrac{\pi}{d}a \qquad \beta = \dfrac{\pi}{d}b \qquad \gamma = \dfrac{\pi}{d}\Gamma \\[2mm] \delta = \dfrac{\pi}{d}(y_0' - y_0'') \qquad \sigma = \dfrac{\pi}{d}(y_0' + y_0'') \end{cases} \tag{9.79}$$

由此可以看出，对于这类非对称情况，在对称坐标下，有

$$\hat{K}^{12}(\theta, \theta') = \hat{K}^{21}(\theta', \theta) \tag{9.80}$$

其实这个交叉对称关系，不限于双圆杆情况，其他一般情况也成立。

由一般的交叉对称关系，可以证明式 (9.75)，实际上

$$\begin{aligned} R_{mn}^{12} &= \int_0^{2\pi} \int_0^{2\pi} K^{12}(\theta, \theta') U_m(\theta) U_n(\theta') \mathrm{d}\theta \mathrm{d}\theta' \\ &= -\int_0^{2\pi} \mathrm{d}\theta \int_\pi^{-\pi} \mathrm{d}\varphi_2' K^{12}(\theta, \pi - \varphi_2') U_m(\theta) U_n(\pi - \varphi_2') \\ &= (-1)^n \int_0^{2\pi} \mathrm{d}\theta \int_{-\pi}^{\pi} \mathrm{d}\varphi_2' \hat{K}^{12}(\theta, \varphi_2') U_m(\theta) U_n(\varphi_2') \\ &= (-1)^n \int_0^{2\pi} \mathrm{d}\theta \int_{-\pi}^{\pi} \mathrm{d}\varphi_2' \hat{K}^{21}(\varphi_2', \theta) U_m(\theta) U_n(\varphi_2') \\ &= (-1)^{n+1} \int_0^{2\pi} \mathrm{d}\theta \int_{2\pi}^{0} \mathrm{d}\theta_2 K^{21}(\theta_2, \theta) U_m(\theta) U_n(\pi - \theta_2) \\ &= \int_0^{2\pi} \mathrm{d}\theta \int_0^{2\pi} \mathrm{d}\theta_2 K^{21}(\theta_2, \theta) U_n(\theta_2) U_m(\theta) = R_{nm}^{21} \end{aligned} \tag{9.81}$$

从而得证性质 3，这样交叉矩阵元需独立计算的数目减少一半。

9.3.2　左右对称分析，积分方程组的退耦

积分方程组的建立，使二维偏微分方程降低到一维积分方程组，接着的问题是寻求使积分方程组退耦的可能性。

按式 (9.76) 引入对称坐标，如双圆杆情况，有

$$\hat{K}^{22}(\theta_1, \theta_2) = -\ln\left\{ \frac{\cosh[\beta(\cos\varphi_2 - \cos\varphi_2')] - \cos[\beta(\sin\varphi_2 - \sin\varphi_2')]}{\cosh[\beta(\cos\varphi_2 - \cos\varphi_2')] + \cos\left[\beta(\sin\varphi_2 + \sin\varphi_2') + \dfrac{2\pi}{d}y_0''\right]} \right\} \tag{9.82}$$

$$\hat{\omega}(\varphi_2) \equiv \omega(\theta_2) = \omega(\pi - \varphi_2) \tag{9.83}$$

利用核及 $\omega_\nu(\theta)$ 的周期性，将双圆杆情况的积分方程组（即 (9.14)）改写成为

$$\begin{cases} \displaystyle\int_0^{2\pi} K^{11}(\theta_1,\theta_1')\omega_1(\theta_1')\mathrm{d}\theta_1' + \int_0^{2\pi} \hat{K}^{12}(\theta_1,\varphi_2)\hat{\omega}_2(\varphi_2)\mathrm{d}\varphi_2 = V_1(\theta_1) \\[3mm] \displaystyle\int_0^{2\pi} \hat{K}^{22}(\varphi_2,\varphi_2')\hat{\omega}_2(\varphi_2')\mathrm{d}\varphi_2' + \int_0^{2\pi} \hat{K}^{21}(\varphi_2,\theta_1')\omega_1(\theta_1')\mathrm{d}\theta_1' = V_2(\varphi_2) \end{cases} \tag{9.84}$$

此方程可以不限于双圆杆情况。不失一般性，讨论奇模与偶模两类情况，此时可取 $V_1 = 1$

$$V_2 = \begin{cases} -1, & \text{奇模} \\ +1, & \text{偶模} \end{cases} \tag{9.85}$$

经分析，只有在上下、左右均对称的积分方程组才可能退耦，此时有

$$\hat{\omega}_2(\theta) = \pm\omega_1(\theta) \tag{9.86}$$

此时 $\omega_1(\theta)$ 满足的方程由式 (9.84a) 得到

$$\int_0^{2\pi}\left[K^{11}(\theta,\theta') \pm \hat{K}^{12}(\theta,\theta') \right]\omega_1(\theta')\mathrm{d}\theta' = 1 \tag{9.87}$$

现在证明由方程解出的 $\omega_\nu(\theta)$，同时满足式 (9.84b)。实际上，在左右、上下同时对称时，有

$$\hat{K}^{22}(\theta,\theta') = K^{11}(\theta,\theta') \qquad \hat{K}^{\mu\nu}(\theta,\theta') = \hat{K}^{\mu\nu}(\theta',\theta) \tag{9.88}$$

代入式 (9.84b)，有

$$\pm\int_0^{2\pi} K^{11}(\varphi_2,\theta')\omega_1(\theta')\mathrm{d}\theta' + \int_0^{2\pi} \hat{K}^{12}(\theta',\varphi_2)\omega_1(\theta')\mathrm{d}\theta'$$
$$= \pm\left\{\int_0^{2\pi}[K^{11}(\varphi_2,\theta') + \hat{K}^{12}(\varphi_2,\theta')]\omega_1(\theta')\mathrm{d}\theta'\right\} = \pm1 \tag{9.89}$$

定理 2　当体系的组态具有左右对称时，则 $\omega_\nu(\theta)$ 的方程组叮以退耦为两条独立的且相同的方程。当 $\omega_1(\theta)$ 满足式 (9.87)，而 $\omega_2(\theta)$ 由 (9.86) 给出，则获得满足方程组 (9.84) 的唯一严格解。

性质 4　如果体系的组态，既具有上下对称性，又具有左右对称性，则不仅基矢只须取余弦基矢，而且还存在下列关系：

$$R_{mn}^{\mu\nu} = R_{nm}^{\mu\nu} \quad (\mu \neq \nu) \tag{9.90}$$

性质 5　只要有上下对称性

$$R_{2m,2n}^{\mu,\mu} = \begin{cases} 0 & (\text{当} K_m + K_n = 2K+1) \\[3mm] 2\displaystyle\int_0^\pi\int_0^\pi [K^{\mu\mu}(\theta,\theta') + (-1)^{K_n}K^{\mu\mu}(\theta,\theta'+\pi)]U_m(\theta)U_n(\theta')\mathrm{d}\theta\mathrm{d}\theta' \\ & (\text{当} K_m + K_n = 2K) \end{cases} \tag{9.91}$$

证明：由于左右、上下均对称时，存在

$$K^{\mu\nu}(\theta,\theta') = K^{\mu\nu}(\theta',\theta) \quad (\mu \neq \nu) \tag{9.92}$$

显然可以导出式 (9.90)。

此外，左右对称的

$$K^{\mu\mu}(\theta+\pi,\theta'+\pi) = K^{\mu\mu}(\theta,\theta') \tag{9.93}$$

因而有

$$
\begin{aligned}
R_{mn}^{\mu\nu} &= \int_0^{2\pi}\int_0^{2\pi} K^{\mu\mu}(\theta,\theta') U_m(\theta) U_n(\theta') \mathrm{d}\theta\mathrm{d}\theta' \\
&= \int_0^{\pi}\int_0^{\pi} [K^{\mu\mu}(\theta+\pi,\theta'+\pi) U_m(\theta+\pi) U_n(\theta'+\pi) \\
&\quad + K^{\mu\mu}(\theta,\theta') U_m(\theta) U_n(\theta)] \mathrm{d}\theta\mathrm{d}\theta' \\
&\quad + \int_0^{\pi}\int_0^{\pi} [K^{\mu\mu}(\theta+\pi,\theta') U_m(\theta+\pi) U_n(\theta') \\
&\quad + K^{\mu\mu}(\theta,\theta'+\pi) U_m(\theta) U_n(\theta'+\pi)] \mathrm{d}\theta\mathrm{d}\theta' \\
&= \int_0^{\pi}\int_0^{\pi} [(-1)^{K_n+K_m} + 1] K^{\mu\mu}(\theta,\theta') U_m(\theta) U_n(\theta) \mathrm{d}\theta\mathrm{d}\theta' \\
&\quad + (-1)^{K_n} \int_0^{\pi}\int_0^{\pi} K^{\mu\mu}(\theta,\theta'+\pi)[1 + (-1)^{K_n K_m}] U_m(\theta) U_n(\theta) \mathrm{d}\theta\mathrm{d}\theta'
\end{aligned}
\tag{9.94}
$$

由此导致关系式 (9.91)，其中考虑到式 (9.93) 及其周期性。

我们曾在数值计算中意外地发现式 (9.91) 中某些矩阵元接近于零，现在得到了理论上证明。

经过上面的对称分析，程序库可以分为四类：第一类，完全没有对称性的；第二类，具有上下对称性的；第三类，具有左右对称性的；第四类，同时具有上下与左右对称性的。

现举例说明对称分析的作用。如取 9 个基矢，在未作分析之前，即使有上下、左右对称，仍要计算 324 个矩阵元（81×4）。经对称分析后，此时需要独立计算的是 26 个（13×2）$R_{mn}^{\mu\mu}$ 矩阵元和 15 个 R_{mn}^{12} 矩阵元，共 41 个。仅相当于原来的近 1/8，如果考虑到实际计算的积分范围的缩小，实际计算工作量有可能再缩小一半。

9.3.3　对称情况最低阶矩阵元的严格解析式

为了覆盖定向耦合器的多种参数的实际需要，寻求一定近似程度的特性阻抗的解析式是很有意义的。我们在文献 [2] 中给出了电感在静磁模型下的解析式，它同时包含 6 个参数，在相当多的情况下，可以准确到 10%，而且当 $\Gamma/d \to \infty$ 时，是严格的。这里我们研究电容的类似解析式。最自然的是取柱对称电荷分布为初级近似。它不仅起着与文献 [2]

的电感表达式的同等作用，可以作为 GNES 方法的初级近似，而且可以作为矩阵元计算精度的核对基准，因为它是严格的。

由于没有这方面的现成公式，考虑到计算的重要性，我们通过下列步骤求取。

(1) 现在考虑上下、左右对称的双圆杆情况，利用下列公式 [1,7]

$$\frac{\cosh(2\alpha_1\pi) - \cos(2\beta\pi)}{\cosh(2\alpha_2\pi) + \cos(2\gamma\pi)} = \prod_{n=-\infty}^{\infty} \frac{\alpha_1^2 + (n+\beta)^2}{\alpha_2^2 + (n+\gamma+1/2)^2} \tag{9.95}$$

将核 $K^{12}(\theta_1, \theta_2')$ 展开

$$
\begin{aligned}
& K^{12}(\theta_1, \theta_2') \\
& = -\ln\left\{\frac{\cosh\left[\dfrac{a\pi}{d}\left(\cos\theta_1 - \cos\theta_2' - \dfrac{2\Gamma}{a}\right)\right] - \cos\left[\dfrac{a\pi}{d}(\sin\theta_1 - \sin\theta_2')\right]}{\cosh\left[\dfrac{a\pi}{d}\left(\cos\theta_1 - \cos\theta_2' - \dfrac{2\Gamma}{a}\right)\right] + \cos\left[\dfrac{a\pi}{d}(\sin\theta_1 + \sin\theta_2')\right]}\right\} \\
& = -\sum_{K=-\infty}^{\infty} \ln\left\{\frac{\left[\dfrac{x(a) - x_{2K}'(b)}{2d}\right]^2 + \left[\dfrac{y(a) - y_{2K}'(b)}{2d}\right]^2}{\left[\dfrac{x(a) - x_{2K+1}'(b)}{2d}\right]^2 + \left[\dfrac{y(a) - y_{2K+1}'(b)}{2d}\right]^2}\right\}
\end{aligned} \tag{9.96}
$$

其中各级像电荷的坐标及相应的线电荷密度 η 分别为

$$
\begin{aligned}
y_{2K}'(b) &= a\sin\theta_2' + 2Kd & x_{2K}'(b) &= a\cos\theta_2' + 2\Gamma & \eta &= +1 \\
y_{2K+1}'(b) &= -a\sin\theta_2' + (2K+1)d & x_{2K+1}'(b) &= x_{2K}'(b) & \eta &= -1
\end{aligned} \tag{9.97}
$$

(2) 利用像电荷圆的物理概念及相应的几何关系，求出圆柱 a 对第 n 个像电荷之间形成的矩阵元（见图9.3）

$$
\begin{aligned}
I_{00}^{12}(n) &= -\frac{1}{2\pi}\int_0^{2\pi}\int_0^{2\pi} \ln\left\{[x(a) - x_n'(b)]^2 + [y(a) - y_n'(b)]^2\right\}\mathrm{d}\theta_1\mathrm{d}\theta_2' \\
&= -\frac{1}{\pi}\int_0^{2\pi}\mathrm{d}\theta_2'\int_0^{2\pi}\mathrm{d}\theta_1\sqrt{a^2 + \rho_n'(\varphi_2') - 2\rho_n'(\varphi_2')a\cos(\theta_1 - \varphi_2')}
\end{aligned} \tag{9.98}
$$

利用著名的二维格林函数展式

$$-\ln\sqrt{\rho^2 + \rho'^2 - 2\rho\rho'\cos(\phi - \phi')} = \ln\left(\frac{1}{\rho_>}\right) + \sum_{m=1}^{\infty}\frac{1}{m}\left(\frac{\rho_<}{\rho_>}\right)^m\cos[m(\phi - \phi')] \tag{9.99}$$

其中 $\rho_>(\rho_<)$ 分别为 ρ 和 ρ' 中较大（小）者，考虑到 Fourier 级数正交性以及 $\varphi_2'(\theta_2')$ 只是 θ_2' 的函数，与 θ_1 无关，同时考虑到被积函数的周期性，从而严格完成对 θ_1 的积分

$$\frac{1}{\pi}\int_{-\varphi_2'}^{2\pi-\varphi_2'}\left\{\ln\frac{1}{\rho_n'(\varphi_2')} + \sum_{m=1}^{\infty}\frac{1}{m}\left[\frac{a}{\rho_n'(\varphi_2')}\right]^m\cos(mx)\right\}\mathrm{d}x = 2\ln\left[\frac{1}{\rho_n'(\varphi_2')}\right] \tag{9.100}$$

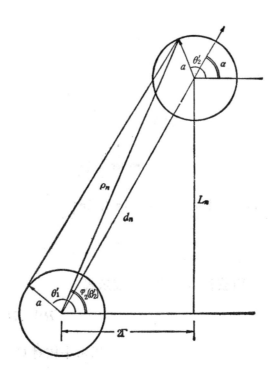

图 9.3 圆柱 a 与第 n 个像电荷圆的位置关系示意图

由于 φ_2' 对 θ_2' 依赖关系较复杂，为完成对 θ_2' 的积分，利用几何关系（图9.3），有

$$
\begin{aligned}
I_{00}^{12}(n) &= 2\int_0^{2\pi} \mathrm{d}\theta_2' \ln\left[\frac{1}{\rho_n'[\varphi\varphi_2'(\theta_2')]}\right] \\
&= -2\int_0^{2\pi} \mathrm{d}\theta_2'\sqrt{d_n^2 + a^2 - 2ad_n\cos[\pi + a - \theta_2']} = 4\pi\ln\left(\frac{1}{d_n}\right) \quad (9.101)
\end{aligned}
$$

其中已考虑到 α 与 θ_2' 无关，被积函数的周期性及公式(9.99)，而 d_n 的物理意义是 a 圆柱中心和第 n 个像电荷圆的中心间的距离。

(3) 进而利用 Ω 级数求和理论[1,7]，将所有的像电荷圆的贡献加起来，从而获得 R_{00}^{12} 的严格表达式

$$
\begin{aligned}
R_{00}^{12} &= -4\pi\sum_{K=-\infty}^{\infty}\ln\left[\frac{d_{2K}}{d_{2K+1}}\right] \\
&= -2\pi\ln\sum_{K=-\infty}^{\infty}\frac{\left(\dfrac{\Gamma}{d}\right)^2 + K^2}{\left(\dfrac{\Gamma}{d}\right)^2 + \left(K + \dfrac{1}{2}\right)^2}
\end{aligned}
$$

$$= -2\pi \ln \left[\frac{\cosh \left(\frac{2\Gamma}{d} \pi \right) - 1}{\cosh \left(\frac{2\Gamma}{d} \pi \right) + 1} \right] \tag{9.102}$$

因而得到 R_{00}^{12} 和 R_{00}^{21} 的严格表示式

$$R_{00}^{12} = R_{00}^{21} = 4\pi \ln \cot \left(\frac{\Gamma}{d} \pi \right) \tag{9.103}$$

(4) 为了求取 R_{00}^{11} 和 R_{00}^{22} 的严格表达式，要遇到消发散问题。

不难看出，当 $\Gamma \to 0$，物理上似乎要求 R_{00}^{12} 趋于 R_{00}^{11} 和 R_{00}^{22}，但是，此时式 (9.103) 却是发散的。其原因是 $K = 0$ 时，两积分的圆相互重叠。在前面的一切计算均假设两圆是相离的。为此，对 $K = 0$ 的圆贡献要特殊考虑

$$I_{00}^{11}(0) = \frac{2}{2\pi} \int_0^{2\pi} \int_0^{2\pi} \ln \frac{1}{\sqrt{a^2 + a^2 - 2a^2 \cos(\theta_1 - \theta_1')}} \mathrm{d}\theta_1 \mathrm{d}\theta_1' \tag{9.104}$$

利用著名的级数展式

$$\frac{1}{2} \ln \frac{1}{2(1 - \cos x)} = \sum_{K=1}^{\infty} \frac{\cos Kx}{K} \tag{9.105}$$

有

$$\begin{aligned} I_{00}^{11} &= \frac{1}{2\pi} \int_0^{2\pi} \int_0^{2\pi} \left\{ 2 \ln \frac{1}{a} + \ln \left[\frac{1}{2(1 - \cos(\theta_1 - \theta_1'))} \right] \right\} \mathrm{d}\theta_1 \mathrm{d}\theta_1' \\ &\quad - 4\pi \ln \left(\frac{1}{a} \right) \end{aligned} \tag{9.106}$$

R_{00}^{11} 应该是 R_{00}^{12} 中扣除 $4\pi \ln[1/d_0(\Gamma)]$，加上 $I_{00}^{11}(0)$，然后取 $\Gamma \to 0$ 所获得的极限值

$$R_{00}^{11} = R_{00}^{22} = \lim_{\Gamma \to 0} 4\pi \left[\ln \cot \left(\frac{\Gamma \pi}{d} \right) - \ln \left(\frac{1}{2\Gamma} \right) + \ln \left(\frac{1}{a} \right) \right] \tag{9.107}$$

从而获得 R_{00}^{11} 的严格表示式

$$R_{00}^{11} = R_{00}^{22} = 4\pi \ln \left[\frac{2d}{\pi a} \right] \tag{9.108}$$

解析式 (9.103) 和 (9.108) 可以用来核对 GNES 方法的计算精度，实际数值计算结果也证实了所获得严格解析式的可靠性。

9.3.4 柱对称模型的电容系数的解析式

把电荷均匀分布的近似称为柱对称模型。它相当于 GNES 方法中的初级近似，与电感计算中的静磁模型相当。它对应 GNES 方法中的代数方程组

$$\begin{cases} \sqrt{2\pi} V_1 = R_{00}^{11} \beta_0^1 + R_{00}^{12} \beta_0^2 \\ \sqrt{2\pi} V_2 = R_{00}^{21} \beta_0^1 + R_{00}^{22} \beta_0^2 \end{cases} \tag{9.109}$$

令

$$\Delta = R_{00}^{11}R_{00}^{22} - R_{00}^{12}R_{00}^{21} \tag{9.110}$$

得

$$\begin{cases} \beta_0^1 & = \dfrac{\sqrt{2\pi}}{\Delta}[R_{00}^{22}V_1 - [R_{00}^{12}V_2] \\[3mm] \beta_0^2 & = \dfrac{\sqrt{2\pi}}{\Delta}[R_{00}^{11}V_2 - [R_{00}^{21}V_1] \end{cases} \tag{9.111}$$

在对称情况下，利用所求得的矩阵元表式 (9.103)、(9.108)，有

$$\begin{cases} \beta_0^1 = \dfrac{\sqrt{2\pi}}{R_{00}^{22} \pm R_{00}^{12}} = \dfrac{1}{2\sqrt{2\pi}\left[\ln\left(\dfrac{2d}{\pi a}\right) \pm \ln\cot\left(\dfrac{\Gamma}{d}\pi\right)\right]} \\[5mm] \beta_0^2 = \pm\beta_0^1 \end{cases} \tag{9.112}$$

又因为已知第 ν 个导体上的总电荷 Q_ν 为

$$Q_\nu = 2\pi\beta_0^\nu \tag{9.113}$$

故对称情况下的电容系数为

$$\begin{aligned} C_{11} & = C_{22} = \frac{1}{2}[Q_1^{\mathrm{e}} + Q_1^{\mathrm{o}}] \\[3mm] & = \frac{\sqrt{2\pi}}{4}\left[\frac{1}{\ln\left(\dfrac{2d}{\pi a}\right) + \ln\cot\left(\dfrac{\Gamma}{d}\pi\right)} + \frac{1}{\ln\left(\dfrac{2d}{\pi a}\right) - \ln\cot\left(\dfrac{\Gamma}{d}\pi\right)}\right] \end{aligned} \tag{9.114}$$

$$\begin{aligned} C_{12} & = C_{21} = \frac{1}{2}[Q_1^{\mathrm{e}} - Q_1^{\mathrm{o}}] \\[3mm] & = \frac{\sqrt{2\pi}}{4}\left[\frac{1}{\ln\left(\dfrac{2d}{\pi a}\right) + \ln\cot\left(\dfrac{\Gamma}{d}\pi\right)} - \frac{1}{\ln\left(\dfrac{2d}{\pi a}\right) - \ln\cot\left(\dfrac{\Gamma}{d}\pi\right)}\right] \end{aligned} \tag{9.115}$$

9.4　双圆杆和双椭圆杆内导体电容系数的数值计算

本节是 GNES 方法的具体应用。相当于 [8]、[10] 和 [11] 的第四部分。应用 GNES 方法计算微波定向耦合器中双圆杆内导体和双椭圆杆内导体电容系数。

本节讨论了系数矩阵元的高精度计算和线性方程组维数的选择，分析了主要误差来源。具体计算双圆杆内导体在对称和非对称两种情况下的电容系数，并与零级近似下得到的柱对称模型的解析解作了比较。文中还考察了电容系数随各个几何参数改变的情况，并作了定性解释。最后给出双椭圆杆内导体的电容系数结果。

9.4.1 数值计算及误差分析

GNES 方法的应用中，系数矩阵元 $R_{mn}^{\mu\nu}$ 的计算是关键的一步。因为系数矩阵包含整个体系的信息，也就决定了体系的电容系数。充分利用 $R_{mn}^{\mu\nu}$ 的对称性质，可以减少需要独立计算的矩阵元数。特别是当体系具有上下对称性时，可使线性方程的维数减少一半，这样计算工作量就可减少到原来的1/4。下面分别讨论 $R_{mn}^{\mu\nu}$ 的计算和线性方程组的维数选择，并对主要误差来源作一分析。

(1) 矩阵元 $R_{mn}^{\mu\nu}$ 的计算。

在 $R_{mn}^{\mu\nu}$ 的计算中，会遇到 $K^{\mu\mu}$ 在 $\theta = \theta'$ 处的发散困难。对 $R_{mn}^{\mu\nu}$ 的积分式作适当的变换 [10]，可以把被积函数在对角线上的奇性变换到单位箱的边界上并利用消发散变换式 (9.41) 消去。因为 $K^{\mu\mu}$ 是对数发散，所以式 (9.41) 中的消发散参数 μ 只要取1，就可以使被积函数在边界上为0。具体计算中 μ 可以取得大一些，使被积函数在边界附近收敛得快一点。但如果 μ 取得太大，积分的取样点就会集中在 $y_{1,2} = 0$，1的边界附近，而使得单位箱的中间部分取样点比较稀疏，反而降低积分值的精度。我们在计算中取 $\mu = 4$，相应的消发散变换式为

$$y = 35z^4 - 84z^5 + 70z^6 - 20z^7 \qquad y' = 140z^3(1-z)^3 \tag{9.116}$$

在计算矩阵元时，另一个影响精度的问题也是与 $K^{\mu\mu}$ 有关。具体以上下、左右对称双圆杆内导体的 K^{11} 为例

$$
\begin{aligned}
K^{11} = {} & -\ln\left\{\left\{\cosh\frac{a\pi}{d}[\cos(y_1-y_2)\pi - \cos(y_1+y_2)\pi] - \cos\frac{a\pi}{d}[\sin(y_1-y_2)\pi\right.\right. \\
& \left.- \sin(y_1+y_2)\pi]\right\}\bigg/\left\{\cosh\frac{a\pi}{d}[\cos(y_1-y_2)\pi - \cos(y_1+y_2)\pi]\right. \\
& \left.\left.+ \cos\frac{a\pi}{d}[\sin(y_1-y_2)\pi + \sin(y_1+y_2)\pi]\right\}\right\}
\end{aligned}
\tag{9.117}
$$

当 y_2 在0、1附近时，$\cos(y_1-y_2)\pi \approx \cos(y_1+y_2)\pi$，$\sin(y_1-y_2)\pi \approx \sin(y_1+y_2)\pi$，上式分子上出现"1−1"形式的小量。显然这种大量之差得到的小量是不可靠的，为克服这种误差，我们把分子上的差改写成如下形式

$$
\begin{aligned}
U &\equiv \frac{a\pi}{d}[\cos(y_1-y_2)\pi - \cos(y_1+y_2)\pi] = 2\frac{a\pi}{d}\sin(y_1\pi)\sin(y_2\pi) \\
V &\equiv \frac{a\pi}{d}[\sin(y_1-y_2)\pi - \sin(y_1+y_2)\pi] = -2\frac{a\pi}{d}\cos(y_1\pi)\cos(y_2\pi) \\
\cosh(U) &- \cos(V) = 2\left[\sinh^2\left(\frac{U}{2}\right) + \sin^2\left(\frac{V}{2}\right)\right]
\end{aligned}
\tag{9.118}
$$

我们发现，这种改写对提高计算精度很有帮助。

在用数论积分公式 (9.38) 计算 $R_{mn}^{\mu\nu}$ 时，需要选择样点数。表9.1是我们取样点数 $\phi_m = 4181$ 和 $\phi_m = 6765$ （两个相邻的 Fibonaci 数）时得到的几个低阶矩阵元的数值结果（对

表 9.1　对称双圆杆内导体的低阶 $R_{mn}^{\mu\nu}$　（$a/d = b/d = 0.25$, $y_0' = y_0'' = 0$, $\Gamma/d = 1$）

| m | n | $\Phi_m = 4181$ | | $\Phi_m = 6765$ | | 精确解 | |
		R_{mn}^{11}	R_{mn}^{12}	R_{mn}^{11}	R_{mn}^{12}	R_{mn}^{11}	R_{mn}^{12}
0	0	0	1	1	0	1	1
11.745933	0.046934009	5.6480747E-19	-1.18406E-19	5.6480747E-19	8.70899E-19	4.9912571	5.4065128E-5
11.745933	0.046934009	1.14046E-14	-7.10464E-18	1.14046E-14	-1.26480E-17	4.9912571	5.4065128E-5
11.745933	0.046934009	0	0	0	0	4.9912571	5.4065128E-5

表 9.2　对称双圆杆内导体 β_n^1 的偶模解　（$a/d = b/d = 0.25$, $y_0' = y_0'' = 0$, $\Gamma/d = 1$）

n	β_n^1	n	β_n^1
0	0.21384655	8	2.3273161E-03
1	-2.8966114E-16	9	-2.1955885E-16
2	-9.5162705E-04	10	-1.5603289E-05
3	2.6461856E-17	11	1.3874721E-15
4	-3.249058E-02	12	-1.6897412E-04
5	4.5393194E-16	13	1.2546402E-15
6	-2.4393194E-04	14	-1.0814994E-07
7	-1.0630452E-15		

称双圆杆情况），并与相应的精确解进行比较。从中可以发现，我们数值计算的结果十分良好：第一，奇基矢情况（$m+n = $ 奇数）的矩阵元十分接近 0，与对称分析结果吻合；第二，样点数的两种选择得到的结果一致，精度很高；第三，与精确解的结果十分符合。我们完全有理由认为，这些矩阵元的计算精度达到 10^{-8} 以上。

（2）线性方程组维数的选择。

线性方程组 (9.23) 原则上是无穷维的，实际数值计算中需要作恰当的截断近似。令表9.1 m、n 取值从 0 到 N，现在是需要选择恰当的 N。表9.2 是 $N = 15$ 时，对称双圆杆内导体情况下 β_n^1 的偶模（$V_1 = V_2 = 1$）解。可以看到，随着 n 的增大，β_n^1 并不是很快趋于 0。这就给我们提出一个问题，即根据什么标准来选择 N？我们发现，随着 N 的增大，β_0^ν 的值很快一致。表9.3是 N 选不同值时，根据 β_0^ν 计算得到的电容系数值。从中看到，当 $N = 15$ 时，电容系数的值就基本不变了。根据这个性质可以选择恰当的 N 值对无穷维方程组作截断近似。如果在实际计算中只需 10^{-5} 的精度，N 取15就足够了。

这里有一个有趣的问题，我们发现 $R_{mn}^{\mu\nu}$ 并不随 m、n 的增大而迅速减小，即高阶矩阵元并非小量，而且与高阶矩阵元相乘的 β_n^ν 也不一定是小量。这些事实说明，我们并无充分的依据可以将无穷维方程组在较小的 N 处截断。但是我们得到的结果又十分良好，

表 9.3　对称双圆杆内导体的电容系数　$(a/d = b/d = 0.25, y_0' = y_0'' = 0, \Gamma/d = 1)$

N	C_{11}	C_{22}	C_{12}	C_{21}
5	0.53804967	0.53804967	-2.0244964E-03	-2.0244965E-03
10	0.53805886	0.53805886	-2.0250664E-03	-2.0250665E-03
15	0.53805889	0.53805889	-2.0250658E-03	-2.0250658E-03
20	0.53805889	0.53805889	-2.0250658E-03	-2.0250658E-03

其中的原因可能是方程组内部存在某些正负相消的自洽因素。从最终结果看，人们有足够的理由认为整个 GNES 方法切实可行。它不但理论形式简洁，而且计算结果精确可靠，同时计算工作量也较小。

9.4.2　双圆杆内导体的电容系数

得到系数矩阵 $\{R_{mn}^{\mu\nu}\}$ 以后，分别在奇模（$V_1 = -V_2 = 1$）和偶模（$V_1 = V_2 = 1$）两种情况下解得圆杆的带电量 Q_μ^o、Q_μ^e。根据电容系数的定义式

$$Q_\mu = \sum_\nu C_{\mu\nu} V_\nu \tag{9.119}$$

我们立即可得

$$C_{11} = \frac{Q_1^e + Q_1^o}{2} \qquad C_{22} = \frac{Q_2^e - Q_2^o}{2} \qquad C_{12} = \frac{Q_1^e - Q_1^o}{2} \qquad C_{21} = \frac{Q_2^e + Q_2^o}{2} \tag{9.120}$$

而且可以证明：$C_{12} = C_{21} < 0$，C_{11}、$C_{22} > 0$ [13]。

微波定向耦合器中，双圆杆内导体电容系数的柱对称解析解已在前面给出，适用于圆杆半径较小且圆杆间距较大的情况。当圆杆半径较大（$a/d > 0.3$），或者间距 Γ 与半径相近，特别是在非对称情况下圆杆偏离中心时，就要用 GNES 方法的高阶数值解，才能得到可靠的结果。

我们先计算上下、左右对称的双圆杆内导体的电容系数。现在 $y_0' = y_0'' = 0$，$a = b$，这种组态的对称性最高，可以充分利用 $R_{mn}^{\mu\nu}$ 的对称性质，使得计算量最少。固定两圆杆半径，改变间距 Γ，电容系数的数值见图9.4。我们采用 CGS 单位制，故单位长度上的电容系数是无量纲的。可以看到，圆杆间距与圆杆半径相近时，电容系数与距离密切相关，随着间距增大，C_{11}（C_{22}）很快趋于一常量，而 C_{12} 变为 0，表明此时两圆杆相互间几乎无任何影响。

固定两圆杆间距，电容系数随圆杆半径变化的结果绘于图9.5中。对于曲线2，因为 $\Gamma/d = 4$，所以 $C_{12} = 0$。对于曲线1，当 a/d 接近于 0.45 时，$|C_{12}|$ 迅速增大，这主要是因为双圆杆的表面非常靠近，相互影响增强所致。两种情况下 C_{11} 都随圆杆半径增大而

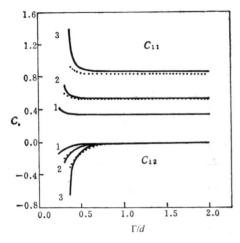

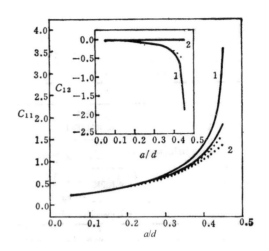

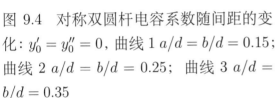

图 9.4　对称双圆杆电容系数随间距的变化: $y_0' = y_0'' = 0$, 曲线 1 $a/d = b/d = 0.15$; 曲线 2 $a/d = b/d = 0.25$; 曲线 3 $a/d = b/d = 0.35$

图 9.5　对称双圆杆电容系数随圆杆半径的变化: $y_0' = y_0'' = 0$, 曲线 1 $\Gamma/d = 0.45$; 曲线 2 $\Gamma/d = 4$

变大，显然一个原因是与孤立导体一样，当本身体积增大时，自感电容系数总是增大的。另一个原因则是因为圆杆与平行板的相互作用随半径增大而变强，这可以从图9.5中当圆杆直径接近于板间距时 C_{11} 迅速变大看出。而对于曲线1的 C_{11} 还有一个圆杆之间的相互作用增强的原因使得它比曲线2的 C_{11} 增加更快。

同时我们在图9.4、图9.5中还用虚线绘出了柱对称模型的解析解结果，当圆杆半径较小而且圆杆间距较大时符合得很好。当圆杆半径 a/d 超过0.3或者 Γ/d 小于1.0时，出现较大偏差，此时要用GNES的高阶修正。

GNES 方法不仅可以处理对称情况，也能用来求解非对称情况下的电容系数。图 9.6 就是 $y_0' = -y_0'' = 0.1$ 时双圆杆内导体的电容系数，整个变化趋势与上下、左右对称情况非常相似。

如果固定圆杆的半径和水平距离，改变圆杆的偏离程度 y_0'、y_0''，得到的结果如图9.7、图9.8所示。C_{11} 的变化与预料一样，圆杆的表面越接近平行板表面，自感系数 C_{11}（实际上包含圆杆与自身镜像的互感系数）也就越大。值得注意的是 C_{12} 的变化情况，图9.8中当双圆杆各自向异侧偏离，C_{12} 值减小，这是因为当 $y_0'(=|y_0''|)$ 增大时，两圆杆的直接间距变大，因此相互影响削弱。但是图9.7中 $|C_{12}|$ 也随 $y_0'(y_0'')$ 的增大而减小，然而此时双圆杆的间距并没有改变。实际上这是因为当两个圆杆朝同侧偏离时，虽然圆柱 a 和 b 的距离不变，但圆柱 a 和 b 的镜像之间的距离却接近了，而圆柱 b 的第一个镜像的带电刚好与圆柱 b 相反，所以圆柱 a 与圆柱 b 的第一镜像的接近对互感系数是个负影响，也就是减小了 C_{12} 的数值。

最后考虑两圆杆半径不同的情况，此时体系左右不对称，结果示于图9.9中。C_{22} 随

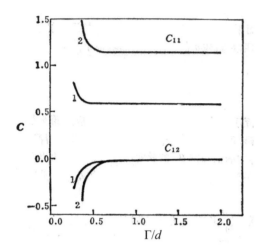

图 9.6 非对称双圆杆电容系数随间距的变化：$y_0' = -y_0'' = 0.1$，曲线 1 $a/d = b/d = 0.25$；曲线 2 $a/d = b/d = 0.35$

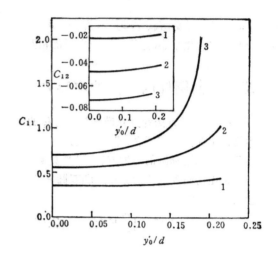

图 9.7 同侧偏离的非对称双圆杆电容系数：$y_0' = y_0''$，$\Gamma/d = 0.5$，曲线 1 $a/d = b/d = 0.15$；曲线 2 $a/d = b/d = 0.25$；曲线 3 $a/d = b/d = 0.35$

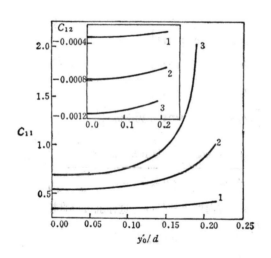

图 9.8 异侧偏离的非对称双圆杆电容系数：$y_0' = -y_0''$，$\Gamma/d = 1.15$，曲线 1 $a/d = b/d = 0.15$；曲线 2 $a/d = b/d = 0.25$；曲线 3 $a/d = b/d = 0.35$

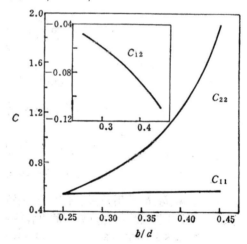

图 9.9 左右不对称双圆杆的电容系数：$y_0' = y_0''$，$a/d = 0.25$，$\Gamma/d = 0.5$

b/d 的变大而变化显著，C_{12} 的值也随 b 变大而增大，这是因为两圆杆的表面接近的缘故。而 C_{11} 的变化很小，这说明圆杆之间的相互作用对圆柱 a 的自感系数影响很小。

9.4.3　双椭圆杆内导体的电容系数

用 GNES 方法计算双椭圆杆内导体的电容系数与双圆杆情况十分类似。应用简约电荷分布的概念（即电荷随角度 θ 分布），可不必考虑较复杂的表面电荷分布情况。而且我们采用椭圆的参数方程，用参数 t 代替实际的角度 θ，因此实际上这里的简约电荷分布是电荷随参数 t 的分布。和双圆杆情况类似，可以写出双椭圆杆情况的基本积分方程组

$$V_1 = \int_0^{2\pi} K^{11}(t_1, t_1') \tilde{\omega}_1(t_1') \mathrm{d}t_1' + \int_0^{2\pi} K^{12}(t_1, t_2') \tilde{\omega}_2(t_2') \mathrm{d}t_2'$$

$$V_2 = \int_0^{2\pi} K^{21}(t_2, t_1') \tilde{\omega}_1(t_1') \mathrm{d}t_1' + \int_0^{2\pi} K^{22}(t_2, t_2') \tilde{\omega}_2(t_2') \mathrm{d}t_2'$$

$$\text{(9.121)}$$

这里的 $K^{\mu\nu}$ 是椭圆杆对应的二维格林函数，具体为

$$K^{11}(t_1, t_1') = -\ln \left\{ \frac{\cosh\left[\dfrac{\pi}{d} a_1(\cos t_1 - \cos t_1')\right] - \cos\left[\dfrac{\pi}{d} b_1(\sin t_1 - \sin t_1')\right]}{\cosh\left[\dfrac{\pi}{d} a_1(\cos t_1 - \cos t_1')\right] + \cos\left[\dfrac{\pi}{d} b_1(\sin t_1 + \sin t_1') + \dfrac{2\pi}{d} y_0'\right]} \right\}$$

$$K^{12}(t_1, t_2')$$
$$= -\ln \left\{ \frac{\cosh\left[\dfrac{\pi}{d}(a_1\cos t_1 - a_2\cos t_2' - 2\Gamma)\right] - \cos\left[\dfrac{\pi}{d}(b_1\sin t_1 - b_2\sin t_2' + y_0' - y_0'')\right]}{\cosh\left[\dfrac{\pi}{d}(a_1\cos t_1 - a_2\cos t_2' - 2\Gamma)\right] + \cos\left[\dfrac{\pi}{d}(b_1\sin t_1 + b_2\sin t_2' + y_0' + y_0'')\right]} \right\}$$

$$K^{21}(t_2, t_1')$$
$$= -\ln \left\{ \frac{\cosh\left[\dfrac{\pi}{d}(a_2\cos t_2 - a_1\cos t_1' + 2\Gamma)\right] - \cos\left[\dfrac{\pi}{d}(b_2\sin t_2 - b_1\sin t_1' + y_0'' - y_0')\right]}{\cosh\left[\dfrac{\pi}{d}(a_2\cos t_2 - a_1\cos t_1' + 2\Gamma)\right] + \cos\left[\dfrac{\pi}{d}(b_2\sin t_2 + b_1\sin t_1' + y_0'' + y_0')\right]} \right\}$$

$$K^{22}(t_2, t_2') = -\ln \left\{ \frac{\cosh\left[\dfrac{\pi}{d} a_2(\cos t_2 - \cos t_2')\right] - \cos\left[\dfrac{\pi}{d} b_2(\sin t_2 - \sin t_2')\right]}{\cosh\left[\dfrac{\pi}{d} a_2(\cos t_2 - \cos t_2')\right] + \cos\left[\dfrac{\pi}{d} b_2(\sin t_2 + \sin t_2') + \dfrac{2\pi}{d} y_0''\right]} \right\}$$

$$\text{(9.122)}$$

其中，a_1、a_2、b_1、b_2 分别是两个椭圆杆水平和垂直方向的半轴长度。这样就可以直接用前节的方法来计算双椭圆杆内导体的电容系数。

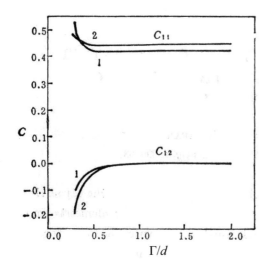
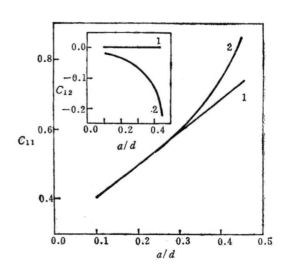

图 9.10　对称双椭圆杆电容系数随间距的变化：$y_0' = y_0'' = 0$，曲线 1 $a/d = 0.15$，$b/d = 0.25$；曲线 2 $a/d = 0.25$，$b/d = 0.15$

图 9.11　对称双椭圆杆电容系数随半轴长的变化：$y_0' = y_0'' = 0$，$b/d = 0.25$，曲线 1 $\Gamma/d = 4$；曲线 2 $\Gamma/d = 0.5$

　　图9.10、图9.11给出了对称的双椭圆杆内导体电容系数的几个特例，结果与双圆杆情况相似。但也有一些特点，如图9.10中当间距 Γ/d 比较小时，曲线1的 C_{11} 比曲线2的小，这是因为曲线1的长轴是垂直的，而曲线2的长轴是水平的，所以曲线2的两个椭圆杆的表面比较接近，在间距小时影响到曲线2的 C_{11} 较大。当 Γ/d 很大时，两个椭圆杆之间的相互影响可以忽略，这时以它们与平行板的作用为主，曲线1的 C_{11} 也就比曲线2的大。

9.4.4　小结

　　前面我们详细讨论了 GNES 方法的理论表述，给出了一般形式解和柱对称模型的解析解，并应用到微波定向耦合器中，得到了双圆杆内导体和双椭圆杆内导体电容系数的数值结果。应该指出，GNES 方法的优越性不仅体现在能够用来作快速高精度计算，还体现在它是普遍使用的理论。我们前面讨论的都是平行板边界，实际上对于任意边界、任意形状内导体的体系，都可以用 GNES 方法来处理。

9.5　GNES 方法计算微波定向耦合器的电感
电磁场理论中的几何化-数论消发散方法的推广

　　本节将应用GNES方法计算微波定向耦合器的电感。证明 TEM 波模式下柱导体是等矢势体，给出了矢势和面电流的基本奇性积分方程组。具体计算了各种组态下双圆杆内导体的电感，并得到了零级近似的解析表达式。

研究微波定向耦合器的电感是了解它的阻抗性质的重要方面。文献 [2] 在柱对称近似下给出了双圆杆内导体耦合器中单位长内导体电感的解析表达式，可以方便地在多个参数情况下计算电感。但是，对于圆杆半径 a 和平行板间距 d（见图9.1）的比值比较大时（$a/d > 0.2$），或者圆杆偏离中线较远时，柱对称近似的误差就较大。

文献 [8, 10–12] 中用 GNES 方法计算了定向耦合器的电容。与差分方法、有限元方法等相比，GNES 方法具有计算精密度高、速度快等优点。因为它把场的二维问题化为一维积分方程组来处理，而且利用 Ω 级数理论把积分核表示为初等函数，从而很自然地克服了无穷长平行板带来的困难。本节利用 GNES 方法来处理微波定向耦合器的电感问题，从而可以在各种几何参数下得到精确的结果。

在适当的微波频率下，由于趋肤效应致使电流集中在导体表面，因此可以认为导体内部没有电流。同时，在微波频率不是太高的情况下，可以忽略在耦合器上电磁场的推迟效应。这样，就可以在似稳场条件下来处理定向耦合器的电感问题。

写出似稳场下的磁场方程

$$\nabla^2 A = -\frac{4\pi}{c}\vec{J}$$

我们取内导体的方向为 z 方向，则内导体上的电流密度 $\vec{J} = (0, 0, j_z)$。由于电磁场是规范场，在此情况下我们总可以选择适当的规范，使得 $A_x = A_y = 0$，而

$$\vec{A} = \frac{1}{c}\int \frac{\vec{J}(\vec{r}')}{R}\mathrm{d}r'$$

在一般正交曲线坐标系 (u_1, u_2, u_3) 中，有

$$(\nabla \times \vec{A})_1 = \frac{1}{h_2 h_3}\left[\frac{\partial}{\partial u_2}(h_3 A_3) - \frac{\partial}{\partial u_3}(h_2 A_2)\right] \tag{9.123}$$

其他分量由循环得出，其中 (h_1, h_2, h_3) 为 Lamme 系数。取 $u_3 = z$，且 u_1、u_2 在 x-y 平面内，则 $h_3 = 1$。由 TEM 波近似，磁场与 z 轴垂直，并沿着导体表面的切线方向，有

$$B_1 \equiv B_\mathrm{n} = \frac{1}{h_2 h_3}\left[\frac{\partial}{\partial u_2}(h_3 A_3) - \frac{\partial}{\partial u_3}(h_2 A_2)\right] = 0 \tag{9.124}$$

故有 $\partial A_3/\partial u_2 = 0$。即 A_z 沿导体表面的切线方向不变。同时导体内部 $\vec{B} = 0$，所以在导体上 $A_z = $ 常数，也即导体是等矢势体。因为 A_x、A_y 是常数，对电感的求解不起作用，所以下面我们只考虑 A_z，并把 A_z 简写为 A。

为方便计，取两平行板上的矢势值为零（这一点总可以通过恰当的规范选取达到）。对于两平行金属板内 (x_0', y_0') 处的线电流 I，为保证两平行板的边界条件，相应有两组无穷多个像电流

$$\begin{cases} y_{2n}' = y_0' + 2nd & （电流为 I） \\ y_{2n+1}' = -y_0' + (2n+1)d & （电流为 -I） \end{cases} \quad (n = 0, \pm 1, \pm 2, \cdots) \tag{9.125}$$

根据场方程的线形叠加性，得到无穷长单位线电流产生的矢势 [2,8]

$$G(x, y; x_0', y_0') = \ln \left[\frac{\cosh\left(\dfrac{x - x_0'}{d}\pi\right) - \cos\left(\dfrac{y - y_0'}{d}\pi\right)}{\cosh\left(\dfrac{x - x_0'}{d}\pi\right) + \cos\left(\dfrac{y + y_0'}{d}\pi\right)} \right] \tag{9.126}$$

(9.126) 式应用了 Ω 级数公式。显然 G 在两平行板上满足边界条件 $G(x, \pm d/2; x_0', y_0') = 0$。

9.5.1 基本积分方程组和电感系数的形式解

对于平行板内任意形状的内导体，设它们的边界可以表示为

$$\rho_1 = \rho_1(\theta_1) \qquad \rho_2 = \rho_2(\theta_2)$$

则内导体 a、b 的面电流分布 $j_1(\theta_1)$、$j_2(\theta_2)$ 满足下列积分方程组

$$\begin{cases} A_1 = \dfrac{1}{c}\displaystyle\int_0^{2\pi} K^{11}(\theta_1, \theta_1')\xi_1(\theta_1')j_1(\theta_1')\,\mathrm{d}\theta_1' + \dfrac{1}{c}\displaystyle\int_0^{2\pi} K^{12}(\theta_1, \theta_2')\xi_2(\theta_2')j_2(\theta_2')\,\mathrm{d}\theta_2' \\[4mm] A_2 = \dfrac{1}{c}\displaystyle\int_0^{2\pi} K^{21}(\theta_2, \theta_1')\xi_1(\theta_1')j_1(\theta_1')\,\mathrm{d}\theta_1' + \dfrac{1}{c}\displaystyle\int_0^{2\pi} K^{22}(\theta_2, \theta_2')\xi_2(\theta_2')j_2(\theta_2')\,\mathrm{d}\theta_2' \end{cases} \tag{9.127}$$

其中，ξ_ν $(\nu = 1,\ 2)$ 为形状因子

$$\xi_\mu(\theta) = \sqrt{\rho_\nu^2(\theta) + \left[\frac{\mathrm{d}\,\rho_\nu(\theta)}{\mathrm{d}\theta}\right]^2}$$

而积分核 $K^{\mu\nu}(\theta_\mu, \theta_\nu')$ 分别对应内导体线电流的格林函数

$$K^{\mu\nu}(\theta_\mu, \theta_\nu') = G(x_\mu, y_\mu; x_\nu', y_\nu') \quad (\mu,\ \nu = 1,\ 2) \tag{9.128}$$

其中，x_μ、y_μ 分别为

$$x_1 = \rho_1(\theta_1)\cos\theta_1 \qquad y_1 = y_0' + \rho_1(\theta_1)\sin\theta_1$$
$$x_2 = \rho_2(\theta_2)\cos\theta_2 + 2\Gamma \qquad y_2 = y_0'' + \rho_2(\theta_2)\sin\theta_2$$

我们也可以用简约面电流(相当于面电流的角分布)$\widetilde{j}_\nu(\theta') \equiv \xi_\nu(\theta')j_\nu(\theta')$ 来简化 (9.127) 式，并用 $\widetilde{A}_\nu \equiv cA_\nu$ 代入 (9.127) 式。下面可以看到，这种简化使得对于各种形状的内导体，可以统一处理基本积分方程组，只要用不同的 $\rho(\theta)$ 计算 (9.128) 式。

$$\begin{cases} \widetilde{A}_1 = \displaystyle\int_0^{2\pi} K^{11}(\theta_1, \theta_1')\,\widetilde{j}_1(\theta_1')\,\mathrm{d}\theta_1' + \displaystyle\int_0^{2\pi} K^{12}(\theta_1, \theta_2')\,\widetilde{j}_2(\theta_2')\,\mathrm{d}\theta_2' \\[4mm] \widetilde{A}_2 = \displaystyle\int_0^{2\pi} K^{21}(\theta_2, \theta_1')\,\widetilde{j}_1(\theta_1')\,\mathrm{d}\theta_1' + \displaystyle\int_0^{2\pi} K^{22}(\theta_2, \theta_2')\,\widetilde{j}_2(\theta_2')\,\mathrm{d}\theta_2' \end{cases} \tag{9.129}$$

具体对于双圆杆导体，有 $\rho_1 = a$，$\rho_2 = b$。可以写出

$$K^{11}(\theta_1, \theta_1') = -\ln\left\{\frac{\cosh\left[\dfrac{\pi}{d}a(\cos\theta_1 - \cos\theta_1')\right] - \cos\left[\dfrac{\pi}{d}a(\sin\theta_1 - \sin\theta_1')\right]}{\cosh\left[\dfrac{\pi}{d}a(\cos\theta_1 - \cos\theta_1')\right] - \cos\left[\dfrac{\pi}{d}a(\sin\theta_1 + \sin\theta_1') + \dfrac{2\pi}{d}y_0'\right]}\right\}$$

为了求解 (9.129) 的积分方程组，按照 GNES 方法，我们用三角函数作正交完备基 $\{U_m(\theta)\}$ 将 $\tilde{j}_\nu(\theta')$ 和积分核展开成

$$\tilde{j}_\nu(\theta) = \sum_{m=0}^{\infty}\beta_m^\nu U_m(\theta') \qquad K^{\mu\nu}(\theta, \theta') = \sum_{m,n=0}^{\infty}R_{mn}^{\mu\nu}U_m(\theta)U_n(\theta')$$

从而 (9.129) 式的积分方程组可转化为下列代数方程组

$$\sqrt{2\pi}\tilde{A}_\mu\delta_{m0} = \sum_{\nu=1}^{2}\sum_{n=0}^{\infty}R_{mn}^{\mu\nu}\beta_n^\nu \tag{9.130}$$

其中，δ_{m0} 表示 Kronecker 符号。

由 (9.130) 式可以用 $\{R_{mn}^{\mu\nu}\}$ 和 $\tilde{A}_\mu$ 求出 β_0^μ 的解，直接得到第 ν 个导体上的总电流 I_ν 为

$$I_\nu = \sqrt{2\pi}\beta_0^\nu \tag{9.131}$$

这里可以看到我们只需要求出 β_0^ν 的值，而不需要求 β_n^ν，这是因为把形状因子归到简约电流分布 $\tilde{j}_\nu(\theta')$ 中去了。

在 TEM 波模式下，可以严格证明下列公式成立

$$A_\mu = \frac{1}{c}\sum_\nu L_{\mu\nu}I_\nu \tag{9.132}$$

据我们所知，本公式出现在文献中尚属首次。注意到这与普遍的磁通量公式 $\Phi_\mu = \dfrac{1}{c}\sum_\nu L_{\mu\nu}I_\nu$ 不同，公式 (9.132) 只在导体为等矢势体时才严格成立。而这对我们研究 TEM 波情况已足够了，这是将 GNES 方法推广到电感计算的理论基础之一。

对于两内导体情况，分别对 $\tilde{A}_1 = \tilde{A}_2 = 1$ 和 $\tilde{A}_1 = -\tilde{A}_2 = 1$ 两种模式解得两内导体上的电流强度 (I_1^+, I_2^+) 和 (I_1^-, I_2^-)。其中，$\pm$ 号标记以上两种模式。由 (9.132) 式可以解出电感系数公式

$$L_{11} = \frac{I_2^+ - I_2^-}{I_2^+I_1^- - I_1^+I_2^-} \qquad L_{12} = L_{21} = \frac{I_1^- - I_1^+}{I_2^+I_1^- - I_1^+I_2^-} \qquad L_{22} = \frac{I_1^+ + I_1^-}{I_2^+I_1^- - I_1^+I_2^-}$$

9.5.2　柱对称模型的解析解

当两个内导体比较细（$a/d \leqslant 0.2$），而且间隔比较远（$\Gamma/d \geqslant 1$）时，圆杆内导体上的面电流分布可以看成是柱对称的，文献 [2] 中给出了此情况下电感的解析表达式。下面

用 GNES 方法的零级近似得到一致的表达式，说明我们的方法是正确的。同时也可以作为高精度数值计算的核对基准。

考虑双圆杆内导体，按照前面的定义，$K^{12}(\theta_1, \theta_2')$ 就是第二个内导体上 $\rho_2(\theta_2')$ 处的线电流和它的所有像电流在第一个内导体的 $\rho_1(\theta)$ 点上的矢势和，由 Ω 级数公式 [1] 具体算出严格结果，并获得

$$R_{00}^{12} = -2\pi \ln \left\{ \left[\cosh\left(\frac{2\Gamma}{d}\pi\right) - \cos\left(\frac{y_0' - y_0''}{d}\pi\right) \right] / \left[\cosh\left(\frac{2\Gamma}{d}\pi\right) + \cos\left(\frac{y_0' + y_0''}{d}\pi\right) \right] \right\}$$

同理算出 R_{00}^{21}，对于 R_{00}^{11} 和 R_{00}^{22}，可以仿照上面的做法，但是要仔细考虑 R_{00}^{12} 的计算中 $\Gamma \to 0$（且 $y_0' = y_0''$）时消发散问题。具体做法参见文献 [11]，我们这里直接写出结果

$$\begin{cases} R_{00}^{11} = 2\pi \ln \left[\left(1 + \cos 2\pi \frac{y_0'}{d} \right) \frac{1}{2\pi^2} \left(\frac{2d}{a} \right)^2 \right] \\[3mm] R_{00}^{22} = 2\pi \ln \left[\left(1 + \cos 2\pi \frac{y_0''}{d} \right) \frac{1}{2\pi^2} \left(\frac{2d}{b} \right)^2 \right] \end{cases}$$

由 (9.130) 式和前述电感系数公式可得 $L_{11} = R_{00}^{11}/2\pi$，$L_{22} = R_{00}^{22}/2\pi$，$L_{12} = L_{21} = R_{00}^{12}/2\pi$，和文献 [2] 中用磁场能量方法得到的电感系数公式一致。

对于 $I_1 = I_2$（偶模式）和 $I_1 = -I_2$（奇模式），微波定向耦合器（双圆杆内导体情况）中单根圆杆的电感分别为

$$\begin{aligned} L_{e,o} &= \frac{1}{2}(L_{11} + L_{22}) \pm L_{12} \\[2mm] &= \frac{1}{2} \ln \left[\left(1 + \cos 2\pi \frac{y_0'}{d} \right) \frac{1}{2\pi^2} \left(\frac{2d}{a} \right)^2 \right] + \frac{1}{2} \ln \left[\left(1 + \cos 2\pi \frac{y_0''}{d} \right) \frac{1}{2\pi^2} \left(\frac{2d}{b} \right)^2 \right] \\[2mm] &\quad \pm \ln \left[\frac{\cosh\left(\frac{2\Gamma\pi}{d}\right) + \cos\left(\frac{y_0' + y_0''}{d}\pi\right)}{\cosh\left(\frac{2\Gamma\pi}{d}\right) - \cos\left(\frac{y_0' - y_0''}{d}\pi\right)} \right] \end{aligned} \tag{9.133}$$

9.5.3 双圆杆内导体情况下电感的数值计算

为了在圆杆半径较大或者两圆杆间隔较近，甚至在上下、左右不对称情况下，仍旧能得到电感的精确结果，需要对 (9.130) 式的代数方程组作高阶近似，这时只能作数值计算。GNES 方法的重点之一就是用数论积分方法快速精确地计算系数矩阵 $\{R_{mn}^{\mu\nu}\}$，对此我们在计算定向耦合器内导体的电容系数 [12] 时已作了详细讨论，在这里同样适用。不同的地方主要是电感表达式和电容表达式的差异。

因为我们取高斯单位制，所以单位长导体的电感是无量纲的。下面分 4 种组态列出电感的数值结果，如图 9.12－图9.15所示。

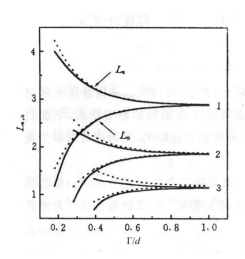

图 9.12　在对称情况下，L_e、L_o 与 Γ/d 的关系：曲线 1 $a/d = b/d = 0.15$；曲线 2 $a/d = b/d = 0.25$；曲线 3 $a/d = b/d = 0.35$

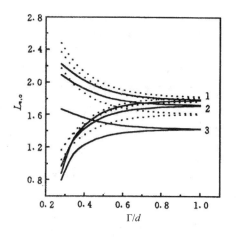

图　9.13　在上下对称情况下，L_e、L_o 与 Γ/d 的关系：曲线 1 $a/d = 0.15$；曲线 2 $a/d = 0.25$；曲线 3 $a/d = 0.35$

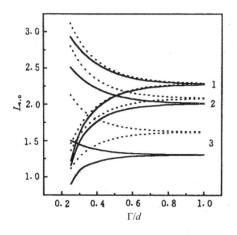

图　9.14　在左右对称情况下，L_e、L_o 与 Γ/d 的关系：曲线 1 $y_0'/d = y_0''/d = 0.05$；曲线 2 $y_0'/d = y_0''/d = 0.15$；曲线 3 $y_0'/d = y_0''/d = 0.25$

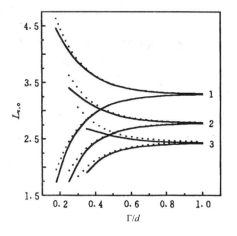

图　9.15　在不对称情况下，L_e、L_o 与 Γ/d 的关系：曲线 1 $y_0'/d = 0.1$，$y_0''/d = 0$；曲线 2 $y_0'/d = 0.1$，$y_0''/d = -0.1$；曲线 3 $y_0'/d = 0.1$，$y_0''/d = 0.2$

（1）对称情况（$a = b$，$y_0' = y_0'' = 0$），圆杆半径取不同值时电感和间隔的关系示于图9.12中。其中，实线表示精确值，虚线表示柱对称近似的解析解结果（下同）。各条曲线的参数示于图注。

（2）上下对称情况（$a \neq b$，$y_0' = y_0'' = 0$），固定圆杆 b 的半径（$b/d = 0.1$），圆杆 a 的半径取不同值，结果如图9.13所示。

（3）左右对称情况（$a = b$，$y_0' = y_0'' \neq 0$），圆杆半径不变时（$a/d = b/d = 0.2$），改变圆杆与中线的偏移量 $y_0'(y_0'')$，结果如图9.14所示。

（4）不对称情况（$a = b$，$y_0' \neq y_0''$），固定圆杆半径（$a/d = b/d = 0.25$），取不同的偏移量 y_0'，y_0''，结果如图9.15所示。

从上面4种情况的结果可以发现，上下对称组态的高阶精确值与柱对称模型近似的零级解符合的比较好，此种情况下用零级近似的解析表达式就能得到满意的结果。这个结论也可以从图9.16中看出。图9.16是对称情况下电感 L_e 随圆杆约化半径 a/d 改变的情况。图9.13、图9.14的结果表明，在两个圆杆偏离中线较大时，零级近似解与精确值相差很大。图9.17是左右对称情况下的电感 L_e 与偏移量的关系。

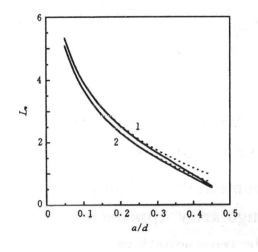

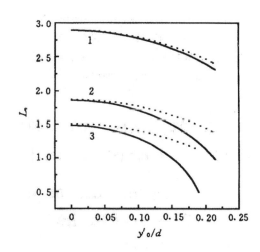

图 9.16　在对称情况下，L_e 与 a/d 的关系：曲线 1 $\Gamma/d = 0.45$；曲线 2 $\Gamma/d = 4$

图 9.17　L_e 与 y_0'/d 的关系：曲线 1 $a/d = b/d = 0.15$，$y'0 = -y_0''$；曲线 2 $a/d = b/d = 0.25$，$y_0' = y_0''$；曲线 3 $a/d = b/d = 0.3$，$y_0' = y_0''$

9.5.4　结语

上面我们讨论了用GNES方法精确求解定向耦合器中内导体的电感问题，改进了柱对称近似的结果，精度很容易达到 10^{-5}。GNES方法的精度分析 [12]，对于同一个定向耦合器，其电感系数矩阵 $\boldsymbol{L}$ 和电容系数矩阵 $\boldsymbol{C}$ 应满足关系式 $\boldsymbol{LC} = \dfrac{1}{v^2}\boldsymbol{I}$，这里 $\boldsymbol{I}$ 为单位矩阵，v 为 TEM 波的相速度 [14]，我们的计算结果在 10^{-5} 的精度内符合这个式子，这从另一方面验证了 GNES 方法的精确性。这里我们只计算了双圆杆内导体情况，实际上我们的方法适用于求解任意形状内导体的电感。

参考文献

[1] 戴显熹. Ω 级数求和公式及其在电磁场理论计算中的应用. 数学的实践与认识，1978，**3**: 51-64.

[2] 戴显熹，徐泰，黄静宜. 关于圆杆耦合传输线偶、奇模单位长电感的计算. 复旦学报，1981，**20**(2)：199-205.

[3] 蔡树榛，王芝成. 复旦学报，1980，**19**(4).

[4] 杨振宁著. 戴显熹译. 统计力学中某些严格可解问题. 低温与超导，1989，**17** (3)：1-11.

[5] 华罗庚，王元. 数论在近似分析中的应用. 北京：科学出版社，1978.

[6] Dai X X, Ting C S. Phys. Rev., 1983, **28** (9): 5243-5254.

[7] 戴显熹. 复旦学报，1980，**19** (3): 309-316.

[8] 戴显熹. 电磁场理论中几何化数论消发散方法（I）——GNES 方法的理论表述. 应用科学学报，1991，**9**(1)：1-7.

[9] 戴显熹，郑永令. 复旦学报，1984，**23**(3)：335-346.

[10] 戴显熹，徐新闻，李洪芳，钟万蘅，黄静宜. 电磁场理论中几何化数论消发散方法（II）——简约电荷分布、一般形式解及数论消发散定理. 应用科学学报，1991，**9**(3)：201-208.

[11] 戴显熹、李洪芳，李新奇等. 电磁场理论中几何化数论消发散方法（III）——对称分析及柱对称模型电容系数解析式. 应用科学学报，1992，**10**(3)：206-214.

[12] 俞权，李新奇，张晨等. 电磁场理论中几何化数论消发散方法（IV）——微波定向耦合器（双圆杆和双椭圆杆内导体）的电容系数的数值结果. 应用科学学报，1997，**15**(1)：1-8.

[13] 朗道，栗弗席兹. 连续介质电动力学. 周奇译. 北京：人民教育出版社，1963.

[14] 林为干. 微波网络. 北京：国防工业出版社，1978：186.

第 10 章　Baierlein 猜测及其反例

10.1　Bailerlein 猜测及其反例 A：
相互作用情况

本节将导出量子统计下有相互作用体系与对应的无相互作用体系的熵差的普适关系。而 Baierlein 不等式为它在经典统计下的特例。利用一个严格可解模型，举出一类违反 Baierlein 猜测的实例，并对其物理机制做了分析，从而否定了坚持数十年的 Baierlein 猜测普遍存在的可能性。

早在 1968 年，Baierlein 推测[1]："有相互作用体系的熵比无相互作用体系的熵要小。"在经典统计情况下，他给出这个论断一个理论证明。在量子统计情况下，他作了一些不完全的论证：认为这个论断也适用于量子统计情况。这个论断被称为 Baierlein 猜测。

他的论断（argument）虽然不完全，但有着如下相当吸引人的地方。

(1) 由于相互作用或多或少使体系有序度增加，例如吸引（排斥）作用使粒子周围其他粒子分布几率增加（减少），而熵是混乱程度的量度。

(2) 假设相互作用只能引起能级简并的消除，进而利用 Shannon 信息熵的理论[2]，论证了上述猜测。

Leff [3] 曾利用 Gibbs-Bogoliubov 不等式[4] 对这类熵差的上界和下界做了估计，在经典统计下与 Baierlein 不等式一致，但在量子情况下并不能给出判定性结论。

后来，马桂存与缪胜清做了一个很有兴趣的工作[5]：在 Lennard-Jones 势下，详尽地计算了 He^3 和 He^4 的第二维里系数，进而计算了它们的熵。结论是在经典情况及 Bose 情况 (He^4) 下，数值结论与 Baierlein 猜测一致，但在低温 Fermi(He^3) 情况，与 Baierlein 猜测不一致。但人们不能由此否定 Baierlein 猜测。因为文献 [5] 中仅计算到二维维里系数，而低温下高阶维里系数往往不容忽视。此外，在文献 [5] 中，即使在低温 Boltzmann 情况下，已显示与 Baierlein 不等式有分歧。这表明在这些温区第二维里系数已经不够了。因为 Boltzmann 统计下，Baierlein 不等式是可证明的。

Baierlein 猜测是关于非理想体系与其对应理想体系的熵差的一般性结论，因而是个很有兴趣的基本问题。它自被提出直到当时，20 多年来既未被证明，又未被否定。澄清其是非，显然是有学术性质的。为此我们在第 1 节中导出量子统计中一个严格的熵差关系，它是 Baierlein（经典）不等式的推广。在第 2、第 3 节中我们通过分析一个严格可解的量子统计模型，寻求检验与推翻 Baierlein 猜测的可能性，在第 4 节中对分析、计算结果及违反 Baierlein 猜测的物理机制做一总结性讨论并给出明确的物理结论。

10.1.1　量子统计中普适的熵差关系

本小节的目的在于试图导出相互作用体系与其相应的理想体系间的普适且严格的熵差公式。它在经典统计下，自然地导出 Baierlein 不等式，而在量子统计下仍普适且严格。

设相互作用体系的哈密顿算子为

$$\hat{H}(\lambda) = \hat{H}_0 + \lambda U \tag{10.1}$$

λ 为参数，$\lambda = 1$ 和 $\lambda = 0$ 分别对应与所考察的非理想与理想体系。$\hat{H}_0$ 一般可以是体系的动量算子，U 为相互作用势能。按照量子统计的熵公式

$$S(\lambda) = -k_{\mathrm{B}}\overline{\ln \hat{\rho}} = -k_{\mathrm{B}}\mathrm{Sp}\left[\hat{\rho}(\lambda)\ln\hat{\rho}(\lambda)\right] \tag{10.2}$$

其中，k_{B} 和 $\hat{\rho}(\lambda)$ 分别为 Boltzmann 常数与密度矩阵

$$\hat{\rho}(\lambda) = \exp\left[\frac{F - \hat{H}(\lambda)}{k_{\mathrm{B}}T}\right] \tag{10.3}$$

其中，F 和 T 分别为 Helmholtz 自由能与绝对温度。

与经典情况不同，量子统计中 $\hat{H}_0$ 和 $\hat{U}$ 一般不对易。必须注意，指数算子的定义是

$$\mathrm{e}^{\hat{A}} = \sum_{n-0}^{\infty}\frac{\hat{A}^n}{n!} \tag{10.4}$$

而对密度矩阵微商时，必须注意算子的次序，例如

$$\frac{\mathrm{d}}{\mathrm{d}\lambda}\hat{H}^3(\lambda) = U\hat{H}^2(\lambda) + \hat{H}(\lambda)U\hat{H}(\lambda) + \hat{H}^2(\lambda)U \tag{10.5}$$

它一般不等于 $3\hat{H}^2(\lambda)U$，从而使 $\hat{\rho}(\lambda)$ 的微商计算变得很复杂。为了避免这类困难，考虑到矩阵迹与表象无关，我们可以取 $\hat{H}(\lambda)$ 的本征表象。从而使熵表示化为

$$S(\lambda) = -\frac{1}{T}\sum_n \mathrm{e}^{\frac{F(\lambda) - E_n(\lambda)}{k_{\mathrm{B}}T}}\left[F(\lambda) - E_n(\lambda)\right] \tag{10.6}$$

利用归一化条件，求出 $\frac{\mathrm{d}F(\lambda)}{\mathrm{d}\lambda}$，有

$$\frac{\mathrm{d}F(\lambda)}{\mathrm{d}\lambda} = \overline{\frac{\partial H(\lambda)}{\partial\lambda}} \tag{10.7}$$

从而获得

$$\frac{\mathrm{d}S\left(\lambda\right)}{\mathrm{d}\lambda} = -\frac{1}{k_{\mathrm{B}}T^2}\left[\overline{H\left(\lambda\right)U} - \overline{UH\left(\lambda\right)}\right] \tag{10.8}$$

进一步获得熵差的一般关系

$$S\left(1\right) - S\left(0\right) = -\frac{1}{k_{\mathrm{B}}T^2}\int_0^1\left[\overline{H\left(\lambda\right)U} - \overline{UH\left(\lambda\right)}\right]\mathrm{d}\lambda \tag{10.9}$$

其中平均值是在 $\hat{\rho}(\lambda)$ 系综下进行的

$$\overline{A} = \mathrm{Sp}\left[\hat{\rho}\left(\lambda\right)\hat{A}\right] \tag{10.10}$$

设 $|n,\xi>$ 为 $\hat{H}(\xi)$ 的本征态，考虑到归一化条件，显然有

$$\frac{\mathrm{d}}{\mathrm{d}\xi}E_n\left(\xi\right) = \left\langle n,\xi\left|\frac{\partial\hat{H}\left(\xi\right)}{\partial\xi}\right|n,\xi\right\rangle \tag{10.11}$$

(10.9) 式可以化为

$$S\left(1\right) - S\left(0\right) = -\frac{1}{2k_{\mathrm{B}}T^2}\int_0^1\mathrm{d}\lambda\frac{\partial}{\partial\xi}\left[<\hat{H}^2\left(\xi\right)>_\lambda - <\hat{H}\left(\xi\right)>_\lambda^2\right]|_{\xi=\lambda} \tag{10.12}$$

其中 $<\cdots>_\lambda$ 表示对 $\hat{\rho}(\lambda)$ 系综的平均。例如

$$<\hat{H}^2\left(\xi\right)>_\lambda = \mathrm{Sp}\left[\hat{\rho}\left(\lambda\right)\hat{H}^2\left(\xi\right)\right] \tag{10.13}$$

(10.9) 和 (10.12) 便是我们所寻求的量子统计中普适的熵差关系。

首先，让我们用它自然导出经典统计下的 Baierlein 不等式。将 (10.1) 代入 (10.9)，有

$$S\left(1\right) - S\left(0\right) = -\frac{1}{2k_{\mathrm{B}}T^2}\int_0^1\mathrm{d}\lambda\left[\overline{H_0U} - \overline{UH_0} + \lambda\left(\overline{U^2} - \overline{U}^2\right)\right] \tag{10.14}$$

在经典统计下，势能与动能不仅可对易，而且是统计独立的（分别依赖于坐标与动量），因而

$$\overline{H_0U} = \overline{H_0}\,\overline{U} \tag{10.15}$$

从而导致经典统计中的 Baierlein 猜测

$$S\left(1\right) - S\left(0\right) = -\frac{1}{k_{\mathrm{B}}T^2}\int_0^1\lambda\left[\overline{U^2} - \overline{U}^2\right]\mathrm{d}\lambda \leqslant 0 \tag{10.16}$$

由此可见，经典统计中能导致 Baierlein 不等式的关键在于 $\hat{H}_0$（动能）与 U（势能）的统计独立性（无统计关联）。但是，$\hat{H}_0$ **与 U 的统计独立性并不一定要求经典统计，在量子统计中的某些体系，这种统计独立性仍然存在**。例如 Pauli 顺磁体系

$$\hat{H} = \hat{H}_0 - M_0 \cdot B = \hat{H}_0 + \hat{U} \tag{10.17}$$

其中 $\hat{H}_0$ 表示只依赖于坐标－动量的哈密顿量，忽略了轨道自旋耦合，从而与自旋无关。而 $\hat{U}$ 则为自旋磁矩与均匀外场的相互作用。因此在这类量子情况下，仍存在 (10.15) 和 (10.16)，即此时 Baierlein 不等式仍是正确的。

但是，在一般的量子统计情况，只存在普适的熵差关系 (10.12) 式。虽然一般地总有

$$I(\xi,\lambda) \equiv <\hat{H}^2(\xi)>_\lambda - <\hat{H}(\xi)>_\lambda^2 \geqslant 0 \tag{10.18}$$

但 $\frac{\partial}{\partial\xi} I(\xi,\lambda)$ 的正负号却没有一般规律，因此这个普适熵差关系包含了经典 Baierlein 不等式，但并没有支持 Baierlein 猜测。

10.1.2　寻求反例

既然作为经典熵差的自然推广的普适熵差关系 (10.12) 式不能证明 Baierlein 猜测，我们估计这可能暗示 Baierlein 猜测并不能在量子统计下成立。深入分析 Baierlein 的论据 (10.1) 和 (10.2) 是很有意义的。对于稀薄气体，论据 (10.1) 可能是正确的，对稠密体系，情况可以变得非常复杂。相互作用可以使简并消除，也可能使简并增强。此外，在文献 [1] 中，外场也只想象与坐标有关的情况。但自然界中，外场也可以涉及动量（例如磁场情况，需用矢势 A 描写，为保持规范不变，必须用 $\hat{p} \to \hat{p} \to +\frac{e}{c}A$ 来描写）。关于外场问题，已在丁峰等撰写的文献 [6] 中专题讨论。由 (10.14) 式看出，决定熵差符号的主要因素可能是 H_0 与 U 的统计独立性和关联。由于经典统计下，Baierlein 不等式是正确的，因此寻求反例时要避开低密度、高温区，而应看低温区、高密度。熵差关系 (10.12) 式与物理直觉暗示我们应注意 Fermi 体系。

为了获得可信的结论，应寻求严格可解的模型。而在量子统计中寻求有相互作用体系问题的严格可解模型是十分困难的。我们分析了许多量子统计模型，并从中选出了下列模型：无杂化的 Anderson 模型

$$\hat{H} = \sum_{p\sigma} \varepsilon_p \hat{a}_{p\sigma}^\dagger \hat{a}_{p\sigma} + \sum_l \varepsilon_l \hat{b}_{l\sigma}^\dagger \hat{b}_{l\sigma} + U \sum_l \hat{n}_{l\uparrow} \hat{n}_{l\downarrow} \tag{10.19}$$

其中，$\hat{a}_{p\sigma}(\hat{a}_{p\sigma}^\dagger)$、$\hat{b}_{l\sigma}(\hat{b}_{l\sigma}^\dagger)$ 分别表示巡游电子和局域态电子的湮灭（产生）算子。σ、p 和 l 分别为自旋、巡游电子动量和杂质原子的标记。U 为杂质原子内同一轨道上电子间的库仑能。为了理论分析的简洁，这里只考虑杂化项趋于零的情况，即 Anderson 模型[7] 的弱杂化极限情况。弱杂化项（这里没有写出）在考虑巡游电子与局域达到热平衡时是必须的，但在计算热力学量时可以略去。科学史上人们在研究 Boltzmann 气体、量子理想气体时就做过这类简化，即在计算热力学量时完全忽略碰撞效应，而仅在"达到平衡"这一点上考虑碰撞的存在。这里运用的哈密顿量的优点是它既包含相互作用，又可以严格求解。不难

看出，它对应的热力势为

$$\Omega = -k_{\mathrm{B}}T \sum_{p\sigma} \ln\left[1 + \mathrm{e}^{-\xi_{p\sigma}\beta}\right] -$$
$$k_{\mathrm{B}}T \sum_{l} \ln\left[1 + \mathrm{e}^{-\beta\xi_{l\uparrow}} + \mathrm{e}^{-\beta\xi_{l\downarrow}} + \mathrm{e}^{-\beta\left(\xi_{l\uparrow}+\xi_{l\downarrow}+U\right)}\right] \tag{10.20}$$

巡游电子的热力势 Ω_0 可以用积分表示为

$$\Omega_0 = -k_{\mathrm{B}}TA \int_0^\infty \sqrt{\varepsilon}\, \ln\left[1 + \mathrm{e}^{\beta(\mu-\varepsilon)}\right]\mathrm{d}\varepsilon \tag{10.21}$$

其中

$$A = \frac{4\pi V}{n^3}(2m)^{3/2} \tag{10.22}$$

利用分步积分，得到其对应的那部分熵 S_0 为

$$S_0(\mu, T) = -\left(\frac{\partial\Omega_0}{\partial T}\right)_{\mu,T} = k_{\mathrm{B}}A\beta \int_0^\infty \left(\frac{5}{3}\varepsilon^{3/2} - \mu\varepsilon^{1/2}\right)\frac{d\varepsilon}{\mathrm{e}^{\beta(\varepsilon-\mu)}+1} \tag{10.23}$$

相互作用体系与其对应的理想体系的熵差 ΔS 为

$$S(U) - S(1) = S_0(\mu, T) - S_0(\mu_0, T) + \Delta S_1 + \Delta S_2 \tag{10.24}$$

其中

$$\Delta S_1 = k_{\mathrm{B}}N_0 \ln\left[\frac{1 + 2\mathrm{e}^{\beta\xi_l} + \mathrm{e}^{-\beta(2\xi_l+U)}}{1 + 2\mathrm{e}^{-\beta\xi^0} + \mathrm{e}^{-2\beta\xi^0}}\right]$$

$$\Delta S_2 = k_{\mathrm{B}}N_0 \left[\frac{2\beta\xi\mathrm{e}^{-\beta\xi} + \beta(2\xi+U)\mathrm{e}^{-\beta(2\xi+U)}}{1 + 2\mathrm{e}^{-\beta\xi} + \mathrm{e}^{-\beta(2\xi+U)}}\right] -$$
$$k_{\mathrm{B}}N_0 \left[\frac{2\beta\xi^0\left(\mathrm{e}^{-\beta\xi^0} + \mathrm{e}^{-2\beta\xi^0}\right)}{1 + 2\mathrm{e}^{-\beta\xi^0} + \mathrm{e}^{-2\beta\xi^0}}\right] \tag{10.25}$$

$$\xi \equiv \varepsilon_l - \mu(T, U) \equiv \varepsilon_l - \mu$$
$$\xi^0 \equiv \varepsilon_l - \mu(T, 0) \equiv \varepsilon_l - \mu_0$$

其中 $\mu(\mu_0)$ 表示 $U \neq 0(U = 0)$ 时的化学势。这个严格可解模型包含着足够丰富的参数：ε_l、U、T、N_0、N。为下面数值计算需要，引入无量纲量

$$X_0 = -\frac{\xi}{U} \qquad y = \frac{U}{k_{\mathrm{B}}T} \tag{10.26}$$

如此丰富的参数，在寻求反例时是非常有利的，但是也给数值计算带来麻烦。为此必须先作定性分析，寻找到重点研究的参数范围。一个非常好的近似是考察 N_0/N 较小的情

况。此时 μ 与 μ_0 的区别是完全可以忽略的。因此 $S_0(\mu, T)$ 与 $S_0(\mu_0, T)$ 也可以忽略。这样就可以获得 ΔS 在低温时的渐近行为。

I. $U > 0$

    (A) $\xi > 0$ $(X_0 < 0)$

        $\Delta S \cong -2k_{\mathrm{B}} N_0 \xi \beta \mathrm{e}^{-2\beta\xi} \leqslant 0$。

    (B) $\xi < 0$ $(X_0 > 0)$

        (a) $2\xi + U > 0$ $\left(0 < X_0 < \frac{1}{2}\right)$, $\Delta S \cong k_{\mathrm{B}} N_0 \ln 2$。

        (b) $2\xi + U = 0$ $\left(X_0 = \frac{1}{2}\right)$, $\Delta S \cong k_{\mathrm{B}} N_0 \ln 2$。

        (c) $2\xi + U < 0$ $\left(X_0 < \frac{1}{2}\right)$

            (1) $\xi_l + U > 0$ $\left(\frac{1}{2} < X_0 < 1\right)$

            $\Delta S \cong K N_0 \left[\ln 2 + \left(1 + \frac{1}{2}\beta\left(2\xi + U\right)\mathrm{e}^{-\beta(2\xi+U)}\right)\right] \cong k_{\mathrm{B}} N_0 \ln 2 > 0$。

            (2) $\xi + U = 0$ $(X_0 = 1)$ $\Delta S \cong k_{\mathrm{B}} N_0 \ln 3 > 0$。

            (3) $\xi + U < 0$ $(X_0 > 1)$ $\Delta S \cong k_{\mathrm{B}} N_0 \left[2 + 2\beta\xi\right] \mathrm{e}^{\beta(\xi+U)} \cong 0$。

II. $U < 0$

    (A) $\xi < 0$ $(X_0 < 0)$

        $\Delta S \cong k_{\mathrm{B}} N_0 \left[2\xi\beta\mathrm{e}^{\beta\xi} - \beta\left(2\xi + U\right)\mathrm{e}^{-\beta(\xi+U)}\right] \cong 0$。

    (B) $\xi > 0$ $(X_0 > 0)$

        (a) $2\xi + U < 0$ $\left(X_0 < \frac{1}{2}\right)$

            $\Delta S \simeq 2k_{\mathrm{B}} N_0 \beta\xi \left[\mathrm{e}^{\beta(\xi+U)} - \mathrm{e}^{\beta\zeta}\right] \cong 0$。

        (b) $2\xi + U = 0$ $\left(X_0 = \frac{1}{2}\right)$

            $\Delta S \cong k_{\mathrm{B}} N_0 \left[\ln 2 - \left(1 + \beta\xi\right)\mathrm{e}^{-\beta\xi}\right] \cong k_B N_0 \ln 2$。

        (c) $2\xi + U > 0$ $\left(X_0 > \frac{1}{2}\right)$

            $\Delta S \cong k_{\mathrm{B}} N_0 \left[\beta\left(2\xi + U\right) + 1\right] \mathrm{e}^{-\beta(2\xi+U)} \cong 0$。

为了更大范围搜索反例，形象地反映 ΔS 的变化，我们给出了 ΔS 对 $\beta U(-30 < \beta U < 30)$ 和 $X_0(-1 \leqslant X_0 < 2)$ 的三维图形（见图 10.1）。它显然符合上述渐进行为分析。由此三维图形看出，在相当广泛的参数范围内，出现 $\Delta S > 0$，从而可能提供足够的 Baierlein 猜测的反例。

10.1.3   数值计算

在进行数值计算时，要注意有相互作用时的化学势 $\mu \equiv \mu(T, U \neq 0)$ 与无相互作用时的化学势 $\mu_0 \equiv \mu(T, 0)$ 的差别。μ 由下列函数方程解出

$$N = \frac{\delta\pi V}{3h^3}\left(2m\mu\right)^{3/2}\left[1 + \frac{\pi^2}{8}\left(\frac{k_{\mathrm{B}} T}{\mu}\right)^2\right] + N_0 \frac{2\left[\mathrm{e}^{-\beta\xi} + \mathrm{e}^{-\beta(2\xi+U)}\right]}{Q\left(\mu, U\right)} \tag{10.27}$$

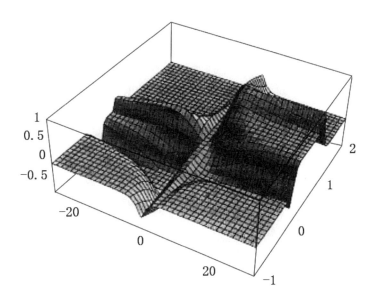

图 10.1　熵差 $\Delta S/N_0 k_\mathrm{B}$ 对 X_0（取值 $-1 \leqslant X_0 \leqslant 2$）和 $\beta U \equiv U/k_\mathrm{B} T$（取值 $-30 \leqslant \beta U \leqslant 30$）所作的三维图形

其中

$$Q(\mu, U) \equiv 1 + 2\mathrm{e}^{-\beta\xi} + \mathrm{e}^{-\beta(2\xi+U)} \tag{10.28}$$

令 (10.27) 式中 $U = 0$，可以解出 μ_0。

由 $S_0(\mu, T)$ 的 (10.23) 式及 Fermi 积分的低温展式

$$\int_0^\infty \frac{g(\varepsilon)\,d\varepsilon}{\mathrm{e}^{(\varepsilon-\mu)/k_\mathrm{B} T}+1} = \int_0^\mu g(\varepsilon)\,\mathrm{d}\varepsilon + \sum_{n=1}^\infty \frac{2\left[2^{2n}-1\right]B_n}{(2n)!}(\pi k_\mathrm{B} T)^{2n}\,g^{(2n-1)}(\mu) \tag{10.29}$$

其中 B_n 为 Bernouli 数，得

$$S_0(\mu, T) = \frac{A}{3}\pi^2 k_\mathrm{B}^2\sqrt{\mu}\,T \tag{10.30}$$

它同样可以由 $\Omega_0(\mu, T, V) = -\frac{2}{3}E$ 经低温近似后微商得出。令

$$f(\xi, T, U) \equiv 2\beta\xi\mathrm{e}^{-\beta\xi} + \beta(2\xi+U)\,\mathrm{e}^{-\beta(2\xi+U)} \tag{10.31}$$

获得熵差的表达式为

$$\begin{aligned}
\Delta S =\ & \frac{A}{3}\pi^2 k_\mathrm{B}^2 T\left[\sqrt{\mu}-\sqrt{\mu_0}\right] + N_0 k_\mathrm{B}\ln\left[\frac{Q(\mu, U)}{Q(\mu, 0)}\right] + \\
& N_0 k_\mathrm{B}\left[\frac{f(\xi, T, U)}{Q(\mu, U)}\right] - N_0 k_\mathrm{B}\left[\frac{f(\xi^0, T, U)}{Q(\mu_0, 0)}\right]
\end{aligned} \tag{10.32}$$

将方程 (10.27) 式中分别解出的 μ 与 μ_0 代入 (10.32) 式，得到量子情况下的熵差结果绘于图 10.2（$U > 0$ 情况）和图 10.3（$U < 0$ 情况）中。

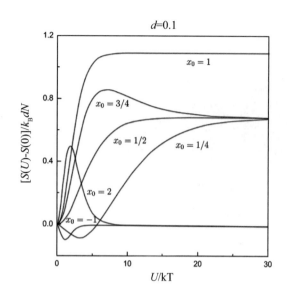
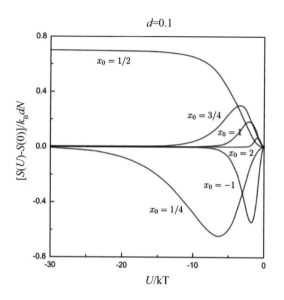

图 10.2　熵差 $\Delta S/N_0 k_{\mathrm{B}}$ 对 βU 作图 $d = N_0/N$ 取值 0.1，β 取值 $[0,30]$，（$U > 0$ 情况）已计入化学势修正

图 10.3　熵差 $\Delta S/N_0 k_{\mathrm{B}}$ 对 βU 作图 $d = N_0/N$ 取值 0.1，β 取值 $[-30,0]$，（$U < 0$ 情况）已计入化学势修正

图 10.2显示 $U > 0$ 情况下，在 $0 < X_0 \leqslant 1$ 区域中，部分温区，特别是低温区，明显存在着违反 Baierlein 猜测的一系列例子。它们均与三维图形图 10.1显示的基本走向完全一致。

10.1.4　讨论和结语

首先，我们在量子统计普遍原理基础上，导出普适的熵差关系 (10.12)。指出当 H_0 和 U 具有统计独立性时，均存在下列不等式

$$S(U) - S(0) \leqslant 0 \tag{10.33}$$

这仍可以包含部分量子情况，例如 Pauli 顺磁体系 (10.17)。经典统计下的 Baierlein 不等式亦为它的特例。但没有理由认为对量子统计下不等式 (10.33) 可以普遍成立。因为一般不存在这种统计独立性。尽管 $I(\xi, \lambda) \equiv < \hat{H}^2(\xi) >_\lambda - < \hat{H}(\xi) >_\lambda^2 \geqslant 0$，但 $\frac{\partial}{\partial \xi} I(\xi, \lambda)$ 的正负号却没有固定的方向。在我们看来，这是反驳 Baierlein 猜测的理论启示。物理直觉也引导我们在低温 Fermi 体系中的严格可解模型中去寻找反例。

其次，在无杂化（或弱杂化）的 Anderson 模型中寻求到一系列违反 Baierlein 猜测的例子（见图 10.1—图10.3）。由于模型是严格可解的，因而论证的结论是十分明确的。

最后，需要明了 Baierlein 猜测的反例的物理机制与内涵。精密的数值计算可以得出明确的定量结果，这是十分必要的。在熵差的三维图形和它的精密的数值结果（图 10.2、图 10.3）那些屹立的"山峦"和"高原"就明确表明那些区域已违反了 Baierlein 猜测。但是由

大量的数值结果和透迤起伏的"山脉"、"高原"的复杂走向中领悟出反例的物理内涵或机制，同样是让人非常感兴趣的。

回顾 28 年来反例之所以不易被发现，这绝不是偶然的。因为高温区是"经典统计"的领地，因而不等式 (10.33) 是成立的。在极低温区，所有体系均受热力学第三定律的制约，在大部分情况熵差趋于零（等式成立）；而低温区，量子统计中严格可解模型又难又少，从而使反例的寻求变的扑朔迷离。是什么因素主宰着苍茫的熵差超曲面蜿蜒起伏？由三维图可以得到一个明显的印象：那些隆起的"山脉"都要连向两支"高原"或"屋脊"，它们伸展到零度的区域，并且保持为正的常数。

这并不违反热力学第三定律。因为从量子统计的角度来看，第三定律允许体系零度时的单粒子平均熵趋于常数。当然，这只有当体系的基态具有高度的（例如幂指数式）简并时才会出现（冰熵现象便是例证）。

现在，四个局域态及其对应的能量分别为[8,9]

$$
\begin{aligned}
|\psi_1 > &= |0\uparrow, 0\downarrow> & E_1 &= 0 \\
|\psi_2 > &= |1\uparrow, 0\downarrow> & E_2 &= \varepsilon_{l\uparrow} \\
|\psi_3 > &= |0\uparrow, 1\downarrow> & E_3 &= \varepsilon_{l\downarrow} \\
|\psi_4 > &= |1\uparrow, 1\downarrow> & E_4 &= \varepsilon_{l\uparrow} + \varepsilon_{l\downarrow} + U
\end{aligned}
\tag{10.34}
$$

简并情况分析如下：

(a) $X_0 = \frac{1}{2}$，二重简并，$E_2 = E_3 = \varepsilon_l$，$E_1 = E_4 = \mu$。

(b) $0 < X_0 < 1$，二重简并，$E_2 = E_3 = \varepsilon_l$。

(c) $X_0 = 1$，三重简并，$E_4 = E_2 = E_3 = \varepsilon_l$。根据 Fermi 情况的 Boltzmann 熵关系

$$
S = k_{\mathrm{B}} \ln W
\tag{10.35}
$$

其中，W 为体系的微观态数，设 g_n 和 p_n 分别为第 n 个单粒子态的简并度及相应的填布数，C_m^l 为组合数，则

$$
W = \prod_n C_{g_n}^{p_n g_n}
\tag{10.36}
$$

零度时的熵由体系的基态简并度决定。故

I. $U > 0$ 时，有

(a) $X_0 = \frac{1}{2}$，由于 $E_1 = E_4 = \mu$，$\Delta S = N_0 k_{\mathrm{B}} \ln 2$。

(b) $0 < X_0 < 1$，由于 $E_2 = E_3 = \varepsilon_l < \mu$，$\Delta S = N_0 k_{\mathrm{B}} \ln 2$。

(c) $X_0 = 1$，由于 $E_4 = E_2 = E_3 = \varepsilon_l < \mu$，$\Delta S = N_0 k_{\mathrm{B}} \ln 3$ 这正是数值计算的正确结果。特别是在 $0 < X_0 < 1$ 时，出现 $\Delta S = N_0 K \ln 2$ 的"平台式的高原"。

II. $U < 0$ 时，有

(a) $X_0 = \frac{1}{2}$，由于 $E_1 = E_4 = \mu$，$\Delta S = N_0 k_{\mathrm{B}} \ln 2$。

(b) $0 < X_0 < 1$ 与 (c) $X_0 = 1$，虽有二重与三重简并态分别出现，但因为均高于 Fermi 能级，因而对零度时 ΔS 无贡献。故有 $\Delta S \to 0$，这就是为什么 $U < 0$ 的"景观"与 $U > 0$ 时迥然不同，它只有 $X_0 = \frac{1}{2}$ 时的陡峭的"屋脊"：$\Delta S = N_0 k_B \ln 2$。自然，当简并能级远在 Fermi 能级之下，对零度熵也不会有贡献。这样就自然解释了 ΔS 的三维图形。

结论如下：

(1) 一般来说，当相互作用或外场引起单粒子或赝粒子能级简并正好位于 Fermi 能级上或 Fermi 能级下面附近，从而导致体系的基态高度简并，则必然导致熵差为正的 $\Delta S > 0$，也必然违反 Baierlein 猜测。

文献 [10] 所计算的模型的熵差曲面的隆起，主要是由那些直接引起体系的基态简并性的那些简并单粒子态的支撑，就是上述论断的例证。

(2) 众所周知，支持一个理论需要大量甚至无穷多的实例，而推翻一个理论或猜测，只需一个反例就够了。因此我们的结论是：维持了 28 年的 Baierlein 猜测已不再正确了。

10.2　Baierlein 猜测的反例 B：外场情况

本节将讨论并计算量子情况下磁场中二维电子体系的熵，发现存在磁场时二维电子气体系的熵有可能大于无磁场时的熵。从而证明了对于在外场下的量子体系 Baierlein 的猜测不成立。

根据 Baierlein 文中的观点（即 Baierlein 假定体系相互作用或外场的引入总是使体系的简并度降低），我们选择了与 Baierlein 假定相反的磁场中二维电子气体系作为例子。计算结果证明了我们的想法，得到了与 Baierlein 猜测不同的结果。

10.2.1　磁场中的二维电子气

磁场中的二维电子气是一个与朗道反磁性和量子霍尔效应密切相关的模型。此体系的哈密顿量为

$$H = \sum_{i=1}^{N} \frac{\left(\vec{P}_i - e\vec{A}/c\right)^2}{2m} \tag{10.37}$$

其中，m 为电子的质量，e 为电子电荷，N 为体系粒子数。A 为磁场矢势，仅由关系 $\nabla \times A = B$ 决定，B 为外加磁场。假定二维电子气所在平面为 $X-Y$ 平面，磁场沿 Z 轴方向，则可以取朗道规范：$A_X = A_Z = 0$，$A_Y = xB$。

在经典情况下，体系的配分函数为

$$Z(B) = \int \exp\left(-\beta H\right) \mathrm{d}p\mathrm{d}q = \prod_{i=1}^{N} \int \exp\left[-\beta \frac{(p_{y_i} - eBx_i/c)^2 + p_{x_i}^2}{2m}\right] \mathrm{d}x_i \mathrm{d}y_i \mathrm{d}p_{x_i} \mathrm{d}p_{y_i} \tag{10.38}$$

其中，只需要一个简单的变换：$p_{y_{i0}} = p_{y_i} - eBx_i/c$，即有

$$Z(B) = Z(B=0) = \prod_{i=1}^{N} \int \exp\left[-\beta \frac{p_{y_{i0}}^2 + p_{x_i}^2}{2m}\right] \mathrm{d}x_i \mathrm{d}y_i \mathrm{d}p_{x_i} \mathrm{d}p_{y_{i0}} \tag{10.39}$$

显然配分函数 $Z(B)$ 与外加磁场 B 无关。于是作为热力学函数之一的熵也与外加磁场 B 无关，即体系有无磁场两情况下的熵差为 0。这正是前面 Leff 的结论。

在量子情况下解 (10.37) 式所对应的薛定谔方程，可以得到体系对应的能级为

$$E_n = (2n+1) M_{\mathrm{B}} B \qquad (n = 0, 1, 2, \cdots) \tag{10.40}$$

其中，M_{B} 为玻尔磁子，各能级相应的简并度为

$$g_n = g = \alpha B/k_{\mathrm{B}} \tag{10.41}$$

其中，$\alpha = 4\pi m M_{\mathrm{B}} A_0 k_{\mathrm{B}}/h^2$，$h$ 为普朗克常数，A_0 为二维体系的总面积，α 是与磁场无关的量。

由量子统计容易得到此体系的热力势为

$$\Omega = -k_{\mathrm{B}} T \sum_{n=0}^{\infty} g \ln\left[1 - \exp\left(\beta(\mu - E_n)\right)\right] \tag{10.42}$$

其中，μ 为体系的化学势，于是体系的熵 $S = -\partial\Omega/\partial T$ 为

$$S = g k_{\mathrm{B}} \sum_{n=0}^{\infty} \ln\left\{1 + \exp\left[\beta(\mu - E_n)\right]\right\} - g k_{\mathrm{B}} \sum_{n=0}^{\infty} \left[\beta(\mu - E_n)\right] \frac{1}{1 + \exp\left[\beta(E_n - \mu)\right]} \tag{10.43}$$

体系的粒子数由关系 $\bar{N} = -\partial\Omega/\partial\mu$ 决定

$$\bar{N} = g \sum_{n=0}^{\infty} \frac{1}{1 + \exp\left[\beta(E_n - \mu)\right]} \tag{10.44}$$

在无磁场时，自由体系的热力势

$$\Omega_0 = -\frac{1}{\beta} \int_0^{\infty} g_0 \ln\left[1 + \exp\left(\beta(\mu_0 - E)\right)\right] \mathrm{d}E \tag{10.45}$$

其中，μ_0 为无磁场时体系的化学势，且 $g_0 = 2\pi m A_0/h^2$ 为无磁场体系的态密度。利用同样的关系可得无磁场体系的熵和粒子数分别为

$$S_0 = k_{\mathrm{B}} g_0 \int_0^{\infty} \ln\left\{1 + \exp\left[\beta(\mu_0 - E)\right]\right\} \mathrm{d}E - k_{\mathrm{B}} g_0 \int_0^{\infty} \frac{\beta(\mu_0 - E)}{1 + \exp\left[\beta(E - \mu_0)\right]} \mathrm{d}E \tag{10.46}$$

$$\bar{N} = g_0 \int_0^{\infty} \frac{1}{1 + \exp\left[\beta(E - \mu_0)\right]} \mathrm{d}E \tag{10.47}$$

分别对上面两式进行分部积分和积分可得

$$S_0 = 2g_0 k_B \int_0^\infty \frac{\beta E - \frac{1}{2}\beta\mu_0}{1 + \exp\left[\beta E - \beta\mu_0\right]} \mathrm{d}E \tag{10.48}$$

$$\bar{N} = \frac{g_0}{\beta}\left[\beta\mu_0 + \ln\left(1 + \exp\left(-\beta\mu_0\right)\right)\right] \tag{10.49}$$

由于在加磁场时，体系的化学势会改变，所以计算熵时必须先利用体系的粒子数守恒关系 (10.44)、(10.49) 两式，从中求得体系化学势随外磁场和温度的变化关系 $\mu_0(\bar{N}/A_0, T)$、$\mu(B, \bar{N}/A_0, T)$，然后代入 (10.43)、(10.48) 两式分别计算出体系无磁场时的熵 S 和 S_0，对于二维电子气，μ_0 的解析解为

$$\mu_0 = k_B T \ln\left[\exp\left(\frac{\bar{N}}{g_0 k_B T}\right) - 1\right] \tag{10.50}$$

最后可以计算熵差

$$\Delta S = S\left(B, \mu\left(B, \bar{N}/A_0, T\right), T\right) - S\left(B = 0, \mu_0\left(\bar{N}/A_0, T\right), T\right) = S - S_0 \tag{10.51}$$

10.2.2　结果与讨论

由于 Baierlein 猜测在经典情况下已被严格证明，而且高温正是量子统计向经典统计过渡的条件，所以只有在低温下才有可能出现违反 Baierlein 猜测的情况。对于磁场中的二维电子气体系，存在两个特征温度，一个是 $T_1 = \mu_0/k_B$，为退化温度；另一个 $T_2 = 2M_B B/k_B$，表征体系能级间隔的大小。从计算结果也可以看出，只有在体系温度 T 远小于这两个特征温度时才明显违背 Baierlein 的结论。

图 10.4 和图 10.5 是体系熵差随外加磁场 B 和体系温度 T 变化而改变的关系。显然从图中可以看出，熵差 ΔS 在许多区域内有大于 0 的值，这也证明了 Baierlein 猜测至少在外场的情况下是不成立的。

从图 10.5 可以看出，ΔS 在 T 趋于零时趋于常数。这种情况可以通过考察 S 和 S_0 表达式的低温极限得到。从 (10.48) 式易知 S_0 在温度趋于 0 时为 0。要求解 S 在 T 趋于零的极限，必须考虑极低温下粒子数在能级上的填充情况。我们知道，$T = 0$ 时，$\mu(T = 0)$ 必定处于某个能级 E_{n_1} 上。E_{n_1} 以下的能级全部填满，E_{n_1} 以上的能级全空。在能级 E_{n_1} 上，只能部分填充，设 E_{n_1} 上的填充数为 $f(E_{n_1}) = P$。可以认为

$$P = \lim_{T \to 0} \frac{1}{1 + \exp\left[\beta\left(E_{n_1} - \mu\left(T\right)\right)\right]} \tag{10.52}$$

它由粒子数密度 $\bar{N}/A_0$ 或与之成正比的 $\bar{N}/g$ 决定，

$$P = \frac{\bar{N}}{g} - n_1 = \frac{\bar{N}}{g} - \left[\frac{\bar{N}}{g}\right] \tag{10.53}$$

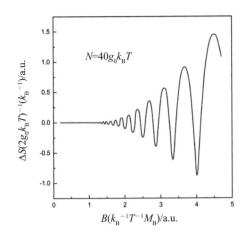
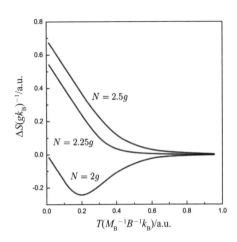

图 10.4　二维电子气体系的熵差 ΔS 随外加磁场 B 的变化关系

图 10.5　二维电子气体系的熵差 ΔS 随体系温度 T 的变化关系

其中，g 为外加磁场为 B 时体系的简并度，[　] 表示取整，显然 $0 \leqslant P \leqslant 1$，$n_1$ 为 $\bar{N}/g$ 的整数部分，随着体系的平均粒子数密度的变化，P 可以在 $[0,1]$ 之间震荡变化。代入熵的表达式

$$S = -gk_{\mathrm{B}} \sum_{n=0}^{\infty} \left[f\left(E_n\right) \ln\left(f\left(E_n\right)\right) + \left(1 - f\left(E_n\right)\right) \ln\left(1 - f\left(E_n\right)\right) \right] \tag{10.54}$$

可以得到

$$S = -gk_{\mathrm{B}} \left[P \ln P - (1 - P) \ln(1 - P) \right] \tag{10.55}$$

显然，温度趋于零，这种体系的熵一般不趋于零，而是趋于常数。这与无磁场的情况不同。究其根源，这个结果正是由于外场使体系基态高度简并引起的。实际上，设第 n 个能级上的粒子数分布为 gP_n，则体系的微观态数为

$$W = \prod_{n=0}^{\infty} C_g^{gP_n} = \prod_{n=0}^{\infty} \frac{g!}{(gP_n)!\,(g - gP_n)!} \tag{10.56}$$

由于除 n_1 能级之外的其他能级的填充数非零即 1，故 W 只由第 n_1 能级上的填充数 P 决定

$$W = C_g^{gP} = \frac{g!}{(gP)!\,(g - gP_n)!} \tag{10.57}$$

由 Boltzmann 熵表达式 $S = k_{\mathrm{B}} \ln W$ 同样可以得到 (10.55) 式。

利用 (10.55) 式可以得到不同粒子数密度体系零度时的熵。当 $\bar{N}$ 分别为 $2g$、$2.25g$、$2.5g$ 时，P 分别为 0、0.25、0.5，熵分别为 0、$gk_{\mathrm{B}}(\ln 4 - 0.75 \ln 3)$ 和 $gk_{\mathrm{B}} \ln 2$。这个结果与计算结果一致，见图 10.5。

显然由 Stirling 公式得知，零度时熵 $S(P) = S(1 - P)$ 随着粒子数密度的变化，可以在 0 和 $gk_B \ln 2$ 之间变化。其最大值正相当于 $P = 1/2$ 的情况，而最小值 0 相当于 $P = 0$ 和 1。这个结果亦与数值计算结果一致。

另一个非常有趣的现象是：在低温下，这个体系的熵差 $\Delta S = S - S_0$ 随磁场 B 的增大出现振荡，而且振幅随 B 增大而增大，正如图 10.4 所示。为了解析地说明这个特征，我们研究零度时熵差的严格解。因为 $S_0(T = 0) = 0$，而 $S(T = 0)$ 由 (10.55) 或 (10.56) 式给出。组合数 C_m^n 的极大在 n 为 m 的中点时出现。S 在 $P = 1/2$ 时出现极大，数值为

$$S = gk_B \ln 2 = \alpha B \ln 2 \tag{10.58}$$

因而，振幅随 B 线形上升。其物理根源是 B 上升时体系基态简并度幂指数式增长。设在 B_1 和 B_2 处相继出现熵极大，则不难由 (10.58) 式解出两个极大的间距

$$B_2 - B_1 = \frac{\alpha B_1^2}{N k_B} \left(\frac{1}{1 - \alpha B_1 \sqrt{N k_B}} \right) \tag{10.59}$$

因此，相邻两极大的间距随 B 的上升而上升。这些结果均为严格的，而且与低温下的数值结果（图 10.4）相接近，从而给它一个定性的解释。

10.2.3　结束语

在这一节里，我们计算并讨论了量子情况下磁场二维电子气系统的熵，证明了在有外场的量子情况下 Baierlein 猜测是不成立的，量子体系的熵是有可能因外场的引入而增加，而不是像经典情况那样一定减小。

在计算和讨论中忽略了电子自旋简并以及由自旋引起的能级分裂，由于电子自旋角动量为轨道角动量的 1/2，而其朗德因子又为轨道角动量的两倍，所以自旋产生的能级分裂恰与朗道能级重合，因而对体系影响不大。考虑自旋简并度则只需将能级简并度乘 2 即可，这并不影响我们的结论。

参考文献

[1] Baierlein R. Forces, uncertainty and the Gibbs entropy. American Journal of Physics, 1968, **36**(7): 625-629.

[2] Shannon C E, Weaver W. The mathematical theory of communication. Urbana: University of Illinois, 1949.

[3] Leff H S. Entropy difference between ideal and nonideal system. American Journal of Physics, 1969, **37**(5): 548-553.

[4] Griffith R B. A proof of free energy of spin system extensive. J. Math. Phys., 1964, **5**(9): 1215-1222.

[5] 马桂存，缪胜清. 动力学相互作用系统对系统熵的影响. 安徽大学学报，1992，**16**(3): 125-130.

[6] 丁峰，张晨，俞权等. 量子体系中外场对体系熵的影响. 复旦学报（自然科学版），1997，**36**(3): 330-336.

[7] Anderson P W. Localized magnetic states in metals. Phys. Rev., 1961，**124** (1): 41-53.

[8] Dai X X. On the Functional-Interal Approach in Quantum Statistics, Including Mixed-Mode Effects and Free of Divergences:I. J. Phys. Condens. Matter, 1991, **3** : 4389-4398.

[9] Dai X X. On the Functional-Interal Approach in Quantum Statistics, Including Mixed-Mode Effects and Free of Divergences:II. Diagram Analysis and Some Exact Relations. J. Phys. Condens. Matter, 1992, **4**: 1339-1357.

[10] 戴显熹，俞权，张晨等. Baierlein 猜测的反例. 复旦学报（自然科学版），1997, **36** (3): 253-262.

第 11 章　激光基础观念及其模式理论

11.1　引　言

激光（或受激光辐射器），在现代已深入到科学、技术和生活的各个领域。是什么力量、观念驱使人类经历四五十年的探索去追求当时并未见过的新的物态和高新技术呢？它的基础观念的提出，须追溯到 Einstein 的光辐射理论 [1]。从探索的整个过程中，人们可以领会理论物理思考方法的魅力。

激光器，英语 laser （light amplification by stimulated emission of radiation 的首字母缩略词），中文也有译为光激射器、莱塞、受激发射光、光学脉泽、光受激发射器等，其实它们是一个意思。

从技术发展的角度来看，激光的研究还与 maser 研究有着历史的渊源关系。激光产生的物理条件将在 11.1.3 中予以分析，激光的特点将在 11.1.4 中予以分析。

11.1.1　Einstein 的光发射和吸收的理论

为了理解激光的物理原理，有必要首先了解光的受激发射的概念。为此让我们回顾 Einstein 的光发射和吸收的理论。如所周知，Planck 在 1900 年，基于解释实验中获得的黑体辐射公式，提出了能量量子化的物理概念。由于它与经典物理的概念格格不入，许多人对此抱有怀疑，即便 Planck 自己也产生过犹豫和怀疑。而 Einstein 不但接受了能量量子化的物理概念，并且运用它建立起他自己的新理论。

1907 年，Einstein 提出固体的比热的量子论，解释了为什么低温下固体的比热不是如 Dulong-Petit 定律和能量均分定律所预计的保持常数，而是趋于零。虽然 Einstein 的比热指数下降律与实际比较显得太快，但毕竟是首次指明了一个理论方向：能量量子化的重要性。后来经过 Debye (1912) 的改进，使得固体的比热的量子论获得辉煌的成就。

Einstein 提出了光子学说。根据他的相对论，具有一定能量 ε 的客体，必然同时具有相应的动量 $\vec{p}$

$$\varepsilon = cp \qquad \vec{p} = \hbar\vec{k} \tag{11.1}$$

其中，c 和 $\vec{k}$ 分别为光速和波矢。这组关系在康普顿（Compton）散射实验中得到证实。

进而为微观粒子的波粒二象性提供物理理论基础。后来这组关系 (11.1) 被称为 Einstein-de Broglie 关系。

1924 年，年轻的 Bose 为寻求 Planck 黑体辐射定律的理论依据，提出一个新的量子态的界定方法，建议一个新的统计（后来被誉为 Bose 统计）。Einstein 不但将 Bose 的英文稿译成德文，推荐发表，而且作了一个极为重要的注解：即当将这个统计推广到粒子数守恒的体系（因而化学势不为零），预言在低温下可能导致新的凝结（在没有动力学作用下，仅依赖于纯粹的统计效应导致的）。后来人们称它为 Bose-Einstein 凝结（简称为 BEC）。

Einstein 建立了下面要提及的以旧量子论为基础的光发射和吸收的理论。这为激光的出现提供了理论先导。

无论是光子学说、Compton 效应、激光、BEC，还是超导理论，均有与 Einstein 相关的若干顶级的成就，均有多位获得 Nobel 物理奖的。这说明新观念或新理论刚出现时，可能或多或少带有各种不足，难以理解，或污泥浊水，这是需要有能"慧眼识英雄"的人们去爱护、识别和发展。

这不禁让人感慨：对新理论和观念的创建者，要自信，要有"两岸猿声啼不住，轻舟已过万重山"（李白）的气概。对审稿人和后学者，要有"慧眼识英雄"的勇气，要有"花开堪折直须折，莫待无花空折枝！"（李清照）的果断。

早在 1917 年，Einstein 建立了以旧量子论为基础的光发射和吸收的理论。人们知道，Planck 黑体辐射定律的理论推导中，那个能量量子化了的谐振子是指黑体空腔壁上的固体分子，还是空腔里面的电磁场？当时很多人并没搞清楚，实际上正确的理解是指电磁场。而在 Einstein 的理论中，能量量子化了的谐振子总体是指光子气。所考察的体系，单位体积中实际上包含着光子气和原子气体。在他的光发射和吸收的理论所研究的课题则是将理论推广来研究光与物质的相互作用。这可以说是一个勇敢的尝试。因为当时量子力学（Heisenberg 的矩阵力学 (1925) 和 Schrödinger 的波动力学 (1926)）尚未出现，当时已经提出的有关量子论无非就是 Planck 黑体辐射定律和 Bohr 的氢原子理论。

为描述原子在态 φ_k 和态 φ_m 之间的跃迁几率，Einstein 引入三个系数：由态 φ_k 到态 φ_m 的自发发射系数 A_{km}，受激发射系数 B_{km} 和（受激）吸收系数 B_{mk}。A_{km} 表示原子在单位时间里由态 φ_k 自发跃迁到态 φ_m 的几率。受激发射和吸收的几率则与作用于原子的光波的能量密度有关（假设为成正比）。根据 Planck 能量量子化假设（后来称为 Planck-Einstein 关系），可以获得光子能量 ε、频率 ν 和原子能级差的关系

$$\varepsilon \equiv h\nu \equiv \hbar\omega_{km} = \varepsilon_k - \varepsilon_m \tag{11.2}$$

其中，h 为 Planck 常数。这实际上就是能量守恒的表现，相当于 Bohr 的氢原子理论中的频率定则。设作用于原子的光波的频率范围在 $\nu \to \nu + d\nu$ 内的能量密度为 $I(\nu)\,d\nu$，则单位时间内原子从态 φ_k 跃迁到态 φ_m 并发射出能量为 $h\nu$ 的光子的几率为 $B_{km}I(\nu)\,d\nu$；而原子从态 φ_m 跃迁到态 φ_k 并吸收出能量为 $h\nu$ 的光子的几率为 $B_{mk}I(\nu)\,d\nu$。

Einstein 利用热力学细致平衡的条件建立了这三个系数的关系。设处于态 φ_m 和态 φ_k 的原子数目分别为 $N_m(T)$ 和 $N_k(T)$，则细致平衡要求单位时间内由态 φ_k 跃迁到态 φ_m 的总原子数目等于由态 φ_m 跃迁到态 φ_k 的总原子数，即

$$N_k(T)\,A_{km} + N_k(T)\,B_{km}I(\nu) = N_m(T)\,B_{mk}I(\nu) \tag{11.3}$$

考虑到处于不同能级的原子数随着能量而指数减少

$$N_k(T) = N(0)\exp[-\frac{\varepsilon_k}{k_{\mathrm{B}}T}] \qquad N_m(T) = N(0)\exp[-\frac{\varepsilon_m}{k_{\mathrm{B}}T}] \tag{11.4}$$

其中，$N(0)$ 为总原子数。代入 (11.3)，得

$$I(\nu) = \frac{A_{km}}{B_{mk}}\frac{1}{\exp[\frac{\varepsilon_k - \varepsilon_m}{k_{\mathrm{B}}T}] - \frac{B_{km}}{B_{mk}}} \tag{11.5}$$

但根据 Planck 黑体辐射定律，辐射场内的能量密度为

$$\rho(\nu) = \frac{8\pi\,\nu^2}{c^3}\frac{h\,\nu}{\exp[\frac{h\,\nu}{k_{\mathrm{B}}T}] - 1} \tag{11.6}$$

如果这个理论能够推出实验证实的 Planck 黑体辐射定律，那么这辐射场内的能量密度的两个表达式 $I(\nu)$ 和 $\rho(\nu)$ 必须一致，从而导致这三个系数必须存在下列关系

$$B_{km} = B_{mk} \qquad A_{km} = \frac{8\pi\,h\,\nu^3}{c^3}B_{mk} \tag{11.7}$$

现在人们称这三个系数为 Einstein 辐射系数。具体地说，B_{mk} 为 Einstein 受激跃迁（吸收）系数，B_{km} 为 Einstein 受激辐射（发射）系数，A_{km} 是 Einstein 自发辐射系数。

发射和吸收是原子和光相互作用的现象，它的相关理论应属于量子电动力学。而 Einstein 理论只是建立了以旧量子论为基础的光发射和吸收的理论，但其物理意义却是很深刻的。

首先，基于 Planck 黑体辐射定律的理论推导中，发现原子在辐射场中的三个基本动作：自发发射，受激发射和受激吸收。这其实是这个理论的精华所在。

其次，发现这三个系数间存在两个关系，因而独立系数只有一个。量子力学可以求出受激跃迁（吸收）系数，从而在全部辐射系数中，只有自发发射系数 A_{km} 是量子力学无法求出的。

11.1.2 Einstein 的受激辐射观念与导致激光的追求

正如前一节所强调的，Einstein 辐射理论的意义在于从 Planck 黑体辐射定律的理论推导中，发现原子在辐射场中的三个基本动作：自发发射，受激发射和受激吸收。按照这个理论，在光子场里面，对于每一特定的频率 ν 均有两种不同的成分：来自自发发射的自发

发射光和来自受激发射的受激发射光。这两种成分的光虽然具有相同的频率，但性质却是不同的。比如说，自发发射光应该是各向同性的，因为是自发的，与光子场中的光谱强度 $I(\nu)$ 没有关系，它应不具有相干性。但受激发射光则不同，它的成分正比于光子场中的光谱强度 $I(\nu)$，受到相关的受激发射光的影响，因此它应该是相干的，具有方向上的一致性。

由此自然联想到一个问题：是否能获得以受激发射光为主（或受激发射光占绝对优势）的光源？那将是非常有趣的新型光源和新的状态（或新的物态）！当时虽然不知道这新的物态是什么样的，但长期以来可能或隐或现地激励着人们去追求和创造。

有一点必须明确的是：这个新的态绝对不是热力学平衡态。因为按照 Einstein 辐射理论，单位时间、单位体积中，向频率为 ν 的光子流中注入的光子数为

$$A_{km}N_k(T) + B_{km}I(\nu)N_k(T) = N_k(T)B_{km}\frac{8\pi h \nu^3}{c^3}\left[1 + \frac{1}{\exp\left[\frac{h\nu}{k_{\mathrm B}T}\right] - 1}\right]$$

$$= N_k(T)B_{km}\frac{8\pi h \nu^3}{c^3}\left[\frac{\exp\left[\frac{h\nu}{k_{\mathrm B}T}\right]}{\exp\left[\frac{h\nu}{k_{\mathrm B}T}\right] - 1}\right] \tag{11.8}$$

同时从频率为 ν 的光子流中消失的光子数为

$$B_{mk}I(\nu)N_m(T) = B_{km}N_m(T)\frac{8\pi \nu^2}{c^3}\frac{h\nu}{\exp\left[\frac{h\nu}{k_{\mathrm B}T}\right] - 1} \tag{11.9}$$

考虑到 (11.4)，得知注入的光子数正好等于消失的光子数，从而保证了光子的频谱分布稳定在 Planck 黑体辐射定律所要求的那样，只决定于温度和频率：

$$\bar{n}(\nu) = \frac{8\pi \nu^2}{c^3}\frac{h\nu}{\exp\left[\frac{h\nu}{k_{\mathrm B}T}\right] - 1} \tag{11.10}$$

在平衡态，自发发射光子谱密度 $\bar{n}_1(\nu)$ 与受激辐射光子谱密度 $\bar{n}_2(\nu)$ 的比率是固定的，只依赖于温度与频率：

$$\frac{\bar{n}_1(\nu)}{\bar{n}_2(\nu)} = \exp\left[\frac{h\nu}{k_{\mathrm B}T}\right] - 1 \tag{11.11}$$

为了获得受激辐射为主的新状态，必须离开平衡态。科学工作者们从此开始了寻求适当的远离平衡态的漫漫之旅。

11.1.3　激光产生的物理条件

为了寻求受激辐射为主的新状态，必须创造适当的条件。

第一，粒子数反转（population inversion, or occupation number inversion）。

按照 Einstein 辐射理论，对确定频率 ν 的受激辐射光子的发射率为 $B_{km}I(\nu)N_k(T)$，其被吸收率为 $B_{mk}I(\nu)N_m(T)$，$B_{km} = B_{mk}$，为实现受激辐射光子为主的态，必须实现受激辐射光子的发射率大于其吸收率。

这里有许多学问，为此顺便提一下思考的方式。笔者认为可以有两种思维方式，分别叫做伦理逻辑和目标逻辑。比如要建立一个理论框架，如相对论、量子力学、电动力学、统计力学等基础理论，必须从长计议，此时需要的是伦理逻辑。而当考察某一个特定的目标，围绕着这个目标的实现，人们可以采用许多方式，而不必面面俱到，否则枝蔓太多，以至于寸步难行。比如为使两条道路交叉不影响交通，立交桥不失为一种解决方式。计算机语言中，$s = s + 1$ 又是一个例子。它的意思是将 s 这个储存点赋予 $s + 1$ 的值。随着计算的进行，s 这个储存点的赋值可以随之而变。这些所用的思考方式就是目标逻辑。

对于粒子数反转方式的探究，就需要人们调动所有的聪明才智，来实现这目标。

乍看起来，这目标是不可能的，因为人们从未见过上能级粒子数多于下能级粒子数的例子。然而科学家们并没有放弃。仔细分析起来，人们接触的多数情况是平衡态，如果在非平衡态，甚至远离平衡态，就可能有新的希望。

实际上人们无法全面地实现这个目标，但退而求其次，我们可以只在几个指定的能级（例如上能级 k 和下能级 m）间实现粒子数 $N_k(T)$ 和 $N_m(T)$ 反转

$$N_k(T) > N_m(T) \tag{11.12}$$

我们也知道，通常基态的粒子数是很多的。要对基态实现这种反转实际上是不可能的，我们可以不选基态为下能级。我们可以在许许多多的材料中，细心地挑选出极少数的一对能级。这对于我们的目的也已经足够了。大约在 20 世纪的五六十年代，人们为了寻找可能用来制备后来被称为激光的新物态，在理论和实验上展开对材料的大规模分析和筛查，包括固体、气体、液体、半导体、染料等，同时对可能的能级作分析和筛查。乍看起来，这犹如大海捞针，无穷多的能级何从下手呢？一个可能的选择是利用光谱分析，首先集中研究与强度比较强的谱线相联系的能级。此外就是判断它们是否能被选做激光运转能级的光谱证据，最佳的选择就是看这些谱线通过这些材料的一定距离后能否获得一定的增益。

比如，可以挑选亚稳态作上能级，将粒子数容易撤空的能级作为下能级。实践证明，这些考虑都是可行的。

光泵也是一种选择，即用外来光源（如强光）照射工作物质。外来光源将大量的低能级的电子激发到相对高位的状态去，这样就可以实现瞬时的粒子数反转。

半导体中常用的是 P-N 技术。在 P-N 附近存在一个反型层，当电流注入反型层时，就可以实现粒子数反转。这是半导体激光中常用的粒子数反转方式。

第二，增益大于损耗。

人们把光通过单位长度后获得的强度增强的比，称作增益（例如每米增益）。实际上这种增强是指数式的：

$$I/I_0 = \exp[\alpha\, l] \tag{11.13}$$

理论上应采用 α 为增益率，不过实验上常用的数据是每米增益。在通过这段距离时，光还会遇到各种损耗，如衍射损耗、各种散射损耗等。实现激光的必要条件是增益大于损耗。

第三，谐振腔。

通常情况下，在一段有限距离上获得的光增强是非常有限的。考虑指数增长的规律，最好的方法是将运作的距离延长，最好是延长到无穷长。但实验室实际空间总是有限的，这种延长可以有两种方式，一种是环形路径，像回旋加速器那样。这对光不现实，因为光不带电，不易弯曲；另一种方式就是来回反射，构建高品质的谐振腔。这在光学长期发展中已有先例，那就是 Fabry-Perot 干涉仪。那是两个垂直于光路的两片高反射率的平面镜片。可是历史上人们运用这类干涉仪的目的是获得单色性非常好的光源和测量谱线宽度的一种精密技术，对于它所设计的光的分布的理论并未仔细研究。

Schawlow 和 Townes [2] 和 Prokhorov [3] 在 1958 年建议研究红外和光激射器（Infrared and Optical Maser）并建议用 Fabry-Perot 干涉仪作为谐振腔。

Maiman 最先在红宝石上用光泵实现激光的运转[4]，Collins 等 [5] 对红宝石激光的相干性、谱宽变狭效应、方向性等作了详细研究。

随着激光研究的发展，激光谐振腔中光场的分布、衍射损耗和相角的移动等的系统研究（亦称为激光模式理论）发展了起来。由于激光谐振腔是开放式的，与封闭式的微波谐振腔不同，因此是一门专门的学问，是电磁场理论的一个新的重要发展。我们将在下一节予以讨论。

顺便提一下，激光（laser）与 maser 很相似，只是电磁波的波长在光波和红外范围。但激光的发展迟于 maser，所以人们也称激光为光 maser。两者在发展和研究思路上有相互借鉴之处，但激光具有更广的用途，青出于蓝而胜于蓝。

11.1.4 激光的特点和应用

激光作为一种特殊的新光源，具有一系列新的特点：相干性好；单色性好；方向性好；亮度集中；如果激光是通过 Brewster 角窗实现的，则激光可以具有很好的极化性质（线偏振性）；强光的非线性效应。

基于激光自身的各种特点，自然带动相关的各种应用，深入到各个领域，展现出辽阔和丰富的应用前景。

（1）长度计量：利用相干性好和单色性好。

如所周知，科学技术上必须有统一的标准。在法国的国际度量衡局保存着许多基础度量的基准，包括长度基准（米原器）、电压基准（Wiston 电池基准）、质量基准（克原器）等。

一个人口众多、幅员辽阔的国家，要取得发展，不可能忽视基础性的建设，包括基础理论、技术、标准、人才队伍、最广泛运用的软件和防毒软件，不然就不可能取得在科学技术上真正意义上的独立自主。

当时国际度量衡局规定引用长度基准要按人口比率收费。中国科学家们决定采用国际通用的科学的长度基准：以激光波长为长度基准。复旦大学知名物理学家李富铭等和上海计量局合作，经过几年富有成效的努力，成功地实现长度的激光计量基准，为国家填补了空白。

自从相对论被承认为基本理论后，那么三个独立的基本度量基准 CGS 制原则上只需两个独立基准。因为光速是不变的普适常数。这在天文上已经广泛采用光年作为长度单位。但目前在实际运用上仍然采用三个独立的基本度量基准 MKS 制。

(2) 激光通信和光纤通信。

(3) 探测器：DVD，VCD。

(4) 激光切割，打孔（例如钟表元件的打孔）。

(5) 利用激光的强光效应，作为激光武器。例如打飞机和各种射击武器，包括可能用于击落导弹的武器。它的射击速度非常高，是空气中的光速。

(6) 利用激光的强光效应，可控热核反应中，可能被作为引爆装置。

(7) 作为非线性物理研究的极为重要的领域，发展了非线性光学。如所周知，真空中的电磁方程是线性的，但是在介质中的一些物性方程，当激光强度增大到一定程度，就可能呈现非线性了：

$$\vec{D} = \varepsilon(E)\vec{E} \qquad \vec{H} = \frac{\vec{B}}{\mu(B)}$$

原先的介质常数将与场强有关，从而使介质中的 Maxwell 方程非线性化了。非线性光学中存在许多线性物理中没有的现象，从而大大丰富了非线性物理的内容，成为极为吸引人的研究领域。

(8) 利用激光的单色性和相干性好，建造激光陀罗（用于航海和航天的定向）和 Doppler 雷达（如用于测量流体中速度及其分布）等。

11.1.5　半导体激光的工作原理和应用

半导体激光实现粒子数反转的方法非常有趣。大家知道，半导体技术中常见的是通过扩散、外延等掺杂手段，制造 P-N 结，使得一边的载流子是 N 型的，另一边的载流子是 P 型的。在 P-N 结附近有一个反型层，将电流（电子或空穴）注入反型层，就可以造就粒子数反转。

由于两种载流子的复合，产生光量子。它们沿着 P-N 结平面，在反型层中运动，获得增益，在以解理面形成的谐振腔中获得指数式的放大，形成激光。

半导体激光的谐振腔设计也是非常具有诗意的。它不像气体激光和固体激光那样需要困难的加工，它是利用自然的解理面，只是用机械方法造出一对解理面（有时就用镊子一敲）。但希望用新鲜的解理面，然后进行密封。

半导体激光的优点是寿命长，体积小，利于携带。人们还可以利用禁带宽度不同的半导体、不同的掺杂获得不同波长的激光。因此它可以用于海岛，边境的近距离保密通信。

选用不同的半导体材料，获得三种原色的半导体激光器，从而可以作家用电器中的探头，例如在 DVD、VCD 中用作探头，获得良好的彩色效果。

半导体激光需要较好的材料。为了尽可能减小散射损耗，我们用的是直拉无位错单晶。为了获得与解理面严格垂直的激光运转平面，一个关键性设备是定向切割机。复旦大学物理系工人们自己动手制造了这一关键设备，效果非常好。它保证了切割的方向和解理面的良好垂直，此外为这切面的平行面内形成平整的 P-N 结。为此，还需要在进行扩散等工艺之前，将表面腐蚀（通常用 311 溶液）出新鲜且平整的表面。

11.1.6　He-Ne 激光的功率的一场攻坚

在实际工作中，人们难免遇到自己不懂或不熟悉的新知识、新学问。这一小节将通过笔者亲身经历的项目，来阐述如何提出、分析和解决问题的。当时系里接受一个科研单位的委托，要研制连续功率在 25 mW 的 He-Ne 激光管，长度限制在 1 m。系里非常有经验的老师已经花了一年半，作出了很好的工作，但连续功率最高只达到 18 mW，还动用了价值昂贵的石英管。工宣队领导为了给委托单位一个体面的交代，就宣称集中力量打歼灭战，派了八个人，集中研究三个月。三个月风吹过，因为大家都插不上手，就宣布解散。大家心里明白，这显然是做戏。因为有经验的创始队伍都走了，留下俩外行，显然是一种应付。其实，因为笔者质疑四人帮之流发难的所谓"批判 Einstein"，并拒绝参加所谓"批判 Einstein 小组"（见专著 [6]）。当时的当权者密谋要我参加农场劳动半年，挖防空洞四个半月，清仓四个半月，最后安排气体激光工作，也没具体任务。留下我们两个生手，也可说是一种特意的安排吧！

考虑到委托单位的急需，所派的常驻代表已经一年半了。笔者下决心尽自己的努力，但因所学理论专业，对实验基本上属于外行，唯一的办法是诚心诚意地向有经验和学识的人们学习。好在前几个月，人们不把我当回事，没有具体要求，可以利用时间去了解制备的全过程，几乎所有的主要环节尽可能亲身经历一遍，发现一系列需要做的事：第一，气体激光管的寿命问题。电极的亲自制备，过渡接头和电极的严格密封等。第二，环氧树脂的低温固化问题。第三，一米长的毛细管容易出现中间下坠问题。第四，镜片设计和预订加工等，因所需时间很长，必需事先筹划。

物理工作者不但要理清那些极为重要的工作，同时要分清哪些是他们责无旁贷的主攻方向，而哪些不是自己的专业，必需借助于专业人员的帮助，指导自己的实验。前四个问题就属于后者，并得到圆满解决。

我们面临的中心任务是如何获得所要求的功率。我们必需找出所有影响功率的因素。为了避免遗漏，我们运用激光运转的物理条件来核查：第一，谐振腔的镜片。第二，工作物质——He-Ne 气体。第三，增大增益，减小损耗。

进而进行分类研究：

（1）谐振腔。

A. 谐振腔镜片的反射率：由于现代技术，利用分层镀以介质膜，可以保证在指定的波长为 6328 Å 处的反射率在 99.5% 以上。

B. 谐振腔镜片的光洁度也是有保证的。

C. 谐振腔镜片的准直度：其中一个镜片的准直度是通过玻璃车床来保证的，准直度是很高的。由于是半外腔式，另一片的准直度是可以调节到最佳状态。

D. 谐振腔镜片的曲率半径的选择：我们可以对两个镜片的曲率半径进行选择。但根据模式理论的计算，它们无异于改变衍射损耗。我们已经将它控制在允许的范围之内。委托单位特别明确要求必要的功率、发散角，并允许多模。我们在这个范围内，完全可以取固定的镜片为平面镜，只调节一个镜片的曲率而取得最佳状态。

（2）工作物质：He-Ne 气体。

A. He-Ne 气体的纯度，除在输入原装气体纯度保证的基础上，辅以对管壁的多次烘烤、排气、充气，保证管壁所吸附的气体也是所要求的 He-Ne 气体。

B. He-Ne 气体的总压强、分压强均在多次扫描下获得最佳数据。

C. 工作电流，即 He-Ne 气体放电的电流对功率影响很大。但它是可调节的，总可以设置在最佳状态上。

（3）增大增益，减小损耗。

A. 增大增益：在工作物质确定的基础上，原则上如前面所述，已经考虑了这个因素。但 He-Ne 激光有一工作特点必须引起我们的重视，He-Ne 的 6328 Å 激光在运转时，受到 3.39 μm 这根线的竞争，因为它们共有一个上能级。如果能够有效地抑制 3.39 μm 这根线的激光的运转，那么被分流的绝大部分的上能级粒子均可参与到 6328 Å 激光的运转中。我们考虑在外腔中引入甲烷（CH_4）将 3.39 μm 这根线进行吸收。笔者做了这个实验，看到当将（CH_4）注入外腔中时，6328 Å 激光功率立即上升，上升的比率可达百分之几十的幅度。因此这不失为一种可考虑的方案。

B. 模体积的最大化。为了最大限度地利用所有有效的反转粒子数，最大限度利用模体积的最大化是一个重要选择。因为放电管中光场分布是不均匀的。例如，基模基本上是 Gauss 型分布的。离轴部分的反转粒子数对激光的贡献是相对比较小。但我们所要求的激光管允许多模。在发散角允许范围内，我们可以允许相当多的高阶模进入运转。

C. 一米长的毛细管容易出现中间下坠问题，通过增加放电毛细管的壁厚予以解决，以减小增益损耗。

D. 减小增益损耗在 6328 Å 激光的运转中是至关重要的。He-Ne 气体激光中 6328 Å 的增益是每米 2%，这是非常微小的，因此任何可引起增益损耗的因素，均应引起注意。在外腔式激光中必需的 Brewster 角窗的反射损耗必需控制在合理范围内，为此笔者亲自磨 Brewster 角窗的角度，按计算角窗的角度的偏差允许在度的量级。我们能达到的精度在 3 分之内，因此 Brewster 角窗的反射损耗是有限的。

笔者从头到尾设计操作的第一支 He-Ne 6328 Å 激光功率，出乎意外的，只有 13 mW，而有经验的专家的最好结果是 18 mW。检查自己与原来设计的重大差别，原来用的汽炼石英管，我们改用 GG17 玻璃（高硅玻璃，相似于国外的 Pyrex 玻璃），它具有远好于普通玻璃的性能，价格只有每公斤 10 元人民币，而汽炼石英管一根 2000 元人民币。这无论如何不会导致功率如此下降。

彻夜未眠，检讨每一个可能导致的失误，但仍百思不得其解。第二天中午，因时间还早，实验室空无一人。蓦见一迷路鸽子停在工作台上，极度紧张下（因担心大量的玻璃扩散泵和激光管），小心翼翼地驱赶了鸽子，靠在桌边沉思。突然看到 Brewster 角窗反射过来耀眼的光束。很奇怪，怎么这么耀眼呢？测量反射光的功率，竟达透射光的百分之十之多。开始时以为这应可忽略不计，其实这是正常的。输出端的透射率是 1% 的量级，而反射光是从腔内的 100% 的功率中直接导出的，因此这个结果不应该感到意外。

令人触目惊心的不是别的，而是那反射光如此耀眼。经过一整夜的考量，终于归结到一个自己最不愿怀疑的问题：Brewster 角窗片的质量问题。因为镜反射光即使很强，也只能在反射角方向上看到，而耀眼说明在非反射角方向也被看到，这应该属于散射现象。我们进一步发现有经验的专家的最好结果是用浙江大学加工的，比较薄。而我们用的是上海加工的，比较厚。由于当时的 Brewster 角窗的加工是一新的工作，浙江大学有光学精加工技术，水平比较高是可以理解的。经过仔细考虑，我决心将我的 Brewster 角窗拆除，以便找到功率的突破口。为此与常驻代表作了推心置腹的交谈，并把方案作了仔细的计划，取得了一致的意见。两个人一起用烧红的玻璃棒将 Brewster 角窗的树脂烫焦，在不伤其他一切的情况下，取下角窗。

当我们把谐振腔镜片贴上去时，惊奇地发现这激光管不出激光了。尽管大家都非常难过，但没有相互埋怨。我仍与往日一样，用贴着红玻璃的带十字丝的小孔，观察激光管里的光斑，它像一轮喷薄欲出的红日在海面上时隐时现。我判断由于原来的窗片两侧不严格平行，所以拆去窗片后，镜片的准直性出现偏差，但显然相去无几。

所幸的是，我们所用的玻璃管材料不是石英，而是 GG17 玻璃，因此热膨胀系数比普通玻璃的小，但比石英的大，因此可以用小火苗调节其准直度。经小火苗仔细一烧，激光又重新出现。功率测量结果是 38 mW，远超过委托单位的 25 mW 的要求。最后通过使形变固定到适当程度的方法，获得了固定的 38 mW 功率输出。

为了进一步证实我们的分析与预测，也考虑到所预定的激光管不需要偏振，我们索性改用内腔式。为此必须解决准直的问题，我们决定了调整谐振腔镜片的匹配，并亲自上玻璃车床。结果，用了这一套方法，都可以做到 50 mW 以上的连续功率输出。这样，所委托的任务就圆满结束。

11.1.7　3.39μm 激光的获得和应用

根据 He-Ne 激光器的工作原理，6328 Å 运行于两个 Ne 原子能级之间。但由于 3.39μm 激光也运行于两个 Ne 原子能级之间，而且两者共有相同的上能级，因此出现竞争上能级粒子数的问题。特别的，$3.39\mu m$ 的增益是每米 16000%，而 6328Å 的增益只有每米 2%，因此这种竞争是非常剧烈的。

为了提高 He-Ne 激光器的 6328 Å 的激光功率，我们试图抑制 $3.39\mu m$ 激光的运行。虽然我们运用在外腔中导入 CH_4 成功地抑制了 $3.39\mu m$ 激光的运行，同时提高了 6328 Å 的激光功率，但笔者同时产生了一个想法：制备 $3.39\ \mu m$ 激光器，通过它可以进一步了解它本身的运转规律。不知道什么原因，如此简单的想法立即受到多数人的反对：运转一个新的激光，没有项目的支持是不可能的。要知道制备 6328Å 花了多少时间！

我想这是不同的两回事，主要是 $3.39\mu m$ 有超强的增益，是完全可以实现的。我决定单枪匹马，独自去实验。我分析所需要的只不过是：石英的谐振腔输出镜片，中红外线探测器，一块锗片。于是，在旧片子中找到一片石英输出镜片，向激光调制组借来一个探测器和一块锗片，就开始工作了。

我的想法是："事成于思，毁于随。"想清楚了，可以做的就去做，不要迷信！

当我把中红外线探测器对着激光器时，什么信号也没有！是没有 $3.39\mu m$ 激光吗？不可能！因为按我的分析，应该已经有了。原因是我们看不见中红外，不知如何使激光顺利通过这长长的接收管，准确地投射到探测器上。

因为没有辅助设备，怎么也调整不好。突然想到这管子还可以运转 6328Å，于是就用它实现对光工作。当单独运行 $3.39\mu m$ 时，立即测出 $3.39\mu m$ 的功率。

接着我立即请来几位有经验的专家来看，用现在的话来说，就是请他们做鉴定。有人提出："怎样才能证明你现在运行的确实是 $3.39\mu m$ 激光呢？"

我回答说："我也问过自己同样的问题。首先，在 6328Å 运转时，同时受到 $3.39\mu m$ 的竞争，说明两者都在运转。现在让我们熄灭 6328Å，这非常容易做到，因为它的增益只有每米 2%，只要增加一些电流，6328Å 就熄灭了。"我将工作电流逐步调高，显示 6328Å 功率逐步上升，经过一个极大后，逐步下降，我将工作电流再稍微调高一些，6328Å 激光就完全消失了。"我建议大家记住这个功率的数值，当我继续加大电流时，正如你们所看到的，红外线探测器的功率记数并不因为 6328Å 激光的完全消失而下降，相反地明显上升了！"

至于这运转的是否为激光，那是显然的。因为普通的光，方向性没有这么好。

$3.39\mu m$ 激光就这样被成功地运转了。我一直将它放在心里，因为研究的宗旨在于奉献给人民，希望得到应用。可是当时很少有机会，因为我们没有相关的项目支持。

一个天赐的良机来了。有一位外调人员来校询问 $3.39\mu m$ 激光的事，接待人员说我校没人做过，就立即挡掉了。我听说了这件事，立即找到接待人员，问是否是煤矿单位的？他说是。我说这太好了。因为我知道，$3.39\mu m$ 激光可以测瓦斯（甲烷）的含量，它对甲烷吸收非常灵敏，大气中百万分之一的甲烷含量就足以阻止 $3.39\mu m$ 激光在大气中的通信。我花了很大的耐心，劝说接待人员接受这项任务。他担心试制困难，工作量大。我解释说：就在原来批量生产的 He-Ne 6328Å 激光管（30 cm 长）的基础上，换上一个石英的谐振腔输出镜片，质量要求也非常一般。因为 $3.39\mu m$ 激光的增益很大，要求很低，即使把长度

理论物理方法精选教程

减得更小一些也行，电源也可以用原来的。

他听了我的介绍后，动心了。结果我系就为这个单位提供了 $3.39\mu m$ 激光的试制和供应，长度据说也可减到 30 cm 以下。

11.2 开式谐振腔的模式理论

本节将涉及开式谐振腔的模式理论的基础表述、Fox-Li 理论、Boyd-Gorden 理论、有限孔径谐振腔的模式理论、非对称非厄米积分方程和非对称非厄米积分方程组。

正如前一节提到的，自从 Schawlow 和 Townes [2] 和 Prokhorov [3] 在 1958 年建议研究红外和光激射器（Infrared and Optical Maser）并建议用 Fabry-Perot 干涉仪作为谐振腔以后，Maiman 最先在两端镀银红宝石棒上用光泵实现激光的运转[4]，并发现出现一个明显的光斑。Collins[5] 对红宝石激光的相干性、谱宽变狭效应、方向性等作了详细研究。这些事实激励了人们对激光谐振腔理论的研究。

人们注意到此前人们主要利用 Fabry-Perot 腔作为干涉仪，以获得单色性很好的单色光并进行相关的测量，至于在其中运动的电磁场的详细分布和理论，很少涉及，人们普遍的设想是其间振荡的光可能仍然是平面驻波，这就提出如下一系列的学术问题。

其一，有限尺寸的谐振腔的镜片不可能关得住平面波的，那么衍射损耗该是多少呢？

其二，人们可以对微波用封闭的腔体做成高品质因素（高 Q 值）的谐振腔，由于腔体是封闭的，自然出现分立的振动方式（模式），这由 Maxwell 偏微分方程的分离变量和边界条件立刻可以看出。与 maser 不同，对 laser 的谐振腔（除两端镜片外）的大部分空间是开放的，那么是否也有分立的模式呢？

其三，在自由的空间里，是否能传播非平面波的单色光呢？

其四，如何建立激光谐振腔模式的统一理论表述呢？

显然，这一系列理论问题都是非常有意义和兴趣的，而且科学发展也证明它们不但很有实际价值，而且对科学和技术的发展均有深远意义。

11.2.1 激光模式的理论表述

人们可以利用标量表述的 Huygens 原理，即将波阵面上的每一点都作为子波源，而下一时刻的波阵面就由所有这些子波源相干叠加得到的波的包络。电动力学中的表述就是：

$$u_p = \frac{ik}{4\pi} \int\int_S u_s \frac{e^{-ikR}}{R}(1+\cos\theta)\,ds \equiv \hat{K}u_s \tag{11.14}$$

其中，u_s 和 u_p 分别为镜片上和观察点的光场，k 和 R 分别为介质中波矢长度（传播常数），镜片上源点到观察点的距离。θ 为 R 与镜片上单位法向矢量构成的夹角。二重积分在镜片表面上进行。其中积分算子 $\hat{K}$ 就表示这个由镜片上场源在观察点产生光场的过程。

192

为了简单起见，先考虑两镜片完全对称的情况。Fox-Li [7] 利用数字计算机 (IBM-704) 对镜片上反复反射的场进行多次计算，发现初始的几次反射得到的场与原来输入的场差别很大，无论在相对振幅分布上还是在相对相角分布上均比较复杂，但继续计算下去时，发现在大约 300 次左右之后，相对振幅分布和相对相角分布上趋于稳定。换言之，在经过大量次数的反射后，场趋于稳定，设这个几乎相对不变的场为 v，再经过 q 次反射后的场记为 $u^{(q)}$，则有

$$u^{(q)} = (\frac{1}{\gamma})^q v \tag{11.15}$$

换言之，这个相对振幅分布和相对相角分布上趋于稳定的场分布，满足下列本征方程

$$\gamma v = \hat{K} v \tag{11.16}$$

其中，γ 是与坐标无关的常数，即该积分方程的本征值，它反映稳定后的每次反射可能导致的振幅衰减和相角移动（简称相移）。

总之，激光模式的理论表述归结为：激光谐振腔中稳定的电磁场分布由反映反复反射过程的本征方程决定。在数学上，本征方程又称久期方程，即反映长时间演化后的稳定结果。Fox-Li [7] 的工作创建的核心在于利用对开式谐振腔的多次（例如 300 次）来回反射的直接计算，发现确实可以实现稳定的场分布。这类分布，即激光谐振腔中可能实现的激光模式，它们可以由一类本征方程决定。

11.2.2 模式理论的积分方程组

让我们建立模式理论的积分方程组。假设两边的镜片是任意的，而且可以是有限孔径的。

$$\gamma^{(1)} u^{(1)} = \frac{\mathrm{i}\,k}{4\,\pi} \int\!\!\int_{S_2} u^{(2)} \frac{\mathrm{e}^{-\mathrm{i}\,k\,R}}{R} (1 + \cos\theta)\,\mathrm{d}\,s_2$$

$$\gamma^{(2)} u^{(2)} = \frac{\mathrm{i}\,k}{4\,\pi} \int\!\!\int_{S_1} u^{(1)} \frac{\mathrm{e}^{-\mathrm{i}\,k\,R}}{R} (1 + \cos\theta)\,\mathrm{d}\,s_1$$

$$\tag{11.17}$$

这是一般的激光模式理论的积分方程组，它可以作为模式理论研究的出发点。人们可以按照各种实际需要进行选择、具体化和简化。目前人们在激光研究中常用的两种组态：有限高度的（无穷长）方形带状镜和有限孔径的圆形球面镜，后者是激光中最常见的。由于问题的柱对称性，取圆柱坐标系最合适：

$$x_\sigma = \rho_\sigma \cos(\varphi_\sigma) \qquad y_\sigma = \rho_\sigma \sin(\varphi_\sigma) \qquad (\sigma = 1, 2) \tag{11.18}$$

这里需要特别注意的是 R 指两镜片上的两个点之间的距离。按照解析几何

$$R = \sqrt{(z_2 - z_1)^2 + (x_2 - x_1)^2 + (y_2 - y_1)^2} \tag{11.19}$$

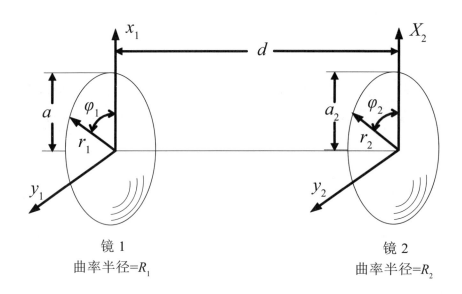

图 11.1　推导激光模式积分方程组时所需的示意图，用以显示激光谐振腔的组态

由于这两个点分别束缚在两个球面上，因此坐标 z_σ 可以用 ρ_σ、φ_σ 表示出来。假设两镜片顶点间的距离为 L 两球面镜的曲率半径分别为 R_1 和 R_2，则

$$|z_2 - z_1| = L - R_2 \left(1 - \sqrt{1 - (\frac{\rho_2}{R_2})^2} \right) - R_1 \left(1 - \sqrt{1 - (\frac{\rho_1}{R_1})^2} \right) \tag{11.20}$$

代入下列方程组

$$\gamma^{(1)} u^{(1)}(\rho_1, \varphi_1) = \frac{\mathrm{i}\, k}{4\,\pi} \int_0^{a_2} \int_0^{2\pi} u^{(2)}(\rho_2, \varphi_2) \frac{\mathrm{e}^{-\mathrm{i}\, k R}}{R} (1 + \cos\theta)\, \rho_2\, \mathrm{d}\, \rho_2 \mathrm{d}\, \varphi_2$$

$$\gamma^{(2)} u^{(2)}(\rho_2, \varphi_2) - \frac{\mathrm{i}\, k}{4\,\pi} \int_0^{a_1} \int_0^{2\pi} u^{(1)}(\rho_1, \varphi_1) \frac{\mathrm{e}^{-\mathrm{i}\, k R}}{R} (1 + \cos\theta)\, \rho_1\, \mathrm{d}\, \rho_1 \mathrm{d}\, \varphi_1$$

$$\tag{11.21}$$

这个方程组是两边均为有限孔径的圆形球面镜的激光谐振腔模式的普适积分方程组。因为它对各种波长的情况都是对的。这类方程属于第二类 Fredholm 积分方程组。我们实际上也可以由此出发，研究更普遍的激光模式理论。

这个积分方程组的特点是不容易分离变量，它是含有二重积分的积分方程组。为此人们作了各种简化，主要集中在分离变量法的实现上。

在简化中，要注意区分快变函数和慢变（缓变）函数，因为对它们的近似要依照它们变化的快慢决定近似的精度。

本节的简化、近似的处理方式是理论物理研究中很典型的例子，出于下面讨论的需要，我们将作适当的详细论述。

仅从几何考虑, 在相当普遍的情况下, 我们有 $\theta \ll 1$, 因而有下列近似

$$\cos(\theta) \sim 1 \tag{11.22}$$

另一个非常明显的近似来自 $a_1/R_1 \ll 1$ 和 $a_2/R_2 \ll 1$, 故 $1/R$ 作为缓变函数, 完全可以近似为

$$\frac{1}{R} \sim \frac{1}{L} \tag{11.23}$$

特别需要注意的是快变 (快速震荡) 因子 e^{ikR}, 因为波长相对于距离 R 是非常小的。在进行近似时, 不能因为后一项远比第一项小就满足了, 还必须保证展开的余项远小于 1。为此我们利用下列公式将该快变因子中的 R 展开。

$$\sqrt{1+x} = 1 + \frac{1}{2}x + \frac{1 \cdot 1}{2 \cdot 4}x^2 + \frac{1 \cdot 1 \cdot 3}{2 \cdot 4 \cdot 6}x^3 - \frac{1 \cdot 1 \cdot 3 \cdot 5}{2 \cdot 4 \cdot 6 \cdot 8}x^4 \cdots \tag{11.24}$$

我们尝试保留到该展式中第二项, 舍弃第三项以后的项, 得

$$i k R = i k L + \frac{i k L}{2}[g_1 \frac{\rho_1^2}{L^2} + g_2 \frac{\rho_2^2}{L^2}] - i k L \frac{\rho_1 \rho_2}{L^2} \cos(\varphi_2 - \varphi_1) \tag{11.25}$$

现在我们来研究这种近似的适用条件。舍弃第三项以后的项所引入的误差为 $kL\frac{\rho^4}{L^4}$ 的量级, 按照前面指出的, 它们必须远小于 1。从而获得了这种近似的适用条件为

$$\frac{a^2}{\lambda L} \ll \frac{L^2}{a^2} \tag{11.26}$$

其中 a 为 a_σ 中的一个典型的尺寸。在条件 (11.26) 下, 模式方程组化为

$$\gamma^{(1)} u^{(1)}(\rho_1, \varphi_1) = \int_0^{a_2} \int_0^{2\pi} u^{(2)}(\rho_2, \varphi_2) K^2(\rho_1, \varphi_1; \rho_2, \varphi_2)\rho_2 \, d\rho_2 d\varphi_2$$
$$\gamma^{(2)} u^{(2)}(\rho_2, \varphi_2) = \int_0^{a_1} \int_0^{2\pi} u^{(1)}(\rho_1, \varphi_1) K^1(\rho_2, \varphi_2; \rho_1, \varphi_1)\rho_1 \, d\rho_1 d\varphi_1$$

$$\tag{11.27}$$

其中

$$K^2(\rho_1, \varphi_1; \rho_2, \varphi_2) = K^1(\rho_2, \varphi_2; \rho_1, \varphi_1)$$
$$= \frac{i}{\lambda L} \exp\{-\frac{i k}{2L}[g_1 \rho_1^2 + g_2 \rho_2^2 - 2\rho_1 \rho_2 \cos(\varphi_2 - \varphi_1)]\}$$

$$\tag{11.28}$$

这种近似下的积分核, 非常容易使解得以分离变量。设解具有下列一般形式

$$u^\sigma(\rho_\sigma, \varphi_\sigma) = f_l(\rho_\sigma) e^{-il\varphi_\sigma} \qquad (\sigma = 1, 2) \tag{11.29}$$

代入到 (11.27), 并考虑到积分核的表达式 (11.28), 并利用下列积分公式

$$\frac{1}{2\pi} \int_0^{2\pi} \exp\{i[xy\cos(\alpha - \beta) - l\alpha]\}d\alpha = \exp[il(\frac{\pi}{2} - \beta)] J_l(xy) \tag{11.30}$$

其中，$J_l(z)$ 为 l 阶 Bessel 函数。

令

$$K_l(\rho_1, \rho_2) = \frac{\mathrm{i}^{l+1}k}{L} J_l(\frac{k\rho_1\rho_2}{L})\sqrt{\rho_1\rho_2} \exp[-\frac{\mathrm{i}k}{2L}(g_1\rho_1^2 + g_2\rho_2^2)] \tag{11.31}$$

则积分方程组 (11.27) 化为

$$\begin{cases} \gamma_l^{(1)} f_l^{(1)}(\rho_1)\sqrt{\rho_1} = \int_0^{a_2} K_l(\rho_1, \rho_2) f_l^{(2)}(\rho_2)\sqrt{\rho_2}\,\mathrm{d}\rho_2 \\[4mm] \gamma_l^{(2)} f_2^{(2)}(\rho_2)\sqrt{\rho_2} = \int_0^{a_1} K_l(\rho_2, \rho_1) f_l^{(1)}(\rho_1)\sqrt{\rho_1}\,\mathrm{d}\rho_1 \end{cases} \tag{11.32}$$

$$\tag{11.33}$$

积分方程组 (11.32) 相比于 (11.27) 的重要简化是：(11.32) 是一维积分方程组，它较之二维积分方程组来说要简单多了。

11.2.3 Fox-Li 理论

在激光模式的理论研究中，Fox 和 Li [7,8] 和 Boyd 以及 Gordon [9] 作了很杰出的工作。他们的主要贡献可以归结如下：

第一，给出激光模式的理论表述。他们首先指出激光谐振腔中得以稳定的模式，均为模式本征值方程 (11.16) 的解。人们知道数学上本征值方程，称为久期方程，它们是长时间演化中得以长存的解所满足的方程。笔者认为他们 [7] 的贡献在于用计算机数值计算，证实电磁场在开式谐振腔中，经许多许多次的反复反射，确实可以稳定下来，形成稳定分布。

第二，这些激光模式本征值方程组的积分核是非厄米的，因而本征值 γ 可以是复数，它们的模小于 1 的部分，反映稳定后的单次反射的振幅的衰减，而其幅角则表示单次反射的相移。注意，在量子力学中，力学量用厄米算子表示，因而本征值均为实数。激光模式的理论为人们提供一类新的、非厄米的本征方程组的物理实例。

第三，Fox 和 Li [7] 指出人们曾经不注意的一种误解：以为在 Fabry-Perot 干涉仪中运行的是平面波。其实它们是不可能稳定的，因为平面波在其中的衍射损耗太大，故而不可能得以长期生存，它们必然在长期的来回反射中被淘汰。计算证明，那些得以稳定的模式，振幅都是中间大、边缘小，只有这样才能保证相对小的衍射损耗。

第四，Fox 和 Li [7,8,10] 对有限孔径的各种谐振腔的若干重要情况进行了仔细的数值计算，包括方镜腔、圆镜腔等，它们的对称腔、半对称腔（一面是平面镜，另一面是球面镜）的基模（衍射损耗最小的模式）和第一激发模（衍射损耗次小的模式）的衍射损耗和相移。特别是基于积分方程组 (11.27)，获得了一系列图表，它们对于从事激光工作的人们是很有参考价值的，特别对于模式的选择和控制。

当然，激光的模式选择，是个复杂的工作。如果对于增益小的激光器，为要选出基模，只要设计衍射损耗次小的模的衍射损耗大于增益就行了。但实际工作中还要考虑功率等问题，不能只考虑一个因素。

11.2.4　寻找有限孔径腔严格可解模型

本小节将寻找严格可解模型，并获得它的全部严格解。

如所周知，在建立理论表述之后，需要建立一些实践中所需要的典型例子：理论模型。上面已经介绍了 Fox-Li 的理论模型和数值解，但这些数值解主要集中在低阶的模式，本小节将寻找严格可解模型。严格解是很稀少和困难的，但一旦获得了严格解，则可能是解析解，而且包含全部的解，因此是非常宝贵的。

我们仍然从量表述的 Huygens 原理出发，写出积分表述：(11.14)。与前面不同的是采用直角坐标，讨论方形镜片的谐振腔。

这方形镜片的谐振腔在许多文献中常有应用，并不是非实际的。例如半导体激光中，就利用解理面为谐振腔镜面，它们都是方形的。

研究两个球面镜的有限孔径谐振腔。假设它们的半径和曲率分别为 a_σ 和 R_σ，腔长为 L，同样在上面提出的近似条件：(11.26) 以及常用的条件 (11.22)、(11.23) 下，则有

$$
\begin{aligned}
(z-z')^2 &= \left\{ L - \left[R_1 - \sqrt{R_1^2 - (x^2 - y^2)} \right] - \left[R_2 - \sqrt{R_2^2 - (x'^2 + y'^2)} \right] \right\}^2 \\
&\sim L^2 - \frac{L}{R_1}(x^2 + y^2) - \frac{L}{R_2}(x'^2 + y'^2)
\end{aligned}
$$

$$(11.34)$$

因而对于敏感的相因子，则有下列近似

$$
\begin{aligned}
R &\equiv \sqrt{(z-z')^2 + (x-x')^2 + (y-y')^2} \\
&\sim \sqrt{L^2 + (1 - \frac{L}{R_1})(x^2 + y^2) + (1 - \frac{L}{R_2})(x'^2 + y'^2) + 2x\,x' + 2y\,y'} \\
&\sim L + \frac{g_1}{2L}(x^2 + y^2) + \frac{g_2}{2L}(x'^2 + y'^2) - \frac{x\,x' + y\,y'}{L}
\end{aligned}
$$

$$(11.35)$$

假设两个镜片的球面曲率半径和方形长阔分别为：R_1、a、b 和 R_2、a'、b'，在直角坐标下的模式方程组化为

$$
\begin{aligned}
\gamma^{(1)} u^{(1)}(x,y) &= \int_{-a'}^{a'} \int_{-b'}^{b'} u^{(2)}(x',y')\, K^2(x,y;x',y')\, \mathrm{d}\,x' \mathrm{d}\,y' \\
\gamma^{(2)} u^{(2)}(x',y') &= \int_{-a}^{a} \int_{-b}^{b} u^{(1)}(x,y) K^1(x',y';x,y)\, \mathrm{d}\,x\, \mathrm{d}\,y
\end{aligned}
$$

$$(11.36)$$

其中

$$K^2(x,y;x',y') = K^1(x',y';x,y)$$
$$= \frac{\mathrm{i}}{\lambda L} \exp\{-\frac{\mathrm{i}\,k}{2L}[g_1\,(x^2+y^2) + g_2\,(x'^2+y'^2) - 2\,(x\,x' + y\,y')]\}$$

$$(11.37)$$

它的相因子 $\exp[-\mathrm{i}\,k\,L]$ 已经被吸收在本征值中。这种近似下的积分核，非常容易对解获得分离变量。

鉴于严格可解问题是如此稀少，至今只有一个，由 Boyd 和 Gordon [9] 所解决，我们的问题是：能否获得更多的可解模型，或者去证明严格可解模型只能是这样一个。我们准备在 7 个自由参数 L、R_1、a、b 和 R_2、a'、b' 的各种组合中，也就是在大量的谐振腔中，挑选出严格可解的模式问题。我们寻找的方法是分析积分方程组 (11.36) 和积分核 (11.37)。

实际上，在众多的谐振腔里面，可以分出如下几类可解问题。

第一类，有限孔径谐振腔，我们只能对积分核 (11.37) 作分析，这时无非将核分为如下两类：

其一，积分核 (11.37) 中的平方项消失的情况

$$g_1 = 0 \qquad g_2 = 0 \qquad (11.38)$$

则必然是左右镜片的曲率半径相等的情况，而且它们都等于腔长

$$R_1 = R_2 = L \qquad (11.39)$$

这类谐振腔也叫做共焦腔（confocal resonators）。

其二，积分核 (11.37) 中的平方项不消失的情况。这实际上就是最一般情况。换言之，如果能将这类情况严格解出，就是对问题的整体有所突破。正因为如此，到目前为止，只获得 A 类问题的严格解。

第二类、无限孔径谐振腔，或大孔径谐振腔，我们对积分方程组 (11.36) 的上下限作限制，这将在下一节作仔细研究。

11.2.5　有限孔径谐振腔的一批严格解

让我们来研究条件 (11.39) 下可能的严格解。首先注意到该积分方程组可以分离变量，令

$$u^{(1)}(x,y) = f^{(1)}(x)\,g^{(1)}(y) \qquad u^{(2)}(x',y') = f^{(2)}(x')\,g^{(2)}(y') \qquad (11.40)$$

$$K^2(x,y;x',y') = K^1(x',y';x,y) = K(x,x')\,K(y,y')$$
$$= \sqrt{\frac{\mathrm{i}}{\lambda L}} \exp[\frac{\mathrm{i}\,k}{L}(x\,x')] \sqrt{\frac{\mathrm{i}}{\lambda L}} \exp[\frac{\mathrm{i}\,k}{L}[\,(y\,y')]$$

$$(11.41)$$

则方程组 (11.36) 化为

$$\gamma^{(1f)}\,\gamma^{(1g)}\,f^{(1)}(x)\,g^{(1)}(y) = \int_{-a'}^{a'} f^{(2)}(x')K(x,x')\,\mathrm{d}\,x' \int_{-b'}^{b'} g^{(2)}(y')\,K(y,y')\mathrm{d}\,y'$$

$$\gamma^{(2f)}\,\gamma^{(2g)}\,f^{(2)}(x')\,g^{(2)}(y') = \int_{-a}^{a} f^{(1)}(x)K(x,x')\,\mathrm{d}\,x \int_{-b}^{b} g^{(1)}(y)\,K(y,y')\mathrm{d}\,y$$

$$(11.42)$$

通过下列关系，使其无量纲化

$$\tilde{a} = \frac{a^2\,k}{L} = 2\,\pi\,\frac{a^2}{L\,\lambda} \qquad \tilde{a}' = 2\,\pi\,\frac{a'^2}{L\,\lambda} \qquad \tilde{b} = 2\,\pi\,\frac{b^2}{L\,\lambda} \quad \tilde{b}' = 2\,\pi\,\frac{b'^2}{L\,\lambda}$$

$$\tilde{x} = \frac{x\sqrt{\tilde{a}}}{a} \qquad \tilde{x}' = \frac{x'\sqrt{\tilde{a}'}}{a'} \qquad \tilde{y} = \frac{y\sqrt{\tilde{b}}}{b} \qquad \tilde{y}' = \frac{y'\sqrt{\tilde{b}'}}{b'}$$

$$\tilde{f}_m^{(1)}(\tilde{x}) = f_m^{(1)}(x) \qquad \tilde{f}_m^{(2)}(\tilde{x}') = f_m^{(2)}(x') \qquad \tilde{g}_n^{(1)}(\tilde{y}) = g_n^{(1)}(y) \qquad \tilde{g}_n^{(2)}(\tilde{y}') = g_n^{(2)}(y')$$

$$(11.43)$$

这方程组显然可以分离变量

$$\gamma_m^{(1f)}\,\tilde{f}_m^{(1)}(\tilde{x}) = \sqrt{\frac{\mathrm{i}}{2\pi}} \int_{-\sqrt{\tilde{a}'}}^{\sqrt{\tilde{a}'}} \exp[\mathrm{i}\tilde{x}\tilde{x}']\tilde{f}_m^{(2)}(\tilde{x}')\mathrm{d}\,\tilde{x}'$$

$$\gamma_n^{(1g)}\,\tilde{g}_n^{(1)}(\tilde{y}) = \sqrt{\frac{\mathrm{i}}{2\pi}} \int_{-\sqrt{\tilde{b}'}}^{\sqrt{\tilde{b}'}} \exp[\mathrm{i}\tilde{y}\tilde{y}']\tilde{g}_n^{(2)}(\tilde{y}')\mathrm{d}\,\tilde{y}'$$

$$\gamma_m^{(2f)}\,\tilde{f}_m^{(2)}(\tilde{x}') = \sqrt{\frac{\mathrm{i}}{2\pi}} \int_{-\sqrt{\tilde{a}}}^{\sqrt{\tilde{a}}} \exp[\mathrm{i}\tilde{x}\tilde{x}']\tilde{f}_m^{(1)}(\tilde{x})\mathrm{d}\,\tilde{x}$$

$$\gamma_n^{(2g)}\,\tilde{g}_n^{(2)}(\tilde{y}') = \sqrt{\frac{\mathrm{i}}{2\pi}} \int_{-\sqrt{\tilde{b}}}^{\sqrt{\tilde{b}}} \exp[\mathrm{i}\tilde{y}\tilde{y}']\tilde{g}_n^{(1)}(\tilde{y})\mathrm{d}\,\tilde{y}$$

$$(11.44)$$

由分析得知，二重积分方程组 (11.42) 已经成功地被分离变量为四条一重的积分方程组 (11.44)。特别注意到它们可以退耦为两支两两耦合的独立方程组。

即使是如此简单的方程组，获得严格解仍然是极其困难的。比如说在 (11.44) 中的第一条方程中，输入 $\tilde{f}_m^{(2)}(\tilde{x}')$ 算出 $\tilde{f}_m^{(1)}(\tilde{x})$，再代入 (11.44) 中的第三条方程中，获得与输入的 $\tilde{f}_m^{(2)}(\tilde{x}')$ 完全一样的结果，才算是解。这种困难来自于它们是相互耦合的，在数学上需要设法使其退耦。

利用叠核的做法是实现退耦的一种选择。将 (11.44) 中的第三条方程代入 (11.44) 中的第一条方程，即得到只包含 $\tilde{f}_m^{(1)}(\tilde{x})$ 的方程。但它的积分核是一个积分，这样使积分方程变为二重的。好在这个积分核可以严格积出为初等函数，从而使积分方程又简化为一重的。

$$\Gamma_m^1\,\tilde{f}_m^{(1)}(\tilde{x}) = \int_{-\sqrt{\tilde{a}}}^{\sqrt{\tilde{a}}} K(\tilde{x},\xi)\tilde{f}_m^{(1)}(\xi)d\,\xi \qquad \Gamma_m^1 \equiv \gamma_m^{(1f)}\gamma_m^{(2f)} \qquad (11.45)$$

其中，叠核定义为

$$K(\tilde{x}, \xi) = \frac{\mathrm{i}}{\pi} \frac{\sin[(\tilde{x} + \xi)\sqrt{a'}]}{\tilde{x} + \xi} \tag{11.46}$$

非常有趣的是，即使这个叠核为比较简单的初等函数，但至今未有人找到它的严格解。不得已退而求其次，将我们搜求严格解的参数范围缩小到左右对称的长方形共焦腔，即

$$a' = a \qquad b' = b \qquad a \neq b \tag{11.47}$$

首先，这仍然是一种推广：允许 $a = b$，也允许 $a \neq b$。因为物理上有许多情况下，不能只限制在正方形谐振腔，如半导体激光器、横向激励 CO_2 大气压激光器等。

其次，对称限制实际上也是获得退耦的方式。因为对称，在稳定分布时，左右两个镜片的场分布具有相同的形式。换言之，方程组 (11.44) 可以简化为两条

$$\gamma_m^{(f)} \tilde{f}_m(\tilde{x}) = \sqrt{\frac{\mathrm{i}}{2\pi}} \int_{-\sqrt{\tilde{a}}}^{\sqrt{\tilde{a}}} \exp[\mathrm{i}\tilde{x}\tilde{x}'] \tilde{f}_m(\tilde{x}') \mathrm{d}\,\tilde{x}'$$

$$\gamma_n^{(g)} \tilde{g}_n(\tilde{y}) = \sqrt{\frac{\mathrm{i}}{2\pi}} \int_{-\sqrt{\tilde{b}}}^{\sqrt{\tilde{b}}} \exp[\mathrm{i}\tilde{y}\tilde{y}'] \tilde{g}_n(\tilde{y}') \mathrm{d}\,\tilde{y}'$$

$$\tag{11.48}$$

为此我们可以只研究下列积分方程

$$\sigma_m \tilde{f}_m(\tilde{x}) = \sqrt{\frac{1}{2\pi}} \int_{-\sqrt{\tilde{a}}}^{\sqrt{\tilde{a}}} \exp[\mathrm{i}\tilde{x}\tilde{x}'] \tilde{f}_m(\tilde{x}') \mathrm{d}\,\tilde{x}' \tag{11.49}$$

其中，σ_m 为本征值。此积分方程常称作有限 Fourier 变换 （the finite Fourier transform）。

实际上，许多积分方程和微分方程的解往往是某些特殊函数，或与之相关的函数。球谐函数、Bessel 函数、Laguerre 函数、Hermite 函数等均来自解偏微分方程等。求积分方程严格解的一个可能方法，是搜求各种可能的积分公式。这些积分公式的重要来源是这些特殊函数的正交展开，因而它们可以展开许多函数。

可以使波动方程和 Laplace 方程分离变量的正交坐标系一共只有十几种，各种椭球坐标系就是其中的几种。不过许多人不大熟悉和使用它们，但是作为基础性研究，还是很重要的。有人专门为此作了详细的研究，例如 Flammer 就专门写了一本关于椭球波函数 (Spheroidal Wave Functions) 的书[11]，其中论述如何在椭球坐标系求解波动方程，获得各种椭球波函数及其定义、性质、各种积分表示和关系，以及各种数值和图表。在这众多积分关系中的一个特殊情况就直接联系于积分方程 (11.49)。Slapian 和 Pollak [12] 考察了积分方程 (11.49)，并指出它的解为

$$\tilde{f}_m(\tilde{x}) \sim S_{0,m}(\tilde{a}, \tilde{x}/\sqrt{\tilde{a}})$$

$$\sigma_m = \sqrt{\frac{2\tilde{a}}{\pi}} \mathrm{i}^m R_{0,m}^1(\tilde{a}, 1) \qquad (m = 0, 1, 2 \cdots)$$

$$\tag{11.50}$$

其中，$S_{0,m}(\tilde{a}, \tilde{x}/\sqrt{\tilde{a}})$ 和 $R^1_{0,m}(\tilde{a}, 1)$ 分别为 Flammer 所定义的在长椭球坐标（prolate spheroidal coordinates）下的角度和径向波函数，它们均是实函数。同理可以获得 $\tilde{g}_m(\tilde{y})$ 的解。

将方程 (11.49) 的解 (11.50) 代入方程组 (11.48)，我们获得对称长方形共焦腔模式的严格解

$$u_{mn}(x, y) = \tilde{f}_m(\tilde{x})\tilde{g}_n(\tilde{y}) \sim S_{0,m}(\tilde{a}, \tilde{x}/\sqrt{\tilde{a}})\, S_{0,n}(\tilde{b}, \tilde{y}/\sqrt{\tilde{b}})$$

$$\gamma^{(f)}_m \gamma^{(g)}_n = \frac{2\sqrt{\tilde{a}\tilde{b}}}{\pi}\, \mathrm{i}^{m+n+1}\, \mathrm{e}^{-\mathrm{i}\,k\,L} R^1_{0,m}(\tilde{a}, 1) R^1_{0,n}(\tilde{b}, 1) \quad (m = 0, 1, 2, \cdots)$$

$$(11.51)$$

其中我们又将前面为方便计而吸收入本征值的相因子 $\mathrm{e}^{-\mathrm{i}\,k\,L}$ 明显地写出来。

单次反射的振幅衰减为

$$1 - |\gamma^{(f)}_m \gamma^{(g)}_n| = 1 - \frac{2\sqrt{\tilde{a}\tilde{b}}}{\pi}[R^1_{0,m}(\tilde{a}, 1) R^1_{0,n}(\tilde{b}, 1)] \tag{11.52}$$

反射来回一周的振幅衰减为

$$1 - |\gamma^{(f)}_m \gamma^{(g)}_n|^2 = 1 - \frac{4\tilde{a}\tilde{b}}{\pi^2}[R^1_{0,m}(\tilde{a}, 1) R^1_{0,n}(\tilde{b}, 1)]^2 \tag{11.53}$$

反射来回一周的相角移动为

$$\Delta\Phi = 2\left|\frac{\pi}{2}(m + n + 1) - k\,L\right| \tag{11.54}$$

注意，严格的共振只能发生在相移为 2π 的整数倍时，即 $\Delta\Phi = 2\pi N_0$，其中 N_0 为零或自然数。因而

$$\frac{4L}{\lambda} = 2N_0 + (m + n + 1) \tag{11.55}$$

换言之，如果 $4L/\lambda$ 为奇数，则 $m+n$ 必须为偶。反之，如果 $4L/\lambda$ 为偶数，则 $m+n$ 必须为奇。

这些结果可以在激光研究中表现得淋漓尽致。因为每一单色光均有一定的宽度，至少是自然宽度。激光在运转过程中可以选择一个适合共振条件的波长。

以上是迄今为止所获得的有限孔径腔的严格解得全部，包括 $a = b$ 和 $a \neq b$ 的全部共焦腔。与数值解不同，这里不仅包含着低阶模式，而且获得了他们的全部模式的分布和全体本征值的严格结果。

顺便提一下，我们获得了下列积分方程的严格解

$$\Gamma^1_m \tilde{f}^{(1)}_m(\tilde{x}) = \int_{-\sqrt{\tilde{a}}}^{\sqrt{\tilde{a}}} K(\tilde{x}, \xi)\tilde{f}^{(1)}_m(\xi)\mathrm{d}\xi \qquad \Gamma^1_m \equiv \gamma^{(1f)}_m \gamma^{(1f)}_m \tag{11.56}$$

其中叠核定义为

$$K(\tilde{x}, \xi) = \frac{\mathrm{i}}{\pi}\frac{\sin[(\tilde{x} + \xi)\sqrt{\tilde{a}}]}{\tilde{x} + \xi} \tag{11.57}$$

其严格解为

$$\tilde{f}_m^{(1)}(\tilde{x}) \sim S_{0,m}(\tilde{a}, \tilde{x}/\sqrt{\tilde{a}})$$

$$\Gamma_m^1 = \frac{2\tilde{a}}{\pi} \mathrm{i}^{2m+1} \left[R_{0,m}^1(\tilde{a}, 1)\right]^2 \quad (m = 0, 1, 2 \cdots)$$

$$(11.58)$$

作为一种近似，在镜片中心附近，$x \ll 1$，正如 Flammer [11] 所指出的，$\tilde{f}_m^{(1)}(\tilde{x})$ 可以近似为 Hermite 函数

$$\tilde{f}_m^{(1)}(\tilde{x}) \approx \frac{\Gamma(\frac{m}{2}+1)}{\Gamma(m+1)} H_m(\tilde{x}) \mathrm{e}^{-\frac{1}{2}\tilde{x}^2} \tag{11.59}$$

其中，$H_m(\tilde{x})$ 为 Hermite 多项式。

11.2.6 Boyd-Gorden 理论：正方形共焦腔严格解

Boyd-Gorden 首次获得一类有限孔径谐振腔的严格解：对称正方形共焦腔严格解 [9]，即上述严格解 (11.51)—(11.55) 的特殊情况

$$a' = a \qquad b' = b \qquad a = b \tag{11.60}$$

首次给出它们的所有各阶模式分布、本征值的解析表达式。论文 [9] 还利用他们的理论结果，算出许多低阶模式分布和衰减。这对于研究中模式选择是很有用的。

11.3 大孔径谐振腔模式积分方程组的统一解

本节将从激光模式的积分方程出发，在大孔径条件下，利用一组推广到复平面的积分公式，严格解出各种大孔径腔（包括非稳腔和稳定腔）的全部模式和对应的相移及衍射损耗。

11.3.1 关于激光非稳腔的模式理论的引言

激光非稳腔在应用上的优点是显著的。它具有巨大的模体积，良好的模式选择性能（对于高增益的激光器，稳定腔的选择已无法实现模选，此时应用非稳腔），适用于可调的衍射耦合。我们知道，对大功率激光器（例如 TEA CO$_2$（横向激励大气压二氧化碳激光器）和用于可控热核反应研究的激光器），由于激光能量密度的高度集中而容易破坏反射镜，透射耦合已很困难，非稳腔的衍射耦合可能有助于克服这类困难。

1964 年，Fox 和 Li[8] 最早用计算机计算出非稳腔的特点参数 g_1g_2 在 $g_1g_2 > 1$ 或 $g_1g_2 < 0$ 的广阔区域内，即使在 Fresnel 数 $N \to \infty$ 时，仍存在着损耗。后来，Siegman 等[13,14] 在

Shalow 建议下，用几何光学的方法，对非稳腔作了分析，指出模式和本征值分别为（方镜对称腔）

$$u_n(x) = v_n(x) \exp\left[\frac{\pi\,\mathrm{i}}{L\,\lambda}\,\frac{M-1}{M}\right] \qquad v_x \sim x^n \tag{11.61}$$

其中，本征值为 γ_n

$$\gamma_n = \frac{1}{M^{n+\frac{1}{2}}} \qquad M = \frac{\sqrt{g+1}+\sqrt{g-1}}{\sqrt{g+1}-\sqrt{g-1}} \tag{11.62}$$

并且认为圆镜非稳腔的模式和本征值分别为

$$v_n(\rho,\varphi) = \rho^n\,\Theta(\varphi) \qquad \gamma_n = \frac{1}{M^{n+\frac{1}{2}}} \tag{11.63}$$

其中 $\Theta(\varphi)$ 为 φ 的任意函数。并认为模式的零点均集中在轴上，因而有很好的模选性能。

我们认为：

第一，模式的零点均集中在轴上的结论是不对的，因为模式方程实际上是包含边界条件的波方程，零点数由 Sturm-Liouville 定理所规定，零点的全部集中将破坏本征函数的正交性要求。

第二，模式的角度部分 $\Theta(\varphi)$ 作为 φ 的任意函数的假定与物理条件的轴对称相矛盾。

第三，Brone[15] 曾用分析本征值所满足的函数方程，获得了圆镜腔的本征值，但是没有得到本征函数；文献 [14] 和 [15] 都不能从理论上确定在 (11.84) 和 (11.85) 式中为什么 $p<0$ 的值不能取。并且文献 [14] 还假设在穿过稳定区域边界时本征值连续，而且等于边界上的本征值（边界上的腔的积分方程的叠核为无穷大！）。因此虽然文献 [15] 的本征值与文献 [14] 的用几何光学处理的结果一致，但在理论上是不足的。

本节的目的，在于从物理光学出发，利用模式积分方程组，在大孔径条件下，以严格的方式获得包括非稳腔和稳定腔在内的全部模式的本征函数和本征值的统一解。

11.3.2　大孔径谐振腔模式积分方程组的统一解

在一般的孔径条件下，假设腔的镜片的半径分别为 a_1 和 a_2，球曲率半径分别为 R_1 和 R_2，腔长为 L，稳定因子（或参数）分别为 $g_1 = 1 - L/R_1$ 和 $g_2 = 1 - L/R_2$，在两镜片上的场为

$$E^{(\sigma)}(\rho_\sigma,\varphi_\sigma) = f_l^{(\sigma)}(\rho_\sigma)\left\{\begin{array}{c} \cos\left(l\varphi_\sigma\right) \\ \sin\left(l\varphi_\sigma\right) \end{array}\right\} \qquad (\sigma = 1,2) \tag{11.64}$$

模式的根本特点是场在来回反射中重现自身，因而 $f_l^{(\sigma)}(\rho_\sigma)$ 满足下列积分方程（例如参考文献 [10] 等）

$$
\begin{cases}
\gamma_l^{(1)} f_l^{(1)}(\rho_1)\sqrt{\rho_1} = \int_0^{a_2} K_l(\rho_1,\rho_2) f_l^{(2)}(\rho_2)\sqrt{\rho_2}\,\mathrm{d}\rho_2 \\[3mm]
\gamma_l^{(2)} f_2^{(2)}(\rho_2)\sqrt{\rho_2} = \int_0^{a_1} K_l(\rho_2,\rho_1) f_l^{(1)}(\rho_1)\sqrt{\rho_1}\,\mathrm{d}\rho_1
\end{cases}
\tag{11.65}
$$

$$
K_l(\rho_1,\rho_2) = \frac{\mathrm{i}^{l+1}}{L}\,k\,J_l(\rho_1\rho_2\frac{k}{L})\sqrt{\rho_1\rho_2}\,\exp\left[-\frac{\mathrm{i}k}{2L}\left(g_1\rho_1^2 + g_2\rho_2^2\right)\right]
$$

其中，$J_l(x)$ 是 l 阶 Bessel 函数，$k = \dfrac{2\pi}{\lambda}$ 为波矢。

引入叠核 $\mathcal{L}_l^{(\sigma)}(\rho_1,\rho_1')$ 将方程化为两条独立的方程。如

$$
\gamma_l^{(1)}\gamma_l^{(2)} f_l^{(1)}(\rho_1)\sqrt{\rho_1} = \int_0^{a_1} \mathcal{L}_l^{(1)}(\rho_1,\rho_1') f_l^{(1)}(\rho_1')\sqrt{\rho_1'}\,\mathrm{d}\rho_1'
\tag{11.66}
$$

叠核为

$$
\mathcal{L}_l^{(1)}(\rho_1,\rho_1') = \int_0^{a_2} K_l(\rho_1,\rho_2) K_l(\rho_1',\rho_2)\,\mathrm{d}\rho_2
$$

当 $N_1, N_2 \to \infty$ 时，两叠核均可以严格积出，并且有相似的形式

$$
\mathcal{L}_l^{(1)}(\rho_1,\rho_1') = \frac{1}{2g_2}\frac{\mathrm{i}^{l+1}}{L}\,k\sqrt{\rho_1\rho_1'}\,J_l(\frac{k}{L}\frac{\rho_1\rho_1'}{2g_2})\,\exp\left[-\frac{\mathrm{i}k}{2L}(g_1 - \frac{1}{2g_2})(\rho_1^2 + \rho_1'^2)\right]
\tag{11.67}
$$

因 $\mathcal{L}_l^{(1)}$ 与 $\mathcal{L}_l^{(2)}$ 具有相似形式，故只集中讨论 $f_l^{(1)}(\rho_1)$，而 $f_l^{(2)}(\rho_2)$ 可以通过换指标求出，因此以后省去足标。

令

$$
\Gamma_l = \gamma_l^{(1)}\gamma_l^{(2)} \qquad \Omega = \frac{k}{2L}(g_1 - \frac{1}{2g_2}) \qquad \mu = \frac{L}{2g_2 L}
\tag{11.68}
$$

则

$$
\Gamma_l f_l^{(1)}(\rho) = \mathrm{i}^{l+1}\mu \exp\left[-\mathrm{i}\Omega\rho^2\right]\int_0^\infty \exp\left[-\mathrm{i}\Omega\zeta^2\right] J_l(\mu\rho\zeta) f_l^{(1)}(\zeta)\zeta\,\mathrm{d}\zeta
\tag{11.69}
$$

因为求解这类对称而非厄米的积分方程没有统一的方法，我们根据方程的形式猜测解的可能形式，并包含一系列待定参数由积分方程本身自洽决定。为此必须得到一组积分公式，使得某一类函数在此核的作用下返回自身的函数形式。因此，我们推导了下列积分公式（见 11.3.4）

$$
\int_0^\infty L_p^l(\alpha\xi^2)\mathrm{e}^{-\frac{1}{2}\beta\xi^2}\xi^{l+1} J_l(\gamma\xi)\,\mathrm{d}\xi
$$
$$
= \frac{r^l}{\beta p + l + 1}(2\alpha - \beta)^p(-1)^p \mathrm{e}^{-(\gamma^2/2\beta)} L_p^l\left(\frac{\alpha\gamma^2}{\beta(2\alpha - \beta)}\right)
\tag{11.70}
$$

其中，$\mathrm{Re}\,\beta > 0$，α 为任意复数，$L_p^l(x)$ 为蒂合 Laguerre 多项式。这里为了适应于非稳腔的分析，必须将 α 推广到整个复平面，而将 β 推广到右半平面。

根据 (11.70)，我们可以设解具有下列形式

$$f_l^{(1)}(\rho) = A L_p^l(\alpha\rho^2)\rho^l \exp\left[-\frac{1}{2}\beta\rho^2\right] \tag{11.71}$$

其中，α、β 为待定的复数。为了保证积分的收敛，要求 $\mathrm{Re}\,\beta > 0$，如果解得到的 β 为纯虚数，则取 $\beta = \mathrm{i}\beta_0 + 0^+$，其中 0^+ 是大于 0 的无穷小量。

代入 (11.69)，运用公式 (11.70)，则有

$$\Gamma_{pl}L_p^l(\alpha\rho^2)\exp\left[-\frac{1}{2}\beta\rho^2\right]\rho^l$$
$$= \frac{(-1)^p\,\mathrm{i}^{l+1}\mu(2\alpha-\beta-2\mathrm{i}\Omega)^p(\mu\rho)^l}{(\beta+2\mathrm{i}\Omega)^{p+l+1}}\cdot\exp\left[-\frac{\mu^2\rho^2}{2(\beta+2\mathrm{i}\Omega)}-\mathrm{i}\Omega\rho^2\right]$$
$$\cdot L_p^l\left(\frac{\alpha(\mu^2\rho^2)}{(\beta+2\mathrm{i}\Omega)(2\alpha-\beta-2\mathrm{i}\Omega)}\right) \tag{11.72}$$

(11.72) 成立的充分必要条件是

$$\begin{cases} \dfrac{1}{2}\beta = \dfrac{\mu^2}{2(\beta+2\mathrm{i}\Omega)}+\mathrm{i}\Omega \\ \alpha = \dfrac{\mu^2\alpha}{(\beta+2\mathrm{i}\Omega)(2\alpha-\beta-2\mathrm{i}\Omega)}, \end{cases} \tag{11.73}$$

$$\Gamma_{pl} = \frac{\mathrm{i}^{l+1}\mu^{l+1}(-1)^p(2\alpha-\beta-2\mathrm{i}\Omega)^p}{(\beta+2\mathrm{i}\Omega)^{p+l+1}} \tag{11.74}$$

由 (11.73) 的两条方程解出两个待定参数：

$$\alpha = \beta = \pm\frac{k}{L}\left[\frac{g_1(1-g_1g_2)}{g_2}\right]^{1/2} \tag{11.75}$$

其中正负号由具体腔体的参数 g_1g_2 决定，分别讨论如下。

(i) 稳定腔。

$0 \leqslant g_1g_2 \leqslant 1$，则 α，β 均为实数，为保证积分收敛，要求 $\mathrm{Re}\,\beta > 0$，因此

$$\alpha = \beta = +\frac{k}{L}\left[\frac{g_1(1-g_1g_2)}{g_2}\right]^{1/2} = \frac{2}{W_1^2} \tag{11.76}$$

W_1 为镜片 1 上的光斑尺寸。

得到稳定腔的模式为

$$f_{pl}^{(1)}(\rho_1) = L_p^l\left(\frac{2\rho_1^2}{W_1^2}\right)\rho_1^l\exp\left(-\frac{\rho_1^2}{W_1^2}\right) \qquad W_1 = \sqrt{\frac{\lambda L}{\pi}}\left[\frac{g_2}{g_1(1-g_1g_2)}\right]^{1/4}$$

$$f_{pl}^{(2)}(\rho_2) = L_p^l\left(\frac{2\rho_2^2}{W_2^2}\right)\rho_2^l\exp\left(-\frac{\rho_2^2}{W_2^2}\right) \qquad W_2 = \sqrt{\frac{\lambda L}{\pi}}\left[\frac{g_1}{g_2(1-g_1g_2)}\right]^{1/4} \tag{11.77}$$

这就是熟知的稳定腔的结果。镜面是等势面，因而为球面波。现在来计算本征值 Γ_{pl}，它化简为一般表式

$$\Gamma_{pl} = \left[\frac{2\Omega + \mathrm{i}\beta}{\mu}\right]^{2p+l+1} \tag{11.78}$$

以 (11.76) 的 β 值代入，得

$$\begin{aligned}
\Gamma_{pl} &= \left[\frac{2\Omega}{\mu} + \mathrm{i}\sqrt{1 - \left(\frac{2\Omega}{\mu}\right)^2}\right]^{2p+l+1} \\
&= \exp\left[\mathrm{i}\,(2p+l+1)\,2\arccos\sqrt{g_1 g_2}\right]
\end{aligned} \tag{11.79}$$

因此来回一周所产生的附加相移为

$$\delta\Phi = 2(2p+l+1)\arccos\sqrt{g_1 g_2} \tag{11.80}$$

衍射损耗为

$$\delta_{pl} = 1 - |\Gamma_{pl}| = 0 \tag{11.81}$$

(11.79)—(11.81) 即为 Boyd-Gordon [9,10] 和 Kogelnik 等所得的稳定腔的结果。实际上已为 [16] 所证实。

(ii) 非稳腔。

(a) $g_1 g_2 > 1$，位于 I、III 两个象限

$$\beta = \pm\mathrm{i}\frac{k}{L}\left[\frac{g_1(g_1 g_2 - 1)}{g_2}\right]^{1/2} \tag{11.82}$$

$$\begin{aligned}
\Gamma_{pl} &= \left[\frac{2\Omega}{\mu} - \mathrm{i}\sqrt{1 - \left(\frac{2\Omega}{\mu}\right)^2}\right]^{2(2p+l+1)} \\
&= \left(\sqrt{g_1 g_2} + \sqrt{g_1 g_2 - 1}\right)^{-2(2p+l+1)}
\end{aligned}$$

因为能量守恒要求，$|\Gamma_{pl}|^2 < 1$，故在 (11.82) 式中 β 取下半平面的值，即

$$\begin{aligned}
\Gamma_{pl} &= \left(\sqrt{g_1 g_2} + \sqrt{g_1 g_2 - 1}\right)^{-2(2p+l+1)} \\
&= \exp\left[-2(2p+l+1)\cosh^{-1}\sqrt{g_1 g_2}\,\right]
\end{aligned} \tag{11.83}$$

(b) $g_1 g_2 < 0$，位于 II、IV 两个象限，为保证 $|\Gamma_{pl}| < 1$，取

$$\beta = -\mathrm{i}\frac{k}{L}\left[\frac{g_1(g_1 g_2 - 1)}{g_2}\right]^{1/2} \tag{11.84}$$

$$\begin{aligned}
\Gamma_{pl} &= (-1)^{2p+l+1} \left[\sqrt{-g_1 g_2} - \sqrt{1-g_1 g_2} \right]^{2(2p+l+1)} \\
&= \exp\left[-2(2p+l+1)\sinh^{-1}\sqrt{-g_1 g_2}\right] \cdot \exp\left[(2p+l+1)\pi i\right]
\end{aligned} \tag{11.85}$$

单周期的衍射损耗为

$$\delta_{pl} = 1 - |\Gamma_{pl}| \tag{11.86}$$

非稳腔的模式，在整个非稳区域中（$g_1 g_2 < 0$ 和 $g_1 g_2 > 1$）具有统一的表达式

$$\beta_1 = -i\frac{k}{L}\sqrt{\frac{g_1(g_1 g_2 - 1)}{g_2}} + 0^+ = -\frac{2}{\widetilde{W}_1^2}i + 0^+ \tag{11.87}$$

$$f_l^{(1)}(\rho_1) = L_p^l(\beta_1 \rho_1^2)\,\rho_1^l \exp\left(-\frac{1}{2}\beta_1 \rho_1^2\right) \tag{11.88}$$

其中，$\widetilde{W}_1$ 表示在镜片 1 上的虚光斑尺寸。0^+ 表示大于 0 的无穷小量。这在保证积分的收敛性时是必须的，同时它的存在丝毫不妨碍 (11.88) 作为积分方程组 (11.65) 的解，因为它是无穷小量，因此完全可以写为

$$f_l^{(1)}(\rho_1) = L_p^l\left(-i\frac{k}{L}\sqrt{\frac{g_1(g_1 g_2 - 1)}{g_2}}\rho_1^2\right)\rho_1^l \exp\left(-i\frac{k}{2L}\sqrt{\frac{g_1(g_1 g_2 - 1)}{g_2}}\rho_1^2\right) \tag{11.89}$$

11.3.3 结果的分析和讨论

第一，所有大孔径的各种谐振腔，包括稳定的和非稳定的，均可以用统一的积分方程组的严格解的方式处理，并获得统一的表达式，即 (11.77) 和 (11.88)。但必须注意的是，在稳定腔中，$\beta = +\sqrt{\mu^2 - 4\Omega^2}$；对非稳定腔，则 $\beta = -\sqrt{\mu^2 - 4\Omega^2}$。因此 β 的表达式的符号在穿过稳定边界时出现突变，这是 $|\Gamma_{pl}| < 1$ 及积分收敛性要求的必然结果。β 穿越边界时往往从 $+\infty$ 变为 $-i\infty$，从复变函数理论看来，复数的无穷远点可以看作一点，因此，在这个意义下可认为 β、模式和 Γ_{pl} 在穿越边界时是连续的，这是 Γ_{pl} 连续的根本原因。

第二，非稳腔的模式并非球面波，因为球面镜并非等相面。这里不需要 Kogelnik[16] 等在等效共焦腔理论中关于镜面作为等相面的假定，而且这种假定在非稳腔中并不存在。这里用到的只是"模式在多次反射中重现自身"的一般性质。

第三，Siegman[14] 等关于模式具有 $V_n(\rho, \varphi) = \rho^n \Theta(\varphi)$ 和 $V_n(x) = x^n$ 以及零点集中于轴上的结论并非正确。事实上它们仅是 $\rho \to \infty$ 时的近似：

$$f_{pl}(\rho) \to \rho^{2p+l}\exp\left[-\frac{1}{2}\beta\rho^2\right] \qquad (\rho \to \infty) \tag{11.90}$$

而且角度部分也决非 φ 的任意函数，而是 $\begin{Bmatrix} \cos l\varphi \\ \sin l\varphi \end{Bmatrix}$ 的形式，因而是在 φ 方面是具有节线的，这应该在实验上有所鉴别。

第四，Borone[15] 虽然获得了圆的非稳腔的衍射损耗，但没有得到本征函数。而且即使在衍射损耗表示中，也无法论证 $p < 0$ 是否存在。在本理论中，不但统一地获得模式和损耗，而且可以明确断定 $p < 0$ 不存在。因为 Laguerre 多项式中 $p \geqslant 0$，而且它们已组成了完备系，故不再存在 $p < 0$ 的解。

Borone 理论中假设 Γ_{pl} 在超越稳定区边界时连续，这种预假定是根据不足的。特别是 Borone 理论中还用到 $g_1 g_2 = 0$ 的边界上的数值，正是这个边界上，叠核 $\mathcal{L}_l(\rho_1, \rho_1')$ 是无定义的，见 (11.67)。在本理论中，Γ_{pl} 的连续性是自然的结论。

第五，在稳定区域中，$N \to \infty$ 时都没有衍射损耗，而仅有附加相移 (11.80—11.81)。在非稳腔中，要区别两种情况：

对 $g_1 g_2 > 1$ 的两个象限中非稳区域，仅有衍射损耗 (11.83) 而无相移。

对 $g_1 g_2 < 0$ 的两个象限中 (II,IV)，不但存在着衍射损耗，而且存在着相移，对一切 l 为偶数的模式存在着半波损失。这是 Borone 文章中没有的，可能会被实验观察到。

只要是非稳腔，在大孔径情况下，等衍射损耗线都是 g 平面上的双曲线，正如文献 [13]、[15] 所计算的。

11.3.4 关于 (11.70) 式的证明

由 Laguerre 多项式的母函数关系式，得

$$\sum_{p=0}^{\infty} \frac{\omega^p}{(p+l)!} L_p^l(\alpha \xi^2) = \frac{\mathrm{e}^{-\alpha \xi^2 (\omega/(1-\omega))}}{(1-\omega)^{l+1}} \quad (\alpha \text{ 为任意复数}) \tag{11.91}$$

所以

$$\sum_{p=0}^{\infty} \frac{\omega^p}{(p+l)!} \int_0^{\infty} L_p^l(\alpha \xi^2) \mathrm{e}^{-\frac{1}{2}\beta \xi^2} \xi^{l+1} J_l(\gamma \xi) \mathrm{d}\xi$$

$$- \frac{1}{(1-\omega)^{l+1}} \int_0^{\infty} \mathrm{e}^{-\left(\frac{1}{2}\beta + \alpha \frac{\omega}{1-\omega}\right)\xi^2} J_l(\gamma \xi) \xi^{l+1} \mathrm{d}\xi$$

$$= \frac{\gamma^l}{(1-\omega)^{l+1}} \cdot \frac{1}{\left[\frac{\beta(1-\omega)-2\omega\alpha}{1-\omega}\right]^{l+1}} \cdot \exp\left[-\frac{(1-\omega)\gamma^2}{2[\beta(1-\omega)+2\alpha\omega]}\right]$$

$$= \frac{\gamma^l}{\beta^{l+1}} \exp\left[-\frac{\gamma^2}{2\beta}\right] \sum_{p=0}^{\infty} \frac{\left(\frac{2\alpha-\beta}{\beta}\right)^p (-1)^p \omega^p}{(p+l)!} L_p^l\left(\frac{\alpha\gamma^2}{\beta(2\alpha-\beta)}\right)$$

$$(\mathrm{Re}\beta > 0, \quad \alpha \text{ 为任意复数}) \tag{11.92}$$

(11.92) 对收敛圆内一切 ω 成立的充分必要条件是 ω^p 的系数相等，则得

$$\int_0^{\infty} L_p^l(\alpha \xi^2) \mathrm{e}^{-\frac{1}{2}\beta \xi^2} \xi^{l+1} J_l(\gamma \xi) \mathrm{d}\xi$$

$$= \frac{\gamma^l}{\beta^{p+l+1}} (2\alpha - \beta)^p (-1)^p \mathrm{e}^{-\frac{\gamma^2}{2\beta}} L_p^l\left(\frac{\alpha\gamma^2}{\beta(2\alpha-\beta)}\right) \quad (\mathrm{Re}\beta > 0)$$

在 (11.92) 的计算中，用到逐项积分，这个手续是合法的。证明如下：令

$$\frac{e^{-\alpha z^2\left(\frac{\omega}{1-\omega}\right)}}{(1-\omega)^{l+1}} = \sum_{p=0}^{\infty} C_p(z)\omega^p = f(z,\omega)$$

$$C_p(z) = f^{(n)}(z) = \frac{1}{2\pi i}\oint_C \frac{f(z,\xi)}{\zeta^{p+1}}d\zeta = \frac{1}{2\pi i}\oint_C \frac{e^{-\alpha z^2\left(\frac{\zeta}{1-\zeta}\right)}}{(1-\zeta)^{l+1}}\frac{d\zeta}{\zeta^{p+1}}$$

令 $g(z) = J_l(\gamma z)z^{l+1}e^{-\frac{1}{2}\beta z^2}$，$\mathrm{Re}\beta = \varepsilon_0 > 0$。作函数

$$\sum_{p=0}^{\infty} g(z)C_p(z)\omega^p = \sum_{p=0}^{\infty} U_p(z)$$

$U_p(z)$ 在 $(0,\infty)$ 区间上连续，并且有 $\sum_{p=0}^{\infty} U_p(z)$ 对一切 z 一致收敛的性质。实际上利用 Cauchy 判别法，作部分和

$$\sum_{p=N}^{M} |g(z)C_p(z)\omega^p| = \sum_{p=N}^{M} |g(z)|\frac{\omega_p}{2\pi i}\oint_{|\xi|=\rho} \frac{e^{-\alpha z^2\left(\frac{\xi}{1-\xi}\right)}}{(1-\xi)^{l+1}}\frac{d\xi}{\xi^{p+1}}$$

$$\leqslant \sum_{p=N}^{M} |g(z)|\frac{e^{|\alpha z^2|\frac{\rho}{1-\rho}}}{(1-\rho)^{l+1}}\frac{\omega^p}{\rho^p}$$

$$\leqslant \sum_{p=N}^{M} \left\{ |J_l(\gamma z)| \, |z|^{l+1}e^{-\left(\frac{1}{2}\varepsilon_0-\frac{\rho}{1-\rho}\right)|z|^2}\frac{1}{(1-\rho)^{l+1}} \right\}\frac{\omega^p}{\rho^p}$$

取

$$\rho < \frac{\frac{1}{2}\varepsilon_0}{1+\frac{1}{2}\varepsilon_0} \tag{11.93}$$

对固定的 l，总存在极大值

$$\mathrm{Max}\left\{ J_l(\gamma z)\frac{z^{l+1}}{(1-\rho)^{l+1}}e^{-|\alpha z^2|\left[\frac{1}{2}\varepsilon_0-\frac{\rho}{1-\rho}\right]} \right\} = A_l \tag{11.94}$$

A_l 与 z 无关，因此在 $(0 < z < \infty)$ 中均存在

$$\sum_{p=N}^{M} |g(z)C_p(z)\omega^p| < A_l\sum_{p=N}^{M}\left(\frac{\omega^p}{\rho^p}\right) \tag{11.95}$$

后者为几何级数，与 z 无关地绝对收敛且一致收敛。因此，$\sum_{p=0}^{\infty} U_p(z)$ 一致收敛。因此逐项积分是允许的。得证 (11.70)。

11.3.5　小结

这段在光学实验室的日子里，虽然时间不算太长，而且也非常艰难，但也完成了如下工作。

（1）成功地完成了大功率He-Ne的6328Å激光器的试制，连续功率稳定在 50 mW 以上（超过委托单位要求的指标 25 mW 一倍）。同时在工厂工人们的协助下，解决了长期困扰我们的 GG17 玻璃激光器的电极微漏，从而解决了寿命问题。

（2）成功地运转了 He-Ne 的 3.39 μm 激光，并推动成功生产出该激光器，应用于煤矿中瓦斯含量监控，有助于煤矿的生产安全。

（3）开展激光模式角分布研究。结合项目的实测工作，开展理论研究。学习计算机计算，并与计算机系教师合作。论文后来得以发表。

（4）激光模式理论研究。获得大孔径谐振腔的模式的统一理论（包括稳定腔和非稳腔）。值得一提的是，国外的模式理论从稳定腔发展到非稳腔理论用了 4 年多时间，而且非稳腔理论用的是几何光学矩阵理论，有诸多不正确的地方，我们只用了半年时间，而且基于波动光学理论，获得非对称非厄米的积分方程的统一严格解，这已在本节中详细写出。

（5）半导体激光研究：与一位工宣队员和学生们共 10 人，经一个月的调查研究，获得了两个项目：半导体激光研究和光储存。在半年时间里，获得了砷化镓激光，并完成了外延法制备镓砷铝激光的设备。在下一节将会再次论及。

激光对笔者而言是一个崭新的领域。新手的知识系统必然面临着严峻的考验。笔者深感得益于大学三年级时毛清献老师主持的纯锑光谱定量分析和李富铭老师主持的基于光谱宽度的铁中铝定量分析时，对笔者的独立工作能力的训练和培养。

同时还非常感激周同庆教授主持的激光理论报告会。报告会别具一格，由叶蕴理教授主讲 Jr. Lamb 的激光理论，每周一次，没有计划何时完成这篇报告，反映教授们对该理论的重视。进度极慢，会上讨论很热烈和自由。我特别欣赏这里的学术氛围：虽然当时激光实验研究尚未开始，但可以看到许多资料，如国际上著名的开创性激光研究的译文集，还有专门关于半导体激光的书。

笔者利用这段时间购买并仔细阅读了大量有关激光探索性研究的文献，这对于几年后笔者有机会从事激光研究大有帮助。自然，学到用时方知少，必须逢山开路，遇水搭桥，但可以减少诸多摸索的时间，可以立即进入主题。

笔者印象特别深刻的是实验研究特别需要社会大协作。深深体会到，学海无边，向工人和同事们学习经验和智慧是极其重要的。高硅玻璃的激光寿命的关键问题，就是在学习中获得突破的。学习 Brewster 角窗的磨制和精度控制、通过玻璃车床控制激光器的准直度等，都得益于同事们的传授经验和帮助。工人的劳动需要得到尊重。只有虚心求教、解释这项工作的意义、与工人推心置腹地交朋友，才能得到工人们的热情支持。比如说上玻一厂的娄志成师傅，是专做出口产品的著名师傅。他决心写一本玻工技术的书，我非常支持，他视我为知己。他给了我许多珍贵的支持，他竟说："只要你需要，设计出来的管子，我都给你做！"真应了一句古话：人心齐，泰山移！

11.4　光通信中的若干概念

自从电话实际运行和商业化后，由于将电线铺设到亿万用户需要的成本昂贵，因而从物理上寻求提高通信和电话的通道数（道数，或路数）就成为发展事业的关键之一。后来人们发现，考虑到分辨率的必然限制，道数 N 与载波频率 ν 的平方根 $\sqrt{\nu}$ 成正比。

$$N \sim \sqrt{\nu} \tag{11.96}$$

人们自然会想到提高载波频率的方法，这个想法并非无稽之谈。实际上最早的电磁波通信就是无线的，后来被用于广播，将信息铺天盖地送到千家万户。虽没有电线铺设上的困难，但随之电台的增多，频段也开始拥挤。后来也由长波、中波、短波到微波等的发展，还发展了调幅和调频技术。但对民用通信，采用高频技术遇到许多困难。人们自然会想到用光作为载波，因为它的频率可达百万亿 （10^{14}）赫兹。相比于 50 周的载波，这样就可以使道数得到百万到千万倍的提高！这并非异想天开！光通信理想长时期激励着科学家和工程师们去研究和探索。

在现代社会里，许多高新技术的动因发端于国防和军事的需要，而最终受益的往往是民用技术。从大型高速计算机到微机和便携式电脑的发展，就是例证。光通信也一样。比如人们因在边防海岛前线电线铺设困难，自然希望用激光通信。半导体激光显然成为首选，因为它具有寿命长、轻小、稳定性好、使用电压低等特点，通信距离也只需达到十公里，这些要求实际上不难达到。但是好事多磨，一个不起眼的要求是"保证全天候"。这在边防上是非常重要的，但是边防上的因陋就简，和技术要求上的全面和苛刻，是相克的。因为大气会有各种变化，要制备、选用和实际操作适合各种天气下的激光通信的开支，绝非边防单位所能承担的。

人言道："山重水复疑无路，柳暗花明又一村！"半导体激光在家用电器中发挥了无可代替的作用：VCD 和 DVD 中的探头就少不了半导体激光器。至于"全天候"通信的艰难任务就部分落在卫星激光通信上，大气层的厚度相对于十公里水平通信距离来说，还是比较容易穿越，因为越到高空大气越稀薄，穿过大气层后就海阔天空，受天气的影响就比较少了。以国家级的技术实力，动用同步卫星，覆盖全球的激光通信所遇到的困难，在所得到的技术和财力的支持下是完全可以克服的。现代汽车上的 GPS 定位系统可以成功地指挥人们在不熟悉的道路上开车，就是明证。

反观光通信的道数问题，因为它具有通道数上的压倒优势。如果人们可以建造类似于电线那样的线路，那么还可以根本上解决"全天候"问题，问题是如何建立类似于电线的引导光行进的线路。光学专业的科学家们熟悉的光路是在大气中或真空中的，现在的问题是如何将光限制在规定的线路中。

华裔科学家高锟，提出了一个开创性的概念：电介质表面波导[18]。首要的目标是针对光纤（维）通信。文章旨在阐明折射率大于周围介质折射率的电介质纤维是一种电介质表面波导，它可能在光频下实现能量导向传输。

其物理模型是：光在光纤维中传播，受光纤维内表面的全反射，基本上能全部封闭在光纤维内，因而损耗较小。如果将光纤维中的散射减小到一定程度，就可以实现光纤维通信。人们经过技术上的持续努力，光纤通信得到全球性的运行和普及，极大地（百万到千万倍的）提高通信的道数和容量。在此基础上的互联网技术和模式，深深地改变着人们的生活。高锟的科学思想得到了全世界的公认，并因此获得 2009 年的诺贝尔物理学奖。

据传当高锟看到报纸上登载着他自已获得诺贝尔物理学奖的报道时激动地说："啊！杨振宁！"这句话使许多人为之动容。其一，说明杨振宁教授获诺贝尔物理学奖的事迹对许多人的鼓舞是如此强烈，其二，是高锟这位华裔科学家早将自己的伟大贡献置之度外了！

在结束本节时，让我们看一个有趣的现象。如果我们在黑暗的房间的窗口，放置一个不透明的硬板纸。用一根透明的塑料纤维通过这块硬板纸的一个小孔，部分伸到明亮的窗外，我们就会看到窗外的光会沿着这条透明的纤维流到黑暗的室内来！我们会看到这纤维里充满着光亮！

实际上这个现象非常有趣和重要。因为通常人们习惯的观念是：光总是直射的，除非遇到反射和折射。几何光学就是以此为基础的。但光在光纤中就不同了：它将接受光纤的引导而弯曲。这一点对光纤通信中是极为重要的。这对于内窥镜医学上也是划时代的。在 20 世纪 80 年代，内窥镜医学还刚起步。人们在通过内窥镜做胆囊手术时，要在腹部打几个洞，将内窥镜插入腹内，吹气聚焦等，才能进行手术。在发展光纤技术后，利用光纤可以引导光线弯曲的性质，大夫可以利用光线通过食道，直接对胆囊取出结石等。利用光纤，现代的鼻镜、胃镜、肠镜都变得非常细小，弯曲自如，减少病人的痛苦并改进手术质量，造福于人类。

这里想对理论物理的思维方法作一个简单的注解。

有时对同样的一件事物，不同的思考方式可以得到不同的结论和结果。传说有鞋业公司派两名人员去同一地点和时间调查亚热带的市场。一个汇报说："没前途！那里的人大多是赤脚的！"一个汇报说："好极了！那里的人大多是赤脚的：都会买我们的鞋！"

当人们考虑到要实现全天候的光通信的时候，一种观点是："工程太大，没有先例！"一种观点是："工程大，没有先例，好啊！这是个极好的科学机遇！"许多事物，有利有弊。有时顺风顺水，有时障碍重重。一旦峰回路转，往往又是一片天地！

当 Planck 提出能量量子化，而许多人还在疑惑之中的时候，Einstein 已经在考虑：如果如此，则原子在光场中应该有三个基元动作：自发辐射、受激辐射和受激吸收，同时指出受激辐射的几率与相关的光谱强度成正比。尽管激光的问世要在 40 多年以后，但 Einstein 的理论已经隐含着要获得受激辐射的态，粒子数反转是首要条件。而且上述的正比性质正预示着在增益大于损耗时，受激辐射具有倍增（自我激励，自我放大）效应。实际上 40 多年来的追求也确实沿着这条轨迹进行。理论物理的思考方法需要暂时搁置技术上的种种困难，沿着物理本身的规律做出思考、判断，要先走一步。不过对于激光这件事，就这一步，Einstein 先走了 40 多年！关于 Bose-Einstein 凝结，Einstein 先走了 70 多年！这就是理论物理的思考方法。

一提起理论物理，人们往往以为一定是大量复杂的数学和计算。诚然，许多理论物理工作不可避免地涉及大量复杂的数学和计算，例如，Maxwell 方程和广义相对论等。但这并不是必需的唯一形式，一切均以考察的领域和对象而定。Einstein 的光子理论，对受激发射光的观念，固体低温比热，Bose-Einstein 凝结，甚至他蜚声世界的狭义相对论，所用的数学都是非常非常有限的。这些工作主要是以新颖的物理观念取胜。这一点是很值得我们注意和学习的。

与批判 Einstein 相关的几个记注

就在 Einstein 的相对论、光子学说和激光预言等取得辉煌成就的年代里，却有人发动对 Einstein 的有组织的批判。"四人帮"被粉碎后，那些肇事者们慌忙销毁证据、妄图蒙混过关时，国内外对这次所谓批判发表过大量的研究文章和专著，人们可以直接去研究这些著作。

哈佛大学出版社出版的 Hu 的书[6]（*China and Albert Einstein*），提及"复旦大学物理系教师戴显熹曾质疑这场对 Einstein 的批判"。至于这质疑是如何提出的，在什么环境下提出的，经受了哪些打击报复，是如今的年轻人难以知晓和理解的。

虽然不少著作，引经据典，广征博引，但毕竟是间接的，并带有各自的观点。笔者认为很有必要在此以亲身经历见证这场运动究竟是怎么回事。尽管这种回顾的字里行间都是血，毕竟前事不忘后事之师也，故这回顾是必要的。

记得某一天，一位矮胖的中年人（后来听说叫王知常）带着一个青年人郑某，神秘兮兮地来到复旦物理系，自称是市里派来的，组织和领导批判 Einstein 工作。先召集一个会，准备组织"批爱组"。奇怪的是系领导不在场。他声称这是挖"他们"祖坟的事，必然会引起强烈的震动。（这话既强调这工作的重要性，也暗示要保密。）他那"挖祖坟"的措词引起笔者的警惕，因为这不是学界的用语。"他们"又是指谁呢？

考虑到事关原则问题，我不得不问个清楚。

首先问："为什么要批判 Einstein？你们是否作过调查？如作过，是否可将结果交给我们。如没作过，我们可以调查，然后决定批判谁。"说实在的，就我所了解的 Einstein 对科学的贡献是伟大的，没理由去批判他。但当时的舆论，不允许任何人反对所谓"大批判"。但我料定这班人，对 Einstein 的为人、历史和贡献是一无所知。果然他们咬紧牙关，一个字也不回答，使人意识到他们是老练的，带有特殊目的的。

我进一步问："既然是大批判，就应该到工农兵中去。我们正准备参加海港战高温，那里有许多堆积如山的货物等待装卸。"因为当时的社论虽然天天声嘶力竭地宣传工农兵是大批判的主力军，但实际只是为一己之私，就要看看他们的言行是如何一致的，因为他们不敢说工农兵不懂 Einstein 和相对论。果然王表示必须关起门来。

第三个问题是："这个任务是哪个部门交付下来的？"因为科学工作者没有愚蠢到这个地步，把自己绑在面目不清的人的战车上。这也是向对方进行火力侦察。果然不出所料，那郑某突然火了，拔拳捶在桌子上："就是无产阶级司令部来的！"这句话恰巧泄露了"天机"，因为自称"无产阶级司令部"的，那一定是张春桥之流的人物。而张的为人，上海民众是记忆深刻的。笔者于是就下定决心，坚决不参加。

会议结束时，要求每人必须表态，是否准备参加批判组。因为当时的舆论，不允许任何人表示反对"大批判"。我表示准备到海港去战高温。那青年人又拍桌子大骂："你就是为六块钱的月票，逃避阶级斗争。"这在当时是一句骂人的狠话。笔者立即站了起来领读了"语录"256页，明确地反问一句话："与工农兵相结合，有什么不对？"对方哑口无言。结果，市里来的另一个联络员说："这是自愿的，表个态吧。"我说："愿意与工农兵相结合，去海港战高温。"那天我这样离开了他们的会场。

一个月的海港战高温后，我又去上钢二厂轧钢车间劳动，名义上是随学生下工厂，实际上许多学生都不去。夜班经常只剩下两位工宣队员和我。两位公宣队员几次对我说，上头要调我去参加批判组，我表态坚决不去。轧钢车间的设备非常陈旧，任务重，工作非常危险，劳动强度很大。我经常与工宣队员谈心，我问他们："这里艰苦吗？危险吗？需要人吗？我就愿意在这里留下来！"由于工宣队员们的保护，我终于没去"批爱组"。

一个深夜，工宣队员陈师傅说，这次又要调你走，我也保不了你了。我说我坚决不去。陈师傅说，这次与以前不同，是去搞调查项目，不去批判组。我问："当真？"他说保证是真的。我说，明天就去。就这样，陈师傅带领我和十个学生去搞了一个月的调查。

大约一周后，陈师傅紧张地来找我，说上面说要调查汇报，这可急死人了。我说别担心。我每天都作了笔记，并分析研究，结论是可以搞两个项目。他说那你一起参加。我说我不参加。报告交给你，你交上去就可以了。报告的落款是项目调查组。结果报告很快通过，就决定搞所建议的半导体激光和光贮存。

当时七十位同事，大部分是职工和少数几个非专业的教师，以前在科研上没有专长，也没有去处。但大家非常团结，知道有新项目可搞，都摩拳擦掌，热情地参加了半导体激光组。我们大家齐心协力，自己动手制备扩散炉、外延炉，搞到无位错直拉单晶、统配的氧气瓶和氢气瓶，职工们自己完成金加工，制造出性能良好的晶体定向切割机等。半年内成功地作出了砷化镓激光，并完成镓砷铝激光制备的外延炉设备等。

就在这时，来了个军宣队新头头叶某，第一次全系大会上宣布撤销半导体激光组。笔者立即站起来，据理力争。叶某只得说，今天只是谈谈，不作决定，突然话锋一转，说："知识分子本来就不是个好名称。"陆奋老师（后来任物理系副主任）当场指出："马克思也是知识分子！"叶某哑口无言，稍后，又突然说："如果知识分子用出格的方法对付我们，我们就用出格的方法对付他们。"会议不欢而散。

第二天清早，我如常进实验室。突然来了一个同事章某某，显然他是有备而来的，也算是头头吧，痛陈五七干校大多是群众去，现在我们要改变这做法，让领导先去。我说好啊。他说："那就你先去，就一个月。以后我再去。"他还伸出一个手指，强调是一个月。我想我并不是领导，不过，我愿意先去。为了不影响科研进度，我利用星期天把工作安排、未来计划和镓砷铝激光外延工作的细致步骤等全写在报告中，第二天就去了干校。一个月过去了，没看见那位领导来，六个月过去了，还是没来。进而有人扬言知识分子的改造需要长期劳动，后来说要挖防空洞，我一米八的身躯，整天弯着腰在不到一米二的地下，挖泥巴，扛四百斤的泥土。一位数学家脚骨折，一位工宣队员手指骨折，我虽然脚伤了，所幸无大碍。一天，满身泥巴的我被北大来访的客人请去交流半导体激光研制的事，因为北大准备上马。我非常高兴，因为这样就多了一组同行了，立即热情地请他们参观我们的实验室。当我带领客人参观时，惊奇地发现实验室已经被贴上封条，从几位老同事那打听后，才被告知当我去农场的几个月后，项目被撤销了！我心如刀绞，最不希望看到的事终于发生了！

十个半月劳动过去，十位同事回到系里，被通知不准谈体会，不需汇报。我被派去搞探测器，两周后说借我一周去清理仓库，理由是毛主席会见叶海亚时说中国扫仓库就可以扫出 3 亿。（其实这次搞清仓时，叶海亚已下台了。）后来清了四个多月，最后头儿说："既然仓是你清的，就留下来管仪器吧。"派理论物理专业的人去管实验仪器和仓库，也算是领导艺术吧。我恨这些言而无信的所谓领导者，就关上门，自己做理论研究。几天后，突然有人通知我赶快回光学组。原来两个单位的工宣队吵起来了，指责电光源单位借人不守信用，还不放人。我这才有机会搞气体激光，但没有具体任务。一个已试制两年而未完成的 He-Ne 激光器项目，经三个月会战未果，有经验的同事被调离的情况下，留下我和一个职工（两个生手），也可说是一种特意的安排吧！既可以对委托单位一个交代，也不失为对一个反对批判 Einstein 的人的一个惩罚。

我永远不会忘记委托单位的常驻代表老杨、小吴和绝大多数同事们的鼎力支持。他们并不把反对批判 Einstein 作为一种错误，给予笔者以各种形式的同情和帮助。记得为直接测量激光器的激光发散角，老杨和我一起在周六待到夜深人静时，在物理楼长走廊上进行。老杨深情地说："只要你把这项工作完成，我们为你树碑立传！"我非常感动，立即说，"绝对不可以！我保证决不辜负人民对我的培养，尽一切努力，争取出色完成任务。"

终于在理论与实践紧密结合下，任务圆满完成了。我们可以稳定地制备 50 mW 的符合要求的 He-Ne 激光器，而原定的指标只是 25 mW。我在系里的一次会议上报告了这个关键的技术和思考，把所有的秘诀与大家分享，并强调说，只要按这个方案做，都可以成功。

一天近下班的时候，实验室里只有我的大激光管发出耀眼的光。系工宣队的头特地找我，说夜里要我留下，有贵宾接待任务。我仍按原计划烘烤管子，因孩子要吃饭，晚饭期间请两青工照看一下。不料他们打牌，忘了温度控制。我回来时不出激光了。我只得通宵工作，将激光管恢复原来工作状态。但贵宾并没来。

不久要送我们的大激光管到北京展览，我立即制备好了一支。这时一位工宣队员找我谈话，说这是"代表学大学和物理系的"，是"好事"等大道理。但好像言犹难尽，吞吞吐吐。我猜他的意思是要我的管子，但我不要去北京。我立即出乎他意外地说："师傅，我不想去北京。"他奇怪地说："为什么？"我说："孩子小，跑不开！"我给他找了一个不使他难堪的理由。他立即说："那好，那是。有人说你毛手毛脚的。上次贵宾参观时就出了纰漏。"我微微一笑。我想当天出纰漏的不是我，当然我有责任，就立即有人背地里汇报了。好快啊！那一定是当夜！因为凌晨已经修复了！而且暗中汇报却给工宣队员的印象如此深刻。可通宵完成修复的是我，就没人汇报！

后来有人告诉我，那天晚上是周培源教授来访，奉指示调查各地的基础研究情况。系工宣队的头安排我待在实验室是作为搞理论的改造成功的例子。这真是天大笑话。笔者从来就认为，做人要正直。在笔者的心目中，那些肇事者们却真正需要改造的！

后来一次在工作中被叫去开一个所谓可教育好子女会议。我读过学生中传抄的所谓两校（清华和北大）经验。我发现与会者都怨声载道，我也怒火中烧。"四人帮"之流打击了如此众多的百姓，株连了广大的人民。他们感到心虚了，恐惧了，但死不认错，还要在百姓的子女身上做文章。系里还派一个有汉奸亲属关系的人来主持会议。我火了，几年来总被贼惦记着，我反对批判Einstein有什么错？面临没完没了的这类侮辱人的会议，于是站起来，领读一段关于政策的语录，大家也跟着晃动着语录（当时的时尚如此）。然后严肃地说："如果一定要说可教育好的话，应该叫可教育好的爸爸。因为我有孩子了。"说完就走。当天系工宣队的头就放出一句话："有黑手，有黑后台！"我心中极端平静，就如常上班，因为我想被贼惦记着的日子就要到头了！一介平民教师，在他们心里怎么成了黑手和黑后台？这反映了他们内心的恐惧。他们也不去想想，那"四人帮"的骨干分子都感到四面树敌是威胁，基层就别蹦弹了吧，何必呢！

那些发难者们对Einstein罗织的所谓罪名无非下面几个。其实这些是人们早就预料的。

其一是相对论认为以太不存在，而据说列宁说过以太是存在的。其实以太存在与否，各人都可以发表自己的意见，在相对论发表之前，主张以太存在的科学家大有人在。列宁并没有说要批判Einstein，而Einstein也没反对列宁。自然科学的事应该由自然界作判断，有组织批判的做法是有违科学的。另一个罪名是Einstein"叛国"，是"帝国主义乏走狗"。稍微有历史常识的人都知道，是希特勒法西斯发动世界大战，给许多国家和人民造成深重的苦难，同时也给德国人民造成深重的苦难。为什么不说是希特勒背叛了德国和德国人民，却反而要Einstein背负叛国的十字架？

一个起步早、进展顺利的半导体激光研究组被暗地里拆掉（当复旦拆掉后，北大来调查，准备上马），致使VCD和DVD普及，半导体激光进入应用期的时候出现向国外大量进口半导体激光器的局面。这样做究竟对谁有利啊！

笔者认为，对科学家及其学说的有根据的检验、发展甚至批判是完全可以的，但怀有不可告人目的进行有组织的毫无根据的所谓批判是极端要害的，是反科学的。20世纪出现的世界上独一无二的可耻可恨的批判Einstein运动的教训绝不可忘记，以免悲剧重演：**前事不忘，后事之师也！**

2007年夏，我和子孙们去Princeton大学的高级研究院（Institute for Advanced Study）去参观Einstein工作过的地方。在这金融危机冲击世界的日子里，这里像是世外桃源。天高气爽，地广草碧，秀木繁荫，蝉声阵阵，几人悠闲地在靠椅上冥思，在碧湖中垂钓。

高级研究院只保留下Einstein当时的一个办公室。它是那么平常，黑板上留下几行算式。很少人知道他的故居。我们经人指点，终于找到Einstein故居。它早已易主。我们无意去打扰新的主人。这种情景使人非常震撼，一代伟大的科学家走得是如此平静。他的业绩，并不靠人们对他的人为的纪念馆、故居、陈列室、宣传，他什么也没有。他的理论和业绩，不需要任何人为之捍卫，辩护。大自然本身就是它们的最有力的捍卫者和辩护人。他的功绩自然地长留在他的理论、预言之中，避免了腐朽和灭亡。

在结束本记注时，笔者特别强调的是，人们决不可以将这时期的"批爱"事件看成当时中国整个物理学界和科学界的行动，从而企图引出中国人愚昧、无科学的结论。那是极其错误和愚蠢的。"批爱"事件只不过是几个政治小丑导演的科盲们的丑剧。

实际上中国整个物理学界和科学界对"批爱"是坚决抵制的。周同庆教授就是一例。他是当时南方唯一的中国科学院物理学学部委员，被调去为"批爱"提供炮弹，后来被专政队提出去批斗。原来是他在专心收集光速的测量方法与结果。专政队批他在搞"变天账"！实际上如果各种光速的测量方法与结果汇集起来，只可能证明光速不变性原理是对的。既然光速不变，也是对相对论的有力支持。而那些政治小丑们一手遮盖的天非变不可！周同庆教授不容易，他那时还是"被改造和批斗"的对象，可见他冒着多大的风险。不久，周教授患痴呆症。每看到他好不容易来到系图书馆，很快被人带回家，而舍不得离开的景象，常令人黯然泪下。记得他不久前参加我关于激光模式角分布的论文[19]时，他是那么敏锐和积极，提出多个宝贵又中肯的意见，还历历在目！

记得在有人在会上批评相对论关于"以地球和以太阳作参考系在科学上是一致的"的结论是相对主义时，物理系的陆奋老师立即站起来反驳，指出这是力学相对性原理，是常识。王知常横蛮地说："这不是公说公有理，婆说婆有理吗？"原来王连相对论和相对主义的基本知识都没有。他根本就不知道：不同惯性系中的时空坐标可以不同，但运动方程却必须是协变的，这正好反映了物理规律的客观性。

笔者记得，绝大多数物理学者是坚决反对"批爱"的。他们之所以没有公开发表他们的主张，一方面是那些政治小丑控制了发表渠道，同时多数人从来不读这些"批爱"的垃圾文章，并认为这些文痞不学无术，不值一驳。在人们日常谈论中常对这场丑剧嗤之以鼻。笔者一介平民，之所以能公开拒绝参加"批爱"活动，主要得益于本系绝大多数物理学者的支持、同情。这反映了反对"批爱"才是民意所向。这也是为什么尽管那些政治小丑可以恶劣到设法在科研项目、工作和劳动上对笔者进行刁难和破坏，在大会上叫嚣"有人反对批判Einstein，"但始终不敢公开点笔者的名字。因为他们毕竟不敢暴露"批爱"已经堕落到如此程度，强迫别人参加，而人家还坚决不参加！

这里特别要列举一个事实，就是"近代物理讨论班"的事。笔者在人防劳动的一次休息时间里，偶然进入第一教学楼。推开那从天花板直挂到地面的大量阴森森的大字报，惊奇地听到有人谈论物理科学的声音。多么亲切的声音啊！轻轻推开没锁的门，门缝里瞧见坐着著名的物理学家和数学家们，他们包括卢鹤绂、谷超豪、夏道行、胡和生、倪光炯、严绍宗、沈纯理等。他们都是或后来成为我校大师级的学者。由于好奇，浑身泥巴的我悄悄地找个后排坐下，越听越有劲，忘了劳动的时间。旁听了两次，他们不但没有撵我出去，也没有因我反对"批爱"而歧视我。他们来自不同的系和专业，各自报告自己的研究成果，热情地相互讨论，原则是唯真理是从。我非常喜欢这样的学术组织形式。他们还鼓励我报告自己的研究工作，于是我得到报告三个研究工作的机会（共四次），得到他们的鼓励和指点，后来发表了多篇论文，其中包括论文[20]，它很快得到杨振宁教授的引用[21]。我一直怀念这个组，我从他们那里学到许多宝贵的治学方法与经验。

当时的中国物理学界的正义与邪恶力量的对比，是非常悬殊的。"四人帮"要在物理学界取得控制地位只是一种幻想，所以只从当时发表的文章来评判当时的中国物理学界显然是有失偏颇的。如果借此引经据典，得出中国物理学界接受现代文明如何困难、缓慢的结论，将是大错特错的。如所周知，Einstein 相对论基于两个原理：光速不变性原理和相对性原理，而相对性原理则是伽利略力学相对性原理的推广。实际上，远在伽利略发现力学相对性原理之前，中国的一本名著《考灵曜》有过一句名言：

"地恒动而人不知，舟行而人不觉也。"

意思是地球不停地运动着，而人不知晓，正如船在前行，而人不觉得一样。著名的历史学家顾颉刚在他自己的书中还特地提到这句话。读者可以按照自己的知识去理解这本古书这句话的意思。据笔者的理解，前半句是以简洁且精辟的语言阐明地动学说的本义，后半句是阐明相对性原理，至少是力学相对性原理的精髓。也许人们觉得论述的过于简单而不予采信。其实，大画家达·芬奇对两水波相互独立穿越的简洁描述被人们采信为物理学叠加原理发现的证据，伽利略关于行船中力学实验无法识别船体自身的运动的简洁描述被采信为力学相对性原理发现的证据。难道中国《考灵曜》的论述就不能得到应有的重视吗？

笔者在此的引证旨在强调中国科学家们不但能勇敢接受现代科学和文化的新发展的理念和理论，即使在困难时期，也能排除万难，勇敢进取，而且他们的祖先还为现代文明作出过伟大贡献也是不争的事实。

粉碎"四人帮"之后，中国的科学和技术取得长足进步，那是"蓄之既久，发之必速"的印证。但愿伟大祖国的科学技术能永远蓬勃发展，为伟大的人民带来更多的美好与幸福！

参考文献

[1] Isaacson W. *Eisntein: His Life and Universe*. Simon & Schuster Paperbacks, New York, 2007.

[2] Schawlow A L, Townes C H. Infrared and Optical Maser. Phys. Rev., 1958, **112**: 1940.

[3] Prokhorov A M. J.E.T.P., 1958, **34**: 1658.

[4] Maiman T H. Stimulated Optical Radiation in Ruby. Nature, 1960, **187**: 493.

[5] Collins R J, Nelson D F, Schawlow A L, Bond W, Garrett C G B, Kaiser W. Coherence, Narrowing, Diretionality and Relaxation Oscillations in the Light Emission from Ruby. Phys. Rev. Lett., 1960, **5**: 303.

[6] Hu D N. *China and Albert Einstein: The reception of the Physicist and his Theory in China, 1917-1979* Cambridge, Massachusetts, London, England: Harvard University Press, 2005.

[7] Fox A G, Li T. BSTJ, 1961, **40**: 453-488.

[8] Fox A G, Li T. in *Quantum Electronics* III **2** (edited by P. Grivet and N. Bloembergen). New York: Columbia University Press, 1964: 1263-1270.

[9] Boyd G D, Gordon J P. BSTJ, 1961, **40**: 489-508.

[10] Li T Y. BSTJ, 196, 5**44**: 917-932.

[11] Flammer C. *Spheroidal Wave Functions*. Palo Alto Calif.: Stanford Univ. Press, 1957.

[12] Slapian D, Pollak H O. BSTJ, 1961, **40**: 43.

[13] Siegaman A E. Proc. IEEE, 1965, **53**: 277.

[14] Siegaman A E, Arrathoon. IEEE, 1967, QE-3 (4): 156.

[15] Borone S R. Appl. Optics, 1967, **6** (5): 861.

[16] Boyd G D, Kogelnik H. BSTJ, 1962, **41**: 1347.

[17] Kogelnik H, Rigrod W W. Proc. IRE.(Correspondence), 1962, **50**: 220.

[18] Kao K C, Hockham G A. Dielectric-fibre surface waveguides for optical frequencies. IEE Proceedings, 1986, **133**, Pt. J. No.3 June: 191-198.

[19] 高坤敏, 戴显熹. 激光模式角分布. 中国激光, 1976, 5: 22-28.

[20] Dai X X, Ni G J. Physica Energiae Fortis et Physica Nuclearies, 1978, **2** (3) : 225-235.

[21] Yang C N. Progress in Theory of Monopole. *Proceedings of the 19th International Conference of High Energy Physics (Tokyo)*; 杨振宁著, 戴显熹译. 磁单极理论的进展. 大学物理, 1985, **8**: 1-3.

第 12 章　超导电子隧道效应的基本方程与分谐波效应

12.1　引　言

按照超导微观理论，超导态中存在两种电子，即单电子（或正常电子）和库柏对（或称超导电子）。Josephson 在他的不到两页的论文 [1] 中，利用微扰论，研究库柏对穿过隧道的物理问题，预言了三个效应，后来很快陆续获得实验证实 [2-5]，合称 Josephson 效应。此前，Gaiever 实验上研究了正常电子的隧道效应，可以用来检测元激发的能隙。由于这些工作在科学和实际应用上的重要性，他们后来都获得了诺贝尔物理学奖。

Josephson 效应 [1] 已获得了重大的成就，主要表现为：基本物理常数 $2e/h$ 的测定和电压基准的监视（准确到 2×10^{-8}）、低频弱磁场弱电场的测量（灵敏度高达 10^{-11} Gs 和 10^{-15} V）、可能用于频率可调的电磁波相干辐射源（特别是亚毫米波段）、混频器、高灵敏度探测器和快速计算机元件等。正因为它在应用和基本研究上的重要性，所以它的基本方程在实际应用和研究中所遇到的基本问题，就引起特别重视。这些基本问题如下。

（1）Josephson 电压-频率关系的准确度问题。

Josephson 方程指出交流效应中阶跃处的直流电压与辐照微波的频率 ν 存在一个普遍的关系

$$V = n \left(\frac{h}{2e} \right) \nu \tag{12.1}$$

其中，n 为自然数，h 为普朗克常数，e 为电子电荷。

人们从实验研究中倾向于相信 (12.1) 的准确度至少为 10^{-8} 以上，理论上存在许多争论的意见，如 (12.1) 中电子电荷是否要重整化？电位差乘以 $2e$ 与化学势差是否相等？等。代表性工作如 Nordt Vedt [6]、Langenberg [7]、Parker [8]、杨振宁 [9] 和 Bloch [10] 等。

1972 年 $2e/h$ 测定的国际比对表明相互符合程度是 2×10^{-7}，而 NBS 和 PTB 声称各自的标准误差 σ 已达 $(4-5) \times 10^{-8}$，因此比对的偏离超过了 σ 的 5 倍！尚没有确切理由证明偏差完全由电池运输上的疏忽引起。这不得不使人们仔细地研究基本方程的可靠性，特别是结的形式及耦合的强弱是否对 (12.1) 关系产生影响等问题需要进一步澄清。

（2）分谐波效应的出现是对 Josephson 关系的一个严峻考验。

Dayem[3] 在微波照射 Dayem 桥时，发现电流阶梯在 $\omega_0 = n\omega$（ω 为微波圆频率，ω_0 为 Josephson 圆频率）中 n 为正整数时出现，而且在 n 为分数时（$n = 1/2, 1/3, 1/4, 3/4, \cdots$）也出现。Daitrenk 等[4] 在点接触实验中，当点接触正常电阻减小到 $0.1\Omega - 0.01\Omega$ 时也出现相似的分谐波效应（降低磁场或温度时也可以出现）。可是，按照 Josephson 方程，n 只能为整数。Sullivan[11] 等认为，这是自检测效应引起的，在保持 $J = J_J \sin\phi$ 的前提下，在等效电路中计入电阻、电容、电感等，计算证明有分谐波效应；对 Dayem 桥 Baratoff[12] 等由**金士堡-朗道**方程（简称 **G-L** 方程）出发，在电压为零的情况下，导出电流表达式，它不是 Josephson 电流表达式，但电流是 ϕ 的奇函数，$\phi = 0$ 和 π 都是它的零点，立刻导致 $J = \sum_{n=1}^{\infty} \alpha_n \sin(n\phi)$。因此有人认为，如果再承认 $\dot{\phi} = \frac{2e}{\hbar}V$，则可能解释分谐波效应。显然，这是两种不同的观点。

我们认为，目前出现的两个基本问题都涉及基本方程。首先，$\dot{\phi} = \frac{2e}{\hbar}V$ 是否是普遍、严格的？**G-L** 方程计算并未触及这个问题（因为已假设 $V = 0$），既然修改了 J 的表达式，为什么 ϕ 方程保持不变？在 $V = 0$ 时导出 J 的表式，为什么可以搬到 $V \neq 0$ 的情况来讨论分谐波效应？关于 Josephson 方程的推导，虽已有许多工作，如 [1]、[6]、[7]、[8]、[9]、[10]、[15]，但同时包含分谐波效应，又能论证 (12.1) 的严格性、普遍性的理论还待努力。凡此等等促使我们去研究基本方程的问题。

12.2　Feynman 方程的严格解

我们认为，分谐波效应的出现，反映 Josephson 关系 (12.1) 的质变，这种质变的量变基础应该是耦合的加强（点接触电阻的减小显然意味着耦合的加强）。因此，我们希望寻求适合各种耦度的方程组，解释 Josephson 方程已能解释的全部事实，而且自然导出分谐波效应，同时讨论 (12.1) 的正确性。这一切要求理论处理是严格的。可是到目前为止，多体问题（除几个理想模型外）尚未有严格解（微扰法和格林函数法均无法严格求解，只能讨论 J 的近似式，不能讨论 $\dot{\phi} = \frac{2e}{\hbar}V$ 是否严格的问题）；**G-L** 方程在 $V \neq 0$ 时，也无法严格讨论。我们将以严格求解 Feynman[13] 模型作为推广的第一步。此模型在宏观量子态和弱耦合（ε 很小）这两个基本假设下导出了 Josephson 方程。我们把 ε 推广到一般的情况，并将方程严格解出。

设 ψ_1 和 ψ_2 分别为隧道结两边的超导体序参数，Feynman 假设 ψ_1 和 ψ_2 的变化受到二侧序参数的线性影响，即

$$\begin{cases} i\hbar\dfrac{\partial}{\partial t}\psi_1 = E_1\psi_1 + \varepsilon_{12}\psi_2 \\ i\hbar\dfrac{\partial}{\partial t}\psi_2 = E_2\psi_2 + \varepsilon_{21}\psi_1 \end{cases} \tag{12.2}$$

两边材料相同时（同质结），则 $\varepsilon_{12} = \varepsilon_{21} = \varepsilon$，

$$\psi_\alpha = \sqrt{\rho_\alpha(r_\alpha)}\, \mathrm{e}^{\mathrm{i}\phi_\alpha(r_\alpha)} \qquad (\alpha = 1,\, 2) \tag{12.3}$$

分离 (12.2) 的实部和虚部，在 $\rho_1 = \rho_2$ 且 ε 很小的假定下，Feynman 得到

$$\begin{cases} \dot{\rho}_1 = \dfrac{2\varepsilon}{\hbar}\sqrt{\rho_1\rho_2}\sin\phi = -\dot{\rho}_2 & \phi = \phi_2 - \phi_1 \\[2mm] \dot{\phi} = \dfrac{2e}{\hbar}V & V = V_2 - V_1 \\[2mm] J = \dfrac{4\varepsilon e}{\hbar}\sqrt{\rho_1\rho_2}\sin\phi & \end{cases} \tag{12.4}$$

为了解释分谐波效应，必须取消对 ε 的限制，同时放弃 $\rho_1 = \rho_2$ 这个不明不暗的假设，不然就与 $\dot{\rho}_1 = -\dot{\rho}_2$ 相矛盾。此外，讨论异质结时，需要放弃 $\varepsilon_{12} = \varepsilon_{21}$ 的假定，而电荷守恒律要求 $\varepsilon_{12} = \varepsilon_{21}^* = \varepsilon\, \mathrm{e}^{\mathrm{i}\delta}$。

困难立刻就来了。下面的方程是非线性的耦合方程组

$$\begin{cases} \dot{\phi}_1 = -\dfrac{E_1}{\hbar} - \dfrac{\varepsilon}{\hbar}\sqrt{\dfrac{\rho_2}{\rho_1}}\cos\theta \\[2mm] \dot{\phi}_2 = -\dfrac{E_2}{\hbar} - \dfrac{\varepsilon}{\hbar}\sqrt{\dfrac{\rho_1}{\rho_2}}\cos\theta & (\theta = \phi + \delta) \\[2mm] \dot{\rho}_1 = \dfrac{2\varepsilon}{\hbar}\sqrt{\rho_1\rho_2}\sin\phi = -\dot{\rho}_2 \end{cases} \tag{12.5}$$

非线性方程组的严格解是个困难的数学问题。本文认为至少有些非线性方程组有可能通过非线性变换使之去耦并线性化，这是我们实现严格求解的基本方法。这要求选择适当的反映整体状态的序参数。首先选择的参数是 $x = \rho_1\rho_2$，结果 x 的方程实现了去耦，但仍为非线性的。这启发我们，如果继续作非线性变换，有可能使它线性化。经过长期的摸索，发现 $D = \sqrt{\rho_1\rho_2}$ 是最适合的，它表示两边 Cooper 对密度的几何平均值。D 的方程是线性的，同时是去耦的，换言之，对非线性方程，Fourier 变换作用不大，但通过推广的积分变换，可使之实现去耦与线性化。

$$\rho_1(t) = \rho_1(0) + \frac{2\varepsilon}{\hbar}\int_0^t D(t_1)\sin\theta(t_1)\,\mathrm{d}t_1$$

$$\frac{\mathrm{d}D(t)}{\mathrm{d}t} = d_0\xi\sin\theta(t) - \xi^2\sin\theta(t)\int_0^t D(t_1)\sin\theta(t_1)\,\mathrm{d}t_1 \tag{12.6}$$

其中

$$\xi = \frac{2\varepsilon}{\hbar} \qquad d_0 = \frac{\rho_2(0) - \rho_1(0)}{2}$$

(12.6) 永远不能化为纯的微分方程，但可以化为二阶线性积分方程

$$D(t) = D(0) + d_0\xi\int_0^t \sin\theta(t_1)\,\mathrm{d}t_1 - \xi^2\int_0^t \sin\theta(t_1)\,\mathrm{d}t_1\int_0^{t_1}\sin\theta(t_2)D(t_2)\,\mathrm{d}t_2 \tag{12.7}$$

(12.7) 即所求的 D 参数方程. 假设 $D(t)$ 在 $\xi = 0$ 处是解析的, 可用迭代法求解

$$D(t) = \sum_{n=0}^{\infty} \xi^n D_n(t) \tag{12.8}$$

由 (12.7) 求出

$$D_0(t) = D(0) = D_0,$$
$$D_1(t) = d_0 \int_0^t \sin\theta(t_1)\,\mathrm{d}t_1$$

$$D_n(t) = -\int_0^t \int_0^{t_1} D_{n-2}(t_2) \sin\theta(t_2) \sin\theta(t_1)\,\mathrm{d}t_1\,\mathrm{d}t_2 \tag{12.9}$$

令

$$\gamma(t) = \int_0^t \sin\theta(t_1)\,\mathrm{d}t_1 \tag{12.10}$$

再利用 Dyson 为量子场论微扰理论建立的一个定理 [14], 得知

$$
\begin{aligned}
D_{2K+1}(t) &= (-1)^K d_0 \int_0^t \int_0^{t_2} \cdots \int_0^{t_{2K}} \prod_{i=1}^{2K+1} \sin\theta(t_i)\,\mathrm{d}t_i \\
&= (-1)^K \frac{d_0}{(2K+1)!} \int_0^t \int_0^t \cdots \int_0^t \hat{P}\left(\prod_{i=1}^{2K+1} \sin\theta(t_i)\mathrm{d}t_i\right) \\
&= (-1)^K \frac{d_0}{(2K+1)!} \gamma^{2K+1}(t) \qquad (\hat{P} \text{ 为时序算符})
\end{aligned}
\tag{12.11}
$$

$$D_{2K}(t) = \frac{(-1)^K D_0}{(2K)!} \gamma^{2K}(t) \tag{12.12}$$

因此获得严格解

$$D(t) = D_0 \cos\left[\xi \int_0^t \sin\theta(t_1)\mathrm{d}t_1\right] + d_0 \sin\left[\xi \int_0^t \sin\theta(t_1)\mathrm{d}t_1\right] \tag{12.13}$$

可以直接证明, (12.13) 是 (12.7) 的严格解, 对 ξ 若没有任何限制.

结论是, 由 Feynman 方程严格解得电流密度 $J(t)$ 表达式和 ϕ 的运动方程为

$$J = \frac{4e\varepsilon}{\hbar} D_0 \left\{ \cos\left[\xi \int_0^t \sin\theta(t_1)\mathrm{d}t_1\right] + \frac{d_0}{D_0} \sin\left[\xi \int_0^t \sin\theta(t_1)\mathrm{d}t_1\right] \right\} \sin\theta(t) \tag{12.14}$$

$$
\begin{aligned}
\frac{\mathrm{d}\theta(t)}{\mathrm{d}t} = {}& \frac{2eV}{\hbar} \\
& + \xi \left\{ \frac{-D_0 \sin\left[\xi \int_0^t \sin\theta(t_1)\mathrm{d}t_1\right] + d_0 \cos\left[\xi \int_0^t \sin\theta(t_1)\mathrm{d}t_1\right]}{D_0 \cos\left[\xi \int_0^t \sin\theta(t_1)\mathrm{d}t_1\right] + d_0 \sin\left[\xi \int_0^t \sin\theta(t_1)\mathrm{d}t_1\right]} \right\} \cos\theta(t)
\end{aligned}
\tag{12.15}
$$

由 (12.14)、(12.15) 在 ξ 很小时可以导出 Josephson 方程，在 $V = V_0$ 时，导出 Baratoff 型的电流表达式。但在异质结情况下，遇到能量守恒问题。因为没有外源时，$V = 0$，如果初电流为零，则由能量守恒律，电流应恒为零；但是因为异质结 $d_0 = \frac{1}{2}[\rho_2(0) - \rho_1(0)]$ 不为零，$\dot{\theta}(0) = \xi \left[\frac{d_0}{D_0} \right]$，因此 $\phi = \theta - \delta$ 要随时间而变化，立刻就会出现电流。这说明 Feynman 方程在研究非对称、强耦合情况需要作必要的推广和改造。

12.3　非线性方程组和 $\dot{\phi} = \frac{2e}{\hbar} V$ 的论证

为了在尽可能广阔的理论框架下论证 (12.1) 的普遍性，在下面的理论中，仅作宏观量子态的假定。由于耦合强，允许 ψ_1 和 ψ_2 的变化受到两侧序参数的非线性影响，因此运动方程为

$$
\begin{cases}
\mathrm{i}\hbar \dfrac{\partial}{\partial t} \psi_1 = E_1 \psi_1 + F_{12}(\psi_1, \psi_2; \psi_1^*, \psi_2^*) \\
\mathrm{i}\hbar \dfrac{\partial}{\partial t} \psi_2 = E_2 \psi_2 + F_{21}(\psi_1, \psi_2; \psi_1^*, \psi_2^*)
\end{cases}
\tag{12.16}
$$

F_{12} 和 F_{21} 允许为 $\{\psi_\alpha\}$ 及其复共轭的非线性泛函，因此并不限制总的序参数 ψ 的方程是否线性，它可以是 London 方程，**G-L** 方程（T_c 附近适用），也可以是更精密的适用于各种温度的序参数方程。但是，基本物理定律是必须遵守的，如因果律、规范不变性、电荷守恒、能量守恒等。在量子场论中，上列规律要求体系的哈密顿量具有一系列的对称性。在本文中，相当于对 F_{12} 和 F_{21} 或下面论及的耦合矩阵赋予一系列对称性。正是这四个基本要求，才导致 Josephson 关系是严格的。

（1）因果律要求可观察量（如电流密度 J 等）是 ρ_1、ρ_2、$\mathrm{e}^{\mathrm{i}\phi_1}$ 和 $\mathrm{e}^{\mathrm{i}\phi_2}$ 的解析泛函，因而可以证明 F_{12}、F_{21} 可展为它们的四重罗朗级数。

$$
F_{\mu\nu}(\psi_1, \psi_2; \psi_1^*, \psi_2^*) = \sum_{\alpha,\beta=-\infty}^{\infty} \sum_{m,n=-\infty}^{\infty} K_{\mu,\nu}(\alpha, \beta, m, n) \rho_1^{\frac{\alpha}{2}} \rho_2^{\frac{\beta}{2}} \mathrm{e}^{\mathrm{i}(m\phi_1 + n\phi_2)}
\tag{12.17}
$$

$\mu, \nu = 1, 2$ 或 $2, 1$

$K_{\mu,\nu}(\alpha, \beta, m, n) \equiv \varepsilon_{\mu\nu}(\alpha, \beta, m, n) \mathrm{e}^{\mathrm{i}\delta_{\mu\nu}(\alpha, \beta, m, n)}$

ψ_a 是宏观序参数，在 $T \to T_c$ 时趋于零，因此可观察量的展式中 ρ_1、ρ_2 的幂次必须是非负的。

（2）规范不变性要求一切可观察量在规范变换下不变。在无外磁场情况下，ϕ_1 和 ϕ_2 都不是规范不变的，而 $\phi_2 - \phi_1$ 是规范不变的。因此正比于电流密度的 $\dot{\rho}_1$ 和 $\dot{\rho}_2$ 的表式中只允许含 $\phi_2 - \phi_1 = \phi$，而不允许 ϕ_1 和 ϕ_2 单独出现，这使得 (12.17) 中的 m、n 指标不能独立，从而使四重级数退化为三重级数。

（3）电荷守恒律将强制 F_{12} 和 F_{21} 不是独立的，使得耦合矩阵具有某种复共轭关系。电

荷守恒在数学上表示为

$$\dot{\rho}_1 = -\dot{\rho}_2 \tag{12.18}$$

由 (12.16)、(12.17) 得

$$
\begin{aligned}
\dot{\rho}_1 &= \frac{2}{\hbar} \sum_{\alpha,\beta=-\infty}^{\infty} \sum_{n=-\infty}^{\infty} \varepsilon_{12}(\alpha,\beta,1-n,n) \rho_1^{\frac{\alpha+1}{2}} \rho_2^{\frac{\beta}{2}} \sin[n\phi + \delta_{12}(\alpha,\beta,1-n,n)] \\
&= -\dot{\rho}_2 = \frac{2}{\hbar} \sum_{\alpha',\beta'=-\infty}^{\infty} \sum_{n'=-\infty}^{\infty} \varepsilon_{21}(\beta',\alpha',n',1-n') \\
&\qquad \cdot \rho_1^{\frac{\beta'}{2}} \rho_2^{\frac{\alpha'+1}{2}} \sin[n'\phi + \delta_{21}(\beta',\alpha',n',1-n')]
\end{aligned}
\tag{12.19}
$$

(12.19) 对各个时刻 t 都成立，两边均为 ϕ 的三角级数和 ρ_1、ρ_2 的幂级数，因此对应的系数相等，即

$$K_{21}^*(\alpha+1,\beta-1,n,1-n) = K_{12}(\alpha,\beta,1-n,n) \equiv K(\alpha,\beta,n) \tag{12.20}$$

因为 $J(t)$ 是观察量，所以 $\alpha+1$，β 从零开始到无穷大。

满足上述三个基本规律的电流密度和 $\dot{\phi}$ 的方程为

$$
\begin{cases}
\dot{\rho}_1 = \dfrac{2}{\hbar} \displaystyle\sum_{\alpha,\beta=0}^{\infty} \sum_{n=-\infty}^{\infty} \varepsilon(\alpha-1,\beta,n) \rho_1^{\frac{\alpha}{2}} \rho_2^{\frac{\beta}{2}} \sin[n\phi + \delta(\alpha-1,\beta,n)], \\
\dot{\phi} = \dfrac{2eV}{\hbar} + \dfrac{1}{\hbar} \displaystyle\sum_{\alpha,\beta=0}^{\infty} \sum_{n=-\infty}^{\infty} \varepsilon(\alpha-1,\beta,n)(\rho_2 - \rho_1) \rho_1^{\frac{\alpha-2}{2}} \rho_2^{\frac{\beta-2}{2}} \cos[n\phi + \delta(\alpha-1,\beta,n)]
\end{cases}
\tag{12.21}
$$

（4）能量守恒律至少要求：当无外源时，在无初电流的条件下

$$V(t) \equiv 0 \qquad J(0) = 0 \qquad \phi(0) = \phi_0 \tag{12.22}$$

必须导致

$$J(t) \equiv 0 \qquad \phi(t) \equiv \phi_0 \tag{12.23}$$

但 (12.21) 方程组在异质结情况下不能满足 (12.23) 的要求。这说明耦合矩阵必须再满足某种对称性以保证能量守恒。现在寻求这种对称性。

如果由

$$\sum_{\alpha,\beta=0}^{\infty} \sum_{n=-\infty}^{\infty} \varepsilon(\alpha-1,\beta,n) \rho_1^{\frac{\alpha}{2}}(0) \rho_2^{\frac{\beta}{2}}(0) \sin[n\varphi_0 + \delta(\alpha-1,\beta,n)] = 0 \tag{12.24}$$

确定出 φ_0 对 $\{\varepsilon\}$、$\{\delta\}$ 的关系

$$\varphi_0 = \varphi_0[\{\varepsilon\},\{\delta\}]$$

则能量守恒至少要求 $\{\varepsilon\}$、$\{\delta\}$ 满足

$$[\rho_2(0) - \rho_1(0)] \sum_{\alpha,\beta=0}^{\infty} \sum_{n=-\infty}^{\infty} \varepsilon(\alpha-1,\beta,n)\rho_1^{\frac{\alpha}{2}-1}(0)\rho_2^{\frac{\beta}{2}-1}(0)$$

$$\cdot \cos[n\varphi_0 + \delta(\alpha-1,\beta,n)] = 0 \tag{12.25}$$

实际上，如果 $\{\varepsilon\}$、$\{\delta\}$ 满足 (12.25) 的约束，则可以证明，(12.22) 满足时，即可导出 $\dot{\phi}(0) = 0$，由 (12.21) 可导致 ϕ 及 ρ_α 在 $t=0$ 时刻的各阶导数全部为零，就有 $\phi(t) \equiv \varphi_0 = \phi_0$，$J(t) \equiv 0$。

现在来研究"同时满足 (12.24)，(12.25) 的要求对耦合矩阵带来怎样的限制"。这个要求可以合并为一复数的级数方程

$$\sum_{\alpha,\beta=0}^{\infty} \sum_{n=0}^{\infty} [\varepsilon(\alpha-1,\beta,n)\,\mathrm{e}^{\mathrm{i}[n\varphi_0+\delta(\alpha-1,\beta,n)]} + \varepsilon(\alpha-1,\beta,-n)\,\mathrm{e}^{-\mathrm{i}[n\varphi_0-\delta(\alpha-1,\beta,-n)]}$$

$$\rho_1^{\frac{\alpha}{2}}(0)\,\rho_2^{\frac{\beta}{2}}(0) = 0 \tag{12.26}$$

为方便计，此处的 $\varepsilon(\alpha-1,\beta,0)$ 为原来值的一半。能量守恒律只对耦合矩阵作限制，因此 φ_0 与 $\rho_1(0)$、$\rho_2(0)$ 无关；又 φ_0 与 n 无关，即要求 $\delta(\alpha-1,\beta,n) = n\delta$，$\delta(\alpha-1,\beta,-n) = n\delta'$，其中 δ 和 δ' 与 α、β 无关。故

$$\begin{cases} n\varphi_0 + n\delta = n\zeta \\ -n\varphi_0 + n\delta' = n\zeta' \end{cases} \qquad \delta + \delta' = \zeta + \zeta'$$

由

$$\varepsilon(\alpha-1,\beta,n)\mathrm{e}^{\mathrm{i}n\zeta} + \varepsilon(\alpha-1,\beta,-n)\mathrm{e}^{\mathrm{i}n\zeta'} = 0$$

得

$$\zeta' - \zeta = \frac{k\pi}{n} \qquad \zeta = \begin{cases} \dfrac{k'\pi}{n} \\ \dfrac{k'+1/2}{n}\pi \end{cases} \tag{12.27}$$

因而

$$\varphi_0 = \begin{cases} \dfrac{k'\pi}{n} - \delta \\ \dfrac{k'+1/2}{n}\pi - \delta \end{cases} \qquad 或 \qquad \varphi_0 = \begin{cases} -\left(\dfrac{k'\pi}{n} + \dfrac{k\pi}{n}\right) + \delta' \\ -\left[\dfrac{(k+1/2)\pi}{n} + \dfrac{k\pi}{n}\right] + \delta' \end{cases}$$

其中，k' 和 k 为整数，但因 φ_0 与指标 n 无关，故 $k' = k = 0$，$\zeta = \zeta' = 0$，$\delta = -\delta'$，$\varepsilon(\alpha-1,\beta,0) = 0$，$\varepsilon(\alpha-1,\beta,n) + \varepsilon(\alpha-1,\beta,-n) = 0$（$J(t) \equiv 0$ 的另一组解是平庸解，弃去）。

基本方程具有下列形式

$$\dot{\rho}_1 = \frac{4}{\hbar} \sum_{\alpha,\beta=0}^{\infty} \sum_{n=1}^{\infty} \varepsilon(\alpha-1,\beta,n) \rho_1^{\frac{\alpha}{2}} \rho_2^{\frac{\beta}{2}} \sin[n\phi + n\delta] \tag{12.28}$$

$$\dot{\phi} = \frac{2e}{\hbar} V \tag{12.29}$$

由四个基本定律的限制，ϕ 方程必须为 (12.29) 的形式。

在 12.4 节中，我们分析了 $\alpha = \beta$ 时 (12.28) 的形式解，而且获得了下列形式的方程组的严格解

$$\begin{cases} \dot{\rho}_1 = -\dot{\rho}_2 = \dfrac{4}{\hbar} \sum\limits_{n=1}^{\infty} \varepsilon_n \sqrt{\rho_1 \rho_2} \sin[n\phi + n\delta] \\[2mm] \dot{\phi} = \dfrac{2e}{\hbar} V \end{cases} \tag{12.30}$$

它在弱耦合时回到 Josephson 方程，导出整谐波及分谐波阶梯高度表达式。但是，电压为零时，电流为

$$J(t) = J_J \{\cos[K(\phi_0)t] + \frac{d_0}{D_0} \sin[K(\phi_0)t]\} \frac{K(\phi_0)}{\varepsilon_1} \tag{12.31}$$

其中

$$K(\phi_0) = \sum_{n=1}^{\infty} \frac{4\varepsilon_n}{\hbar} \sin[n\phi_0 + n\delta]$$

因此只有频率为 $\omega' = K[\phi_0]$ 的交流分量，没有直流分量。这是因为 (12.30) 中没有包含 $D(t)$ 的零次项。

下面着重讨论直流效应。分析 (12.28)、(12.29)，在 $V = 0$ 时，$\phi(t) = \phi_0$，但 (12.28) 式表明 $J(t)$ 一般不为零。考察一个理想实验：用超导环作供电电源，通以稳定的电流，电压为零，此时不应再有交变电流成份，不然将有能量不断辐射出来，违反能量守恒律。为保证与能量守恒律一致，要求对各个时刻 t 都有

$$\dot{J}(t) = \frac{8e}{\hbar} \sum_{\alpha=1}^{\infty} \sum_{\beta=1}^{\infty} \sum_{n=1}^{\infty} \varepsilon(\alpha-1,\beta,n) \left\{ \frac{\alpha}{2} \rho_2(t) - \frac{\beta}{2} \rho_1(t) \right\} \rho_1^{\frac{\alpha}{2}-1} \rho_2^{\frac{\beta}{2}-1}$$
$$\dot{\rho}_1 \sin[n\phi + n\delta] = 0 \tag{12.32}$$

这就要求对耦合矩阵以强烈的限制

$$\begin{cases} \varepsilon(\alpha-1,\beta,n) = 0 & (\alpha \geqslant 1,\ \beta \geqslant 1) \\ \varepsilon(\alpha-1,\beta,n) \neq 0 & (\alpha = 0,\ \beta = 0) \end{cases}$$

因此，超导电子隧道效应的基本方程严格为下列形式

$$J = \sum_{n=1}^{\infty} I_n \sin(n\phi + n\delta) \tag{12.33}$$

$$\dot{\phi} = \frac{2e}{\hbar} V \tag{12.34}$$

其中，$I_n = \frac{8e}{\hbar}\varepsilon(-1,\,0,\,n)$ 与时间无关，可以是温度和结参数的函数，由此可以得出下面几个结论：

(1) 在宏观量子态的假设下，基本物理定律要求超导电子隧道效应方程为 (12.33) 和 (12.34) 形式，不论其耦合强弱程度如何。ϕ 方程的形式是普适的，与结的形式、耦合强度、结的具体参数无关。这是用 **G-L** 方程或多体理论分析时尚未获得的结论。对超导元素铀，同位素效应系数 $\alpha = -2$ 至 -5（$T_c \sim M^{-\alpha}$），这时电声子超导机制是否合适？Cooper 对概念是否存在？隧道效应方程怎样？本文的论证不依赖于电声子模型，只要 Cooper 对概念是正确的，(12.33) 和 (12.34) 便成立。因此，利用交流效应实验来检验 Josephson 关系及超导电子电荷是否为 $2e$ 就可以判断 Cooper 对概念是否仍成立，这也许对寻求新的超导机制有所帮助。

(2) I_n 与电压是否存在无关。为近似计算 I_n 与具体的结参数、温度的关系，可以运用 $V = 0$ 条件下导出的系数来定 I_n，也可以用整谐波与分谐波阶梯幅度的实验值定出。

(3) 在弱耦合条件下，$\varepsilon_n \ll \varepsilon_1$，(12.33) 和 (12.34) 可导出 Josephson 方程，因此是它的自然推广。

(4) 偏置电压为常数时，由 (12.33) 和 (12.34) 得到 $J(t) = \sum_{n=1}^{\infty} I_n \sin(n\omega_0 t + n\delta)$，可以预料 Josephson 辐射的圆频率应为 $\omega = n\omega_0 = n\left(\frac{2eV}{\hbar}\right)$。它的物理解释是"$n$ 个 Cooper 对穿越隧道结时产生了相干辐射"。由于丰富的谐波的同时存在，如果在 Josephson 噪声温度计中被误认为是寄生噪声时，则会观察到较高的寄生噪声电平，正如有文献报道称："研究到 20×10^{-3}K 的温度，记录到最小的噪声温度为 75×10^{-3}K。"

(5) 直流效应及其与电导的关系。通常的多体理论近似计算，即使作了某些高级修正，总认为最大 Josephson 电流与正常电导 G 成正比 [15]，而本文结果则不然。因为零电压电流为 $J(0) = \sum_{n=1}^{\infty} I_n \sin(n\phi_0 + n\delta)$，其中 $I_n \sim \varepsilon(-1,\,0,\,n)$ 是耦合的高阶效应，在 G 小时不出现，因而 $J_J \sim G$；当 G 增加时，高阶效应显著，它们一般与 G 的关系是非线性的。1973 年 Field [5] 报道："当结电阻在 $1/3\,\Omega$ 以下时，我们发现最大的零电压电流单调增加，不过只是理论值中很小的一部分，电阻为 $0.1\,\Omega$ 和 $0.05\,\Omega$ 的结的最大电流为 $9\,\mathrm{mA}$ 和 $12\,\mathrm{mA}$，而相应的理论值为 $20\,\mathrm{mA}$ 及 $40\,\mathrm{mA}$。"这个事实定性上支持 (12.33) 和 (12.34) 而这是通常的理论所不能解释的，Josephson 本人 [15] 也承认 $J_J \sim G$ 的关系与实验符合得不好。

（6）存在磁场时，利用规范不变性可得下列基本方程组

$$\begin{cases} J = \sum_{n=1}^{\infty} I_n \sin \left\{ n \left[\phi + \dfrac{2e}{\hbar} \int_1^2 \mathbf{A} \cdot d\mathbf{l} \right] \right\} \\ \dfrac{\partial}{\partial t} \left[\phi + \dfrac{2e}{\hbar} \int_1^2 \mathbf{A} \cdot d\mathbf{l} \right] = -\dfrac{2e}{\hbar} \int_1^2 \mathbf{E} \cdot d\mathbf{l} \end{cases} \quad (\mathbf{A} \text{ 为矢势}) \tag{12.35}$$

电压为零时的电流与磁通量 Φ 的关系为

$$I = \sum_{n=1}^{\infty} I_n \, a \, b \left\{ \frac{\sin \left[n\pi \frac{\Phi}{\Phi_0} \right]}{n\pi \frac{\Phi}{\Phi_0}} \right\} \sin(n\phi_0) \tag{12.36}$$

此处 $\Phi_0 = \frac{h}{2e}$ 为磁通量子，ϕ_0 为量子相差。通过 I 的测量，也可以求出 I_n。

（7）交流效应与分谐波阶梯幅度。当在微波辐照下，结电压为 $V = V_0 + V_1 \cos \omega t$，则由 (12.33) 和 (12.34) 得

$$J(t) = \sum_{n=1}^{\infty} \sum_{K=-\infty}^{\infty} I_n J_K \left(\frac{2eV_1}{\hbar\omega} n \right) \sin[n(\phi_0 + \delta) + (n\omega_0 + K\omega)t] \tag{12.37}$$

其中 $J_K(x)$ 为 Bessel 函数。

(i) 当 ω_0/ω 为无理数时，有

$$\bar{J}(t) = 0 \tag{12.38}$$

(ii) 当 $\omega_0/\omega = p/q$ 为有理数（p，q 为整数）时，存在直流分量，其阶梯幅度为

$$\bar{J} = \sum_{N=1}^{\infty} I_{qN}(-1)^{pN} J_{pN} \left(\frac{2eV_1}{\hbar\omega} qN \right) \sin[qN(\phi_0 + \delta)] \qquad V_0 = \left(\frac{p}{q} \right) \left(\frac{h}{2e} \right) \nu \tag{12.39}$$

$q = 1$ 时，即为整谐波的阶梯幅度

$$\bar{J} = \sum_{N=1}^{\infty} I_N(-1)^{pN} J_{pN} \left(\frac{2eV_1}{\hbar\omega} N \right) \sin[N(\phi_0 + \delta)] \qquad V_0 = \frac{ph}{2e} \nu \tag{12.40}$$

而通常的 Josephson 方程的结论为

$$\bar{J} = J_J(-1)^p J_p \left(\frac{2eV_1}{\hbar\omega} \right) \sin \phi_0$$

Grimes 等 [16] 的实验指出，Josephson 方程的结论在定量上与实验有明显偏离，因此有必要修改；而 (12.40) 具有丰富的调节参数，并可以通过实验值定出 I_n 来。(12.39) 对 q 大于 1 的整数也适合，异质结也适合，因而它给出了分谐波阶梯幅度的严格而统一的表达式。

分谐波效应的物理图象应该是 q 个 Cooper 对穿越隧道结时与 p 个电磁场量子交换能量的量子过程。

在宏观量子态的假定下，基本物理定律指出超导电子隧道方程只能是 (12.33) 和 (12.34) 形式，$\dot{\phi} = \frac{2e}{\hbar}V$ 是普遍的关系式。并且证明 Josephson 辐射的圆频率只能是 $m\omega_0$，感应阶梯的电压频率关系应为

$$V = \left(\frac{p}{q}\right)\left(\frac{h}{2e}\right)\nu \qquad (p, q \text{ 为正整数}) \tag{12.41}$$

因此分谐波的存在并不影响 $2e/h$ 测量的精度。方程组 (12.33) 和 (12.34) 作为 Josephson 方程的自然推广，以统一的形式解释了直流、交流、磁场和分谐波效应。并且证明了超导电子隧道效应只能是量子位相关联的效应。

总之，本章利用非线性变换，获得了 Feynman 方程及其推广 (12.30) 方程的严格解，从而讨论其局限性。

在宏观量子态的假设下，由因果律、规范不变性、电荷、能量守恒律导出超导电子隧道效应的基本方程组的一般形式为 (12.33) 和 (12.34)。统一地解释了直流、交流、磁场和分谐波效应，并指出 Josephson 关系应推广为 (12.41)，它是严格的、普遍的。用**金士堡-朗道**方程计算只能在 $V = 0$ 时得到 (12.33) 式，本文指出在 $V \neq 0$ 时，(12.33)、(12.34) 两式均保持正确。

12.4　$\alpha = \beta$ 时方程 (12.28) 的形式解

当 (12.30) 方程中 $\alpha = \beta$ 时，可以用非线性变换 $D(t) = \sqrt{\rho_1(t)\rho_2(t)}$ 使其去耦。以 $d_0 = 0$ 为例，$D(t)$ 的方程为

$$D(t) - D(0) = -\int_0^t \int_0^{t_1} K[D(t_1); \phi(t_1)]\, K[D(t_2); \phi(t_2)]\, D(t_2)\, \mathrm{d}t_1\, \mathrm{d}t_2 \tag{12.42}$$

其中

$$K[D(t); \phi(t)] \equiv \sum_{\alpha=0}^{\infty} \sum_{n=1}^{\infty} \frac{4}{\hbar}\varepsilon(\alpha - 1, \beta, n)\, [D(t)]^{\alpha-1} \sin[n\phi + n\delta]$$

用迭代法解得

$$D(t) = \sum_{n=0}^{\infty} D_{2n}(t)$$

$$D_{2n}(t) = (-1)^n \int_0^t \int_0^{t_1} \cdots \int_0^{t_{2n-1}} D_0(t_{2n}) \prod_{i=1}^{n} K[D(t_{2i-1}); \phi(t_{2i-1})]$$
$$\cdot K[D(t_{2i}); \phi(t_{2i})]\mathrm{d}t_{2i}\mathrm{d}t_{2i-1} \tag{12.43}$$

$$\text{或} \quad D(t) = D_0 \cos \int_0^t K[D(t_1); \phi(t_1)]\mathrm{d}t_1$$

将此解应用于 (12.32)，有严格解

$$D(t) - D(0) = d_0 \int_0^t K[\phi(t_1)]\mathrm{d}t_1 - \int_0^t K[\phi(t_1)]\mathrm{d}t_1 \int_0^{t_1} K[\phi(t_2)]D(t_2)\mathrm{d}t_2 \quad (12.44)$$

$$D(t) = D_0 \left\{ \cos[\Gamma(t)] + \frac{d_0}{D_0}\sin[\Gamma(t)] \right\} \quad (12.45)$$

其中

$$K[\phi(t)] \equiv \sum_{n=1}^{\infty} \frac{4\varepsilon_n}{\hbar}\sin[n\phi + n\delta] \quad \Gamma(t) \equiv \int_0^t K[\phi(t_1)]\mathrm{d}t_1$$

因此有

$$\begin{cases} J(t) = J_J \left\{ \cos[\Gamma(t)] + \dfrac{d_0}{D_0}\sin\Gamma(t) \right\} \dfrac{1}{\varepsilon_1}K[\phi(t)] \\ \dot{\phi} = \dfrac{2eV}{\hbar} \end{cases} \quad (12.46)$$

当微波照射下结电压为 $V = V_0 + V_1\cos\omega t$ 时，则

（1）当 ω_0/ω 为无理数时，$\bar{J}(t) = 0$。

（2）当 $\omega_0/\omega = p/q$ 为有理数时，则存在直流分量

$$\bar{J} = \frac{J_J\omega}{2\pi\varepsilon_1 q} \left\{ \sin\left[\Gamma\left(\frac{2\pi q}{\omega}\right)\right] + \frac{d_0}{D_0}\left[1 - \cos\Gamma\left(\frac{2\pi q}{\omega}\right)\right] \right\}$$

其中

$$\Gamma\left(\frac{2\pi q}{\omega}\right) = \sum_{m=1}^{\infty} \frac{4\,\varepsilon_{qm}}{\hbar}(-1)^{pm}J_{pm}\left(\frac{2eV_1}{\hbar\omega}qm\right)\sin(qm\phi_0)$$

当 $V = 0$ 时，$J(t)$ 即为 (12.31) 式，没有直流分量。

因此，要获得直流效应，必须考虑 $\alpha = \beta = 0$ 的项。

参考文献

[1] Josephson B D. Phys. Letts., 1962, **1**: 261.

[2] Anderson P W, Rowell J M. Phys. Rev. Letts., 1963, **10**: 230.

[3] Dayem A H, Wiegand J J. Phys. Rev., 1967, **155**: 419.

[4] Daitrenko J M, Bandarenko S I, Bevza Y. G, Kolin'ko L E. *Proceeding of the 11th International Conference of Low Temperature Physicsa*. ed. Allen J E, Finlayson D M. Mc.Call, 1968: 729.

[5] Field B F, Finnegan T F, Toots J. Metrogia, 1973, **9**: 115.

[6] Nordt K, Vedt Jr. Phys. Rev., 1970, **131**: 81.

[7] Iangenberg D N, Schrieffer J R. Phys. Rev., 1971, **B3**: 1776.

[8] Parker W H, Langenberg D N, Denenstein A, Taylor B N. Phys. Rev., 1969, **177**: 639.

[9] Yang C N. Rev. Mod. Phys., 1962, **34**: 694.

[10] Bloch F. Phys. Rev. Lett., 1968, **21**: 1241; Phys. Rev., 1970, **B2**: 109.

[11] Sultivan B D, Peterson R L, Kose V E, Zimmerman J E. J. Appl. Phys., 1970, **41**: 4865.

[12] Baratoff A, Blackburn J A, Selhwartz B B. Phys. Rev. Lett., 1970, **25**: 1096.

[13] Feynman R F, Leighton R B, Sands M. *The Feynman Lectures on Physics,* vol. III. New York: Addison Wesley Longman, 1965.

[14] Dyson F J. Phys. Rev., 1949, **75**: 408; Phys. Rev., 1949, **75**: 1736.

[15] Josephson B D. Adv. Phys., 1965, **14**: 419.

[16] Grimes C C, Shapiro S. Phys. Rev., 1968, **169**: 397.

第 13 章　量子统计中的格林函数理论引论

自从量子场论方法，例如微扰论，包括 Feynman-Dyson 展式、Wick 定理、Gell-Mann Low 定理、图形分析、相连集团展式等（即量子电动力学的核心），移植到量子统计之后，量子统计取得了巨大的成就。关于这方面的文献，可以参考周世勋教授组织翻译的文集[1]，这种理论的好处是近似程度清楚，物理概念上自然、直接。这种理论也有其局限性：其一，只适用于微扰很小的情况；其二，只有当基本物理量，如体系的能量、热力势等对耦合常数 g 是解析的情况下才适用。

但是，有些体系的性质，例如超导体的基态能量、元激发能量等，对耦合常数 g 就是不解析的，甚至有本性奇点。因此，不论 g 如何小，微扰一般来说就不能用。因此自然需要发展能够超出微扰理论范围的理论与方法，显然这是非常有意义的工作。格林函数理论就是其中非常重要的一种。

移植到量子统计和多体问题中的格林函数有多种：按时间依赖关系可以分为因果格林函数、超前的与推迟的格林函数，按温度依赖关系又可分为零度时的（多体）格林函数、Matsubara 格林函数（虚时间的格林函数）和双时格林函数。

我们须重点关注多体和量子统计中的格林函数与物理量的各种一般联系、谱表示、解析性、色散关系、极点的物理意义、运动方程、近似方法、图形规则、微扰展式等。

格林函数方法是量子统计和多体理论中一种强有力且具有实际意义的方法，也是量子场论统计方法的主要成就之一。

13.1　温度-时间格林函数

13.1.1　温度-时间格林函数的定义

为将零度时间格林函数理论推广到既含时间又含温度的量子统计问题中去，引入温度时间格林函数[2]，它实际上是将零度时间的格林函数的定理予以推广——将基态平均推广为平均系综。

温度时间格林函数中的因果格林函数 $G_{\alpha\beta}^c(t,t')$ 的定义为

$$G_{\alpha\beta}^c(\vec{x},t;\vec{x}',t') = -\mathrm{i}\left\langle \hat{T}\,\psi_{\alpha H}(\vec{x},t)\,\psi_{\beta H}^\dagger(x',t')\right\rangle \tag{13.1}$$

其中，$\hat{T}$ 为 Dyson 时序算符，$<\cdots>$ 表示巨正则系综平均，即

$$\langle\cdots\rangle = \frac{1}{\Xi}\mathrm{Sp}\left[\mathrm{e}^{\frac{\mu\hat{N}-\hat{H}}{KT}}\cdots\right] \equiv \mathrm{Sp}\left[\mathrm{e}^{(\Omega-\tilde{H})\beta}\cdots\right] \tag{13.2}$$

其中，Ξ 和 Ω 分别为巨配分函数和热力势。

$$\tilde{H} \equiv \hat{H} - \mu\hat{N} \tag{13.3}$$

有时称 $\tilde{H}$ 为巨正则哈密顿算符或热力学哈密顿算符。

这类格林函数具有下列特点：

(i) 它们不但含有时间 t 和 t'，而且同时含有温度。

(ii) 与 Matsubara 格林函数不同，零度时的格林函数可以作为温度时间格林函数在温度 $T\to 0$ 时的特例。

温度时间格林函数理论常需要将 (13.1) 中的场算符推广为任意场算符（或粒子产生湮灭算符）的乘积，它们分别用 $\hat{A}(t)$ 和 $\hat{B}(t')$ 表示。同时按照其初始条件分为因果、推迟和超前格林函数，分别记为 $<< A(t);B(t') >>_{c,r,a}$。

$$G^c(t,t') \equiv \left\langle\left\langle \hat{A}(t);\hat{B}(t')\right\rangle\right\rangle_c = -\mathrm{i}\left\langle \hat{T}\,\hat{A}(t)\,\hat{B}(t')\right\rangle \tag{13.4}$$

$$G^r(t,t') \equiv \left\langle\left\langle \hat{A}(t);\hat{B}(t')\right\rangle\right\rangle_r = -\mathrm{i}\theta(t-t')\left\langle\left\{\hat{A}(t),\hat{B}(t')\right\}\right\rangle \tag{13.5}$$

$$G^a(t,t') \equiv \left\langle\left\langle \hat{A}(t);\hat{B}(t')\right\rangle\right\rangle_a = \mathrm{i}\theta(t'-t)\left\langle\left\{\hat{A}(t),\hat{B}(t')\right\}\right\rangle \tag{13.6}$$

$\hat{A}(t)$ 和 $\hat{B}(t')$ 都是 Heisenberg 图景中的算符，为方便计，Heisenberg 算符采用定义

$$\hat{A}(t) \equiv \mathrm{e}^{\mathrm{i}\tilde{H}t}\hat{A}\mathrm{e}^{-\mathrm{i}\tilde{H}t} = \mathrm{e}^{\mathrm{i}(\hat{H}-\mu\hat{N})t}\hat{A}\mathrm{e}^{-\mathrm{i}(\hat{H}-\mu\hat{N})t} \tag{13.7}$$

为方便计，采用 $\hbar=1$ 的单位制。Dyson 时序算符 $\hat{T}$ 的定义为

$$\hat{T}\hat{A}(t)\hat{B}(t') = \theta(t-t')\hat{A}(t)\hat{B}(t') + \eta\theta(t'-t)\hat{B}(t')\hat{A}(t) \tag{13.8}$$

其中 $\{\hat{A}(t),\hat{B}(t')\}$ 表示对易或反对易关系

$$\left\{\hat{A}(t),\hat{B}(t')\right\} \equiv \hat{A}(t)\hat{B}(t') - \eta\hat{B}(t')\hat{A}(t) \tag{13.9}$$

其中 η 由问题讨论的方便来决定。如果 $\hat{A}$、$\hat{B}$ 为玻色算符，则 $\eta=1$；如果为费米算符，则 $\eta=-1$；如果 $\hat{A}$、$\hat{B}$ 同时包含多个产生、湮灭算符或场算符，有玻色的，也有费米的，则一般取

$$\eta = (-1)^p \tag{13.10}$$

p 为上列算符乘积化为顺时排列时费米算符交换的次数。由此,考虑到基本关系 (13.8)、(13.9)、(13.10),格林函数的定义可以改写为

$$G^c\left(t,t'\right) = -\mathrm{i}\theta\left(t-t'\right)\left\langle \hat{A}\left(t\right)\hat{B}\left(t'\right)\right\rangle - \mathrm{i}\eta\theta\left(t'-t\right)\left\langle \hat{B}\left(t'\right)\hat{A}\left(t\right)\right\rangle \tag{13.11}$$

$$G^r\left(t,t'\right) = -\mathrm{i}\theta\left(t-t'\right)\left[\left\langle \hat{A}\left(t\right)\hat{B}\left(t'\right)\right\rangle - \eta\left\langle \hat{B}\left(t'\right)\hat{A}\left(t\right)\right\rangle\right] \tag{13.12}$$

$$G^a\left(t,t'\right) = \mathrm{i}\theta\left(t'-t\right)\left[\left\langle \hat{A}\left(t\right)\hat{B}\left(t'\right)\right\rangle - \eta\left\langle \hat{B}\left(t'\right)\hat{A}\left(t\right)\right\rangle\right] \tag{13.13}$$

注意到 $t = t'$ 时,由于阶梯函数 $\theta(t-t')$ 无定义,因此格林函数在此点不确定。

由前面的定义可以看出,统计物理中的温度时间格林函数(又称双时格林函数)与量子场论中对应的格林函数的差别仅在平均方法上的推广:将场论中的 Heisenberg 基态平均值推广为系综平均值。

在统计平衡情况下,采用巨正则系综平均是自然的,因为正则系综中粒子数守恒的限制被解除了,各状态中的分布是相互独立的,因此在理论计算中是方便的。

定理 1　统计平衡情况下,双时格林函数在时间上仅依赖于时间差 $t - t'$。

证明:以因果格林函数为例

$$\begin{aligned}
G^c\left(t,t'\right) &= \frac{-\mathrm{i}\theta\left(t-t'\right)}{\Xi}\mathrm{Sp}\left[\mathrm{e}^{-\tilde{H}\beta}\mathrm{e}^{\mathrm{i}\tilde{H}t}\hat{A}\mathrm{e}^{-\mathrm{i}\tilde{H}t}\mathrm{e}^{\mathrm{i}\tilde{H}t'}\hat{B}\mathrm{e}^{-\mathrm{i}\tilde{H}t'}\right] \\
&\quad -\frac{\mathrm{i}\eta\theta\left(t'-t\right)}{\Xi}\mathrm{Sp}\left[\mathrm{e}^{-\tilde{H}\beta}\mathrm{e}^{\mathrm{i}\tilde{H}t'}\hat{B}\mathrm{e}^{-\mathrm{i}\tilde{H}t'}\mathrm{e}^{\mathrm{i}\tilde{H}t}\hat{A}\mathrm{e}^{-\mathrm{i}\tilde{H}t}\right] \\
&= -\frac{\mathrm{i}\theta\left(t-t'\right)}{\Xi}\mathrm{Sp}\left[\mathrm{e}^{\mathrm{i}\tilde{H}(t-t')-\tilde{H}\beta}\hat{A}\mathrm{e}^{-\mathrm{i}\tilde{H}(t-t')}\hat{B}\right] \\
&\quad -\frac{\mathrm{i}\eta\theta\left(t'-t\right)}{\Xi}\mathrm{Sp}\left[\mathrm{e}^{-\mathrm{i}\tilde{H}(t-t')-\tilde{H}\beta}\hat{B}\mathrm{e}^{+\mathrm{i}\tilde{H}(t-t')}\hat{A}\right] \\
&= G^c\left(t-t'\right) \tag{13.14}
\end{aligned}$$

其中用了求迹号下 (under the spur or trace) 算符的轮换不变性。同理 G^r、G^a 也有相同的结论,对平衡态有

$$\begin{aligned}
G^c\left(t,t'\right) &= G^c\left(t-t'\right) \\
G^r\left(t,t'\right) &= G^r\left(t-t'\right) \\
G^a\left(t,t'\right) &= G^a\left(t-t'\right)
\end{aligned} \tag{13.15}$$

统计物理中引用的双时格林函数选用什么样的 $\hat{A}(t)$、$\hat{B}(t)$ 算符,要视问题的性质而定。

此外,还可以定义多时格林函数

$$G^c\left(x_1,x_2,\cdots,x_n,x_1',x_2',\cdots,x_n'\right) = (-\mathrm{i})^n\left\langle \hat{T}\,\hat{\psi}\left(x_1\right)\cdots\hat{\psi}\left(x_n\right)\hat{\psi}^\dagger\left(x_n'\right)\cdots\hat{\psi}^\dagger\left(x_1'\right)\right\rangle \tag{13.16}$$

$$\hat{T}\left[\hat{A}_1\left(x_1\right)\cdots\hat{A}_n\left(x_n\right)\right] = \eta\hat{A}_{j_1}\left(x_{j_1}\right)\cdots\hat{A}_{j_n}\left(x_{j_n}\right) \tag{13.17}$$

$$t_{j_1} > t_{j_2} > \cdots > t_{j_n}$$

其中，$\hat{\psi}(x_i)$ 为 Heisenberg 场算符，$x_j \equiv (\vec{x}_j, t_j)$ 为时空点，而 $\hat{T}$ 为时序算符。显然，双时格林函数仅是它当 $n = 1$ 时的特例。

由于双时格林函数已包含了多粒子体系的全部统计性质，因而对绝大部分统计问题，采用双时格林函数已经足够，故以后我们将只讨论双时格林函数。

13.1.2　双时格林函数的运动方程

现在我们来求双时格林函数的运动方程，它是双时格林函数处理问题时的主要理论依据之一。由于在 Heisenberg 图景中，态不随时间变化，因此格林函数的变化完全来自算符的变化，而算符在 Heisenberg 图景中的运动方程是

$$\mathrm{i}\frac{\mathrm{d}}{\mathrm{d}t}\hat{A}(t) = \left[\hat{A}(t), \tilde{H}(t)\right] \tag{13.18}$$

方程 (13.18) 可由哈密顿 $\tilde{H}(t)$ 的具体形式及算符的对易关系算出，将 (13.12) 中定义的格林函数 G^r 对时间求微商，得

$$\mathrm{i}\frac{\mathrm{d}}{\mathrm{d}t}G = \mathrm{i}\frac{\mathrm{d}}{\mathrm{d}t}\left\langle\left\langle \hat{A}(t); \hat{B}(t') \right\rangle\right\rangle_r$$

$$= \frac{\mathrm{d}\theta(t - t')}{\mathrm{d}t}\left\langle\left\{\hat{A}(t), \hat{B}(t')\right\}\right\rangle + \left\langle\left\langle \mathrm{i}\frac{\mathrm{d}\hat{A}(t)}{\mathrm{d}t}, \hat{B}(t') \right\rangle\right\rangle \tag{13.19}$$

因为 $\frac{\mathrm{d}}{\mathrm{d}t}\theta(-t) = -\frac{\mathrm{d}}{\mathrm{d}t}\theta(t)$，所以三种格林函数的运动方程是一样的。利用

$$\frac{\mathrm{d}\theta(t)}{\mathrm{d}t} = \delta(t) \tag{13.20}$$

我们有

$$\frac{\mathrm{d}\theta(t - t')}{\mathrm{d}t}\left\langle\left\{\hat{A}(t), \hat{B}(t')\right\}\right\rangle = \delta(t - t')\left\langle\left\{\hat{A}(t), \hat{B}(t)\right\}\right\rangle$$

因此，格林函数所满足的方程为

$$\mathrm{i}\frac{\mathrm{d}}{\mathrm{d}t}G = \delta(t - t')\left\langle\left\{\hat{A}(t), \hat{B}(t')\right\}\right\rangle + \left\langle\left\langle \hat{A}(t)\tilde{H}(t) - \tilde{H}(t)\hat{A}(t); \hat{B}(t') \right\rangle\right\rangle \tag{13.21}$$

方程 (13.21) 一般包含着比原来更高阶的格林函数，因此由 (13.21) 可以形成一串无穷的锁链方程。这与"分子配容算符"(the molecular complexion operator) 相似，将来我们可以在适当的近似下将无穷锁链切断，这种处理称为"切断近似"。切断后变成为有限的封闭方程组。

方程 (13.21) 就是双时格林函数运动方程，它实际上是无穷的方程链，尚须补充适当的边界条件，下一节将用"谱定理"来得出这些条件。

13.1.3　时间关联函数

在统计物理中，Heisenberg 算符的乘积的统计平均具有重要意义，例如内能就是哈密顿的统计平均值。

我们称下列形式的算符乘积的系综平均为时间关联函数。

$$\left.\begin{array}{l} F_{BA}(t, t') = \left\langle \hat{B}(t') \hat{A}(t) \right\rangle \\ F_{AB}(t, t') = \left\langle \hat{A}(t) \hat{B}(t') \right\rangle \end{array}\right\} \tag{13.22}$$

当 $t \neq t'$ 时，它们是物理动力学中有重要意义的时间关联函数，在统计平衡时，它们仅是时间差 $t - t'$ 的函数。

$$\begin{array}{l} F_{BA}(t, t') = F_{BA}(t - t') \\ F_{AB}(t, t') = F_{AB}(t - t') \end{array} \tag{13.23}$$

和双时格林函数不同，时间关联函数不包含阶梯函数 $\theta(t - t')$，因而 $t = t'$ 时是确定的，这种情况下，它可以给出算符乘积的平均值

$$\begin{array}{l} F_{BA}(0) = \left\langle \hat{B}(t) \hat{A}(t) \right\rangle = \left\langle \hat{B}(0) \hat{A}(0) \right\rangle \\ F_{AB}(0) = \left\langle \hat{A}(t) \hat{B}(t) \right\rangle = \left\langle \hat{A}(0) \hat{B}(0) \right\rangle \end{array} \tag{13.24}$$

这就是普通的关联函数或统计力学中的分布函数，它们可用来计算动力学量的平均值。

例如，在两体相互作用的情况下，（玻色或费米的）哈密顿量为

$$\hat{H} = \sum_p \frac{p^2}{2m} a_p^\dagger a_p + \frac{1}{2V} \sum_{\substack{p_1 p_2 p_1' p_2' \\ p_1' + p_2' = p_1 + p_2}} U(p_1, p_2; p_1', p_2') a_{p_1}^\dagger a_{p_2}^\dagger a_{p_2'} a_{p_1'} \tag{13.25}$$

体系的内能为

$$\left\langle \hat{H} \right\rangle = \sum_p \frac{p^2}{2m} \left\langle a_p^\dagger a_p \right\rangle + \frac{1}{2V} \sum_{\substack{p_1 p_2 p_1' p_2' \\ p_1' + p_2' = p_1 + p_2}} U(p_1, p_2; p_1', p_2') \left\langle a_{p_1}^\dagger a_{p_2}^\dagger a_{p_2'} a_{p_1'} \right\rangle \tag{13.26}$$

这样，能量平均值就可以用 F_{pp} 和 $F_{p_1 p_2; p_2' p_1'}$ 表示，它们分别为单粒子和双粒子的分布函数

$$F_{pp} = \left\langle a_p^\dagger a_p \right\rangle$$

$$F_{p_1 p_2; p_2' p_1'} = \left\langle a_{p_1}^\dagger a_{p_2}^\dagger a_{p_2'} a_{p_1'} \right\rangle$$

知道了单粒子分布函数，一般就可以计算叠加型的动力学量的平均值；知道了双粒子分布函数，就可以计算二元型的动力学量的平均值。

时间关联函数 (13.22) 显然满足下列运动方程

$$i \frac{d}{dt} F_{BA} = \left\langle \hat{B}(t') \left[\hat{A}(t), \tilde{H}(t) \right] \right\rangle$$

$$i\frac{d}{dt}F_{AB} = \left\langle \left[\hat{A}(t), \tilde{H}(t)\right] \hat{B}(t') \right\rangle \tag{13.27}$$

其中，$[\hat{A}(t), \tilde{H}(t)] \equiv \hat{A}(t)\tilde{H}(t) - \tilde{H}(t)\hat{A}(t)$。

注意，由于 $t = t'$ 时的关联函数没有间断点，因此它的运动方程没有格林函数方程 (13.21) 那样包含有奇性的项。方程 (13.27) 与 (13.21) 中相应无奇性的各项构成的方式是相似的，只是用关联函数代替相应的格林函数。

计入适当的边界条件，可以直接求解 (13.27)，从而获得关联函数，进而由下列关系获得格林函数

$$G^{r}(t,t') = -i\theta(t-t')\left[F_{AB}(t,t') - \eta F_{BA}(t,t')\right] \tag{13.28}$$

人们也可以通过求解格林函数的运动方程 (13.21)，先获得格林函数，然后由格林函数获得对应的关联函数。

因为用格林函数求出关联函数的方法比较简单，所以我们将主要采用第二种方法。

第二种方法比较简单的原因是利用下面证明的谱定理，使得边界条件容易得到满足。

13.2 谱 定 理

在求解格林函数方程时，求得格林函数的谱表示是十分重要的，因为这些谱表示给方程补充了必要的边界条件。下面我们将依次研究各种时间关联函数的谱表示和对应的双时格林函数的谱表示（即 Lehman 表示）定理[3]。

13.2.1 时间关联函数的谱表示

首先求关联函数 $F_{BA}(t-t')$ 和 $F_{AB}(t-t')$ 的谱表示。设 $|\nu\rangle$ 和 E_{ν} 分别为巨正则哈密顿量 $\tilde{H} \equiv \hat{H} - \mu\hat{N}$ 的本征态和本征值，有

$$\tilde{H}|\nu\rangle = E_{\nu}|\nu\rangle \tag{13.29}$$

按照时间关联函数的定义，将关联函数用 $\tilde{H}$ 的本征值和本征态表示出来：

$$\langle B(t')A(t)\rangle = \sum_{\nu} \langle\nu|B(t')A(t)|\nu\rangle e^{(\Omega-E_{\nu})\beta} \tag{13.30}$$

利用本征态的完备性，有

$$\begin{aligned}
&\left\langle \hat{B}(t')\hat{A}(t) \right\rangle \\
&= \sum_{\mu\nu} \left\langle \nu\left|\hat{B}(t')\right|\mu \right\rangle \left\langle \mu\left|\hat{A}(t)\right|\nu \right\rangle e^{(\Omega-E_{\nu})\beta} \\
&= \sum_{\mu\nu} \left\langle \nu\left|e^{i\tilde{H}t'}\hat{B}(0)e^{-i\tilde{H}t'}\right|\mu \right\rangle \left\langle \mu\left|e^{i\tilde{H}t}\hat{A}(0)e^{-i\tilde{H}t}\right|\nu \right\rangle e^{(\Omega-E_{\nu})\beta} \\
&= \sum_{\mu\nu} \left\langle \nu\left|\hat{B}(0)\right|\mu \right\rangle \left\langle \mu\left|\hat{A}(0)\right|\nu \right\rangle e^{(\Omega-E_{\nu})\beta-i(E_{\nu}-E_{\mu})(t-t')}
\end{aligned} \tag{13.31}$$

其中利用了 $\tilde{H}$ 的厄米性 (hermiticity)，因此有

$$\mathrm{e}^{-\mathrm{i}\tilde{H}t}|\nu\rangle = \mathrm{e}^{-\mathrm{i}E_\nu t}|\nu\rangle$$

$$\langle\nu|\mathrm{e}^{\mathrm{i}\tilde{H}t} = \langle\nu|\mathrm{e}^{\mathrm{i}E_\nu t} \tag{13.32}$$

同理有

$$\langle A(t)B(t')\rangle = \sum_{\mu\nu}\left\langle\nu\left|\hat{A}(0)\right|\mu\right\rangle\left\langle\mu\left|\hat{B}(0)\right|\nu\right\rangle\mathrm{e}^{(\Omega-E_\nu)\beta-\mathrm{i}(E_\nu-E_\mu)(t'-t)} \tag{13.33}$$

将关联函数按时间展开为 Fourier 积分

$$F_{BA}(t-t') \equiv \left\langle\hat{B}(t')\hat{A}(t)\right\rangle = \int_{-\infty}^{\infty}J(\omega)\,\mathrm{e}^{-\mathrm{i}\omega(t-t')}\mathrm{d}\omega \tag{13.34}$$

则由 (13.31) 有

$$\int_{-\infty}^{\infty}\mathrm{e}^{-\mathrm{i}\omega(t-t')}J(\omega)\,\mathrm{d}\omega$$

$$=\sum_{\mu\nu}\left\langle\nu\left|\hat{A}(0)\right|\mu\right\rangle\left\langle\mu\left|\hat{B}(0)\right|\nu\right\rangle\mathrm{e}^{(\Omega-E_\mu)\beta-\mathrm{i}(E_\mu-E_\nu)(t-t')}$$

$$=\int_{-\infty}^{\infty}\sum_{\mu\nu}\left\langle\nu\left|\hat{A}(0)\right|\mu\right\rangle\left\langle\mu\left|\hat{B}(0)\right|\nu\right\rangle\mathrm{e}^{(\Omega-E_\mu)\beta}\mathrm{e}^{-\mathrm{i}\omega(t-t')}\delta\left(E_\mu-E_\nu-\omega\right)\mathrm{d}\omega$$

$$J(\omega)=\sum_{\mu\nu}\left\langle\nu\left|\hat{A}(0)\right|\mu\right\rangle\left\langle\mu\left|\hat{B}(0)\right|\nu\right\rangle\mathrm{e}^{(\Omega-E_\mu)\beta}\delta\left(E_\mu-E_\nu-\omega\right) \tag{13.35}$$

而

$$\langle A(t)B(t')\rangle = \int_{-\infty}^{\infty}J'(\omega)\,\mathrm{e}^{-\mathrm{i}\omega(t-t')}\mathrm{d}\omega$$

$$=\sum_{\mu\nu}\left\langle\nu\left|\hat{A}(0)\right|\mu\right\rangle\left\langle\mu\left|\hat{B}(0)\right|\nu\right\rangle\mathrm{e}^{(\Omega-E_\nu)\beta}\mathrm{e}^{-\mathrm{i}(E_\mu-E_v)(t-t')}\mathrm{e}^{(E_\mu-E_\nu)\beta}$$

$$=\int_{-\infty}^{\infty}J(\omega)\,\mathrm{e}^{\omega\beta-\mathrm{i}\omega(t-t')}\mathrm{d}\omega \tag{13.36}$$

定理 2 $F_{AB}(t-t')$ 的谱强度 $J'(\omega)$ 和 $F_{BA}(t-t')$ 的谱强度 $J(\omega)$ 存在下列普适联系

$$J'(\omega)=J(\omega)\,\mathrm{e}^{\beta\omega} \tag{13.37}$$

证明：前面的论述，已是定理的证明。另一种证法是利用求迹号下算符的轮换不变性。不难看出定理等价于下列关系式

$$\langle B(0)A(t+\mathrm{i}\beta)\rangle = \langle A(t)B(0)\rangle \tag{13.38}$$

这个等式证明如下

$$\left\langle \hat{B}\left(0\right)\hat{A}\left(t+\mathrm{i}\beta\right)\right\rangle = \mathrm{Sp}\left[\mathrm{e}^{(\Omega-\tilde{H})\beta}\hat{B}\left(0\right)\hat{A}\left(t+\mathrm{i}\beta\right)\right]$$

$$= \mathrm{Sp}\left[\mathrm{e}^{(\Omega-\tilde{H})\beta}\hat{B}\left(0\right)\mathrm{e}^{\mathrm{i}\tilde{H}t-\tilde{H}\beta}\hat{A}\left(0\right)\mathrm{e}^{-\mathrm{i}\tilde{H}t+\beta\tilde{H}}\right]$$

$$= \mathrm{Sp}\left[\mathrm{e}^{(\Omega-H)\beta}\hat{A}\left(t\right)\hat{B}\left(0\right)\right] = \left\langle \hat{A}\left(t\right)\hat{B}\left(0\right)\right\rangle$$

其中用到了求迹号下算符的轮换不变性。从而证得关系 (13.38) 及 (13.37)。

13.2.2　推迟与超前格林函数的谱表示

现在我们来研究推迟和超前格林函数 $G^r(t)$ 和 $G^a(t)$ 的谱表示。设 $G^r(E)$ 为 $G^r(t)$ 的 Fourier 分量，则

$$G^r\left(t\right) = \int_{-\infty}^{\infty}G^r\left(E\right)\mathrm{e}^{-\mathrm{i}Et}\mathrm{d}E \tag{13.39}$$

$$G^r\left(E\right) = \frac{1}{2\pi}\int_{-\infty}^{\infty}G^r\left(t\right)\mathrm{e}^{\mathrm{i}Et}\mathrm{d}t \tag{13.40}$$

这里格林函数与它的 Fourier 分量采用相同的记法。将推迟格林函数的定义代入 (13.40)，有

$$G^r\left(E\right) = \frac{1}{2\pi\mathrm{i}}\int_{-\infty}^{\infty}\mathrm{d}t\mathrm{e}^{\mathrm{i}E(t-t')}\theta\left(t-t'\right)\left\langle A\left(t\right)B\left(t'\right)-\eta B\left(t'\right)A\left(t\right)\right\rangle$$

$$-\int_{-\infty}^{\infty}\mathrm{d}\omega J\left(\omega\right)\left(\mathrm{e}^{\omega\beta}-\eta\right)\frac{1}{2\pi\mathrm{i}}\int_{-\infty}^{\infty}\theta\left(t-t'\right)\mathrm{e}^{\mathrm{i}(E-\omega)(t-t')}\mathrm{d}t \tag{13.41}$$

为了计算后一积分，利用阶梯函数的积分表示

$$\theta\left(t\right) = \frac{\mathrm{i}}{2\pi}\int_{-\infty}^{\infty}\frac{\mathrm{e}^{-\mathrm{i}xt}}{x+\mathrm{i}\varepsilon}\mathrm{d}x \qquad \left(\varepsilon\to 0^+\right) \tag{13.42}$$

有

$$\frac{1}{2\pi}\int_{-\infty}^{\infty}\mathrm{d}t\mathrm{e}^{\mathrm{i}(E-\omega)(t-t')}\theta\left(t-t'\right)$$

$$= \frac{1}{2\pi}\left(\frac{\mathrm{i}}{2\pi}\right)\int_{-\infty}^{\infty}\mathrm{d}t\int_{-\infty}^{\infty}\frac{\mathrm{e}^{\mathrm{i}[(E-\omega)-x](t-t')}}{x+\mathrm{i}\varepsilon}\mathrm{d}x$$

$$= \left(\frac{\mathrm{i}}{2\pi}\right)\int_{-\infty}^{\infty}\frac{\delta\left(E-\omega-x\right)}{x+\mathrm{i}\varepsilon}\mathrm{d}x$$

$$= \frac{\mathrm{i}}{2\pi}\left[\frac{1}{E-\omega+\mathrm{i}\varepsilon}\right] \tag{13.43}$$

从而得到推迟格林函数的谱表示为

$$G^r\left(E\right) = \frac{1}{2\pi}\int_{-\infty}^{\infty}J\left(\omega\right)\left(\mathrm{e}^{\omega\beta}-\eta\right)\frac{\mathrm{d}\omega}{E-\omega+\mathrm{i}\varepsilon} \qquad \left(\varepsilon\to 0^+\right) \tag{13.44}$$

同样地，超前格林函数的谱表示为

$$G^a(E) = \frac{1}{2\pi} \int_{-\infty}^{\infty} J(\omega) \left(e^{\omega\beta} - \eta \right) \frac{d\omega}{E - \omega - i\varepsilon} \qquad \left(\varepsilon \to 0^+ \right) \tag{13.45}$$

进而获得了双时格林函数的谱定理。

定理 3　推迟和超前双时格林函数的谱表示为

$$G^{r,a}(E) = \frac{1}{2\pi} \int_{-\infty}^{\infty} J(\omega) \left(e^{\beta\omega} - \eta \right) \left[\frac{d\omega}{E - \omega \pm i\varepsilon} \right] \tag{13.46}$$

现将 E 推广为复数，并将 $G^{r,a}(E)$ 解析开拓到复平面上，则有

$$\frac{1}{2\pi} \int_{-\infty}^{\infty} J(\omega) \left[e^{\beta\omega} - \eta \right] \frac{d\omega}{E - \omega} = \begin{cases} G^r(E) & (\mathrm{Im}\, E > 0) \\ G^a(E) & (\mathrm{Im}\, E < 0) \end{cases} \tag{13.47}$$

因此 $G^{r,a}(E)$ 可以看作一个在实轴上有奇性而在复平面 E 上的解析函数，以后略去指标 r、a，而记为 $G(E)$，此处 E 为复数。由 Bogoliubov-Parasuk-Titchmarsh 定理，可以证明 $G(E)$ 的解析性。

先证明 $G^r(E)$ 的解析性

$$G^r(E) = \frac{1}{2\pi} \int_{-\infty}^{\infty} G^r(t)\, e^{iEt} dt \tag{13.48}$$

$$G^r(t) = 0 \qquad (t < 0) \tag{13.49}$$

函数 $G^r(E)$ 可以开拓到上半复平面。设

$$E = \mathrm{Re}\, E + i\mathrm{Im}\, E = \alpha + i\gamma$$

$$G^r(\alpha + i\gamma) = \frac{1}{2\pi} \int_{-\infty}^{\infty} G^r(t)\, e^{i\alpha t} e^{-\gamma t} dt \tag{13.50}$$

其中 $e^{-\gamma t}$ 起着切断因子的作用，它保证 (13.48) 及其对 E 的微商的收敛性（只要 $G^r(t)$ 是 Schwartz-Sobolev 意义下的广义函数），因此 $G^r(E)$ 就可以解析开拓到上半复平面。

类似地 $G^a(E)$ 可以解析开拓到下半复平面。

$$E = \alpha + i\gamma \qquad (\gamma < 0)$$

如果沿着实轴存在割线，则函数

$$G(E) = \begin{cases} G^r(E) & (\mathrm{Im}\, E > 0) \\ G^a(E) & (\mathrm{Im}\, E < 0) \end{cases} \tag{13.51}$$

可以看作**一个具有两个分支的解析函数**，一支定义在上半复平面，另一支定义在下半复平面。

定理 4　由格林函数的 Fourier 分量 $G(E)$ 可以求出关联函数的谱强度

$$\lim_{\varepsilon \to 0^+} [G(\omega + \mathrm{i}\varepsilon) - G(\omega - \mathrm{i}\varepsilon)] = -\mathrm{i}\left[\mathrm{e}^{\omega\beta} - \eta\right] J(\omega) \tag{13.52}$$

其中，ω 为实数。

证明：利用谱定理，有

$$G(\omega + \mathrm{i}\varepsilon) - G(\omega - \mathrm{i}\varepsilon)$$
$$= \frac{1}{2\pi} \int_{-\infty}^{\infty} \left(\mathrm{e}^{\xi\beta} - \eta\right) J(\xi) \left[\frac{1}{\omega - \xi + \mathrm{i}\varepsilon} - \frac{1}{\omega - \xi - \mathrm{i}\varepsilon}\right] \mathrm{d}\xi$$
$$= \frac{1}{2\pi} \int_{-\infty}^{\infty} \left(\mathrm{e}^{\xi\beta} - \eta\right) J(\xi) \left[-2\pi\mathrm{i}\delta(\omega - \xi)\right] \mathrm{d}\xi$$
$$= -\mathrm{i}\left(\mathrm{e}^{\omega\beta} - \eta\right) J(\omega) \tag{13.53}$$

其中运用了主值定理

$$\frac{1}{x \pm \mathrm{i}\varepsilon} = P\frac{1}{x} \pm \mathrm{i}\pi\delta(x) \tag{13.54}$$

从而有

$$\delta(x) = \frac{1}{2\pi\mathrm{i}} \left[\frac{1}{x - \mathrm{i}\varepsilon} - \frac{1}{x + \mathrm{i}\varepsilon}\right] \tag{13.55}$$

如果我们有办法通过切断近似使格林函数方程封闭起来而求出 $G(E)$，则可以由定理 4 求出关联函数 $F_{BA}(t - t')$ 的谱强度 $J(\omega)$，进而由 (13.34) 及定理 3，求出关联函数 F_{BA} 和 F_{AB}。例如：

$$F_{BA}(t, t') - \left\langle \hat{B}(t')\hat{A}(t) \right\rangle = \mathrm{i} \int_{-\infty}^{\infty} \frac{G(\omega + \mathrm{i}\varepsilon) - G(\omega - \mathrm{i}\varepsilon)}{\mathrm{e}^{\omega\beta} - \eta} \mathrm{e}^{-\mathrm{i}\omega(t - t')} \mathrm{d}\omega \tag{13.56}$$

以后我们将以具体例子说明这个方案如何实现。

利用主值定理 (13.54)，还可以推导出这些格林函数的色散关系。

实际上

$$G^r(E) = \frac{P}{2\pi} \int_{-\infty}^{\infty} \left(\mathrm{e}^{\omega\beta} - \eta\right) J(\omega) \frac{\mathrm{d}\omega}{E - \omega} - \frac{\mathrm{i}}{2}\left(\mathrm{e}^{E\beta} - \eta\right) J(E) \tag{13.57}$$

$$G^a(E) = \frac{1}{2\pi} P \int_{-\infty}^{\infty} \left(\mathrm{e}^{\omega\beta} - \eta\right) J(\omega) \frac{\mathrm{d}\omega}{E - \omega} + \frac{\mathrm{i}}{2}\left(\mathrm{e}^{E\beta} - \eta\right) J(E) \tag{13.58}$$

由此得到它们的色散关系。

定理 5　格林函数的色散关系为

$$\mathrm{Re}G^r(E) = \frac{P}{\pi} \int_{-\infty}^{\infty} \frac{\mathrm{Im}G^r(\omega)}{\omega - E} \mathrm{d}\omega \tag{13.59}$$

$$\mathrm{Re}G^a(E) = -\frac{P}{\pi} \int_{-\infty}^{\infty} \frac{\mathrm{Im}G^a(\omega)}{\omega - E} \mathrm{d}\omega \tag{13.60}$$

或合并为

$$\mathrm{Re}G^{r,a}(E) = \pm\frac{P}{\pi} \int_{-\infty}^{\infty} \frac{\mathrm{Im}G^{r,a}(\omega)}{\omega - E} \mathrm{d}\omega$$

13.2.3　因果格林函数的谱表示

在通过求解格林函数方程去讨论多体统计性质时，可以只用上面的推迟或超前格林函数，也可以用因果格林函数。用完全类似的方法，同样可以讨论因果格林函数的谱表示。设其 Fourier 分量为 $G^c(E)$，则

$$G^c(E) = \frac{1}{2\pi} \int_{-\infty}^{\infty} G^c(t)\, e^{iEt} dt$$

$$= \frac{1}{2\pi} \int_{-\infty}^{\infty} e^{iEt} dt \left[-i\theta(t-t') \left\langle \hat{A}(t)\hat{B}(t') \right\rangle - i\eta\theta(t'-t) \left\langle \hat{B}(t')\hat{A}(t) \right\rangle \right]$$

$$= \frac{1}{2\pi i} \left[\int_{-\infty}^{\infty} d\omega J(\omega) e^{\omega\beta} \int_{-\infty}^{\infty} dt e^{i(E-\omega)t}\theta(t) + \eta \int_{-\infty}^{\infty} d\omega J(\omega) \int_{-\infty}^{\infty} dt e^{i(E-\omega)t}\theta(-t) \right]$$

$$= \frac{1}{2\pi} \int_{-\infty}^{\infty} d\omega J(\omega) \left[\frac{e^{\omega\beta}}{E-\omega+i\varepsilon} - \frac{\eta}{E-\omega-i\varepsilon} \right] \tag{13.61}$$

利用符号等式（主值定理）(13.54)，有

$$G^c(E) = \frac{1}{2\pi} \int_{-\infty}^{\infty} \left(e^{\omega\beta} - \eta \right) J(\omega) \left[P\frac{1}{E-\omega} - i\pi \frac{\left(e^{\omega\beta} + \eta \right)}{e^{\omega\beta} - \eta} \delta(E-\omega) \right] d\omega \tag{13.62}$$

对实的 E，将 (13.62) 式的实部和虚部分开，有

$$\mathrm{Re}G^c(E) = \frac{P}{2\pi} \int_{-\infty}^{\infty} \left(e^{\omega\beta} - \eta \right) J(\omega) \frac{d\omega}{E-\omega} \tag{13.63}$$

$$\mathrm{Im}G^c(E) = -\frac{1}{2} \left(e^{E\beta} + \eta \right) J(E) \tag{13.64}$$

从而得到因果格林函数的色散关系。

定理 6　因果格林函数的色散关系为

$$\mathrm{Re}G^c(E) = \frac{P}{\pi} \int_{-\infty}^{\infty} \frac{e^{\omega\beta} - \eta}{e^{\omega\beta} + \eta} \frac{\mathrm{Im}G^c(\omega)}{\omega - E} d\omega \tag{13.65}$$

当 $T \to 0$、$\beta \to \infty$，则 (13.65) 回到曾由 Landau 导出的零度因果格林函数的色散关系

$$\mathrm{Re}G^c(E) = \frac{P}{\pi} \int_{-\infty}^{\infty} \frac{\mathrm{Im}G^c(\omega)}{\omega - E} d\omega \tag{13.66}$$

Gor'kov 曾将关系式 (13.66) 应用于超导理论中。注意，(13.63) 和 (13.66) 中的 E 均为实数。因果格林函数不能解析开拓到半复平面中去，造成在应用中使用不方便，而推迟和超前格林函数的优点也就在这里。

13.3 理想量子气体

为加深对双时格林函数的一般理论的理解，我们在这里以理想量子气体为例，来说明用它处理具体问题的基本程序。例如，如何选择适当的格林函数，建立它的运动方程，求解以及应用谱定理等。

对于理想的量子气体，不论玻色的或者费米的，其巨正则哈密顿均为

$$\tilde{H} = \sum_f \xi_f \hat{a}_f^\dagger \hat{a}_f = \hat{H} - \mu \hat{N} \tag{13.67}$$

其中 $f \equiv (\vec{p}, \sigma)$ 代表动量和自旋的总体。体系可以是玻色的，也可以是费米的。

$$\xi_f \equiv \frac{p^2}{2m} - \mu \tag{13.68}$$

μ 为化学势，$\hat{a}_f$ 和 $\hat{a}_f^\dagger$ 满足一定的对易关系

$$\left\{ \hat{a}_f, \hat{a}_{f'}^\dagger \right\} \equiv \hat{a}_f \hat{a}_{f'}^\dagger - \eta \hat{a}_{f'}^\dagger \hat{a}_f = \delta_{ff'}$$

$$\left\{ \hat{a}_f, \hat{a}_{f'} \right\} = \left\{ \hat{a}_f^\dagger, \hat{a}_{f'}^\dagger \right\} = 0 \tag{13.69}$$

对费米子，$\eta = -1$；对玻色子，$\eta = +1$。产生和湮灭算符所满足的运动方程分别为

$$i\frac{d}{dt}\hat{a}_f^\dagger = -\xi_f \hat{a}_f^\dagger \tag{13.70}$$

$$i\frac{d}{dt}\hat{a}_f = \xi_f \hat{a}_f \tag{13.71}$$

在理想量子气体的统计分析中只需要粒子平均填布数 $\bar{n}_f = <\hat{a}_f^\dagger \hat{a}_f>$，因此需要对应的关联函数是 $<\hat{a}_f^\dagger(t')\hat{a}_f(t)>$，故需要讨论的格林函数是 $<<\hat{a}_f(t); \hat{a}_f^\dagger(t')>>$。这里用的都是推迟的或超前的格林函数，故附标 r 和 a 均已略去。

$$G_f(t - t') = \left\langle \left\langle \hat{a}_f(t); \hat{a}_f^\dagger(t') \right\rangle \right\rangle \tag{13.72}$$

即在格林函数的一般定义及其运动方程 (13.21) 中，我们相应地取

$$\hat{A}(t) = \hat{a}_f(t) \qquad \hat{B}(t') = \hat{a}_f^\dagger(t')$$

格林函数的运动方程为

$$i\frac{d}{dt}G_f = \delta(t - t') \left\langle \left\{ \hat{a}_f(t), \hat{a}_f^\dagger(t') \right\} \right\rangle + \xi_f \left\langle \left\langle \hat{a}_f(t); \hat{a}_f^\dagger(t') \right\rangle \right\rangle$$

$$= \delta(t - t') + \xi_f G_f(t - t') \tag{13.73}$$

这个方程很容易求解。对格林函数作 Fourier 展开

$$G_f\left(t-t'\right)=\int_{-\infty}^{\infty}G_f\left(E\right)\mathrm{e}^{-\mathrm{i}E(t-t')}\mathrm{d}E$$

将其代入 (13.73)，得

$$\left(E-\xi_f\right)G_f\left(E\right)=\frac{1}{2\pi} \tag{13.74}$$

或

$$G_f\left(E\right)=\frac{1}{2\pi}\frac{1}{E-\xi_f} \tag{13.75}$$

当然，(13.74) 的一般解为

$$G'_f\left(E\right)=c\delta\left(E-\xi_f\right)+\frac{1}{2\pi}\frac{1}{E-\xi_f}$$

但为满足推迟与超前格林函数的解析性要求，必须要 $c=0$，因此 (13.75) 就是所需要的解。从 (13.75) 看出，格林函数在 $E=\xi_f$ 处有一极点，它对应于一元激发的能量。

关联函数

$$F_f\left(t-t'\right)=\left\langle\hat{a}_f^\dagger\left(t'\right)\hat{a}_f\left(t\right)\right\rangle=\int_{-\infty}^{\infty}J\left(\omega\right)\mathrm{e}^{-\mathrm{i}\omega(t-t')}\mathrm{d}\omega \tag{13.76}$$

它的谱强度 $J(\omega)$ 由谱定理得出

$$J\left(\omega\right)=\mathrm{i}\frac{G\left(\omega+\mathrm{i}\varepsilon\right)-G\left(\omega-\mathrm{i}\varepsilon\right)}{\mathrm{e}^{\omega\beta}-\eta}$$

$$=\frac{\mathrm{i}}{2\pi\left(\mathrm{e}^{\beta\omega}-\eta\right)}\left[\frac{1}{\omega-\xi_f+\mathrm{i}\varepsilon}-\frac{1}{\omega-\xi_f-\mathrm{i}\varepsilon}\right]$$

$$=\frac{\delta\left(\omega-\xi_f\right)}{\mathrm{e}^{\omega\beta}-\eta} \tag{13.77}$$

最后一式运用了主值定理 (13.54) 或 (13.55)。

因此，量子理想气体谱强度 $J(\omega)$ 具有 δ 函数的特征。在晶格热振动理论中 δ 函数形式的谱又叫 Einstein 谱。

关联函数由谱强度求出

$$F_f\left(t-t'\right)=\left\langle\hat{a}_f^\dagger\left(t'\right)\hat{a}_f\left(t\right)\right\rangle=\int_{-\infty}^{\infty}J\left(\omega\right)\mathrm{e}^{-\mathrm{i}\omega(t-t')}d\omega$$

$$=\frac{\mathrm{e}^{-\mathrm{i}\xi_f(t-t')}}{\mathrm{e}^{\beta\xi_f}-\eta} \tag{13.78}$$

理想气体的等时的关联函数就是分布函数，即 $\left\langle\hat{a}_f^\dagger\hat{a}_f\right\rangle$ 就是填布数平均值

$$\bar{n}_f=\left\langle\hat{a}_f^\dagger\hat{a}_f\right\rangle=F_f\left(0\right)$$

$$= \frac{1}{\mathrm{e}^{\beta \xi_f} - \eta} = \frac{1}{\mathrm{e}^{(\varepsilon_f - \mu)/KT} + \eta} \tag{13.79}$$

这就是费米-狄拉克分布或玻色-爱因斯坦分布。

化学势 μ 由粒子总数 N 决定：

$$\sum_f \left[\mathrm{e}^{\beta \xi_f} - \eta \right]^{-1} = N \tag{13.80}$$

由此可见，与通常的量子统计处理问题的方法不同，格林函数理论中计算 $\bar{n}_f$ 时不通过计算巨配分函数，而只需求解格林函数方程与运用谱定理。

因果格林函数 $G_f(E)$ 并不具有 (13.75) 那样简单的形式，因为它并不在半平面上解析。但可以通过它的关联函数的谱强度 $J(\omega)$ 求出，实际上由 (13.61) 有

$$G_f^{\mathrm{c}}(E) = \frac{1}{2\pi} \int_{-\infty}^{\infty} J(\omega) \left[\frac{\mathrm{e}^{\omega \beta}}{E - \omega + \mathrm{i}\varepsilon} - \frac{\eta}{E - \omega - \mathrm{i}\varepsilon} \right] \mathrm{d}\omega$$

$$= \frac{1}{2\pi} \left[\frac{1 + \eta \bar{n}_f}{E - \xi_f + \mathrm{i}\varepsilon} - \frac{\eta \bar{n}_f}{E - \xi_f - \mathrm{i}\varepsilon} \right] \tag{13.81}$$

最后一式中用到

$$\frac{\mathrm{e}^{\xi_f \beta}}{\mathrm{e}^{\xi_f \beta} - \eta} = 1 + \eta \bar{n}_f$$

在 (13.81) 中我们注意到 $J(\omega)$ 包含一个 $\delta(\omega - \xi_f)$ 因子。

上面的例子虽然简单，原则上不需要用格林函数理论，但却包含着双时格林函数解决问题时所必须注意的若干基本精神和基本步骤。

直接利用对易关系，也可以计算出理想气体的格林函数。显然有

$$\hat{a}_f(t) = \mathrm{e}^{\mathrm{i}\tilde{H}t} \hat{a}_f \mathrm{e}^{-\mathrm{i}\tilde{H}t} = \hat{a}_f \mathrm{e}^{-\mathrm{i}\xi_f t} \tag{13.82}$$

$$\hat{a}_f^\dagger(t) = \mathrm{e}^{\mathrm{i}\tilde{H}t} \hat{a}_f^\dagger \mathrm{e}^{-\mathrm{i}\tilde{H}t} = \hat{a}_f^\dagger \mathrm{e}^{\mathrm{i}\xi_f t}$$

$$G_f^{\mathrm{c}}(t - t') = \left\langle \left\langle \hat{a}_f(t) ; \hat{a}_f^\dagger(t') \right\rangle \right\rangle_{\mathrm{c}}$$

$$= -\mathrm{i}\theta(t - t') \left\langle \hat{a}_f(t) \hat{a}_f^\dagger(t') \right\rangle - \mathrm{i}\theta(t' - t) \eta \left\langle \hat{a}_f^\dagger(t') \hat{a}_f(t) \right\rangle$$

$$= -\mathrm{i}\theta(t - t') \mathrm{e}^{-\mathrm{i}\xi_f(t-t')} (1 + \eta \bar{n}_f) - \mathrm{i}\eta \theta(t' - t) \mathrm{e}^{-\mathrm{i}\xi_f(t-t')} \bar{n}_f \tag{13.83}$$

其中用到了

$$\overline{\hat{a}_f \hat{a}_f^\dagger} = 1 + \eta \overline{\hat{a}_f^\dagger \hat{a}_f} = 1 + \eta \bar{n}_f$$

同理

$$G_f^r(t - t') = \left\langle \left\langle \hat{a}_f(t) ; \hat{a}_f^\dagger(t') \right\rangle \right\rangle_r = -\mathrm{i}\theta(t - t') \mathrm{e}^{-\mathrm{i}\xi_f(t-t')} \left\langle \left\{ \hat{a}_f, \hat{a}_f^\dagger \right\} \right\rangle$$

$$= -\mathrm{i}\theta(t - t') \mathrm{e}^{-\mathrm{i}\xi_f(t-t')} \tag{13.84}$$

$$G_f^a (t' - t) = \left\langle \left\langle \hat{a}_f (t) ; \hat{a}_f^\dagger (t') \right\rangle \right\rangle_a = \mathrm{i}\theta (t' - t) \, \mathrm{e}^{-\mathrm{i}\xi_f (t-t')} \tag{13.85}$$

对应的 Fourier 变换为

$$G_f^c (E) = \frac{1}{2\pi} \left[\frac{1 + \eta \bar{n}_f}{E - \xi_f + \mathrm{i}\varepsilon} - \frac{\eta \bar{n}_f}{E - \xi_f - \mathrm{i}\varepsilon} \right] \tag{13.86}$$

$$G_f^r (E) = \frac{1}{2\pi} \frac{1}{E - \xi_f + \mathrm{i}\varepsilon} \tag{13.87}$$

$$G_f^a (E) = \frac{1}{2\pi} \frac{1}{E - \xi_f - \mathrm{i}\varepsilon} \tag{13.88}$$

由此可见，直接计算的结果与求解格林函数方程与运用谱定理获得的结果完全一致。

此外，我们还看到，理想量子气体的超前与推迟时间温度格林函数的 Fourier 分量与温度无关，而因果格林函数 $G_f^c(E)$ 含有温度。

13.4　双时格林函数的超导电性理论

格林函数方程求解的大部分基本程序和谱定理的应用均在上面的例子中得到了反映，但还有一个极为重要的步骤，在理想气体问题中没有反映，那就是格林函数的锁链方程组的切断问题。这个切断是否恰当，决定着理论合理程度和准确程度。本节将讨论方程链如何切断的问题。

格林函数理论的根本优点是它原则上可以越出微扰论范围。作为双时格林函数理论的另一个例子，讨论如何使用双时格林函数理论研究超导体系的性质。因为人们已经知道，超导微观理论是不能用微扰论处理的，因为超导基态能量不是耦合常数的解析函数。双时格林函数可以对超理论提出方便的处理方案。

关于超导体的性质及某些微观理论，我们已在《超导体物理》（1975 年第二册）中作了详细但浅显的描述。并在杂志《低温与超导》中连载发表[4]，这里不作重复了。

历史上，对超导体微观理论的研究工作已经持续多年。有最初提出电声子机制和 Fröhlich 哈密顿量的，有用变分法的（BCS 理论），也有用正则变换理论的（Valatin，Bogoliubov），也有采用因果格林函数或双时格林函数的（Gor'kov、 Bogoliubov、Zubarev 等），见 [5]、[6]、[7]、[8]、[9]、[10]、[11]。

Gor'kov 从 BCS 型哈密顿量出发，用因果格林函数理论来讨论超导性问题。他的主要贡献是提出了"反常切断"近似，也就是说，在格林函数切断近似中，必须保留反映 Cooper 对的格林函数：$F(x, x') = -\mathrm{i} < \hat{T}\hat{\psi}^\dagger(x)\hat{\psi}^\dagger(x') >$。而这种格林函数在通常理论中是不予考虑的，因此有时也称为反常格林函数。

本小节的下面部分将详细介绍 Zubarev 在科学院院报上的工作，它仿照 Gor'kov 的工作，但从 Fröhlich 哈密顿量出发，采用温度时间格林函数，同样考虑"反常切断"近似。这种处理的好处是同时考虑有限温度效应和推迟的电子-声子相互作用。虽然获得的元激发谱等与前人的结果并无什么特别之处，但在格林函数理论处理上，可作为切断近似的一个范例，具有一定的实用性。

考察从 Fröhlich 哈密顿量出发，其巨正则哈密顿量[5] 为

$$\tilde{H} = \sum_{K\sigma} \xi_K \hat{a}_{K\sigma}^\dagger \hat{a}_{K\sigma} + \sum_q \omega(q) \hat{b}_q^\dagger \hat{b}_q + \sum_{pq\sigma} A(q) \hat{a}_{p+q,\sigma}^\dagger \hat{a}_{p\sigma} \left(\hat{b}_q + \hat{b}_{-q}^\dagger \right) \tag{13.89}$$

其中

$$\xi_k = \frac{K^2}{2m} - \mu \qquad A(q) = g \left(\frac{w(q)}{2V} \right)^{1/2}$$

μ 和 g 分别为化学势和耦合常数，取 $\hbar = 1$ 的单位制，考虑下列形式的双时格林函数：
$G(t - t') = \ll a_{K\sigma}(t); a_{K\sigma}^\dagger(t') \gg$。

其运动方程为

$$i\frac{\mathrm{d}}{\mathrm{d}t} \left\langle \left\langle \hat{a}_{K\sigma}(t); \hat{a}_{K\sigma}^\dagger(t') \right\rangle \right\rangle$$
$$= \delta(t - t') + \xi_K \left\langle \left\langle \hat{a}_{K\sigma}; \hat{a}_{K\sigma}^\dagger \right\rangle \right\rangle + \sum_q A(q) \left\langle \left\langle \hat{a}_{K-q,\sigma}\hat{b}_q; \hat{a}_{K\sigma}^\dagger \right\rangle \right\rangle + \sum_q A(q) \left\langle \left\langle \hat{a}_{K-q,\sigma}\hat{b}_{-q}^\dagger; \hat{a}_{K\sigma}^\dagger \right\rangle \right\rangle \tag{13.90}$$

为了求出 $\ll a_{K\sigma}(t); a_{K\sigma}^\dagger(t') \gg$，必须涉及更高阶的格林函数。

$$i\frac{\mathrm{d}}{\mathrm{d}t} \left\langle \left\langle \hat{a}_{K-q,\sigma}(t) \hat{b}_q(t); \hat{a}_{K,\sigma}^\dagger(t') \right\rangle \right\rangle$$
$$= \left[\xi_{K-q} + \omega(q) \right] \left\langle \left\langle \hat{a}_{K-q,\sigma}\hat{b}_q; \hat{a}_{K,\sigma}^\dagger \right\rangle \right\rangle$$
$$+ \sum_{q_1} A(q_1) \left\langle \left\langle \hat{a}_{K-q,\sigma} \left(\hat{b}_{q_1} + \hat{b}_{-q_1}^\dagger \right) \hat{b}_q; \hat{a}_{K,\sigma}^\dagger \right\rangle \right\rangle$$
$$+ \sum_{K_1\sigma_1} A(q) \left\langle \left\langle \hat{a}_{K-q,\sigma}\hat{a}_{K_1-q,\sigma_1}\hat{a}_{K_1,\sigma_1}; \hat{a}_{K,\sigma}^\dagger \right\rangle \right\rangle \tag{13.91}$$

和另一条类似的方程，这里方程右边的时间变量为方便计已被省略了。

方程 (13.91) 和另一条类似的方程中不但包含着所要求的格林函数，而且包含着更高阶的、具有四个算符的格林函数。因此继续写出它们的运动方程，从而形成无穷方程链。作为一种近似，从某一级开始，将方程链切断，将同时间的算符进行并缩，从而形成封闭的方程组。

注意这种并缩应该对一切可能的并缩进行，"切断近似"采取下列形式：

$$\left\langle \left\langle \hat{a}_{K-q-q_1,\sigma} \left(\hat{b}_{q_1} + \hat{b}_{-q_1}^\dagger \right) \hat{b}_{-q}^\dagger; \hat{a}_{K,\sigma}^\dagger \right\rangle \right\rangle$$
$$= (1 + v_q) \left\langle \left\langle \hat{a}_{K\sigma}; \hat{a}_{K\sigma}^\dagger \right\rangle \right\rangle \delta(q_1 + q)$$

$$\left\langle \left\langle \hat{a}_{K-q,\sigma}\hat{a}_{K_1-q,\sigma_1}^\dagger \hat{a}_{K_1,\sigma_1}; \hat{a}_{K,\sigma}^\dagger \right\rangle \right\rangle$$
$$= (1 - n_{K-q}) \left\langle \left\langle \hat{a}_{K\sigma}; \hat{a}_{K\sigma}^\dagger \right\rangle \right\rangle \delta(\sigma - \sigma_1) \delta(K - K_1)$$

$$- \left\langle \hat{a}_{K-q,\sigma} \hat{a}_{-K+q_1,-\sigma} \right\rangle \left\langle \left\langle \hat{a}^\dagger_{-K,-\sigma}; \hat{a}^\dagger_{K,\sigma} \right\rangle \right\rangle \delta\left(\sigma + \sigma_1\right) \delta\left(K + K_1 - q\right)$$

其中，$\nu_q = <b_q^\dagger b_q>$ 和 $n_K = <a_{K\sigma}^\dagger a_{K\sigma}>$ 分别是声子与电子的填布数。在这个切断近似中，保留了诸如 $\left\langle \hat{a}_{K-q,\sigma} \hat{a}_{-K+q_1,-\sigma} \right\rangle$ 和 $\left\langle \left\langle \hat{a}^\dagger_{-K,-\sigma}; \hat{a}^\dagger_{K,\sigma} \right\rangle \right\rangle$ 这类的项，这时因为考虑到 Cooper 对在超导中的重要性。人们由正则变换理论以及渐近准确解的研究中，可以证明这种近似是合理的。

以下 $<< \hat{A}|\hat{B} >>$ 将表示相应的格林函数 $<< \hat{A}(t); \hat{B}(t') >>$ 的 Fourier 分量，对 (13.90) 等以及与 $\left\langle \left\langle \hat{a}^\dagger_{-K,-\sigma}; \hat{a}^\dagger_{K,\sigma} \right\rangle \right\rangle$ 联系的另三条方程作 Fourier 变换，从而使微分方程组代数化。则

$$\left(E - \xi_K\right) \left\langle \left\langle \hat{a}_{K\sigma} | \hat{a}^\dagger_{K\sigma} \right\rangle \right\rangle$$

$$= \frac{1}{2\pi} + \sum_q A(q) \left\langle \left\langle \hat{a}_{K-q,\sigma} \hat{b}_q | \hat{a}^\dagger_{K\sigma} \right\rangle \right\rangle + \sum_q A(q) \left\langle \left\langle \hat{a}_{K-q,\sigma} \hat{b}^\dagger_{-q} | \hat{a}^\dagger_{K\sigma} \right\rangle \right\rangle \tag{13.92}$$

$$\left\langle \left\langle \hat{a}_{K-q,\sigma} \hat{b}_q | \hat{a}^\dagger_{K\sigma} \right\rangle \right\rangle$$

$$= \frac{A(q)}{E - \xi_{K-q} + \omega_q} \left\{ \left(\nu_q + 1 - n_{K-q}\right) \left\langle \left\langle \hat{a}_{K\sigma} | \hat{a}^\dagger_{K\sigma} \right\rangle \right\rangle - \left\langle \hat{a}_{K-q,\sigma} \hat{a}_{-K+q,\sigma} \right\rangle \left\langle \left\langle \hat{a}^\dagger_{-K,-\sigma} | \hat{a}^\dagger_{K\sigma} \right\rangle \right\rangle \right\}$$

$$\left\langle \left\langle \hat{a}_{K-q,\sigma} \hat{b}^\dagger_{-q} | \hat{a}^\dagger_{K\sigma} \right\rangle \right\rangle$$

$$= \frac{A(q)}{E - \xi_{K-q} + \omega_q} \left\{ \left(\nu_q + n_{K-q}\right) \left\langle \left\langle \hat{a}_{K\sigma} | \hat{a}^\dagger_{K\sigma} \right\rangle \right\rangle + \left\langle \hat{a}_{K-q,\sigma} \hat{a}_{-K+q,-\sigma} \right\rangle \left\langle \left\langle \hat{a}^\dagger_{-K,-\sigma} | \hat{a}^\dagger_{K\sigma} \right\rangle \right\rangle \right\}$$

$$\left(E + \xi_K\right) \left\langle \left\langle \hat{a}^\dagger_{-K,-\sigma} | \hat{a}^\dagger_{K\sigma} \right\rangle \right\rangle$$

$$= -\sum_q A(q) \left\langle \left\langle \hat{a}^\dagger_{-K+q,-\sigma} \hat{b}_q | \hat{a}^\dagger_{K\sigma} \right\rangle \right\rangle - \sum_q A(q) \left\langle \left\langle \hat{a}^\dagger_{-K+q,-\sigma} \hat{b}_{-q} | \hat{a}^\dagger_{K\sigma} \right\rangle \right\rangle \tag{13.93}$$

$$\left\langle \left\langle \hat{a}^\dagger_{-K+q,-\sigma} \hat{b}_q | \hat{a}^\dagger_{K\sigma} \right\rangle \right\rangle$$

$$= \frac{-A(q)}{E - \xi_{K-q} - \omega_q} \left\{ \left(\nu_q + n_{K-q}\right) \left\langle \left\langle \hat{a}^\dagger_{-K,-\sigma} | \hat{a}^\dagger_{K\sigma} \right\rangle \right\rangle - \left\langle \hat{a}_{-K+q,-\sigma} \hat{a}_{K-q,\sigma} \right\rangle \left\langle \left\langle \hat{a}_{K\sigma} | \hat{a}^\dagger_{K\sigma} \right\rangle \right\rangle \right\}$$

$$\left\langle \left\langle \hat{a}^\dagger_{-K+q,-\sigma} \hat{b}_{-q} | \hat{a}^\dagger_{K\sigma} \right\rangle \right\rangle$$

$$= \frac{-A(q)}{E - \xi_{K-q} + \omega(q)} \left\{ \left(1 + \nu_q - n_{K-q}\right) \left\langle \left\langle \hat{a}^\dagger_{-K,-\sigma} | \hat{a}^\dagger_{K\sigma} \right\rangle \right\rangle + \left\langle \hat{a}_{-K+q,-\sigma} \hat{a}_{K-q,\sigma} \right\rangle \left\langle \left\langle \hat{a}_{K\sigma} | \hat{a}^\dagger_{K\sigma} \right\rangle \right\rangle \right\}$$

由 (13.92)—(13.93) 这六条方程构成封闭的方程组。将其中含有玻色算符的格林函数全部消去，则得到关于 $G_K(E) = \left\langle \left\langle \hat{a}_{K\sigma} | \hat{a}^\dagger_{K\sigma} \right\rangle \right\rangle$ 和 $\Gamma_{K\sigma}(E) = \left\langle \left\langle \hat{a}^\dagger_{-K,-\sigma} | \hat{a}^\dagger_{K\sigma} \right\rangle \right\rangle$ 的方程组

$$\begin{cases} \left\{ E - \xi_K - \tilde{M}_K(E) \right\} G_K(E) + \tilde{C}_{K\sigma}(E) \Gamma_{K\sigma}(E) = \frac{1}{2\pi} \\ \left\{ E + \xi_K + \tilde{M}_K(-E) \right\} \Gamma_{K\sigma}(E) + \tilde{C}_{K\sigma}(-E) G_K(E) = 0 \end{cases} \tag{13.94}$$

$\tilde{M}(K)$ 和 $\tilde{C}(K)$ 的表达式为

$$\tilde{M}_K(E) = \sum_q A^2(q) \left[\frac{1 + \nu_q - n_{K-q}}{E - \xi_{K-q} + \omega_q} + \frac{\nu_q + n_{K-q}}{E - \xi_{K-q} + \omega_q} \right] \tag{13.95}$$

$$\tilde{C}_{K\sigma}(E) = \sum_q A^2(q) \left[\frac{\langle \hat{a}_{K-q,\sigma} \hat{a}_{-K+q,-\sigma} \rangle}{E - \xi_{K-q} - \omega_q} - \frac{\langle \hat{a}_{K-q,\sigma} \hat{a}_{-K+q,-\sigma} \rangle}{E - \xi_{K-q} + \omega_q} \right] \tag{13.96}$$

将方程组 (13.94) 解出，得

$$G_k(E) = \frac{1}{2\pi} \frac{E + \xi_k + \tilde{M}_k(-E)}{D_{k\sigma}(E)} \tag{13.97}$$

$$\Gamma_{k,\sigma}(E) = -\frac{1}{2\pi} \frac{\tilde{C}_{K\sigma}(-E)}{D_{K\sigma}(E)} \tag{13.98}$$

其中，$D_{K\sigma}(E)$ 为系数行列式

$$D_{K\sigma}(E) = \left[E - \frac{\tilde{M}_k(E) - \tilde{M}_K(-E)}{2} \right]^2$$
$$- \left[\xi_k + \frac{\tilde{M}_K(E) + \tilde{M}(-E)}{2} \right]^2 - \tilde{C}_{K\sigma}(E) \tilde{C}_{K\sigma}(-E) \tag{13.99}$$

格林函数的极点决定元激发的能量和衰减。元激发的能量和衰减由下列方程决定：

$$D_{K\sigma}(E) = 0$$

知道格林函数以后，可以用谱定理计算关联函数的谱强度。令

$$\left\langle \hat{a}_{K\sigma}^\dagger(t') \hat{a}_{K\sigma}(t) \right\rangle = \int_{-\infty}^\infty J_{K\sigma}(\omega) e^{-i\omega(t-t')} d\omega$$

$$\left\langle \hat{a}_{K\sigma}^\dagger(t') \hat{a}_{-K,-\sigma}^\dagger(t) \right\rangle = \int_{-\infty}^\infty \tilde{J}_{K\sigma}(\omega) e^{-i\omega(t-t')} d\omega \tag{13.100}$$

由谱定理，我们有

$$\lim_{\varepsilon \to 0^+} G_K(\omega + i\varepsilon) - G_K(\omega - i\varepsilon) = -iJ_K(\omega) \left(e^{\beta\omega} + 1 \right) \tag{13.101}$$

$$\lim_{\varepsilon \to 0^+} \Gamma_{K\sigma}(\omega + i\varepsilon) - \Gamma_{K\sigma}(\omega - i\varepsilon) = -i\tilde{J}_{K\sigma}(\omega) \left(e^{\beta\omega} + 1 \right)$$

令 $t = t'$，求出分布函数 $\bar{n}_K = \left\langle \hat{a}_{K\sigma}^\dagger \hat{a}_{K\sigma} \right\rangle$, $\left\langle \hat{a}_{K\sigma}^\dagger \hat{a}_{-K,-\sigma}^\dagger \right\rangle$ 可由 (13.100) 求得。

在公式 (13.97) 和 (13.98) 中，E 为复数，并在实轴附近，$E = \omega \pm i\varepsilon$，有

$$\begin{cases} \tilde{M}_K(\omega \pm i\varepsilon) = M_K(\omega) \mp i\gamma_K(\omega) \\ \tilde{C}_{K\sigma}(\omega \pm i\varepsilon) = C_{K\sigma}(\omega) \mp i\delta_{K\sigma}(\omega) \end{cases} \tag{13.102}$$

由主值定理有

$$M_K(\omega) = P\sum_q A^2(q)\left[\frac{1+\nu_q - n_{K-q}}{\omega - \xi_{K-q} - \omega_q} + \frac{\nu_q + n_{K-q}}{\omega - \xi_{K-q} + \omega_q}\right]$$

$$C_{K\sigma}(\omega) = P\sum_q A^2(q)\left[\frac{\langle \hat{a}_{K-q,\sigma}\hat{a}_{-K+q,-\sigma}\rangle}{\omega - \xi_{K-q} - \omega_q} - \frac{\langle \hat{a}_{K-q,\sigma}\hat{a}_{-K+q,-\sigma}\rangle}{\omega + \xi_{K-q} + \omega_q}\right]$$

$$\gamma_K(\omega) = \pi\sum_q A^2(q)\left[(1+v_q - n_{K-q})\,\delta(\omega - \xi_{K-q} - \omega_q)\right.$$
$$\left. + (v_q + n_{K-q})\,\delta(\omega - \xi_{K-q} + \omega_q)\right]$$

$$\delta_{K\sigma}(\omega) = \pi\sum_q A^2(q)\langle\hat{a}_{K-q,\sigma}\hat{a}_{-K+q,-\sigma}\rangle\left[\delta(\omega - \xi_{K-q} - \omega_q) - \delta(\omega - \xi_{K-q} + \omega_q)\right] \quad (13.103)$$

其中，P 表示取主值积分。

在 $\gamma_K \to 0$ 和 $\delta_{K\sigma} \to 0$ 时，谱强度呈 δ-函数形式；如果衰减是有限的，那么在 $\omega = \Omega_K^{\pm}$ 处具有极大值。我们进一步认为 $M_K(\omega)$ 和 $C_{K\sigma}(\omega)$ 在这个极大值附近是缓变函数，并且可以看作常数，此外，我们将忽略衰减，这时格林函数在 $\omega = \Omega^{\pm}$ 处呈现一个极点。

由方程 (13.99) 得出

$$\Omega_K^{\pm} = \frac{M_K^+ - M_K^-}{2} \pm \sqrt{\left[\xi_K + \frac{M_K^+ + M_K^-}{2}\right]^2 + C_{K\sigma}^+ C_{K\sigma}^-} \quad (13.104)$$

其中，$M_K^{\pm} = M_K(\pm\Omega_K^{\pm})$，$C_K^{\pm} = C_K(\pm\Omega_K^{\pm})$。注意到 $M_K^+ - M_K^- \ll \Omega_K^+$，从而得到元激发能谱为

$$\Omega_K = \pm\sqrt{(\xi_K + M_K)^2 + C_{K\sigma}^+ C_{K\sigma}^-} \quad (13.105)$$

$$\Omega_K^{\pm} = \pm\Omega_K \qquad M_K = M_K(0) \approx M_K^{\pm}$$

可以证明，对准确的质量算符 $M_K(\omega)$ 和能隙函数 $C_{K\sigma}(\omega)$ 具有下列对称性：$M_K(\omega) = M_K(-\omega)$ 和 $C_{K\sigma}(\omega) = C_{K\sigma}(-\omega)$。

谱强度 $J_K(\omega)$、$\tilde{J}_{K\sigma}(\omega)$ 和相应的分布函数可由 (13.101) 和 (13.100) 算出。

$$J_K(\omega) = \frac{(\mathrm{e}^{\beta\omega}+1)^{-1}}{2\Omega_K}\left\{(\Omega_K + \xi_K + M_K)\,\delta(\omega - \Omega_K) + (\Omega_K - \xi_K - M_K)\,\delta(\omega + \Omega_K)\right\}$$

$$\tilde{J}_{K\sigma}(\omega) = \frac{-(\mathrm{e}^{\beta\omega}+1)^{-1}}{2\Omega_K}\left\{C_{K\sigma}^-\delta(\omega - \Omega_K) - C_{K\sigma}^+\delta(\omega + \Omega_K)\right\}$$

$$\bar{n}_K = \frac{1}{2}\left[1 - \frac{\xi_K + M_K}{\Omega_K}\mathrm{th}\frac{\Omega_K}{2KT}\right]$$

$$\left\langle\hat{a}_{K\sigma}^\dagger\hat{a}_{-K,-\sigma}^\dagger\right\rangle = -\frac{1}{2\Omega_K}\left\{\frac{C_{K\sigma}^-(\Omega_K)}{\mathrm{e}^{\beta\Omega_K}+1} - \frac{C_{K\sigma}^+(-\Omega_K)}{\mathrm{e}^{-\beta\Omega_K}+1}\right\} \quad (13.106)$$

获得能隙函数 $C_{K\sigma}^{\pm}$ 的积分方程

$$C_{K\sigma}^{\pm} = \frac{g^2}{2V_g} \sum_{(K'=K-q)} \frac{\omega^2}{\omega_q^2 - (\pm\Omega_{K'} - \xi_{K'})^2} \frac{1}{\Omega_{K'}} \left(\frac{C_{K'\sigma}^-}{e^{\beta\Omega_{K'}} + 1} - \frac{C_{K'\sigma}^+}{e^{-\beta\Omega_{K'}} + 1} \right) \tag{13.107}$$

它的解具有下列形式

$$C_{K\sigma}^+ \approx C_{K\sigma}^- = C_K (-1)^{\sigma - \frac{1}{2}}$$

由 $T = T_c$ 时 $C_{K\sigma}^{\pm} = 0$，从而定出相变（临界）温度。

相互作用能量平均值可通过方程 (13.92) 得到的准确关系获得。

$$\int_{-\infty}^{\infty} (\omega - \xi_K) J_K(\omega) \, d\omega = \sum_p A(q) \left\langle \hat{a}_{K\sigma}^\dagger \hat{a}_{K-q,\sigma} \left(\hat{b}_q + \hat{b}_{-q}^\dagger \right) \right\rangle \tag{13.108}$$

因此，由 (13.106) 得到相互作用能量平均值的表达式

$$\left\langle \hat{H}_{\mathrm{int}} \right\rangle = \sum_K M_K n_K - \sum_{K\sigma} \frac{C_K^2}{2\Omega_K} \mathrm{th}\left(\frac{\Omega_K}{2KT} \right) \tag{13.109}$$

当 $T = T_c$ 时，$C_{K\sigma} = 0$，则

$$\Omega_K = \xi_K$$
$$\bar{n}_K = \frac{1}{2}\left[1 - \mathrm{th}\left(\frac{\xi_K}{2KT} \right) \right] = \frac{1}{e^{(\varepsilon_K - \mu)/KT} + 1} \tag{13.110}$$

从而自然地回到通常的费米分布。

由前面的讨论看出，双时格林函数对处理量子统计问题是方便的，特别对某些微扰理论有困难的问题，这类格林函数理论确实表现出在实用中值得注意的优势，从而在一段时间里许多杂志上发表了大量运用这类方法处理实际问题的文献。

这里必须强调的是前面的所有研究都局限于无外场情况，因而只局限丁热学范围，而超导的关键性特征是它们的抗磁性。因此，含外场情况的超导理论研究，应是超导微观理论的关键。此时必然遇到规范不变性的要求与保证。见关于超导微观理论的一个记注这一小节。

13.5 格林函数理论及其整体结构

13.5.1 引言

整体性（globalism or integration）是现代理论物理学中有趣的问题之一。

格林函数理论在理论物理学的许多领域都是成功的。关于 Bogoliubov-Gor'kov 理论系统（以下简称 B-G 系统），已经发表了许多文章，涉及许多理论方法。例如，关联基本函数方法中的"分子配容算子"（molecular complex operator）方法，高阶无规相近似（higher order random phase approximation）方法和 BBGKY 方程。因此，研究其整体结构很有意义。见文献 [12]。

由于格林函数存在不同种类，为了明确起见，我们以推迟双时格林函数（the retarded double time Green function）为例进行讨论。其定义为

$$G(t,t') = -\mathrm{i}\theta(t,t') < \{\hat{A}(t), \hat{B}(t')\} > \equiv \ll \hat{A}(t); \hat{B}(t') \gg \tag{13.111}$$

其中

$$\{\hat{A}(t), \hat{B}(t')\} \equiv \hat{A}(t)\hat{B}(t') - \eta\hat{B}(t')\hat{A}(t)$$

η 是 Fermion 子算符的交换次数。$\hat{A}(t)$ 和 $\hat{B}(t')$ 都是 Heisenberg 算符，$< ... >$ 表示巨正则系综中的平均

$$< \cdots > = \mathrm{Sp}[\mathrm{e}^{(\Omega - \tilde{H}\,\beta)} \cdots] \tag{13.112}$$

其中，β 是倒温度，Ω 是热力学势，μ 是化学势。

$$\tilde{H} \equiv \hat{H} - \mu\hat{N}$$

有时也称 $\tilde{H}$ 为巨正则哈密顿算符或热力学哈密顿算符。

B-G 系统的三个要点是：

（1）格林函数的运动方程。

$$\mathrm{i}\frac{\mathrm{d}}{\mathrm{d}t} \ll \hat{A}(t); \hat{B}(t') \gg = \delta(t - t') < \{\hat{A}(t), \hat{B}(t')\} > + \ll \hat{A}(t)\hat{H} - \hat{H}\hat{A}(t); \hat{B}(t') \gg \tag{13.113}$$

（2）谱定理。

如果关联函数的傅立叶分量用 $J(\omega)$ 表示

$$< \hat{B}(t')\hat{A}(t) > = \int_{-\infty}^{\infty} J(\omega)\mathrm{e}^{-\mathrm{i}\omega(t-t')}\mathrm{d}\omega \tag{13.114}$$

$\ll A(t); B(t') \gg$ 的傅立叶分量用 $\ll A|B \gg_\omega$ 或 $G(\omega)$ 表示，那么

$$J(\omega) = \lim_{\varepsilon \to 0} \mathrm{i}\frac{G(\omega + \mathrm{i}\varepsilon) - G(\omega - \mathrm{i}\varepsilon)}{\mathrm{e}^{\beta\omega} - \eta} \tag{13.115}$$

（3）切断近似。

因为低阶格林函数的运动方程无法导出自身，而是与高阶格林函数关联，从而形成了无穷而且链锁的微分方程链。通常，通过切断近似——一个代表较高阶格林函数的值近似由一些较低阶格林函数和关联的函数表示，这样就切断了链锁方程的无穷链。

该系统的优点是理论相当系统化，这使得它有可能超越微扰论的局限性，并且计算更简单。许多人认为它的数学结构是优美的，并且相信如果可以精确地解决这一无限的方程组，那么解决方案将是唯一的。由于方程系统是无限的并且是连锁的，因此在过去很长一段时间内，系统无法退耦，因此无法将其封闭，从而很难讨论该理论的整体结构，如其唯一性等。

13.5.2 高阶格林函数与低阶格林函数的关联性

Zubarev[10] 从 Fröhlich 哈密顿量出发并利用 B-G 系统讨论了超导理论。在参考文献 [10] 中第二个方程是

$$\left[i\frac{d}{dt} - \xi_{k-q} - \omega(q)\right] \ll \hat{a}_{k-q,\sigma}\hat{b}_q; \hat{a}_{k\sigma}^+(t') \gg$$

$$= \sum_{k_1\sigma_1} A(q) \ll \hat{a}_{k-q,\sigma}\hat{a}_{k_1+q,\sigma}^+\hat{a}_{k_1\sigma_1}; \hat{a}_{k\sigma}^+(t') \gg + ... \tag{13.116}$$

方程 (13.116) 的右侧有许多高阶格林函数，Zubarev 以及其他一些研究者切断了高阶项。该体系的许多研究者也都采取了这样的步骤。通过系统地分析这些文章，可以明显地看出，主要困难在于如何获取更高阶的格林函数。将格林函数的方程组退耦当然很困难，但是考虑到它对整体分析（global analysis）的重要性，必须努力寻找实现退耦的方法。如果不能以代数形退耦，是否可以通过适当的变换来解耦？1976 年我们讨论 Josephson 效应（Josephson effect）中 Feynman 方程（Feynman equation）的精确解时，用了下面的积分变换

$$\rho_1(t) = \rho_1(0) + \frac{2\varepsilon}{\hbar}\int_0^t D(t')\sin\theta(t')dt' \tag{13.117}$$

成功实现对 Feynman 方程组的退耦[13]。这表明首先寻找合适的积分变换是有可能的。经过一些考虑后，发现了从谱定理引入的变换可能是合适的。

$$G(\omega) = -\frac{1}{\pi}\int_{-\infty}^{\infty}\frac{\text{Im}G(x+i\varepsilon)}{\omega - x + i\varepsilon}dx \qquad \varepsilon = 0^+ \tag{13.118}$$

该变换表示在复平面上的格林函数由它在实轴上的 $G(x+i\varepsilon)$ 虚部定义，因而强调了它的核心地位，即它的实轴上的虚部具有确定的（definite）物理意义。接下来，有必要分析整体上产生高阶格林函数的典型机制。该机制是

$$\ll \hat{A}(t)\hat{H} - \hat{H}\hat{A}(t); \hat{B}(t') \gg = \ll \hat{A}_1(t); \hat{B}(t') \gg \tag{13.119}$$

其中

$$\hat{A}_1(t) \equiv \hat{A}(t)\hat{H} - \hat{H}\hat{A}(t) \tag{13.120}$$

高阶谱定理 如果

$$< \hat{B}(t')\hat{A}(t) > = \int_{-\infty}^{\infty} J(\omega)e^{-i\omega(t-t')}d\omega \tag{13.121}$$

则

$$< \hat{A}_1(t)\hat{B}(t') > = \int_{-\infty}^{\infty} \omega J(\omega)e^{\beta\omega - i\omega(t-t')}d\omega \tag{13.122}$$

证明：令 $|\mu>$ 为能量的本征态，

$$\hat{H}|\mu = E_\mu|\mu> \tag{13.123}$$

在海森堡图景（Heisenberg picture）中，力学量与时间依赖关系是

$$\hat{A}(t) = \mathrm{e}^{\mathrm{i}\hat{H}t}\hat{A}(0)\mathrm{e}^{-\mathrm{i}\hat{H}t} \tag{13.124}$$

按照 Lehman 表示（Lehman representation）[3]，$< \hat{B}(t')\hat{A}(t) >$ 的谱密度（the spectral density）为

$$J(\omega) = \sum_{\nu} < \nu|\hat{A}(0)|\mu > < \mu|\hat{B}(0)|\nu > \mathrm{e}^{(\Omega-E_{\mu})\beta}\delta(E_{\mu} - E_{\nu} - \omega) \tag{13.125}$$

从而

$$J_1(\omega) = \sum_{\mu\nu} < \nu|\hat{A}_1(0)|\mu > < \mu|\hat{B}(0)|\nu > \mathrm{e}^{(\Omega-E_{\mu})\beta}\delta(E_{\mu} - E_{\nu} - \omega) = \omega J(\omega) \tag{13.126}$$

假设 $< \hat{A}_1(t)\hat{B}(t') >$ 的谱密度为 $J_1'(\omega)$。利用等式

$$< \hat{\alpha}(0)\hat{\beta}(t + \mathrm{i}\beta) >=< \hat{\beta}(t)\hat{\alpha}(0) > \tag{13.127}$$

我们有

$$J_1'(\omega) = \omega\mathrm{e}^{\beta\omega}J(\omega) \tag{13.128}$$

高阶谱表示　$\ll \hat{A}_1(t); \hat{B}(t') \gg$ 的表示是

$$\ll A_1|B \gg_{\omega} = G^{[1]}(\omega) = \int_{-\infty}^{\infty} \frac{x(\mathrm{e}^{\beta x} - \eta)J(x)}{\omega - x + \mathrm{i}\varepsilon}\mathrm{d}x \tag{13.129}$$

定义 $\hat{A}_n = \hat{A}_{n-1}\hat{H} - \hat{H}\hat{A}_{n-1}$，则使用数学归纳法（induction method）可以证明

$$\ll A_n|B \gg_{\omega} \equiv G^{[n]}(\omega) = \int_{-\infty}^{\infty} \frac{x^n(\mathrm{e}^{\beta x} - \eta)J(x)}{\omega - x + \mathrm{i}\varepsilon}\mathrm{d}x \tag{13.130}$$

高阶和低阶格林函数之间的关联定理

$$G^{[1]}(\omega) = -\frac{1}{\pi}\int_{-\infty}^{\infty} \frac{x\mathrm{Im}G(x + \mathrm{i}\varepsilon)}{\omega - x + \mathrm{i}\varepsilon}\mathrm{d}x \tag{13.131}$$

并使用归纳法可以证明

$$G^{[n]}(\omega) = -\frac{1}{\pi}\int_{-\infty}^{\infty} \frac{x^n\mathrm{Im}G(x + \mathrm{i}\varepsilon)}{\omega - x + \mathrm{i}\varepsilon}\mathrm{d}x \tag{13.132}$$

这些公式说明，所有各高阶的格林函数都可以用 $\mathrm{Im}G(x + \mathrm{i}\varepsilon)$ 的积分表示。

13.5.3 退耦定理，切断方程组的唯一性

定理 格林函数的运动方程组可以用积分方程形式退耦，即下面的方程 (13.134)。

证明：通过使用关联定理，不同阶数的格林函数运动方程为

$$\omega G^{[n]}(\omega) = S_n + \frac{i}{2\pi} \int_{-\infty}^{\infty} \frac{x^{n+1}}{\omega - x + i\varepsilon} [G(x + i\varepsilon) - G(x - i\varepsilon)] dx \qquad (n = 0, 1, 2, 3...) \quad (13.133)$$

为了扩展 $G^{[n]}(\omega)$，我们再次使用关联定理。方程 (13.133) 简化为

$$\frac{i}{2\pi} \int_{-\infty}^{\infty} x^n [G(x + i\varepsilon) - G(x - i\varepsilon)] dx = S_n = \frac{1}{2\pi} < \{\hat{A}_n(0), \hat{B}(0)\} > \quad (13.134)$$

因此，在使用关联定理后，格林函数方程系统退耦成为积分型函数方程，其中 S_n 作为输入。

如果进一步使用格林函数表示 S_n，则可以立即证明等式 (13.134) 成为恒等式。但是第一个等式可能会带来一般性的限制。例如，如果

$$G(t.t') = \ll a_f(t); a_f^+(t') \gg \quad (13.135)$$

则

$$i \int_{-\infty}^{\infty} [G(x + i\varepsilon) - G(x - i\varepsilon)] dx = 1 \quad (13.136)$$

这只是一个标准化条件。

实际上，切断方程是一种特殊的物理输入，等效于假设高阶和低阶格林函数之间存在其他近似关系。换句话说，通过使用上述关联定理，可以将切断方程写为

$$\int_{-\infty}^{\infty} [x^N - \sum_{k=0}^{N} \alpha_k(\omega) x^{k-1}] \frac{G(x + i\varepsilon) - G(x - i\varepsilon)}{\omega - x + i\varepsilon} dx = 0 \quad (13.137)$$

我们考虑一个特殊的截断方程，它的整体内核具有形式

$$Q(\omega, x) = x^H - \sum_{k=0}^{N} \alpha_k(\omega) x^{k-1} = f(x, \omega) \prod_{k=0}^{N} (x - \Omega_k) \qquad (m \geqslant 3) \quad (13.138)$$

这里 $\{\Omega_k\}$ 为实数。

通常，大多数人认为这个方程组的解是唯一的。在 $G^{[n]}(\omega)$- 代数方程的 $N+1$ 个简化方程中，他们认为不同阶数的 $N+1$ 个格林函数是独立的，因此上述模型的解可能是唯一的。但是上面证明了不同阶数的运动方程不是独立的，关联定理将 $N-1$ 个等式转化为恒等式。需要考虑的是第一方程式和截断方程式。以等式 (13.138) 的形式，截断方程的精确解为

$$i[G(x + i\varepsilon) - G(x - i\varepsilon)] = \sum_{k=0}^{m} c_k \delta(x - \Omega_k) \quad (13.139)$$

由于 $\{c_k\}$ 不能由上述两个方程确定，因此存在无限满足所有 $N+1$ 个方程的解。

据我们所知，B-G 系统的不一致程度也未估计。通过使用高阶谱定理，可以估计不一致程度。因为在 B-G 系统的解中，所有 $G^{[n]}(\omega)$ 都被认为是独立的，所以通常解无法满足关联定理

$$\Delta_n(\omega) = G^{[n]}(\omega) - \frac{\mathrm{i}}{2\pi} \int_{-\infty}^{\infty} \frac{x^{n+1}}{\omega - x + \mathrm{i}\varepsilon} [G(x + \mathrm{i}\varepsilon) - G(x - \mathrm{i}\varepsilon)] \mathrm{d}x \tag{13.140}$$

这将反映 B-G 系统的不一致程度。

13.5.4　整体方程组（whole equation system）解的非唯一性

现在，退耦后的格林函数方程组成为积分条件的无限集：

$$\int_{-\infty}^{\infty} x^n \mathrm{Im} G(x + \mathrm{i}\varepsilon) \mathrm{d}x = -\frac{1}{2} < \{\hat{A}_n(0), \hat{B}_n(0)\} >= -\pi S_n \tag{13.141}$$

非唯一性定理　如果有一个 $\mathrm{Im} G(x + \mathrm{i}\varepsilon)$ 满足整个方程组 (13.141)，那么同时存在无限个不同的解

$$\mathrm{Im} G_2(x + \mathrm{i}\varepsilon) = \mathrm{Im}\, G_1(x + \mathrm{i}\varepsilon) + \mathrm{Im}\, g(x + \mathrm{i}\varepsilon) \tag{13.142}$$

它们还满足整个方程组 (13.141) 的要求，其中

$$\mathrm{Im}\, g(x + \mathrm{i}\varepsilon) = \sum_{k=0}^{\infty} a_k \delta(x - \lambda^k)(|\lambda| > 1) \tag{13.143}$$

λ 为实数。$\{a_k\}$ 是由等式 (13.144) 定义的某一整函数（integral functions）类的系数：

$$\psi(z) = \mathrm{e}^{q(z)} \prod_{n=0}^{\infty} \left(1 - \frac{z}{\lambda^n}\right)^{\frac{z}{\lambda^n} + \frac{1}{2}\left(\frac{z}{\lambda^n}\right)^2 + \ldots + \frac{1}{P_n}\left(\frac{z}{\lambda^n}\right)^{P_n}} \tag{13.144}$$

也可以证明格林函数运动方程的完整集合等同于 Puff-Parry 给出的求和规则的完整集合。在过去的数十年中，一些研究者[14,15] 讨论了求和规则，大多数人认为这些求和规则可以检查近似解的准确性。但是唯一性问题尚未解决。例如，在某些讨论中，假设 $\int_{-\infty}^{\infty} \rho(x)x^n \mathrm{d}x$ 对于所有 n 是有限的，但这条件并不适用，它们甚至对理想气体也无法满足。计及 $G(\omega)$ 在实轴上方的区域中解析的条件下，笔者[12] 证明仍然存在满足和规则（the sum rules）集的无限解。因此不仅解不是唯一的，而且它们之间的差异可以任意大。

证明：在讨论唯一性问题时，必须首先定义解的函数类。函数类不能局限于经典函数类，否则讨论将不适用于物理，有时甚至没有解。因为即使对于理想的气体，$\mathrm{Im} G(x + \mathrm{i}\varepsilon)$ 都是狄拉克 δ-函数，所以讨论至少将在广义函数类中进行。从 Lehman 表示中，相互作用系统的格林函数必须具有许多奇点，它们必须是一阶极点，并且位于实轴上（对于 $\hat{H}$ 是

厄米的）。它们的值的物理意义[3] 是定态之间激发能的差。因此对于一个有限的大型系统（如果系统是无限的，必须首先考虑有限系统，然后采用热力学极限）

$$G(\omega) = \sum_k \frac{\alpha_k(\omega)}{\omega - \omega_k} \qquad \mathrm{Im}G(x + \mathrm{i}\varepsilon) = -\pi \sum_k \alpha_k \delta(x - \omega_k) \tag{13.145}$$

为了讨论物理问题，考虑 $\mathrm{Im}G(x+\mathrm{i}\varepsilon)$ 的函数类必须包含这种广义函数。因此，必须明确定义其基本空间。为了保证方程 (13.141) 中的所有方程式都有其含义，基本空间不能为 k 空间。现将所有增长受控（increase controlled）的连续函数记为基矢空间（basic space）B。在 B 中，所有函数都满足以下条件：

$\phi(\omega)$ 是连续的，而且

$$|\phi(\omega)| < |c\omega^n| + c_1 \tag{13.146}$$

$\mathrm{Im}G(\omega)$ 满足以下必要条件

$$\sum_k |\alpha_k \omega_k^n| \text{有界且收敛} \tag{13.147}$$

如果 $G_1(\omega)$ 和 $G_2(\omega)$ 都满足完整的等式 (13.141)，则 $G(\omega)$ 必须满足以下无限方程组

$$\int_{-\infty}^{\infty} x^n \mathrm{Im}\, g(x + \mathrm{i}\varepsilon)\mathrm{d}x = 0 \tag{13.148}$$

为了使积分方程组成为可解的，我们经过一番考虑

$$\mathrm{Im}\, g(x + \mathrm{i}\varepsilon) = \sum_{k=0}^{\infty} a_k \delta(x - \Omega_k) \tag{13.149}$$

并取 $\Omega_k = \lambda^k$，其中，λ 是实数。

采用 (13.143) 形式的优点在于，无限积分方程系统可以转换为具有单个参数的函数方程，并且问题可以简化为一个复变函数论问题。这是解决问题的关键步骤。要求：$\sum_{k=0}^{\infty} |a_k| R^k$ 对于所有有限 R 都是收敛的，$\mathrm{Im}g(\omega)$ 满足 (13.147)。从等式 (13.143) 开始，等式 (13.148) 的左侧变为

$$\int_{-\infty}^{\infty} x^n \mathrm{Im}\, g(x + \mathrm{i}\varepsilon)\mathrm{d}x = \sum_{k=0}^{\infty} a_k(\lambda^k)^n = \sum_{k=0}^{\infty} a_k(\lambda^n)^k = f(\lambda^n) \tag{13.150}$$

因此，问题转化为人们是否可以找到满足无限方程组的非零函数 $f(z)$：

$$f(\lambda^n) = 0 \qquad (n = 0, 1, 2, ...) \tag{13.151}$$

确实存在满足条件 (13.151) 的函数，例如[16]

$$f(z) = X(z)\sin(\nu \ln z) \tag{13.152}$$

以 $\lambda = \exp(-\pi/\nu)$ 为例，显然，由等式 (13.152) 定义的 $f(z)$ 满足 (13.151) 的所有方程。但是 $z = 0$ 是 $f(z)$ 的本性奇点 (essential singularity)，无法确定系数。为了确定 $\{a_k\}$，我们需要对 $f(z)$ 进行分析。当 $|\lambda| < 1$ 时，从解析函数的唯一性定理：

$$f(z) \equiv 0 \tag{13.153}$$

而 $|\lambda| > 1$，等式 (13.151) 表示零序列变成无穷大。根据带有复变量的函数论中的 Weierstrass 定理，对于任何无穷大的复数序列 $\{z_n\}$，只要它变成无穷大（现在是 $\{\lambda_n\}$），就可以找到一个序列 $\{p_n\}$，使得无穷乘积

$$\psi(z) = \mathrm{e}^{q(z)} \prod_{n=0}^{\infty} \left(1 - \frac{z}{z_n}\right)^{\frac{z}{z_n} + \frac{1}{2}\left(\frac{z}{z_n}\right)^2 + \ldots + \frac{1}{P_n}\left(\frac{z}{z_n}\right)^{P_n}} \tag{13.154}$$

是收敛的，是整函数 (integral function)，并且它们的所有零都是 $\{z_n\}$。因此，我们有

$$\psi(z) = \sum_{k=0}^{\infty} c_k z^k \tag{13.155}$$

$\sum_{k=0}^{\infty} c_k R^k$ 是收敛并且是绝对收敛的。

简而言之，只要我们采取

$$\mathrm{Im}\, g(x + \mathrm{i}\varepsilon) = \sum_{k=0}^{\infty} a_k \delta(x - \lambda^k) \qquad a_k = c_k \qquad |\lambda| > 1 \tag{13.156}$$

改变 λ 的值，我们可以获得满足所有等式 (13.149) 的无限非零函数。使用频谱表示法 (13.118)，可以证明存在无限函数

$$G_2(\omega) = G_1(\omega) - \frac{1}{\pi} \sum_{k=0}^{\infty} \frac{c_k}{\omega - \lambda^k} \tag{13.157}$$

满足格林函数方程的完整集合，定理得证。因此人们可以说格林函数方程组在某种独立增量变换 (additive transformation) 下的不变性。在某种程度上看起来像量子力学中某些奇性态的相角不确定性 [16]。

13.5.5 唯一性定理和控制条件

方程整个组 (13.141)、解析性 (analyticity) 和条件 (13.147) 不足以唯一确定 $G(\omega)$、元激发谱 (elementary excitation spectrum) 和关联函数 (correlation function)，例如 $F(t - t') = < \{\hat{A}(t), \hat{B}(t')\} >$。令

$$F_2(t, t') = F_1(t, t') - 2 \sum_{k=0}^{\infty} \frac{a_k \mathrm{e}^{\mathrm{i}\lambda^k(t-t')}}{\mathrm{e}^{\beta\lambda^k} - \eta} \tag{13.158}$$

其物理预测将是不唯一的。也许加进自由能取极小的要求或对 $G(\omega)$ 的函数类作某种限制会是克服这些困难的可能途径。

如果要求对所有的 n 存在

$$I_n = |\int_{-\infty}^{\infty} x^n \mathrm{Im} G(x + \mathrm{i}\varepsilon)\mathrm{d}x| < M \tag{13.159}$$

那么即使理想气体也不能包含在理论中。如果只要求 $G(\omega)$ 在上半平面解析，并满足条件 (13.147)，那么存在上面证明的不定性（uncertainty）。问题与文献 [16] 和 [17] 所遇到的奇性态所遇到问题在某种形式上有些相似。在文献 [16] 中，基态能量（the ground state energy）取最小值要求使得解唯一。现在我们希望寻求到物理上可用的条件，也使解唯一。

唯一性定理　　如果 $G(\omega)$ 在上半平面是解析的，满足条件 (13.147)，而且对一切 n 有

$$I_n = \int_{-\infty}^{\infty} |x^n \mathrm{Im} G(x + \mathrm{i}\varepsilon)|\mathrm{d}x < M\Omega^n \tag{13.160}$$

其中 M、Ω 与 n 无关，则方程组的解是唯一的。

证明：考察

$$\sum_1 = \sum_{n=0}^{\infty} \frac{(\mathrm{i}t)^n}{n!} \int_{-\infty}^{\infty} x^n \mathrm{Im}\, g(x + \mathrm{i}\varepsilon)\mathrm{d}x = \sum_{n=0}^{\infty} \sum_{k=0}^{\infty} \frac{(\mathrm{i}t)^n}{n!} a_k \Omega_k^n \tag{13.161}$$

$$\sum_2 = \int_{-\infty}^{\infty} \mathrm{e}^{\mathrm{i}xt} \mathrm{Im}\, g(x + \mathrm{i}\varepsilon)\mathrm{d}x = \sum_{k=0}^{\infty} \sum_{n=0}^{\infty} a_k \frac{(\mathrm{i}\Omega_k t)^n}{n!} \tag{13.162}$$

则从 (13.160) 和 (13.147)，二重级数

$$\sum = \sum_{(n,k)}^{\infty} \frac{(\mathrm{i}t)^n}{n!} a_k \Omega_k^n \tag{13.163}$$

是绝对收敛的，而且 $\sum_1$ 和 $\sum_2$ 两者都是收敛的。所以根据双重级数理论中的定理，我们有

$$\sum = \sum_1 = \sum_2 \tag{13.164}$$

注意一般来说 $\sum_1$ 不是一致收敛（uniformly convergent）的。从而

$$\int_{-\infty}^{\infty} \mathrm{e}^{\mathrm{i}xt} \mathrm{Im}\, g(x + \mathrm{i}\varepsilon)\mathrm{d}x = 0 \tag{13.165}$$

最后我们有

$$\mathrm{Im}\, g(x + \mathrm{i}\varepsilon) = 0 \tag{13.166}$$

$$\mathrm{Im}\, g(x + \mathrm{i}\varepsilon) = -\frac{1}{2} \int_{-\infty}^{\infty} \mathrm{e}^{-\mathrm{i}xt} \sum_{n=0}^{\infty} S_n \frac{(\mathrm{i}t)^n}{n!} \mathrm{d}t \tag{13.167}$$

定理得证。

下面让我们运用这些控制条件来分析一些例子：

(i) 理想气体问题。

(ii) $G(\omega)$ 具有有限数目的简单极点，并满足控制条件 (13.160) 的情况。因为在有限的磁体系（the finite magnetic system）中每个分子具有有限个状态，它的 $G(\omega)$ 满足条件 (13.160)，因而方程组的解是唯一的。

(iii)

$$\mathrm{Im}\, g(x + \mathrm{i}\varepsilon) = \sum_{k=0}^{\infty} a_k \delta(x - \lambda^k)$$

当 $|\lambda| < 1$，它们满足条件 (13.160)，但当 $|\lambda| > 1$ 时，则不满足条件。这说明 I_n 随 n 增长过快，但如果通过条件控制它的增长速度，就可以保证解的唯一性。

(iv) 高斯分布（Gaussian distribution）。

$$\mathrm{Im} G(x + \mathrm{i}\varepsilon) = \mathrm{e}^{-\alpha^2 x^2} \tag{13.168}$$

这可以有效地保证了 I_n 的收敛性。但

$$I_n \simeq \sqrt{2\pi} \mathrm{e}^{-\left(\frac{n+1}{2}\right)} \left(\frac{n+1}{2}\right)^{\frac{n}{2}} \frac{1}{\alpha^{n+1}} \qquad (n \gg 1) \tag{13.169}$$

所以，它们并不满足控制条件 (13.160)。另一方面，从直接计算，人们可以得出结论：对大的 t，$\sum_1$ 是不收敛的。这样推知格林函数 $G(\omega)$ 不可能是高斯型的。

结论与讨论

格林函数理论在理论物理学的许多领域都取得了成功，而 Bogoliubov-Gor'kov 理论体系涉及许多理论方法的重要分支。在过去的数十年中，已经发表了许多论文，但是由于所有运动方程都是耦合的并且形成无穷的方程链，因此尚未对其整体结构问题进行研究。本节致力于研究其整体结构、严格的退耦（the exact decoupling problem）问题以及唯一性和完备性问题（completeness problem），获得了高阶谱表示定理以及高阶和低阶格林函数之间的精确关系。因此，得以实现运动方程式精确退耦。

本节证明了在切断（cut off）近似后，运动方程虽然能够退耦，但这些方程组的解可以不唯一。还证明了，如果有一个解满足所有格林函数方程，则必定有一个解集，它们满足所有方程，且其个数是无限的，而且它们之间的差可以是任意的。

本节还证明了，如果对在实轴上的 $\mathrm{Im} G(x)$ 适当添加某些限制，则可能证明存在唯一性定理。

13.5.6 关于超导微观理论的一个记注

许多理论物理领域的兴起，都有它们的基础和推动力。超导研究的发展，紧密地联系着低温、制冷的研究，进而推动着低温物性的探索，经历了新现象的发现、宏观理论的发展、直至微观理论的发展。

超导研究的发展过程，非常典型地体现着这种规律。它作为物理学的狭小分支，却云集了许多杰出的学者们，出现过诸多诺贝尔物理奖的获得者，其中包括昂内斯、Bardeen、Cooper、Schrieffer、Giaever、Josephson、Bednorz、Müller、金士堡、Abrikosov 等。

在发现超导现象后的约 40 年中，唯象理论取得了节节胜利，其中杰出的贡献有 London 思想上的贡献、比热实验分析所导致的能隙理论以及诸多得到实验支持的唯象理论和方程。关于它的微观机制众说纷纭，但都没有成功！可见获得微观机制是多么不容易！

Fröhlich[5] 的重大贡献在于从周期表上元素的超导临界温度的分布，指出常温下导致电阻的原因恰巧就是低温下导致电阻消失的原因，并用量子场论方法建立起基于电声子作用的 Fröhlich 哈密顿量，基于量纲分析，预言了同位素效应，并得到独立的实验所证实。**首次找准了一个超导微观机制！** 这也印证了中国古代思想家的思想：**"祸兮福所依，福兮祸所伏！"**（《道德经》）生动地说明了同一个因素在不同的过程（或环境）中的效应可以不同，甚至是相反的！

自从 Fröhlich 电声子机制提出，直到 BCS 理论发表，超导微观理论取得重大进展。但尚有一个遗留问题，因为超导的特征性的物性是完全抗磁性（Meissner 效应），而后续的涉及磁性的超导理论未能保证规范不变性。因而 Schafroth 提出质疑：在适当的规范变换下，可以导致电流消失，见 Kuper 的综合评论[18]。

据笔者所知，后续有关研究至少包括下列几点。

（1）考虑到外场存在时空间不再各向同性，在哈密顿量中以规范不变的形式引入外场的矢势 $\vec{A}(\vec{r})$，将它展为 Fourier 分量

$$\vec{A}(\vec{q}) \exp(\mathrm{i}\vec{q} \cdot \vec{r})$$

的叠加。Bogoliubov[11] 还将他在超导理论新方法中的正则变换推广为广义的正则变换，同时推广了相应的危险图形抵消原则，并由此获得变换系数非常复杂的方程。它是无穷维矩阵方程，实际上无法求解，只是一种形式。最后还是从无外城情况（原来的正则变换），以它为基础，作微扰。在 $\vec{q} \longrightarrow 0$ 的最低级近似下获得了集体激发谱。在同样近似下，保持规范不变，获得了 London 方程，在此极限下给出 Meissner 效应的解释。

（2）笔者大学毕业论文的自选题目就是"含外场的超导微观理论"，其基本点如下。

第一，从 Fröhlich 哈密顿量出发，通过下列变换，引入外磁场

$$\vec{P} \to \vec{P} - \frac{e}{c}\vec{A}$$

其中，$\vec{A}$ 为外场的矢势。严格地保证了规范不变性。这样就避免了 Bardeen 的学生由 BCS 哈密顿量出发而失去规范不变性的困扰，从而也化解了 Schafroth 的质疑。

第二，运用双时格林函数及其运动无穷方程链，进一步利用通常的同时间的算子并缩近似，保留反常（Cooper 对）格林函数，将方程链切断，形成有限维的方程组，获得外场中的元激发能量。

第三，推导超导体电流与外场的关系。取电流密度算子的系综平均。由于外场导致空间各向异性，运算变得极其复杂，必要的近似是不可避免的。笔者考虑忽略高于两次动量交换的项。从统计的角度来看，相信这种近似是合理的。因为在弱场下多次动量交换的机会相对来说较小。结果笔者由此导出 London 方程。这结果也是规范不变的，而且与唯象的方程一致，可以解释超导体的关键性特征：Meissner 效应。

第四，答辩会上导师周世勋先生提问："外场中各向异性的空间里，谱表示是否成立？"笔者的回答是："容我仔细考虑后再回答你。"会后第二天，笔者严格证明了：**外场中各向异性的空间里，谱表示是成立的**。可惜，论文失去了被推荐发表的机会。虽然如此，随着时间推移，笔者仍认为此研究是最可信的超导微观理论之一。

（3）Gor'kov 在坐标空间运用格林函数理论，由于在此空间里的格林函数和反常格林函数的运动方程链容易用通常的方式切断，从而获得了金士堡-朗道方程。关于解决规范问题的依据，也在于最后的结果是规范不变的。从而使许多人认为超导微观理论已经完成，声称建立了 GLAG （Ginzburger-Landau-Abrikosov-Gor'kov）理论体系。

笔者在这里强调：**这个理论根本不能称作"超导微观理论"**。下面将陈述相关的理由。

事情要从超导理论的根说起。

首先，London 在上世纪 30 年代就写了两卷书，名为超流性。其中一卷为超导电性，指出了超导与超流的相似性。既然人们知道超流基于玻色-爱因斯坦凝结，那么超导是否也可以通过电子配对成玻色子来实现超导的物理机制呢？因为带电粒子的超流就导致超导，困难在于电子间存在库仑斥力。自从 Fröhlich 在 1952 年提出超导的电声子机制以后，Bardeen 通过正则变换获得电子间的有效作用可以近似看作费米表面大约为 Debye 宽度区域上的净吸引作用。这就启发了 Cooper 的工作：费米表面的两个电子在这个吸引作用下可以形成束缚态，并具有能隙。进而启发 Schrieffer 为尽可能有效利用这种吸引作用提出将所有具有相反动量和自旋的电子都配成对，作为尝试波函数，进而运用变分法，建立起著名的 BCS 理论[6]。

其次，London[19] 的另一个具有深刻物理洞察力的观念是率先指出超导本质上是量子现象。因为完全抗磁性意味着它的电流直接与磁场联系在一起！所以他率先提出宏观量子态的概念：宏观的超导体系可以用单粒子的波函数（量子态）来描述。它可以是复数。但波函数一般不含温度。朗道提出序参数的概念，认为超导态是比正常态更有序，因而可以引入一个序参数，它可以随温度不同而不同，故含温度是自然的。它似应为实数，人们尚无确切的理由将它设为复数，但实际上它必须为复数，特别在外场中。**据笔者的理解，可以看作实的序参数向复空间的解析开拓**。也可参考第 15 章的内容。这样就将宏观波函数推广到含温度的复函数。

London 的宏观量子态概念虽然起源于唯象的考察，却具有非凡的洞察力。这后来被理解为 Cooper 对波函数。在笔者看来，实际上是整体上以配对电子为主体的热力学状态。如果以这一观点来考察 Gor'kov 的理论就非常自然了。他所用的含温度的格林函数理论中的 Heisenberg 绘景下的算子运动方程自然是严格的。由它所导致的是无穷的方程链，为什么人们可以将它切断，只保留反常格林函数呢？其理论根据就是在超导态中，所有的电子都处于配对的状态。这也是这类理论可以描写超导态的原因和基石。

所以，**这个整体上以配对电子为主体的热力学状态**思想才是超导态的理论核心。

再回到 G-L 方程初建的宏观理论年代。金士堡和朗道考虑到：在临界点附近，序参数自然是个小量，自由能按它作幂级数展开，保留四次项，变分求极小，得到著名的金士堡-朗道方程。与实验比较的结果据称都符合得很好！

事有凑巧，Abrikosov 的好友是从事超导实验的，发现实验结果与这知名的方程并不符合，这促使 Abrikosov 对方程进一步做了仔细研究，发现它具有两个特征磁场：H_{c1} 和 H_{c2}。在 $H < H_{c1}$ 时，磁场完全被排斥在超导体表面，这个相称为 Meissner 相；当磁场在 $H > H_{c2}$ 时，导致超导相转为正常相；当磁场在二者中间 $H_{c1} \leqslant H \leqslant H_{c2}$ 时，存在一个新的相，磁通可以穿入超导体，并形成磁通格子。这一理论上新的相被发现后，人们在实验上制备的新型超导体（称之为 II 类超导体）中观察到这种磁通格子的存在，这个新的相被称为 Abrikosov 相。

这说明金士堡-朗道方程描写的的是 II 类超导体，而非原来的 I 类超导体。

问题在于在 II 类超导体被制备之前，只有 I 类超导体，怎么会出现诸多文章宣称实验与金士堡-朗道方程的结果一致呢？这实际上反映当时报道的不真实！

那么，在电声子机制和 BCS 理论所针对的是 I 类超导体，并非 II 类超导体，因此 Fröhlich 哈密顿量导致的应该是 London 方程或 Pippard 方程，而不应该是金士堡-朗道方程。

所以，笔者认为 GLGA 理论根本不能作为超导的微观埋论。

以下是关于高温超导研究的一点评注。

基于当时超导体中有许多材料的 H_c 和 J_c 已经达到相当高的值，或者说可应用的程度，关键在于 T_c 比较低，就连当时 T_c 最高的铌锗，也只达到 23 K 多一点。Ginzburg 写了一本专著（High-T_c Superconductivity），呼吁高温超导体的研究。虽然列举了许多可能的机制，但都没有奏效，原因是它们都不是实际的。

中国成立了一个全国规模的项目——高温超导体研究，张其瑞申请到自然科学基金项目——异型超导体研究。这些都为中国在高温超导研究方面的发展打下基础。

Bednorz 和 Müller 虽然在超导研究上都是新手，对引导他们研究高温超导的电声子机制的理解未必正确。他们的首篇超导研究工作[20]，甚至对 Meissner 效应都没做过。虽声称高 T_c，实际上零电阻的温度只有 10 多 K，而当时铅铋酸钡的 T_c 已经达到 17 K。他们声称的 30 K 只是电阻率开始下降的温度。文章发表后由于某种原因，相当一段时间里，没有受到足够重视。由于多位华裔科学家，诸如朱经武、吴茂琨、何北衡、赵忠贤、陈立泉、盛正直等的杰出工作和努力，将 T_c 提高到液氮、液氧温度以上。所以高温超导研究的伟大突破，是国际科学家们的集体贡献，把它说成淘金热的评论是有失公允的。

尽管如此，工作[20] 的真正意义在于它揭示铜酸材料在高温超导研究中的重要性。后来发现了许多新的高温超导体，绝大部分都是属于铜酸系列的。Bednorz 和 Müller 因高温超导研究而获得诺贝尔物理学奖。

人们提出许多高温超导的物理机制，没有一个得到证实，理论处理仍然运用金士堡-朗道方程。后来 Ginzburg 和 Abrikosov 因数十年前关于超导理论的研究获得了诺贝尔物理学奖。

关于高温超导体的文集，可参考[21]。

简单地回顾一下我们所知的高温超导研究的历史也许是很有趣的。记得在 1986 年刚拿到物理所李荫远所长惠寄的一篇预印本时，笔者就在本系的一次报告会上指出下列研究方向：

（1）超导机制的研究。

其一，考验是否依然是电声子机制。

按照 McMilan 理论，电声子机制的临界温度不超过 40 K，即使按照其他人的理论，虽然没有这个限制，也不可能达到如此高的温度。如果用同位素效应实验，困难在于它与元素的同位素效应测量不同，对化合物，即使有此效应，可能不会很灵敏。

一个可能的做法是利用当时获得的钇钡铜氧（YBCO）样品的 T_c 相差非常大，测量不同 T_c 的 YBCO 样品的声子谱，就立刻可以鉴别它的超导机制是否属于电声子机制。当时测量声子谱常用的是利用中子非弹性散射，国内只有少数单位有这设备。后来人们发现这些样品 T_c 的不同，关键在于样品的超导相的含量不同。

其二，后来我们提出由比热反演出声子谱的理论。经过 10 多年的努力，在这个方向得到很好的发展，并发展了一批反问题的研究，见第 16、17 章。

（2）当存在其他的超导机制时，首先要考验的是宏观量子态，或**整体上以配对电子为主体的热力学状态**的基本观念。建议立即做点接触，观察类似的交流 Josephson 效应，通过电压-电流特性曲线的阶梯，判断隧穿的超导电子带点电量是否为 $2e$ （两倍电子电量）。结果很快得出结论：存在配对的超导电子，带电量为 $2e$。这项工作取得如此快的进展，得益于已经在低温超导时做过相应的实验。此外由于高温超导材料的相干长度很短，其他单位的薄膜隧道结的制备受阻，而点接触的耦合可以人工调节。其理论依据，就在于在宏观量子态假设下，照样可以导出 Josephson 效应。见第 12 章。

不久，复旦大学邱经武为首的研究组成功地研制出高温超导的 SQUID（超导量子干涉仪），并获得上海科技进步一等奖。

（3）关于高温超导的微观机制。

30 多年过去了，虽然人们提出了许多高温超导的机制，至今没有一个理论得到实验的支持。这仿佛是低温超导研究的历史的复现。

究其原因，可能由于理论工作尚未能深入实际并找出问题的特征性，也可能由于实验上尚没有发现特征性的事实。据笔者观察，**这类高温超导体，都属于铜酸化合物，应该与铜离子的特征有关，因此猜测这类高温超导的机制可能与价起伏（valence fluctuation）有关**。

为什么说 GLAG 理论体系只是唯象的呢？Gor'kov 虽然声称它的理论是 G-L 方程的微观推导，其实它只是运用了量子统计的格林函数运动方程的形式，最终采用的切断近似，包含着一个极强的假设：超导态是**整体上以配对电子为主体的热力学状态**这样的一个概念，从而只保留反常格林函数一项。换言之，本质上属于超导态是对偶态的宏观理论。电声子机制下的超导体属于 I 类超导体，没有出现过 II 类超导体，而 GLAG 理论体系描写的是 II 类超导体。两种理论在超导对偶态这个概念上是统一的，而它与具体的超导机制关系不大。由于高温超导体大都属于 II 类超导体，在微观机制长期探索无果的情况下，人们都用 G-L 方程作理论分析，诺贝尔奖颁布给 Ginzburg 和 Abrikosov，奖励他们过去的工作，那是自然的。**但必须强调的是，GLGA 理论只是 II 类超导体的唯象理论。**

至于电声子机制的超导微观理论，由 Fröhlich、BCS 到 Bogoliubov 的理论和笔者的毕业论文相对来说比较完整。至于规范不变性问题的研究，虽然勉强有所改进，但毕竟数学上非常困难，Bogoliubov 的小 q 近似和笔者的弱磁场近似（忽略高于二次动量交换项）虽只能说是一种阶段性的重要进步，但要获得数学理论上的完整和严格，可能是非常困难的。

总之，**超导微观机制和含磁场的微观理论，迄今为止只有电声子机制是成功的，其他机制及其相关的微观理论目前还在探索之中。**

参考文献

[1] 中国科学技术文献编译委员会. 物理译丛（核物理及理论物理）. 重庆：中国科学技术情报研究所重庆分所编辑，1965，**2**（总第 26 期）.

[2] Bogoliubov N N, Tyabrikov S V. Reports of Academy of USSR (Dokladei), 1959, **126**: 53.

[3] Lehman H. Nuovo Cimento, 1954: 342.

[4] 戴显熹. 超导体物理学. 低温与超导，1979（**1**）- 1980（**3**）连载.

[5] Fröhlich H. Proc. Roy. Soc., 1952, **215A**: 291.

[6] Bardeen J, Cooper L N, Schrieffer J R. Phys. Rev., 1957, **106**: 1175.

[7] Abrikosov A A. Sov. Phys. JETP, 1957, **5**: 1174.

[8] Ginzburg V L, Landau L D. Zh. Eksp. Theor. Fiz., 1950, **20**: 1064.

[9] Gor'kov L P. Sov. Phys. JETP, 1959, **9**: 1369.

[10] Zubarev D N. Uspekhi Fiz. Nauk, 1960, **71**: 71; Dokl. Aked. Nauk SSSR, 1959, **126**: 353; Gor'kov L P. JETP, 1958, **34**: 735; Bogoliubov, Tolmachev, Shirkov. A New Method in Superconductivity Theory. Moscow: SSSR. Acad. Sci. Press, 1958（有中译本）.

[11] Bogoliubov N N. The Compensation Principle and the Self-consistent Field Method. Usp. Fiz. Nauk, 1959, **67**: 549-580.

[12] Dai X X. Commun. Theor. Phys., 1984, **3**: 51.

[13] Dai X X. Fudan Journal, 1976, 3-4: 178.

[14] Nozieres P, Pines D. Phys. Rev., 1958, **109**: 741; Puff R D. Phys. Rev., 1965, **137A**: 406.

[15] Parry W E. The Many-Body problem. Oxford: Clarendon Press, 1973.

[16] Dai X X, Ni G J. Physica Energise Fortis Et Physica Nuclearis, 1978, **2**: 225.

[17] Dai X X, Wang F Y, Ni G J. in the proceedings of the Conference on Theoretical Particle Physics hold at Guangzhou. Beijing: Science Press, 1980: 1373.

[18] Kuper C. Theory of superconductivity. Adv. Phys., 1959, **8** (29): 1-44.

[19] London F, London H. Phenomenoligic Theory of Superconductivity. Physica, 1935, **2**: 341.

[20] Bednorz J G, Müller K A. Possible high-T_c superconductivity in the Ba-La-Cu-O system. Z. Phys., 1986, **B64**: 189.

[21] Gisberg D M (Editor). Physical Properties of High Temperature Superconductors I,II,III,IV. Singapore, New Jersey, London, Hongkong: World Scientific, 1989-1994.

第 14 章　二次型哈密顿量统一的对角化定理

14.1　引　言

超导理论在运用了量子场论方法之后，获得了巨大的发展，而且反过来也推动了量子统计和其他学科基础研究的发展，如核物理和基本粒子理论中也采用了超导模型（I、II 类超导模型都有）等。

此外，超导理论本身也还有许多需要进一步研究的基本问题。首先是场论方法与能带理论如何结合的问题。人们知道，以前大部分超导的微观理论只考虑多体效应，而不考虑晶格的对称性（即采用"连续介质模型"）。而固体能带理论考虑了晶格的对称性，虽然能把多体问题简化为周期性自恰场中的单体问题，但是不能描写超导相变。因此，这两种理论只是两种极端情况。从理论角度来看，发展统一的理论是必要的。从实际应用的角度来看，这种统一也是需要的，因为两种效应同时存在的情况是存在的，特别明显的是，超导相变温度 T_c 与晶格结构存在着复杂的关系，人们已经发现 A-15 结构的超导材料的 T_c 往往比较高，因此人们往往要花很大的努力去获得 A-15 结构。看来统一地反映多体效应和能带效应已不仅是理论统一上的需要，而且已存在实际的需要了。另一个典型例子是能隙的各向异性问题。人们已经在超声吸收及正常电子隧道效应的实验中观察到能隙的各向异性（较早的工作如 [1]），它显然是多体动力学效应与晶格对称性联合影响的结果。实验数据是明确的。本章的目的之一，是希望建立统一考虑多体与能带效应的理论框架。

另一类问题是外场中超导体的微观理论，也就是考虑空间均匀性受到破坏的多体问题（非均匀体系的多体问题）。文章 [2] 论证了它与空间各向异性问题存在若干类似，因而两类问题可以做统一的处理。

文章 [2] 采用双时格林函数，推广了格林函数反常切断近似，获得空间各向异性和非均匀性情况下含温度的超导能隙和元激发谱。指出对哈密顿量不含时间时，即使空间不均匀与各向异性，谱表示仍然存在，但因外场中动量不守恒，因此元激发不能用动量表征。并且证明存在外场时，即使在单连通超导体中，表征元激发谱及能隙的部分力学量的本征值是量子化的，但它们不是空间位置的函数。因此我们认为，存在外场时，能隙与序参数不是一个概念。

这里我们将不采用切断近似，而在一定的模型下作适当的物理近似，使各向异性或非均匀超导体的哈密顿量化为费米二次型的。建立费米二次型的多体哈密顿的对角化定理，从而建立有晶格结构的超导微观理论中的一个积分方程组。

人们知道，对玻色二次型哈密顿量的对角化定理，已由 Тябликов 在他的学位论文和Боголюбов 所发展的近似二次量子化方法中建立了[3]，并被人们多次应用于量子统计问题中。陈春先、周世勋教授[4] 曾用它来研究库仑作用对超导性的影响。因此，这是个很有影响的对角化定理。此外，Боголюбов 等[5] 也作了一些相关的工作。从理论研究的角度看，将此定理推广到费米体系也是个有兴趣的问题。由于前面所述的实际需要，促使我们着手探索费米二次型哈密顿量的对角化问题。

在不知道这个对角化定理是否存在、不知道它是否可以由一次正则变换对角化、不知道变换系数应该满足什么样的积分方程时，我们仿照玻色情况，猜测积分方程的大致形式，引入三个调节参数，然后由一系列基本要求将它确定。严格的计算表明，确实存在着相应的费米二次型对角化定理，并且可以写出同时适应于玻色和费米情况的一般形式。

14.2　一个模型哈密顿量

外场中超导体的哈密顿量为

$$\hat{H} = \hat{H}_{\text{Fr}} + \sum_{ff'} [I(f,f') - \delta_{ff'}\xi_f] a_f^+ a_{f'} \tag{14.1}$$

其中，$f \equiv (p,\sigma)$ 表示动量和自旋的集合，$a_f^\dagger$ 表示平面波状态电子的产生算子。

$$\xi_f = \left[\frac{\hbar^2 K^2}{2m} - \mu\right]$$

μ 为化学势。

$$I(f,f') = \left\{ \frac{p^2}{2m}\delta_{\vec{p},\vec{p}'} + \frac{1}{2m}\left(\frac{e}{c}\right)[\vec{A}\cdot(\vec{p}'-\vec{p})\delta_{\vec{p}',\vec{p}+\vec{g}} + \vec{A}\cdot(\vec{p}'-\vec{p})\delta_{\vec{p}',\vec{p}-\vec{g}}] \right.$$
$$\left. + \frac{1}{2m}\left(\frac{e}{c}\right)^2 [2|A(\vec{g})|^2\delta_{\vec{p}',\vec{p}} + A^2(\vec{g})\delta_{\vec{p}',\vec{p}+2\vec{g}} + A^2(-\vec{g})\delta_{\vec{p}',\vec{p}-2\vec{g}}] \right\} \delta_{\sigma\sigma'} \tag{14.2}$$

在 [2] 中指出，计及晶格结构的超导体的哈密顿量可以写为

$$\begin{aligned} \hat{H} &= \sum_\nu \widetilde{E}_\nu c_\nu^+ c_\nu + \hat{H}_{\text{Fr}} - \sum_f \xi_f a_f^+ a_f \\ &= \sum_{ff'} [\widetilde{I}(f,f') - \xi_f \delta_{ff'}] a_f^+ a_{f'} + \hat{H}_{\text{Fr}} \end{aligned} \tag{14.3}$$

其中，$c_\nu^\dagger$ 为能带态（Bloch 态）电子的产生算子。设 $\phi_\nu(\vec{r})$ 为 Bloch 态的波函数

$$\phi_\nu(\vec{r}) = u_\nu(\vec{r}) \exp\left[\frac{\mathrm{i}}{\hbar} \vec{p}_\nu \cdot \vec{r}\right] \tag{14.4}$$

则

$$\widetilde{I}(f, f') = \sum_\nu \widetilde{E}_\nu \xi_{f\nu} \xi_{f'\nu}^* \delta_{\sigma\sigma'} \tag{14.5}$$

$$\xi_{\mu,\nu} = \frac{1}{(2\pi\hbar)^{\frac{3}{2}}} \int \mathrm{e}^{\frac{\mathrm{i}}{\hbar}(\vec{p}_\nu - \vec{p}) \cdot \vec{r}} u_\nu(\vec{r}) \, \vec{r} \tag{14.6}$$

为周期性调幅波振幅的 Fourier 分量。

由此看出，计及晶格结构的超导体哈密顿量与外场中的超导体哈密顿量具有相同的形式。

由于目前计及能带结构的多体理论才刚刚开始，为了突出主要因素，我们对 Fröhlich 哈密顿作适当的简化。例如用 Боголюбов 变换，它实际上是选出了 Fröhlich 哈密顿的主要部分

$$\hat{H}_{\mathrm{Fr}} \simeq \sum_f \varepsilon(f) \, \alpha_f^+ \alpha_f \tag{14.7}$$

其中，$\varepsilon(f)$ 为赝粒子能谱。

因此，$\hat{H}_{\mathrm{Fr}}$ 可以写为

$$\begin{aligned}
\hat{H}_{\mathrm{Fr}} &= \hat{H}_0 + \hat{H}' = \sum_f \xi_f a_f^+ a_f - \frac{1}{2V} \sum_{ff'} J(f, f') a_f^+ a_{-f}^+ a_{-f'} a_{f'} + \hat{H}' \\
\hat{H} &= \hat{H}_0 + \sum_{ff'} [I(f, f') - \xi_f \delta_{ff'}] a_f^+ a_f' + \hat{H}' = \hat{H} + \hat{H}'
\end{aligned} \tag{14.8}$$

现在我们需要的是如何解出 $\hat{H}$ 的本征方程，$\hat{H}'$ 可以作为微扰处理。$\hat{H}_0$ 的渐近准确解可以用通常称为 Боголюбов 变换的方法获得。

$$\begin{aligned}
a_f &= u_f \alpha_f + v_f \alpha_f^+ \\
u_f^2 + v_f^2 &= 1 \qquad u_{-f} = u_f \qquad v_{-f} = -v_f
\end{aligned} \tag{14.9}$$

则

$$\hat{H}_0 \simeq \sum_f \left[\xi_f v_f^2 + c_f u_f v_f\right] + \sum_f \varepsilon_f \alpha_f^+ \alpha_f + U \tag{14.10}$$

其中

$$\begin{cases}
\varepsilon_f = \sqrt{\xi_f^2 + c_f^2} \\
u_f^2 = \frac{1}{2}\left(1 + \frac{\xi_f}{\varepsilon_f}\right) \qquad v_f^2 = \frac{1}{2}\left(1 - \frac{\xi_f}{\varepsilon_f}\right)
\end{cases} \tag{14.11}$$

c_f 为能隙，由下式决定

$$c_f = \frac{1}{2V} \sum_f J(f,f') \tanh\left(\frac{\varepsilon_f}{2kT}\right) \left[\frac{c_f}{\epsilon_f}\right]$$

$$U = \frac{1}{2V} \sum_{ff'} J(f,f') \left[\frac{c_f c_{f'}}{4\varepsilon_f \varepsilon_{f'}} \tanh\left(\frac{\varepsilon_f}{2kT}\right) \tanh\left(\frac{\varepsilon_{f'}}{2kT}\right)\right]$$

(14.12)

Боголюбов 还证明在体积 $V \to \infty$ 时，(14.8) 这种近似是渐近准确的。令

$$R(f,f') = [I(f,f') - \xi_f \delta_{ff'}]$$

(14.13)

将 $\hat{H}$ 用 α_f 表示，则有

$$\hat{H} = \sum_{ff'} R(f,f') a_f^+ a_{f'} + U_0 + \sum_f \varepsilon_f \alpha_f^+ \alpha_f$$

$$= U_0' - \frac{1}{2}\sum_{ff'} A_{ff'} \alpha_f^+ \alpha_{f'}^+ + \frac{1}{2}\sum_{ff'} A_{ff'}^* \alpha_f \alpha_{f'} + \sum_{ff'} B_{ff'} \alpha_f^+ \alpha_{f'}$$

(14.14)

其中

$$\begin{cases} \frac{1}{2}A_{ff'} = R^*(-f,f') v_{-f} u_{f'} \\[2mm] \frac{1}{2}A_{ff'}^* = R(-f,f') v_{-f} u_{f'} \\[2mm] B_{ff'} = [R(f,f') u_f u_{f'} - v_f v_{f'} R(-f',f)] + \varepsilon_f \delta_{ff'} \\[2mm] U_0' = U + \sum_f [\varepsilon_f v_f^2 + c_f u_f v_f] + \sum_{ff'} R(f,f') v_f v_{f'} \end{cases}$$

(14.15)

因此，问题归结为费米二次型哈密顿量的对角化问题。这样费米二次型哈密顿量的对角化问题不仅从理论的统一上是需要的，而且具有一定的物理背景。

14.3 费米二次型对角化定理

引言以及前一节中分析了探求费米二次型对角化定理的重要性及实际需要，本节将详细讨论如何解决这个问题。首先推导费米二次型的一般形式及其系数满足哪些对称性质。这些性质与玻色的不同，必须特别注意。

引理 1 费米二次型哈密顿算符总可以写成 (14.14) 形式，而且满足下列一般的对称规则

$$A_{f'f} = -A_{ff'} \qquad B_{f'f}^* = B_{ff'}$$

(14.16)

证明：最一般的二次型哈密顿算符总可以写为

$$
\begin{aligned}
\hat{H} &= \sum_{ff'} P(f,f')\alpha_f^+\alpha_{f'}^+ + \sum_{ff'} Q(f,f')\alpha_f\alpha_{f'} \\
&\quad + \sum_{ff'} S(f,f')\alpha_f^+\alpha_{f'} + \sum_{ff'} T(f,f')\alpha_f\alpha_{f'}^+ \\
&= U_0' - \frac{1}{2}\sum_{ff'} A(f,f')\alpha_f^+\alpha_{f'}^+ + \frac{1}{2}\sum_{ff'} C_{ff'}\alpha_f\alpha_{f'} + \sum_{ff'} B_{ff'}\alpha_f^+\alpha_{f'}
\end{aligned}
\tag{14.17}
$$

其中利用了费米算符的反对易关系。U_0' 等均为 c 数。

由于 $\hat{H}$ 必须是厄米的，$\hat{H}^\dagger = \hat{H}$，要求

$$
C_{ff'} = A_{ff'}^* \qquad B_{f'f}^* = B_{ff'}
\tag{14.18}
$$

换言之，$B_{ff'}$ 必须是厄米的，$C_{ff'}$ 必须等于 $A_{ff'}^*$ 才能保证 $\hat{H}$ 的厄米性。特别必须指出的是 (14.14) 中的一个负号是重要的，而且是必须的，它是费米二次型算符的厄米性的必然要求，这与玻色情况不同，因此是统计律的特征。此外，由于

$$
\alpha_f\alpha_{f'} + \alpha_{f'}\alpha_f = 0
\tag{14.19}
$$

必须有

$$
A_{ff'} = -A_{ff'}
\tag{14.20}
$$

总之，引理 1 指出 (14.14) 中的负号及 $A_{ff'}$ 的反对称性，都是二次型哈密顿量中费米统计律的特征，而这个统计律特征在费米二次型对角化问题中是十分重要的而且有用的。

为实现费米二次型哈密顿 $\hat{H}$ 的对角化，作下列形式的正则变换

$$
\alpha_f = \sum_\nu \left[u_{f\nu}\xi_\nu + v_{f\nu}^*\xi_\nu^\dagger \right]
\tag{14.21}
$$

为保证 α_f、$\alpha_f^\dagger$ 满足费米对易关系，要求 $\{u_{fv}, v_{fv}\}$ 满足下列正交归一关系

$$
\begin{cases}
\sum_\nu \left[u_{f\nu}u_{f'\nu}^* + v_{f\nu}v_{f'\nu}^* \right] = \delta_{(f-f')} \\[2mm]
\sum_\nu \left[u_{f\nu}v_{f'\nu}^* + u_{f'\nu}v_{f\nu}^* \right] = 0
\end{cases}
\tag{14.22}
$$

逆变换为

$$
\xi_\nu = \sum_f \left[u_{f\nu}^*\alpha_f + v_{f\nu}^*\alpha_f^\dagger \right]
\tag{14.23}
$$

为使 ξ_v、$\xi_\mu^\dagger$ 等满足费米对易关系，要求 $\{u_{fv}, v_{fv}\}$ 满足下列正交归一条件

$$
\begin{cases}
\sum_f \left[u_{f\nu}^*u_{f\nu'} + v_{f\nu}v_{f\nu'}^* \right] = \delta_{\nu,\nu'} \\[2mm]
\sum_f \left[u_{f\nu}v_{f\nu'} + v_{f\nu}u_{f\nu'} \right] = 0
\end{cases}
\tag{14.24}
$$

(14.22) 和 (14.24) 是保证变换的正则性的充分条件。

Боголюбов 曾利用 (14.21) 形式的变换讨论外场中超导体性质[6]，他虽然用抵消危险图形的方法得到 $\{u_{fv}, v_{fv}\}$ 所满足的一个条件，但因为这个抵消方程还不足以确定变换系数及保证其正交条件，因此，Боголюбов 把 (14.22) —(14.24) 作为补充条件提出对 $\{u_{fv}, v_{fv}\}$ 的附加要求。要知道这些附加条件是无穷多的积分条件，因此，实际上是无法实现的。Боголюбов 最后仍用无外场的 $\{u_{fv}, v_{fv}\}$ 代入，讨论集体激发问题。我们的目标是实现费米二次型的对角化，希望建立类似于玻色二次型的对角化方程，使它的解自然保证这些正交条件的满足，并保证对角化。

我们知道，(14.21) 正则变换全体构成一个群。费米二次型在 (14.21) 变换下，仍为费米二次型。不知道是否可以像玻色二次型那样，通过某些积分方程的解来实现对角化。因为对玻色体系实现的理论处理并非都可以移植到费米情况去（费曼路径积分理论对费米体系还需继续努力就是例子）。我们不知道 $\{u_{fv}, v_{fv}\}$ 将满足怎样的积分方程组。如果将变换 (14.21) 代入 (14.14)，则 ξ_μ、ξ_v 二次型的系数都是 $\{u_{fv}, v_{fv}\}$ 的二次型（见 (14.21)）。我们不能直接由非对角的系数来求出 $\{u_{fv}, v_{fv}\}$ 的方程，因为非对角项的系数一般不为零，而可能这些项的总效应为零。分析这些系数，猜测这些系数满足与玻色情况类似的积分方程，但为了适合费米体系，我们引入若干待定参数。因此猜测可能使 $\hat{H}$ 对角化的变换系数满足下列积分方程组

$$\begin{cases} E_\mu u_{f\mu} = w \sum_{f'} A_{ff'} v_{f'\mu} + x \sum_{f'} B_{ff'} u_{f'\mu} \\ E_\mu v_{f\mu} = y \sum_{f'} A_{ff'}^* u_{f'\mu} + z \sum_{f'} B_{ff'}^* v_{f'\mu} \end{cases} \tag{14.25}$$

这里的 w、x、y 和 z 为待定系数。对玻色情况，已知 $x = w = 1$，$y = z = -1$，因此 (14.25) 是更一般的情况，由于 E_μ 尚是未知的，因此 x、y、z 和 w 中可以任选一个量作为已知的，而不失普遍性。例如令 $w = -1$，则

$$\begin{cases} E_\mu u_{f\mu} = -\sum_{f'} A_{ff'} v_{f'\mu} + x \sum_{f'} B_{ff'} u_{f'\mu} \\ E_\mu v_{f\mu} = y \sum_{f'} A_{ff'}^* u_{f'\mu} + z \sum_{f'} B_{ff'}^* v_{f'\mu} \end{cases} \tag{14.26}$$

引理 2　为保证本征值 E_μ 为实数，要求

$$y = y^* = 1 \qquad x = x^* \qquad z = z^* \tag{14.27}$$

证明：因为 E_μ 将来要与元激发谱的能量相联系，正如玻色情况一样，要求 E_μ 为实数。则

$$E_\mu \left[\sum_f \left(u_{f\mu}^* u_{f\mu} + v_{f\mu}^* v_{f\mu} \right) \right]$$
$$= -\sum_{ff'} A_{ff'} v_{f'\mu} u_{f\mu}^* + x \sum_{ff'} B_{ff'} u_{f'\mu} u_{f\mu}^*$$

$$+y \sum_{ff'} A^*_{ff'} u_{f'\mu} v^*_{f\mu} + z \sum_{ff'} B^*_{ff'} v_{f'\mu} v^*_{f\mu}$$

$$= E^*_\mu \sum_f \left[u^*_{f\mu} u_{f\mu} + v^*_{f\mu} v_{f\mu} \right]$$

$$= y^* \sum_{ff'} A_{ff'} u^*_{f'\mu} v_{f\mu} + z^* \sum_{ff'} B_{ff'} v^*_{f'\mu} v_{f\mu}$$

$$- \sum_{ff'} A^*_{ff'} v^*_{f'\mu} u_{f\mu} + x^* \sum_{ff'} B^*_{ff'} u^*_{f'\mu} u_{f\mu}$$

$$= -y^* \sum_{ff'} A_{ff'} u^*_{f\mu} v_{f'\mu} + z^* \sum_{ff'} B^*_{ff'} v^*_{f\mu} v_{f'\mu}$$

$$+ \sum_{ff'} A^*_{ff'} u_{f'\mu} v^*_{f\mu} + x^* \sum_{ff'} B_{ff'} u^*_{f\mu} u_{f'\mu} \tag{14.28}$$

其中引用了引理 1。得

$$y^* = y = 1 \qquad z = z^* \qquad x = x^* \tag{14.29}$$

引理 3（正交性定理 I）　方程组 (14.26) 满足 (14.27) 条件的解都满足下列正交条件。

$$\sum_f \left[u_{f\mu} u^*_{f\nu} + v_{f\mu} v^*_{f\nu} \right] = 0 \qquad (\mu \neq \nu) \tag{14.30}$$

证明：由 (14.26)，我们得

$$E_\mu \left[\sum_f \left(u_{f\mu} u^*_{f\nu} + v_{f\mu} v^*_{f\nu} \right) \right]$$

$$= -\sum_{ff'} A_{ff'} v_{f'\mu} u^*_{f\nu} + x \sum_{ff'} B_{ff'} u_{f'\mu} u^*_{f\nu}$$

$$+ \sum_{ff'} A^*_{ff'} u_{f'\mu} v^*_{f\nu} + z \sum_{ff'} B^*_{ff'} v_{f'\mu} v^*_{f\nu} \tag{14.31}$$

令 μ 和 ν 互换，取复共轭，并考虑到 E_μ 的实数性，我们有

$$E_\nu \left[\sum_f \left(u^*_{f\nu} u_{f\mu} + v^*_{f\nu} v_{f\mu} \right) \right]$$

$$= -\sum_{ff'} A^*_{ff'} v^*_{f'\nu} u_{f\nu} + x^* \sum_{ff'} B^*_{ff'} u^*_{f'\nu} u_{f\nu}$$

$$+ \sum_{ff'} A_{ff'} u^*_{f'\nu} v_{f\mu} + z^* \sum_{ff'} B_{ff'} v^*_{f'\nu} v_{f\mu} \tag{14.32}$$

两式相减，并考虑到引理 1 和引理 2，有

$$(E_\mu - E_\nu) \sum_f \left[u_{f\mu} u^*_{f\nu} + v_{f\mu} v^*_{f\nu} \right] = 0 \tag{14.33}$$

因此，当 $E_\mu \neq E_\nu$ 时，有正交条件 (14.30)。这说明 $y = y^* = 1$ 也是保证正交条件所必须的。反之，如果 $\{u_{f\nu}, v_{f\nu}\}$ 满足 (14.26) 和 (14.27)，则必然保证正交条件 (14.30)。

另一方面，即使在 $E_\mu = E_\nu$ 的简并情况下，我们永远可以用普通的方法选择一组 $\{u_{f\nu}, v_{f\nu}\}$，只要 $\mu \neq \nu$，存在 (14.30) 意义下的正交条件。当 $\mu = \nu$ 时，选择归一化条件：

$$\sum_f \left[u_{f\mu} v_{f\nu}^* + v_{f\mu} u_{f\nu}^* \right] = \delta_{\mu\nu} \tag{14.34}$$

引理 4（正交定理 II）　(14.26) 的解满足下列正交关系

$$\sum_f \left[u_{f\mu} v_{f\nu} + u_{f\nu} v_{f\mu} \right] = 0 \tag{14.35}$$

的充分必要条件是

$$x + z = 0 \tag{14.36}$$

证明：由 (14.26) 得出

$$
\begin{aligned}
E_\mu & \left[\sum_f \left(u_{f\mu} v_{f\nu} + u_{f\nu} v_{f\mu} \right) \right] \\
= & -\sum_{ff'} A_{ff'} v_{f'\mu} v_{f\nu} + x \sum_{ff'} B_{ff'} u_{f'\mu} v_{f\nu} \\
& + \sum_{ff'} A_{ff'}^* u_{f'\mu} u_{f\nu} + z \sum_{ff'} B_{ff'}^* v_{f'\mu} u_{f\nu}
\end{aligned} \tag{14.37}
$$

将 μ 与 ν 互换，

$$
\begin{aligned}
E_\nu & \left[\sum_f \left(u_{f\nu} v_{f\mu} + u_{f\mu} v_{f\nu} \right) \right] \\
= & -\sum_{ff'} A_{ff'} v_{f'\nu} v_{f\mu} + x \sum_{ff'} B_{ff'} u_{f'\nu} v_{f\mu} \\
& + \sum_{ff'} A_{ff'}^* u_{f'\nu} u_{f\mu} + z \sum_{ff'} B_{ff'}^* v_{f'\nu} u_{f\mu}
\end{aligned} \tag{14.38}
$$

得

$$
\begin{aligned}
& \left(E_\mu + E_\nu \right) \left[\sum_f \left(u_{f\mu} v_{f\nu} + u_{f\nu} v_{f\mu} \right) \right] \\
= & \left(z + x \right) \left[\sum_{ff'} B_{ff'}^* v_{f'\mu} u_{f\nu} + \sum_{ff'} B_{ff'} u_{f'\mu} v_{f\nu} \right]
\end{aligned} \tag{14.39}
$$

如果 $z + x = 0$，则正交条件成立。反之，如果正交条件成立，则要求 $z + x = 0$。

现在还有一个参数 x 尚未确定。将 x 作为一个连续参数，得到一系列的正交变换 $\{u_{f\mu}(x), v_{f\mu}(x)\}$，连续调节 x，希望获得 $\hat{H}$ 的对角化条件，我们将在以后，用对角化要求最后确定 x。

在继续寻求 x 之前，先讨论展开定理，它平行于玻色二次型的展开定理，但展开系数不同。

引理 5　展开定理：考虑任意一组复数 $\{F_f\}$，总可以按照 $\{u_{f\nu}, v_{f\nu}\}$ 展开

$$F_f = \sum_{f'\mu} \left\{ \left[F_{f'} u^*_{f'\mu} + F^*_{f'} v^*_{f'\mu} \right] u_{f\mu} + \left[F^*_{f'} u_{f'\mu} + F_{f'} v_{f'\mu} \right] v_{f\mu} \right\} \tag{14.40}$$

证明：将 F_f 按 $\{u_{f\mu}, v_{f\mu}\}$ 展开，设系数为 c_μ、c^*_μ，有

$$F_f = \sum_\mu \left[c_\mu u_{f\mu} + c^*_\mu v_{f\mu} \right] \tag{14.41}$$

$$F^*_f = \sum_\mu \left[c^*_\mu u^*_{f\mu} + c_\mu v^*_{f\mu} \right] \tag{14.42}$$

(14.41) 乘以 $u^*_{f\nu}$，(14.42) 乘以 $v^*_{f\nu}$，然后相加，并对 f 求和，有

$$\begin{aligned}
&\sum_f \left[F_f u^*_{f\nu} + F^*_f v^*_{f\nu} \right] \\
=\ & \sum_\mu c_\mu \left[\sum_f \left(u_{f\mu} u^*_{f\nu} + v_{f\mu} v^*_{f\nu} \right) \right] + \sum_\mu c^*_\mu \left[\sum_f \left(u^*_{f\nu} v_{f\mu} + u^*_{f\mu} v^*_{f\nu} \right) \right] \\
=\ & c_\nu
\end{aligned} \tag{14.43}$$

所以

$$c_\nu = \sum_f \left[F_f u^*_{f\nu} + F^*_f v^*_{f\nu} \right] \tag{14.44}$$

同理可以求出系数 c^*_ν，因而得到展式 (14.40)。

将 (14.40) 改写为

$$F_f = \sum_{f'\mu} \left\{ F_{f'} [u^*_{f'\mu} u_{f\mu} + v_{f'\mu} v^*_{f\mu}] + F^*_{f'} [u_{f\mu} v^*_{f'\mu} + u_{f'\mu} v^*_{f\mu}] \right\} \tag{14.45}$$

由于它对一切复 F_f 成立，因此有

$$\begin{cases}
\sum_\mu \left[u^*_{f'\mu} u_{f\mu} + v_{f'\mu} v^*_{f\mu} \right] = \delta_{ff'} \\[2mm]
\sum_\mu \left[u_{f\mu} v^*_{f'\mu} + u_{f'\mu} v^*_{f\mu} \right] = 0
\end{cases} \tag{14.46}$$

现在由 (14.26) 的解，引入新的算子 ξ_μ 和 $\xi^\dagger_\mu$

$$\begin{cases}
\xi_\mu = \sum_f \left[u^*_{f\mu}(x) \alpha_f + v^*_{f\mu}(x) \alpha^\dagger_f \right] \\[2mm]
\xi^\dagger_\mu = \sum_f \left[u_{f\mu}(x) \alpha^\dagger_f + v_{f\mu}(x) \alpha_f \right]
\end{cases} \tag{14.47}$$

引理 6 (i) ξ_μ 和 $\xi_\nu^\dagger$ 满足费米对易关系。(ii) 其逆变换为

$$
\begin{cases}
\alpha_f = \sum_\mu \left[u_{f\mu}(x)\xi_\mu + v_{f\mu}^*(x)\xi_\mu^\dagger \right] \\[4mm]
\alpha_f^\dagger = \sum_\mu \left[u_{f\mu}^*(x)\xi_\mu^\dagger + v_{f\mu}(x)\xi_\mu \right]
\end{cases}
\tag{14.48}
$$

证明：由于 (14.26) 的解具有 (14.34)、(14.35) 和 (14.46) 的性质，从而可以依次证明 (i) 和 (ii)。换言之，即使 $x = z$ 为任意实数时，(14.26) 的解都可以保证变换 (14.47) 的正则性。

现在利用 (14.26) 的解 $\{u_{f\mu}(x), v_{f\mu}(x)\}$，调节适当的 x 使 $\hat{H}$ 对角化。将 (14.48) 代入 (14.14)，忽略无关紧要的常数 U_0'，我们有

$$
\begin{aligned}
\hat{H} = & -\frac{1}{2}\sum_{ff'}\sum_{\mu\nu} A_{ff'}(u_{f\nu}^*\xi_\nu^\dagger + v_{f\nu}\xi_\nu)(u_{f'\mu}^*\xi_\mu^\dagger + v_{f'\mu}\xi_\mu) \\
& +\frac{1}{2}\sum_{ff'}\sum_{\mu\nu} A_{ff'}^*(u_{f\nu}\xi_\nu + v_{f\nu}^*\xi_\nu^\dagger)(u_{f'\mu}\xi_\mu + v_{f'\mu}^*\xi_\mu^\dagger) \\
& +\sum_{ff'}\sum_{\mu\nu} B_{ff'}(u_{f\nu}^*\xi_\nu^\dagger + v_{f\nu}\xi_\nu)(u_{f'\mu}\xi_\mu + \nu_{f'\mu}^*\xi_\mu^\dagger) \\
= & \sum_{\mu\nu}\xi_\nu\xi_\mu \sum_{ff'}\left\{ -\frac{1}{2}A_{ff'}v_{f\nu}v_{f'\mu} + \frac{1}{2}A_{ff'}^*u_{f\nu}u_{f'\mu} + B_{ff'}v_{f\nu}u_{f'\mu} \right\} \\
& +\sum_{\mu\nu}\xi_\nu^\dagger\xi_\mu^\dagger \sum_{ff'}\left\{ -\frac{1}{2}A_{ff'}u_{f\nu}^*u_{f'\mu}^* + \frac{1}{2}A_{ff'}^*v_{f\nu}^*v_{f'\mu} + B_{ff'}u_{f\nu}^*v_{f'\mu}^* \right\} \\
& +\sum_{\mu\nu}\xi_\nu^\dagger\xi_\mu \sum_{ff'}\left\{ -\frac{1}{2}A_{ff'}u_{f\nu}^*v_{f'\mu} + \frac{1}{2}A_{ff'}^*v_{f\nu}^*u_{f'\mu} + B_{ff'}u_{f\nu}^*u_{f'\mu} \right\} \\
& +\sum_{\mu\nu}\xi_\nu\xi_\mu^\dagger \sum_{ff'}\left\{ -\frac{1}{2}A_{ff'}v_{f\nu}u_{f'\mu}^* + \frac{1}{2}A_{ff'}^*u_{f\nu}v_{f'\mu}^* + B_{ff'}v_{f\nu}v_{f'\mu}^* \right\} \\
= & \sum_{\mu\nu} Q_{\nu\mu}(x)\xi_\nu\xi_\mu + \sum_{\mu\nu} Q_{\nu\mu}'(x)\xi_\nu^\dagger\xi_\mu^\dagger + \sum_{\mu\nu} T_{\nu\mu}(x)\xi_\nu^\dagger\xi_\mu + E_0
\end{aligned}
\tag{14.49}
$$

$$
Q_{\nu\mu}(x) = \sum_{ff'}\left[-\frac{1}{2}A_{ff'}v_{f\nu}v_{f'\mu} + \frac{1}{2}A_{ff'}^*u_{f\nu}u_{f'\mu} + B_{ff'}v_{f\nu}u_{f'\mu} \right]
\tag{14.50}
$$

注意，这里的 $\{u_{f\nu}, v_{f\nu}\}$ 均是 x 的函数，利用

$$
\sum_{ff'} B_{ff'}u_{f\nu}^*v_{f'\mu}^* = \sum_{ff'} B_{ff'}^*u_{f'\nu}^*v_{f\mu}^*
\tag{14.51}
$$

$$
\sum_{\mu\nu}\sum_{ff'} B_{ff'}u_{f\nu}^*v_{f'\mu}^*\xi_\nu^\dagger\xi_\mu^\dagger = -\sum_{ff'}\sum_{\mu\nu} B_{ff'}u_{f\nu}^*v_{f'\mu}^*\xi_\mu^\dagger\xi_\nu^\dagger
$$

$$
= -\sum_{ff'}\sum_{\mu\nu} B_{ff'}^*u_{f'\mu}^*v_{f\nu}^*\xi_\nu^\dagger\xi_\mu^\dagger
\tag{14.52}
$$

证得

$$Q'_{\nu\mu}(x) = -Q^*_{\nu\mu}(x) \tag{14.53}$$

因此，如果调节 x，使 (14.49) 的第一项为零，由上式得证第二项自动为零，则第三项的对角化问题是可以实现的，即使一次不能对角化，可以再做一次正则变换使其对角化，如参考文献 [2] 中所讨论的那样。但是，一般地说 $Q_{\nu\mu}(x)$ 不为零，因此为实现第一项为零的要求，寄希望于 $\sum_{\nu\mu} Q_{\nu\mu}(x)\xi_\nu\xi_\mu$ 总体为零，因而希望 $Q_{\nu\mu}(x) = +Q_{\mu\nu}(x)$。但 $Q_{\nu\mu}(x)$ 在一般的 x 下，对指标 μ，ν 并不对称，除非令 (14.26) 中的 x 为 $x=+1$。

实际上

$$
\begin{aligned}
Q_{\nu\mu}(1) &= \sum_f E_\mu u_{f\mu} v_{f\nu} + \frac{1}{2}\sum_{ff'} A^*_{ff'} u_{f'\mu} u_{f\nu} + \frac{1}{2}\sum_{ff'} B^*_{f'f} v_{f\nu} u_{f'\mu} \\
&= \sum_f E_\mu u_{f\mu} v_{f\nu} - \frac{1}{2}\sum_{ff'} A^*_{f'f} u_{f\nu} u_{f'\mu} + \frac{1}{2}\sum_{ff'} B^*_{f'f} v_{f\nu} u_{f'\mu} \\
&= \sum_f E_\mu u_{f\mu} v_{f\nu} - \sum_f E_\nu v_{f\nu} u_{f\mu} = (E_\mu - E_\nu) \sum_f v_{f\nu} u_{f\mu}
\end{aligned}
\tag{14.54}
$$

利用 (14.35)，得

$$Q_{\mu\nu}(1) = (E_\nu - E_\mu) \sum_f v_{f\mu} u_{f\nu} = Q_{\nu\mu}(1) \tag{14.55}$$

考虑到费米算符的反对易关系，得

$$\sum_{\nu\mu} Q_{\nu\mu}(1)\xi_\nu\xi_\mu = 0 \tag{14.56}$$

同理

$$\sum_{\nu\mu} Q'_{\nu\mu}\xi_\nu^\dagger\xi_\mu^\dagger = -\sum_{\nu\mu} Q^*_{\nu\mu}\xi_\nu^\dagger\xi_\mu^\dagger = \left(\sum_{\nu\mu} Q_{\nu\mu}\xi_\nu\xi_\mu\right)^\dagger = 0 \tag{14.57}$$

现在来计算第三项

$$
\begin{aligned}
T_{\nu\mu} = &-\frac{1}{2}\sum_{ff'} A_{ff'} u^*_{f\nu} v_{f'\mu} + \frac{1}{2}\sum_{ff'} B_{ff'} u_{f'\mu} u^*_{f\nu} \\
&+\frac{1}{2}\sum_{ff'} A^*_{ff'} u_{f'\mu} v^*_{f\nu} + \frac{1}{2}\sum_{ff'} B^*_{f'f} u^*_{f\nu} u_{f'\mu} \\
&+\frac{1}{2}\sum_{ff'} A_{ff'} v_{f\mu} u^*_{f'\nu} - \frac{1}{2}\sum_{ff'} B_{ff'} v_{f\mu} v^*_{f\nu} \\
&-\frac{1}{2}\sum_{ff'} A^*_{f'f} u_{f\mu} v^*_{f'\nu} - \frac{1}{2}\sum_{ff'} B^*_{f'f} v_{f'\mu} v^*_{f\nu}
\end{aligned}
$$

$$
\begin{aligned}
= \ & \frac{1}{2}E_\mu \sum_f u_{f\mu}u_{f\nu}^* + \frac{1}{2}E_\nu \sum_f v_{f\mu}v_{f\nu}^* \\
& + \frac{1}{2}\sum_{ff'} A_{f'f}^* v_{f'\nu}^* u_{f\mu} - \frac{1}{2}\sum_{ff'} B_{f'f}^* v_{f'\nu}^* v_{f\mu} \\
& - \frac{1}{2}\sum_{ff'} A_{f'f}^* u_{f'\mu} v_{f\nu}^* + \frac{1}{2}\sum_{ff'} B_{f'f}^* u_{f\nu}^* u_{f'\mu} \\
= \ & \frac{1}{2}E_\mu \sum_f u_{f\mu}u_{f\nu}^* + \frac{1}{2}E_\nu \sum_f v_{f\mu}v_{f\nu}^* \\
& + \frac{1}{2}E_\mu \sum_{f'} v_{f'\mu}v_{f'\nu}^* + \frac{1}{2}E_\nu \sum_{f'} u_{f'\nu}^* u_{f'\mu} \\
= \ & \frac{1}{2}E_\mu \sum_f \left[u_{f\mu}u_{f\nu}^* + v_{f\mu}v_{f\nu}^* \right] + \frac{1}{2}E_\nu \sum_f \left[u_{f\mu}u_{f\nu}^* + v_{f\nu}^* v_{f\mu} \right] \\
= \ & \frac{1}{2}E_\mu \delta_{\mu\nu} + \frac{1}{2}E_\nu \delta_{\mu\nu} = E_\mu \delta_{\mu\nu}
\end{aligned}
\tag{14.58}
$$

选择 $x = +1$，经过变换 (14.48)，确实完全实现对费米二次型哈密顿量的对角化。

$$
\begin{cases}
\hat{H} = \sum_\mu E_\mu \xi_\mu^\dagger \xi_\mu + E_0 \\
E_0 = \sum_{(ff'\nu)} \left[-\frac{1}{2}A_{ff'} v_{f\nu} u_{f'\nu}^* + -\frac{1}{2}A_{ff'}^* u_{f\nu} v_{f'\nu} + B_{ff'} v_{f\nu} v_{f'\nu}^* \right] = \sum_{(f\nu)} E_\nu v_{f\nu} v_{f\nu}^*
\end{cases}
\tag{14.59}
$$

因此，我们不但得到了费米二次型的对角化定理，而且获得了二次型哈密顿量对两种统计律均适合的（统一的）对角化定理。

14.4　结论：一个统一的对角化定理

如果哈密顿量 $\hat{H}$ 具有下列二次型形式

$$
\hat{H} = -\frac{1}{2}\eta \sum_{ff'} A_{ff'} \alpha_f^\dagger \alpha_{f'}^\dagger + \frac{1}{2}\sum_{ff'} A_{ff'}^* \alpha_f \alpha_{f'} + \sum_{ff'} B_{ff'} \alpha_f^\dagger \alpha_{f'}
\tag{14.60}
$$

其中，η 为统计律特征因子

$$
\eta = \begin{cases}
+1 & \text{费米统计} \\
-1 & \text{玻色统计}
\end{cases}
\tag{14.61}
$$

$$
-A_{f'f} = \eta A_{ff'} \qquad B_{f'f}^* = B_{ff'}
\tag{14.62}
$$

则可以通过下列正则变换实现其对角化

$$
\alpha_f = \sum_\mu \left[u_{f\mu}\xi_\mu + v_{f\mu}^* \xi_\mu^\dagger \right]
\tag{14.63}
$$

其中，$u_{f\mu}$、$v_{f\mu}$ 满足下列方程组

$$
\begin{cases}
E_\mu u_{f\mu} = -\eta \sum_{f'} A_{ff'} v_{f'\mu} + \sum_{f'} B_{ff'} u_{f'\mu} \\[2mm]
E_\mu v_{f\mu} = \eta \sum_{f'} A^*_{ff'} u_{f'\mu} - \sum_{f'} B^*_{ff'} v_{f'\mu}
\end{cases}
\tag{14.64}
$$

它们的解满足下列一般的正交归一关系

$$
\begin{cases}
\sum_f \left[u_{f\mu} u^*_{f\nu} + \eta v_{f\mu} v^*_{f\nu} \right] = \delta_{\mu,\nu} \\[2mm]
\sum_f \left[u_{f\mu} v_{f\nu} + \eta u_{f\nu} v_{f\mu} \right] = 0
\end{cases}
\tag{14.65}
$$

$$
\begin{cases}
\sum_\mu \left[u_{f\mu} u^*_{f'\mu} + \eta v_{f\mu} v_{f'\mu} \right] = \delta_{f,f'} \\[2mm]
\sum_\mu \left[u_{f\mu} v^*_{f'\mu} + \eta u_{f'\mu} v^*_{f\mu} \right] = 0
\end{cases}
\tag{14.66}
$$

对角化的结果是

$$
\hat{H} = \sum_\mu E_\mu \xi^\dagger_\mu \xi_\mu + E_0
\tag{14.67}
$$

$$
E_0 = \eta \sum_{(f\nu)} E_\nu v_{f\nu} v^*_{f\nu}
\tag{14.68}
$$

我们在此强调，问题已被简化为求解积分（或和式）方程组问题。虽然这仍然是困难的，但现在的积分（或求和）的重数（fold 或 multiplicity）已经是有限的（等于单粒子的自由度数）。相比于通常的多体问题，其对应的重数为无限的（等于体系的自由度数）。所以，问题已被大大地简化了。

总之，基于对外场中或计及晶格结构的超导电性理论的分析，建立费米二次型的对角化定理，被证实是必须的。通过详尽的分析和计算，获得一个统一的定理，它是适用于玻色二次型的 Bogoliubov-Tyablikov 对角化定理的自然推广。

定理也可应用于超导理论研究中的泛函积分理论，Bose-Einstein 凝结中的元激发谱及其稳定性研究等。

两种统计中两个理论的重大差别如下：

（1）对费米情况，对角化矩阵总是厄米的。因而变换的正则性（canonicity），特别是归一化条件和费米二次型哈密顿量的对角化总是可能的，而且所有的本征值全都是实的。

（2）对玻色情况，对角化矩阵不是厄米的。因而变换的正则性（canonicity），特别是归一化条件和玻色二次型哈密顿量的对角化不总是可能的，因而有时候本征值可能是复数。所以，玻色二次型哈密顿量的对角化是有条件的（conditional）。寻求其对角化可实现的条件是非常有兴趣的。

在物理上，这个定理可被用于研究吸引的玻色-爱因斯坦凝结（attractive BEC）的稳定线（stability lines）。

费米二次型哈密顿量的对角化定理曾被用来研究超导电性理论，特别是在量子统计第三种表述中研究渐近准确的超导理论。

综上，得到如下结论。

本章分析了多体理论与能带理论相结合的重要性和实际需要，指出外场中或计及晶格结构的超导体哈密顿量，在适当的物理近似下，都可以归结为费米二次型的哈密顿量。为了这方面的需求，本文建立了同时适用于费米体系的二次型哈密顿的对角化定理，它是人们所熟知的 Тябликов-Боголюбов 的玻色二次型哈密顿的对角化的自然推广。这是一个基础性的定理，并在后面研究的量子统计第三种表述及量子统计严格解研究中提供应用。

费米二次型对角化定理是笔者在 1959 年准备作为大学毕业论文备选的课题。由于笔者提出的外场中超导微观理论比较重要，很快被通过了，该定理直到 1979 年才公开发表[7]。

参考文献

[1] Morse R W, Olsen T, Garanda J. *Phys. Rev. Letts*, 1959, **3**: 15; 1959, **4**: 193.

[2] Dai X X. *Chinese Journal of Low Temperature and Superconductivity*, 1997, **1** (2): 46. 戴显熹. 计及晶格和外场的超导微观结构 (I). 低温与超导，1977, **2**: 46-57.

[3] Bogolyubov N N. Translated from Ukrainian by Yang Qi. *Quantum Statistics*. Beijing: Publishing House of Science and Technology, 1959.

Боголюбов Н Н. 杨榮译. 量子统计学. 北京：科学出版社, 1959.

[4] Chen C X (陈春先), Zhou S X (周世勋). Energy spectrum of a high density electron gas. **ZETP**, 1958, **34**: 1566-1573; Chen C X (陈春先), Zhou S X (周世勋). The basic compensation equation in superconductivity theory when the Coulomb interaction is taken into account. **ZETP**, 1959, **36**: 1246-1253.

[5] Bogolyubov N N, Zubarev D N, Cerkovnikov Y A. An asymptotically exact solution for the model Hamiltonian of the theory of superconductivity. **ZETP**, 1960, **39**: 120-129; Bogolyubov N N. A new method in the theory of superconductivity I. **ZETP**, 1958, **34**: 58-65.

[6] Bogolyubov N N. The Compensation Principle and the Self-consistent Field Method (英文译文). Achievements in Physical Science, 1959, **67**: 1; Usp. Fiz. Nauk, 1958, **67**: 549-580.

[7] Dai X X. Chinese Journal of Low Temperature Physics, 1979, **1** (4): 273.

第 15 章　关于超导体中磁弛豫的超早期和全过程的研究　两个理论的实验检验

15.1　动　因

记得 20 世纪 70 年代末，当代伟大的理论物理学家杨振宁先生在一次学术报告会上说过（大意）：数学家喜欢用解析开拓，因为知道在尺度非零的线段上一个解析函数的严格知识，就可以得知在整个解析区域里的解析函数；而物理学家则常用内插法，可以避免失之毫厘，谬以千里的风险。这段话，深深地印在笔者的脑海里。

著名的物理学家周同庆先生为南方唯一的物理学部委员，他为复旦大学建立设备齐全的光谱物理实验室作出了重要贡献。当半导体科学刚兴起时，毛清献老师立即提出纯锑的光谱定量分析项目，得到周先生的大力支持。大学二年级时，笔者有幸被选中参加这项研究（这是继续高年级学长的毕业论文工作）。毛先生沉默寡言。第一天见面只介绍项目的意义：半导体科学正在兴起。三五族化合物是其中重要研究的方向之一。锑是中国储量丰富的矿藏。光谱定量分析是微量分析的强有力的手段。他的简短介绍是非常激动人心的。接着介绍各种分析仪器。在这里对看什么书，没有任何规定，但可以问他的建议。记得看了原子物理、史皮瓦克的专门化物理实验和有关光谱分析的一些专著等。

光谱作为宇宙的信使，又是微观世界的信使，有机会参加光谱研究是令人深刻铭记和幸运的事。

光谱定量分析工作中用的就是三标准法。周先生常来实验室关心和交谈。这项工作很快就于 1959 年在《物理学报》上以光学教研组的名义发表了。

不久后，使用光谱宽度定量分析铁中铝，其理论依据是量子力学中同型粒子不可分辨性（是一篇发表在中文杂志上的文章介绍的）。李富铭老师建议用它来分析铁中铝。因为铁光谱非常丰富而且强度很强，用黑度分析杂质是无效的。他建议：运用宽度分析并联合 Fabry-Perot 腔（Fabry Perot cavity）。这是个极好的选择，笔者一周内就拍出铝特征线的轮廓。周先生常来光谱室考察和聊天，笔者将结果报告了周先生，周回了一句严肃的话："你怎么知道这就是铝杂质引起的？"我知道与他讨论全同性原理是无望的，整套史氏原子物理就是他翻译的，而且杂质浓度和全同性原理导致谱线变宽的过程非常复杂。我只得说："让我过一两天回答你的提问。"

一两天后，我带着几张光谱轮廓图去见周先生，说："这就是答应的回答。"周先生是思维敏锐、才高学博的专家，问了一句："根据呢？"我回答说："就是把光谱强度分析中三标准法推广到宽度分析中！"他突然高兴地说"非常好，非常好！"

其实著名的三标准法就是内插法中的一种，可见内插法早就在物理学中被广泛接受，特别在极其复杂的情况下，如杂质微量分析问题，三标准法是非常巧妙的。

大约在 1988 年研究高温超导时，我们提出由比热反演出声子谱的积分方程和严格解，面临解的消发散、Riemann ζ 函数的零点及 Riemann 猜测等问题。我们通过引入消发散参数 s，同时避开了未解决的 Riemann 猜测并消除了发散。我们还用变换的方法顺道也证明了 Hadamard 定理，进一步体会到解析开拓方法的科学之美。ζ 函数原本是 Euler 较早研究的，数学史中记载正是 Riemann 最早将它解析开拓到复平面，这不但开创了解析数论的新天地，而且同时提出一百多年尚未解决的 Riemann 猜测。

我们在比热反演方面，发表了多篇论文，与 Riemann 猜测有关的如 [1]、[2] 和 [3]。

几十年后 Schumayer 和 Hutchinson[4] 以 Riemann 猜测的物理学为题在《现代物理评论》发文，还提到我们的两篇文章。

笔者好奇：如果物理学家不仅熟悉内插法，同时也注重解析开拓，将会是什么局面？

一个偶然机会笔者研究高温超导的磁弛豫，在求严格解时发现一个新的特殊函数，我们命名它为 G 函数，它是著名的不完全 Γ 函数的推广，而运动方程的严格解就是它的反函数 $ArcG$。

由于致密的反函数在数值计算时非常不方便，考虑到 $ArcG$ 函数的所有各阶导数全是初等函数，我们就启用解析开拓的方法，计算结果与实验高度符合。

我们首次发现高温超导的磁弛豫不但具有下凹部分，还具有上凸部分的微弱迹象，但不很明显。

为了寻求变凹点（拐点），发现虽然实验的观察窗口起始时间已经很短，但只有个别样品的数据接近变凹点！继续改进实验，谈何容易！说到底，任何技术的改进，观察窗口起始时间永远是有限的！

我们突然注意到，必须运用解析开拓，将数据解析延拓到整个磁弛豫过程。解析开拓可以计算得非常精密，可以发现：

（1）即使在已有的实验数据中，已经足以证明磁弛豫确实不但具有下凹部分，还具有上凸部分。已经有数据表明有样品的起始时间在变凹点之前！

（2）解析开拓呈现了全过程，不但可以看到超导电流具有极大值，而且可以确定它出现在超导起始时间，还同时获得它的最大数值。

总之，当物理学家不仅熟悉内插法，同时也注重启用解析延拓，那么人们将可以看到实验无法观察到的世界：实验观察的时间窗口永远是有限的，而解析开拓可以帮助我们打开一个新的世界！

15.2　引　言

理论物理研究问题，除了需要解释现象和实验结果，还注重已知结果之外的预言和预测。比如说，Maxwell 在前人获得的经验定律的基础上，经过逻辑严密的数学分析、推广，形成统一的电磁场运动方程——Maxwell 方程组，预言了电磁波的存在，进而建立了光的电磁学说。Einstein 对传递电磁作用的光子的预言，Dirac 对正电子的预言，汤川对传递核力的介子（meson）的预言，人们在研究弱电统一理论中提出中间玻色子的预言，人们在研究了 maser 之后提出 laser（激光）的倡议，凡此种种，都是物理中预言的杰出实例。

II 类超导体（type-II superconductor）的临界电流密度 J_c 和临界磁场 H_c 当时已经提得很高，但临界温度 T_c 却只达到 23 K，严重地影响着超导的应用。Ginzburger 基于此，大力提倡高温超导电性的研究，提出诸多可能的超导机制，还专门写了一本书。虽然他提出的那些机制都没有实现，但客观上促进了国际上对高温超导电性的研究。

所以，在科学研究中，研究者们不仅要注意人们做了和懂了些什么，更要注意研究人们还有哪些重要的方面不懂，而且值得研究的！

这里我们将对高温超导体中磁弛豫的两个理论获得严格解，然后通过与实验数据曲线的对比，可知理论与实验非常吻合，以此预测时间窗口以前的行为，可以研究一些目前实验很难回答的问题：是否存在最大的超导电流？如果有，如何获得这个最大电流？磁弛豫曲线是否仅存在下凹特征，是否还可能存在上凸的特征？如果存在这两个特征，如何找到这个变凹点（拐点）？目前的实验是否可以找到证据，证实某些理论的合理性？在物理学实验中多数使用内插法，而较少使用外推法，因为外推存在"失之毫厘，谬以千里"的风险。但是我们知道，数学上存在一个"解析函数的解析开拓的一致性定理"。虽然这是严格的定理，但人们很少在实验上启用它。这里我们将提出一套方法，试图去实现超导体中磁弛豫的超早期和全过程的研究，并回答上述诸多问题。

15.3　关于超导磁弛豫

自从 1986 年 Bednorz 和 Müller[5] 发现高温超导以来，在固体物理特别在超导电性领域里开创了一个新篇章。虽然这个发现激励了许多科学家和工程师们，也同时产生一种极大的欣快症，但是高温超导体中的持续超导电流（persistent supercurrents）随着时间的衰减浇灭了这些欣快症[6]。困难不是通常的电阻率，而在于超导体内部的磁通（magnetic flux）热激活运动引起的耗散（dissipation）。磁弛豫（magnetic relaxation）后来变成了时尚或强烈爱好，成被广泛研究的现象。同时技术应用持续成功地向前推进和适应，在某些方面甚至受益于磁弛豫。

最早的磁弛豫数据[6] 是由 Müller 在第一个高温超导材料 $(LaBa)_2CuO_4$ 上获得的。然后人们对此现象做了许多实验 [7-12]，还建议了某些著名的模型，如 Anderson-Kim 模型

（Anderson-Kim model）[13]、反幂函数定律（the inverse power law）[14]、集体钉扎模型（the collective pinning model）[15] 和磁通玻璃模型（the flux glass model）[16]。文章 [17]、[18]、[19] 给出很好的评论并列出了许多文献。

特别地，高（L. Gao）等的研究成果[20-22] 曾扩展了观察的时间窗口到 $10^{-4} - 10^3\text{s}$；磁弛豫的非对数行为在 $V - \ln I$ 图中呈现出明显的负曲率，并且可能定量上支持磁通玻璃（vortex glass）和 FGLV 的理论（FGLV theory）[15]。这些理论对于一次跳跃的能量增益有一个共同的表达式

$$E_g(j) = k_B T_\nu^* \left(\frac{j_c}{j(t)} \right)^\mu \tag{15.1}$$

其中，k_B、j_c 和 $j(t)$ 分别为 Boltzmann 常数（the Boltzmann constant）、临界电流密度（the critical current density）和电流密度。热激活的涡旋线具有电流密度 $j(t)$ 的蠕动率为

$$\frac{\mathrm{d}j}{\mathrm{d}t} = -A \exp\left[-\frac{T_v^*}{T} \left(\frac{j_c}{j(t)} \right)^\mu \right] \tag{15.2}$$

虽然这个非线性方程并不很复杂，但很难得到它的严格解析表达式，所以为了磁弛豫性质去研究这个方程是很有兴趣的。首先必须判断诸多唯象模型中哪些与实验符合得较好。更有兴趣的是虽然观察磁弛豫的时间窗口已经扩展到 $10^{-4} - 10^3\text{s}$，下面议题仍然是个秘密：当超导电性发生的原始时刻电流和磁化是怎样的？下面将致力于这些课题。在15.4节中，将推导出严格解析解。在15.5节中给出严格解的一个展开式方法（expansion method）并实现数值计算。最后对结果作讨论和注释。

15.4　严格解及其解析表达式

可以证明这个非线性运动方程的解是一个高级函数（transcendental function），而且可以用一个初等函数的积分的反函数表示。

引入一些适当的变换

$$\tilde{J} = \left(\frac{T_v^*}{T} \right)^1 /\mu j_c \qquad \phi(t) = \left(\frac{\tilde{J}}{j(t)} \right)^\mu \qquad \phi_0 = \phi(t_0) = \left(\frac{\tilde{J}}{j(t_0)} \right)^\mu \tag{15.3}$$

非线性方程 (15.2) 化为

$$-\frac{\tilde{J}}{\mu} \phi^{-\frac{1}{\mu}-1} \frac{\mathrm{d}\phi}{\mathrm{d}t} = -A\,\mathrm{e}^{-\phi} \tag{15.4}$$

$$\phi^{-\frac{1}{\mu}-1} \mathrm{e}^\phi \mathrm{d}\phi = \frac{\mu A}{\tilde{J}} \mathrm{d}t \tag{15.5}$$

从而

$$\int_{\phi_0}^{\phi(t)} \xi^{-1/\mu-1} \mathrm{e}^{\xi} \mathrm{d}\xi = \frac{\mu A}{\tilde{J}}(t - t_0) \tag{15.6}$$

这里我们看到上述方程的左边有点类似于不完全 Γ 函数的定义。所以我们可以而且方便地定义一个新的函数 $G(a, b, z, x)$

$$G(a, b, z, x) = \int_a^x \xi^{z-1} \mathrm{e}^{b\xi} \mathrm{d}\xi \tag{15.7}$$

显然通常的不完全 Γ 函数（usual incomplete gamma function）只是它的一个特殊情况

$$\gamma(z, x) = \int_0^x \xi^{z-1} \mathrm{e}^{-\xi} \mathrm{d}\xi = G(0, -1, z, x) \tag{15.8}$$

而函数 G 则是不完全 Γ 函数的自然推广。

从定义 (15.7)、(15.8)，得知 $\phi(t)$ 是函数 G 的反函数

$$\phi(t) = ArcG[\phi_0, 1, \frac{-1}{\mu}, \frac{\mu A}{\tilde{J}}(t - t_0)] \tag{15.9}$$

现在可以总结起来说，公式 (20.31) 连同变换 (20.29) 构成了方程 (15.2) 的解，即它的解析表达式。虽然函数 G 与不完全 Γ 函数一样没有初等表示，但可以寻求 G 函数的某些性质，这对于研究高温超导体中的磁弛豫和运动方程是很有帮助的。

15.5 数值计算

15.5.1 两个引理

为了实现具体的数值计算，我们提出一个展开方法，去获得方程 (15.2) 解析且为初等函数表达式的解。首先在数学上证明两个引理。

我们定义下列方程为 X 类函数方程

$$\int_a^{x(t)} f(\xi) \mathrm{d}\xi = t \tag{15.10}$$

其中，$f(\xi)$ 是解析的初等函数而且 x 为 t 的未知函数。

定理 1 凡 X 类的函数方程，在解析区域的解总可以用 Taylor 级数来表示，并且其系数为初等的。

$$x = a + \sum_{n=1}^{\infty} \alpha_n t^n \tag{15.11}$$

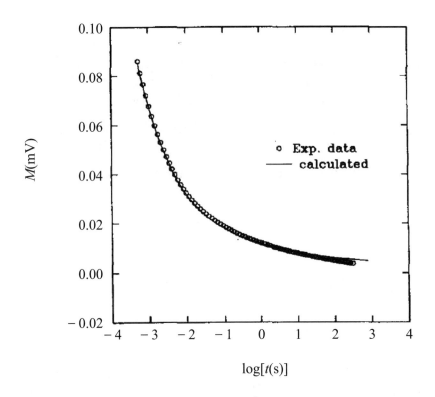

图 15.1　磁化强度弛豫：$M(t)$ 对 $\ln t$（t 以秒为单位）。$\mu = 0.4$，$M(t_0) = 0.085\mathrm{mV}$，$t_0 = 0.53\mathrm{ms}$，$H=2\mathrm{T}$，$T=74.6\mathrm{K}$，$\ln A = 12.24$，$\tilde{J}^{\mu} = 3.10$

证明：当 $x = a$，有 $t = 0$。所以方程的初条件是

$$x(0) = a \tag{15.12}$$

对方程两边取微商

$$f(x)\frac{\mathrm{d}x}{\mathrm{d}t} = 1 \tag{15.13}$$

因而函数 $x(t)$ 的一级微商是

$$\frac{\mathrm{d}x}{\mathrm{d}t} = \frac{1}{f(x)} \tag{15.14}$$

因为函数 $f(x)$ 是初等的，故上面的表达式也是初等的。所以，函数 $x(t)$ 任何级次的微商也是初等的，并由递推公式（iterative formula）获得

$$x^{(n+1)}(t) = \frac{\mathrm{d}}{\mathrm{d}t}x^{(n)}(t) \tag{15.15}$$

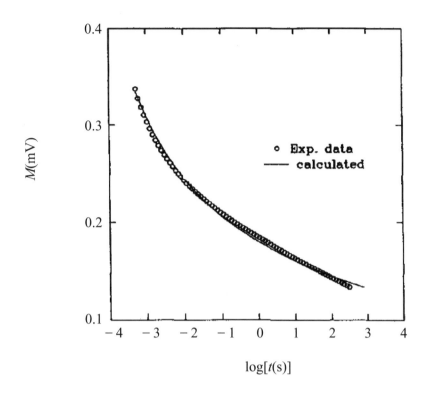

图 15.2　磁化强度弛豫：$M(t)$ 对 $\ln t$ (t 以秒为单位)。$\mu = 1.2$，$M(t_0)$=0.335mV，t_0=0.53ms，T=54.4K，$\ln A = 12.58$，$\tilde{J}^\mu = 2.19$

从而可以获得 Taylor 展开式，并且展式系数都是解析的和初等的

$$x = a + \sum_{n=1}^\infty \alpha_n t^n \qquad \alpha_n = \frac{x^{(n)}(0)}{n!} \tag{15.16}$$

定义下列函数方程属于 $\tilde{X}$ 类：

$$\psi[Z(x)] = t \tag{15.17}$$

其中，$Z(x) = \int_a^x f(\xi)\mathrm{d}\xi$，而且 $\psi(Z)$ 和 Z 之间的关系是解析的和初等的。

定理 2　对于一个 $\tilde{X}$ 类函数方程，在解析区域内，解可展开为 Taylor 级数，并且其系数都是初等的。

$$x = a + \sum_{n=1}^\infty \alpha_n (t - t_0)^n \tag{15.18}$$

证明：当 $x = a$，则 $Z(a) = 0$ 和 $t = \psi(0)$。所以，方程的初条件是

$$x(\psi(0)) = a \tag{15.19}$$

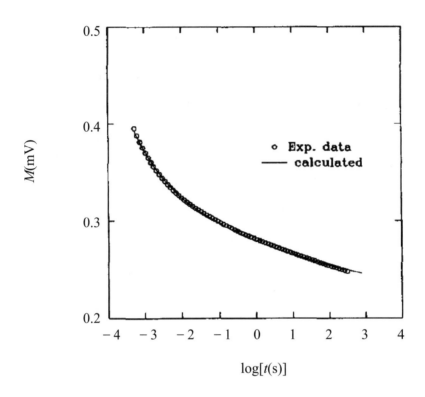

图 15.3 磁化强度弛豫：$M(t)$ 对 $\ln t$（t 以秒为单位）。$\mu = 3.5$，$M(t_0)$=0.393mV，t_0=0.53ms，T=39.0K，$\ln A = 8.28$，$\tilde{J}^{\mu} = 0.153$

取方程两边的微商

$$\frac{\mathrm{d}\psi}{\mathrm{d}Z} f(x) \frac{\mathrm{d}x}{\mathrm{d}t} = 1 \tag{15.20}$$

因而函数 $x(t)$ 的一级微商是

$$\frac{\mathrm{d}x}{\mathrm{d}t} = \frac{1}{f(x)\psi'(Z)} \tag{15.21}$$

因为函数 $f(x)$ 是初等的，上面的表达式可能包含一个积分，所以函数 $x(t)$ 的任何级次的微商可通过递推公式获得

$$x^{(n+1)}(t) = \frac{\mathrm{d}}{\mathrm{d}t} x^{(n)}(t) \tag{15.22}$$

并可以包含一个积分。所以 Taylor 展开式可以通过下列方式获得，

$$x = a + \sum_{n=1}^{\infty} \alpha_n \left(t - \psi(0)\right)^n \qquad \alpha_n = \frac{x^{(n)}(\psi(0))}{n!} \tag{15.23}$$

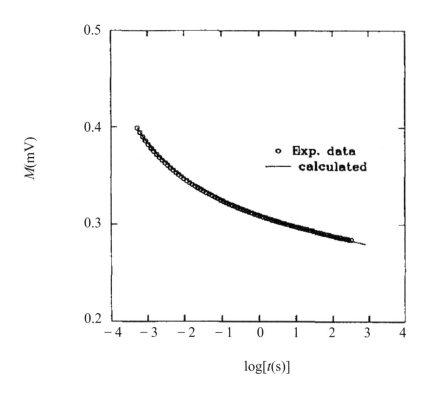

图 15.4　磁化强度弛豫：$M(t)$ 对 $\ln t$ (t 以秒为单位)。$\mu = 4.0$, $M(t_0)$=0.400mV, t_0=0.53ms, H=2T, T=31.7K, $\ln A = 9.103$, $\tilde{J}^{\mu} = 0.1307$

需要注意的是：虽然在表达式 (20.34) 中包含 Z, 而 Z 是一个积分, 但系数 α_n 是初等的。原因是当 $t = \psi(0)$, $x = a$, $Z = 0$ 是已确定值时, Z 对 x 的微商和 $f(x)$ 都是初等的。

15.5.2　展开式解和数值计算

在研究磁弛豫的情况, 人们需要求解方程 (20.30)。在运用引理之前, 引入下列变换

$$\tilde{t} = \ln\left[1 + \frac{\mu A}{\tilde{J}}(t - t_0)\right] \tag{15.24}$$

方程 (20.30) 化为如下形式

$$\int_{\phi_0}^{\phi(\tilde{t})} \xi^{-1/\mu-1}\mathrm{e}^{\xi}\mathrm{d}\xi = \mathrm{e}^{\tilde{t}} - 1 \tag{15.25}$$

其中, t 的函数 $\phi(t)$ 相应地变成了 $\tilde{t}$ 的函数 $\phi(\tilde{t})$。

为了改善收敛性和提高计算中的精度, 我们发展了一种称之为移动展开点的技术（a technique called mobile expansion point）。

对于任何一个给定的 $t - t_0$，人们可以选择一个展开点（expansion point）$\tilde{t}^*$ 及相应的 ϕ^*，它们在整个计算过程中可以运动。它们之间的关系是

$$e^{\tilde{t}^*} = 1 + \int_{\phi_0}^{\phi^*} \xi^{-1/\mu-1} e^{\xi} d\xi \tag{15.26}$$

所以方程 (20.30) 可表示为

$$\tilde{t} = \ln \left(e^{\tilde{t}^*} + \int_{\phi^*}^{\phi(\tilde{t})} \xi^{-1/\mu-1} e^{\xi} d\xi \right) \tag{15.27}$$

根据引理 2，得到如下展开解

$$\phi(\tilde{t}) = \phi_0 + \sum_{n=1}^{\infty} \frac{\alpha_n}{n!} (\tilde{t} - \tilde{t}^*)^n \tag{15.28}$$

其中 $\alpha_n = \frac{d^n \phi}{d\tilde{t}^n} |_{\tilde{t}=\tilde{t}^*} = \phi^{(n)}(\tilde{t}^*)$ 是函数 $\phi(\tilde{t})$ 在 $\tilde{t} = \tilde{t}^*$，对 $\tilde{t}^*$ 的 n 阶微商值。而 $\tilde{t}^*$ 是展开点。

按照引理，$\phi(\tilde{t})$ 的 n 阶微商值有解析表达式，并可依次获得。为获得数值结果，必须计算出 α_n。

首先定义

$$B(\phi) = (\frac{1}{\mu} + 1)\phi^{-1} - 1 \tag{15.29}$$

从而 $B(\phi)$ 的 n 阶微商是

$$B^{(n)}(\phi) = (-1)^n n! (\frac{1}{\mu} + 1)\phi^{-(n+1)} \qquad (n \geqslant 1) \tag{15.30}$$

由方程 (15.28)，$\phi(\tilde{t})$ 的第一阶微商很容易得到

$$\phi^{(1)}(\tilde{t}) = e^{\tilde{t}} \phi^{1/\mu+1} e^{-\phi}$$

按照递推关系，$\phi^{(n+1)}(\tilde{t}) = \frac{d}{d\tilde{t}}\phi^{(n)}(\tilde{t})$，函数的 n 阶微商可以依次获得。以下是前 6 阶微商

$$\phi^{(2)}(\tilde{t}) = \phi^{(1)}(\tilde{t}) + B(\phi)\left[\phi^{(1)}(\tilde{t})\right]^2$$

$$\phi^{(3)}(\tilde{t}) = \phi^{(2)}(\tilde{t}) + B^{(1)}(\phi)\left[\phi^{(1)}(\tilde{t})\right]^3 + 2B(\phi)\phi^{(1)}(\tilde{t})\phi^{(2)}(\tilde{t})$$

$$\begin{aligned} \phi^{(4)}(\tilde{t}) =\ & \phi^{(3)}(\tilde{t}) + B^{(2)}(\phi)\left[\phi^{(1)}(\tilde{t})\right]^4 \\ & +5B^{(1)}(\phi)\left[\phi^{(1)}(\tilde{t})\right]^2 \phi^{(2)}(\tilde{t}) \\ & +2B(\phi)\left(\left[\phi^{(2)}(\tilde{t})\right]^2 + \phi^{(1)}(\tilde{t})\phi^{(3)}(\tilde{t})\right) \end{aligned} \tag{15.31}$$
$$\tag{15.32}$$

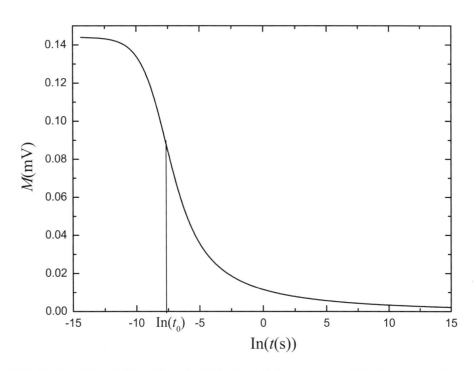

图 15.5　磁化强度弛豫：$M(t)$ 对 $\ln t$（t 以秒为单位）。$\mu = 0.4$，$M(t_0)$=0.085mV，t_0=0.53ms，H=2T，T=74.6K，$\ln A = 12.24$，$\tilde{J}^\mu = 3.10$

$$\begin{aligned}
\phi^{(5)}(\tilde{t}) &= \phi^{(4)}(\tilde{t}) + B^{(3)}(\phi)\left[\phi^{(1)}(\tilde{t})\right]^5 + 9B^{(2)}(\phi)\left[\phi^{(1)}(\tilde{t})\right]^3\phi^{(2)}(\tilde{t}) \\
&\quad + B^{(1)}(\phi)\left(12\phi^{(1)}(\tilde{t})\left[\phi^{(2)}(\tilde{t})\right]^2 + 7\left[\phi^{(1)}(\tilde{t})\right]^2\phi^{(3)}(\tilde{t})\right) \\
&\quad + 2B(\phi)\left(3\phi^{(2)}(\tilde{t})\phi^{(3)}(\tilde{t}) + \phi^{(1)}(\tilde{t})\phi^{(4)}(\tilde{t})\right)
\end{aligned} \tag{15.33}$$

$$\begin{aligned}
\phi^{(6)}(\tilde{t}) &= \phi^{(5)}(\tilde{t}) + B^{(4)}(\phi)\left[\phi^{(1)}(\tilde{t})\right]^6 \tag{15.34}\\
&\quad + 14B^{(3)}(\phi)\left[\phi^{(1)}(\tilde{t})\right]^4\phi^{(2)}(\tilde{t}) \\
&\quad + B^{(2)}(\phi)\left(39\left[\phi^{(1)}(\tilde{t})\phi^{(2)}(\tilde{t})\right]^2 + 16\left[\phi^{(1)}(\tilde{t})\right]^3\phi^{(3)}(\tilde{t})\right) \\
&\quad + B^{(1)}(\phi)\left(44\phi^{(1)}(\tilde{t})\phi^{(2)}(\tilde{t})\phi^{(3)}(\tilde{t}) + 9\left[\phi^{(1)}(\tilde{t})\right]^2\phi^{(4)}(\tilde{t}) + 12\left[\phi^{(2)}(\tilde{t})\right]^3\right) \\
&\quad + 2B(\phi)3\left(\left[\phi^{(3)}(\tilde{t})\right]^2 + 4\phi^{(2)}(\tilde{t})\phi^{(4)}(\tilde{t}) + \phi^{(1)}(\tilde{t})\phi^{(2)}(\tilde{t})\right)
\end{aligned} \tag{15.35}$$

现在给定在原始时间 $t = t_0$ 的初始磁化 M_0，就能够计算此后时间 t 的磁化 M。数值结果与实验数据的比较显示在图15.1—图15.4中，可以看出理论与实验结果符合得很好。见文献 [23]。

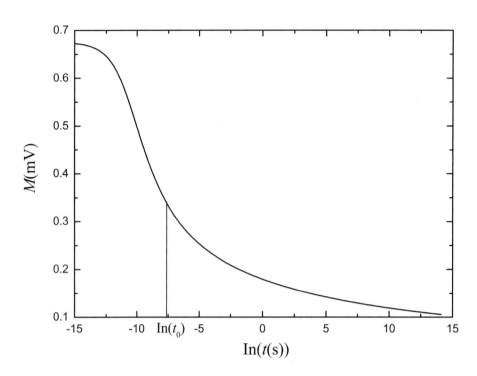

图 15.6　磁化强度弛豫：$M(t)$ 对 $\ln t$（t 以秒为单位）。$\mu = 1.2$，$M(t_0)$=0.335mV，t_0=0.53ms，T=54.4K，$\ln A = 12.58$，$\tilde{J}^{\mu} = 2.19$

15.6　弛豫的全过程研究

　　为了研究磁通弛豫的超早期行为和全过程，必须设法将弛豫曲线延伸到观察时间窗口之前。那些时间区域是实验技术较难达到，甚至永远无法达到的。所以，相信这种研究是非常有兴趣和有意义的。这也是这种研究的驱动力。

　　我们试图展开这类探索的理论依据是什么呢？就是数学中的解析函数的解析开拓的一致性定理：任何解析函数只要知道它在尺度不为零的某一线段上的严格的全部知识，那么通过解析开拓，就可以获得它在解析区域的整个解析函数，而且这样获得的解析函数是唯一的。

　　正如我们在引言中所说的：在物理学实验中多数使用内插法，而较少使用外推法。因为外推存在"失之毫厘，谬以千里"的风险。但是我们知道，数学上存在一个"解析函数的解析开拓的一致性定理"。虽然这是严格的定理，但是人们很少在实验上启用它。这里我们将提出一套方法，试图去实现超导体中磁通弛豫的超早期和全过程的研究，并回答上述诸多问题。

　　但是应注意到根据变换 (20.35)，时间 t 应局限于 $t > t_0 - \dfrac{\tilde{j}}{\mu A}$。然而根据解析函数的解析开拓的一致性定理，早期和后期两者的数值都可以被计算出来，但是关于 t 的变换限制了计算的区域。

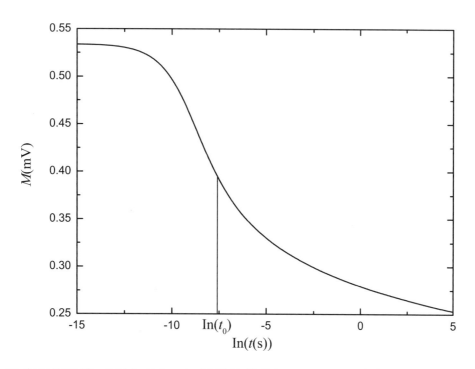

图 15.7　磁化强度弛豫：$M(t)$ 对 $\ln t$（t 以秒为单位）。$\mu = 3.5$，$M(t_0) = 0.393\text{mV}$，$t_0 = 0.53\text{ms}$，$T = 39.0\text{K}$，$\ln A = 8.28$，$\tilde{J}^\mu = 0.153$

为了研究磁弛豫的更早期性质，我们对变换做下列改变

$$\tilde{t} = \ln\left[1 - (\mu A/\tilde{J})(t - t_0)\right] \tag{15.36}$$

仿照上面叙述的方法，我们获得了新的表达式

$$\phi = \phi_0 + \sum_{n=1}^{\infty} \frac{\alpha_n}{n!} (\tilde{t} - \tilde{t}^*)^n$$

其中，$\alpha_n = \phi^{(n)}(\tilde{t})$。

然后新函数 $\phi(\tilde{t})$ 的新的各阶微商为

$$\phi^{(1)}(\tilde{t}) = -\mathrm{e}^{\tilde{t}} \phi^{1/\mu+1} \mathrm{e}^{-\phi} \tag{15.37}$$

$$\phi^{(2)}(\tilde{t}) = -\left[\phi^{(1)}(\tilde{t}) + B(\phi)\left[\phi^{(1)}(\tilde{t})\right]^2\right] \tag{15.38}$$

$$\phi^{(3)}(\tilde{t}) = -\left[\phi^{(2)}(\tilde{t}) + B^{(1)}(\phi)\left[\phi^{(1)}(\tilde{t})\right]^3\right] + 2B(\phi)\phi^{(1)}(\tilde{t})\phi^{(2)}(\tilde{t}) \tag{15.39}$$

$$\begin{aligned}
\phi^{(4)}(\tilde{t}) = &-\left[\phi^{(3)}(\tilde{t}) + B^{(2)}(\phi)\left[\phi^{(1)}(\tilde{t})\right]^4\right.\\
&+5B^{(1)}(\phi)\left[\phi^{(1)}(\tilde{t})\right]^2\phi^{(2)}(\tilde{t})\\
&\left.+2B(\phi)\left(\left[\phi^{(2)}(\tilde{t})\right]^2 + \phi^{(1)}(\tilde{t})\phi^{(3)}(\tilde{t})\right)\right]
\end{aligned} \tag{15.40}$$

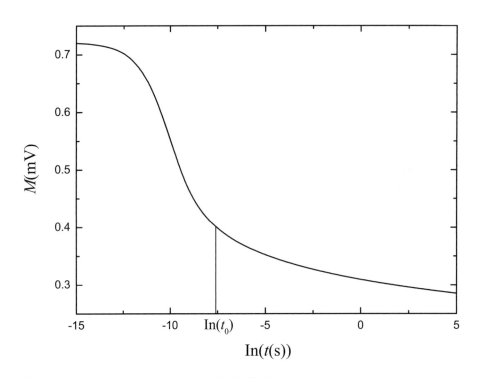

图 15.8　磁化强度弛豫：$M(t)$ 对 $\ln t$（t 以秒为单位）。$\mu = 4.0$，$M(t_0)$=0.400mV，t_0=0.53ms，H=2T，T=31.7K，$\ln A = 9.103$，$\tilde{J}^\mu = 0.1307$

$$\begin{aligned} \phi^{(5)}(\tilde{t}) \;=\; & -\Big[\phi^{(4)}(\tilde{t}) + B^{(3)}(\phi)\left[\phi^{(1)}(\tilde{t})\right]^5 + 9B^{(2)}(\phi)\left[\phi^{(1)}(\tilde{t})\right]^3\phi^{(2)}(\tilde{t}) \\ & + B^{(1)}(\phi)\left(12\phi^{(1)}(\tilde{t})\left[\phi^{(2)}(\tilde{t})\right]^2 + 7\left[\phi^{(1)}(\tilde{t})\right]^2\phi^{(3)}(\tilde{t})\right) \\ & + 2B(\phi)\left(3\phi^{(2)}(\tilde{t})\phi^{(3)}(\tilde{t}) + \phi^{(1)}(\tilde{t})\phi^{(4)}(\tilde{t})\right)\Big] \end{aligned} \tag{15.41}$$

$$\begin{aligned} \phi^{(6)}(\tilde{t}) \;=\; & -\Big[\phi^{(5)}(\tilde{t}) + B^{(4)}(\phi)\left[\phi^{(1)}(\tilde{t})\right]^6 \\ & + 14B^{(3)}(\phi)\left[\phi^{(1)}(\tilde{t})\right]^4\phi^{(2)}(\tilde{t}) \\ & + B^{(2)}(\phi)\left(39\left[\phi^{(1)}(\tilde{t})\phi^{(2)}(\tilde{t})\right]^2 + 16\left[\phi^{(1)}(\tilde{t})\right]^3\phi^{(3)}(\tilde{t})\right) \\ & + B^{(1)}(\phi)\left(44\phi^{(1)}(\tilde{t})\phi^{(2)}(\tilde{t})\phi^{(3)}(\tilde{t}) + 9\left[\phi^{(1)}(\tilde{t})\right]^2\phi^{(4)}(\tilde{t}) + 12\left[\phi^{(2)}(\tilde{t})\right]^3\right) \\ & + 2B(\phi)3\left(\left[\phi^{(3)}(\tilde{t})\right]^2 + 4\phi^{(2)}(\tilde{t})\phi^{(4)}(\tilde{t}) + \phi^{(1)}(\tilde{t})\phi^{(2)}(\tilde{t})\right)\Big] \end{aligned} \tag{15.42}$$

　　数值计算的结果显示在图15.5—图15.8 中。从磁化 $M(t)$ 对 $\ln t$（t 以秒为单位）的图中，可以看出某些新的特征。$M(t)$ 在时间 t_0 之后的数值结果与 [20] 的实验结果符合得很好，并且 $M-t$ 曲线显示下凹（concave）的特征，并与实验获得的结果一致。

　　此外，数值结果指出在时间 $t < t_0$ 时，曲线具有上凸（convex）的特征。这是实验尚未发现的现象。换言之，这是一个预言，有待实验的证实。

这是一个令人鼓舞的结果，它还预测出在超导发生的起始时间，存在一个最大电流（max current），而且这个电流可以根据我们的方法计算出来。

15.7 磁弛豫曲线变凹点的寻求

去寻求磁通弛豫曲线从下凹到上凸的转换位置（或拐点，turning point）以及从观察时间窗口到拐点有多长时间自然是非常有兴趣的问题。根据我们的方法需要计算 j 对 $\ln t$ 的微商：$\mathrm{d}j/(\mathrm{d}\ln t)$。根据方程 (15.2)，

$$\frac{\mathrm{d}j}{\mathrm{d}\ln(t)} = \frac{\mathrm{d}j}{\mathrm{d}t}t \tag{15.43}$$

$$= -A\exp\left[-\frac{T_v^*}{T}\left(\frac{j_c}{j(t)}\right)^{\mu}\right]t \tag{15.44}$$

$$= -At\exp[-\phi(t)] \tag{15.45}$$

图15.9—图15.12显示数值计算结果。虽然结果指出电流实验能实现的观察时间窗口尚未达到拐点，但由图15.9得知它已比较接近。现在提示人们要做的是改进实验技术。

我们也可以计算简约的弛豫率（reduced relaxation rate）或者称之为规范化的弛豫率（normalize relaxation rate）

$$s \equiv \frac{\mathrm{d}\ln j}{\mathrm{d}\ln t} = \frac{t}{j}\frac{\mathrm{d}j}{\mathrm{d}t}$$

$$= -A\frac{t}{j}\exp[-\phi(t)] \tag{15.46}$$

图15.13—图15.16显示计算结果。

15.8 讨论与记注

高温超导是吸引了许多科学家的一个宽广的领域。磁通弛豫又是这个领域中的一个重要现象，因为它直接牵涉能量的损耗（energy lose）。为了理解这一现象，人们建立了多个理论模型。在理论与实验结果的比较中（见图15.1—图15.4），看出在诸多模型中集体钉扎理论（collective pinning theory）和蜗旋玻璃（vortex glass）理论与实验符合得很好。

接着我们研究磁通弛豫的全过程。基于这两个理论我们得到严格的解析解，并且提出一个称之为弛豫反演（inversion method of relaxation）的新方法。通过理解这个现象的实验数据，利用新方法可以求得磁通的早期行为。通过这个方法，我们看到 $M-t$ 图中不但具有下凹特性（这与实验结果一致），而且还具有上凸的特征（这是一个预言，想必会被未来的实验所证实）。

我们还预言存在一个最大电流，计算出这个最大值，并预言它将在超导起始时间达到这个值。

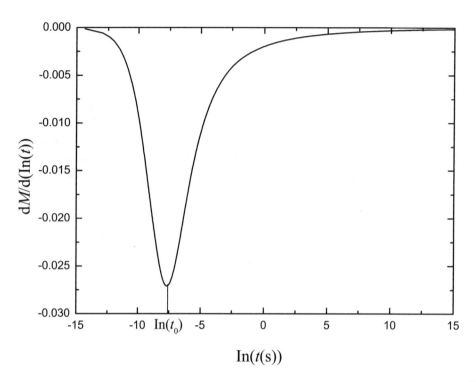

图 15.9 $\mu = 0.4$, $M(t_0)$=0.085mV, t_0=0.53ms, H=2T, T=74.6K, $\ln A = 12.24$, $\tilde{J}^\mu = 3.10$

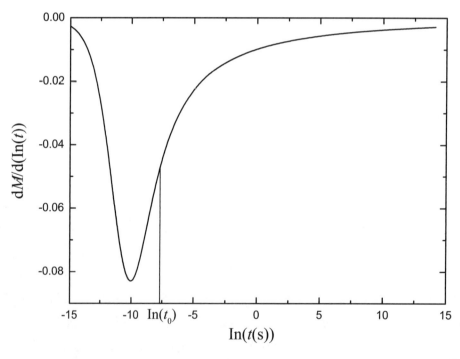

图 15.10 $\mu = 1.2$, $M(t_0)$=0.335mV, t_0=0.53ms, T=54.4K, $\ln A = 12.58$, $\tilde{J}^\mu = 2.19$

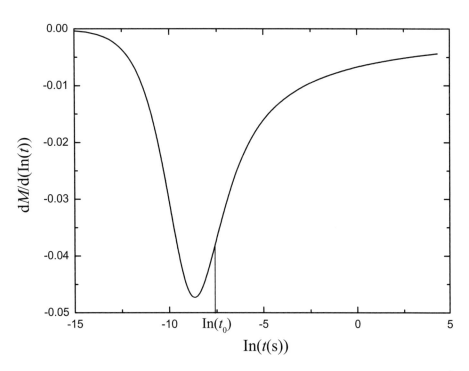

图 15.11　$\mu = 3.5$，$M(t_0)$=0.393mV，t_0=0.53ms，T=39.0K，$\ln A = 8.28$，$\tilde{J}^\mu = 0.153$

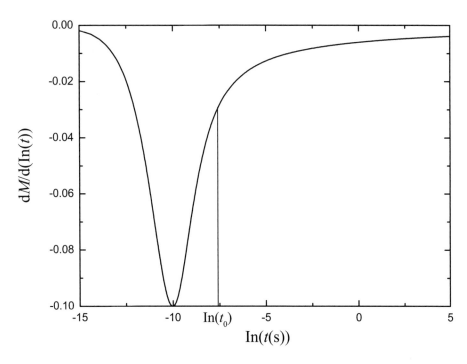

图 15.12　$\mu = 4.0$，$M(t_0)$=0.400mV，t_0=0.53ms，H=2T，T=31.7K，$\ln A = 9.103$，$\tilde{J}^\mu = 0.1307$

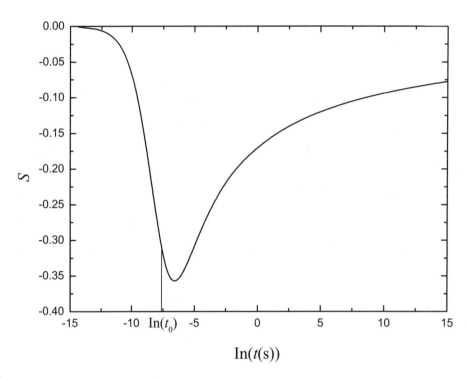

图 15.13　$\mu = 0.4$, $M(t_0)$=0.085mV, t_0=0.53ms, H=2T, T=74.6K, $\ln A = 12.24$, $\tilde{J}^\mu = 3.10$

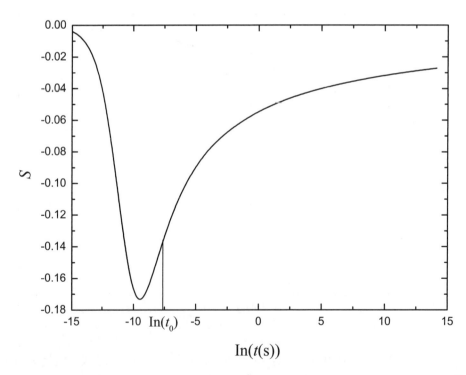

图 15.14　$\mu = 1.2$, $M(t_0)$=0.335mV, t_0=0.53ms, T=54.4K, $\ln A = 12.58$, $\tilde{J}^\mu = 2.19$

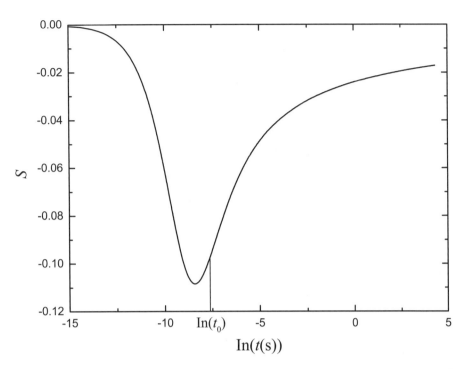

图 15.15　$\mu = 3.5$，$M(t_0)$=0.393mV，t_0=0.53ms，T=39.0K，$\ln A = 8.28$，$\tilde{J}^\mu = 0.153$

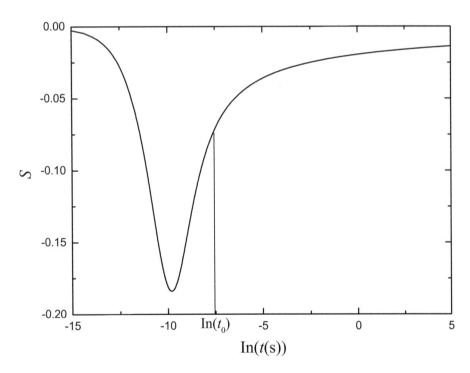

图 15.16　$\mu = 4.0$，$M(t_0)$=0.400mV，t_0=0.53ms，H=2T，T=31.7K，$\ln A = 9.103$，$\tilde{J}^\mu = 0.1307$

在很长的观察时间区间里，这些曲线是平坦的。很难区分不同的理论。但在超早期（super-early time period）我们发现集体钉扎理论和蜗旋玻璃理论的弛豫曲线同时具有负的和正的曲率部分。为了寻求拐点，我们计算了 $\left|\frac{\mathrm{d}j}{\mathrm{d}\ln(t)}\right|$。数值计算结果显示于图15.9—图15.12 中。从图中看出：在拐点处（在这点曲率变号）$\left|\frac{\mathrm{d}j}{\mathrm{d}\ln(t)}\right|$ 有一尖锐的极值。这个尖锐极值和这些特征可以作为考验这些理论的合理性（validity）的标志（signatures）。

我们现在何处？数值计算指出：我们的观察时间窗口大部分仍在负曲率区（negative curvature region，下凹区）。非常有希望和激动人心的：实测数据表明这些尖锐下降的特征已被实验所证实。

观察时间窗口已经非常接近拐点，特别是第一组数据：拐点就在观察时间窗口的起始点附近。见图 15.9。

目前的实验是否观察到拐点的左侧呢？因为左侧表明正曲率部分的开始。为此，我们将图15.9—图15.12进一步细化，计算简约的弛豫率：$s \equiv \frac{\mathrm{d}\ln j}{\mathrm{d}\ln t}$，结果显示在图 15.13—图15.16 中，注意纵轴的标度，它们实际上将细节放大了。特别是我们可以清楚地看到图 15.13显示观察时间窗口已经进入了拐点的左边：说明实验已经观察到弛豫曲线的正曲率部分，虽然只有一小段，但表明两个理论预言的正确性！

在研究观察时间窗口起始时间 t_0 后的弛豫曲线时，运用移动展开点技术旨在考虑到 $\tilde{X}$ 类函数的特点，改善级数收敛性并克服获取反函数密集数值表的困难。

在研究观察时间窗口起始时间 t_0 前的弛豫曲线时，由于没有甚至永远不可能有观测数据，受本章开头的小节所描述的希望寻找解析开拓在物理中实际应用的好奇心所驱使，就启用解析开拓方法。由于证明了磁弛豫方程的严格解确实是解析的，因而开拓到观察时间窗口外的解是唯一的，从而得到上述预言和预测。

这里想强调一下，有时知识和经验的储备是很重要的：看似毫无关联的知识和经验，可能会在某一交汇点上相互启发和促进。

参考文献

[1] Dai X X, Xu X W, Dai J Q. Proc. Int. Conf. on High T_c Superconductivity. Beijing, 1989: 521.

[2] Dai X X, Xu X W, Dai J Q. On a specific heat-phonon spectrum inversion problem, exact solution, unique existence theorem and Riemann hypothesis. Physics Letters, 1990, **A147 No. 8-9**: 445-449.

[3] Ming D M, Wen T, Dai J X, Evenson W E, Dai X X. Europhys. Lett., 2003, **61**: 723.

[4] Schumayer D, Hutchinson D A W. Colloquium: Physics of Riemann hypothesis. Rev. Mod. Phys., 2011, **83**(2): 307-330.

[5] Bednorz J G, Müller K A. Possible high-T_c superconductivity in the Ba-La-Cu-O system. Z. Phys., 1986, **B64**:189.

[6] Müller K A, Takashige M, Bednorz J G. Flux trapping and superconductive glass state in La_2CuO_{4-y}:Ba. Phys. Rev. Lett., 1987, **58**: 1143.

[7] Mota A C, Pollini A, P. Visani, K. A. Müller, J.G. Bednorz. Physica, 1988, **C153-155**: 67.

[8] Koch R H, Foglietti V, Gallagher W J, Koren G, Gupta A, Fisher M P A. Phys. Rev. Lett., 1989, **63**: 1511.

[9] Worthington T K, Olsson E, Nichols C S, Shaw T M, Clarke D R. Phys. Rev., 1991, **B43**: 10539.

[10] Olsson H K, Koch R H, Delloth W E, Robertazzi R P. Phys. Rev. Lett., 1991, **66**: 2661.

[11] Wu M K, Wang M J, Chi C C. Physica, 1991, **C185-189**: 332.

[12] Gammel P L, Schneemeyer L F, Bishop D J. Phys. Rev. Lett., 1991, **66**: 953.

[13] Anderson P W. Phys. Rev. Lett., 1962, **9**: 309; Anderson P W, Kim Y B. Rev. Mod. Phys., 1964, **36**: 39.

[14] Zeldov E, Amer N M, Koren G, Gupta A, McElfresh M W, Gambino R J. Appl. Phys. Lett., 1990, **56**: 580.

[15] Feigol'man M V, Geshkenbein V G, Larkin I, Vinokur V M. Phys. Rev. Lett., 1989, **63**: 2303.

[16] Fisher D S, Fisher M P A, Huse D A. Phys. Rev., 1991, **B43**: 130, and references therein.

[17] Malozemoff A P. in: Physical properties of high temperature superconductors I. Ed. Ginzburg D M. Singapore: World Scientific, 1989: 71, and references therein.

[18] Hagen C W, Griessen R. in: Studies of high temperature superconductors, Vol. 3. Ed. Narlikar A V. Commack, NY: Nova, 1990: 159.

[19] Malozemoff A P. Physica, 1991, **C185-189**: 264.

[20] Gao L, Xue Y Y, Hor P H, Chu C W. Physica, 1991, **C177**: 438.

[21] Xue Y Y, Gao L, Ren Y T, Chan C W, Hor P H, Chu C W. Phys. Rev., 1991, **B44**, 12029.

[22] Gao L, Xue Y Y, Hor P H, Chu C W. Early time flux relaxation in $Y_1Ba_2Cu_3O_{7-\delta}$, preprint.

[23] Dai X X, Hor P H, Gao L, Chu C W. Inversion solution of the equation of motion and flux relaxation law in high Tc superconductors YBCO. Physics Letters, 1992, **A169**: 161-166.

第 16 章 一个逆问题：比热-声子谱反演

16.1 比热-声子谱反演问题的提出及其严格解，唯一性定理与 Riemann 假设

16.1.1 比热-声子谱反演

在高温超导体的研究中，比热曲线常用 Debye 理论去拟合，并且 Debye 温度 θ_D 依赖于温度。有时候这种温度依赖关系还很复杂，以至于很难满足热力学关系。因为在 Debye 理论中，声子谱的形式是预先设定的，所以人们不能由此得到更多的信息。

从基本理论的观点来审核，能谱与温度无关性要求是极为重要的。正如杨振宁教授所指出的[1]，如果用一句话来总结 19 世纪统计力学的成就的话，那就是 Gibbs 统计取得了辉煌的胜利。而 Gibbs 统计之所以能取得如此成就，而且经受了量子论和相变出现的严峻考验，究其原因，除了它的严密数学结构外，还得益于 Gibbs "参照了热力学的合理基础"。所谓"参照热力学合理基础"，实际上是在统计物理的原理的基础上"导出"热力学的基本关系。而这个"导出"的首要假设是能谱与温度无关。其实，这一点是非常自然的物理要求。因为能谱是 Hamiltonian 算符的本证值谱，是力学性质的表现，理应与温度无关。所以人们常常不把它作为假设，认为是必然的。但如果承认 Debye 温度依赖于温度，情况就不同了。在"推导"热力学关系时要增加能谱对温度的各阶微商，那么就不可能"导出"实验所广泛支持的热力学关系。而符合这种热力学关系是物理上必须的，因此寻求这个与温度无关的声子谱是非常有意义的事。

在高 T_c 超导体的研究[2] 中，声子谱是非常令人感兴趣的。如所周知，同位素效应可以用来研究电声子作用对超导电性的贡献，但这些实验是非常昂贵的。中子非弹性散射可以测量声子谱，但需要一些特殊的设备。当时国内只有一个单位可以做，并且要求需要做这类测量的组在申请书上写明要做的实验的观念和依据。这种人为因素无形中构成对科学探索的牵制。笔者立即提出一种由比热反演出声子谱的方法，并于 1988 年在烟台举行的全国高温超导会议上作了报告，且早于 1989—1990 年在北京举行的超导国际会议大会报告[3] 和学术杂志上[4] 发表了这篇工作，称作比热-声子谱反演方法 (specific heat-phonon spectrum inversion method)，它可能由晶格比热确定声子的态密度。本节中我们试图论述

这种方法的主要精神。该方法的优点如下：

其一，我们能够在测量比热 $C_V(T)$ 的普通试验室里得到声子谱。

其二，它同时给出声子谱和比热，无须附加的实验和特殊的仪器。

假设晶格的重整化后的有效哈密顿量 (Hamiltonian) 为

$$\hat{H} = \sum_q \hbar\omega_q(b_q^+ b_q + \frac{1}{2}) \tag{16.1}$$

如所周知，这个声子体系可以看作化学势为零的理想玻色气体。假设声子的态密度 $g(\omega)$ 为已知时，则晶格热容量 $C_V(T)$ 表达式为

$$C_V(T) = k_B \int_0^\infty (\frac{\hbar\omega}{k_B T})^2 \frac{\exp(\frac{\hbar\omega}{k_B T})}{[\exp(\frac{\hbar\omega}{k_B T}) - 1]^2} g(\omega)\mathrm{d}\omega \tag{16.2}$$

此后，我们将运用 Boltzmann 常数为 1 的特殊单位制。如果我们反过来思考，假设晶格热容量 $C_V(T)$ 已知，例如通过实验测量得到，则等式 (16.2) 便可以看作决定声子谱的方程。方程 (16.2) 就是论文所建议的比热-声子谱反演积分方程 (the specific heat-phonon spectrum inversion integral equation，SPIE)。这个方程在某些方面与如下的黑体辐射反演方程 (the black-body radiation inversion equation 或简称 BRIE) 相似。

$$W(\nu) = \frac{2\pi h\nu^3}{c^2} \int_0^\infty \frac{a(T)\mathrm{d}T}{\exp(h\nu/T) - 1} \tag{16.3}$$

Bojarski [5] 首先提出黑体辐射反问题 (the inverse black-body radiation problem) 和它的方程 (16.3)，即通过客体的给定（测定）的总辐射功率谱 $W(\nu)$ 确定其温度的面积分布 (the area-temperature distribution)$a(T)$。众多研究者[5-9]通过 Laplace 变换，迭代 (iteration) 方法、Fourier 变换和重整化方法等，做了许多研究工作并给出很多有意义的结果，但他们尚未给出严格解和存在唯一性定理的可靠分析。

在比热-声子谱反演问题中未知函数 $g(\omega)$ 是声子态密度，积分核是 ω/T 的函数。显然这方程可以通过下列对数变换化为差核积分方程

$$y = \ln(\hbar\omega/T_0) \qquad x = \ln(T/T_0) \tag{16.4}$$

这样方程化为

$$Q(x) = \int_{-\infty}^\infty K(y - x)F(y)\mathrm{d}y \tag{16.5}$$

其中，T_0 是一个参数，而

$$Q(x) = C_V(T_0\mathrm{e}^x)$$
$$F(y) = \frac{T_0}{\hbar}g((T_0/\hbar)\mathrm{e}^y)\mathrm{e}^y$$

$$\tag{16.6}$$

$$K(y - x) = \frac{\exp(e^{y-x}) \exp(e^{2(y-x)})}{[\exp(e^{y-x}) - 1]^2} \tag{16.7}$$

利用 Fourier 变换，我们可以获得一个类似于 Fourier 卷积定理的公式 (a similar Fourier convolution formula)，进而获得解的 Fourier 变换

$$\tilde{F}(k) = \frac{\tilde{Q}(k)}{2\pi \tilde{k}(-k)} \tag{16.8}$$

由核的表式 (16.7)，我们能够得到 $\tilde{K}(-k)$ 的严格表达式

$$\tilde{K}(-k) = \frac{1}{2\pi} \int_{-\infty}^{\infty} \frac{e^{\mathrm{i}\xi k} \exp(e^{\xi}) e^{2\xi} \mathrm{d}\xi}{[\exp(e^{\xi}) - 1]^2} = \frac{1 + \mathrm{i}k}{2\pi} \zeta(1 + \mathrm{i}k) \Gamma(1 + \mathrm{i}k) \tag{16.9}$$

进而获得严格解 $F(y)$ 和 $g(\omega)$

$$g(\omega) = \frac{1}{\omega} \int_{-\infty}^{\infty} \frac{(\hbar\omega/T_0)^{\mathrm{i}k} \tilde{Q}(k) \mathrm{d}k}{(1 + \mathrm{i}k) \Gamma(1 + \mathrm{i}k) \zeta(1 + \mathrm{i}k)} \tag{16.10}$$

当 $Q(x)$ 在一个有限的区域内是绝对可积的，而在 $|x| > H$ $(H > 0)$ 中 $Q(x)$ 为单调递降函数，而且

$$\lim_{x \to \pm\infty} Q(x) = 0 \tag{16.11}$$

则 Fourier 变换存在定理指出 $\tilde{Q}(k)$ 确实存在，而且

$$\lim_{k \to \pm\infty} \tilde{Q}(k) = 0 \tag{16.12}$$

对满足 (16.11) 的 $Q(x)$ 解的存在唯一性依赖于 $\tilde{F}(k)$ 的奇性。根据方程 (16.8) 和 (16.9)，它决定于 $\zeta(-\mathrm{i}k)$ 的零点。

如所周知，Riemann ζ 函数 $\zeta(z)$ 具有下列性质：

(1) 当 $\mathrm{Re}\,z > 1$，$\zeta(z)$ 没有零点。

(2) 当 $\mathrm{Re}\,z < 0$，$\zeta(z)$ 的所有零点是

$$z = -2n \quad (n = 1, 2, 3 \cdots) \tag{16.13}$$

对 $\zeta(-\mathrm{i}k)$，所有的零点出现在 $k = -2n\mathrm{i}$ 上。

(3) 当 $0 \leqslant \mathrm{Re}\,z \leqslant 1$，Riemann ζ 函数的零点问题是数学上尚未解决的问题。著名的 Riemann 猜测 (Riemann hypothesis) 推测所有在 $0 \leqslant \mathrm{Re}\,z \leqslant 1$ 中的零点都在如下直线上。

$$z = \frac{1}{2} + \mathrm{i}y_0 \quad (-\infty < y_0 < +\infty) \tag{16.14}$$

如果 Riemann 假设是正确的，那么 $\zeta(-\mathrm{e}k)$ 在 $0 \leqslant \mathrm{Re}\,z \leqslant 1$ 带中的全部零点在下列直线上

$$k = \frac{1}{2}\mathrm{i} - y_0 \tag{16.15}$$

因为物理中 k 是实数，故 $\tilde{K}(-k)$ 没有零点，从而推知该反演方程的解确实存并唯一。

16.1.2　消发散技术

通常物理中的 $C_V(T)$ 的渐近行为如下，从而导致 $\tilde{Q}(k)$ 发散。

$$C_V(T) \sim AT^{s_1} \qquad (T \to \infty)$$
$$\sim BT^{s_2} \qquad (T \to 0) \tag{16.16}$$

为保证 Fourier 变换的存在性，引入消发散参数 s

$$0 < s_1 < s < s_2 \tag{16.17}$$

我们有

$$\frac{C_V(T)}{T^s} = \int_0^\infty (\frac{\hbar\omega}{T})^{2+s} \frac{\exp(\hbar\omega/T)}{[\exp(\hbar\omega/T) - 1]^2} g(\omega)(1/\hbar\omega)^s \mathrm{d}\omega \tag{16.18}$$

利用变换 (16.4)，方程 (16.2) 或 (16.18) 化为

$$Q_0(x) = \int_{-\infty}^\infty K_0(y - x) F_0(y) \mathrm{d}y \tag{16.19}$$

其中

$$Q_0(x) = C_V(T_0 \mathrm{e}^x) \mathrm{e}^{-sx}$$
$$F_0(y) = \frac{T_0}{\hbar} g((T_0/\hbar)\mathrm{e}^y) \mathrm{e}^{(1-s)y}$$
$$K_0(\xi) = \frac{\exp(\mathrm{e}^\xi)\mathrm{e}^{(s+2)\xi}}{[\exp(\mathrm{e}^\xi) - 1]^2}$$
$$\tag{16.20}$$

(1) 按照类似于关于方程 (16.12) 的讨论，我们可以证明 $\tilde{Q}_0(k)$ 确实存在，而且

$$\lim_{k \to \pm\infty} \tilde{Q}_0(k) = 0 \tag{16.21}$$

(2) 由于方程 (16.20) 和卷积定理，我们得到

$$\tilde{K}_0(-k) = \frac{\mathrm{i}k + s + 1}{2\pi} \zeta(\mathrm{i}k + s + 1)\Gamma(\mathrm{i}k + s + 1) \tag{16.22}$$

$$\tilde{F}_0(k) = \frac{\tilde{Q}_0(k)}{(\mathrm{i}k + s + 1)\zeta(k + s + 1)\Gamma(\mathrm{i}k + s + 1)} \tag{16.23}$$

因为 $s > 0$，所以 $\zeta(\mathrm{i}k + s + 1)$ 没有零点，我们从而避开了未证明的 Riemann 假设。

(3) 由于 ζ 函数的渐近行为的研究非常困难，所以我们直接研究 $\tilde{F}_0(k)$ 的渐近行为。在固体物理中，当 ω 趋于无穷大时，$g(\omega)$ 趋于零，我们可以假设

$$g(\omega) = \sum_{n=0}^N a_n \omega^{\nu+n} \qquad (\omega \leqslant \omega_0)$$
$$= \sum_{n=1}^N b_n \exp(-n\beta\omega) \qquad (\omega > \omega_0) \tag{16.24}$$

我们可以证明

$$\begin{aligned} C_{\mathrm{V}}(T) \quad &\sim AT^{s_1}(T \to \infty) \quad (s_1 = 0) \\ &\sim BT^{\nu+1}(T \to 0) \quad (s_2 = \nu + 1) \end{aligned} \tag{16.25}$$

这意味着 $g(\omega)$ 的渐近行为被 $C_{\mathrm{V}}(T)$ 的渐近行为所控制。

因而

$$\lim_{y \to \pm\infty} F_0(y) = 0 \qquad \lim_{k \to \pm\infty} \tilde{F}_0(k) = 0 \tag{16.26}$$

16.1.3　存在唯一性定理与 SPIE 的严格解公式

(1) 当比热 $C_{\mathrm{V}}(T)$ 的渐近行为为

$$C_{\mathrm{V}}(T) \to 0 \qquad (T \to \infty \text{ 或 } T \to 0) \tag{16.27}$$

如果 Riemann 猜测是正确的，那么 SPIE (16.2) 或 (16.5) 的严格解是确实存在唯一的，并由公式 (16.10) 所表示。

(2) 当比热 $C_{\mathrm{V}}(T)$ 的渐近行为满足条件 (16.16) 时，则反演方程 (16.2) 或 (16.18) 确实具有唯一的严格解

$$g(\omega) = \frac{1}{\omega} \int_{-\infty}^{\infty} \left(\frac{\hbar\omega}{T_0}\right)^{\mathrm{i}k+s} \frac{\tilde{Q}_0(k)\mathrm{d}k}{(\mathrm{i}k + s + 1)\zeta(\mathrm{i}k + s + 1)\Gamma(\mathrm{i}k + s + 1)} \tag{16.28}$$

在这个定理里，我们避开了 Riemann 猜测。现在让我们通过一些例子来演示这些结果。

(i) Einstein 谱。

$$C_{\mathrm{V}}(T) = (\hbar\omega_0/T)^2 \exp(\hbar\omega_0/T)[\exp(\hbar\omega_0/T) - 1]^{-2} \tag{16.29}$$

引入正参数 s，我们有

$$\tilde{Q}_0(k) = \frac{1}{2\pi} \left(\frac{T_0}{\hbar\omega_0}\right)^{(\mathrm{i}k+s)} (\mathrm{i}k + s + 1)\zeta(\mathrm{i}k + s + 1)\Gamma(\mathrm{i}k + s + 1) \tag{16.30}$$

$$g(\omega) = \frac{1}{\omega}\mathrm{e}^{sy} F_0(y) = \delta(\omega - \omega_0) \tag{16.31}$$

这就是正确的 Einstein 谱。

(ii) Debye 谱。

如果比热 $C_{\mathrm{V}}(T)$ 为

$$C_{\mathrm{V}}(T) = 3Nr \left(4D(x_0) - \frac{3x_0}{\mathrm{e}^{x_0} - 1}\right)$$

$$x_0 = \frac{\hbar\omega_{\mathrm{D}}}{T} \tag{16.32}$$

其中, ω_D、$D(x)$、r 分别是 Debye 频率、Debye 函数和单个分子中的自由度数, 按照 $C_V(T)$ 的渐近行为, 并引入适当的消发散参数 s

$$0 < s < 3 \tag{16.33}$$

我们有

$$\tilde{Q}_0(k) = -\frac{3Nr}{2\pi}\left(\frac{T_0}{\hbar\omega_D}\right)^{ik+s}\left(\frac{12}{ik+s-3}-3\right)\zeta(ik+s+1)F(ik+s+1) \tag{16.34}$$

$$F_0(y) = -\frac{9Nr}{2\pi}\left(\frac{T_0}{\hbar\omega_D}\right)^s\int_{-\infty}^{\infty}\left(\frac{T_0}{\hbar\omega_D}\right)^{ik}\frac{e^{iky}}{ik+s-3}dk \tag{16.35}$$

$$g(\omega) = \frac{1}{\omega}e^{sy}F_0(y) = 9Nr(\omega^2/\omega_D^3)\theta(\omega_D-\omega) \tag{16.36}$$

普遍地说, 对于一个测量的 $C_V(T)$, 我们能够通过严格解公式 (16.28) 算出声子态密度。

我们还可以用类似的方法获得黑体辐射反问题的严格解

$$a(T) = \left(\frac{T_0}{T}\right)^4\int_{-\infty}^{\infty}\frac{\tilde{g}(k)(T/T_0)^{ik}dk}{\zeta(3-ik)\Gamma(3-ik)} \tag{16.37}$$

并证明它的存在唯一性定理。人们也能够避开了 Riemann 猜测, 而且公式 (16.37) 是很有用的。

Hadamard 定理[10] 的一个简洁的物理证明

Riemann ζ 函数 $\zeta(z)$ 在整个 Gauss 平面 ($z = x = iy$) 上唯一的奇点是 $z = 1$。在 $x > 1$ 的整个半平面上没有零点。在 $x < 0$ 的半平面上的全部零点, 均为简单零点, 在 $z = -2n$, 其中 n 为自然数。

Riemann 在 1859 年的论文 [11] 中猜测 $\zeta(z)$ 函数在 $0 \leqslant x \leqslant 1$ 之间 (现在也称之为 Riemann 带) 的零点全部落在 $x = \frac{1}{2}$ 的直线上。这就是著名的 Riemann 猜测。

如所周知, Riemann 猜测是迄今一个半多世纪来尚未证明也未否定的数学难题。其间一个重大进展是 Hadamard 证明, 他在论文 [10] 中证明了在 $x = 0$ 和 $x = 1$ 两直线上 $\zeta(z)$ 函数没有零点。

换言之, Hadamard 证明实际上是一个定理, 它将 Riemann 带缩小成一个开区域。下面我们试图给出它的一个简洁的证明。

首先, 我们知道积分方程 (16.18) 和 (16.2) 的差别仅在于在方程的两边除以完全相同的非零的因子 T^s, 并不改变积分方程的数学关系, 自然也不改变它们的物理实质。因而, 它们的解 (16.28) 和 (16.10) 在数学上也是等价的, 它们都是通过 Fourier 变换和类似的卷积定理得到的严格解。在解 (16.28) 的被积函数的分母中的 $\zeta(ik+s+1)$ 显然不为零, 这说明在严格解 (16.10) 的被积函数的分母中的 $\zeta(ik+1)$ 也不可能为零, 因为如果分母为零在数学上是没有意义的。不可能经一对一的变换后获得数学上有意义的结果。因此，得证 $\zeta(ik+1) \neq 0$。进而由公式

$$2^{1-z}\Gamma(z)\zeta(z)\cos(\frac{z\pi}{2}) = \pi^z \zeta(1-z)$$

得知

$$\zeta(ik+0) \neq 0$$

从而 Hadamard 定理（或 Hadamard 证明）得证。

讨论

(1) 通常晶格比热是预先固定声子谱的形式，进而通过 Debye 比热理论进行拟合的。其结果是 Debye 温度与温度有关[12,13]。

我们的观念是将问题反过来，将通常的晶格比热公式看作在给定比热 $C_V(T)$ 下，确定声子态密度的积分方程。这是很有用的。人们有可能获得唯一的与温度无关的声子谱。

(2) 在本节研究中，我们证明了存在唯一性定理，并给出一个严格解公式。

我们知道人们可以用尝试函数去拟合比热曲线，但是存在唯一性定理和严格解公式仍然是非常必要的，因为它们为用尝试函数拟合方法提供了一个理论基础。

(a) 许多事实指出，有时候在进行数值计算之前，我们确实需要做基础研究。例如，超导研究中电-声子相互作用理论，即使耦合是非常弱的，通常的微扰论仍然是不适用的，因为当耦合常数趋于零时，存在一个孤立的本性奇点。另一个例子是线性谐振子带有一个附加的项 βx^3 时，人们很容易运用微扰论得到一些束缚态的某些修正，但实际上它并不存在任何一个束缚态，无论 β 是多么的小！

(b) 人们不能保证所有的第一类 Fredholm 积分方程都可以用尝试函数通过拟合方法求解，因为存在某些病态问题（ill-posed problems，或曰不适定性、适定性问题、稳定性问题等习惯用语，其实是一个意思，本书将采用不适定性一词）。所以证明存在唯一性定理和获得一个严格解公式是必须的。

(c) 用尝试函数进行拟合的方法也是一个实用的方法。我们在将来的工作中在存在唯一性定理和严格解公式指导下也使用它。但是对于选择尝试函数我们有无穷多的可能性，我们不能保证其结果是唯一的和严格的。人们也不知道如何趋向严格解。

根据我们的严格解公式，我们不必担心唯一性和尝试函数的选择。只要我们完成在严格解公式中的 Fourier 变换和积分时，就自然地获得了这严格解。

我们通过两个简单明了的例子，Debye 谱和 Einstein 谱，演示了这个优点。人们可以运用我们的公式获得严格解，不需要任何猜测。这些结果指出这公式是正确的、非平庸的和有效的。自然，在实际的情况下，我们必须花的代价是完成若干 Fourier 变换。如果人们为了节省计算机时间，我们也可以运用某些解析的近似解公式。

(3) 消除了发散和避开 Riemann 猜测。

在求解反演方程中，人们会遇到下列困难：

(a) $C_V(T)$ 的 Fourier 变换或 $\tilde{Q}(k)$ 可能是发散的，因为比热在高温时趋于常数。

(b) 在 Riemann 猜测尚未证明的情况下，我们需要知道等式 (16.10) 中的分母是否可能为零。

通过控制比热的渐近行为，我们可以引入消发散参数 s，不但成功地消除了发散，而且同时又自然地避开了未被证明的 Riemann 猜测。

(4) 原则上，如果人们试图确定严格的声子态密度，需要覆盖整个温区的比热。在物理上这是相当困难的。所幸的是根据统计物理和 Dulong-Petit 定律，在高温时，晶格比热趋于常数。在非常低的温度下，由于热力学第三定律，比热趋于零并变得可以忽略。通常人们可以用 AT^D 定律来拟合比热的低温行为，其中 D 为晶格的维度，所以晶格比热的渐近行为在物理上是能够被控制的。

(5) 在理论研究中，讨论等容比热 (the specific heat at constant volume) 是比较方便的。但多数物理学家的比热实验是在等压下所做的。对现代实验室研究高温超导体的等容比热并没困难。我们将我们的严格解公式和实验数据作一些数值计算。结果将在后面予以讨论。

小结与评注

本节中建议一个由晶格比热确定声子态密度 (the phonon density of states) 的积分方程，还给出它的严格解公式 (exact solution formula)、存在唯一性定理 (unique existence theorem)、消发散技术 (the technique for eliminating divergence) 以及一些严格可解模型。关于物理学中一个逆问题的存在唯一性定理与数学上尚未解决的 Riemann 猜测 (Riemann hypothesis) 之间可能的关系也进行一些讨论，还特别给出了著名的 Hadamard 定理（或 Hadamard 证明）的一个简洁的证明。

我们从超导机制研究的实际需要出发，提出比热-声子谱反演问题。这致力于与温度无关的能谱的研究涉及对 Gibbs 统计的基础的考验。研究给出了它的严格解、存在唯一性定理，在数学上涉及解的不适定性这样跨世纪性的难题和迄今尚未解决的 Riemann 猜测和 Hadamard 定理的证明等。这种数学与自然（物理）的交相辉映，很值得仔细鉴赏。这使得 20 多年后在《现代物理评论》的文章 [14] 中还提到笔者的工作[3]。

16.2　SPI 对高温超导体 YBCO 的首次实现

本节将致力于比热-声子谱反演研究。它首先自 1989、1990 年以来发展起来，它的研究方法可以推广到其他反问题的研究中。

固体中比热-晶格振动模式谱问题 (the specific heat-vibration mode spectrum of lattice problem) 是由 Einstein (1906, 1911)[15] 和 Debye (1912) [16] 在量子论先驱时期开创的，但

它的反问题却是近期高温超导性研究所触发并成为一个热门的领域。

1989 年引进了一个消发散参数 s（a parameter s for cancelling divergence），笔者[3,4] 获得了比热-声子谱反演问题（the specific heat-phonon spectrum inversion problem，简称 SPI）的严格解，其中一个数学上著名的未解决的问题——Riemann 猜测被绕过。提出了存在唯一性定理[3,4,17]。

在许多逆问题中存在两个重要而且困难的问题：不适定性和数据不完备性（data incompleteness）。这个 s 有时在克服或减轻这些困难中是有帮助的。

实际上，具体实现反演是非常复杂的，因为我们必须克服许多实际困难。经过 10 年的努力，由高温超导体钇钡铜氧的实际比热数据首次实现具体的反演，获得声子谱[17]。证明了一个改进了的存在唯一性定理。发展了普适函数系方法（the universal function set (UFS) method）和渐近行为控制理论（asymptotic behavior control theory，ABC），并在这个领域里形成完整的理论体系（a complete theoretical system）。

比热-声子谱反演（SPI）无论在理论上还是在物理应用上都是令人感兴趣的，但是直到 1999 年前没有一个工作报道过基于实际的比热数据直接反演出声子谱。

本节我们试图从 YBCO 的比热的实验数据，通过带有消发散参数的严格解公式 (16.28) 获得它的声子谱。

16.2.1　比热-声子谱反演问题

假设晶格的重整化后的有效哈密顿量是 (16.1)，确定声子谱 $g(\omega)$ 的积分方程是 (16.2)，它带有渐近行为控制条件（ABC）(16.16)，那么 (16.2) 或 (16.18) 的严格解为 (16.28)。

正如 [3]、[4] 中指出的那样，在分母中的 Riemann ζ 函数 $\zeta(ik+1)$ 当 $s=0$ 时正好落在 Riemann 带（Riemann strip）中。Riemann 猜测是一个一百多年来尚未解决的问题。虽然在 Hadamard 的著名论文[10] 证明了对于 $z=ik$ 和 $z=1+ik$ 函数 $\zeta(z)$ 没有零点，但参数 s 对于消除 Fourier 变换中的发散仍然是需要的。因而在一般情况下，正如 [3]、[4] 证明了对 $0<s<D$ 存在唯一性定理，而且其结论可以独立于 Riemann 猜测和 Hadamard 的证明。

我们还可以证明，当 $0<s<D$ 时，严格解与 s 无关。本节还显示适当选择 s 对于控制渐近行为也是很有用的。基于公式 (16.28)，Einstein 谱和 Debye 谱分别都严格获得了，而且与 s 无关[3]。

Montroll[18]、Lifshitz[19] 和 Chamber[20] 的解是我们的 $s=1$ 的特殊情况。

当应用 SPI 公式到具体的体系时，人们将面对许多实际问题和困难。例如，如何从实验中区分等压比热 C_P 和等容比热 C_V？如何萃取晶格比热？最重要的问题是对病态积分方程如何处理不适定性问题。

作为首次尝试，我们选择对高温超导体（HTS）反演声子谱作为我们的课题，主要因为在几年中有多个对比热的杰出实验工作，如文献 [21]、[22]。

我们选择比热的实验数据的要求是适当的精确度（例如 10^{-4}）和覆盖广的温区。特别地，在低温区能够看到 $C_V \sim AT^{s2}$，同时在高温区 C_V 趋于常数，从而满足 Dulong-Petit 定律。我们发现 Bessergenev 等的关于 HTS 材料 YBCO 的比热工作 [21] 符合我们的要求，**非常关键的一点是在很宽的温区内材料的氧含量（the oxygen components）被高精度地控制。**

作为合理的近似，根据 Landau 和 Lifshitz 的分析，我们忽略固体中的 C_P 和 C_V 的差别 [23]。电子比热在高于临界温度时用 $C_{en} = \gamma T$ 从总比热中分离出来，低于临界温度，BCS 理论用来估计电子比热的贡献：

$$C_{es} = 3.15 t^{-3/2} e^{-1.764/t} \quad t < 0.17$$
$$C_{es} = 8.5 e^{-1.44/t} \qquad\quad 0.17 \leqslant t < 0.5$$
$$C_{es} = 2.43 + 3.77(t-1) \quad 0.5 \leqslant t < 1.0$$

其中，$t = T/T_c$。从而我们得到 YBCO 的声子比热的解析表达式

$$C_V(T) = a_1 T^{a_2} \exp\left(-\frac{a_3}{T+a_4}\right) \quad T < 16$$
$$C_V(T) = b_1 T \exp\left(-\frac{b_2}{T}\right) \qquad\quad 16 \leqslant T < 45$$
$$C_V(T) = \frac{c_1 - c_2}{\exp\left(\frac{T-X_0}{dx}\right)+1} + c_2 \qquad T \geqslant 45$$

其中，$a_1 = 0.17$、$a_2 = 2.0$、$a_3 = 117.7$、$a_4 = 20.0$、$b_1 = 2.8$、$b_2 = 50.7$、$c_1 = -1109.4$、$c_2 = 301.6$、$X_0 = -110.3$ 和 $dx = 105.0$。我们看到主要贡献来自两维特征，并且受控于热力学第三定律和 Dulong-Petit 定律。

第一类 Fredholm 积分方程（the first class of Fredholm integral equation）在数学中存在著名的病态问题（ill-posed problem），**虽然方程的解是存在唯一的，但输入的微小偏差可以导致输出的巨大差异**。许多工作致力于克服解的不稳定性（instability）困难，例如最大熵方法（maximum entropy method）、吉洪诺夫规整方法（Tikhonov regulation method）等。但是在 SPI 的研究中，问题的研究只局限于人造的"比热"。据我们的理解，在物理中唯一性与定义的函数类紧密相关。这一点在量子力学中的奇性态研究（studies on the singular states）中看到 [24,25]。为什么有些奇性态是物理的，而另外一些奇性态却不是？这决定于自然的规律。这些定律（例如正交判据）从函数类中选出了物理态。如果我们考虑声子谱是相对平滑的，那么极高频的震荡可以忽略，Hadamard 不适定性（Hadamard instability）就可以不在考虑之列。

在反演中的另一个主要困难是数据不完备性（the incompleteness of data）。实际上，人们不可能在整个温区 $0 \leqslant T \leqslant \infty$ 中获得实验数据。如果在这些极限区域没有补充的信息，解将是不确定的。比热-声子谱反演的重要优点是这些渐近行为可以从物理上获得控制：在超低温区受控于热力学第三定律，在高温区受制于 Dulong-Petit 定律。借助于这些定律，人们可以获得渐近的完备数据或信息。在我们的情况下，可以取 $s = 1.5$ 来改善收敛性。

乍看起来, 人们以为快速 Fourier 分析 (FFT) 在我们的情况下是强有力的。但后来发现 FFT 在 SPI 中并不奏效, 主要原因是在大于一定的 k 时, $\tilde{F}_0(k) \equiv \tilde{Q}_0(k)[\Gamma(ik + s + 2)\zeta(ik + s + 1)]^{-1}$ 可能上升, 它意味着计算精度不够, 因而人们在一定的 k 上切断。人们必须提高 $\tilde{Q}_0(k)$ 和它的分母的计算精度。但是当 $k \to \infty$ 时, 因子 $\Gamma(ik + s + 1)$ 并不趋于无穷大, 而是指数式地趋于零。

$$\Gamma(z) = A(s)^{s+\frac{1}{2}} e^{ik \ln A(s) + i(s+\frac{1}{2}) \tan^{-1}(\frac{k}{s+1}) - (ik+s+1)} \sqrt{2\pi} e^{-k \arctan(\frac{k}{s+1})} [1 + o(\frac{1}{z})] \tag{16.38}$$

其中, $A(s) = \sqrt{k^2 + (s+1)^2}$ 和 $z = ik + s + 1 = A(s) \exp[i \tan^{-1}(k/(s+1))]$。

我们发现下面的表达式是很有用的, 只须令 $z = ik + s + n + 1$ 和 $n = 9$ 保留前 5 项就可以获得 10^{-9} 的精度

$$\Gamma(ik + s + 1) = \frac{e^{-z} z^{z-\frac{1}{2}} \sqrt{2\pi}}{\prod\limits_{j=1}^{8} (ik + s + j)} \{1 + \frac{1}{12z} + \frac{1}{288z^2} - \frac{139}{51840z^3} - \frac{571}{2488320z^4} + o(z^{-5})\} \tag{16.39}$$

在计算 $\zeta(ik + s + 1)$ 时, 我们不用它的 Dirichlet 公式 $\zeta(z) = \sum_{n=1}^{\infty} 1/n^z$, 而运用 Hardy 公式 (1929), 它有效地改善其收敛性。

$$\zeta(z) = \frac{1}{1 - 2^{1-z}} \sum_{n=1}^{\infty} \left[\frac{1}{(2n-1)^z} - \frac{1}{(2n)^z} \right] \tag{16.40}$$

例如, 如果 $s = 1.5$ 取 1000 项, Hardy 公式和 Dirichlet 公式分别达到的精度为 $10^{-11.5}$ 和 10^{-3}。

改进了的存在唯一性定理

我们可以证明如下改进了的存在唯一性定理 (an improved unique existence theorem)。当 $C_V(T)$ 的渐近行为满足下列充分必要条件

$$|\tilde{Q}_0(k)| = o[|\zeta(ik + s + 1) \Gamma(ik + s + 2)|] = o[k^{s+\frac{1}{2}} e^{-k \tan^{-1}(\frac{k}{s+2})}] \tag{16.41}$$

反演方程 (16.18) 具有唯一的严格解 (16.28)。

文献 [3] 或 [4] 中的条件 (16.17) 实际上也是渐近行为控制条件。为行文方便计, 称它为 ABC-I, 它只是必要的, 而且是直接在 T 空间。

联合 ABC-I, 考虑到 $\tilde{K}_0(k)$ 的渐近行为和积分方程的可解条件 (16.41), 我们证明了这个定理。这两个条件的联合, 构成充分必要的。后者是在 k 空间。我们称它为 ABC-II。由于振荡的分母包含一个指数式地趋于零的因子, 分子趋于零必须快于分母。但是不能够要求有限精度的实验数据在大的 k 空间保证这样的渐近行为。这就是为何我们放弃了在大于某个 k 后对 $\tilde{F}_0(k)$ 的某些实际计算。最好的方式是减小在大 k 下 $\tilde{F}_0(k)$ 的权重。按照我们的定理, 我们只能在 $C_V(T)$ 满足条件 (16.41) 的函数类中求解。经过仔细地研究, 一

个最好的方式是将 $C_V(T)$ 或 $Q_0(x)$ 用一个函数系展开，它同时对于改善 $g(\omega)$ 的取样点的紧致性（the compactness of the sample points）是很有用的。

我们选取厄米函数系（Hermitian function set）作为基矢，因为它在 $(-\infty, \infty)$ 上是个正交完备归一系（a complete and orthonormal set），而且它的 Fourier 变换可以严格获得。

令

$$u_l(x) = \left(\frac{\alpha}{\sqrt{\pi}2^n\,l!}\right)^{1/2} e^{-\frac{1}{2}\alpha^2 x^2} H_l(\alpha x) \tag{16.42}$$

其中，$H_l(z)$ 为厄米多项式，$Q_0(x)$ 可以用 $\{u_l(x)\}$ 展开为

$$Q_0(x) = \sum_{l=0}^{n-1} c_l u_l(x) \tag{16.43}$$

和

$$\tilde{Q}_0(k) = \sum_{l=0}^{n-1} c_l \tilde{u}_l(k) \tag{16.44}$$

必须强调指出展式 (16.43) 自动保证 $\tilde{Q}_0(k)$ 满足渐近行为 (16.41)。

展式系数可以通过正交性获得：

$$c_l = \int_{-\infty}^{\infty} u_l(x) Q_0(x) \mathrm{d}x \tag{16.45}$$

非常有趣地注意到，我们获得了下列关于声子谱的一般解：

$$g(\omega) = \sum_{l=0}^{n-1} c_l\, G_l(\omega) \tag{16.46}$$

其中，$\{G_l(\omega)\}$ 是一个普适函数系（the universal function set），它与体系无关，并可以事先计算出来。

$$G_l(\omega) = \frac{1}{\omega} \int_{-\infty}^{\infty} \left(\frac{\omega}{T_0}\right)^{\mathrm{i}k+s} \frac{\tilde{u}_l(k)\mathrm{d}k}{\Gamma(\mathrm{i}k + s + 2)\zeta(\mathrm{i}k + s + 1)} \tag{16.47}$$

我们可以预先固定 s 和 T_0，例如取 $s = 1.5$、$T_0 = 50$ K。这意味着人们为了使用的目的，只须测量 $C_V(T)$ 数据，通过积分 (16.45)，获得展式系数 $\{c_l\}$。声子谱就可以通过和式 (16.46) 得到。

我们已经高精度地计算了这普适函数系 $\{G_l(\omega)\}$ 中的前几个普适函数，见图16.1。

16.2.2　结果与结论性评注

（1）计算步骤。

SPI 的实际计算步骤可以概述如下：

第一，将实验的晶格比热数据 $C_V(T)$ 输入到 (16.20) 中，计算出 $Q_0(x)$。

第二，将 $Q_0(x)$ 在厄米函数系 (16.42) 中展开，计算展式系数 $\{c_l\}$。

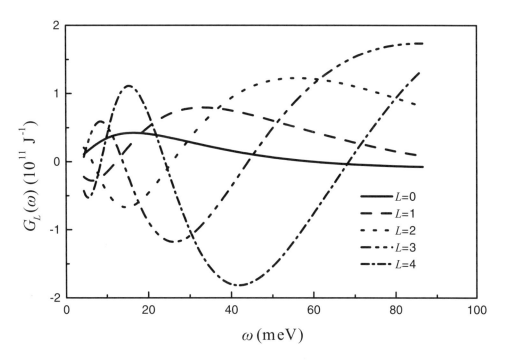

图 16.1　函数 $G_l(\omega)$ 的前 5 阶图示

第三，由 (16.46) 通过普适系 $\{G_l(\omega)\}$ 直接获得声子谱 $g(\omega)$。

(2) 数值结果。

输入 YBCO 的比热的实验数据[21]，考虑到存在唯一性定理与渐近行为控制，我们将得到的声子谱显示于图16.2 中，其中为了减少所需的基矢数目，我们取 $\alpha = 1.3$。结果显示：

第一，由反演公式得到 YBCO 的声子谱有一个声频的峰，它与由中子非弹性散射 (the neutron inelastic scattering)[26] 的实验结果在基本特征上符合得很好，包括它的位置（大约在 20 meV）和峰高。

第二，如所周知，声子谱随着氧含量而变化。即使对中子非弹性散射的结果，曲线的结构也是复杂的。我们期望 SPI 可以得到谱的平均的形态 (the average feature)。很有意思的是，我们的结果显示高频区有一个平台 (plateau)，它覆盖着从 40 meV 到 80 meV 的区域，正如中子非弹性散射实验所观察到的。这和实验[26] 结果定性上 相符。此外还有令人感兴趣的是，在约 50 meV 处存在一个肩膀或小峰的暗示，这也与实验在某种程度上相符。实际上，在高频区实验也显示一个峰。这是很容易理解的，因为在这个区域实验的精确度很低。因为方程 (16.18) 中的积分核

$$\left(\frac{\omega}{T}\right)^2 \frac{\exp(\omega/T)}{[\exp(\omega/T) - 1]^2}$$

指数式地下降，如果人们试图在高频区获得更多信息，就需要实验数据的更高精度。

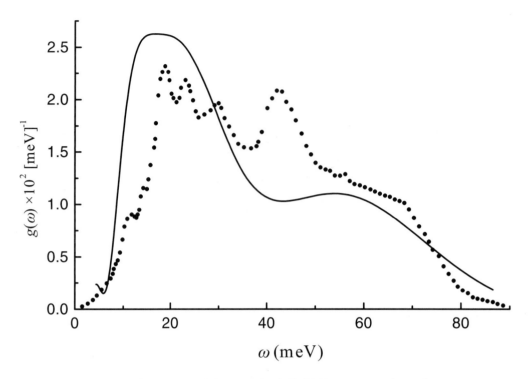

图 16.2　运用 UFS 方法获得的 YBCO 声子谱

最后，我们需要强调指出，**我们的 SPI 严格解公式是封闭的形式（closed form）**。
Einstein 谱和 Debye 谱都可以由它严格得出，包括 Debye 谱的切断因子 [3,4]。相比于陈
氏-Möbius 反演公式（Chen- Möbius inversion）[27]，是一个级数解，在其文章中虽然获得
了具有 ω^2 项的近似的声子谱，但未能获得切断因子。因此从这个意义上说，并没有获得
整个 Debye 谱。此外对于许多大的自然数 n，Möbius 函数（Möbius function）是未知的，
因为甚至不知它们是否为素数，也不知对它们如何作因子分解。从应用角度分析，在我们
的 SPI 公式里，人们只需要完成正反两次 Fourier 变换，而 Möbius 反演公式中，人们需
要作无穷次的正反 Laplace 变换（Laplace and inverse Laplace transformations），这使该
方法应用于数值计算中变得非常困难。

　　这是从比热数据中反演出声子谱的首次尝试。在克服一系列困难之后，由严格解
(16.18) 或 (16.46) – (16.47) 获得的结果与由中子非弹性散射的结果 [26] 符合得很好，从
而相信在物理中比热-声子谱反演是一个有希望的理论和方法。

　　总之，在本节中我们试图从实验的比热数据通过带有消发散参数的严格反演公式
(16.18) 获得 YBCO 的声子谱，获得的结果可以与有中子非弹性散射的相比拟。讨论了
比热-声子谱反演 (SPI) 的要点和一个渐近行为控制理论 (ABC)，展示了一个改进了的存
在唯一性定理。借助于普适函数系，我们只需对 $Q_0(x)$ 作正交展开。借助于渐近行为控制
和普适函数系，方程的病态问题和数据不完备性的困扰得以有效的缓解。

　　这是在具体的体系中实现比热-声子谱反演的首次成功尝试。

这里人们遇到一个跨世纪的难题：解的不适定性问题。一个关键性的突破是，由严格解公式本身，发现了渐近行为控制条件 ABC-II，从而创建了普适函数类方法 (UFS-H)，使得 SPI 研究工作取得关键性的突破。

16.3　Möbius 反演公式

非常有趣的是在比热-声子谱反演问题中，严格解与 Riemann ζ 函数 (Riemann zeta-function) 连在一起，而且我们也证明了它的严格解独立于 Riemann 猜测。Riemann ζ 函数和 Riemann 猜测两者在解析数论 (analytic number theory) 中是非常重要的。为了进一步研究，我们将引入 Möbius 函数 (Möbius function) 和 Möbius 反演公式 (Möbius inversion formula) 的一些结果，它们将与 Riemann ζ 函数密切相关。

16.3.1　Riemann ζ 函数和 Möbius 函数

Riemann ζ 函数，在解析数论中一个非常重要的函数，由 Dirichlet 级数 (Dirichlet series) 所定义

$$\zeta(z) = \sum_{n=1}^{\infty} \frac{1}{n^z} \tag{16.48}$$

或由 Euler 乘积 (Euler product) 所定义

$$\zeta(z) = \prod \left(\frac{1}{1 - p^{-z}} \right) \tag{16.49}$$

其中，p 取遍所有的素数（也称质数，primes）。

令 $z = x + \mathrm{i}y$，当 $x > 1$，这无穷积是绝对收敛的。因为

$$\sum_p \left| \frac{1}{p^z} \right| = \sum_p \frac{1}{p^x} \tag{16.50}$$

这仅是从级数 $\sum_{n=1}^{\infty} n^{-x}$ 中选出一些项。如果展开带有 p 的幂指数 p^{-z} 的因子，我们得到

$$\prod \left(1 + \frac{1}{p^z} + \frac{1}{p^{2z}} + \ldots \right) \tag{16.51}$$

形式地作乘法计算，我们得到级数 (16.48)。每一个素数在这个整数中仅能出现唯一的一次 (in just one way)，称之为素数唯一性定理。**(16.48) 和 (16.49) 的等价从而可作为素数的唯一性定理的解析表达。这就是为何 Riemann ζ 函数在解析数论中具有非常重要地位的原因。**

作为一个练习，人们很容易构建一个严格的证明。

Euler 仅在特殊的 z 的值考察 ζ 函数。正是 Riemann 率先将 $\zeta(z)$ 函数作为复变量的解析函数。

现在让我们从 Euler 乘积出发来定义 Möbius 函数（Möbius function）

$$\frac{1}{\zeta(z)} = \prod (1 - \frac{1}{p^z}) = 1 + \sum \frac{(-1)^r}{(p_1 p_2 \dots p_r)^z} = \sum_{n=1}^{\infty} \frac{\mu(n)}{n^z} \tag{16.52}$$

完成乘法计算，我们定义 Möbius 函数（Möbius function）：$\mu(1) = 1$；$\mu(n) = (-1)^r$，如果所有 r 个 p_k 都是不相同的；$\mu(n) = 0$，如果 r 个 p_k 有重复。

例如，我们有 $\mu(1) = 1$；$\mu(n) = -1$，当 n 是素数；$\mu(2) = \mu(3) = \mu(5) = \mu(7) = \mu(11) = \mu(13) = -1$； $\mu(6) = \mu(10) = \mu(14) = \mu(15) = \mu(21) = 1$；$\mu(8) = \mu(9) = \mu(16) = 0$，等等。

现在我们有一个重要的表达式，它可作为 Möbius 函数的定义

$$\frac{1}{\zeta(z)} = \sum_{n=1}^{\infty} \frac{\mu(n)}{n^z} \qquad (\Re(z) > 1) \tag{16.53}$$

16.3.2　Möbius 反演公式

让我们证明 Möbius 函数的一个简单性质，

$$\sum_{d|q} \mu(d) = \delta_{q,1} \tag{16.54}$$

其中，$\delta_{m,n}$ 是 Kronecker δ 符号。符号 $d|q$ 意思是 d 是 q 的一个因数（除数，因数，divisor）。

证明：根据 (16.48) 和 (16.53)，显然我们有

$$1 = \sum_{m=1}^{\infty} \frac{1}{m^z} \sum_{n=1}^{\infty} \frac{\mu(n)}{n^z} = \sum_{q=1}^{\infty} \frac{1}{q^z} \sum_{d|q} \mu(d) \tag{16.55}$$

它必须对所有的 z 成立，而且 $\sum_{d|q} \mu(d)$ 是 q 的函数，它必须是一个 Kronecker δ 符号，从而就得到这个性质。

人们可以通过下面的例子来理解这个性质。

$$\sum_{d|30} \mu(d) = \mu(1) + \mu(2) + \mu(3) + \mu(5) + \mu(6) + \mu(10) + \mu(15) + \mu(30) = 1 - 1 - 1 - 1 + 1 + 1 + 1 - 1 = 0$$

$$\tag{16.56}$$

这个简单性质可以给出如下数论中著名的 Möbius 反演公式（Möbius inversion formula）。

Möbius 反演公式　下面这组对偶表达式，联系着两个函数 $f(n)$ 和 $g(n)$（它们都是整数 n 的函数），就是著名的 Möbius 反演公式

$$g(q) = \sum_{d|q} f(d) \tag{16.57}$$

$$f(q) = \sum_{d|q} \mu\left(\frac{q}{d}\right) g(d) \tag{16.58}$$

证明：如果 f 已给定，而 g 由式 (16.57) 定义，那么 (16.58) 的右侧是

$$\sum_{d|q} \mu\left(\frac{q}{d}\right) \sum_{r|d} f(r) \tag{16.59}$$

如果 $r = q$，$f(q)$ 的系数是 $\mu(1) = 1$。如果 $r < q$，那么 $d = kr$。由于 $d|q$，从而 $kr|q$ 和 $k|\frac{q}{r}$。记 $k' = \frac{q}{d} = \frac{q}{kr}$ 和交换求和次序

$$\sum_{d|q} \mu\left(\frac{q}{d}\right) \sum_{r|d} f(r) = \sum_{r|d} \sum_{d|q} \mu\left(\frac{q}{d}\right) f(r) = \sum_{r|d} \sum_{k|\frac{q}{r}} \mu\left(\frac{q}{kr}\right) f(r) = \sum_{r|d} \sum_{k'|\frac{q}{r}} \mu(k') f(r) \tag{16.60}$$

$f(r)$ 的系数是

$$\sum_{k|\frac{q}{r}} \mu\left(\frac{q}{kr}\right) = \sum_{k'|\frac{q}{r}} \mu(k') = 0 \tag{16.61}$$

其中，已运用了性质 (16.54)。这就证明了 (16.58) 是 (16.57) 的解。通过相似的论证，人们还可证明它的反问题。

16.3.3 形变的 Möbius 反演公式

在物理中很多情况下物理量是连续的。现在人们试图在连续变量下推导对应的 Möbius 反演公式。我们下列的记号：$q \equiv n$。有

$$g(n) = \sum_{d|n} f(d) \tag{16.62}$$

如果 $d|n$，则 $n = d'd$ 和 $d'|n$，或者 $\frac{n}{d}|n$。故

$$f(n) = \sum_{d|n} \mu\left(\frac{n}{d}\right) g(d) = \sum_{\frac{n}{d}|n} \mu\left(\frac{n}{d}\right) g(d) = \sum_{d|n} \mu(d) g\left(\frac{n}{d}\right) \tag{16.63}$$

如用 ω 表示连续变量，它被分为 n 个间隔，并且有 $n \to \infty$，从而 $f(n/d) \to B(\omega/d)$ 和 $g(n/d) \to A(\omega/d)$。然后，Möbius 反演公式转化为如下形式。

$$A(\omega) = \sum_{n=1}^{\infty} B\left(\frac{\omega}{n}\right) \tag{16.64}$$

$$B(\omega) = \sum_{n=1}^{\infty} \mu(n) A\left(\frac{\omega}{n}\right) \tag{16.65}$$

这就是所谓形变的 Möbius 反演公式或 Möbius-Chen 公式。Chen [27] 首次到物理中应用它，并受到 Maddox 的高度赞赏[28]。这里我们引用其在文章 [27] 中的证明。

证明: 为保证收敛性, 人们加入了下列条件

$$|B(x)| \leqslant c\, x^{1+\epsilon}\ (x > 0) \tag{16.66}$$

其中, c 和 ϵ 是正常数。将 (16.64) 代入 (16.65), 从而 (16.65) 的右侧变为

$$\sum_{n=1}^{\infty} \sum_{m=1}^{\infty} \mu(n)\, B(\frac{\omega}{m\, n}) \tag{16.67}$$

考虑到条件 (16.66), 级数是绝对收敛的。因为

$$\sum_{n=1}^{\infty} \sum_{m=1}^{\infty} |\mu(n)\, B(\frac{\omega}{m\, n})| \leqslant \sum_{n=1}^{\infty} \sum_{m=1}^{\infty} c\, (\frac{\omega}{n\, m})^{1+\epsilon} \tag{16.68}$$

是收敛的。根据二重级数理论, 绝对收敛级数中的项可被任意组合。故

$$\sum_{n=1}^{\infty} \sum_{m=1}^{\infty} \mu(n)\, B(\frac{\omega}{m\, n}) = \sum_{n=1}^{\infty} \mu(n) \sum_{m=1}^{\infty} B(\frac{\omega}{m\, n}) = \sum_{k=1}^{\infty} \{\sum_{n} \mu(n)\} B(\frac{\omega}{n\, m})\, |_{n\, m=k} \tag{16.69}$$

根据 Möbius 函数的性质 (16.54), 有 $\sum_{n} \mu(n)|_{n\, m=k} \equiv \sum_{n|k} \mu(n) = \delta_{k,1}$
人们得证反演公式

$$\sum_{n=1}^{\infty} \sum_{m=1}^{\infty} \mu(n)\, B(\frac{\omega}{m\, n}) = \sum_{k=1}^{\infty} \{\sum_{n|k} \mu(n)\} B(\frac{\omega}{k}) = \sum_{k=1}^{\infty} \delta_{k,1}\, B(\frac{\omega}{k}) = B(\omega) \tag{16.70}$$

假设 $|A(x)| \leqslant c\, x^{1+\epsilon}$, 其反演公式可以由相似的方式获得论证。这个公式曾经在 Hardy 的书 [29] 中被证明过。

16.3.4 物理中的应用

形变的 Möbius 反演公式曾被用来求解 SPI 方程 (16.2) 和下列方程

$$C_{\mathrm{V}}(T) = k_{\mathrm{B}} \int_{0}^{\infty} \left(\frac{h\nu}{k_{\mathrm{B}}T}\right)^2 \frac{\mathrm{e}^{h\nu/k_{\mathrm{B}}T}}{(\mathrm{e}^{h\nu/k_{\mathrm{B}}T} - 1)^2} g(\nu)\mathrm{d}\nu \tag{16.71}$$

其中, ν 是声子频率, $g(\nu)$ 是归一化为 $3Nr$ 的声子谱。

$$\int_{0}^{\infty} g(\nu)\mathrm{d}\nu = 3Nr \tag{16.72}$$

其中, r 是每个分子的自由度 (the number of degrees of freedom per molecule)。引入一个称之为冷度 (coldness) 的量 $u = h/(k_{\mathrm{B}}T)$。方程化为

$$C_{\mathrm{V}}\{\frac{h}{k_{\mathrm{B}}\, u}\} = r\, k_{\mathrm{B}} \int_{0}^{\infty} \frac{(u\nu)^2\, \mathrm{e}^{u\nu}}{(\mathrm{e}^{u\nu} - 1)^2}\, g(\nu)\, \mathrm{d}\nu \tag{16.73}$$

记 $x = h\nu/(k_B T)$，根据简单的（但非 Taylor）展开式

$$\frac{\mathrm{e}^x}{(\mathrm{e}^x - 1)^2} \equiv -\frac{\mathrm{d}}{\mathrm{d}x}\{\frac{1}{\mathrm{e}^x - 1}\} = -\frac{\mathrm{d}}{\mathrm{d}x}[\sum_{n=0}^{\infty} \mathrm{e}^{-nx}] = \sum_{n=1}^{\infty} n\,\mathrm{e}^{-nx} \tag{16.74}$$

记 $\omega = n\nu$，我们有

$$C_V(\frac{h}{k_B u}) = r\,k_B\,u^2 \int_0^{\infty} \mathrm{e}^{-u\omega} \sum_{n=1}^{\infty} (\omega/n)^2\,g(\omega/n)\,\mathrm{d}\omega = r\,k_B\,u^2\,\mathcal{L}\,[G(\omega)] \tag{16.75}$$

其中

$$G(\omega) = \sum_{n=1}^{\infty} (\omega/n)^2\,g(\omega/n) \tag{16.76}$$

和 $\mathcal{L}$ 是 Laplace 变换算子（Laplace transformation operator）。Chen 运用形变了的 Möbius 反演公式 (16.64) 和 (16.65)，得出

$$g(\omega) = (\frac{1}{\omega})^2 \sum_{n=1}^{\infty} \mu(n)\,G(\omega/n) \tag{16.77}$$

考虑到 (16.75)，Chen 得到

$$g(\nu) = \frac{1}{r\,k_B\,\nu^2} \sum_{n=1}^{\infty} \mu(n)\,\mathcal{L}_n^{-1}\{\frac{C_V(\frac{h}{k_B u})}{u^2}\} \tag{16.78}$$

其中，反 Laplace 变换算子（inverse Laplace transformation operator $\mathcal{L}_n^{-1}$）将 u 空间换到 ν/n 空间。或者表示为

$$g(\nu) = \frac{1}{r\,k_B\nu^2} \sum_{n=1}^{\infty} \mu(n)\mathcal{L}^{-1}\left\{\frac{C_V\,(h/k_B u)}{u^2}, u \to \frac{\nu}{n}\right\} \tag{16.79}$$

这就是由 Möbius 反演公式得到的解[27]。

16.4　理论的统一

由于声子谱在固体的热力学性质和晶格动力学中的重要性，比热-声子谱反演问题得到了深入的理论研究。自 1989 年以来，一些文章发表致力于讨论 SPI 的一般解。它们致力于求解下列基本的积分方程 (16.2)，它在 $\hbar = k_B = 1$ 的单位制下变为

$$C_V(T) = \int_0^{\infty} \left(\frac{\omega}{T}\right)^2 \frac{\exp(\omega/T)}{[\exp(\omega/T) - 1]^2}g(\omega)\mathrm{d}\omega \tag{16.80}$$

它们中间有两个值得注意的研究分支。

Dai、Xu 和 Dai [3,4] 引入一个消发散技术（用参数 s）并用 Fourier 变换方法得到一个严格解公式，讨论了解的存在唯一性定理。Einstein 谱和 Debye 谱都可以由这个公式严格得到。Montroll [18]、Lifshitz [19] 和 Chambers [20] 得到的公式是该公式在 $s = 1$ 的特例。**SPI** 中的一类具体的严格解和相关的问题也可以由戴氏公式得到 [3,4,30,31]。最近它还用来由 YBCO 的实际比热数据成功地获得了声子谱 [17]。

1990 年 Chen [27] 引用形变了的 Möbius 反演公式，并用 Laplace 变换导出了形式上的级数解。陈氏很快得到许多关注 [28,32-34]，因为他引入了 Möbius 反演公式去求解物理中的反问题。若干年后，Einstein 谱由陈氏公式得到 [35]。最近，Debye 谱由明灯明等 [36] 用陈氏公式得到。以上两项工作间的不同点是显然的。首先，出发点是非常不同的。戴氏工作起源于对高温超导体（HTS）的机制的研究 [3,4]，而陈氏工作 [27] 与黑体辐射反问题有关 [5,7]。其次，虽然两者结果都与数论基础问题相联系，与陈氏 Möbius 反演公式不同，在戴氏严格解中有一个 Riemann ζ 函数（它在解析数论中是一个非常重要的函数）出现在公式的被积函数的分母中。我们引入参数 s，既使理论独立于未解决的 Riemann 猜测，同时又消除了发散。我们还随手给出了 Hadamard 证明 [10] 的一个简单的物理证明，同时还研究了渐近行为控制理论。撇开两种理论的不同之处，一个问题可能自然地产生了：它们之间存在着怎样的内在联系？是否可能从一个推导出另一个？这将成为下一节的主题。

16.4.1　由戴氏严格解推导陈氏公式

在文献 [3]、[4] 中得到了一个带有参数 s 由 (16.28) 表达的严格解公式，其中 $\Gamma(z)$ 和 $\zeta(z)$ 分别为 Γ 函数和 Riemann ζ 函数，$\tilde{Q}_0(k)$ 是 $Q_0(x) = C_V(e^x) e^{-sx}$ 的 Fourier 变换

$$\tilde{Q}_0(k) = \frac{1}{2\pi} \int_{-\infty}^{+\infty} e^{-ikx} Q_0(x) \mathrm{d}x = \frac{1}{2\pi} \int_0^{+\infty} u^{ik+s-1} C_V(1/u) \mathrm{d}u \qquad (16.81)$$

引入消发散参数 s，同时也基于避开未解决的 Riemann 猜测，通过物理分析，$C_V(T)$ 的渐近行为显示于 (16.16)，而 $s_1 = 0$ 是由于 Dulong-Petit 定律。通常 $s_2 = D$，其中 sD 是体系的维度。为了保证 Fourier 变换的存在，必须取 s 为

$$0 \leqslant s_1 < s < s_2 \qquad (16.82)$$

值得指出，这个条件也保证了分母中的 $\zeta(ik + s + 1)$ 没有零点，因此我们的理论的正确性（validity）将**独立于** Riemann 猜测和 Hadamard 的证明 [10]。

我们还可以有下列**存在唯一性定理**：当 $C_V(T)$ 的渐近行为满足必要和充分条件 (16.41) 和 (16.82)，反演方程 (16.80) 确实具有唯一严格解 (16.28)。这些渐近行为控制条件 (ABC conditions) (16.41) 和 (16.82)，对从真实材料的测量比热中获得声子态密度是极其重要

的。我们注意到计算结果 $g(\omega)$ 将不依赖于（在某一区域内的）s 的选取的，但还不清楚为什么和如何在戴氏公式的参数 s 并不影响最后结果。我们将在后面再回到这个问题。

在 [27] 中，Chen 独立地证明了 Hardy [29] 书上的形变了的 Möbius 反演公式，并首次将它用来获得一个求解公式 (16.79)，即

$$g(\omega) = \frac{1}{\omega^2} \sum_{n=1}^{\infty} \mu(n) \mathcal{L}^{-1} \left\{ \frac{C_V(1/u)}{u^2}, u \to \frac{\omega}{n} \right\} \tag{16.83}$$

其中，$\mathcal{L}^{-1}[...]$ 是反 Laplace 变换，它将 u 空间转换到 ω 空间，并且 $\mu(n)$ 是 Möbius 函数。陈的求解公式包含着无穷多个反 Laplace 变换。虽然 $\mu(n)$ 总是取三个可能的数值 $\{-1, 0, +1\}$ 中的一个，对于大的 n，很难求出严格的 $\mu(n)$ 的值。

此外，函数 $\mathcal{L}^{-1} \left\{ \frac{C_V(1/u)}{u^2}, u \to \frac{\omega}{n} \right\}$ 对 n 的依赖关系不容易确定，因而看来很难讨论在方程 (16.79) 中的级数的收敛性和存在唯一性定理。在推导之前我们首先给出反 Laplace 变换的一个定理（其详细证明将在本节末中给出）。

定理 反 Laplace 变换的一个新表示。

令 $f(u)(0 < u < \infty)$ 为 u 的函数，具有下列渐近行为

$$\begin{aligned} f(u) &\sim C_1 \frac{1}{u^{1+\nu_1}} && (u \to 0) \\ f(u) &\sim C_2 \frac{1}{u^{1+\nu_2}} && (u \to \infty) \end{aligned} \tag{16.84}$$

其中，$\nu_1 < \nu_2 \leqslant \infty$，$C_1$ 和 C_2 为常数，并假设 $f(u)$ 可被解析开拓到 p 的右半复平面成为 $f(p)$，它具有渐近行为：$|f(p)| \to 0$，当 $|p| \to \infty$，对于 $-\frac{\pi}{2} < \text{Arg}(p) < \frac{\pi}{2}$（我们已经对实轴取 $\text{Arg}(p) = 0$）。

定义

$$F(\omega) = \frac{1}{2\pi} \int_{-\infty}^{+\infty} \frac{\omega^{ik+\nu}}{\Gamma(ik + \nu + 1)} \mathrm{d}k \int_{0}^{+\infty} u^{ik+\nu} f(u) \mathrm{d}u \tag{16.85}$$

如果

$$\nu_1 < \nu < \nu_2 \tag{16.86}$$

则

$$F(\omega) = \mathcal{L}^{-1} \{ f(p), p \to \omega \} \tag{16.87}$$

注意 Riemann ζ 函数存在于戴氏公式的分母中，利用 Riemann ζ 函数的一个著名级数展开式 $\zeta^{-1}(z)$ (16.53)。在公式 (16.53) 中，令 $z = ik + s + 1$，并将它代入戴氏公式 (16.28)，对 $s > 0$，我们有

$$\begin{aligned} g(\omega) &= \frac{1}{\omega} \int_{-\infty}^{+\infty} \frac{\omega^{ik+s} \tilde{Q}(k)}{\Gamma(ik + s + 2)} \left(\sum_{n=1}^{\infty} \frac{\mu(n)}{n^{ik+s+1}} \right) \mathrm{d}k \\ &= \sum_{n=1}^{\infty} \int_{0}^{\infty} u_n(k) \, \mathrm{d}k \\ &= \frac{1}{\omega} \sum_{n=1}^{\infty} \mu(n) \int_{-\infty}^{+\infty} \frac{\omega^{ik+s} \tilde{Q}(k)}{n^{ik+s+1} \Gamma(ik + s + 2)} \mathrm{d}k \end{aligned} \tag{16.88}$$

因为在被积函数中的级数是绝对收敛而且一致收敛（convergent absolutely and uniformly），因而可作逐项积分并收敛于这个和。函数类的控制条件 (16.41) 保证了积分的存在性。根据定义 (16.81)，我们有

$$g(\omega) = \frac{1}{\omega^2} \sum_{n=1}^{\infty} \mu(n) \frac{1}{2\pi} \int_{-\infty}^{+\infty} \frac{\left(\frac{\omega}{n}\right)^{ik+s+1}}{\Gamma(ik+s+2)} dk \left\{ \int_0^{+\infty} u^{ik+s-1} C_V(1/u) du \right\} \tag{16.89}$$

由于渐近行为控制条件 (16.82)，积分 $\int_0^{\infty} u^{ik+s-1} C_V(1/u) du$ 存在。因而

$$g(\omega) = \frac{1}{\omega^2} \sum_{n=1}^{\infty} \mu(n) G\left(\frac{\omega}{n}\right) \tag{16.90}$$

其中

$$G(\omega) = \frac{1}{2\pi} \int_{-\infty}^{+\infty} \frac{\omega^{ik+s+1}}{\Gamma(ik+s+2)} dk \left\{ \int_0^{+\infty} u^{ik+s+1} \frac{C_V(1/u)}{u^2} du \right\} \tag{16.91}$$

再次运用函数类控制条件 (16.41)，导致 $G(\omega)$ 和所有的 $\{G(\frac{\omega}{n})\}$ 存在。运用定理 (16.87)，令 $f(u) = C_V(1/u)/u^2$ 和 $\nu = s+1$，不难核对 $f(u)$ 满足定理所要求的条件。根据 (16.82)、(16.41)，人们发现 $\nu_1 = s_1 + 1$，$\nu_2 = s_2 + 1$ 和 $\nu_1 < \nu < \nu_2$，

$$G(\omega) = \mathcal{L}^{-1} \left\{ \frac{C_V(1/u)}{u^2}, u \to \omega \right\} \tag{16.92}$$

联合等式 (16.90) 和 (16.92)，导出了陈氏求解公式 (16.83)。

我们已经指出戴氏公式的结果是与 s 无关的，因为变换是一一对应的，而且是可逆的。这里我们明确地显示了结果与 s 的无关性。我们也证明了：当比热 $C_V(T)$ 满足渐近行为控制条件时，陈氏解才存在且唯一，级数才收敛。在推导过程中，戴氏的 ABC 条件 (16.82) 和 (16.41) 是本质性的（essential）。这些条件保证了陈氏解式中的级数的收敛性和它的存在唯一性定理，那是以前从未证明过的。

陈氏公式的成立条件

形变的 Möbius 反演公式，是一个数学公式，正如 Hardy [29] 和 Chen [27] 分别独立证明的那样，只要满足数学条件 (16.66) 就可成立，并保证级数的收敛性。但是，试图作为比热声子谱反演问题的解的陈氏公式 (16.79) 就不同了，它作为在物理中的应用，包含着物理数据的输入，这些数据是否能保证级数解的收敛性是极其重要的。一个未能给出解的收敛条件在物理上是无法应用的，所以寻求解的收敛条件是非常重要的。

正如上面推导中指出的，也是论文 [37] 所论证的：这个收敛条件，就是比热的渐近行为控制条件 ABC-I 和 ABC-II，它们联合成整体，作为收敛的充分必要条件。

换言之，只有当比热满足这些渐近行为控制条件时，陈氏解式才是正确的，并成为戴氏公式 [3] 的一个特殊表示。

从实际应用角度，T 空间的 ABC 条件比较容易理解和运用，而 k 空间的 ABC 条件不容易直接从实验数据看出来，因为实验的精度和温区都有限，无法控制 k 空间的渐近行为。正因为如此，我们先前的数值计算都遇到困难。后来发现，积分方程的边值条件是内含的，才得到 k 空间的 ABC 条件，从而得以峰回路转。

16.4.2　结论性评注

在比热-声子谱反演问题 (SPI) 中，运用形变的 Möbius 反演公式的陈氏解式 [27] 曾受到高度的赞扬。而早些时候，戴氏严格解公式，带有消发散参数 s，已经成功地获得一系列严格解 [3,4]，后来还被用来由 YBCO 的比热数据获得声子谱。正如本节中所阐述的，我们还证明 [37]：利用反 Laplace 变换的一个新的积分表示和 Riemann ζ 函数的一些性质，从戴氏公式导出陈氏解式。此外，还得到了它的存在唯一性定理和级数的成立条件，同时还指出戴氏的参数 s 和渐近行为控制条件在推导中是至关重要的。[37] 后来被《现代物理评论》中以黎曼猜测的物理学为题的文章 [14] 所引用。

(1) 比较这两个公式，在 Möbius-Chen 反演公式中，需要无穷多个反 Laplace 变换，而戴氏公式只需作一次积分，因而在应用中是很有用的。

(2) 在这些逆问题中，解的稳定性问题是非常重要的。戴氏的工作发展了渐近行为控制理论，并被应用来实现从实际数据的反演，经过 10 年的努力 [17] 首次获得的结果可以与中子非弹性散射的实验结果可比拟。病态问题在某种程度上得以缓解。

(3) 戴氏理论还建议和研究了下列新的反问题。

第一，比辐射率反演问题 (the inverse emissivity problem) [38]；

第二，广义比辐射率反演问题 (the generalized inverse emissivity problem) [39]；

第三，透射率反演问题 (the inverse transmissivity problem) [40]；

第四，黑体辐射反问题 (the inverse black-body radiation problem) [41]。

(4) 由戴氏理论发展了不同的方法和表示。

第一，普适函数类方法 (universal function set (UFS) method) [17,42]。

第二，Riemann-Laguerre 表示 (Riemann-Laguerre representation) [43]。

第三，Mellin 变换方法 (Mellin transformation method)。

所有这些方法和表示，均在 ABC 条件下由戴氏公式和理论导出，包括 Möbius-Chen 公式。还首次给出级数解的收敛条件 [37]。

理论的统一就这样实现了。

16.4.3　定理：反 Laplace 变换的一个新表示的证明

为证明这个定理，我们注意到，因为 $f(u)$ 可以解析开拓到右半 p 复平面，变为 $f(p)$，则 $f(u)$ 可以由 Cauchy 积分表示为

$$f(u) = \frac{1}{2\pi\mathrm{i}} \int_{\Gamma} \frac{f(p)}{p - u} \mathrm{d}p \qquad (0 < \Re p < u) \tag{16.93}$$

其中，选取的积分回道 Γ 由垂直的直线（$\gamma + \mathrm{i}y$，γ 是一常数，y 是实数，$-\infty < y < \infty$），加上一个半圆 C_R（$p = R\mathrm{e}^{\mathrm{i}\theta}, -\frac{\pi}{2} \leqslant \theta \leqslant \frac{\pi}{2}$）构成。因为在右半 p 复平面，$|f(p)| \to 0$（当 $|p| \to \infty$），很容易验证沿着这半圆 C_R 的积分当半径趋于无穷而趋于零。从而，这回道积分简化为沿垂直线的积分

$$f(u) = \frac{1}{2\pi\mathrm{i}} \int_{\gamma - \mathrm{i}\infty}^{\gamma + \mathrm{i}\infty} \frac{f(p)}{u - p} \mathrm{d}p \qquad (0 < \gamma < u) \tag{16.94}$$

将因子 $\frac{1}{u-p}$ 代以 $\int_0^{+\infty} \mathrm{e}^{(p-u)v}\mathrm{d}v$（注意：$0 < \Re p = \gamma < u$），则

$$f(u) = \frac{1}{2\pi\mathrm{i}} \int_{\gamma - \mathrm{i}\infty}^{\gamma + \mathrm{i}\infty} \mathrm{d}p f(p) \int_0^{+\infty} \mathrm{e}^{(p-u)v}\mathrm{d}v \tag{16.95}$$

条件 (16.84) 和 (16.86) 保证了在等式 (16.85) 中的对 u 的积分的存在。将 (16.95) 代入 (16.85)，我们得到

$$
\begin{aligned}
F(\omega) &= \frac{1}{2\pi} \int_{-\infty}^{+\infty} \mathrm{d}k \frac{\omega^{\mathrm{i}k+\nu}}{\Gamma(\mathrm{i}k + \nu + 1)} \lim_{\varepsilon \to 0} \int_{\varepsilon}^{+\infty} \mathrm{d}u\, u^{\mathrm{i}k+\nu} \\
&\quad \times \frac{1}{2\pi\mathrm{i}} \int_{\gamma - \mathrm{i}\infty}^{\gamma + \mathrm{i}\infty} \mathrm{d}p f(p) \int_0^{+\infty} \mathrm{e}^{(p-u)v}\mathrm{d}v \\
&= \frac{1}{2\pi\mathrm{i}} \int_{\gamma - \mathrm{i}\infty}^{\gamma + \mathrm{i}\infty} \mathrm{d}p f(p) \frac{1}{2\pi} \int_{-\infty}^{+\infty} \mathrm{d}k \frac{\omega^{\mathrm{i}k+\nu}}{\Gamma(\mathrm{i}k + \nu + 1)} \\
&\quad \times \lim_{\varepsilon \to 0} \int_{\varepsilon}^{+\infty} \mathrm{d}u\, u^{\mathrm{i}k+\nu} \int_0^{+\infty} \mathrm{e}^{(p-u)v}\mathrm{d}v
\end{aligned}
\tag{16.96}
$$

其中，γ 取为 $0 < \gamma < \varepsilon$。交换对 u 和 v 的积分次序，完成对 u 的积分，得

$$F(\omega) = \frac{1}{2\pi\mathrm{i}} \int_{\gamma - \mathrm{i}\infty}^{\gamma + \mathrm{i}\infty} \mathrm{d}p f(p) \int_0^{+\infty} \mathrm{e}^{pv}\mathrm{d}v \frac{1}{2\pi v} \int_{-\infty}^{+\infty} \mathrm{d}k \left(\frac{\omega}{v}\right)^{\mathrm{i}k+\nu} \tag{16.97}$$

其中，我们已经交换了对 v 和 k 的积分次序。现在因为因子 ε 已经消失，我们可以选任意一个 $\gamma > 0$。利用 delta 函数的定义 $\delta(x) = \frac{1}{2\pi} \int_{-\infty}^{+\infty} \mathrm{e}^{\mathrm{i}kx}\mathrm{d}k$ 和等式 $\frac{1}{2\pi} \int_{-\infty}^{+\infty} x^{\mathrm{i}k}\mathrm{d}k = \delta(\ln x) = \delta(x - 1)$　$(x > 0)$，有

$$
\begin{aligned}
F(\omega) &= \frac{1}{2\pi\mathrm{i}} \int_{\gamma - \mathrm{i}\infty}^{\gamma + \mathrm{i}\infty} \mathrm{d}p f(p) \left\{ \int_0^{+\infty} \mathrm{e}^{pv} \frac{\omega^{\nu}}{v^{\nu+1}} v \delta(\omega - v)\mathrm{d}v \right\} \\
&= \frac{1}{2\pi\mathrm{i}} \int_{\gamma - \mathrm{i}\infty}^{\gamma + \mathrm{i}\infty} f(p)\mathrm{e}^{p\omega}\mathrm{d}p \qquad (\gamma > 0) \\
&= \mathcal{L}^{-1}[f(u), u \to \omega]
\end{aligned}
\tag{16.98}
$$

证毕。

16.5 SPI 目标的完整实现：钨酸锆的热力学函数

从单个样品的一个实验中去获得最大数量的信息自然是非常令人感兴趣的。仅从样品的比热或热容量数据得到该体系的所有的热力学性质，关键在于得到它的与温度无关的能谱，但是所有的实际能谱测量都是依赖于温度的。一个有希望得到与温度无关的能谱的方法是求解比热-声子谱反演（SPI）问题。这里我们将展示：通过发展一个新方法，得到了负热膨胀率的材料 ZrW_2O_8 的与温度无关的，而且几乎与方法无关的声子谱。因而所有的热力学性质，包括热力势、熵、Helmholtz 自由能等都仅由热容量得到。

在 100 多年前，Gibbs 以他的发表于 1902 年的经典著作 [44] 奠定了统计物理基础。实际上，他瞄准从统计物理推导出热力学定律，推导非常成功。在推导中，能量（在量子统计中相应的能谱）是与温度无关的。这是必须且是自然的。但实际上所有的测量都是在有限温度下做的，例如声子谱就是从中子非弹性散射中获得的 [45]，所以获得与温度无关的能谱对任何材料都是非常困难的。因而非常有必要去寻求一个方式或方法（way）直接考核 Gibbs 统计的基础。

早在 1989 年，笔者 [3,4] 已经强调指出，如果声子谱与温度有关，那么就不能够保证满足热力学定律（包括各热力学关系）。我们在此建议一个解决这问题的可能途径，即求解比热- 声子谱反演（SPI）问题，获得与温度无关的声子谱：不直接测量能谱，而从比热的数据反演得到。这也是迄今获得严格与温度无关的能谱的唯一途径。

为何能谱的温度无关性如此重要呢？

首先，因为热力学定律是必须满足的，所以理论结构必须与实验一致。

其次，获得与温度无关的能谱后，允许研究其他热力学量。我们称它为材料的全息性（holographic）研究。例如，通过高温超导体 YBCO 的比热获得它的声子谱。注意，这是在没有改变样品的情况下实现的，与中子非弹性散射测量声子谱方法不同，后者可能改变样品的某些物理性质，如 T_c 和 j_c 等。

最后，与温度无关的声子谱还可以用来研究超低温（超出实验范围）下的物性。

第一个从实验比热数据反演出声子谱是我们研究组在 1999 年就 YBCO 用**一种**方法实现的 [17]。这里我们对另一体系 ZrW_2O_8（它具有负的热膨胀系数）获得与温度无关的声子谱, 并且所得结果几乎与方法无关。

16.5.1 SPI 的严格解公式

热容的表达式从已知的声子谱出发计算热容 C_V，结果是稳定的。SPI 将热容的表达式反过来作为求声子谱的积分方程，但当已知 C_V 反演产生声子谱，却往往是不稳定的，而且必须运用很强的物理和数学的约束（constraints）去产生有意义的解。Dai 等 [3] 得到

SPI 的存在唯一的严格解

$$g(\omega) = \frac{1}{k_{\mathrm{B}}\omega} \int_{-\infty}^{\infty} \left(\frac{\hbar\omega}{k_{\mathrm{B}}T_0}\right)^{ik+s} \frac{\tilde{Q}_0(k)\mathrm{d}k}{\zeta(ik+s+1)\Gamma(ik+s+2)} \tag{16.99}$$

其中，$\hbar$、k_{B} 和 ω 分别为 Planck 常数、Boltzmann 常数和圆频率。$\zeta(z)$ 和 $\Gamma(z)$ 为 Riemann ζ 函数和 gamma 函数。$\tilde{Q}_0(k)$ 是 $Q_0(x) \equiv C_{\mathrm{V}}(T_0 e^x)e^{-sx}$ 的 Fourier 变换，其中，T_0 是一个温度量纲的参数。方程 (16.99) 要求 $C_{\mathrm{V}}(T)$ 满足渐近行为控制条件 I——ABC-I：

$$C_{\mathrm{V}}(T) \sim AT^{s_1} \quad (T \to \infty), \qquad \sim BT^{s_2} \quad (T \to 0), \qquad 0 \leqslant s_1 < s < s_2 = D \tag{16.100}$$

和渐近行为控制条件 II——ABC-II：

$$|\tilde{Q}_0(k)| = o\big[|\zeta(ik+s+1)\,\Gamma(ik+s+2)|\big] = o\big[k^{s+\frac{1}{2}}\,e^{-k\tan^{-1}(\frac{k}{s+2})}\big] \tag{16.101}$$

笔者引入参数 s 去避开 Riemann ζ 函数的零点，取 (16.100) 所示的值去绕过 Riemann 猜测[11]，并可给出 Hadamard 定理[10]的简明证明，同时也消除 $\tilde{Q}_0(k)$ 的发散。这个严格解也称之为"带有消发散参数 s 的严格解公式"。

一个运用形变了的 Möbius 公式的解被 Chen[27] 得到，鉴于它的新鲜性（novelty），在 *Nature*[28] 中，Maddox 说："正如从帽子里变出兔子来那样，Chen 将 $g(\nu)$ 直接联系于表示比热的幂级数的测量的系数。"但是，一个非常有实际意义的"兔子"经由戴氏严格解公式 (16.99)[3]，在经过 10 年的努力后出现了，见 [17]，因为人们在任何实际反演中必须面对数学上一个艰难问题：解的不适定性问题。

在一系列研究中，笔者从戴氏严格解公式 (16.99) 导出陈氏公式，并且笔者[37]还发现只有在渐近行为控制（ABC）条件下陈氏级数才收敛，从而在一类反问题中两种理论被统一起来。笔者[36]也从陈氏求解公式 (16.99) 首次得到一族严格解，并首次获得严格的 Debye 谱。笔者还建议和研究了比辐射率反演问题（the inverse emissivity problem）[38]、广义比辐射率反演问题（the generalized inverse emissivity problem）[39] 和透射率反演问题（the inverse transmissivity problem）[40]。

16.5.2　不适定性的分类与限制

在逆问题研究中，不适定性是一个研究前沿，并呈现为非常困难的问题：输入的微小偏差可以导致输出的巨大偏差，即使我们可以证明严格而且唯一的解的存在。对此问题人们已经发表了一些研究工作，例如 Lakhtakia[46] 导出一系列和规则。但是，没有人寻出一条路径在实际中运用这些技术。笔者知道这个问题不可能在通常意义下解决，笔者能够做的是先运用物理和数学的约束去管控（regularize）这些不适定性。

按来源可将出现在逆问题中的不适定性分为三类：Hadamard 不适定性（Hadamard instability）、数据不完备性（the data incompleteness instability）和方法依赖性导致的不适定性（method-dependent instability）。

第一类，Hadamard 不适定性。在第一类 Fredholm 方程中，任何具有极高频率的偏差将对 Riemann 积分没有任何贡献。我们称这种效应为 Hadamard 不适定性。这种不适定性是永远存在的。但是，我们只限于寻求反映总体特征（global features）的解，因而解必须限制在没有极高频振荡的函数类中。

第二类，数据不完备性。实际上，许多反问题的数据总是不完备的。例如，人们不可能测量到所有温度的 $C_V(T)$。改善这状况的方式包括扩展实验的温度范围、减小来自那些 $C_V(T)$ 未知区域的贡献的权重和以可接受的方式运用物理和数学的约束来外推那些不完备的数据。我们在 [3] 和 [17] 中发展了渐近行为控制 (ABC) 理论。其要点如下：

(a) 借助于 Dulong-Petit 定律和热力学第三定律，选取参数 s，我们可以减小来自不完备数据区域的权重。

(b) 我们要求 $\tilde{Q}_0(k)$ 满足 ABC-II，即（16.101）。

最后一个要求在大 k 时 $\tilde{Q}_0(k)$ 趋于零必须是快于指数式的，但实验的精度是远远不足以直接满足这一要求的。条件 ABC-II 是非常特别的，因为它不是定义在 T 空间而在 k 空间的，因而它是积分形式的，而且来自物理本身的边界条件。在量子力学奇性态研究中[25]，我们发现类似地有物理要求的特殊的正交条件（orthogonality conditions）。在现在的情况，物理表现为 SPI 的积分方程，由此导致 ABC 条件。这些条件指明为何在 SPI 中的许多努力都没有成功，因为来自实验的数据本身 $\tilde{Q}_0(k)$ 不可能快于指数式趋于零。实际上，ABC 理论指出 ABC 条件必须事先满足，然后约束适当的求解方法。

第三类，方法依赖性导致的不适定性。不同的方法可以导致结果的巨大差异。一个非常重要的研究方向是如何减小这些变化，并且寻求适当的方法去获得自洽的结果。遵照我们的 ABC 理论，我们已经发展了基于厄米函数系的普适函数系方法（UFS-H）[17]。这里我们将阐明一个新的方法，并指出这新的方法满足所有的 ABC 条件，而且给出相融洽的结果。

16.5.3　DMF 方法

为事先满足 ABC 条件，我们选择一个适当的函数系，依次满足这些条件。经过仔细寻找，作为一种可能的选择，我们发现下列新函数系 $\{\mathcal{D}_m(x), \mathcal{D}_m^*(x)\}$，$m = 0, 1, 2\cdots$。我们称它为 **DM 函数系**（**DM function set**），其中

$$\mathcal{D}_m(x) \equiv \sqrt{\frac{\xi}{2\pi}}\left(\frac{2}{\xi - 2\mathrm{i}x}\right)\left(\frac{-\xi - 2\mathrm{i}x}{\xi - 2\mathrm{i}x}\right)^m \tag{16.102}$$

这里，ξ 是一实参数。我们可以证明该函数系具有下列性质：

（1）它是完备的正交归一系。

（2）展开 $Q_0(x)$，如果我们取 $\xi > \pi$，可以证明它们逐项满足 ABC-II 条件 (16.101)。

根据严格解公式 (16.99)，ABC 理论和并运用 DM 函数系，我们得到声子谱

$$g(\omega) = \mathrm{Re}\left[\sum_{m=0}^{\infty} C_m G_m(\omega)\right] \tag{16.103}$$

其中

$$G_m(\omega) = \frac{2}{k_B \omega} \int_0^{\infty} \left(\frac{\hbar\omega}{k_B T_0}\right)^{ik+s} \frac{\mathcal{L}_m(\xi k)\mathrm{d}k}{\zeta(ik+s+1)\Gamma(ik+s+2)} \tag{16.104}$$

$\{G_m(\omega)\}$ 构成了一组严格解，而 $\mathcal{L}_m(\xi k)$ 是 Laguerre 函数（Laguerre functions）

$$\mathcal{L}_m(\xi k) = \sqrt{\xi}\exp\left(-\frac{\xi k}{2}\right)\sum_{l=0}^{m}(-1)^l \frac{m!}{l!(m-l)!}\frac{(\xi k)^l}{l!} \tag{16.105}$$

$G_m(\omega)$ 是纯数学的（与物理体系无关），所以它们可以事先用计算机作好高精度计算。系数可以通过下列公式计算

$$C_m = \int_{-\infty}^{\infty} \mathcal{D}_m^*(x)Q_0(x)\mathrm{d}x \tag{16.106}$$

一旦获得这些系数，声子谱就可以由表达式 (16.103) 得到。由于运用了 DM 函数系，我们称这套方法为 **DMF 方法**（DMF method）。

16.5.4　ZrW_2O_8 的"全息性"研究

如所周知，热力学将宏观体系的具体特征归结（attributes）为它的态方程（state equation）和比热（specific heat）。这是诸多热力学著作和教材中一个标准陈述。但是，通过这项研究，我们将建议对此标准陈述作必要的修正：对某些体系，所有的热力学量可以从单一比热得到，并将提供一个具体的例子。

SPI 允许研究某些体系的其他热力学量，导致我们称之为材料的"全息性研究"，犹如全息照相，将能谱映照到其他热力学量中去。人们可以从单个样品在特殊的物理条件下的实验数据（指比热）中获得更多的信息。

最近人们对负热膨胀率（negative thermal expansion）材料钨酸锆（ZrW_2O_8）产生浓厚的共同兴趣，并发表了一系列杰出的研究论文[47,48]。考虑到它的重要性和共同的兴趣，我们就选用这一材料来用 SPI 作全息研究。

为了实现与温度无关的声子谱，杨百翰大学（BYU）的 Stevens 和 Goates 贡献了他们得到的 ZrW_2O_8 的高精度热容量的实验数据。根据实验数据，同时运用我们发展的 DMF 和 UFS-H 方法，获得了 ZrW_2O_8 的声子谱。结果显示于图 16.3 中。

SPI 工作中，一个非常重要的环节，是将实测的比热数据如实地输入。为此需要将它分段拟合成光滑的解析表达式。对我们的情况，低温下幂函数拟合，直接用了 origin 软件里的幂函数拟合功能；在高温区（指大于 300 K），考虑渐近行为控制，我们利用

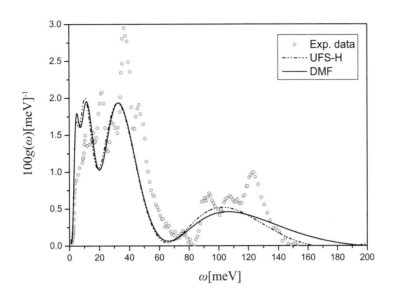

图 16.3 由 DMF 和 UFS-H 得到的 ZrW_2O_8 的声子谱。实线是通过实验热容量数据由 DMF 方法得到的 ZrW_2O_8 的与温度无关的声子谱，虚线表示通过 UFS-H 方法反演得到的结果。为作比较，同时用小圆圈标出在 300 K 温度下中子非弹性实验数据。声子谱实验数据引自文献 [45]

Riemman zeta 函数系来通过最小二乘法来拟合。为了能够高精度求解代数方程组，我们用了 Mathematica 求解，并启用有理模式（rationalize），将数字化为分数，这样虽然须要花费较多的计算时间，但可以保证高的计算精度。为进一步的比较，中子非弹性散射的在 300 K 下的声子谱（引自文献 [45]）也显示于图 16.3 中。

图16.3指出，来自这两种不同方法所得的结果是相符的，而且几乎是与方法无关的。这意味着第三类不适定性已被控制或解决了。联合这里显示的两个反演方法，这些结果也显示渐近行为控制的重要性。

针对单个样品，从单个物理量实验测量中获取尽可能多的信息的物理观念，就是上面所指的全息性研究。由中子非弹性散射所得的声子谱是与温度有关的，因而不能基于由中子非弹性散射所得的结果去直接计算其他的热力学量。但是，由 SPI 获得声子谱是与温度无关的，这允许我们发展对 ZrW_2O_8 的全息性研究。所有与该声子体系相关的热力学量，诸如热力势（thermodynamic potential）Ω、熵（entropy）S、内能（internal energy）、Helmholtz 自由能（Helmholtz free energy）、巨配分函数（grand partition function）等，也都可以由 DMF 反演得到的 $g(\omega)$ 通过积分（也避免了微商）得到。例如，ZrW_2O_8 的热力势 Ω 和熵 S 分别显示在图16.4 和图16.5中。

16.5.5 讨论与结论

关于"钨酸锆（ZrW_2O_8）的来自其热容量的热力学函数"的说明

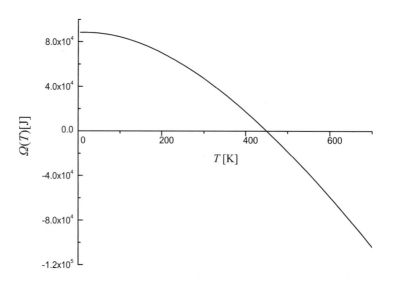

图 16.4　1 mol（或 1 g 分子，one mole）的 ZrW_2O_8 的热力势。一旦通过 SPI 程序获得与温度无关的声子谱，热力势 Ω 就可以通过积分得到

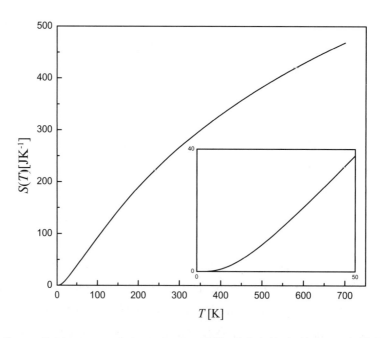

图 16.5　1 mol(或 1 g 分子，one mole) ZrW_2O_8 的熵。因为热力势是一个特征函数，ZrW_2O_8 的所有相关热力学量，诸如熵、内能、Helmholtz 自由能、巨配分函数等，可以通过积分得到。实线表示熵。这也可以看作热力学第三定律的佐证。熵的微商在低温下趋于零。全息研究也为物质或材料的超低温研究打开一扇门

记得杨振宁先生在 20 世纪百科全书的 Statistical Mechanics [1] 中的极其重要和令人深思的一句话：如果用一句话概括统计物理的成就，那就是 Gibbs 统计取得辉煌的成就。进而在分析其成功的原因时，还指出：它得益于其数学的严密结构和参照热力学的合理基础。

据我们的理解，所谓"参照热力学的合理基础"，就是指在统计物理的理论系统中"推导"出热力学的基本定律。从量子统计的角度来看，必要的假设是能谱与温度无关。这是非常自然的，不证自明的。但物理学是以实验为基础的科学，一切都必须经受实验的检验，而一切实验都在有限温度下进行，所以实验上获得的能谱往往与温度有关。特别是高温超导实验中，常有德拜温度依赖于温度，而且依赖关系还非常复杂。这说明能谱与温度依赖关系非常明显，不可忽视。这就激起我们研究与温度无关的能谱的探索与追求，进而提出由比热-声子谱反演 (SPI) 去获得声子谱的建议。几十年过去，据我们所知，这是可能获得与温度无关的声子谱的唯一途径。但是，这项研究过程并不平坦。

（1）严格解的获得。

SPI 是个积分方程。我们获得了带消发散参数 s 的封闭严格解公式。s 既消除了发散，同时避开了数论中至今尚未解决的 Riemann 猜测，也顺手从物理角度获得了著名的 Hadamard 定理的证明。

陈难先教授获得了 Modified Möbius 反演公式，进而获得了 Möbius 级数形式的严格解。这项工作，具有强烈的新鲜感，得到了 *Nature* 主编 Maddox 的高度评价：这古老的数论中的 Möbius 反演公式竟可以由比热中反演出声子谱，就犹如魔术师从帽子里变出兔子来。

但是，"真实的兔子"，并没有从 Modified Möbius 反演公式中变出来。即使 Debye 谱，也只获得了与频率平方成正比的首项，并没有获得极为重要的截断因子。而 Einstein 谱也直到几年后才被导出。"真实的一系列兔子"，由我们的带消发散参数 s 的严格解公式获得，包括 Debye 谱、Einstein 谱等。

（2）改进的存在唯一性定理和渐近行为控制。

当我们将理论运用到实际问题时，就深深体会到"画犬马难"的道理，因为实际问题中有许多难以逾越的障碍。比如，我们常常遇到所计算的 Fourier 变换在大宗量处出现不降反升的现象，这实际上预示着最终结果可能发散的危险，此外还有数据不完整（人们不可能获得全温区的比热数据）性、准确度不够高、计算结果的取样点极难致密等带来的一系列困难。一年多的困扰和艰难，使我们悟出了一个道理：现实的实验数据，往往或者几乎不可能控制到渐近行为。我们可以从物理上由一些物理上的定律，找到比热在 T （温度）空间上的渐近行为，但我们无法从物理上找到 k 空间的渐近行为。

物理中许多常见的偏微分方程，边界条件都是外加的，而且大多是很简单的。在兼容奇性态的量子力学的研究中，人们遇到了所谓正交判据，它们实际上是依赖于方程的两两正交的边界条件。虽然它们有些奇特，但考虑到量子力学中测量几率的实数性，正交判据作为物理上的这一强制性要求，被作为新一类边界条件而接受下来了。

考虑到物理上的积分方程的边界条件，也应该由物理上的要求而来，而积分方程本身就是物理，所以我们试图从积分方程本身去寻找。结果我们发现了一组新的渐近行为控制条件，它们是积分型的，这使我们非常困惑：因为从来没遇到过这类边界条件。但如果这组边界条件不满足，则积分方程无解。换言之，任意给的比热，可能导致声子谱无解。受兼容奇性态的量子力学的研究中正交判据的启发，我们体会到既然积分方程（作为物理的体现）本身要求的，实际上就是物理对比热的自然要求。我们就将 T 空间和 k 空间的限制作为物理上对这类比热的问题的渐近行为的控制条件（ABC 条件，即 asymptotic control condition），分别称为 ABC-I 和 ABC-II。这样，实际上也同时解决了实验上无法提供的边界条件，而且将渐近行为严格地有效地控制起来，也只有这样才能保证解的存在与唯一性。

后来实际的反演证明，ABC-I 和 ABC-II 是非常有用和有效的。

（3）方法依赖性问题的缓解。

SPI 是个第一类 Fredholm 积分方程，存在着适定性问题，即微小的输入误差可以导致巨大的输出误差。这是阻挡人们获得可靠的反演结果的极其严重的障碍，从而成为反问题理论中的重要的前沿问题。

我们对不适定性的来源进行仔细的分类，分出 Hadamard 不适定性、数据不完备性和方法依赖性。我们发现其中一个非常重要的问题，是方法依赖性问题，即所获得的结果随着方法的不同而不同，从而使人们难以断定所获的结果是否就是我们所追求的与温度无关的声子谱。为此，必须发展两个独立的、严格的并在实际中行之有效的具体解法。

我们曾经为输出数据的致密性困扰过。马桂存在复旦大学攻读博士学位时，曾经首次获得过声子谱的三个取样点，可喜的是它与实验数据很像。这就促使我们发展普适函数类方法，其要点是寻求符合 ABC-I 和 ABC-II 的正交完备系，使得其中的每一个函数都严格符合渐近行为控制条件。由于可用的正交完备系非常有限，而且符合 ABC-I 和 ABC-II 的更少。我们研究的一个信念或猜测，就是如果我们在完全符合 ABC-I 和 ABC-II 的函数类中去寻找，则获得的解可望都是与方法无关的。

我们曾经用以 Hermite 函数系为基础的 UFS-H 方法，首次成功地实现了对高温超导体 YBCO 的比热-声子谱反演，所获得的谱与中子非弹性散射实验的结果可以比拟。现在的任务是要寻求一个与之独立的方法，试图获得与之几乎相近的结果。

研究这个攻坚课题，遇到两个关键困难。其一是找一个典型的材料，这是来自实验方面的；其二是寻求满足一系列条件的新的函数系。

其一，先分析寻求一个典型的材料。

它如同高温超导体 YBCO 那样备受学界关注，从而有人不惜工本在足够宽的温区去尽可能准确测量它的比热。非常幸运的是，杨百翰大学的 J.B. Goates 教授和 R. Stevens 博士在听到我的学术报告后，主动提出与我们合作，并愿意按我们的要求提供钨酸锆的比热数据。而钨酸锆是学界广泛瞩目的材料，它具有难得的负膨胀率特性，有许多相关论文发表在 *Nature*、*Science* 和 *PRL* 上。此外 J.B. Goates 教授的研究组在比热测量上是很有名望的，非常准确、可靠。他们在许多实验条件方面，如氧含量控制等，远优于为我们工作[17] 提供 YBCO 的比热珍贵实验数据的实验条件。我们决定用钨酸锆为样本并由 J.B. Goates 教授和 R. Stevens 博士提供的比热数据。

其二，在理论研究上的困难，首先是寻找到一个新的正交完备系，它需要满足一系列条件。

它们必须是正交完备的，为的是当用它展开时，可以获得唯一的展开系数；其中的每一函数都必须满足 ABC-I 和 ABC-II；它的全体函数，最好是初等函数，这样可以避免误差积累；它的全体函数的 Fourier 变换，必须可以严格获得，并用已知的函数表示。

这些条件其实是非常重要的。如果比较 Modified Möbius 反演公式和带消发散参数 s 的封闭严格解公式，就不难发现：前者需要无穷多次 Laplace 变换和反 Laplace 变换，而后者只需要一次 Fourier 变换和一个积分。做惯了量子力学和数理方法的人们往往以为这一切都是可以严格完成的。谁知一旦它们无法获得严格结果而必须用数值计算时，会出现"声名狼藉"的 Laplace 变换和反 Laplace 变换。要避开这个困难，最好的办法就是获得符合这四个条件的函数系。

但是正如开头时所说的，可用的正交完备系本来就不多，满足这一系列条件的就更少。经过较长时间的努力，终于找到这样一个新的正交完备系，为行文方便，称它为 DM 函数系，它符合以上所有要求，并且整个函数系具有一个有限的包络，这对于实现高精度计算是非常有利的。

结果只需输入合适的比热，就可以由正交完备条件获得唯一的展开系数，进而由一组普适（与具体体系无关的纯数学函数系）函数系，得出声子谱。我们同时用 UFS-H 和 DM 方法获得了钨酸锆的声子谱。值得特别强调的是，两种方法所获的结果几乎完全一样。这个结果，对 SPI 来说，有以下意义：

（1）由于 SPI 的不适定性，人们最严重的困难是甚至不知道所得到的结果是否真实可靠。现在两种独立的方法，同时获得几乎相同的并与温度无关的结果，这正是我们长期所追求的。

（2）如所周知，不适定性问题是无法彻底解决的，但人们可以设法缓解。本研究似乎提供了这样一个途径：当找到两个正交完备系，并满足以上四个条件（特别是 ABC-I 和 ABC-II 条件），则有可能核对方法依赖导致的不定性的缓解情况。

由此，我们可以获得与温度无关的声子谱。这温度无关性是至关重要的。

其一，由于这温度无关性，使我们可以由此求出体系的所有热力学函数，从而提供实现了"全息性研究"的一个实例。注意，这些热力学函数是严格符合热力学关系的。反之，实验上提供的，或计算获得的，凡与温度有关的任何声子谱，都无法实现这一点。

其二，这是迄今为止，由 SPI 实现的两个实际体系的与温度无关的声子谱（YBCO 和钨酸锆），也是由 SPI 实现的、缓解或消除方法依赖不定性的两个声子谱。

其三，热力学的一个人所共知的成就，是将体系的热力学性质归结于比热和态方程。而这里提供的实例说明，对某些体系，单比热的测量就足够了。这也是一个值得注意的亮点。

其四，本研究提供了对 Gibbs 统计基础的一个直接核对。万一在 SPI 中与温度无关的声子谱无解，则说明 Gibbs 统计基础假设有问题。因为迄今为止所有的实验结果，都无法提供与温度无关的声子谱。而反问题 (SPI) 则是获得与温度无关的声子谱的唯一途径。

其五，与温度无关的声子谱可望对极低温物性的理论预测。

以上是我们经过多年的努力所获得的一些体会和成果，最近发表于 *Science China* [49]。

总之，为实现对材料的全息性研究，关键在基于渐近行为控制条件获得与温度无关的唯一的能谱。我们预测，只要在满足渐近行为控制条件的函数类中寻找，获得的结果必然是一致的。为此，关键的突破在于我们找到了 DM 正交完备函数系，与厄密函数系联合比对，证实了这个猜测：获得了与方法无关的声子谱。从而，完整地实现了 SPI 研究的目标，并对热力学标准的论述提出了必要的改进：对于个别体系，如声子体系等，只需要获得比热，就可以推知体系的全部热力学函数。由其他方法获得的凡与温度有关的能谱由于无法保证热力学内部的自洽关系，都无法实现这种全息性研究，只能作为近似，并非真正意义下的能谱。

参考文献

[1] Yang C N. Statistical Mechanics. in 20 Century Encyclopedia. 中译本：杨振宁著. 戴显熹译. 周世勋校. 现代物理专辑. 第一期; 低温与超导, 1980，1 期: 1-16 （转 p.68）.

[2] Bednorz J G, Miiller K A. Z. Phys., 1986, **64**: 189.

[3] Dai X X, Xu X W, Dai J Q. Proc. Int. Conf. on High T_c Superconductivity (Beijing, China, 1989), 1989: 521.

[4] Dai X X, Xu X W, Dai J Q. On a specific heat-phonon spectrum inversion problem, exact solution, unique existence theorem and Riemann hypothesis. Physics Letters A, 1990, **147** (No. 8-9): 445-449.

[5] Bojarski N N. IEEE Trans., 1982, **AP-30**: 778-780; 1984, **AP-32**: 415.

[6] Harmid M, Ragheb H A. IEEE Trans., 1983, **AP-31**: 810.

[7] Kim Y, Jaggard D L. Inverse black body radiation: An exact closed-form solution. IEEE Trans., 1985, **AP-33**: 797.

[8] Hunter J D. IEEE Trans., 1986, **AP-34**: 261.

[9] Chen N X, et al. Acta Electron. Sin., 1989, **17**: 59.

[10] Hadamard J. Par M Sur la Distribution des Zéros de la Fonction $\zeta(s)$ et ses. Bull. Soc. Math. France, 1896, **24**: 199.

[11] Riemann B. On the number of prime numbers less than a given quantity. Monatsber. Berliner Akad, 1859: 671-680; Werke, 145-155.

[12] Pollack G L. Rev. Mod. Phys., 1964: 748.

[13] Ashcroft N W, Mermin N D. Solid state physics (Saunders College, Philadelphia), 1976: 449.

[14] Schumayer D, Hutchinson D A W. Colloquium: Physics of the Riemann hypothesis. Rev. Mod. Phys., 2011, **83** (2): 307-330.

[15] Einstein A. Ann. Physik, 1906, **22**: 180; 1911, **34**: 170.

[16] Debye P. Ann. Physik, 1912, **39**: 789.

[17] Dai X X, Wen T, Ma G C, Dai J X. A concrete realization of specific heat-phonon spectrum inversion for YBCO. Phys. Lett. A, 1999, **264**: 68-73.

[18] Montroll E W. J. Chem. Phys., 1942, **10**: 218.

[19] Lifshitz I M. Zh. Eskp. Teor. Fiz, 1954, **26**: 551.

[20] Chambers R G. Prog. Phys. Soc., 1961, **78**: 941.

[21] Bessergenev V G, Kovalevskaya Y A, Naumov V N, Frolova G I. Physica C, 1995, **245**: 36.

[22] Ginsberg D M. Physical Properties of High Temperature Superconductors (I-IV). Singapore: World Scientific, 1989-1994. and references therein.

[23] Landau, Lifshitz. Statistical Physics. Oxford: Pergamon Press, 1980.

[24] 戴显熹. 磁荷偶的能级、正交完备系和正交判据. 复旦学报，1997, **1**：100-116.

[25] Dai X X, Dai J Q, Dai J X. Orthogonality criteria for singular states and the non-existence of stationary states with even parity for the one-dimensional hydrogen atom. Phys Rev A, 1997, **55**：2617-2624.

[26] Renker B, Gompf F, Gering E, Ewert D, Rietschel H, Dianoux A. J. Phys. B: Conden. Matt., 1988, **73**: 309.

[27] Chen N X. Modified Möbius inverse formula and its application in physics. Phys. Rev. Lett., 1990, **64**: 1193-1195; Errata, ibid., 1990, **64**: 3203.

[28] Maddox J. Möbius and problems of inversion. Nature, 1990, **344**: 377.

[29] Hardy G H, Wright E M. An Introduction to the Theory of Numbers. Oxford: Oxford University Press, 1981.

[30] Dai X X, Dai J Q. Phys. Lett. A, 1991, **161**: 45.

[31] Dai X X, Dai J Q. On unique existence theorem and an exact solution formula of the inverse black-body radiation problem. IEEE Trans. Attennas and Propagation, 1992, **40**: 257-260.

[32] Shang Y R, John D D. Phys. Lett. A, 1991, **154**: 215.

[33] Deng W J. Phys. Lett. A, 1992, **168**: 378.

[34] Hughes B D, Frankel N E, Ninham B W. Phys. Rev. A, 1990, **42**: 3643.

[35] Chen N X, Rong E Q. Phys. Rev. E, 1998, **57**: 1302 -1308; Phys. Rev. E, 1998, **57**: 6216.

[36] Ming D M, Wen T, Dai J X, Dai X X, Evenson W E. Exact solution of the specific-heat-phonon spectrum inversion from the Möbius inverse formula. Phys Rev E (Rapid Communications), 2000, **62**: R3019-R3022.

[37] Ming D M, Wen T, Dai J X, Evenson W E, Dai X X. A unified solution of the specific-heat-phonon spectrum inversion problem. Europhys. Lett., 2003, **61**: 723-728.

[38] Wen T, Ming D M, Dai X X, Dai J X, Evenson W E. Type of inversion problem in physics: An inverse emissivity problem. Phys. Rev. E (Rapid Communications), 2001, **63**: 045601.

[39] Ming D M, Wen T, Dai J X, Evenson W E, Dai X X. Generalized emissivity inverse problem. Phys. Rev. E, 2002, **65**: R045601.

[40] Ji F M, Ye J P, Sun L, et al. An inverse transmissivity problem, its Möbius inversion solution and new practical solution method. Phys Lett A, 2006, **352**: 467-472.

[41] Ye J P, Ji F M, Wen T, Dai X X, Dai J X, Evenson W E. The black-body radiation inversion problem, its instability and a new universal function set method. Phys Lett A, 2006, **348**: 141-146.

[42] Wen T, Ma G C, Dai X X, Dai J X, Evenson W E. Phonon spectrum of YBCO obtained by specific heat inversion method for real data. J. Phys.: Condens. Matter, 2003, **15**: 225 -238.

[43] Wen T, Dai J X, Ming D M, Evenson W E, Dai X X. New exact solution formula for specific heat-phonon inversion and its application in studies of superconductivity. Physica C, 2000, **341-348**: 1919-1920.

[44] Gibbs J W. Elementary Principles in Statistical Mechanics. New York: Charles Scribners Sons, 1902.

[45] Ernst G, Broholm C, Kowach G R, et al. Phonon density of states and negative thermal expansion in ZrW_2O_8. Nature, 1998, **396**: 147-149.

[46] Lakhtakia M N, Lakhtakia A. On Some relations for the inverse black-body radiation problem. Appl. Phys. B, 1986, **39**: 191-193.

[47] Perottoni C A, da Jornada J A H. Pressure-induced amorphization and negative thermal expansion in ZrW_2O_8. Science, 1998, **280**: 886-889.

[48] Ramirez A P, Kowach G R. Large Low temperature specific heat in the negative thermal expansion compound ZrW_2O_8. Phys. Rev. Lett., 1998, **80**: 4903-4906.

[49] Ji F M, Dai X X, Stevens R, Goates J N. Thermodynamic functions of ZrW_2O_8 from its capacity. Sci. China-Phys.,Mech. and Astron., 2012, **55**: 563-567.

第 17 章　物理中一类新的逆问题

17.1　引　言

在科学中，注意和寻找新理论发展中的生长点（growing points）是很有启发意义的，它可能给我们带来一批课题。笔者曾长时期关注过这方面的研究，早在 1987 年就讨论过关于物理理论研究中的若干线索[1]。回顾物理学的发展史，我们可以学到一些经验。这些可能是一些生长点：对称分析和守恒律；奇性研究；统一性和自洽性；不同领域的理论间的融合或交叉；数学、生物等与物理学的交叉；非线性化；逆问题。

如所周知，每一个命题（proposition）都有它的逆命题（inverse proposition）。物理学是科学中发展得很充分而且很成功的分支，拥有许多命题，因而也就有许多逆命题或反问题。一般来说，逆问题并不必须是对的。但关于逆问题的研究可以开辟许多新的研究领域，它们也可能成为新的生长点。

Einstein 曾将 Neother 定理（Neother's theorem）的命题反转来考虑，根据物理学中的各守恒定律和相对论，对体系的拉格朗日量和作用量要求满足相应的对称性，并要求场函数必须是 Lorentz 张量或旋量，从而根据最小作用量原理导出场的新的运动方程。人们可以将这类寻求新的规律的程序称之为 Einstein 路径（Einstein path）。几乎所有实验都成功地支持这个程序。实际上 Einstein 路径是物理学中逆问题研究中的一个卓越的范例。

第 16—18 章包括几类逆问题：比热-声子谱反演问题（the specific heat-phonon spectrum inversion problem）、黑体辐射反问题（the inverse problem of black-body radiation）、比辐射率反问题（the inverse problem of emissivity）、推广的比辐射率反问题（the generalized inverse problem of emissivity）和太阳表面温度面积分布问题。

17.2　物理中一个新的逆问题：比辐射率反演问题

17.2.1　问题的提出

多年来，反问题因其在诸多领域中具有潜在应用而在物理学界引起广泛的兴趣，如见 [2]、[3]、[4]、[5] 和 [6]。本节将研究物理中一类新的反问题，即比辐射率反演问题——旨在仅由测量物体总辐射功率 $J(T)$ 通过反演研究与计算获取比辐射率，并期望获得实际应用。除了寻求该反演问题的严格解，我们还研究它的存在唯一性定理、消发散技术和避开 Riemann 猜测等。我们还将建议一个普适函数系，并在数值计算的例子中显示它使得这一反演方法在实际计算中是适用的和方便的。

反问题在物理中经常是很重要的，如由地震信号认定地壳的速度轮廓。早在 1980 年代，Bojarski 首先提出一个新的反问题[5]，即黑体辐射反问题 (inverse problem of black-body radiation，BRI)。对一给定的或测量的由温度-面积分布为 $a(T)$ 的黑体辐射出来的总辐射功率谱 $W(\nu)$，BRI 旨在由给定的 $W(\nu)$ 通过求解积分方程去获得温度-面积分布。此后人们发表了若干重要的论文，提出了一些富有思想性的求解方法，如 [5]、[7]、[8]、[9] 等。

比热-声子谱反演 (SPI) 则是另外一类有趣的反问题。在高温超导体的许多研究中，获得声子谱经常是非常重要的。另一方面，在多数情况下获得比热比直接测量声子谱容易。SPI 旨在研究如何由给定的或测量的比热数据求出声子谱。在过去的很长时间里，为解决这问题作了许多努力[2,3,10]，后来人们首次成功地由实验的比热数据反演出声子谱[6]。由严格解公式 [2] 获得的数值反演结果[6] 与中子非弹性散射实验测量的结果 [11] 符合得很好。

本节中我们将提出一个新的反演问题：比辐射率反演和透射率反演 (emissivity and transmissivity inversion，ETI)。如所周知，反遥测 (anti-remote sensing) 在实践中有非常重要的应用。某些飞行器为保护自身，将它们的轮廓和图像隐藏在（红外线）探测器的背景中是相当重要的。而一个有效的方式或手段是减小它们的比辐射率 (emissivity)，从而比辐射率反演问题的研究是很吸引人的。

在灰体辐射 (grey body radiation) 的情况下，如果物体的比辐射率 $g(\nu)$ 是已知的，那么其总辐射功率 $J(T)$ 可被表达为

$$J(T) = \frac{2\pi h}{c^2} \int_0^\infty \frac{\nu^3 g(\nu)\,\mathrm{d}\nu}{\exp(\frac{h\nu}{k_\mathrm{B} T}) - 1} \tag{17.1}$$

这里我们提出比辐射率反演问题 (inverse problem of emissivity)：如果总辐射功率 $J(T)$ 能作为温度的函数被测量出来，那么比辐射率 $g(\nu)$ 作为频率 ν 的函数就能通过求解积分方程 (17.1) 而获得。虽然人们能够通过谱分析的方法获得 $g(\nu)$，但人们需要许多适用于不同波段的精密和尖端的仪器，其实验成本高而且周期长。而大部分情况下，人们只需要 $g(\nu)$ 的主要或总体的特征，而手头可用的却只有单个频率的探测器。这样，通过求解上述积分方程获得比辐射率 $g(\nu)$ 就成了一个极具挑战性和令人兴奋的反问题。

这里应该强调指出，我们建议的比辐射率反演问题和透射率反演问题 (ETI) 不同于以前的黑体辐射反问题 (BRI) 和比热-声子谱反演问题 (SPI)，因为它们的积分核及未知函数是完全不同的。此外，这些问题的物理亦不相同。

17.2.2 比辐射率反演问题的严格解公式

为严格求解这方程，人们可以利用下列变换：$y = \ln(h\nu/k_B T_0)$ 和 $x = \ln(T/T_0)$。令 $Q(x) = \frac{J(T_0 e^x) c^2 h^3}{2\pi (k_B T_0)^4}$，$F(y) = e^{4y} g[\frac{k_B T_0}{h} e^y]$，借助于 Euler Γ 函数 $\Gamma(z)$ 和 Riemann zeta 函数 $\zeta(z)$，即可获得严格解

$$g(\nu) = \int_{-\infty}^{\infty} (\frac{h\nu}{k_B T})^{ik-4} \frac{\tilde{Q}(k)\,\mathrm{d}k}{\Gamma(ik)\,\zeta(ik)} \tag{17.2}$$

其中 $\tilde{Q}(k)$ 为 $Q(x)$ 的 Fourier 变换。

但是这个公式存在一些发散困难：(1) 在分母中的 $\zeta(ik)$ 不能保证非零。虽然按照 Riemann 猜测 [12,13]，在 Riemann 带 (Riemann stripe)($0 \leqslant \mathrm{Re}\, z \leqslant 1$) 中的所有零点均在垂直线 $\mathrm{Re}(z) = 1/2$ 上，而 Riemann 猜测从未被证明，并成为 100 多年来著名的数学难题 [12-16]。(2) 式 (17.2) 中的 $\tilde{Q}(k)$ 可能发散。但根据 Hadamard 的重要工作 [17]，或前一章简明证明的 Hadamard 定理可知 $\zeta(ik) \neq 0$。

17.2.3 严格解公式与消发散技术

为克服发散困难，我们通过 $Q(x)$ 的渐近行为分析引入消发散技术。

为了保证 $\tilde{Q}(k)$ 的存在，首要任务是控制 $Q(x)$ 的渐近行为。如所周知，在一般情况下人们总有 $g(\nu) \leqslant 1$，因而 $J(T) \leqslant \sigma T^4$。让我们假设测量到的 $J(T)$ 具有如下渐近行为

$$J(T) \sim \begin{cases} T^{s_1} & \text{当 } T \to \infty \\ T^{s_2} & \text{当 } T \to 0 \end{cases} \tag{17.3}$$

改写积分方程如下

$$J(T)/T^s = \frac{2\pi h}{c^2} \int_0^{\infty} \frac{(\nu^3/T^s) g(\nu)\,\mathrm{d}\nu}{\exp(\frac{h\nu}{k_B T}) - 1}$$

取 $s_1 < s < s_2$，我们有 $\lim_{T\to 0} J(T)/T^s \to 0$、$\lim_{T\to\infty} J(T)/T^s \to 0$。引入变量的对数变换，上述基本方程转换为

$$Q_0(x) = \int_{-\infty}^{\infty} K_0(y-x) F_0(y)\,\mathrm{d}y$$

其中

$$Q_0(x) = \frac{1}{2\pi} \frac{c^2 h^3}{(k_B T_0)} J(T_0 e^x) e^{-sx}$$

$$F_0(y) = e^{(4-s)y} g[\frac{k_B T_0}{h} e^y]$$

$$K_0(y-x) = \frac{e^{s(y-x)}}{\exp[e^{y-x}] - 1}$$

$$\tag{17.4}$$

当 $s = 0$，方程回复到原来形式。可证明

$$
\begin{aligned}
\tilde{K}_0(-k) &= \frac{1}{2\pi} \int_{-\infty}^{\infty} \frac{\mathrm{e}^{\mathrm{i}k\xi + s\xi}\,\mathrm{d}\xi}{\exp(\mathrm{e}^{\xi}) - 1} \\
&= \frac{1}{2\pi} \Gamma(s + \mathrm{i}k)\,\zeta(s + \mathrm{i}k)
\end{aligned}
$$

(17.5)

根据类似的 Fourier 变换的卷积定理，有

$$
\tilde{F}_0(k) = \frac{\tilde{Q}_0(k)}{\Gamma(s + \mathrm{i}k)\,\zeta(s + \mathrm{i}k)}
$$

从而，比辐射率反演问题的严格解由一个 Fourier 反变换表达：

$$
g(\nu) = \int_{-\infty}^{\infty} \frac{\tilde{Q}_0(k)(\frac{h\nu}{k_{\mathrm{B}}T_0})^{s + \mathrm{i}k - 4}\,\mathrm{d}k}{\Gamma(s + \mathrm{i}k)\,\zeta(s + \mathrm{i}k)}
$$

17.2.4 存在唯一定理

接着一个非常重要的步骤自然是保证 $\tilde{F}_0(k)$ 的存在，其线索是从物理上考虑 $J(T)$ 一般的渐近行为，接着寻求对消发散参数 s 的适当限制。

命题 在物理中 s 的最大定义域为：$1 < s < \infty$。

证明：证明的要点在于通过对 $J(T)$ 渐近行为的物理分析，寻求所有可能的 $g(\nu)$ 的 s_1 和 s_2 的上下界。经过仔细的考虑，我们发现简单的事实：(a) 这里的积分方程是线性的，一般的源可以看作点源的叠加，存在叠加原理 (superposition principle)；(b) $g(\nu)$ 是正定的并小于或等于 1，即

$$
0 \leqslant g(\nu) \leqslant 1
$$

(17.6)

对坐落在 ν_0 的点源，其总功率为 $J(T) = \frac{2\pi h}{c^2} \frac{\nu_0^3}{\exp(\frac{h\nu_0}{k_{\mathrm{B}}T}) - 1}$。其渐近行为是

$$
J(T) \sim
\begin{cases}
\frac{2\pi h}{c^2} \nu_0^3 \exp(-\frac{h\nu_0}{k_{\mathrm{B}}T}) & \text{当 } T \to 0 \\
\frac{2\pi}{c^2} \nu_0^2 k_{\mathrm{B}} T \sim T & \text{当 } T \to \infty
\end{cases}
$$

取极限情况，我们有 $s_1 = 1$、$s_2 = \infty$ 和 $1 < s < \infty$。另一极限情况是理想的黑体辐射：$g(\nu) \equiv 1$，此时 $J(T) = \sigma T^4$。考虑到 $0 \leqslant g(\nu) \leqslant 1$，比较这两极限情况，我们得出结论 $1 \leqslant s_1 \leqslant 4, 4 \leqslant s_2 < \infty$，和 s 的最大的定义域为

$$
1 < s < \infty
$$

(17.7)

17.2.5　严格解公式与存在唯一性定理

当 $k \to \pm\infty$ 和 $1 < s$，$\tilde{Q}_0(k)$ 满足渐近行为

$$\tilde{Q}_0(k) = o[k^{s-\frac{1}{2}}\,\mathrm{e}^{-k\tan^{-1}(\frac{k}{s})}] \tag{17.8}$$

则比辐射率反演方程的解确实唯一存在，且解式 (17.6) 是严格的。

证明：在物理中，比辐射率 $g(\nu)$ 必须满足条件 (17.6) 和反演方程是线性的。为消除 $\tilde{Q}_0(k)$ 的发散，人们需要引入一个参数 s，从而对所有在这最大定义域中的 s，可以保证：

$$\zeta(s + \mathrm{i}k) \neq 0 \tag{17.9}$$

即严格解的分母不为零。这个条件自然地消除了发散，而且避开了未证明的 Riemann 猜测。另一个重要条件是 $\tilde{Q}_0(k)$ 的渐近行为受 (17.8) 控制，它是保证解的存在唯一的充分必要条件。

比辐射率反演的严格解的性质与其他反问题的严格解的性质不同。这里的 s 仅仅非负条件 $(s \geqslant 0)$ 的限制是不够的。不然，当 $0 \leqslant s \leqslant 1$ 时分母中的 ζ 函数将落在 Riemann 带中，这时需要再引用 Hadamard 定理，才能保证分母不为零。

在 SPI 问题中，在高温区由于 Dulong - Petit 定律存在，有 $C_\mathrm{V}(T) \to$ 常数。在低温区 $C_\mathrm{V}(T) \to T^D$，其中 D 为体系的维数，从而有

$$0 < s < 3$$

在 SPI 中，这条件自然地避开了未证明的 Riemann 猜测并消除了发散。在 ETI 情况，必须指明 s 必须满足条件 (17.7)，因而至少要求 $s > 1$。这个条件自然地保证了分母非零，消除了 $\tilde{Q}(k)$ 的发散，同时避开了 Riemann 猜测。

基于前面的讨论，我们可以自然得出一个有趣和值得注意的结论：自然界的规律或定律隐含在各种现象中。

参数 s 的取值范围综合如下：

ETI	BRI	SPI
$1 < s$	$s = 0$	$0 < s < 3$

在考虑一极限情况：$J(T) \sim T^4$。假设有总辐射功率正比于 T^4，有

$$J(T) = \alpha_0 \sigma T^4$$

则

$$Q_0(x) = \frac{c^2 h^3}{2\pi(k_\mathrm{B} T_0)^4} J(T\,\mathrm{e}^x)\,\mathrm{e}^{sx} = c^2 h^3 \alpha_0 \sigma/(2\pi k_\mathrm{B}^4) \tag{17.10}$$

显然，s 的唯一选择是

$$s = s_1 = s_2 = 4$$

此时，虽然 $\tilde{Q}_0(k)$ 不能用经典的函数表达，但可以用在 Schwartz- Sobolev 意义下的广义函数 (generalized function) 或分布 (distribution) 表达

$$\tilde{Q}_0(k) = \frac{c^2\,h^3}{2\,\pi\,k_{\mathrm{B}}^4}\,\alpha_0\sigma\,\delta(-k)$$

按照 $s = 4$ 的严格解公式 (17.6)，有

$$
\begin{aligned}
g(\nu) &= \frac{c^2\,h^3\,\alpha_0\,\sigma}{2\,\pi\,k_{\mathrm{B}}^4}\int_{-\infty}^{\infty}\frac{(\frac{h\,\nu}{k_{\mathrm{B}}T_0})^{s-4+\mathrm{i}k}\delta(-k)\mathrm{d}\,k}{\Gamma(s+\mathrm{i}k)\,\zeta(s+\mathrm{i}k)}\\
&= \frac{c^2\,h^3}{2\,\pi\,k_{\mathrm{B}}^4}\frac{1}{\Gamma(4)\,\zeta(4)} = \alpha_0
\end{aligned}
$$

$$(17.11)$$

这说明严格解公式对极限情况 $s = 4$ 仍然是正确的。

必须强调，即使在黑体辐射情况，如果没有引入参数 s，Fourier 变换不能用。所以，引入参数 s 的消发散技术是必须的和重要的。参数 s 的引入也有助于改善 $Q_0(x)$ 的渐近行为和减缩对测量温区的要求。

17.2.6 普适函数法 (UFS-H)

按照严格解公式，对特殊函数 $\Gamma(z)$ 和 $\zeta(z)$ 需要作高精度计算。分母中的 $\Gamma(s+\mathrm{i}k)$ 在大 k 时指数式地降向零，因而大 k 时很难控制 $\tilde{Q}_0(k)$ 的渐近行为，它必须比 $\Gamma(s+\mathrm{i}k)$ 更快地趋于零。这里所建议的 UFS 方法的本质在于选取一个正交完备的函数系去预先保证这渐近行为。我们建议选取 Hermitian 函数系作为所需的基矢:

$$u_n(x) = \sqrt{\left(\frac{\alpha}{\sqrt{\pi}\,2^n\,n\,!}\right)}\,\mathrm{e}^{-\frac{1}{2}\alpha^2\,x^2}\,H_n(\alpha\,x) \tag{17.12}$$

其中，α 是一个参数。我们可用 $\{u_n(x)\}$ 将 $Q_0(x)$ 展开

$$Q_0(x) = \sum_{n=0}^{\infty} C_n\,u_n(x) \tag{17.13}$$

然后就得到比辐射率

$$g(\nu) = \sum_{n=0}^{\infty} C_n\,G_n(\nu) \tag{17.14}$$

其中

$$G_n(\nu) = \int_{-\infty}^{\infty}\frac{\tilde{u}_n(k)(\frac{h\,\nu}{K_{\mathrm{B}}T_0})^{s+\mathrm{i}k-4}\mathrm{d}\,k}{\Gamma(s+\mathrm{i}k)\,\zeta(s+\mathrm{i}k)} \tag{17.15}$$

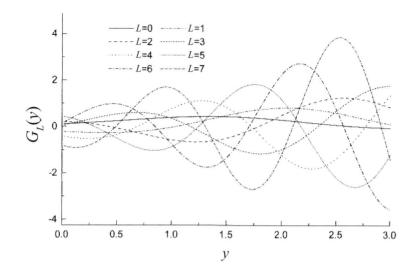

图 17.1 普适函数系 $G_l(y)$: $l = 0 - 7$

和

$$\tilde{u}_n(k) = (-\mathrm{i})^n \sqrt{\frac{2\sqrt{\pi}}{\alpha 2^n n!}} \mathrm{e}^{-(k^2/2\alpha^2)} H_n(k/\alpha) \tag{17.16}$$

通过简单计算, 可以得到高精度的普适函数系 $\{G_n(\nu)\}$, 其中某些函数 $G_l(y)$: $l = 0-7$ (y 被标度为无量纲变量) 列举图示于图 (20.2) 中。为了检验严格解公式 (17.6), 我们选取 $g(\nu)$ 的一个已知函数去获得一个相应的 $J(T)$ 作为 ETI 的输入, 它以实线图示于图 (20.3) 中, 然后用 UFS 方法计算 $g(\nu)$ 并用小圆点表示。利用严格解公式和 UFS 方法所获的结果与原输入的已知函数 $g(\nu)$ 符合得极好。

注意, (17.16) 表明无穷系列的表达式 $\tilde{u}_n(k)$ 全体都可严格得到。这在 UFS 方法中非常重要。人们可以由厄米多项式的生成函数的定义, 通过积分严格获得, 也可以通过书 [18] 中第 797 页的积分公式 (7.376) 得到这个表达式。这里特别指出文章 [19] 的相应表达式存在打印错误, 特此更正。

17.2.7 讨论与结论性评注

本节提出了一个新的反问题: 比辐射率反演问题, 有望在反遥测及其相关领域中有所应用。它的严格解公式、存在唯一性定理、消发散技术及回避 Riemann 猜测等均已提供和证明, 消发散参数 s 的最大定义域也已经获得。广义比辐射率反问题及其应用将在下节中予以讨论。

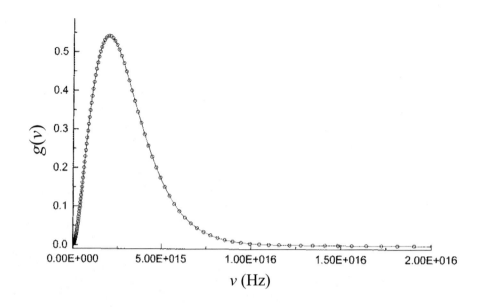

图 17.2　用 UFS 方法计算的比辐射率 $g(\nu)$ 的结果 (小圆点表示) 与已知函数的输入 (实线表示) 的比较

17.3　一个广义比辐射率反演问题

17.3.1　问题简介

本节讨论一类新的广义比辐射率 (GEI) 问题。与我们以前关于反演问题不同，现在这里的未知函数 $g(\nu)$ (比辐射率，emissivity) 可以既依赖于频率，又依赖于温度。基于一个实验定律，本节发展这类广义比辐射率问题的严格解公式和一个普适函数系 (UFS) 方法，展示它在数值计算中应用。

如所周知，每一个命题在逻辑学上必有它的逆命题。在过去的几个年代里，某些逆命题得到了广泛的关注。这些有着唯一解的反问题曾经被提出并被优先研究，如黑体辐射反问题 (BRI)[5]、比热-声子谱反演问题 (SPI) [2,10]、在声学和电-磁学中的反散射问题等。最近我们提出了新的一类反演问题：比辐射率反问题 (EI) 问题[19]，它在反遥测实际中具有潜在的重要应用价值。

另一方面，并不是所有的逆问题必须有唯一的解。对许多问题，为了获得有意义的解，必须增加某些物理的约束。本节讨论的广义比辐射率反演问题，就是这样一个例子。这类问题的解可能是非唯一的，但由于实际的需要而变为重要的。本节将通过计及某些物理定律，人们可以在这类广义的反问题中获得一些有兴趣的结果。

17.3.2 广义比辐射率反演问题的解决

比辐射率 $g(\nu)$ 被定义为一个物体相对于黑体的辐射本领的量度 (measure)。如果比辐射率 $g(\nu)$ 已知，则总辐射功率 $J(T)$ 以积分形式表示为比辐射率的函数。比辐射率反演问题 (EI)[19] 表述为：通过测量辐射功率 $J(T)$ 为温度的函数，人们可以通过解一个积分方程获得比辐射率 $g(\nu)$。我们注意到，在 EI 中假设比辐射率只依赖于频率，但在实际中，多数真实材料的比辐射率一般会以复杂的方式依赖于辐射体的温度[20]。为此，我们建议一个广义比辐射率反演 (GEI) 问题。其关键性的积分方程为

$$J(T) = \frac{2\pi h}{c^2} \int\limits_0^\infty \frac{\nu^3 g(\nu, T)\mathrm{d}\nu}{\mathrm{e}^{h\nu/k_\mathrm{B}T} - 1} \tag{17.17}$$

这里，比辐射率 $g(\nu, T)$ 不仅与频率相联系，而且也依赖于温度，从而使它更接近真实而具有实际的重要性。但上列的积分方程难以求解，此外，这主 (或关键) 方程不足以确定 $g(\nu, T)$。作为第一步，人们必须寻求一些附加条件或联立方程。这些条件将被证实在求解这类新的反演方程中起着关键作用。物理中许多理论均源于人们根据实验结果创建经验模型去描写实际体系。在过去的几十年里，许多实验先后对辐射体的比辐射率进行了测量与探索。根据那些结果，对许多材料，$g(\nu, T)$ 对温度的依赖可用下列关系描述[21,22]：

$$\ln g(\nu, T) = a_0 + b_0\lambda + c_0\lambda^2 + \dots \tag{17.18}$$

其中，$\lambda = c/\nu (c$ 是光在真空中的速率)，a_0、b_0、c_0... 对波长来说是常数，但可以随温度而变，并且分别有量纲 1、$[\lambda]^{-1}$、$[\lambda]^{-2}$... 关系式 (17.18) 在相对宽的波长和温度区域内可用来很好地描述许多材料的比辐射率行为，如对 W[23]、Mg[24]、K、Ta、Ir、Re、NbB$_2$ 等 [25,26]，以及某些高发射本领的非金属，如 CMC(ceramic matrix composites)[27]。

一般而言，在适当的温度和频率的范围内线性模型可以用来描述系数 a_0、b_0... 的温度依赖关系，使得 $g(\nu, T)$ 可以书写如下 (只取表达式 (17.18) 中的头两项)

$$g(\nu, T) = g_\beta(\nu) \exp\left(\mu T - \beta T/\nu\right) \tag{17.19}$$

其中，α、$\beta > 0$，μ 为常数，$g_\beta(\nu)$ 表示 $g(\nu, T)$ 的不依赖于温度的部分。许多情况下，μ 是非常小的，因而方程 (17.19) 可改写为

$$g(\nu, T) = g_\beta(\nu) \exp\left(-\beta T/\nu\right) \tag{17.20}$$

这些材料通常称为 β 型材料。将这关系代入方程 (17.17)，即得到简化的 GEI 方程

$$J(T) = \frac{2\pi h}{c^2} \int\limits_0^\infty \frac{\nu^3 \exp(-\beta T/\nu)}{\mathrm{e}^{h\nu/k_\mathrm{B}T} - 1} g_\beta(\nu)\mathrm{d}\nu \tag{17.21}$$

这里参数 β 表征比辐射率的温度依赖。

在某些情况下，表达式 (17.20) 可以展为温度的多项式

$$g(\nu, T) = g_\beta(\nu)\left(1 - \frac{\beta T}{\nu} + \frac{1}{2}\left(\frac{\beta T}{\nu}\right)^2 + \ldots\right) \tag{17.22}$$

它在一定的温度区域内能相当精确地反映比辐射率随温度的变化 [28–31]。

求解此新积分方程时，仿照上一节的讨论，可以从 $J(T)$ 的渐近行为分析出发。一般地说，$0 \leqslant g(\nu, T) \leqslant 1$，所以 $0 \leqslant J(T) \leqslant \sigma T^4$。一个极限情况是理想的黑体辐射：$g(\nu, T) \equiv 1$ 和 $J(T) = \sigma T^4$。进一步说，对许多材料，只是在 ν 的某些有限区域 $g(\nu, T)$ 才明显地大于零，当 $\nu \to$ 或 $\nu \to \infty$，$g(\nu, T) \to 0$，犹如 $g(\nu, T) \sim \nu^s \exp(-\alpha\nu)$（$0 < a < \nu < b < \infty$）。在那些情况下，$J(T)$ 具有下列渐近行为

$$J(T) \sim \begin{cases} T^{s_1} & \text{当 } T \to \infty \\ T^{s_2} & \text{当 } T \to 0 \end{cases} \tag{17.23}$$

其中，$0 < s_1 < s_2$，并一般地 $1 \leqslant s_1 \leqslant 4, 4 \leqslant s_2 \leqslant \infty$。

选取 s：$s_1 < s < s_2$，

$$J(T)/T^s = \frac{2\pi h}{c^2} \int_0^\infty \frac{(\nu^3/T^s)\exp(-\beta T/\nu)}{\mathrm{e}^{h\nu/k_\mathrm{B}T} - 1} g_\beta(\nu)\mathrm{d}\nu \tag{17.24}$$

有 $\lim_{T \to 0} J(T)/T^s \to 0$ 和 $\lim_{T \to \infty} J(T)/T^s \to 0$。作变量 (ν, T) 的对数变换

$$x = \ln(T/T_0) \qquad y = \ln(h\nu/k_\mathrm{B}T_0) \tag{17.25}$$

然后 (17.21) 化为

$$Q_0(x) = \int_{-\infty}^\infty K_{\beta_1}(y - x)F(y)\mathrm{d}y \tag{17.26}$$

其中，$\beta_1 = \frac{h}{k_\mathrm{B}}\beta$（为简单计，此后我们将 β_1 也以 β 记），且

$$Q_0(x) = \frac{1}{\sigma T_0^4}J(T_0\mathrm{e}^x)\mathrm{e}^{-sx} \tag{17.27}$$

$$F_0(y) = \mathrm{e}^{(4-s)y}g_\beta\left(\frac{k_\mathrm{B}T_0}{h}\mathrm{e}^y\right) \tag{17.28}$$

$$K_\beta(y - x) = \frac{\mathrm{e}^{s(y-x)}\exp(-\beta\mathrm{e}^{x-y})}{\exp(\mathrm{e}^{y-x}) - 1} \tag{17.29}$$

其中，$K_\beta(x)$ 的 Fourier 变换为

$$\begin{aligned}
\hat{K}_\beta(-k) &= \int_{-\infty}^\infty \frac{\mathrm{e}^{\mathrm{i}kx+sx}\mathrm{e}^{-\beta/\mathrm{e}^x}}{\mathrm{e}^{\mathrm{e}^x} - 1}\mathrm{d}x \\
&= \int_0^\infty \frac{\xi^{s+\mathrm{i}k-1}\mathrm{e}^{-\beta/\xi}}{\mathrm{e}^\xi - 1}\mathrm{d}\xi
\end{aligned} \tag{17.30}$$

用类似的 Fourier 卷积定理，有

$$\hat{F}_0(k) = \frac{\hat{Q}_0(k)}{\hat{K}_\beta(-k)} \tag{17.31}$$

用 Fourier 逆变换，我们获得严格解公式

$$g_\beta(\nu) = \frac{1}{2\pi} \int\limits_{-\infty}^{\infty} \frac{\hat{Q}_0(k) \left(\frac{h\nu}{k_B T_0}\right)^{s+\mathrm{i}k-4}}{\hat{K}_\beta(-k)} \mathrm{d}k \tag{17.32}$$

注意，引入参数 s 在推导中是极为重要的[3]。

显然当 $\beta = 0$，解式 (17.32) 中的分母 $\hat{K}_0(-k)$ 变为[19]

$$\hat{K}_0(-k) = \Gamma(s+\mathrm{i}k)\zeta(s+\mathrm{i}k) \tag{17.33}$$

其中，$\Gamma(z)$、$\zeta(z)$ 分别为 Euler gamma 函数和 Riemann zeta 函数。下列的渐近行为控制条件对保证解的存在唯一性是充分必要的[6,19]：

$$\hat{Q}_0(k) = o\left[k^{s-1/2}\mathrm{e}^{-k\tan^{-1}\left(\frac{k}{s}\right)}\right] \qquad (k \to \pm\infty,\ s > 1) \tag{17.34}$$

在一般情况下，有一个权重因子 $\mathrm{e}^{-\beta/\xi}$ ($\beta > 0$) 出现在式 (17.30) 的 $\hat{K}_\beta(-k)$ 的定义中。相比于 $\hat{K}_0(-k)$，这单调上升的因子使得被积函数 $\hat{K}_\beta(-k)$ 的贡献主要来自大的 ξ。另一方面，因子 $\xi^{\mathrm{i}k} = \exp(\mathrm{i}k\ln\xi)$ 随着 ξ 的上升而振荡更强烈。这两个事实使得 $\left|\hat{K}_\beta(-k)\right|$ 随着 β 增大而下降。图 (17.3) 显示 $\left|\hat{K}_\beta(-k)\right|$ 随 β 的变化。为了保证GEI的方程 (17.21) 的解的存在，人们需要 (17.34) 或更强的条件。

实际上，实验数据在大 k 下极难满足控制条件 (17.34)，它要求 $\hat{Q}_0(k)$ 指数式地趋于零，而且比 $\Gamma(s+\mathrm{i}k)$ 下降得更快。这里我们建议一个普适函数系 (UFS) 去克服这一困难，其要点在于选取一个正交完备函数系去预先保证这渐近行为。厄米函数系[32] 就是这样一类基矢

$$u_n(x) = \sqrt{\frac{\alpha}{\sqrt{\pi}2^n n!}}\mathrm{e}^{-(1/2)\alpha^2 x^2} H_n(\alpha x) \tag{17.35}$$

其中，α 是一个参数。人们可以用 $u_n(x)$ 展开 $Q_0(x)$

$$Q_0(x) = \sum_{n=0}^{\infty} C_n u_n(x) \tag{17.36}$$

从而

$$g_\beta(\nu) = \sum_{n=0}^{\infty} C_n G_{\beta,n}(\nu) \tag{17.37}$$

其中

$$G_{\beta,n}(\nu) = \frac{1}{2\pi} \int\limits_{-\infty}^{\infty} \frac{\tilde{u}_n(k) \left(\frac{h\nu}{k_B T_0}\right)^{s+\mathrm{i}k-4}}{\hat{K}_\beta(-k)} \mathrm{d}k \tag{17.38}$$

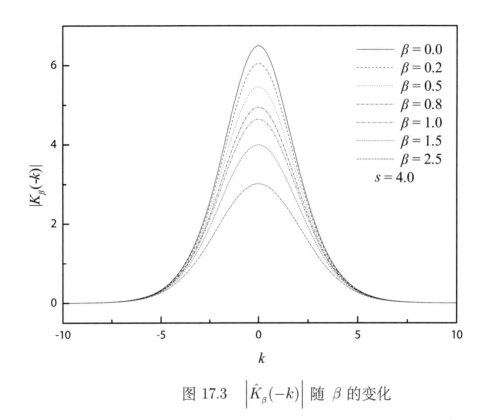

图 17.3 $\left|\hat{K}_\beta(-k)\right|$ 随 β 的变化

和

$$\tilde{u}_n(k) = (-\mathrm{i})^n \sqrt{\frac{2\sqrt{\pi}}{\alpha 2^n n!}} \mathrm{e}^{-(k^2/2\alpha^2)} H_n(k/\alpha) \tag{17.39}$$

注意，$\{u_n(x)\}$ 的 Fourier 变换在 k 空间也是正交的。数值计算可以在高精度下预先计算普适函数系 $\left\{G_{\beta,n}(\nu)\right\}$，图17.4显示这普适函数系中前面几个，其中变量 ν 已通过变换 (17.25) 无量纲化为 y）。温度有关的比辐射率 $g(\nu, T)$ 可通过表达式 (17.37) 和 (17.20) 得到。

解式 (17.32)、(17.38) 依赖于预先设置的参数 β。一个可能而且实际的方法是，测量两个不同温度但相同频率下的 $g(\nu_0, T_1)$、$g(\nu_0, T_2)$，然后按照下列等式 (17.20) 确定 β

$$\beta = \frac{\nu_0}{T_2 - T_1} \ln\left(\frac{g(\nu_0, T_1)}{g(\nu_0, T_2)}\right) \tag{17.40}$$

另一个方法是通过拟合 $J(T)$ 去得到 β。

为了考核严格解公式 (17.32)，我们选取一个 $g_0(\nu)$ 的已知函数和确定的参数 β，进而获得对应的 $J(T)$ 作为 GEI 方程的输入，如图17.5中的实曲线所示，由计算的 $g_\beta(\nu)$ 同已知输入函数的 $g_0(\nu)$ 符合得极好。

17.3.3 结论与评注

本节中提出了新的一类广义反演问题，其中主积分方程不能唯一地确定其解。实践中存在许多这样的反问题，而且具有潜在的重要性。为求解这类问题，人们需要额外从物理

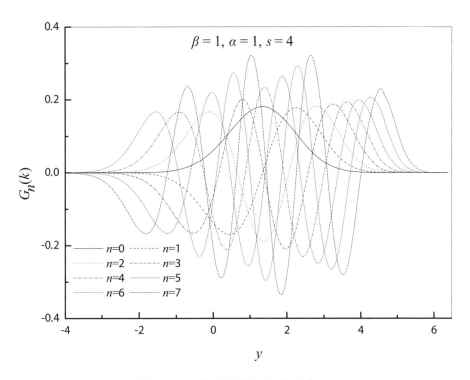

图 17.4　普适函数系 $G_n(y) : n = 0 - 7$

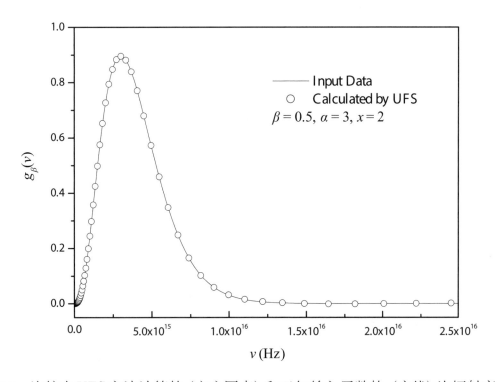

图 17.5　比较由 UFS 方法计算的 (空心圆点) 和已知输入函数的 (实线) 比辐射率 $g(\nu)$

考虑添加某些附加条件。在数学上，这好像在偏微分方程中加进适当的边界条件。我们幸运地发现，在实际中存在一类 β 型材料，计入比辐射率的条件 (17.18) 后，GEI 问题可被严格解出。考虑到渐近行为控制条件而引入消发散参数 s，可获得对应的 GEI 问题的严格解公式。此外，发展了一个形变的 UFS 方法。

首次提出的比辐射率反演和首次提出的广义比辐射率反演问题的工作都很快地在 *Phys.Rev.E* 的 *Rapid Communication* 上发表，并得到评审人的高度好评[19,33]。

参考文献

[1] 戴显熹. 关于物理理论研究中的若干线索. 自然辩证法研究，1987, **3** (3)：18-22.

[2] Dai X X, Xu X W, Dai J Q. Proc. Int. Conf. on High T_c Superconductivity (Beijing, China), 1989: 521.

[3] Dai X X, Xu X W, Dai J Q. On a specific heat-phonon spectrum inversion problem, exact solution, unique existence theorem and Riemann hypothesis. Phys. Lett. A, 1990, **147** No. 8-9: 445-449.

[4] Maddox J. Möbius and problems of inversion. Nature, 1990, **344**: 377.

[5] Bojarski N N. IEEE Trans., 1982, **AP-30**: 778-780; 1984, **AP-32**: 415.

[6] Dai X X, Wen T, Ma G C, Dai J X. A concrete realization of specific heat-phonon spectrum inversion for YBCO. Phys. Lett. A, 1999, **264**: 68-73.

[7] Chen N X, et al. Acta Electron. Sin., 1989, **17**: 59.

[8] Dai X X, Dai J Q. On unique existence theorem and an exact solution formula of the inverse black-body radiation problem. IEEE Trans. Attennas and Propagation, 1992, **40**: 257-260.

[9] Lakhtakia M N, Lakhtakia A. On Some relations for the inverse black-body radiation problem. Appl. Phys. B, 1986, **39**: 191-193.

[10] Chen N X. Modified Möbius inverse formula and its application in physics. Phys. Rev. Lett., 1990, **64**: 1193-1195; Errata, ibid, 1990, **64**: 3203.

[11] Renker B, Gompf F, Gering E, Ewert D, Rietschel H, Dianoux A. J. Phys. B Conden. Matt., 1988, **73**: 309.

[12] Riemann B. On the number of prime numbers less than a given quantity. Monatsber. Berliner Akad., 1859: 671-680; Werke, 145-155.

[13] Tichmarsh E C. The Theory of the Riemann zeta Function, 2nd ed., revised. Oxford, U.K.: Clarendon, 1986.

[14] Erdelyi A, et al. Higher Transcendental Functions, Vols. I, II, III. New York: McGraw-Hill, 1953-1955; Vol. II, p119 3 (a).

[15] Whitaker E T, Watson G N. *Modern Analysis*, 4th ed. U.K.: Cambridge Univ. Press, 1934.

[16] 王竹溪，郭敦仁. 特殊函数概论. 北京：科学出版社，1979.

[17] Hadamard J. Par M Sur la Distribution des Zéros de la Fonction $\zeta(s)$ et ses. Bull. Soc. Math. France, 1896, **24**: 199.

[18] Gradshtyen I S, Ryzhik I M. Tables of Integrals, Series and Products. New York: Academic Press, 2004.

[19] Wen T, Ming D M, Dai X X, Dai J X, Evenson W E. Type of inversion problem in physics: An inverse emissivity problem. Phys Rev E (Rapid Communications), 2001, **63**: 045601.

[20] Siegel R, Howell J R. Thermal Radiation Heat Transfer. New York: McGraw-Hill, 1981, Sec. 4,5.

[21] Babelot J F, Hoch M. High Temp.-High Pressures, 1989, **21**: 79-84.

[22] Hoch M. High Temp.-High Pressures, 1992, **24**: 607-616.

[23] Larrabee R D. J. Opt. Soc. Am., 1959, **49**: 619.

[24] Shestakov N E, Chekhovskoi V J. High Temp.-High Pressures, 1992, **24**: 427-434.

[25] Touloukian Y S, De Witt D P. Thermophysical Properties of Matter Vol.7 Thermal Radiative Properties: Metallic Elements and Alloys. New York: Plenum, 1970.

[26] Touloukian Y S, De Witt D P. Thermophysical Properties of Matter Vol.8 Thermal Radiative Properties: Nonmetallic Solids. New York: Plenum, 1972.

[27] Neuer G. Spectral and Total Emissivity Measurements of Highly Emitting Materials. Internal J. Thermophysics, 1995, **16** (1).

[28] Krishnan S, Nordine P C. Spectral emissivities in the visible and infrared of liquid Zr. Ni. and nickel-based binary alloys. J. Appl. Phys., 1996, **80** 3: 1735-1742.

[29] Takasuka E, Tokizaki E, Terashima K, Kimura S. Appl. Phys. Lett., 1995, **67**: 152.

[30] Takasuka E, Tokizaki E, Terashima K, Kimura S. J. Appl. Phys., 1997, **81**: 6384.

[31] Krishnan S, Nordine P C. J. Appl. Phys., 1996, **80**: 1735.

[32] Morse P M, Fishbach H. Method of Theoretical Physics. New York: Mcgraw-Hill, 1953.

[33] Ming D M, Wen T, Dai J X, Evenson W E, Dai X X. Generalized emissivity inverse problem. Phys. Rev. E, 2002, **65**: R045601.

第 18 章 反问题在天文学中的一个应用：太阳温度-面积分布

18.1 引 言

太阳光球（solar photosphere），指肉眼可看到的太阳强烈发光部分，是厚度为几百公里的壳层，其有效温度通常是根据基于 Stefan-Boltzmann 定律的太阳常数（solar constant）获得的。但是，这个温度不是均匀的。一个有希望获得太阳光球的温度-面积分布的方法是求解黑体辐射反问题（black-body radiation inversion，BRI）。太阳光球的温度-面积分布在太阳物理中可能是至关重要的，它可能与太阳的活动有关。本节发展 BRI 的一个新的可行的数值解法。理论分析和数值计算指出这种方法可以有效缓解 BRI 的低温困难，从而根据测量的太阳绝对辐照功率谱（the measured absolute solar spectral irradiance），通过反演计算得到太阳光球的温度-面积分布。这是经过将近三十年的努力 BRI 对实际体系的首次实现，其结果可以与 Stefan-Boltzmann 定律的结果相比拟。

通常情况下，太阳被考虑作标准的黑体，然后基于 Stefan-Boltzmann 定律测量太阳常数，计算出太阳光球的有效温度约为 5800 K。有两点应该注意：

（1）测量的总辐射功率依赖于测量的波段，虽然来自紫外和红外等可见光以外的贡献相对来说是小的，但由此获得的温度只是一个平均数。

（2）如所周知，太阳光球的温度不是均匀的，在严格意义下太阳不能被看作处在具有单一温度的热力学平衡态，因而 Planck 和 Stefan-Boltzmann 定律不能直接应用。但是，人们可以设想太阳光球是由许多处在具有不同温度的局域平衡态（local thermodynamic equilibrium (LTE) states）中的不同的小面积组成，而这些面积分别服从各自温度下的 Planck 定律。在表面上引入温度-面积分布 $a(T)$，则测量的辐射功率谱 $W(\nu)$ 为

$$W(\nu) = \frac{2\pi h\nu^3}{c^2} \int_0^\infty \frac{a(T)}{e^{h\nu/k_B T} - 1} \mathrm{d}T \tag{18.1}$$

其中，h、c、k_B、T 和 ν 分别为 Planck 常数、光速、Boltzmann 常数、温度和频率。

1982 年 Bojarski [1] 在遥测中提出一个反问题，旨在由测量的总功率谱 $W(\nu)$，通过解积分方程 (18.1) 求取 $a(T)$（温度-面积分布）。他利用一些近似，作了一些研究。这里

特别要提及 Kim 和 Laggard 的一篇文献[2]，他们引入冷度 $u \equiv h/k_B T$ 和"冷度面积分布"：$a(u) \equiv a(T)T/u$，进而将方程 (18.1) 的右边的积分化为与 $a(u)$ 有关的一个级数的 Laplace 变换的积分表示，从而通过反 Laplace 变换获得这个级数的表示，进而由这级数获得 $a(u)$ 的通过无穷个反 Laplace 变换组成的"形式解"——它们的系数很特别，非常引人注意，其实它们就是 Möbius 函数。后来，陈在[3] 用形变的 Möbius 反演公式导出的黑体辐射反问题的解与[2] 的结果完全一致，故有人认为黑体辐射反问题和[2] 是形变的 Möbius 反演公式的摇篮。但 [2] 和 [3] 所获得的"形式解"只是一个级数解，并不是封闭形式的解，并没有给出级数收敛的条件，而且一般的物理输入不能保证级数的收敛性，因而不能成为严格解，也无法保证其唯一性。这对于具有著名的不适定性的第一类 Fredholm 积分方程是至关重要的。

1992 年，我们[4] 首次获得这个问题的严格解公式，并给出了它的存在唯一性定理的证明，从而使它成为一个真正的反问题。由于它这封闭形式的严格解包含着极为重要的渐近行为控制条件，从而使得黑体辐射反问题成为可能实际求解的反问题。人们经过了 30 多年在 BRI 问题上的研究和努力，终于有可能依据测量的太阳辐射功率谱（或太阳照射谱，solar spectral irradiance）获得温度-面积分布。

实际上，方程 (18.1) 是第一类 Fredholm 积分方程，它是著名的病态的（notoriously ill-conditioned）——输入上一些微小的偏离可以导致输出上的巨大偏差，即使我们能够证明它的存在唯一性定理[4]，仅依照严格解公式，实测数据的精度往往不足以获得有意义的输出。这通常称为不适定性 (instability)。在此领域中多年来出现了许多优秀的论文[2,3,5-9]。在工作 [10] 和 [11] 中，人们试图通过和规则(sum rules)和吉洪诺夫规范化技术（Tikhonov's regularization technique）来规范和控制这种不适定性。

最近叶纪平等[12] 引入一个比较一般的基于 Hermite 展式 (Hermite expansion) 的普适函数系方法 (universal function set method，UFS-H) 来控制这不适定性。但是，UFS-H 不能在低温区给出合理的结果，即使输入是一个严格的谱。我们称这尴尬处境 (predicament) 为"BRI 中的低温困难"(the low temperature difficulty in BRI)。

BRI 中的不适定性可分为三类：Hadamard 不适定性、数据不完备 (data incompleteness) 不适定性和方法依赖性导致的不适定性。前两类可以用 UFS-H 方法使其缓解，而对第三类还应该发展一个具有 UFS-H 方法的所有优点并能克服 BRI 中的低温困难的新方法，去解决方法依赖性带来的不适定性。仅当这一新方法被创造和建立起来，对实际体系的反演才能被提上议事日程。

本节发展一个基于 DM 函数系的新普适函数系方法，并以此克服 BRI 中的低温困难。作为 BRI 的首个实际体系，我们以太阳光球的温度-面积分布的计算作为一个试金石。

18.2 BRI 中的低温困难

我们在工作[4] 中获得了 BRI 的封闭形式的严格解公式，并证明了其存在唯一性定理。实际上，如同比热-声子谱反演问题 [13] (specific heat-phonon spectrum inversion (SPI) problem) 所作的那样，也可以引入一个消发散参数 s。这样 BRI 的存在唯一性定理可改述如下：当 $W(\nu)$ 的渐近行为满足下列充分必要条件

$$\tilde{g}_0(k) = o\left[k^{\frac{5}{2}-s} e^{-k \arctan^{-1}\left(\frac{k}{3-s}\right)}\right] \tag{18.2}$$

则反演具有唯一的解

$$a(T) = \frac{1}{\sqrt{2\pi}} \int_{-\infty}^{\infty} \frac{\tilde{g}_0(k) \left(\frac{T}{T_0}\right)^{ik-4+s}}{\Gamma(3-s-ik)\,\zeta(3-s-ik)}\, dk \tag{18.3}$$

其中，$\Gamma(z)$ 和 $\zeta(z)$ 分别为欧拉 Γ 函数和黎曼 ζ 函数，$s > -1$ 即消发散参数，T_0 为给定的温度标尺。解方程 (18.1) 时引入变量代换 $h\nu = k_{\mathrm{B}} T_0 e^x$，$\tilde{g}_0(k)$ 是 $g_0(x)$ 的 Fourier 变换

$$g_0(x) = \frac{h^2 c^2}{2\pi k_{\mathrm{B}}^3 T_0^4} W\left(\frac{k_{\mathrm{B}} T_0}{h} e^x\right) e^{-sx} \tag{18.4}$$

$$\tilde{g}_0(k) = \frac{1}{\sqrt{2\pi}} \int_{-\infty}^{\infty} g_0(x)\, e^{-ikx}\, dx \tag{18.5}$$

等式 (18.2) 称为渐近行为控制条件。因为这个 ABC 条件是在 k 空间的一个约束，由于数据的不完备性和有限的测量精度，辐射功率谱的测量数据要满足这 ABC 条件是极其困难的。为在实际反演中克服这一困难，在 UFS-H 方法 [12] 中，输入 $g_0(x)$ 用 Hermite 函数系展开：$g_0(x) = \sum_l c_l u_l(x)$，其中 $\{u_l(x)\}$ 为 Hermite 函数系，我们有 $a(T) = \sum_l c_l A_l(T)$。

所有的 Hermite 函数的 Fourier 变换可以严格算出，并自然地满足 ABC 条件。BRI 的整个问题就简化为求取展开系数，它们可以由 Hermite 函数系的正交完备性得到。可以用一个已知严格解的辐射功率谱作为输入，用 UFS-H 方法作数值计算来考验方法的准确性。数值结果在高温区（约 $T > 200\mathrm{K}$）与严格解符合得很好，但在低温区 UFS-H 方法未能获得满意的结果，这个事实就是所谓 BRI 中的低温困难。

由于温度-面积分布 $a(T)$ 是一光滑函数，Hadamard 不适定性可以通过限定解所在的无高频振荡的函数类而得到排除，正如 UFS-H 方法所作的那样。数据不完备不适定性应该通过扩大实验频率范围和降低 $W(\nu)$ 未知区域的贡献的权重来缓解。我们还要求 $\tilde{g}_0(k)$ 满足 ABC 条件 (18.2)。这一要求认为 $\tilde{g}_0(k)$ 在大 k 趋于零要比一个指定指数函数更快，但是实验的有限精度永远不能够直接保证这一点。我们强调 ABC 条件 (18.2) 来自物理，由方程 (18.1) 本身导出。

现在让我们寻求一个更强有力的方法，它不但具有 UFS-H 方法的全部优点，而且可以缓解第三类来自方法依赖性的不适定性，如果输入 $W(\nu)$ 是严格的，解 $a(T)$ 的足够精度应该得到保证。

18.3　DMF 方法

为了克服 BRI 中的低温分布困难，我们搜寻了许多函数类，最后发展了满足上述所有要求的一个函数系，称作 DM 函数系 (**DM function set**)——定义在 $(-\infty, +\infty)$ $\{\mathcal{D}_m(x), \mathcal{D}_m^*(x)\}$ $(m = 0, 1, 2, \cdots)$

$$\mathcal{D}_m(x) = \sqrt{\frac{\xi}{2\pi}} \left(\frac{2}{\xi + 2\mathrm{i}x}\right) \left(\frac{-\xi + 2\mathrm{i}x}{\xi + 2\mathrm{i}x}\right)^m \tag{18.6}$$

而 $\mathcal{D}_m^*(x)$ 是 $\mathcal{D}_m(x)$ 的复共轭。我们可以证明 DM 函数系是正交、完备、归一的，因而任何实函数 $g_0(x)$ 可以用 DM 函数系以下列形式展开

$$g_0(x) = \sum_{m=0}^{\infty} C_m \mathcal{D}_m(x) + \sum_{m=0}^{\infty} C_m^* \mathcal{D}_m^*(x) \tag{18.7}$$

$$C_m = \int_{-\infty}^{\infty} \mathcal{D}_m^*(x) g_0(x) \mathrm{d}x \tag{18.8}$$

正如我们所期望的，所有的 DM 函数的 Fourier 变换可以被严格得到

$$\widetilde{\mathcal{D}}_m(k) = \begin{cases} \mathcal{L}_m(\xi k) & k > 0 \\ 0 & k < 0 \end{cases} \qquad \widetilde{\mathcal{D}}_m^*(k) = \begin{cases} 0 & k > 0 \\ \mathcal{L}_m(-\xi k) & k < 0 \end{cases} \tag{18.9}$$

其中， $\mathcal{L}_m(\xi k)$ 是熟知的 Laguerre 函数

$$\mathcal{L}_m(\xi k) = \sqrt{\xi} \mathrm{e}^{-\xi k/2} L_m(\xi k) \tag{18.10}$$

将它们代入戴氏严格解公式，我们有

$$a(T) = \sum_{m=0}^{\infty} C_m \mathscr{A}_m(T) + \sum_{m=0}^{\infty} C_m^* \mathscr{A}_m^*(T) = 2\Re\left[\sum_{m=0}^{\infty} C_m \mathscr{A}_m(T)\right] \tag{18.11}$$

其中

$$\mathscr{A}_m(T) = \frac{1}{\sqrt{2\pi}} \int_0^{\infty} \frac{\mathcal{L}_m(\xi k) \left(\frac{T}{T_0}\right)^{\mathrm{i}k-4}}{\Gamma(3 - \mathrm{i}k)\, \zeta(3 - \mathrm{i}k)} \, \mathrm{d}k \tag{18.12}$$

通过设定在 DM 函数系的实参数 $\xi > \pi$，渐近行为控制 (ABC) 条件 (18.2) 就预先得到保证。因而每一个模式 $\mathscr{A}_m(T)$ 实际上是在 BRI 中一个 $\mathcal{D}_m(x)$ 对应的一个严格解。

这里的 $\{\mathscr{A}_m(T)\}$ 是纯数学的，与具体体系无关，故称之为普适函数系，并可以事先做好高精度计算。对具体体系我们需要做的只是基于 DM 函数系的正交性，按公式 (18.8) 计算系数 $\{C_m\}$。 根据严格解公式 (18.11)，温度-面积分布 $a(T)$ 将由 $\{\mathscr{A}_m(T)\}$ 的线性组合得到。由于本方法基于运用崭新的 DM 函数系 $\{\mathcal{D}_m(x), \mathcal{D}_m^*(x)\}$， 故这个获得 $a(T)$ 的方法称为 DMF 方法。

这 DMF 方法具有一系列优点。DM 函数系是一个新的正交、完备、归一的。它在实参数的适当设定下，自动满足 BRI 的 ABC 条件，而且它们的所有 Fourier 变换均可严格完成。另一重要的优点是它的简洁性：DM 函数系的全体，均是初等函数。而 Hermite 函数系则是一个特殊函数系。我们将在下面关于 BRI 的研究中展示这一重要性。

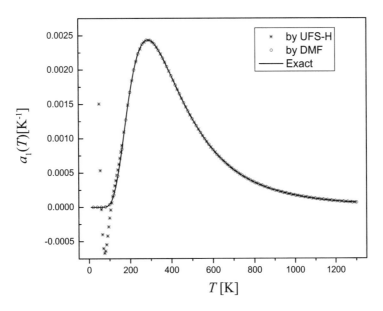

图 18.1　在 (18.14) 中 $n{=}1$, 参数 $\mu = 2$, $\eta = 6.0 \times 10^{13}$ Hz, $T_0 = 4000$ K, $\xi = 11$ 和 $\alpha = 1.0$ 的严格分布 $a_1(T)$ 以及与由 DMF 与 UFS-H 获得的相应数值结果的比较

18.4　低温困难的克服

为展示 DMF 克服 BRI 中的低温分布困难, 我们取一个解析的谱, 并得到它的严格解。此前未有人克服过这个困难。

辐射功率谱给定如下

$$W_n(\nu) = b_n \frac{2\pi h \nu^3}{c^2} \frac{\eta^{\mu+n+1}}{\nu^{\mu+n+1}} \Gamma(\mu + n + 1) \zeta\left(\mu + n + 1, 1 + \frac{\eta}{2\nu}\right) \tag{18.13}$$

其中, η 和 μ 为参数, $b_n = 1/[2^{\mu+n+1}\Gamma(\mu + n + 1)]$ 为归一化常数, 而 $\zeta(z, q)$ 为推广的 Riemannζ 函数 (generalized Riemann zeta function), 见 [14]

$$\zeta(z, q) \equiv \sum_{n=0}^{\infty} (n + q)^{-z} \qquad (\Re(z) > 1)$$

对应于辐射功率谱 $W_n(\nu)$ 的解可以严格求得, 其解析式表示为

$$a_n(T) = b_n \frac{1}{T} \left(\frac{\eta h}{k_{\mathrm{B}} T}\right)^{\mu+n+1} \exp\left(-\frac{\eta h}{2 k_{\mathrm{B}} T}\right) \tag{18.14}$$

$n{=}1$ 的严格分布 $a_1(T)$ 的数值结果显示在图 18.1 中, 由 DMF 获得的温度-面积分布, 包括低温区, 均与严格解吻合得很好; 而 UFS-H 在高温区与严格解吻合得很好, 但在低温区则表现为低温分布困难 [12]。

在 BRI 中判断不同方法的质量的一个非常重要的标准是它们的解的收敛性。数值计算表明, 在低温区 DMF 收敛得很好, UFS-H 则不然。当解事先未知时, 收敛性是很重要的,

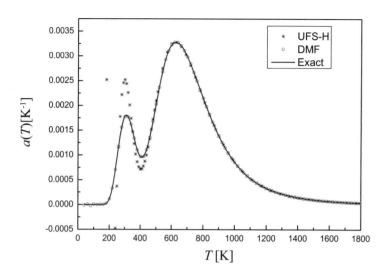

图 18.2　具有双峰的严格的分布, 以及分别用 DMF 和 UFS-H 获得的分布. 参数为 $\mu = 6$, $\eta = 2.4 \times 10^{14}$Hz, $T_0 = 2700$ K, $\xi = 11$ 和 $\alpha = 1.0$

因为它提供了一个判断的依据, 特别对于不适定性问题, 在物理反问题中, 我们少有证据判断所得的解是否可用.

另一个具有双峰并有解析表达式的辐射功率谱也通过 DMF 作数值计算来考验其适用性和普适程度. 图18.2显示了这样一个例子, 它是一些严格谱 (18.14) 的线性组合.

$$W(\nu) = \sum_{n=0}^{L} B_n W_n(\nu) \qquad a(T) = \sum_{n=0}^{L} B_n a_n(T) \tag{18.15}$$

其中, $L = 6$, 系数为 $B_n = \{-0.24, 3.00, -5.58, -3.50, 31.97, -39.16, 15.22\}$, $a(T)$ 具有两个峰. 在这种情况下, 在 UFS-H 方法中低温分布困难显得非常严重, 而且长期困扰着我们, 而新方法 DMF 首次成功地解决了这个问题.

一般说来, 当 $T \to 0$ 时, 温度-面积分布 $a(T) \to 0$. 但是, 戴氏严格解公式 (18.3) 中存在一个因子 T^{-4}. 无论在 UFS-H 的普适函数系 $A_l(T)$ 中, 还是在 DMF 的普适函数系 $\mathscr{A}_m(T)$ 中, 当 $T \to 0$ 时, 因子 T^{-4} 总是很快地趋于无穷大. 为了获得低温下收敛的展开式, 系数 c_l 和 C_m 的计算均须超常的精度, c_l 和 C_m 的计算表达式为

$$c_l = \int_{-\infty}^{\infty} u_l^*(x) g_0(x) \mathrm{d}x \qquad C_m = \int_{-\infty}^{\infty} \mathcal{D}_m^*(x) g_0(x) \mathrm{d}x \tag{18.16}$$

其中, $\mathcal{D}_m(x)$ 为新的 DM 函数系, 而 $u_l(x)$ 为熟知的 Hermite 函数系. Hermite 函数系为特殊函数系, 随着级次 l 的增加而变得越来越复杂, 伴随着越来越大的振幅和越来越高的频率. 而 DM 函数系为初等函数系, 并具有封闭的形式. DM 函数系对所有的级次 m 具有一个共同的有限的包络

$$|\mathcal{D}_m(x)| = \sqrt{\frac{\xi}{2\pi}} \frac{2}{\sqrt{\xi^2 + 4x^2}} \tag{18.17}$$

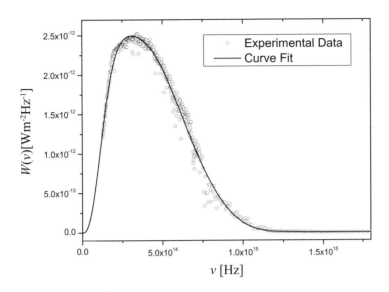

图 18.3　由来自 ATLAS 和 EURECA 项目的 SOLSPEC （光）谱仪测到的太阳绝对照射谱，经过换算得到的辐射功率谱。空心小圆表示由太阳的实测数据 (引自文献 [15])，而实线为拟合曲线

DM 函数系 $\mathcal{D}_m(x)$ 的这些性质使得 DMF 在用计算机高精度计算 C_m 中发挥明显的优越性，从而能在 BRI 中获得较好的最终结果。

18.5　太阳的温度-面积分布

在理论研究上经过了 30 年的努力，人们自然热切地期望 BRI 对实际体系实现哪怕是一个应用。作为一个准黑体，太阳自然是首选试金石。非常幸运的是，由 200 到 2400 nm 的太阳绝对照射谱 (absolute solar spectral irradiance) 已经由 G.Thuillier 等天文学家用来自 ATLAS 和 EURECA missions 的 SOLSPEC spectrometer 仔细测量得到。从而 BRI 的输入，即太阳光球的辐射功率谱 $W(\nu)$，可以由实测的照射谱得到。另一方面，太阳光球的有效温度通常是基于 Stefan-Boltzmann 定律按照测量的太阳常数计算出来的。虽然太阳光球的温度曾被很好地研究过，但在以前的处理中事先作了温度均匀的假设。而现在 BRI 给出太阳的温度-面积分布的信息，这在天文上也是很有意义的。

在 BRI 中，输入是辐射功率谱，而非照射谱。所以，实验的太阳绝对照射谱 $I(\lambda)$ 应该按照下列关系换为辐射功率谱 $W(\nu)$

$$W(\nu)\mathrm{d}\nu = -I(\lambda)\mathrm{d}\lambda \tag{18.18}$$

其中，$\lambda = c/\nu$ 为波长。在图18.3 中的空心小圆表示由太阳得到的辐射功率谱数据。可以看出，原始数据是相对粗糙和不稳定的，此外在 $1.25 \times 10^{14}\mathrm{Hz}$ 以下是无完备数据的。

为了按照公式 (18.8) 计算系数 $\{C_m\}$，函数 $g_0(x)$ 必须是连续和光滑的。所以，离散的功率谱数据应该事先被模拟，生成连续又光滑的函数。由于不适定性，这一函数必须与实验数据尽可能地拟合得很好，不至于丧失实验的精度。更重要的是，渐近行为应该得到很好的控制。当频率 $\nu \to 0$ 和 $\nu \to \infty$ 时，均有辐射功率谱平稳地趋于零。

DMF 的重要优点之一还在于我们可以在每个区域用不同类型的函数来拟合数据。经过搜索许多函数，多次试验，我们最后将实验数据模拟为下列拟合函数

$$W(\nu) = \begin{cases} \sum_{n=0}^{L} B_n W_n(\nu) & 0 < \nu \leqslant 1.22 \times 10^{15} \mathrm{Hz} \\[2ex] A \dfrac{2h}{c^2} \dfrac{\nu^3}{\exp(\frac{h\nu}{k_{\mathrm{B}} T_1}) - 1} & \nu \geqslant 1.22 \times 10^{15} \ \mathrm{Hz} \end{cases} \tag{18.19}$$

其中，$W_n(\nu)$ 有着与表达式 (18.13) 相同的定义。参数为 $\eta = 3.9 \times 10^{15} \mathrm{Hz}$，$\mu = 9$，级次 $L = 18$。其他的参数为 $A = 4.0 \times 10^{-5}$ 和 $T_1 = 5009 \ \mathrm{K}$。在第一个区域的拟合中，我们运用了最小二乘法。

拟合函数曲线 (18.19) 绘于图18.3 中，与实测的功率谱数据吻合得很好，没有丧失精度。在低频和高频端的渐近行为得到了很好的控制。拟合函数 (18.19) 在整个频率区域上是连续和光滑的，特别地在交汇点 $\nu = 1.22 \times 10^{15} \mathrm{Hz}$ 平滑相连。

将由实测的功率谱数据模拟得到连续光滑的拟合函数 (18.19) 输入到 $g_0(x)$ 的表达式 (18.4)，我们可以用来自 DM 函数系的正交性的公式 (18.8) 计算展开系数 $\{C_m\}$。由于 BRI 中的不适定性问题，必须高精度地计算系数。

由公式 (18.12) 计算出普适函数系 $\{\mathscr{A}_m(T)\}$ 后，太阳光球的温度-面积分布最后由公式 (18.11) 得出，因为每一个模式 $\mathscr{A}_m(T)$ 实际上是对应于 $\mathcal{D}_m(x)$ 的严格解。表达式 (18.7) 是这真实意义的展开。随着级次 m 的增长，反演的结果是稳定的。图18.4展示了级次 $m = 30$ 的反演结果，$a(T)$ 的峰大约在 5800 K，温度延展的区域大致在 5200—7600 K。

实际上，太阳光球的有效温度通常是通过实测的太阳常数按照 Stefan-Boltzmann 定律计算出来的

$$J(T) = \sigma T^4 \tag{18.20}$$

其中，$J(T)$ 是在表面上单位面积辐射出来的总辐射功率，σ 是 Stefan-Boltzmann 常数。由 Stefan-Boltzmann 定律得到的温度大约是 5800 K。这与 BRI 的结果非常吻合。这是我们首次获得关于太阳的温度-面积分布的信息。

18.6　讨论与结论性评注

人们关注黑体辐射反演问题源于它在遥测中的潜在应用。BRI 的一个严重困难是它的不适定性问题。我们将 BRI 中的不适定性分为三类：Hadamard 不适定性 (Hadamard

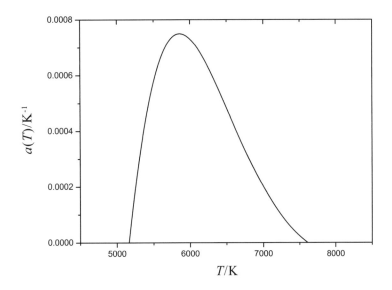

图 18.4　由太阳实测的辐射功率谱 $W(\nu)$，利用 BRI 获得的太阳温度-面积分布 $a(T)$。其计算通过 DMF 方法实现，参数分别为 $T_0 = 5000\mathrm{K}$、$\xi = 10.0$、$s = 1.2$，而级次 $m = 30$

instability)、数据不完备性 (data incompleteness) 和方法依赖性 (method-dependent instability)。前两类不适定性在前面的 UFS-H 方法中已有所缓解，但由于存在方法依赖的不适定性，即使输入函数 $W(\nu)$ 是严格的，由 UFS-H 产生的温度-面积分布在低温区仍然不是正确的。第三类不适定性要求发展更强有力的求解方法。本节提供的这一新的 DMF 是一个适当的选择，它在 BRI 中给出一个满意的反演结果，当然，在低温区的高精度是特别需要的。

在 BRI 中 DMF 方法成功的关键之一在于 DM 函数系 $\{\mathcal{D}_m(x), \mathcal{D}_m^*(x)\}$。它是一个新的函数系，具有一系列优点。它的简单性和整个函数系拥有一个统一的有限包络是极其优越的性质，它们为 DMF 方法获得高计算精度和克服低温困难起着强有力的保证作用。这一函数系也有望在相关的反问题，如比热-声子谱反演[16]、比辐射率反演[17]、广义比辐射率反演[18] 和透射率反演[19] 等中获得更多的应用。

由于 BRI 的最新进展，特别是 DM 方法的发展，使得对实际体系的反演成为可能。经过约 30 年的努力之后，特别由于 G.Thuillier 等[15] 来自 SOLSPEC 和 SOSP 光谱仪的照射谱实测数据，我们成功实现了对第一个实际体系的黑体辐射反演，并首次获得了太阳温度面积分布。分布函数的峰大约在 5800 K 处，这与经典的结果不谋而合。

对太阳光球的温度，或基于 Stefan-Boltzmann 定律，或 Wien 位移定律，都必须预先假设温度是均匀的。事实上，由 Stefan-Boltzmann 定律计算的温度可以看作温度面积分布的平均值。由处于 5800 K 的黑体辐射出来的总功率绘于图18.5。这一曲线与实测的数据有可观的偏离。当将它与导致最后的温度-面积分布的拟合函数 (见图18.3) 比较时，这种差异也可以变得很清楚。

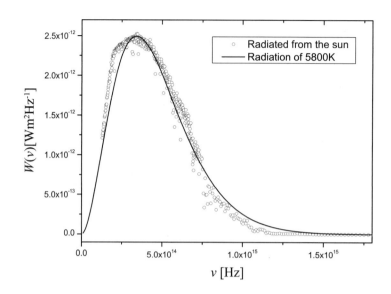

图 18.5　太阳的与处在 5800 K 的黑体的辐射功率谱的比较。引自文献 [15] 的太阳的数据用空心小圆表示，而处在 5800 K 的黑体的辐射谱用实线表示。两个功率谱有着可观的偏离。这表明太阳的表面温度不是均匀的

　　BRI 对实际体系的首次实现对我们评估它在实际反演的经验是非常有益的。遥远的星体的温度- 面积分布也有望由它们相应的实测照射谱反演出来。此外，对于超新星爆发及其他发光体的活动和演化也许是有意义的。 BRI 在其他实际体系中的更多应用，如热核反应堆，也有望获得实现。

　　关于本节的英文版内容已发表于中国科学[20]。

参考文献

[1] Bojarski N N. IEEE Trans., 1982, **AP-30**: 778-780; 1984, **AP-32**: 415.

[2] Kim Y, Jaggard D L. Inverse black body radiation: An exact closed-form solution. IEEE Trans., 1965, **AP-33**: 797.

[3] Chen N. X. Phys. Rev. Lett. Modified Möbius inverse formula and its application in physics, 1990, **64**: 1193-1195; Errata, ibid., 1990, **64**: 3203.

[4] Dai X X, Dai J Q. On unique existence theorem and an exact solution formula of the inverse black-body radiation problem. IEEE Trans. Attenans and Propagation, 1992, **40**: 257-260.

[5] Hamid M, Ragheb H A. Inverse black body radiation at microwave frequencies. IEEE Trans. Antennas Propagation, 1983, **31**: 810-812.

[6] Hunter J D. An improved closed-form approximation to the inverse black body radiation problem at microwave frequencies. IEEE Trans Antennas Propagation, 1986, **34**: 261-262.

[7] Chen N X. A new method for inverse black body radiation problem. Chinese Phys. Lett., 1987, **4**: 337-340.

[8] Lakhtakia M N, Lakhtakia A. Inverse black body radiation at submillimeter wavelengths. IEEE Trans. Antennas Propagation, 1984, **32**: 872-873.

[9] Dai X X, Dai J Q. Exact solutions of the inverse black-body radiation problem hierarchy with Planck integral spectrum. Phys. Lett. A, 1991, **161**: 45-49.

[10] Lakhtakia M N, Lakhtakia A. On Some relations for the inverse black-body radiation problem. Appl. Phys. B, 1986, **39**: 191-193.

[11] Sun X G, Jaggard D L. The inverse blackbody radiation problem: A regularization solution. J. Appl. Phys., 1987, **62**: 4382-4386.

[12] Ye J P, Ji F M, Wen T, Dai X X , Dai J X, Evenson W E. The black-body radiation inversion problem, its instability and a new universal function set method. Phys. Lett. A, 2006, **348**: 141-146.

[13] Dai X X, Xu X W, Dai J Q. Proc. Int. Conf. on High T_c Superconductivity (Beijing, China), 1989: 521.

[14] Gradshtyen I S, Ryzhik I M. Tables of Integrals, Series and Products. New York: Academic Press, 2004.

[15] Thuillier G, Hersé M, Labs D, et al. The solar spectral irradiance from 200 to 2400 nm as measured by the SOLSPEC spectrometer from the ATLAS and EURECA missions. Solar Physics, 2003, **214**: 1-22.

[16] Dai X X, Xu X W, Dai J Q. On a specific heat-phonon spectrum inversion problem, exact solution, unique existence theorem and Riemann hypothesis. Physics Letters A, 1990, **147** No. 8-9: 445-449.

[17] Wen T, Ming D M, Dai X X, Dai J X, Evenson W E. Type of inversion problem in physics: An inverse emissivity problem. Phys. Rev. E (Rapid Communications), 2001, **63**: 045601.

[18] Ming D M, Wen T, Dai J X, Evenson W E, Dai X X. Generalized emissivity inverse problem. Phys. Rev. E, 2002, **65**: R045601.

[19] Ji F M, Ye J P, Sun L, et al. An inverse transmissivity problem, its Möbius inversion solution and new practical solution method. Phys. Lett. A, 2006, **352**: 467-472.

[20] Ji F M, Dai X X. A new solution method for black-body radiation inversion and the solar area-temperature distribution. Sci. China-Phys. Mech. Astron., 2011, **54** (11): 2097-2102.

第 19 章　量子统计中的泛函积分方法

本章将致力于量子统计中的泛函积分理论及其对稀价起伏体系的非对称 Anderson 模型的研究。

在相当长的一段时间里，人们对混合价现象（the mixed-valence phenomena）产生了很大的兴趣。它在某些金属稀土化合物（metallic rare-earth compounds）中被观察到[1,2]。

在施加一定的流体静压（a hydrostatic pressure）时，稀土离子的 4f 能级可以从磁性的移动到非磁性的。在高温下，磁化率包含部分的居里磁化率（Curie susceptibility）。在低温下，没有观察到磁有序（magnetic ordering），而且磁化率趋于一个常数。鉴于文献 [1]、[2] 关于磁化率、晶格常数、比热、Mössbauer isomer shift、X 射线吸收（X-ray absorption）和在这些化合物中的 X 射线的光辐射（X-ray photoemission）等的测量，现在已经清楚，稀土离子，例如 Sm 和 Ce，具有混合价态，它们与磁组态（magnetic configuration）$[Sm^{3+}(^6H_{5/2}), Ce^{3+}(^2F_{5/2})]$ 和非磁组态（nonmagnetic configuration）$[Sm^{3+}(^7H_0)Ce^{4+}(^1S_0)]$ 一致。若干个模型[3-7] 已经被建议用来表达这一状况。

本章中，我们希望用非对称 Anderson 模型 [4] 去研究这些化合物的磁性质。这个模型原则上给出在简单金属中非常稀的过渡金属或稀土原子（transition-metal- or rare-earth type atoms）的一个有效的描述。Hartree-Fock 近似（Hartree-Fock approximation）或平均场理论曾被用来研究这个模型[4,5,8]，近来 Krishna-Murthy、Willson 和 Wilkins [9] 曾用重正化群理论（renormalization-group approach）去研究单杂质非对称 Anderson 模型（asymmetric Anderson model）。他们的关于杂质磁化率的数值结果指出这模型共享混合价化合物的磁化率的许多特征。

早在 1980 年夏笔者开始并于 1982 年完成本工作[10]，发展**泛函积分方法**。因为它可以超越平均场理论，还可以进一步发展，例如获得严格的形式解，发展成为量子统计的第三种表述[11,12]。该方法最初由 Möhlschlegel[13] 提出，后被 Amit 、Keiter [14] 和 Wang、Evenson 及 Schrieffer [15] 用来研究对称 Anderson 模型的磁性杂质在高温下的磁化率。虽然这个方法是设计来处理与金属中磁性杂质有关的问题[14-16]，但它对混合价化合物的可靠性尚未得到充分的检验。本工作的目的之一在于计算金属中单个稀土离子的磁化率与温度的关系，并与重正化群获得的结果[9] 相比较。这些比较可以指明这种方法究竟有多好。另一个物理量是重正化群方法 [9] 以前未曾研究过，而我们准备研究的——稀土离子的价。

这个价将作为温度的函数和作为 f 能级位置的函数被计算出来。人们猜测 f 能级位置随着所加的压强而改变，而价的结果直接联系于实验测量。在 19.1 节中，将对泛函积分方法[17,18] 作简要的回顾和综述，并将导出稀土离子的磁化率和价的表达式。我们将证明这些量可以用一些二重积分的级数表示。与这些积分相关的本质性的困难在于，被积函数在整个积分区域里变化得非常快，而且在某些温区收敛非常慢。这种变化的程度依赖于温度 T。在低温区，被积函数变化如此之快，以至于数值工作变得极端困难和非常耗时（time consuming）。我们相信这些困难让以前的研究者们望而却步，无法将这些计算延伸到低温区。为了克服这些困难，我们引用数论方法（method of number theory），将二重积分转化为单重求和，从而可观地缩减计算时间。数论方法将在 19.2 节中予以综述。一些适当的变换被用来简化计算，一些数值方法在各种极限下予以讨论。在 19.3 节中将展示磁化率和价在一个宽温区的数值结果。当 f 能级位于 Fermi 能级之上，我们磁化率的结果与文献[9] 的结果显示出很好的一致。价或 f 电子占据数指出当 f 电子能级跨过 Fermi 能级时变化是连续的。在最后的一节中将讨论模型的对称性质，同时给出结论性的注释。

19.1　泛函积分方法

泛函积分方法（functional-integral method）曾被 Amit 和 Keiter[14] 发展用以研究对称 Anderson 模型（the symmetric Anderson model）的单个磁杂质在高温下的磁化率（magnetic susceptibility）。

下面我们将用这个方法同时研究简单金属中单个稀土离子的磁化率和价 (valence)。让我们从 Anderson 哈密顿量（Anderson Hamiltonian）出发

$$H = \sum_{k,\sigma} \epsilon_{k\sigma} n_{k\sigma} + \sum_{\sigma} \epsilon_{l\sigma} n_{l\sigma} + \sum_{k,\sigma} (V_{kl} a_{k\sigma}^\dagger b_{l\sigma} + \text{c.c.}) + H_{\text{int}}$$
$$H_{\text{int}} = U\, n_{l\uparrow} n_{l\downarrow} \tag{19.1}$$

这里的 $a_{k\sigma}^\dagger(b_{l\sigma}^\dagger)$、$a_{k\sigma}(b_{l\sigma})$、$n_{k\sigma} = a_{k\sigma}^\dagger a_{k\sigma}(n_{l\sigma} = b_{l\sigma}^\dagger b_{l\sigma})$ 和 $\epsilon_{k\sigma}(\epsilon_{l\sigma})$ 分别为带有动量 k 和自旋 σ 的导电电子产生、湮灭、占据数算子和能级（带有自旋为 σ 的局域电子）。U 是稀土离子的原子内的电子间的库仑势（intratomic Coulomb potential between electrons）。V_{kl} 是延展态（extended state）和局域态（localized state）的混合项。哈密顿量 H 一般是非对称 Anderson 模型（asymmetric Anderson model），除非 $\epsilon_{l\uparrow} + \epsilon_{l\downarrow} + U = 0$（对称的 Anderson 模型）。

泛函积分方法基于 Stratonovich-Hubbard 等式

$$\text{e}^{-AB} = \int_{-\infty}^{\infty} \text{d}x \int_{-\infty}^{\infty} \text{d}y\, \text{e}^{-\pi|z|^2} \exp[-\pi^{1/2}Az + \pi^{1/2}Bz^*] = \langle \exp -\sqrt{\pi}(Az - Bz^*) \rangle_{\text{G}} \tag{19.2}$$

这里 A 和 B 是两个对易的厄米算子，而 $z = x + \text{i}y$，$\langle\ \rangle_{\text{G}}$ 意思是取二维的高斯平均。另一方面，在相互作用绘景（the interaction picture）中，巨配分函数 (the grand partition function) 可写为

$$\Xi = \mathrm{tr}\left[\mathrm{e}^{-\beta H_0}\hat{T}\exp\left[-\int_0^\beta H_{\mathrm{int}}(\tau)\mathrm{d}\tau\right]\right] \tag{19.3}$$

其中，$\beta = 1/T$，T 是在 Boltzmann 常数为 1 的特殊单位制 (special unit system) 下的温度，而 $\hat{T}$ 表示时序算符 (the time-ordering operator)，$H_0 = H - H_{\mathrm{int}}$。直接可以看出

$$\int_0^\beta H_{\mathrm{int}}(\tau)\mathrm{d}\tau = \int_0^\beta \mathrm{d}\tau \int_0^\beta \mathrm{d}\tau' \delta(\tau - \tau')U n_{l\uparrow}(\tau)n_{l\downarrow}(\tau') \tag{19.4}$$

并且在间隔 $-\beta \leqslant t\ (= \tau - \tau') \leqslant \beta$ 中，$\delta(t)$ 有表式

$$\delta(t) = \frac{1}{\beta}\sum_{\mu=-\infty}^{\infty}\exp(\mathrm{i}\,\Omega_\mu t) - [\delta(t-\beta) + \delta(t+\beta)] \tag{19.5}$$

而这里 $\Omega_\mu = 2\pi\mu/\beta$，将表达式 (19.5) 代入 (19.4)，有

$$\int_0^\beta H_{\mathrm{int}}(\tau)\mathrm{d}\tau = \sum_{\mu=-\infty}^{\infty}A_\mu B_\mu \tag{19.6}$$

$$\left.\begin{array}{c} A_\mu \\ B_\mu \end{array}\right\} = \sqrt{U/\beta}\int_0^\beta \mathrm{d}\tau \exp(\mathrm{i}\Omega_\mu\tau)\times\left\{\begin{array}{c} n_{l\uparrow}(\tau) \\ n_{l\downarrow}(\tau) \end{array}\right. \tag{19.7}$$

注意 A_μ、B_μ 在算子 $\hat{T}$ 下与 H_0 是对易的，将（19.6）代入 (19.3) 中，并运用 (19.2)，得到

$$\Xi = \int_{-\infty}^{\infty}\cdots\int_{-\infty}^{\infty}\left[\prod_{\mu=-\infty}^{\infty}\mathrm{d}x_\mu\mathrm{d}y_\mu\exp(-\pi|z_{-\mu}|^2)\right]\mathrm{tr}\left[\mathrm{e}^{-\beta H_0}\hat{T}\exp[-\sqrt{\pi}\sum_{\mu}(A_\mu z_{-\mu} - B_\mu z_{-\mu}^*)]\right] \tag{19.8}$$

和 $z_\mu = x_\mu + \mathrm{i}y_\mu$。接着，我们希望将方程 (19.8) 转换到时间表象。如果 $z(\tau)$ 和 $C^\sigma(\tau)$ 分别定义为

$$z(\tau) = \sum_{\mu=-\infty}^{\infty}z_\mu\,\mathrm{e}^{(\mathrm{i}\Omega_\mu\tau)} \tag{19.9}$$

$$C^\sigma(\tau) = \left\{\begin{array}{l} C^\uparrow(\tau) = (U\pi/\beta)^{1/2}z(\tau) \\ C^\downarrow(\tau) = -(U\pi/\beta)^{1/2}z^*(\tau) \end{array}\right. \tag{19.10}$$

那么下列公式成立，

$$\sum_\sigma\int_0^\beta C^\sigma(\tau)n_{l\sigma}(\tau)\mathrm{d}\tau = \sqrt{\pi}\sum_\mu(A_\mu z_{-\mu} - B_\mu z_{-\mu}^*) \tag{19.11}$$

从上面的方程和 (19.8)，我们有时间表象中的配分函数

$$\Xi = \int Dz\ \exp\left[-\pi\beta^{-1}\int_0^\beta \mathrm{d}\tau\,|z(\tau)|^2\,\Xi_\lambda(z)|_{\lambda=1}\right] \tag{19.12}$$

其中

$$\Xi_\lambda(z) = \mathrm{tr}\left[\hat{T}\exp\left[-\int_0^\beta H_\lambda(\tau)\mathrm{d}\tau\right]\right] \tag{19.13}$$

$$H_\lambda(\tau) = H_0 + \lambda\sum_\sigma C^\sigma(\tau)\,n_{l\sigma}(\tau) \tag{19.14}$$

$$Dz \equiv \prod_{\mu=-\infty}^{\infty}\mathrm{d}x_\mu\mathrm{d}y_\mu \tag{19.15}$$

现在体系的配分函数可以简化为表达式 (19.12) 的形式。我们下一个任务是计算 $\Xi_\lambda(z)$，它实际上可以看作一个依赖于时间的哈密顿量（由表达式 (19.14) 给定）的体系的配分函数。$\Xi_\lambda(\tau)$ 对应于一个依赖于复时间的外场作用的电子体系。已经证明二次型哈密顿量（不论费米体系或玻色体系）均可以严格对角化[16,19,20]。Hamann[16] 获得单体问题的形式解。借助于 Green 函数，我们也可以获得严格解。实际上，$\ln\Xi_\lambda$ 对 λ 的微商有下列表达式

$$\frac{\partial\ln\Xi_\lambda}{\partial\lambda} = -\sum_\sigma\int_0^\beta\mathrm{d}\tau\frac{C^\sigma(\tau)}{\Xi_\lambda}\,\mathrm{tr}\left(\hat{T}\exp\left[-\int_0^\beta H_\lambda(\tau')\mathrm{d}\tau'\right]n_{l\sigma}(\tau)\right) \tag{19.16}$$

在广义 Heisenberg 绘景（generalized Heisenberg picture）中，对依赖于 τ 的哈密顿量，引入算子 A 和 B 的温度 Green 函数[21]

$$\langle\langle A(\tau); B(\tau')\rangle\rangle = \mathrm{tr}\left[\rho_\lambda\hat{T}\widetilde{A}(\tau)\widetilde{B}(\tau')\right]$$

其中

$$\widetilde{O}(\tau) \equiv S^{-1}(\tau)\hat{O}S(\tau) \qquad S(\tau) \equiv \hat{T}_\tau\exp\left[-\int_0^\tau H_\lambda(\tau')\mathrm{d}\tau'\right] \tag{19.17}$$

而密度矩阵（density matrix）由下式给定

$$\rho_\lambda = \frac{1}{\Xi_\lambda}S(\beta) \tag{19.18}$$

然后，我们定义下列 Green 函数

$$G_{ll}^{\lambda\sigma}(\tau,\tau') = \langle\langle b_{l\sigma}(\tau); b_{l\sigma}^\dagger(\tau')\rangle\rangle$$
$$G_{kl}^{\lambda\sigma}(\tau,\tau') = \langle\langle a_{k\sigma}(\tau); b_{l\sigma}^\dagger(\tau')\rangle\rangle \tag{19.19}$$

运用运动方程方法，我们得

$$\frac{\mathrm{d}}{\mathrm{d}\tau}G_{ll}^{\lambda\sigma}(\tau,\tau') = -\delta(\tau-\tau') - \sum_k V_{kl}^* G_{kl}^{\lambda\sigma}(\tau,\tau')$$
$$-[\epsilon_{l\sigma} + \lambda C^\sigma(\tau)]G_{ll}^{\lambda\sigma}(\tau,\tau') \tag{19.20}$$
$$\frac{\mathrm{d}}{\mathrm{d}\tau}G_{kl}^{\lambda\sigma}(\tau,\tau') = -\epsilon_{k\sigma}G_{kl}^{\lambda\sigma}(\tau,\tau') - V_{kl}G_{ll}^{\lambda\sigma}(\tau,\tau')$$

引入对 $G(\tau, \tau')$ 的双重 Fourier 展式

$$G(\tau, \tau') = \sum_{m,n} (G)_{nm} \exp(-\mathrm{i}\,\omega_n \tau + \mathrm{i}\omega_m \tau') \qquad \omega_m = [(2m+1)/\beta]\pi \tag{19.21}$$

在频率空间，方程 (19.20) 可以严格解出，我们有

$$(G_{kl}^{\lambda\sigma})_{nn'} = -\frac{V_{kl}}{\epsilon_{k\sigma} - \mathrm{i}\omega_n}(G_{ll}^{\lambda\sigma})_{nn'} \tag{19.22}$$

$$(\mathrm{i}\omega_n - \epsilon_{l\sigma} - \Sigma_n)(G_{ll}^{\lambda\sigma})_{mn'} = \frac{1}{\beta}\delta_{nn'} + \lambda \sum_m C_{n-m}^\sigma (G_{ll}^{\lambda\sigma})_{mn'} \tag{19.23}$$

局域电子的自能（self-energy）$\sum_n$ 具有如下形式

$$\Sigma_n = -\sum_k \frac{|V_{kl}|^2}{\epsilon_{k\sigma} - \mathrm{i}\,\omega n} \cong -\mathrm{i}\,|V|^2 N(0)\,\mathrm{sgn}\,\omega_n \tag{19.24}$$

其中，$N(0)$ 和 $|V|^2$ 是 Fermi 面上的态密度和相互作用矩阵平方平均值。

如果我们引入矩阵 $\hat{C}^\sigma$ 和 $\hat{A}$，它们的矩阵元为

$$(\hat{V}^\sigma)_{nm} = \beta C_{n-m}^\sigma \qquad (\hat{A})_{nm} = \mathrm{e}^{\mathrm{i}\omega_n 0^+}\delta_{nm} \tag{19.25}$$

方程 (19.23) 可以具有下列矩阵表示

$$G_{ll}^{\lambda\sigma} = \hat{G}_{ll}^{0\sigma} + \hat{G}_{ll}^{0\sigma} \lambda \hat{V}^\sigma G_{ll}^{\lambda\sigma} \tag{19.26}$$

从方程 (19.17) 和 (19.19)，方程 (19.16) 可以重写为

$$\frac{\partial \ln \Xi_\lambda}{\partial \lambda} = -\sum_\sigma \int_0^\beta \mathrm{d}\tau\, C^\sigma(\tau) G_{ll}^{\lambda\sigma}(\tau, \tau \to 0^+) \tag{19.27}$$

将方程 (19.27) 的右端在频率空间写出，并运用方程 (19.26)，则方程 (19.27) 化为

$$\frac{\partial \ln \Xi_\lambda}{\partial \lambda} = -\sum_\sigma \mathrm{tr}[(\hat{I} - \lambda \hat{V}^\sigma \hat{G}_{ll}^{0\sigma})^{-1} \hat{V}^\sigma G_{ll}^{0\sigma} \hat{A}] \tag{19.28}$$

然后我们将方程 (19.28) 对 λ 从 $\lambda = 0$ 到 $\lambda = 1$ 作积分，并得

$$\Xi_l(z) = \Xi_0(z) \exp\left[\sum_\sigma \mathrm{tr}\left[\ln(\hat{I} - \hat{V}^\sigma \hat{G}_{ll}^{0\sigma})\hat{A}\right]\right] \tag{19.29}$$

其中，$\hat{I}$ 是单位矩阵。将上式代入方程 (19.12)，我们的体系的配分函数变为

$$\Xi = \Xi_{U=0} \int_{-\infty}^\infty \cdots \int_{-\infty}^\infty \left[\prod_{\mu=-\infty}^\infty \mathrm{d}x_\mu \mathrm{d}y_\mu \exp(-\pi|z_\mu|^2)\right] \cdot \exp\left[\sum_\sigma \mathrm{tr}\left[\ln(\hat{I} - \hat{V}^\sigma \hat{G}_{ll}^{0\sigma})\hat{A}\right]\right] \tag{19.30}$$

这里的 $\hat{A}$ 来自

$$\langle n_{l\sigma}(\tau) \rangle = G_{ll}^{\lambda\sigma}(\tau, \tau + 0^+)$$

而且有时候它作为重要的收敛因子。如果迹（trace）即使没有 $\hat{A}$ 仍然是收敛的，我们可以令它的值为 1。$\Xi_{U=0}$ 对应于 $U = 0$ 的体系的配分函数。

$$\Xi_{U=0} = \mathrm{tr}[\exp(-\beta H_0)] \tag{19.31}$$

借助于假设导电电子的 Lorentzian 型态密度（Lorentzian density of states）和宽带近似（broadband approximation）[14]，$\Xi_{U=0}$ 可被计算出来

$$\Xi_{U=0} = \Xi_{\mathrm{band}} \exp\left\{ -\sum_\sigma \left[\frac{\beta\epsilon_{l\sigma}}{2} - \ln 2\pi + 2\ln\left| \Gamma\left(\frac{1}{2} + \frac{\delta}{2} + \mathrm{i}\, \frac{\beta\epsilon_{l\sigma}}{2\pi} \right) \right| \right] \right\} \tag{19.32}$$

这里，Ξ_{band} 是仅有导电电子的体系的配分函数，$\delta = \beta\Gamma/\pi$ 和 $\Gamma = \pi|v|^2 N(0)$。

（1）静态近似。

广义的 Hartree-Fock 近似（generalized Hartree-Fock approximation）通常称之为静态近似（static approximation）。在这个近似中，人们在方程 (19.30) 中只保留 $\mu = 0$ 的项，它对应于忽略了所有的有限能量转换的项的贡献。定义 $\bar{\epsilon}_{l\sigma} = \epsilon_{l\sigma} + U/2$，在静态近似下的配分函数可具有下列表达式

$$\begin{aligned}
\Xi_{\mathrm{static}} = {} & \Xi_{\mathrm{band}} (2\pi)^2 \Gamma^{-2}(\delta) \exp[-\tfrac{1}{2}\beta(\bar{\epsilon}_{l\uparrow} + \bar{\epsilon}_{l\downarrow} - \tfrac{1}{2}U)] \\
& \times \int_0^1 \mathrm{d}x_1 \int_0^1 \mathrm{d}x_2 \{4\cos[\pi(x_1 - \tfrac{1}{2})]\cos[\pi(x_2 - \tfrac{1}{2})]\}^{\delta-1} \\
& \times \exp[(x_1 - \tfrac{1}{2})\beta\bar{\epsilon}_{l\uparrow} + (x_2 - \tfrac{1}{2})\beta\bar{\epsilon}_{l\downarrow} - \beta U(x_1 - \tfrac{1}{2})(x_2 - \tfrac{1}{2})]
\end{aligned} \tag{19.33}$$

人们可以将上面的表达式看作所有的 Hartree-Fock 配分函数对 x_1 和 x_2 的平均。凭借运用 [22]，在方程 (19.33) 中对 x_2 的积分可以算出。我们得到

$$\begin{aligned}
\Xi_{\mathrm{static}} = {} & \Xi_{\mathrm{band}} (2\pi)^2 \Gamma^{-1}(\delta) \exp[-\tfrac{1}{2}\beta(\bar{\epsilon}_{l\uparrow} + \epsilon_{l\downarrow} - \tfrac{1}{2}U)] \\
& \times \int_0^1 \mathrm{d}x_1 \{2\cos[\pi(x_1 - \tfrac{1}{2})]\}^{\delta-1} \left| \Gamma\left[\frac{1}{2} + \frac{\delta}{2} + \frac{1}{2\pi\mathrm{i}}\left[\beta\bar{\epsilon}_{l\downarrow} - \beta U(x_1 - \tfrac{1}{2}) \right] \right] \right|^{-2} \\
& \times \exp[\beta\bar{\epsilon}_{l\uparrow}(x_1 - \tfrac{1}{2})]
\end{aligned} \tag{19.34}$$

这个公式与 [14] 中的表达式有微小的差别，在那里遗漏了一个因子 $\exp[\beta\bar{\epsilon}_{l\uparrow}(x_1 - \tfrac{1}{2})]$。

（2）谐波近似。

在谐波近似（harmonic approximation）中，在表达式 (19.30) 中只考虑 $\mu = 0, \pm 1$ 的项，而所有其他的起伏全部忽略。按照 [14] 描述的方法，配分函数在这近似下为

$$\Xi = \int_0^1 \int_0^1 \mathrm{d}x_1 \mathrm{d}x_2 \Xi(x_1, x_2) \tag{19.35}$$

$$\Xi(x_1, x_2) = f\delta^2 \sum_{m=0}^{\infty} \left(\frac{\beta U}{4\pi^2}\right)^{2m} \Gamma^{-2}(\delta + m + 1)\{4\cos[\pi(x_1 - \frac{1}{2})]\cos[\pi(x_2 - \frac{1}{2})]\}^{\delta+2m-1}$$

$$\times \exp[(x_1 - \frac{1}{2})\beta\bar{\epsilon}_{l\uparrow} + (x_2 - \frac{1}{2})\beta\bar{\epsilon}_{l\downarrow} - \beta U(x_1 - \frac{1}{2})(x_2 - \frac{1}{2})] \tag{19.36}$$

其中

$$f = \Xi_{\text{band}}(2\pi)^2 \exp\left[-\frac{\beta}{2}\left(\bar{\epsilon}_{l\uparrow} + \bar{\epsilon}_{l\downarrow} - \frac{U}{2}\right)\right] \tag{19.37}$$

这个结果再一次与 [14] 中的有微小的差异，那里存在印刷错误。上式对 x_2 的积分可以严格完成，其结果是

$$\Xi = f\delta^2 \sum_{m=0}^{\infty} \left(\frac{\beta U}{4\pi^2}\right)^{2m} \frac{\Gamma(\delta + 2m)}{\Gamma^2(\delta + m + 1)} \int_0^1 \mathrm{d}x_1 \exp[(x_1 - \frac{1}{2})\beta\bar{\epsilon}_{l\uparrow}]\{2\cos[\pi(x_1 - \frac{1}{2})]\}^{\delta+2m-1}$$

$$\times \left|\Gamma\left(\frac{1}{2} + \frac{\delta}{2} + m - \frac{1}{2\pi\mathrm{i}}[\beta\bar{\epsilon}_{l\uparrow} - \beta U(x_1 - \frac{1}{2})]\right)\right|^{-2} \tag{19.38}$$

在此我们想要指出，在表达式 (19.34) 和 (19.38) 中的配分函数在极限 $U \to 0$ 或（和）$V \to 0$ 下可以复现（reproduce）严格结果。

还可以直接看出在对称情况下 $\epsilon_{l\uparrow} + \epsilon_{l\downarrow} + U = 0$ 和无磁场时，有

$$\Xi(U) = \Xi(-U)\exp(\beta U/2)$$

其他某些从配分函数就可以推断出来很有用的关系将在后面予以讨论。

（3）局域电子的磁化率和平均占据数。

为推导磁化率的表达式，我们从下列等式出发

$$\chi_T = \frac{1}{\beta}\frac{\partial^2 \ln\Xi}{\partial H^2}\bigg|_{H=0} \tag{19.39}$$

其中，磁场 H 通过单粒子能量进入 Ξ。

$$\epsilon_{l\sigma} = \epsilon_l - \frac{1}{2}g\mu_{\text{B}}HS_\sigma \qquad \epsilon_{k\sigma} = \epsilon_k - \frac{1}{2}g\mu_{\text{B}}HS_\sigma \tag{19.40}$$

g 是 Lendé 因子（Lendé factor），μ_{B} 是 Bohr 磁子（Bohr magneton），$S_\uparrow = 1$ 和 $S_\downarrow = -1$。如果我们写 $\Xi = \Xi_{\text{band}}\Xi_l$，直接可证明 $\chi_T = \chi_{\text{band}} + \chi$。$\chi_{\text{band}}$ 是仅来自 Ξ_{band} 或导电电子的磁化率。而 χ 是在 f 能级上的局域电子的磁化率并具有表达式

$$\chi = \frac{\beta}{4}(g\mu_{\text{B}})^2\langle(x_1 - x_2)^2\rangle \tag{19.41}$$

这里

$$\langle A \rangle \equiv \frac{1}{\tilde{\Xi}} \int_0^1 \int_0^1 \mathrm{d}x_1 \mathrm{d}x_2 A \tilde{\Xi}(x_1, x_2)$$

$$\tilde{\Xi} = \int_0^1 \int_0^1 \mathrm{d}x_1 \mathrm{d}x_2 \tilde{\Xi}(x_1, x_2)$$

而

$$\tilde{\Xi}(x_1, x_2) = \sum_{m=0}^{\infty} \frac{(Y_0 \delta)^{2m}}{\Gamma^2(\delta + m + 1)} 4^{(\delta-1)} \{\cos[\pi(x_1 - \frac{1}{2})] \cos[\pi(x_2 - \frac{1}{2})]\}^{\delta + 2m - 1}$$

$$\times \exp\{\pi^2 Y_0 \delta[(\frac{1}{2} - X_0)(x_1 + x_2 - 1) - (x_1 - \frac{1}{2})(x_2 - \frac{1}{2})]\} \tag{19.42}$$

这里我们引入无量纲参数（dimensionless parameters）

$$Y_0 = U/\pi\Gamma \qquad X_0 = -\epsilon/U$$

和

$$\tau = 1/(\pi\delta)$$

局域能级（或 f 能级）上的平均占据数容易从下列方程得到

$$\bar{n} = \sum_\sigma \langle \hat{n}_{l\sigma} \rangle = -\beta^{-1} \sum_\sigma \frac{\delta \ln \Xi}{\delta \epsilon_{l\sigma}} = 2 - \langle (x_1 - x_2) \rangle \tag{19.43}$$

从方程（19.43），我们可以看出 x_1 和 x_2 的物理意义是 $1 - n_\uparrow$ 和 $1 - n_\downarrow$。

19.2 数论方法：数值积分和求和

在关于配分函数的数值计算中，我们将从公式（19.35）而不是从（19.38）出发。这是因为（19.38）所需要的复的 Γ 函数在我们的计算中心的图书馆里没有现成的。另一方面，我们实际上可以根据关于特殊函数的标准参考书 [23] 自写一个专门为这个函数的程序，可惜这个程序不够精确和有效以保证在计算（19.38）中的运用。所以，为了得到局域能级的磁化率和占据数，人们不得不计算出现在方程式（19.41）和（19.43）中的大量二重积分。这里相关的参数是 $Y_0 = U/\pi\Gamma$ 和 $\tau = T/\Gamma$ 对于混合价化合物的情况 Y_0 是非常大的（$Y_0 \cong 20 - 100$）。如果 $Y_0 = 20$ 和 $\tau = 0.3$，方程（19.42）中的指数项在积分限中变化幅度从 $\exp(100)$ 覆盖到 $\exp(-100)$。运用标准的积分子程序（integration routine）得到精确的结果是极其困难的。更有甚者，方程（19.42）中对 m 的求和收敛非常慢，需要大量的计算时间。例如，为获得在磁化率对 τ（或 T）的曲线上误差为 1% 的一个点，在 Honeywell 6600 计算机上的 CPU (中央处理器，即 central processing unit) 的时间约两小时。

对 $Y_0 = 100$ 和 $\tau \leqslant 0.3$，标准的积分法实际上不适用。为了克服这一困难，我们将启用强有力的多重积分法，它是数年前由 Hwa 和 Wang [24] 基于数论发展来的。这个方法所相关的误差，如知名的 Monte-Carlo 方法（Monte-Carlo method）那样，与维数无关。但是由这个方法所获得的结果曾对若干个实例测试过，它比那些由 Monte-Carlo 方法获得的更精确 [24]。由于许多物理学家可能不很熟悉这个基于数论的积分法，我们给出主要步骤的简要论述。

令 $F(x_1, x_2 \cdots x_s)$ 为 s 维被积函数，并且将在 s 维单位箱体（unit box）（$0 \leqslant x_1 \leqslant 1$）上求积分

$$I = \int_0^1 \mathrm{d}x_1 \int_0^1 \mathrm{d}x_2 \cdots \int_0^1 \mathrm{d}x_s F(x_1, x_2 \cdots x_s) \tag{19.44}$$

经适当的函数变换 $x_i = \Psi(y_i)$ 之后，上面的方程化为

$$I = \int_0^1 \mathrm{d}y_1 \int_0^1 \mathrm{d}y_2 \cdots \int_0^1 \mathrm{d}y_s f(y_1, y_2 \cdots y_s) \tag{19.45}$$

这里

$$f(y_1, y_2 \cdots y_s) = F[\Psi(y_1), \Psi(y_2) \cdots \Psi(y_s)] \times \Psi'(y_1)\Psi'(y_2) \cdots \Psi'(y_s) \tag{19.46}$$

变换函数 $\Psi(y_i)$ 必须这样选取

$$f(y_1 \cdots y_i \cdots y_s) = 0 \tag{19.47}$$

如果 $y_i = 0$ 和 1（$i = 1 \ldots s$），换言之 $f(y_1, y_2 \ldots y_s)$ 在积分边界上为零。然后我们可以定义积分区域外的函数值。例如，如果 $y_1 = y_i' + N$（$y_i' < 1$ 和 N 是一整数），有

$$f(y_1 \ldots y_i \ldots y_s) = f(y_1 \ldots y_i' \ldots y_s) \tag{19.48}$$

$f(\vec{y}) = f(y_1, y_2 \ldots y_s)$ 成为 y_i（$i = 1, 2 \ldots s$）的周期函数，且周期为 1。

如果函数具有方程（19.47）和（19.48）所表征的性质，那么这多重积分可以用单重求和来计算

$$\int_0^1 \mathrm{d}y_1 \int_0^1 \mathrm{d}y_2 \ldots \int_0^1 \mathrm{d}y_s f(\vec{y}) \simeq \frac{1}{n} \sum_{k=1}^n f\left[\frac{k\vec{h}}{n}\right] \tag{19.49}$$

这里的 $\vec{h}$ 是 s 维空间的某一矢量，并可以由数论来确定。在二维积分情况

$$\int_0^1 \mathrm{d}y_1 \int_0^1 \mathrm{d}y_2 f(y_1, y_2) \simeq \frac{1}{n} \sum_{k=1}^n f\left[\frac{k}{n}, \frac{kh}{n}\right] \tag{19.50}$$

n 的数值可以根据误差在所要求的精确度之内来选取。根据数论方法，n 和 h 与 Fibonacci 数的序列 $\{\phi_n\}$ 有关

$$n = \phi_n \qquad h = \phi_{n-1}$$

Fibonacci 数的序列由下列关系产生

$$\phi_0 = 0 \qquad \phi_1 = 1 \qquad \phi_{n+1} = \phi_n + \phi_{n-1}$$

对于 $s = 2, 3 \ldots 18$ 的矢量 $\vec{h}$ 已在 [24] 中列出。这里涉及的误差依赖于 n 的选择和函数的光滑性 (smoothness)。现在让我们讨论这个方法对我们的问题的应用。在方程 (19.42) 的和式中的 $m = 0$ 的项包含一个因子

$$-\{\cos[\pi(\mathrm{x}_1 - \frac{1}{2})]\cos[\pi(\mathrm{x}_2 - \frac{1}{2})]\}^{\delta-1}$$

对于 $\delta < 0$，这一项使得被积函数在积分区域的边界上有奇性。这个在积分边界上的奇性线 (line of singularity) 在数论积分方法中可以用自然的方法移除。例如，如果我们定义

$$x_i = \psi_\mu(y_i) = (2\mu - 1)C_{\mu-1}^{2\mu-2}\sum_{k=0}^{\mu-1} C_k^{\mu-1}\frac{(-1)^k y_i^{k+\mu}}{(k+\mu)} \qquad (\mu \geqslant 1) \qquad (19.51)$$

$$\psi'_\mu(y_i) = (2\mu - 1)C_{\mu-1}^{2\mu-2}y_i^{\mu-1}(1-y_i)^{\mu-1}$$

这里 $C_m^n = n!/m!(n-m)!$ 是二项式系数 (the binomial coefficient)。将方程 (19.42) 重写为

$$\tilde{\Xi}(x_1, x_2) = \sum_{m=0}^{\infty} \xi_m(x_1, x_2)$$

对于 $m \neq 0$，$\xi_m(x_1 - x_2)$ 中没有奇性，从而对这些项 μ 可以任意取值。但对于 $\Xi_0(x_1, x_2)$ 作积分时，我们必须取 $\mu > \delta^{-1}$，这样可以使得奇性线从下列新的被积函数 $f(y_1, y_2) = \xi_0[\psi_\mu(y_1), \psi_\mu(-y_2)] \times \psi'_\mu(y_1)\psi'_\mu(y_2)$ 中被移除。在 $\mu = 3.0$ (或 $\delta \cong 0.106$) 的情况，μ 可以取 $\mu = 10$。从方程 (19.52)，我们可以得到

$$x_i = \Psi_{10}(y_i) = [92378 - 755820y_i + 2771340y_i^2 - 5969240y_i^3$$
$$+ 8314020y_i^4 - 7759752y_i^5 + 4849845y_i^6$$
$$- 1956240y_i^7 + 461890y_i^8 - 48620y_i^9]y_i^{10} \qquad (19.52)$$
$$\Psi'_{10}(y_i) = 923780y_i^9(1-y_i)^9 \qquad i = 1, 2$$

运用数论积分法去消除边界上的奇性被证明是有效和自然的。数值计算磁化率和占据数中遇到的另一个严峻的困难是方程 (19.42) 中对 m 的和式在大的 Y_0 和 δ 时收敛非常慢。为了克服这一困难，让我们将方程 (19.42) 重写为下列形式

$$\Xi(x_1, x_2) = 4^{(\delta-1)}\exp\{\pi^2 Y_0\delta[(\frac{1}{2} - X_0)(x_1 + x_2 - 1) - (x_1 - \frac{1}{2})(x_2 - \frac{1}{2})]\}$$
$$\times \frac{\{\cos[\pi(x_1 - \frac{1}{2})]\cos[\pi(x_2 - \frac{1}{2})]\}^{\delta-1}}{\Gamma^2(\delta+1)}G(z)$$

$$(19.53)$$

$$G(z) = \sum_{m=0}^{\infty} \frac{\Gamma^2(\delta+1)}{\Gamma^2(\delta+m+1)}\left(\frac{z}{2}\right)^{2m} \qquad (19.54)$$

和

$$z = 2Y_0 \delta \cos[\pi(x_1 - \frac{1}{2})] \cos[\pi(x_2 - \frac{1}{2})]$$

我们可以证明 $G(z)$ 可表示为

$$G(z) = \frac{1}{\pi} \int_0^{2\pi} [\text{Re } F(1, 1+\delta, \frac{1}{2} z \, \text{e}^{\text{i}}x)] \, \text{d}x \tag{19.55}$$

其中, $F(1, 1+\delta, z\text{e}^{\text{i}}\text{x})$ 是复变量的合流超几何函数 (the confluent hyper-geometrical function)。$G(z)$ 的计算是相当困难的, 我们将分两种情况讨论它。

第一种, δ 为整数。如果我们希望理解 χ 和 $\langle n_l \rangle$ 在低温下的行为, 这种情况是适用的, 那时 $\delta \gg 1$; 那么方程 (19.54) 可以写作

$$G(z) = \Gamma^2(\delta + 1) \left(\frac{z}{2}\right)^{-2\delta} \left[I_0(z) - \sum_{m=0}^{\delta-1} \frac{(\frac{1}{2}z)^{2m}}{(m!)^2} \right] \tag{19.56}$$

其中, I_0 是虚综量 Bessel 函数 (the Bessel function of imaginary argument), 对于 $t = 3.75/z < 1$, 它有下列表达式 [23]

$$\begin{aligned}
I_0(z) = z^{-1/2}\text{e}^z [&0.39894228 + 0.01328592t + 0.00225319t^2 - 0.00157565t^3 \\
&+ 0.00916281t^4 - 0.02057706t^5 + 0.02635537t^6 \\
&- 0.01647633t^7 + 0.00392377t^8]
\end{aligned} \tag{19.57}$$

对于 $t = 3.75/z > 1$, 应该启用方程 (19.54) 中 $G(z)$ 的表达式。

第二种, δ 为非整数。这种情况适用于研究 χ 和 $\langle n_l \rangle$ 在高温下的性质, 那里的 δ 值是不大的。例如, 对于大多数情况 χ 的峰位于区域 $0 < \delta < 1$。在这个区域 δ 不是整数。$G(z)$ 可以用 (19.56) 和 (19.57) 中的表达式。

对于 $x_1 = x_2 = 0.5$ 和 $z = 100$, 需要求和的项数大约是 $m = 300$, 诸如 $\Gamma^2(m+\delta)$、$(Y_0\delta)^{2m}$ 和 $(Y_0\delta)^{2m}/\Gamma^2(m+\delta)$ 变得如此的巨大, 致使计算机不能掌控它们。但注意到 (19.54) 中对 m 的求和的收敛速度决定于 z 的值。在我们的数值计算中如果那些项

$$[\Gamma^2(\delta+1)/\Gamma^2(\delta+M+1)](z/2)^{2M} < \epsilon = \exp(-40)$$

它可以被略去。计算 $G(z)$ 所需要的项数 M 可以由下列方程估算出来

$$2M \ln(z/2) - 2\ln[\Gamma(\delta+M+1)/\Gamma(\delta+1)] < \ln\epsilon \tag{19.58}$$

如果我们定义 $z(n) = \exp[(0.1)n - 4.7]$, 那么 $M = M(n)$ 是 n 的函数。$\delta \leqslant 1$ 时的

$M(n)$ $(n = 1, 2, 3 \ldots 93)$ 的值列表如下。

5	5	5	5	5	5	5	5	5	5
6	6	6	6	6	6	6	6	6	6
7	7	7	7	7	7	7	7	8	8
8	8	8	9	9	9	9	10	10	10
10	11	11	11	12	12	12	12	13	14
14	15	16	16	17	18	19	20	21	22
23	24	26	27	29	31	33	35	37	40
43	46	50	54	58	63	68	73	80	87
95	103	112	124	134	147	161	176	194	213
234	257	282							

对 $z \cong 100$，M 的值可能是很大的。计算机同样很难掌控那些 $M > 30$ 的项。注意到

$$G(z)\mathrm{e}^{-z} \simeq 0.39894228\Gamma^2(\delta + 1)2^{2\delta}z^{-[2\delta+(1/2)]} \qquad z \gg 1 \tag{19.59}$$

这里，$\delta < 1$。我们定义 $G_0(z) = G(z)\,\mathrm{e}^{-z}$，因而 $G_0(z)$ 有下列表达式

$$G_0(z) \simeq \sum_{m=1}^{M} R(m, \delta)\theta^{2(m-1)}\mathrm{e}^{-z} = \sum_{m=1}^{M} G_0(m, z) \tag{19.60}$$

$$R(m, \delta) = (Y_0\delta)^{2(m-1)}\left[\frac{\Gamma(\delta + 1)}{\Gamma(\delta + m)}\right]^2 \tag{19.61}$$

M 的数值依赖于 z 或 θ $[\theta = z/(2Y_0\delta)]$ 的大小。量 $R(m, \delta)$ 当 m 变大时可以变得很大，但 $RL(m, \delta) = \ln R(m, \delta)$ 可以储存在计算机里并无困难。

$RL(m, \delta)$ 在 $Y_0\delta = 100$ 时的典型值对 m 的关系显示于图19.1中。如果我们令 $G_0(m, z) = \exp(\omega)$，而 ω 由下式给定

$$\omega = RL(m, \delta) - z + 2(m - 1)\ln\theta$$

当 $\omega < -50$ 时 $G_0(m, z)$ 的贡献可以忽略。利用这个方案，可以获得精度达 10^{-6} 的 $G_0(z)$ 的值。

19.3　数值结果

在上一小节中所描述的方法被用来计算磁化率 χ 和局域电子的占据数 $\bar{n}$。在图 19.2 中计算了 χ 和 $\bar{n}$，它们作为温度 T（或 $\tau = T/\Gamma$）的函数，当 $Y_0 = 100$，$X_0 = 0.01$、0.0 和 -0.01。

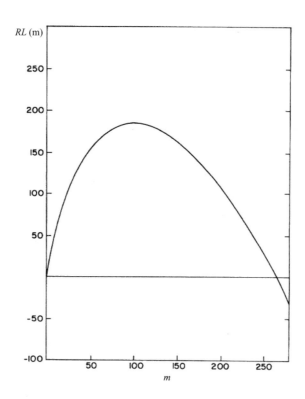

图 19.1　$RL(m,1) = \ln R(m,1)$ 对 m 的图示

图 19.3 显示参数为 $Y_0 = 20$, $X_0 = 0.02$、0.0 和 -0.02 的相似的图形。这里我们希望指出为得到图 19.3 中的 $\tau = 0.1$ 关于 χ 在 $Y_0 = 20$ 的一个点只需要 0.02 小时计算时间，而通常的积分方法所需的计算时间是 3 小时。

这一磁化率曲线的本质性的形态是在低温下 $\chi(T)$ 是一个常数，随着 T 上升 $\chi(T)$ 也上升，达到一个峰值后下降。随着局域电子能级 ϵ_l 从高于 Fermi 能级移动到低于 Fermi 能级时，$\chi(T)$ 的数值随之增加。这些形态与重正化群的计算结果 [9] 符合得很好。比较图 19.2 和图 19.3，增大的 U (或 Y_0) 的效应使得 χ 减小，并且将峰值的位置也向高温端移动。

$\bar{n}$ 的温度依赖关系指出在 χ 的曲线的峰值附近有着显著的变化。在图 19.4—图 19.6 中，我们看到 $T\chi/(g\mu_B)^2$ 和 $\bar{n}$ 对 $\log_{10}(T/D)$ 的图，当 $Y_0 = 100$, 和分别有 $X_0 = -0.01$、0.0 和 0.01 时，而 D 是带宽 (bandwidth)。为了与 Krishna-Murthy 等 [9] 的结果比较，带宽是人为引进的，并取作 $D = 2U$。实线是由本方法获得的磁化率，而小三角表示重正化群计算的结果 [9]。在图 19.4 中，我们的结果在 ϵ_l 稍微高于 Fermi 能级时 ($X_0 = -0.01$) 与 [9] 的结果符合得相当地好。

在图 19.5 和图 19.6 中，ϵ_l 均分别低于 Fermi 能级，我们的结果在低温区远比重正化群计算的结果 [9] 下降得快。上述我们计算结果的特征是始料未及的，它们可以下列方式定性地理解。如果我们选取 $\epsilon_l + U > 0$ 并运用 Schrieffer-Wolff 变换 [25]，对应的 s－d 交换

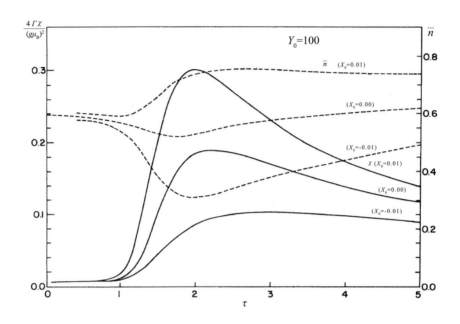

图 19.2　局域电子的平均占据数 $\bar{n}$ 和磁化率 χ 对简约温度 $\tau = T/\Gamma$ 作图，其中 $Y_0 = U/\pi\Gamma = 100$ 和 $X_0 = -\epsilon_l/U = 0.010$ 和 -0.01

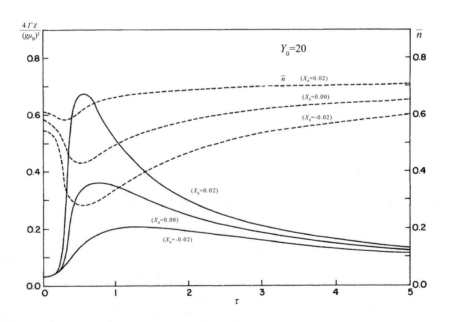

图 19.3　$\bar{n}$ 和 χ 对 τ 作图，其中 $Y_0 = 20$ 和 $X_0 = 0.020$ 和 -0.02

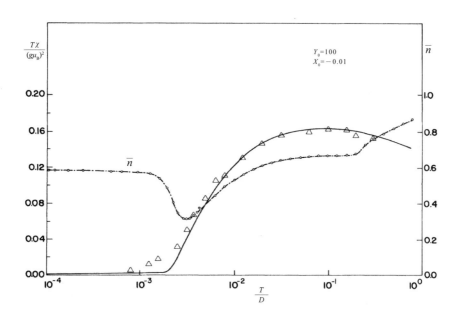

图 19.4　$T\chi/(g\mu_B)^2$ 和 $\bar{n}$ 对 T/D 的半对数图，其中带宽 $D = 2U$、$Y_0 = 100$ 和 $X_0 = -0.01$。实线表示 $T\chi/(g\mu_B)^2$，虚线并带空心小圆表示 $\bar{n}$。空心三角 (Δ) 表示 Krishna-Murthy、Wilson 和 Wikins 运用重正化群方法的结果，见文献 [9]

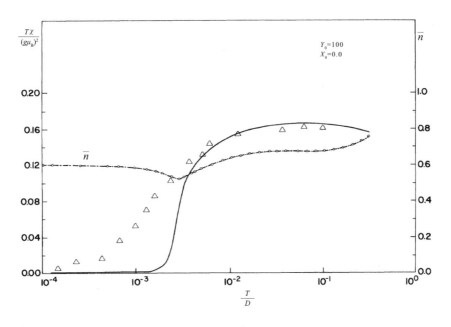

图 19.5　与 Figure (19.4) 相似的 $T\chi/(g\mu_B)^2$ 和 $\bar{n}$ 对 T/D 的半对数图，但 $X_0 = 0$

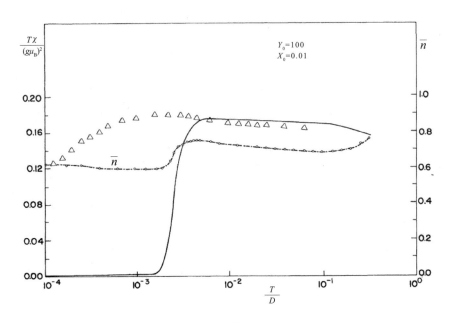

图 19.6　与 Figure (19.4) 相似的 $T\chi/(g\mu_{\mathrm{B}})^2$ 和 $\bar{n}$ 对 T/D 的半对数图，但 $X_0 = 0.01$

作用（s－d exchange interaction）可以写为　$J = 2|V|^2U/[\epsilon_l(\epsilon_l + U)]$，则 J 的符号决定于 ϵ_l 的值。当 $\epsilon_l > 0$（或 $X_0 < 0$），耦合（$J > 0$）是铁磁的（ferromagnetic），而且由于 J 的重正化对磁化率的贡献如所周知是不重要的，而我们忽略的高阶项是不重要的。这就是为什么图 19.4 中的结果与重正化群的结果 [9] 符合得如此好的原因。但是，对于 $\epsilon_l < 0$（或 $X_0 > 0$），耦合系数（$J < 0$）是属于反铁磁的（anti-ferromagnetic），因而我们处于强重正化区（strong renormalization region）。忽略在公式（19.30）中的高阶项（$\mu = \pm 2, \pm 3, \dots$）不再是合理的。这就是在谐波近似下图19.5 和图19.6中的结果在低温区失去与重正化群的结果 [9] 的一致性的原因。在高温和中温区，两种不同方法的结果相互符合得很好。在这些图中，平均占据数 $\bar{n}$ 用带有小圆圈的虚线表示。

在图19.7和图19.8中，显示 $\bar{n}$ 作为 $X_0 = -\epsilon_l/U$ 的函数对于两个不同的温度 $\tau = 2$、0.5 和若干个 Y_0 的值。曲线 $\bar{n} - X_0$ 的本质性特征显示 $\bar{n}(1 - X_0) = 2 - \bar{n}(X_0)$，它反映了现在的模型和近似下的一个对称性质。这个关系很容易从方程（19.4）和在方程（19.42）中 $\tilde{\Xi}(x_1, x_2)$ 的定义得到证明。我们计算指出的另一个特征是，当 ϵ_l 从 Fermi 能级之下变到 Fermi 能级之上时，$\bar{n}$ 突然（abruptly）但连续地从 1 变到 0。

虽然一个基于 Falicov-Kimball 模型对于单杂质的计算 [3] 指出 $\bar{n}$ 在 X_0 和 $T = 0$ 的变化是不连续的，因而被认为是一级相变，我们尚不肯定在现在的方法在 $T = 0$ 时这种不连续性是否存在。如果我们比较高温的结果（19.7）与低温的结果 (19.8)，对 $Y_0 = 100$（$\tau = T/\Gamma = 2$）$\bar{n}$ 的值下降快于 $\tau = 0.5$。如果这种趋势在低温区持续直至到零度，则 $\bar{n}$ 在 $T = 0$ 处没有间断点（不连续性）。如果我们相信局域能级 ϵ_l 特别在接近 Fermi 能级时经受激烈的重整，那么这种特征（speculation）就完全没有根据了。

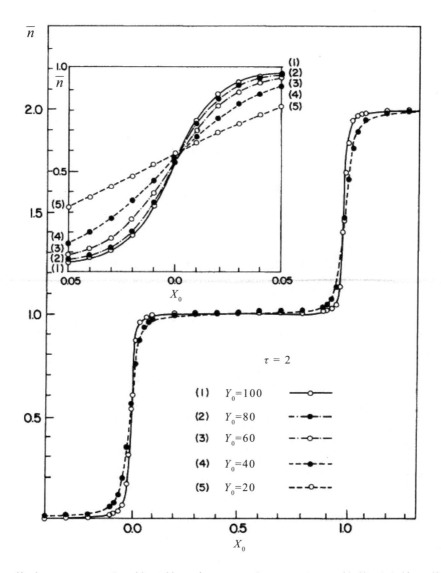

图 19.7　$\bar{n}$ 作为 $X_0 = -\epsilon_l/U$ 的函数，在 $\tau = T/\Gamma = 2$ 和 Y_0 的若干取值下作图。左上角插图是 $X_0 = 0$ 附近 $\bar{n} - X_0$ 图的放大

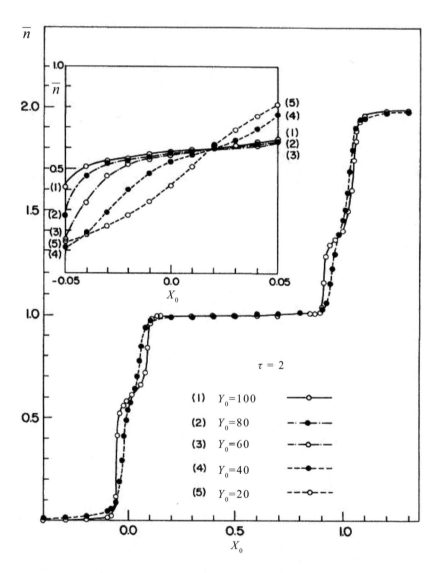

图 19.8 　$\bar{n}$ 作为 X_0 的函数图，与图19.7相似，但 $\tau = 0.5$

19.4　讨论与结论性的注释

本章中，我们运用非对称 Anderson 模型去研究简单金属中一个稀土离子，目的在于运用泛函积分方法 [14] 在谐波近似下计算磁化率，通过其结果与重正化群方法 [9] 的比较来考验其可靠性。从这两种方法获得的磁化率的结果符合得很好，除了低温，当 f 能级位于 Fermi 能级之下并且 V 很大。

分歧的定性原因已经在前面讨论过。一个密切相关的课题是运用泛函积分方法研究对称的 Anderson 模型（或 Kondo 体系），并将其低温下的结果与重正化群方法 [9] 的做比较。这一工作近期正在研究中，工作将在他处发表。此外前一小节的数值计算中已经注意到，在现在的近似下存在若干对称性质。这些性质很容易获得，如果将方程 (19.41)—(19.43) 中积分变量 x_1 和 x_2 分别变换为 $\xi = x_1 - \frac{1}{2}$ 和 $\eta = x_2 - \frac{1}{2}$。

(1) 在对称情况 $\epsilon_{l\uparrow} + \epsilon_{l\downarrow} + U = 0$ 或 $X_0 = 0.5$，对所有的温度，我们有

$$\bar{n} = 1 \tag{19.62}$$

这关系在 Hartree-Fock 近似（Hartree-Fock approximation）下也存在。

(2) 对所有的 Y_0、δ 和 T，在现在的近似下，我们有

$$\chi(X_0) = \chi(1 - X_0) \tag{19.63}$$

上述关系在重正化群方法 [9] 中也曾被指出过。

(3) 对所有的 Y_0、δ 和 T 并在现在的近似下，我们可以证明

$$\bar{n}(1 - X_0) = 2 - \bar{n}(X_0) \tag{19.64}$$

据我们所知，这一关系以前未曾得到过。正如前一小节中所指出的，图19.7 和图19.8反映了上述方程的这一关系。很容易看出，方程 (19.62) 是 (19.64) 的特殊情况。

这里讨论的模型是简化了的，即在简单金属中单个稀土离子。这仅对非常稀的合金是一个合适的描述。稀土原子的周期性（periodicity）[26-28] 已被完全忽略了，因而我们并不致力于将我们的计算与实验数据的定量比较。虽然如此，我们相信非对称 Anderson 模型确切地描述某些混合价化合物的本质性的特征（essential features），尽管现在的模型可能容易破坏局域的中性的改变 [8]。

前面得到的磁化率在高温区总是揭示部分居里定律（Curie's law）。当 f 能级 ϵ_l 跨过 Fermi 能级或由于压强的作用，局域电子占据数 $\bar{n}$ 变化很快。推广现在的模型去研究金属中两个稀土离子是可能的，两个离子间的电荷起伏将被考虑在内。我们的最终目的是在泛函积分方法中研究周期性的 Anderson 模型。另一个问题是耦合电子体系与玻色场。在现在的方法中，这应该是可能的去尝试这耦合是否仍然能够导致磁性和非磁性相之间如 Haldane 所发现的一级相变[5]。这些和另一些问题将构成未来研究有趣的课题。

Amit 和 Keite 发展的谐波近似（the harmonic approximation）下泛函积分方法在这里已被扩展到对非对称 Anderson 模型的研究。这个模型对金属中稀的稀土离子给出一个有效的描述（valid description）。磁化率（magnetic susceptibility）和 f 电子或局域电子的占据数（ the occupation number ）可用一些二重积分的级数表示。运用数论中的积分法（an integration method in number theory）对这些二重积分作数值计算。我们的依赖于温度的当 f 能级位于 Fermi 能级上面时的磁化率与 Krishna-Murthy 等的重正化群（renormalization-group ）计算结果很好符合。但 f 能级位于 Fermi 能级下面时，结果与重正化群所得的低温下的结果不再符合。我们还计算了 f 电子的占据数作为温度的函数以及作为 f 电子的能级的函数。

参考文献

[1] Jefferson J M, Stevens K W. J. Phys., 1978, 11: 319; Edited by Falicov L M, Hanke W, Maple M B. Proceedings of the International Conference on Valence Fluctuations in Solids. Amsterdam: North-Holland, 1981.

[2] Robinson J M. Phys. Rep., 1979, **51**: 1.

[3] Ramirez R, Falicov L M, Kimball J C. Phys. Rev. B, 1980, **2**: 3383.

[4] Anderson P W. Phys. Rev., 1961, **124**: 41.

[5] Haldane F D M. Phys. Rev. Lett., 1978, **40**: 416; Phys. Rev.B, 1977, **15**(281): 2477.

[6] Varma C M, Heine V. Phys. Rev. B, 1975, **11**: 4763 ; Varma C M, Yafet Y. 1975, **12**: 2950.

[7] Hirst L L. J. Phys. Chem. Solids, 1974, **35**: 1285.

[8] Ueda K. J. Phys. Soc. Jpn., 1979, **47**: 811.

[9] Krishna-Murthy H R, Wilkins J W, Wilson K G. Phys. Rev. B, 1980, **21**: 1003; 1044.

[10] Dai X X, Ting C S. Functional integral approach of the asymmetric Anderson model for dilute fluctuating-valence system. Phys. Rev. B, 1983, **28**: 5243-5254.

[11] Dai X X. On the functional integral approach in quantum statistics: I. Some approximations. J. Phys.: Condens. Matter, 1991, **3**: 4389-4398.

[12] Dai X X. On the functional integral approach in quantum statistics, including mixed-mode effects and free of divergences:II. Diagram analysis and some exact relations. J. Phys.: Condens. Matter, 1992, **4**: 1339-1357.

[13] B. Mühlschlegal. lecture notes, University of Pennsylvania, 1965 (unpublished); in Path Integrals and Their Application in Quantum Statistical and Solid State Physics, edited by Papadopoulos G J, Devreese J T. New York: Plenum, 1978.

[14] Amit D, Keiter H. Functional integral approach to the magnetic impurity problem: The superiority of the two-variable method. J. Low Temp. Phys., 1973, **11** (5/6): 603-622.

[15] Wang S Q, Evenson W E, Schrieffer J R. Phys. Rev. Lett., 1969, **23**: 92; Wang S Q. Ph.D. dissertation, University of Pennsylvania,1970 (unpublished).

[16] Hamann D R. Phys. Rev. B, 1970, **2**: 1373.

[17] 虽然泛函积分方法在文献 [14] 中有所论述，但存在诸多印刷和手稿上的错误，见文献 [18]。这里我们提供这样一种形式，使得数学上读者容易阅读。

[18] Keiter H (私人通信).

[19] Bogoliubov N N. *Lectures on Quantum Statistics, Translated from the Ukranian*, edited by Klein L, Glass S. New York: Gordon and Breach, 1967.

[20] Dai X X. 费米二次型哈密顿的对角化定理. Low Temperature Physics (低温物理), 1979, **1** No. 4: 273-283; Nature Journal (自然杂志), 1978, **1**, No. 8: 466 (in Chinese).

[21] Zubarev D N. Usp. Fiz. Nauk., 1960, **71**: 71; Sov. Phys.-Usp., 1960, **3**: 320.

[22] *Higher Transcendental Functions* Vol. 1. New York: McGraw-Hill, 1953: 12.

[23] Gradshteyn I S, Ryzhik I M. *Tables of Integrals, Series and Products*. New York: Academic, 1965.

[24] Hwa L G, Wang Y. *The Application of Number Theory in Approximate Analysis*. Beijing: Science Publishing House, 1978.

[25] Schrieffer R, Wolff P A. Phys. Rev., 1966, **149**: 491.

[26] Schlottman P. Simple spinless mixed -valence model, I. Coherent-hybridization states with virtual-band states. Phys. Rev. B, 1980, **22**: 613-621; Simple spinless mixed-valence model, II. Solution of the isolated f-level problem. 1980, **22**: 622-631.

[27] Leder H J, Muhlschlegel B. Z. Phys. B, 1978, **29**: 341.

[28] Leder H J. Solid State Common., 1978, **27**: 579.

第 20 章　量子统计力学中的第三种表述

20.1　量子统计力学中的第三种表述:
泛函积分理论

在 1959 年, Hubbard [1] 发展了泛函积分方法 (FIA) 去计算统计力学中的巨配分函数。这方法是处理多体统计力学的第三种一般的方法, 并给出多体物理的许多有趣的近似方案。第一种表述起源于 Gibbs 的计算组态积分 (configuration integral) 后来发展为量子统计的求状态和 (sum over stationary states)。第二种表述是 Feynman 的路径积分方法 (path integral approach)。

由于推广基础性的表述中的数学复杂性和困难, FIA 并未能如前两种统计力学方法发展得那么完全。本章在首先回顾 Hubbard 的泛函积分方法后将致力于这些问题。

20.1.1　Hubbard 方法

Hubbard 方法曾基于 Stratonovich 等式 (Stratonovich identity) [2]

$$\int_{-\infty}^{\infty} \mathrm{e}^{-\pi x^2 - 2\sqrt{\pi} x \hat{A}} \, \mathrm{d}x = \mathrm{e}^{\hat{A}^2} \tag{20.1}$$

运用这个等式, 可以将多体配分函数严格地转换为依赖于虚设"时间的"外场中的单体问题 (fictitious 'time'-dependent external field) 的泛函积分。从配分函数的通常定义出发,

$$\Xi = \mathrm{Tr}[\mathrm{e}^{(\mu \hat{N} - \hat{H})/k_{\mathrm{B}} T}] \tag{20.2}$$

其中, 哈密顿量 $\hat{H}$ 可以用单粒子算符 $\hat{H}_0$ 和多粒子项 $\hat{V}$ 写出

$$\begin{aligned} \hat{H} &= \hat{H}_0 + \hat{V} \\ \hat{V} &= \frac{1}{2} \sum_{i,j;k,l} V_{i,j;k,l} \hat{a}_i^+ \hat{a}_j \hat{a}_k^+ \hat{a}_l \end{aligned} \tag{20.3}$$

运用下面的记号

$$\begin{aligned} \beta &\equiv \frac{1}{k_{\mathrm{B}} T} \qquad \gamma \equiv (i,j) \qquad \hat{\xi}_{i,j} \equiv \hat{\xi}_\gamma \equiv \hat{a}_i^+ \hat{a}_j \\ \hat{K} &\equiv \beta \sum_i \epsilon_i \hat{a}_i^+ \hat{a}_i \qquad \hat{N} \equiv \sum_i \hat{a}_i^+ \hat{a}_i \end{aligned} \tag{20.4}$$

那么

$$\hat{V} = \frac{1}{2} \sum_{\gamma,\delta} V_{\gamma,\delta} \hat{\xi}_{\gamma} \hat{\xi}_{\delta} \tag{20.5}$$

其中哈密顿量的厄米性（hermitian property）保证了 $V_{\gamma,\delta}^* = V_{\delta,\gamma}$。假设人们可以利用一个正则变换（canonical transformation）$\hat{S}$ 使得 $\hat{V}$ 对角化

$$(\hat{S}^+ \hat{V} \hat{S})_{\nu,\nu'} = \lambda_{\nu} \delta_{\nu,\nu'} \tag{20.6}$$

那么

$$\hat{V} = \frac{1}{2} \sum_{\nu} \lambda_{\nu} \hat{\rho}_{\nu}^2 \tag{20.7}$$

其中

$$\hat{\rho}_{k,l} = \sum_{i,j} S_{i,j;k,l} \hat{a}_i^+ \hat{a}_j \equiv \hat{\rho}_{\nu} \tag{20.8}$$

运用 Feynman 排序标记技术（ordering label technique）[3] 和 Stratonovich 等式 (20.1)，Hubbard 得到

$$\Xi = \int e^{-L[x_{\nu,s}]} \prod_{\nu,s} \mathrm{d}x_{\nu,s} \tag{20.9}$$

其中

$$L[x_{\nu,s}] = \pi \sum_{\nu,s} x_{\nu,s}^2 + \beta f[x_{\nu,s}] \tag{20.10}$$

而 f 是一个运动与依赖于"时间"的外场中理想气体的热力势

$$e^{-\beta f[x_{\nu,s}]} = \mathrm{Tr}[e^{\hat{\nu} - \hat{K}_s - 2\sqrt{\pi} \sum_{\nu,s} \sqrt{-\lambda_{\nu}} x_{\nu,s} \hat{\rho}_{\nu,s}}] \tag{20.11}$$

20.1.2　困难

这个表述面临着一些有趣的问题：

(1) 寻求正则变换算子 $\hat{S}$ 的是很困难，而且不总是可能的。

(2) 即使知道 $\hat{S}$，算子 $\hat{\rho}_{\nu} \equiv \hat{\rho}_{k,l}$ 仍然是非常复杂的。

(3) 没有 $\hat{S}$ 和 $\hat{\rho}_{k,l}$ 的显示形式（explicit forms）是否有一个去处理的路径？

(4) 我们能否减少积分的维数（the dimensionality of the integrals）？

(5) 我们如何能够简化拉格朗日量（Lagrangian）对最速落径法（the method of steepest descents）的极值条件（the extremum conditions）？

(6) 我们如何推广量子统计中的泛函积分表述去容纳超导电性研究？

这些问题将在后面予以讨论。泛函积分方法的以前应用，包括 Anderson 模型（the Anderson model）[4]、Kondo 效应（the Kondo effect）[5]、价起伏（valence fluctuations）和 Hubbard 模型（Hubbard model）[6-15]。在以前的工作中，发展了诸多近似方法，例如

静态近似（static approximation）、新混沌相近似（RPA'）、独立谐波近似（independent harmonic approximation）、四次近似（quartic approximation）、系统的图形分析（systematic diagrammatic analysis）、单交叉近似（single cross approximation）和时区处理方法（the time-domain approach）等。泛函积分方法 FIA [11] 的结果曾与重正化群（renormalization group theory）[16] 的结果做了比较。本节只致力于实际的泛函积分方法的表述的一般问题。

20.1.3 一个算子等式

为了推广和改进 Hubbard 理论，我们从下列算子等式出发：

等式 当线性算子 $\hat{A}$ 和 $\hat{B}$ 相互对易，人们有 [17]

$$\mathrm{e}^{\pm\hat{A}\hat{B}} = \int_{-\infty}^{\infty} \mathrm{d}x \int_{-\infty}^{\infty} \mathrm{d}y \, \mathrm{e}^{-\pi|z|^2 - \sqrt{\pi}(\hat{A}z \pm \hat{B}z^*)} \tag{20.12}$$

其中

$$z = x + \mathrm{i}y \tag{20.13}$$

(1) 当 $\hat{A}$ 与 $\hat{B}$ 可对易而且是厄米的，那么 $\hat{A}$ 和 $\hat{B}$ 具有一个共同的正交完备归一函数系（a common complete orthonormal set of eigenfunctions），它可作为表象基矢（the representation basis）。这等式可以借助于 c-数（c-numbers）而获得证明。

(2) $\hat{A}$ 和 $\hat{B}$ 经常（事实上，在统计力学的一般情况下）不是厄米的。虽然如此，因为 $\hat{A}$ 和 $\hat{B}$ 按假设是对易的，人们可以将 $\exp[-\sqrt{\pi}(\hat{A}z \pm \hat{B}z^*)]$ 展开为 x 和 y 的幂级数，然后通过计算积分来证明这个算子等式。

Stratonovich 等式，即等式 (20.1)，是算子等式，方程 (20.12) 是当 $\hat{A} = \hat{B}$ 时的特殊情况。

20.1.4 量子统计力学的泛函积分表述

为获得一个实际的泛函积分表述，我们需要减少积分的维数并避免未知的变换 $\hat{S}$ 和算子 $\hat{\rho}_{k,l}$。为此，我们在没有明显运用 $\hat{S}$ 或 $\hat{\rho}_{k,l}$ 的情况下证明下列一般的定理：一般的量子统计力学均可以化为在虚拟时间中运动的理想气体问题，其代价是引入泛函积分。

量子统计的第三种表述基本定理 一个一般的平衡态统计力学问题，体系的哈密顿量具有形式，$\hat{H} = \hat{H}_0 + \hat{H}_{\mathrm{int}}$，其中

$$\begin{aligned} \hat{H}_0 &= \sum_{k,k',\sigma}(I_{k,k'} + \tfrac{1}{2}U_0\delta_{k,k'})\hat{a}_{k,\sigma}^+\hat{a}_{k',\sigma} \\ \hat{H}_{\mathrm{int}} &= \pm\frac{1}{2V}\sum_q\sum_{k,\sigma}\sum_{k',\sigma'}U(q)\hat{a}_{k'+q,\sigma'}^+\hat{a}_{k-q,\sigma}^+a_{k,\sigma}\hat{a}_{k',\sigma'} \end{aligned} \tag{20.14}$$

可以严格地转化为运动在依赖于虚设的复时间外场（a fictitious complex 'time'-dependent external field）中的理想气体问题，其代价是引入泛函积分。注意，U_0 是原点处的势，而 $U(q)$ 取正号，符号直接由 ± 引入。

证明：我们首先写出

$$\hat{H}_{\text{int}} = \pm \sum_q \hat{A}_q \hat{B}_q \tag{20.15}$$

其中

$$\hat{A}_q = \hat{B}_q^+ = \sum_{k,\sigma} \sqrt{\frac{U(q)}{2V}} \hat{a}_{k+q,\sigma}^+ \hat{a}_{k,\sigma} \tag{20.16}$$

引入 Feynman-Dyson 展开式（the Feynman-Dyson expansion）和时序算子 $\hat{T}$（the time-ordering operator），我们可将巨配分函数（the grand partition function）写为

$$\Xi = \text{Tr}[\hat{T} e^{\beta(\mu\hat{N} - \hat{H}_0)} e^{-\int_0^\beta \hat{H}_{\text{int}}(\tau)\,\mathrm{d}\tau}] \tag{20.17}$$

其中，$\hat{H}_{\text{int}}(\tau)$ 是相互作用绘景（the interaction representation）中的形式。

现在，运用算子 $\hat{O}(\tau)$ 的 Fourier 展式

$$\hat{O}(\tau) = \sum_{\nu=-\infty}^{\infty} \hat{O}^\nu e^{-2\pi i\nu\tau/\beta} \tag{20.18}$$

其中

$$\hat{O}^\nu = \frac{1}{\beta} \int_0^\beta \hat{O}(\tau) e^{2\pi i\nu\tau/\beta}\,\mathrm{d}\tau \tag{20.19}$$

我们有

$$\int_0^\beta \hat{H}_{\text{int}}(\tau)\,\mathrm{d}\tau = \pm\beta \sum_q \sum_{\nu=-\infty}^{\infty} \hat{A}_q^\nu \hat{B}_q^{-\nu} \tag{20.20}$$

然后，应用算子等式 (20.12)，得

$$\Xi = \int_{-\infty}^{\infty} \cdots \int_{-\infty}^{\infty} (\prod_q \prod_{\nu=-\infty}^{\infty} \mathrm{d}x_q^{-\nu} \mathrm{d}y_q^{-\nu}) e^{-\pi \sum_{q,\nu} |z_q^{-\nu}|^2}$$
$$\text{Tr}[\hat{T} e^{\beta(\mu\hat{N} - \hat{H}_0) - \sqrt{\pi\beta} \sum_{q,\nu} [\hat{A}_q^\nu z_q^{-\nu} \mp \hat{B}_q^{-\nu}(z_q^{-\nu})^*]}] \tag{20.21}$$

现在回到"时间"区域，其中

$$\sum_{q,\nu} |z_q^{-\nu}|^2 = \frac{1}{\beta} \sum_q \int_0^\beta |z_q(\tau)|^2 \,\mathrm{d}\tau$$

$$\sum_{q,\nu} \hat{A}_q^\nu z_q^{-\nu} = \frac{1}{\beta} \sum_q \int_0^\beta \hat{A}_q(\tau) z_q(\tau)\,\mathrm{d}\tau \tag{20.22}$$

因为 $\hat{A}_q^+ = \hat{B}_q$，人们有 $\hat{B}_q^{-\nu} = (\hat{A}_q^{\nu})^+$，则

$$\sum_{q,\nu} \hat{B}_q^{-\nu}(z_q^{-\nu})^* = \frac{1}{\beta} \sum_q [\int_0^\beta \hat{A}_q(\tau) z_q(\tau)\, d\tau]^+ \tag{20.23}$$

现在写出

$$\tilde{U}(\tau) = \sqrt{\pi/\beta} \sum_q \{\hat{A}_q(\tau) z_q(\tau) \mp [\hat{A}_q(\tau) z_q(\tau)]^+\}$$

$$\hat{H}_\lambda(\tau) = \hat{H}_0 + \lambda \tilde{U}(\tau) \tag{20.24}$$

然后，我们定义

$$\Xi_\lambda(z) = \text{Tr}[\hat{T} e^{\beta\mu\hat{N} - \int_0^\beta \hat{H}_\lambda(\tau)\, d\tau}] \tag{20.25}$$

它允许我们运用等式 (20.21) 写出

$$\Xi = \int Dz\, e^{-\frac{\pi}{\beta} \int_0^\beta \sum_q |z_q(\tau)|^2\, d\tau} \Xi_1(z)$$

$$\equiv\, <\Xi_\lambda>_{\lambda=1} \tag{20.26}$$

$\hat{A}_q(\tau)$ 是一个二次型（quadratic form），因而 $\hat{H}_\lambda(\tau)$ 是一个类似于运动外场 $z_q(\tau)$ 中的理想气体的哈密顿量，显然可以将 $\tilde{U}$ 写成如下形式

$$\tilde{U} = \sqrt{\frac{\pi}{\beta}} \sum_q \sqrt{\frac{U(q)}{2V}} \sum_{k,\sigma} \{\hat{a}_{k+q,\sigma}^+(\tau)\hat{a}_{k,\sigma}(\tau) z_q(\tau) \mp \hat{a}_{k,\sigma}^+(\tau)\hat{a}_{k+q,\sigma}(\tau) z_q^*(\tau)\} \tag{20.27}$$

从而定理得证。

将本方法与 Hubbard 理论作比较，我们看到这个表述的如下优点：

第一，避免寻求正则变换 $S_{i,j;k,l}$ 和 $\hat{\rho}_{k,l} = \sum_{i,j} S_{i,j;k,l}\hat{a}_i^+\hat{a}_j$ 的困难。

第二，这里的积分维数远少于 Hubbard 表述的维数，因为在我们的泛函积分表述中表达为 $\int \prod_q dx_q(\tau)dy_q(\tau)$，而在 Hubbard 表述中表达为 $\int \prod_i \prod_j dx_{i,j}(\tau)$。维数的减少在理论应用中是极为重要的。

第三，在 BCS 超导理论中，$V = -\sum_{k,k'} V_{k,k'}\, c_{k,\uparrow}^+ c_{-k,\downarrow}^+ c_{-k',\downarrow} c_{k',\uparrow}$，它不能引用 Stratonovich 等式以方程 (20.7) 的形式对角化。但运用算子等式 (20.12)，只需要 $\hat{A}_q = \hat{B}_q^+$ 和它们在时序算子 $\hat{T}$ 下的对易性。所以，我们的泛函积分表述可以应用到超导理论。

20.1.5　配分函数的性质

只有实数的配分函数才在物理中有意义。此外，在单相区（single-phase region）内配分函数必须是解析的而且是正定的。Ξ 的正定性是热力学变量的实数性（reality）的必要条件。解析性保证了热力学量和它们的微商没有任何奇点，因为奇点伴随着相变。

但是，某些物理体系确实可经历过相变，并且那些实验上可以实现相变的物理体系不是单相体系。在这些关节点上热力学量，在热力学极限下变为零 [18]，或者具有某些更奇妙的非解析性（some more subtle nonanalyticity）。

在本小节中我们将在泛函积分方法中探索（explore）配分函数的这些性质。

20.1.6　实数性和最速落径方法

我们注意到，$\tilde{U}$ 是厄米的（hermitian）还是反厄米的（antihermitian）决定于两体相互作用是排斥的还是相吸的：$\tilde{U}^+ = \mp\tilde{U}$，根据在 $\hat{H}_{\text{int}}$ 中的正负号。当 $\hat{H}_\lambda$ 是厄米的，$\Xi_\lambda(z)$，因而 Ξ 显然是实的。

另一方面，当 $\hat{H}_\lambda$ 是非厄米的，Ξ_λ 可以取复数值。我们这里将证明 Ξ 仍然是实的。

按假设，有 $\tilde{U}^+ = -\tilde{U}$。取复共轭 Ξ^*，我们取 $\tilde{U} \to \tilde{U}^+ = -\tilde{U}$，而算子的其余部分都是厄米的。

幸而由对称分析有

$$\tilde{U} \to -\tilde{U} \quad (\text{当} \quad z_q(\tau) \to -z_q(\tau)) \tag{20.28}$$

因为定积分在哑（dummy）积分变量的变换下是不变的，很容易证明 Ξ_λ 表达式的所有虚部可严格消去

$$\Xi = \Xi^* = <\Xi_\lambda>_{\lambda=1} = <\text{Re}(\Xi_\lambda)>_{\lambda=1} \equiv <\tilde{\Xi}_1> \tag{20.29}$$

为方便计，我们已经定义 $\tilde{\Xi}_1$

$$\begin{aligned}
\tilde{\Xi}_1 &\equiv Re\,(\Xi_\lambda)|_{\lambda=1} \\
&= \text{Tr}\{\hat{T}e^{\beta(\mu\hat{N}-\hat{H}_0)}\cosh[\int_0^\beta \tilde{U}(\tau)\,d\tau]\} \\
&= \text{Tr}\{\hat{T}e^{\beta(\mu\hat{N}-\hat{H}_0)}\cos[\int_0^\beta \tilde{U}_0(\tau)\,d\tau]\}
\end{aligned} \tag{20.30}$$

其中，$\tilde{U}_0 \equiv -i\tilde{U}$ 是厄米的。$\tilde{\Xi}_1$ 的这个定义与 Hubbard 理论中的不同，而且这里的 $\tilde{\Xi}_1$ 显然是实数。

一旦拉格朗日量（Lagrangian）L 有极值，人们可以采用最速落径法（method of steepest descents）。所以写作

$$\Xi = \int Dz\, e^{-L[z(\tau)]} \tag{20.31}$$

其中

$$L[z(\tau)] = \frac{\pi}{\beta}\sum_q |z_q(\tau)|^2 - \ln(\tilde{\Xi}_1[z(\tau)]) \tag{20.32}$$

L 在点 $\{x_{q,s}^0, y_{q,s}^0\}$ 有极值，其中

$$\left(\frac{\partial L}{\partial x_{q,s}}\right)_0 = 0 \qquad \left(\frac{\partial L}{\partial y_{q,s}}\right)_0 = 0 \tag{20.33}$$

这里 s 作为"时间"变量。在极点的邻域展开拉格朗日量（Lagrangian）L，进而通过矩阵元

$$(L_2)_{q,s;q',s'} = \frac{1}{2\pi}\left(\frac{\partial^2 L}{\partial z_{q,s}\partial z_{q',s'}}\right) \tag{20.34}$$

定义矩阵 L_2。

考虑一个适当的正则变换和行列式（determinant）在正则变换下的不变性，这泛函积分现在可以算出。最速落径方法给出配分函数的下列表达式

$$\ln\Xi = -\frac{\pi}{\beta}\sum_q |z_q^0|^2 + \ln\tilde{\Xi}_1[z_q^0] + \frac{1}{2}\ln\det[L_2]_0 \tag{20.35}$$

20.1.7　配分函数的正定性与解析性

我们期望相变点出现在配分函数的非解析的点、可能的零点和可能的奇点。当 $\tilde{U}$ 是反厄米的，$\tilde{\Xi}_1$ 虽然是实数，但可能是负的。这确实如此，因为我们可以写作 $\tilde{U}(\tau) \equiv \mathrm{i}\tilde{U}_0(\tau)$，其中 $\tilde{U}_0(\tau)$ 是厄米的。然后，方程 (20.30) 可以改写为

$$\tilde{\Xi}_1 = \mathrm{Tr}\{\hat{T}\mathrm{e}^{\beta(\mu\hat{N}-\hat{H}_0)}\cos[\int_0^\beta \tilde{U}_0(\tau)\,\mathrm{d}\tau]\} \tag{20.36}$$

这余弦函数，当然允许 $\tilde{\Xi}_1$ 变为负的。

因为 $\tilde{\Xi}_1$ 在等式 (20.32) 中作为对数函数的综量（argument）出现，$L[z(\tau)]$ 可能为复数，允许 Ξ 变为零。此外，即使当 $\tilde{U}$ 是厄米的，Ξ 仍然可以有奇点或其他非解析的点。实际上这是理论的丰富性，肯定包含相变的可能性，允许那些可能的困扰的点（these possibly troublesome points）。

在大部分情况，即使当 $\tilde{U}$ 是反厄米的，有两个因素保证着 Ξ 将是正定的（positive definite）。首先，高斯因子（Gaussian factor）$\mathrm{e}^{-\pi\sum_{q,\nu}|z_q^{-\nu}|^2}$ 在零点取极大，而随着 $z_q^{-\nu}$ 变大而迅速下降。第二，余弦函数在第一象限是正的。在大综量时，余弦函数很快震荡并且大部分将相消，而其被积函数的振幅由于高斯因子制约总是非常快地衰减。这些因素使得 $\tilde{\Xi}_1$ 看来似乎总是正的。作为一个粗略的估计，$\tilde{U}_0$ 为 $z_q^{-\nu}$ 的线性的，由 Poisson 公式，我们可以看到 Ξ 是正的

$$\int_{-\infty}^{\infty} \mathrm{e}^{-\pi x^2}\cos(\alpha x)\,\mathrm{d}x = \mathrm{e}^{-\frac{\alpha^2}{4\pi}} > 0 \tag{20.37}$$

但是，非常有趣的，在泛函积分方法中 $\tilde{\Xi}_1$ 可能取负值，特别在相变邻域。在这些情况下，在复（数区）域的最速落径（方法）可以用来研究这样的相变。

当相互作用没有硬核的吸引作用，$\tilde{U}$ 是厄米的，并且是正定的。与上面相同的粗略估计，假设线性的 $\tilde{U}(z)$，给出

$$\int_{-\infty}^{\infty} \mathrm{e}^{-\pi x^2}\cosh(\alpha x)\,\mathrm{d}x = \mathrm{e}^{+\frac{\alpha^2}{4\pi}} > 1 \tag{20.38}$$

正如所预期的那样，在这种情况下 Ξ 不可能有任何零点。那么，类似于超导中 BCS 理论或 Bose-Einstein 凝结的模型如何有相变呢？所有那些对相变需要的是配分函数的某些非解析点或奇点，而非零点。配分函数零点是杨振宁和李政道 [18] 所研究的情况，但那是与相互作用的硬核相联系的。在另一方面，在 Bose-Einstein 凝结中

$$\ln \Xi = -\ln(1 - ze^{\frac{\epsilon_0}{k_B T}}) - \sum_{p \neq 0}^{\infty} \ln(1 - ze^{\frac{\epsilon_p}{k_B T}}) \tag{20.39}$$

它在相变点趋于 $+\infty$。一个类似的论证对 BCS 理论也是可能的。

虽然相变尚没有一个完全的量子理论，很多情况似乎可能联系于配分函数中不同的非解析行为。

20.1.8　结论

从算子等式 (20.12) 出发，一般的配分函数可以表达为理想气体的配分函数的高斯平均（见等式 (20.24)—(20.26)、(20.29)、(20.30)）。相比于 Hubbard 理论，我们的表述具有如下优点：

第一，避免了为对角化 $V_{i,j;k,l}$ 而去寻求变换 $S_{i,j;k,l}$ 和计算 $\hat{\rho}_{k,l}$ 的必要性。

第二，积分的维数远少于 Hubbard 理论的。例如，对一个固定的 q，人们必须对所有的 $\{x_{q,k,\sigma}\}$ 积分，而在我们的表述里，人们只需对 x_q 和 y_q 计算积分。

第三，在我们的一般表述里，必须引入复表示。$\tilde{U}$ 可以是反厄米的并且 Ξ_λ 原则上可以是复的。但我们已经证明 Ξ 和 $\tilde{\Xi}_1$ 总是实的，从而保证了一切配分函数的实性。$\tilde{\Xi}_1$ 的表达式也是很令人感兴趣的，它甚至包含着相变的可能性。

第四，极值条件和（近似的）最速落径法也远比 Hubbard 理论的简单。

20.2　量子统计中一个有相变且高于一维的模型渐近准确解

本节将从电-声子哈密顿量出发，运用量子统计中第三种表述和对角化定理，发展一个统一的和渐近准确的超导理论。理论上，所有的热力学量可以由这个理论得到，一个新的能隙方程通过鞍点法（saddle point method）得出，并确证相变的存在。

超导体 MgB_2 具有反常高的 T_c [19] 和同位素效应 [20]。它的发现触发了广泛的研究，如 [21]、[22]，从而电-声子作用机制获得了新的关注。撇开 T_c 依赖于材料的详细结构的事实，建立一个能体现基本的因素的统一理论仍然是非常有兴趣的。这就需要发展一个新的超导理论和一个严格的超导理论。

常规的超导体微观理论（microscopic theories），自 Fröhlich [23] 的电声子机制和 BCS 理论 [24] 以来，获得了辉煌的成就，为其他重要的工作提供了一个基础。许多杰出的专著也已发表，例如 [25]、[26]、[27]、[28]、[29]、[30]、[31]、[32] 等，而且一些很精彩的、带

有物理直觉的观念和理论方法也被引进，例如 Cooper 对（Cooper pair）的概念、带有相干态的尝试波函数的变分法（the variational method with coherent trial wave functions）[24]、Bogoliubov-Valatin 变换（Bogoliubov-Valatin transformation）伴随着危险图形抵消原则 [33]、反常 Green 函数（abnormal Green's functions）[26] 和强耦合理论（the theories of strong coupling ）[28–31]。自然应该强调的是所有的这些理论包含着近似和假设。所以，去寻求一个在热力学极限下的严格解是重要的，它不依赖于这些近似和假设。本节的动机之一是试图寻求这样的解。

这也需要发展 **一个统一的超导理论**。自从 1986 年高 T_c 超导的实验研究取得了重大进展，为探索高 T_c 超导电性的新机制提供了新的可能。人们已经知道电声子作用的贡献可能是有限的[29]，但关于电声子作用，特别在强耦合的极限方面的研究，无论在理论上或在实验上均仍然是活跃的 [34–38]。为了高 T_c 问题，我们也试图寻求一个统一的理论，它可能覆盖从弱到强耦合区域，探索突破 McMillan 关于电声子作用的超导温度的限制。

最后，为什么我们选择发展渐近准确的理论呢？

在固体或凝聚态物理的大部分研究中，只测量宏观量，所以在统计力学中只对热力学极限下的结果有兴趣。但在统计力学中有两种不同的极限：

极限 A　首先在有限体积 V 下研究严格解，然后在 $V \to \infty$ 同时保持 N/V 为常数的条件下取极限。

极限 B　先在 $V \to \infty$ 下取极限，然后研究严格解，始终保持 $N/V =$ 常数。

在经典统计力学中，例如李-杨定理（Lee-Yang theorem）的证明中，人们可以选择极限 A。在一维的量子统计中，比如在杨振宁的 Bethe 假设（Bethe ansatz）或 Yang-Baxster 方程（Yang-Baxster equation）的研究中，人们可以选择极限 A，但在更高维的情况，如 $D \geqslant 2$，人们无法寻求两个氢原子的严格解，因为即使对 Schrödinger 方程，甚至更为简单的 Laplace 方程，这也是非常困难的。因为无法获得一个适当的正交曲线坐标系！

这个事实指出，在量子统计力学研究 $D \geqslant 2$ 问题的严格解通过极限 A 是没希望的，因而，我们应该尝试在极限 B 中去寻求解决。在数学上，有时候极限 B 可能不同于极限 A，但是没有证据证明这两个极限肯定不同。所以，在下面的研究中我们应用极限 B，作为开始的非常重要的一步。

我们研究的另一个动力在于发展量子统计力学的第三种表述，并寻求热力学极限下、高维并具有相变的体系的严格解。

在下面各小节中，我们试图用量子统计力学的第三种表述 [39] 获得电声子模型哈密顿量的一个渐近严格解。这也是对泛函积分方法[11–15,39] 在某种意义下的发展。

在这一研究中，我们将我们以前证明的广义的对角化定理 [40] 推广到虚拟空间（或复的辅助场），并找到它的实际应用。这辅助场是由我们的表述自然产生的，并从 $-\infty$ 分布到 $+\infty$。

20.2.1 一个统计力学模型的渐近准确解

我们从一个电声子哈密顿量出发

$$\hat{H} = \hat{H}_0 + \hat{H}_{\text{int}} = \sum_k \epsilon_k \left(\hat{a}_{k,\uparrow}^\dagger \hat{a}_{k,\uparrow} + \hat{a}_{-k,\downarrow}^\dagger \hat{a}_{-k,\downarrow} \right)$$
$$- \sum_{k,k'} \frac{V(k,k')}{V} \hat{a}_{k,\uparrow}^\dagger \hat{a}_{-k,\downarrow}^\dagger \hat{a}_{-k',\downarrow} \hat{a}_{k',\uparrow} \tag{20.40}$$

它是 BCS 类型的[24]，其中 $V(k,k')$ 是耦合矩阵元，而 V 是体系的体积。我们假设 $V(k,k') = V(k)^* V(k')$，这里的差别在于没有 $|V(k,k')|$ 必须很小的限制。定义

$$\hat{A} = \sum_k \frac{V(k)^*}{\sqrt{V}} \hat{a}_{k,\uparrow}^\dagger \hat{a}_{-k,\downarrow}^\dagger \qquad \hat{B} = \sum_k \frac{V(k)}{\sqrt{V}} \hat{a}_{-k,\downarrow} \hat{a}_{k,\uparrow} \tag{20.41}$$

人们可以证明，在热力学极限下，$\hat{A}$、$\hat{B}$ 和 $\hat{H}_0$ 是相互对易的。实际上

$$[\hat{A}, \hat{B}] = \sum_{k,\sigma} \frac{V(k,k')}{V} \hat{n}_{k,\sigma} - \sum_k \frac{V(k,k')}{V}$$
$$[\hat{A}, \hat{H}_0] = 2 \sum_k \frac{V(k)^* \epsilon_k}{\sqrt{V}} \hat{a}_{k,\uparrow}^\dagger \hat{a}_{-k,\downarrow}^\dagger$$
$$[\hat{B}, \hat{H}_0] = -2 \sum_k \frac{V(k) \epsilon_k}{\sqrt{V}} \hat{a}_{-k,\downarrow} \hat{a}_{k,\uparrow} \tag{20.42}$$

右边部分相对于左边具有 N 的量级来说是小量，在热力学极限下（$N \to \infty$）可以看作趋于零（见 20.2.7）。

然后，我们可以对配分函数应用形变了的 Stratonovich 等式。这等式为

$$\mathrm{e}^{\hat{A}\hat{B}} = \int_{-\infty}^{\infty} \mathrm{d}x \int_{-\infty}^{\infty} \mathrm{d}y \, \mathrm{e}^{-\pi|z|^2} \mathrm{e}^{-\sqrt{\pi} \hat{A}z - \sqrt{\pi} \hat{B}z^*} \tag{20.43}$$

其中，$z = x + \mathrm{i}y$。

巨配分函数 Ξ 定义为

$$\Xi = \mathrm{Tr}\, \mathrm{e}^{\beta(\mu\hat{N} - \hat{H})} = \mathrm{Tr}\, \mathrm{e}^{\beta\left[\sum_{k,\sigma}(\mu - \epsilon_k)\hat{n}_{k,\sigma} + \hat{A}\hat{B}\right]} \tag{20.44}$$

其中，$\hat{N} = \sum_k \hat{n}_k$ 和 $\beta = 1/k_{\mathrm{B}}T$。所以利用 (20.43)，它将表达为

$$\Xi = \int_{-\infty}^{\infty} \mathrm{d}x \int_{-\infty}^{\infty} \mathrm{d}y \, \mathrm{Tr}\left[\mathrm{e}^{-\pi(x^2 + y^2)} \mathrm{e}^{\sum_k \gamma_k(\hat{n}_{k,\uparrow} + \hat{n}_{-k,\downarrow}) - \sqrt{\pi\beta}\hat{A}z - \sqrt{\pi\beta}\hat{B}z^*} \right] \tag{20.45}$$

其中，$\gamma_k = \beta(\mu - \epsilon_k)$。为了得到表达式 (20.45) 中的迹的严格解，我们需要将在复空间的辅助场中的哈密顿量对角化。

20.2.2　一个广义的对角化定理

我们可以证明一个统一的对角化定理 [40]，它同时适用于 Fermi 和 Bose 情况，也是仅适用于 Bose 体系的 Bogoliubov 定理 [41] 的自然推广。

所有的二次形哈密顿量，无论 Fermi 还是 Bose 体系，都可以写为

$$\hat{H} = -\frac{1}{2}\eta \sum_{f,f'} A_{f,f'} \hat{a}_f^\dagger \hat{a}_{f'}^\dagger + \frac{1}{2} \sum_{f,f'} A_{f,f'}^* \hat{a}_f \hat{a}_{f'} + \sum_{f,f'} B_{f,f'} \hat{a}_f^\dagger \hat{a}_{f'} \tag{20.46}$$

其中，η 是一个统计标记（statistical notation）：对 Bose 统计，$\eta = -1$；对 Fermi 统计，$\eta = 1$。存在下列对称性

$$-A_{f',f} = \eta A_{f,f'} \qquad B_{f',f}^* = B_{f,f'} \tag{20.47}$$

我们可以作一个正则变换（canonical transformation）

$$a_f = \sum_\mu \left[u_{f,\mu} \hat{\alpha}_\mu + v_{f,\mu}^* \hat{\alpha}_\mu^\dagger \right] \tag{20.48}$$

其中，$u_{f,\mu}$ 和 $v_{f,\mu}^*$ 满足如下积分方程组

$$E_\mu u_{f,\mu} = -\eta \sum_{f'} A_{f,f'} v_{f',\mu} + \sum_{f'} B_{f,f'} u_{f',\mu}$$
$$E_\mu v_{f,\mu} = \eta \sum_{f'} A_{f,f'}^* u_{f',\mu} - \sum_{f'} B_{f,f'}^* v_{f',\mu} \tag{20.49}$$

方程组 (20.49) 的解自然地满足变换系数的一般的正交归一关系

$$\sum_f \left[u_{f,\nu}^* u_{f,\nu'} + v_{f,\nu} v_{f,\nu'}^* \right] = \delta_{\nu,\nu'}$$
$$\sum_f \left[u_{f,\nu} v_{f,\nu'} + v_{f,\nu} u_{f,\nu'} \right] = 0 \tag{20.50}$$

和它的逆。对角化的结果是：$\hat{H} = \sum_\mu E_\mu \hat{\alpha}_\mu^\dagger \hat{\alpha}_\mu + E_0$，其中 $E_0 = -\eta \sum_{f,\nu} E_\nu v_{f,\nu} v_{f,\nu}^*$。值得注意的是，这附加的能量 E_0 对结果将有重要的效应，因为它联系于配分函数。

我们在实场中已经证明了这个定理[40]。根据解析开拓的一致性定理，定理可以通过解析开拓推广到复数场中去。

20.2.3　对角化方程的严格解

显然，$\hat{A}^\dagger = \hat{B}$ 和 $\hat{B}^\dagger = \hat{A}$。记 $f \equiv \{k, \sigma\}$（σ 有两个值：↑ 或 ↓），可以证明有一个重要的反对称关系

$$V(-k,\downarrow) = -V(k,\uparrow) \tag{20.51}$$

因为

$$\sum_f \frac{V(f)}{V} \hat{a}_{-f}\hat{a}_f = -\sum_f \frac{V(f)}{V} \hat{a}_f\hat{a}_{-f} = \sum_f \frac{V(-f)}{V} \hat{a}_f\hat{a}_{-f} \qquad (20.52)$$

它意味着必须有一个反对称关系

$$V(-f) = -V(f) \qquad (20.53)$$

因而

$$\begin{aligned}
\hat{A} &= \sum_k \frac{V(k)^*}{\sqrt{V}} \hat{a}_{k,\uparrow}^\dagger \hat{a}_{-k,\downarrow}^\dagger = \frac{1}{2}\sum_k \left[\frac{V(k)^*}{\sqrt{V}} \hat{a}_{k,\uparrow}^\dagger \hat{a}_{-k,\downarrow}^\dagger + \frac{V(-k)^*}{\sqrt{V}} \hat{a}_{-k,\uparrow}^\dagger \hat{a}_{k,\downarrow}^\dagger \right] \\
&= \frac{1}{2}\sum_k \left[\frac{V(k)^*}{\sqrt{V}} \hat{a}_{k,\uparrow}^\dagger \hat{a}_{-k,\downarrow}^\dagger + \frac{V(k)^*}{\sqrt{V}} \hat{a}_{k,\downarrow}^\dagger \hat{a}_{-k,\uparrow}^\dagger \right] \\
&= \frac{1}{2}\sum_{k,\sigma} \frac{V(k)^*}{\sqrt{V}} \hat{a}_{k,\sigma}^\dagger \hat{a}_{-k,-\sigma}^\dagger = \frac{1}{2}\sum_f \frac{V(f)^*}{\sqrt{V}} \hat{a}_f^\dagger \hat{a}_{-f}^\dagger \qquad (20.54)
\end{aligned}$$

相似地

$$\hat{B} = \sum_k \frac{V(k)}{\sqrt{V}} \hat{a}_{-k,\downarrow}\hat{a}_{k,\uparrow} = \frac{1}{2}\sum_f \frac{V(f)}{\sqrt{V}} \hat{a}_{-f}\hat{a}_f \qquad (20.55)$$

为了求解配分函数 (20.45)，我们可以记

$$\begin{aligned}
\widetilde{H} &= \sum_k \beta(\epsilon_k - \mu)(\hat{n}_{k,\uparrow} + \hat{n}_{-k,\downarrow}) \\
&\quad + \sum_k z\sqrt{\frac{\pi\beta}{V}} V(k)^* \hat{a}_{k,\uparrow}^\dagger \hat{a}_{-k,\downarrow}^\dagger + \sum_k z^*\sqrt{\frac{\pi\beta}{V}} V(k) \hat{a}_{-k,\downarrow}\hat{a}_{k,\uparrow} \\
&= -\frac{1}{2}\sum_f (-z\beta_k^*)\hat{a}_f^\dagger\hat{a}_{-f}^\dagger + \frac{1}{2}\sum_f (-z^*\beta_k)\hat{a}_f\hat{a}_{-f} + \sum_f (-\gamma_k)\hat{n}_f,
\end{aligned}$$
$$(20.56)$$

其中，$\beta_k = \sqrt{\pi/(V k_{\mathrm{B}} T)}\, V(k)$。

为了运用对角化定理，比较哈密顿量 (20.56) 与 (20.46)，人们得到 $B_{f,f'} = B_{f,f}\,\delta_{f,f'} = -\gamma_k\,\delta_{f,f'}$，$A_{f,f'} = A_{f,-f}\,\delta_{f,-f'} = -z^*\beta_k\,\delta_{f,-f'}$，$A_{f,f'}^* = A_{f,-f}^*\,\delta_{f,-f'} = -z\beta_k^*\,\delta_{f,-f'}$。

这样对角化方程组可以重写为

$$E u_f = -A_{f,-f}v_{-f} + B_{f,f}u_f \qquad (20.57)$$

$$E v_f = A_{f,-f}^* u_{-f} - B_{f,f}v_f \qquad (20.58)$$

$$E u_{-f} = -A_{-f,f}v_f + B_{-f,-f}u_{-f} \qquad (20.59)$$

$$E v_{-f} = A_{-f,f}^* u_f - B_{-f,-f}v_{-f} \qquad (20.60)$$

这四条方程不是相互独立的，它们受制于条件 (20.50)。这约束条件现在可以简化为

$$|u_f|^2 + |v_{-f}|^2 = 1 \text{ 和 } |u_{-f}|^2 + |v_f|^2 = 1 \tag{20.61}$$

因为

$$\hat{\alpha}_\mu = u^*_{f,\mu} \hat{a}_f + v^*_{-f,\mu} \hat{a}^\dagger_{-f} \tag{20.62}$$

应该满足 Fermi 对易关系。

方程组可以退耦为两对。联立 (20.57) 和 (20.60)，人们有

$$E\,u_f = z^* \beta_k v_{-f} - \gamma_k u_f \tag{20.63}$$

$$E\,v_{-f} = z \beta^*_k u_f + \gamma_{-k} v_{-f} \tag{20.64}$$

对 $\gamma_k = \beta\,(\mu - \epsilon_k) = \gamma_{-k}$，$E$ 的本征值可以得到

$$E^2 = \gamma_k^2 + \zeta_k \rho^2 \tag{20.65}$$

以及 (20.49) 的如下严格解

$$E \equiv E(k) = \pm \sqrt{\gamma_k^2 + \zeta_k \rho^2} \equiv \pm E_A(k) \tag{20.66}$$

其中，$\zeta_k \equiv \beta^*_k \beta_k = \pi\,|V(k)|^2/Vk_{\mathrm{B}}T$，$\rho^2 = |z|^2 = x^2 + y^2$。从 (20.63) 和 (20.64) 以及

$$|u_f|^2 + |v_{-f}|^2 = 1 \tag{20.67}$$

我们可以解之得

$$|u_f|^2 = \frac{\zeta_k \rho^2}{(\gamma_k + E)^2 + \zeta_k \rho^2} = \frac{1}{2}\left[1 - \frac{\gamma_k}{E(k)}\right] \tag{20.68}$$

和

$$|v_{-f}|^2 = \frac{\zeta_k \rho^2}{(\gamma_k - E)^2 + \zeta_k \rho^2} = \frac{1}{2}\left[1 + \frac{\gamma_k}{E(k)}\right] \tag{20.69}$$

联合 (20.58) 和 (20.59)，人们也可以得到 (20.65)，并发现 $|u_{-f}|^2 = |u_f|^2$、$|v_f|^2 = |v_{-f}|^2$。这里存在二重简并，但是对这四条方程 (20.57)—(20.60) 我们仍然有四个解，因为 $E(k)$ 有不同符号的两个解。

在下面关于配分函数的处理中，人们需要确定取哪一个 $E(k)$，正的 $(E_A(k))$ 或负的 $(-E_A(k))$，这关系到解的唯一性。应该注意到在我们的对角化定理中虚拟的哈密顿量 $\widetilde{H}$ 与真实的体系本质上不同：$\widetilde{H}$ 的本征值没有上界和下界的限制。

人们可以按自由能极小的分类来确定 $\widetilde{H}$ 的 $E(k)$ 的符号，但是自由能作为宏观量对确定微观的能级的帮助也许是很小的。所以，需要直接和明显的方法。

理论物理方法精选教程

实际上，关于 $E(k)$ 的符号选取的有三种情况：

第一种，$E(k)$ 全取负

$$E(k) = -\sqrt{\gamma_k^2 + \zeta_k \rho^2} = -E_A(k)$$

第二种，$E(k)$ 全取正

$$E(k) = \sqrt{\gamma_k^2 + \zeta_k \rho^2} = E_A(k)$$

第三种，当 $k > k_F$、$E(k)$ 取正

$$E(k) = \sqrt{\gamma_k^2 + \zeta_k \rho^2} = E_A(k) \qquad k > k_F$$

当 $k < k_F$、$E(k)$ 取负

$$E(k) = -\sqrt{\gamma_k^2 + \zeta_k \rho^2} = -E_A(k) \qquad k < k_F$$

当 $T \gg T_c$，$\zeta_k \rho^2 \sim 0$，这意味着体系趋于正常态自由电子的能级。对于第一种情况，物理上不可能让所有的能量 $E(k)$ 保持为负的，因为如果 $k \to \pm\infty$，所有的粒子集中在 $E(k) \to -\infty$ 的状态，而且状态不可能是稳定的。所以，自然摒弃这种情况。

对于第二种情况，所有的 $E(k) > 0$，这在物理上也是不正确的，因为当 $k \to 0$，它等于 $E(k) \to -\mu/k_B T$，即不存在相互作用。对于一个粒子从能态 $-\mu/k_B T$ 激发到 $E(k) \to +\mu/k_B T$，而且 μ 通常是 eV 的量级，这是不合理的。所以，这种情况也应该被排除。

第三种情况是物理上唯一可用的，它满足所有的物理条件。

体系有自旋的二重简并，因为现在没有磁场，因而 $E(k)$ 必然由按第三种情况确定符号，这保证了解的唯一性。

从而配分函数为

$$\Xi = \int_{-\infty}^{+\infty} dx \int_{-\infty}^{+\infty} dy \, \text{Tr} \, e^{-\pi(x^2+y^2) - \left[\sum_\nu E_\nu \hat{\alpha}_\nu^\dagger \hat{\alpha}_\nu - \sum_{f,\nu} F_\nu v_{f,\nu}^* v_{f,\nu}\right]}$$

$$= \int_{-\infty}^{+\infty} dx \int_{-\infty}^{+\infty} dy \, \text{Tr} \, e^{-\pi(x^2+y^2) - \left[\sum_k E(k)(\hat{\alpha}_{k,\uparrow}^\dagger \hat{\alpha}_{k,\uparrow} + \hat{\alpha}_{k,\downarrow}^\dagger \hat{\alpha}_{k,\downarrow}) - 2\sum_k E(k)|v_k|^2\right]}$$

$$= \int_{-\infty}^{+\infty} dx \int_{-\infty}^{+\infty} dy \, e^{-\pi(x^2+y^2) - 2\sum_k E(k)|v_k|^2} \prod_k \sum_{n_{k,\sigma}} e^{E(k)n_{k,\sigma}} \tag{20.70}$$

由于

$$\sum_{n_{k,\sigma}} e^{E(k)n_{k,\sigma}}$$

$$= \sum_{n_{k,\uparrow}} e^{E(k)n_{k,\uparrow}} \sum_{n_{k,\downarrow}} e^{E(k)n_{k,\downarrow}}$$

$$= [1+e^{E(k)}][1+e^{E(k)}] = e^{E(k)}[2\cosh(E(k)/2)]^2 \tag{20.71}$$

配分函数变为

$$
\begin{aligned}
\Xi &= \int_{-\infty}^{+\infty} \mathrm{d}x \int_{-\infty}^{+\infty} \mathrm{d}y\, \mathrm{e}^{-\pi\,(x^2+y^2)+\sum_k E(k)\,(1-2|v_k|^2)} \prod_k \left[\, 2\cosh(E(k)/2)\,\right]^2 \\
&= \int_{-\infty}^{+\infty} \mathrm{d}x \int_{-\infty}^{+\infty} \mathrm{d}y\, \mathrm{e}^{-\pi\,(x^2+y^2)+\sum_k E(k)\,(|u_k|^2-|v_k|^2)} \prod_k \left[\, 2\cosh(E(k)/2)\,\right]^2
\end{aligned}
\tag{20.72}
$$

在极坐标 $\{\rho, \phi\}$ 下计算积分，由于 $x = \rho\cos\phi$ 和 $y = \rho\sin\phi$，配分函数 Ξ 可以完成对 ϕ 的积分，然后表达为一维积分

$$
\Xi = 2\pi \int_0^\infty \mathrm{d}\rho \exp\left[\, \psi(\rho) + \ln\rho\, \right]
\tag{20.73}
$$

其中

$$
\begin{aligned}
\psi(\rho) &= -\pi\rho^2 + \sum_k \left\{ E(k)\left(|u_k|^2 - |v_k|^2\right) + 2\ln\left[\cosh(E(k)/2)\right] + \ln 4 \right\} \\
&= -\pi\rho^2 + \sum_k \left\{ -\gamma_k + 2\ln\left[\cosh(E(k)/2)\right] + \ln 4 \right\}
\end{aligned}
\tag{20.74}
$$

(20.72) 或 (20.73) 就是配分函数的渐近准确的表达式，并且理论上所有的热力学量都能够从配分函数 (20.73) 推导出来。

因为原来的问题是求解泛函积分（即无穷维积分），只要将它化为有限维积分，就算问题严格解出了。所以，至此，我们获得了配分函数的渐近准确的表达式 (20.72) 或 (20.73)，相应的统计力学问题就算原则上严格解出了。

自然地，通过热力学函数推导出热力学函数熵 S 和比热 C_e 等

$$
S = k_{\mathrm{B}} \frac{\partial}{\partial T} (T\ln\Xi) = k_{\mathrm{B}} \ln\Xi + \frac{k_{\mathrm{B}} T}{\Xi} \frac{\partial\Xi}{\partial T}
\tag{20.75}
$$

和

$$
C_e = T\left(\frac{\partial S}{\partial T}\right) = \frac{2k_{\mathrm{B}} T}{\Xi} \frac{\partial\Xi}{\partial T} + \frac{k_{\mathrm{B}} T^2}{\Xi} \frac{\partial^2\Xi}{\partial T^2} - \frac{k_{\mathrm{B}} T^2}{\Xi^2}\left(\frac{\partial\Xi}{\partial T}\right)^2
\tag{20.76}
$$

我们可以将求和转化为接近于 Fermi 表面在间隔 $\pm\hbar\omega_{\mathrm{D}}$ 之间的积分，其中，μ 是 E_{F} 量级的，这时态密度 $N(0)$ 和耦合矩阵元 $V(k_{\mathrm{F}}, k_{\mathrm{F}})$ 均可看作为常数。考虑到 (20.74)，我们有

$$
\begin{aligned}
\psi(\rho) = {}& -\pi\rho^2 + (4\ln 2)N(0)\hbar\omega_{\mathrm{D}} \\
& + 2\,N(0) \int_0^{\hbar\omega_{\mathrm{D}}} \ln\left[\cosh\left(\sqrt{\xi^2+\Delta^2}/2k_{\mathrm{B}}T\right)\right] \mathrm{d}\xi
\end{aligned}
\tag{20.77}
$$

其中，$\xi = \varepsilon - \mu$ 是从 Fermi 表面起算的能量差，$\Delta^2 = \pi k_{\mathrm{B}} T\, V(k_{\mathrm{F}}, k_{\mathrm{F}})\rho^2/V$。

20.2.4 能隙方程及其鞍点法求解，兼论临界点困扰

一般情况下，配分函数 (20.73) 的被积函数的指数部分相对于 ρ 有一个鞍点，它的极小（在 ρ_0 处）由下列方程确定：

$$\left. \frac{\partial \psi(\rho)}{\partial \rho} + \frac{1}{\rho} \right|_{\rho=\rho_0} = 0 \tag{20.78}$$

对它展开和简化之后，人们可以得到能隙（energy gap）Δ 的方程

$$\frac{1}{2} \sum_k \frac{|V(k)|^2}{V} \frac{\tanh(\sqrt{(\epsilon_k - \mu)^2 + \Delta^2}/2k_{\mathrm{B}}T)}{\sqrt{(\epsilon_k - \mu)^2 + \Delta^2}} = 1 - \frac{1}{2\pi\rho_0^2} \tag{20.79}$$

其中

$$\Delta^2 = (k_{\mathrm{B}}T)^2 \zeta_k \rho_0^2 = \frac{\pi k_{\mathrm{B}}T|V(k)|^2 \rho_0^2}{V} \qquad \Delta = \sqrt{\frac{\pi k_{\mathrm{B}}T|V(k)|^2}{V}} \rho_0 \tag{20.80}$$

能隙方程 (20.79) 与 BCS 理论的有些相似，但与之不同的在于一个附加项 $-1/(2\pi\rho_0^2)$。它具有下列一些特征。

第一，它是从量子统计第三种表述种导出，并且由此获得的渐近准确的配分函数。

第二，由于这附加项 $-1/(2\pi\rho_0^2)$ 的存在，使得方程具有一个新的奇点 $\rho_0 = 0$。这虽在意想之外，但又在情理之中，因为这是高斯平面中极坐标的 Lamme 系数的自然结果。

第三，$\Delta = 0$ 不可能再是临界点 T_c 的标准，因为 $\rho_0 = 0$ 不可能是方程 (20.79) 的解。

第四，人们可能发现当 $T > T_c$ 时，Δ 仍然不为零。

在 T_c 时这里的能隙不可能为零，否则由它的定义 (20.80) 得出 $1/\rho_0^2$ 将变为无穷大，从而令能隙方程 (20.79) 失效。

当温度趋于零，如我们所知，能隙应该趋于常数，从而很自然地，当 $T \to 0$ 有 $\rho_0 \sim 1/\sqrt{T}$。所以在低温处，项 $-1/(2\pi\rho_0^2)$ 可以被忽略，因为它主要是正比于 T，因而我们有

$$\frac{1}{2} \sum_k \frac{|V(k)|^2}{V} \frac{\tanh(\sqrt{(\epsilon_k - \mu)^2 + \Delta^2}/2k_{\mathrm{B}}T)}{\sqrt{(\epsilon_k - \mu)^2 + \Delta^2}} = 1 \qquad (T \to 0) \tag{20.81}$$

这将与 BCS 理论结果一致，只要在 Fermi 表面将 $|V(k)|^2/V$ 记作常数。

当 $T \to T_c$，情况稍微有点不同，因为 $\Delta = 0$ 不能作为超导相变的判据。故为获得对能隙和它的方程的清晰理解，我们不得不对方程 (20.79) 作数值计算，将它改写为

$$\begin{aligned}
1 - \frac{1}{2\pi\rho_0^2} &= \frac{1}{2} \sum_k \frac{|V(k)|^2}{V} \frac{1}{\sqrt{(\epsilon_k - \mu)^2 + \Delta^2}} - \\
&\quad \sum_k \frac{|V(k)|^2}{V} \frac{1}{\sqrt{(\epsilon_k - \mu)^2 + \Delta^2}} \frac{1}{\exp[\beta\sqrt{(\epsilon_k - \mu)^2 + \Delta^2}] + 1}
\end{aligned} \tag{20.82}$$

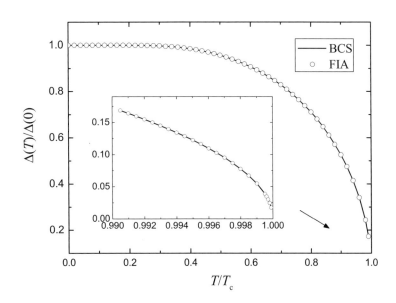

图 20.1 能隙随温度的变化。在 (20.85) 的计算中，我们运用了铅（Pb）的参数

其中，$\beta = 1/(k_{\mathrm{B}}T)$。

当 $T \to 0$，注意当 $\beta \to \infty$ 时，第二项趋于零，然后我们有

$$
\begin{aligned}
1 &= \frac{1}{2}\sum_k \frac{|V(k)|^2}{V}\frac{1}{\sqrt{(\epsilon_k - \mu)^2 + \Delta(0)^2}} = N_{\mathrm{F}}V_{\mathrm{F}}\int_0^{\hbar\omega_{\mathrm{D}}}\frac{\mathrm{d}\xi}{\sqrt{\xi^2 + \Delta(0)^2}} \\
&\approx N_{\mathrm{F}}V_{\mathrm{F}}\ln\frac{2\hbar\omega_{\mathrm{D}}}{\Delta(0)}
\end{aligned} \tag{20.83}
$$

其中，$\xi = \epsilon - \mu$, N_{F} 是态密度，V_{F} 是相互作用矩阵元 $|V(k)|^2/V$ 在 Fermi 面附近的值，故有

$$
\frac{1}{2\pi\rho_0^2} = \frac{k_{\mathrm{B}}TV_{\mathrm{F}}}{2\Delta^2} \to 0, \ (T \to 0) \tag{20.84}
$$

低温下，现在的能隙方程渐近地与 BCS 理论相一致。

在一般的温度下（包括 $T \to T_{\mathrm{c}}$），能隙方程可重写为

$$
\begin{aligned}
\ln\left[\frac{\Delta(0)}{\Delta(T)}\right] &= -\frac{k_{\mathrm{B}}T}{2N_{\mathrm{F}}\Delta(T)^2} \\
&+ 2\int_0^{\hbar\omega_{\mathrm{D}}}\frac{\mathrm{d}\xi}{\sqrt{\xi^2 + \Delta(T)^2}}\frac{1}{\exp[\beta\sqrt{\xi^2 + \Delta(T)^2}] + 1}
\end{aligned} \tag{20.85}
$$

其中，右边的第一项指出 $\Delta(T)$ 不可能为零。

然后我们对方程 (20.85) 作数值计算。为比较，我们将它的曲线与 BCS 的对应曲线画在同一张图 20.1 中。其中，我们看到在从 0 K 到 T_{c} 的整个温区（这里的 T_{c} 是由 BCS 能隙方程确定的作为温度的标度）两者几乎没有差别，除了 T_{c} 的邻域或高于 T_{c}。计算也表

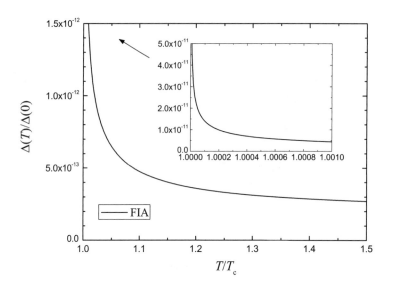

图 20.2　能隙随温度的变化。(20.85) 的结果指出即使在 T_c 之上，能隙仍然不为零，虽然是超常的小。这里 $\Delta(T_c)/\Delta(0)$ 是 1.412×10^{-8}

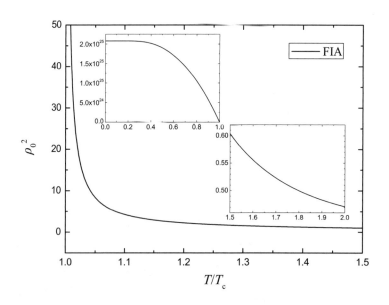

图 20.3　ρ_0^2 随温度的变化。(20.85) 的计算中，我们已经运用了铅（Pb）的参数

明附加项 $-k_\mathrm{B}T/2N_\mathrm{F}\Delta(T)^2$ 对能隙方程在 T_c 前的效应是可忽略的。在 T_c 和高于 T_c 时的曲线显示于图20.2 中，Δ 显然是很微小的，但不是零。

根据 (20.80)，将 ρ_0^2 绘于图 20.3 中，它显示当 $T \to T_\mathrm{c}$ 时，项 $1/(2\pi\rho_0^2)$ 对数值计算的结果影响很小，但当 $T > T_\mathrm{c}$ 时仍是足够大，并非可忽略的量。当 T 变得更大，在 T_c 的两侧，虽然它总是正的，但 $2\pi\rho_0^2 < 1$。

在这些计算中，不同体系带有的不同的态密度所导致的差异没有显示。例如，三维体系的态密度是

$$N_s\mathrm{d}\varepsilon = \frac{2\pi V}{h^3}(2m)^{3/2}\varepsilon^{1/2}\mathrm{d}\varepsilon \tag{20.86}$$

二维体系具有如下的色散关系

$$N_s\mathrm{d}\varepsilon = \frac{2\pi V}{(ch)^2}\varepsilon\mathrm{d}\varepsilon \tag{20.87}$$

但是，在将求和化为积分时，这些差别可以归结为 $\bar{V}N(0)$、耦合常数 λ，所有这些的结果对两者（三维具有非相对论色散关系的体系和二维具有相对论色散关系的体系）都是对的。不同的体系的差异仅在于不同的耦合常数。换言之，存在一个对应态定律。

20.2.5　能隙方程再研究——相变的确认和临界点的界定

前一小节中出现了一个值得严重注意的问题：能隙在 BCS 相变点处不为零，而且这种现象继续存在下去，虽然偏差非常小，但严重的是没有相变点！这是不可能对的！这项工作不得不搁置下来。

为此，我们从头到尾重新研究了这个问题。检查所有的步骤和式子，直到对角化方程严格解这一小节，都是可靠的。包括巨配分函数的积分表达式都是渐近准确的，它对高斯平面的辐角的积分也是严格完成的。

那么问题的关键出在哪里呢？纵观全部，发现问题出在鞍点法近似的适用上。前一小节中虽然运用在鞍点处展开的方法，但与最速落径方法（method of steepest descents）有微妙的差别，关键在于积分限。通常人们用最速落径方法（有时也称鞍点法）计算下列积分

$$I = \int_{-\infty}^{\infty} \exp[f(x)]\,\mathrm{d}x \tag{20.88}$$

假设这指数函数在 x_0 处出现鞍点，即 $f(x)$ 在该点的一级微商为零，在该点函数的 Taylor 展开近似为

$$f(x) \sim f(x_0) - \alpha\,(x - x_0)^2 \tag{20.89}$$

其中

$$\alpha = -f''(x_0)/2 \tag{20.90}$$

则

$$I \sim \exp[f(x_0)] \sqrt{\frac{\pi}{\alpha}} \tag{20.91}$$

这种鞍点近似的关键在于考虑到被积函数对积分的主要贡献来自于鞍点两侧。而前一小节的关键问题在于违背了这一点：将鞍点法近似用到下列类型的定积分

$$I_1 = \int_0^\infty \exp[f(x)] \, \mathrm{d}\, x \tag{20.92}$$

它与 I 的差别在于积分下限是零。当鞍点远离零点时，近似很好。这表现在温度远离临界点时，能隙与 BCS 理论结果基本重合。但当鞍点接近零点时，就出错了。在数学上在于没有充分利用鞍点两侧的信息。在物理上就反映出临界点处能隙无法等于零，从而无法界定临界点！

我们解决这个关键问题的原则是宁愿放弃先对辐角的严格积分，而直接研究二重积分

$$\Xi = \int_{-\infty}^\infty \mathrm{d}\, x \int_{-\infty}^\infty \mathrm{d}\, y \, \exp\left[\psi\left(\rho\right)\right] \tag{20.93}$$

因此，我们面临的是二重积分如何运用鞍点法近似的问题。

如计算对 x 的积分，考虑运用鞍点法近似。显然

$$\frac{\partial E(k)}{\partial x} = \frac{\zeta_k x}{E(k)} \tag{20.94}$$

利用 $\partial \psi(x,y)/\partial x = 0$，对于任意确定的 y，获得鞍点位置，随着 y 的变化，获得一条由鞍点形成的曲线

$$\frac{1}{2} \sum_k \frac{|V(k)|^2}{V} \frac{\tanh(\sqrt{(\epsilon_k - \mu)^2 + \Delta_1^2}/2k_{\mathrm{B}}T)}{\sqrt{(\epsilon_k - \mu)^2 + \Delta_1^2}} = 1 \tag{20.95}$$

其中

$$\Delta_1 = \sqrt{\frac{\pi k_{\mathrm{B}} T |V(k)|^2}{V}} \rho_0(x_0, y) \tag{20.96}$$

如计算对 y 的积分，考虑运用鞍点法近似。利用 $\partial \psi(x,y)/\partial y = 0$，对于任意确定的 y，获得鞍点位置，随着 y 的变化，获得一条由鞍点形成的曲线

$$\frac{1}{2} \sum_k \frac{|V(k)|^2}{V} \frac{\tanh(\sqrt{(\epsilon_k - \mu)^2 + \Delta_2^2}/2k_{\mathrm{B}}T)}{\sqrt{(\epsilon_k - \mu)^2 + \Delta_2^2}} = 1 \tag{20.97}$$

其中

$$\Delta_2 = \sqrt{\frac{\pi k_{\mathrm{B}} T |V(k)|^2}{V}} \rho_0(x, y_0) \tag{20.98}$$

但当同时要实现两重积分时，就需要高斯平面上唯一的鞍点，$\partial^2 \psi(x,y)/\partial x \partial y = 0$，获得唯一的鞍点的方程

$$\frac{1}{2} \sum_k \frac{|V(k)|^2}{V} \frac{\tanh(\sqrt{(\epsilon_k - \mu)^2 + \Delta^2}/2k_\mathrm{B}T)}{\sqrt{(\epsilon_k - \mu)^2 + \Delta^2}} = 1 \tag{20.99}$$

其中

$$\Delta = \sqrt{\frac{\pi k_\mathrm{B} T |V(k)|^2}{V}} \rho_0(x_0, y_0) \tag{20.100}$$

这就是能隙方程，而且与 BCS 理论中的用变分法获得的能隙方程完全一致。

这样，本理论的渐近准确解中确实存在相变，而且临界点可以由能隙为零来界定。

本理论的优点在于：

(1) 没有弱耦合的限制。

(2) 没有变分法中的尝试波函数的假定。

(3) 与上一小节获得的能隙方程的结果的根本差别在于允许能隙为零，从而具有明确的临界点的界定和相变的现象。

(4) 它是渐近准确的巨配分函数的鞍点近似的自然结果。

(5) 我们已经发表的研究工作[42] 中，曾运用相同的理论体系获得巨配分函数相同的表达式，但在对 ρ 直接运用鞍点法近似时，忽略了 ρ^{-2} 的项，正如本节的研究指出的，问题的严重性在于无法找到临界点。

本节研究的重要进展在于发现：当积分限为 $0 - \infty$ 的积分不适宜使用鞍点法近似，它们在鞍点接近为 0 时会出问题，而相变点正属于这种情况。因此我们必须对 (x,y) 独立取鞍点，这样就自然地确定了相变点，这是一个重要的进展。

(6) 我们获得了渐近准确解下的高于一维的量子体系的一个实例，并确定了其相变特征出现在序参数，或能隙函数为零。这与杨振宁和李政道 [18] 在经典统计中关于硬核作用体系的结论 (配分函数为零) 的特征不同。

(7) 由于本模型对耦合强度没有限制，因此可以给出从弱耦合到强耦合的统一的研究。工作 [42] 已对各种模型作了比对，包括 BCS 理论、我们的和实验数据。比对结果表明，实验数据支持我们的理论结果。工作 [42] 还比对了 Hg、Pb、Einstein 谱和 McMillan 近似，结果实验数据更接近本理论的结果。

由于工作 [42] 实际上已经采用我们新的相变点位置，因此结果还是可信的。

(8) 一个很有趣的工作是研究本模型严格解的比热，验证相变点的比热跳跃，进一步确证相变点。

(9) 一个极为吸引人的研究是在此基础上研究相变临界指数的**标度律**。因为迄今为止，物理理论上只有一个二维体系的经典严格解，而且严格支持相变临界指数的标度律。关于量子体系的有相变的高维体系，只有本理论模型和体系有渐近准确解。因此这个方向将是极其有希望的突破。

20.2.6　另外两个可能获得渐近准确解的量子统计物理模型

通过量子统计中第三种表述寻求渐近准确解显然是极其激动人心的课题。我们建议下列两个模型是非常有兴趣的。

（1）具有相斥的对偶的费米体系。

$$
\begin{aligned}
\hat{H} &= \hat{H}_0 + \hat{H}_{\mathrm{int}} = \sum_k \epsilon_k \left(\hat{a}_{k,\uparrow}^\dagger \hat{a}_{k,\uparrow} + \hat{a}_{-k,\downarrow}^\dagger \hat{a}_{-k,\downarrow} \right) \\
&\quad + \sum_{k,\,k'} \frac{V(k,k')}{V} \hat{a}_{k,\uparrow}^\dagger \hat{a}_{-k,\downarrow}^\dagger \hat{a}_{-k',\downarrow} \hat{a}_{k',\uparrow}
\end{aligned}
\tag{20.101}
$$

其中，$V(k,k')$ 的定义与式 (20.40) 相同。

（2）具有相斥的对偶的玻色体系。

$$
\begin{aligned}
\hat{H} &= \hat{H}_0 + \hat{H}_{\mathrm{int}} = \sum_k \epsilon_k \left(\hat{a}_k^\dagger \hat{a}_k + \hat{a}_{-k}^\dagger \hat{a}_{-k} \right) \\
&\quad \pm \sum_{k,\,k'} \frac{V(k,k')}{V} \hat{a}_k^\dagger \hat{a}_{-k}^\dagger \hat{a}_{-k'} \hat{a}_{k'}
\end{aligned}
\tag{20.102}
$$

其中，$V(k,k')$ 的定义与式 (20.40) 相似。

20.2.7　本节的小结

我们展示通过泛函积分表述的关于超导电-声子模型的研究，获得如下结果：

第一，研究的路线是从预设（presumption）体系已经处在热力学极限下的模型哈密顿量出发，然后经过对角化，通过在虚设的空间的积分获得配分函数。

第二，这配分函数（在**极限 B** 的意义下）是渐近准确的，通过它也可以直接导出所有的热力学量。

第三，我们也通过鞍点法（saddle point method）来处理和简化这个积分，获得能隙方程与 BCS 理论的结果完全一致。

第四，获得了热力学极限下渐近准确的配分函数和各热力学量的表达式。

补充说明: $\hat{A}$、$\hat{B}$ 和 $\hat{H}_0$ 在热力学极限下的对易关系。

（1）

$$
\begin{aligned}
[\hat{A}, \hat{B}] &= \sum_k \frac{V(k)^*}{\sqrt{V}} \hat{a}_{k,\uparrow}^\dagger \hat{a}_{-k,\downarrow}^\dagger \sum_{k'} \frac{V(k')}{\sqrt{V}} \hat{a}_{-k',\downarrow} \hat{a}_{k',\uparrow} \\
&\quad - \sum_{k'} \frac{V(k')}{\sqrt{V}} \hat{a}_{-k',\downarrow} \hat{a}_{k',\uparrow} \sum_k \frac{V(k)^*}{\sqrt{V}} \hat{a}_{k,\uparrow}^\dagger \hat{a}_{-k,\downarrow}^\dagger \\
&= \sum_{k,k'} \frac{V(k,k')}{V} \left(\hat{a}_{k,\uparrow}^\dagger \hat{a}_{-k,\downarrow}^\dagger \hat{a}_{-k',\downarrow} \hat{a}_{k',\uparrow} - \hat{a}_{-k',\downarrow} \hat{a}_{k',\uparrow} \hat{a}_{k,\uparrow}^\dagger \hat{a}_{-k,\downarrow}^\dagger \right)
\end{aligned}
\tag{20.103}
$$

考虑费米子的对易关系

$$\{\hat{a}_{k,\sigma},\ \hat{a}^{\dagger}_{k',\sigma'}\} = \delta_{k,k'}\delta_{\sigma,\sigma'}, \quad \{\hat{a}_{k,\sigma},\ \hat{a}_{k',\sigma'}\} = \{\hat{a}^{\dagger}_{k,\sigma},\ \hat{a}^{\dagger}_{k',\sigma'}\} = 0$$

和 $\delta_{\uparrow,\downarrow} = 0$，从而

$$
\begin{aligned}
\hat{a}_{-k',\downarrow}\hat{a}_{k',\uparrow}\hat{a}^{\dagger}_{k,\uparrow}\hat{a}^{\dagger}_{-k,\downarrow} &= \hat{a}_{-k',\downarrow}\left[\delta_{k,k'} - \hat{a}^{\dagger}_{k,\uparrow}\hat{a}_{k',\uparrow}\right]\hat{a}^{\dagger}_{-k,\downarrow}\\
&= \delta_{k,k'}\hat{a}_{-k',\downarrow}\hat{a}^{\dagger}_{-k,\downarrow} - \hat{a}_{-k',\downarrow}\hat{a}^{\dagger}_{k,\uparrow}\hat{a}_{k',\uparrow}\hat{a}^{\dagger}_{-k,\downarrow}\\
&= \delta_{k,k'}\hat{a}_{-k',\downarrow}\hat{a}^{\dagger}_{-k,\downarrow} - (-1)\,\hat{a}^{\dagger}_{k,\uparrow}\hat{a}_{-k',\downarrow}\hat{a}_{k',\uparrow}\hat{a}^{\dagger}_{-k,\downarrow}\\
&= \delta_{k,k'}\hat{a}_{-k',\downarrow}\hat{a}^{\dagger}_{-k,\downarrow} - (-1)^2\,\hat{a}^{\dagger}_{k,\uparrow}\hat{a}_{-k',\downarrow}\hat{a}^{\dagger}_{-k,\downarrow}\hat{a}_{k',\uparrow}\\
&= \delta_{k,k'}\hat{a}_{-k',\downarrow}\hat{a}^{\dagger}_{-k,\downarrow} - (-1)^2\,\hat{a}^{\dagger}_{k,\uparrow}[\delta_{k,k'} - \hat{a}^{\dagger}_{-k,\downarrow}\hat{a}_{-k',\downarrow}]\hat{a}_{k',\uparrow}\\
&= \delta_{k,k'}\hat{a}_{-k',\downarrow}\hat{a}^{\dagger}_{-k,\downarrow} - (-1)^2\,\delta_{k,k'}\hat{a}^{\dagger}_{k,\uparrow}\hat{a}_{k',\uparrow} + (-1)^2\,\hat{a}^{\dagger}_{k,\uparrow}\hat{a}^{\dagger}_{-k,\downarrow}\hat{a}_{-k',\downarrow}\hat{a}_{k',\uparrow}
\end{aligned}
\tag{20.104}
$$

所以

$$
\begin{aligned}
[\hat{A},\ \hat{B}] &= \sum_{k,k'}\frac{V(k,k')}{V}\left[(-1)^2\,\delta_{k,k'}\,\hat{a}^{\dagger}_{k,\uparrow}\hat{a}_{k',\uparrow} - \delta_{k,k'}\,\hat{a}_{-k',\downarrow}\hat{a}^{\dagger}_{-k,\downarrow}\right]\\
&= \sum_{k}\frac{V(k,k)}{V}\left[\hat{a}^{\dagger}_{k,\uparrow}\hat{a}_{k,\uparrow} - \hat{a}_{-k,\downarrow}\hat{a}^{\dagger}_{-k,\downarrow}\right]\\
&= \sum_{k}\frac{V(k,k)}{V}\left[\hat{a}^{\dagger}_{k,\uparrow}\hat{a}_{k,\uparrow} + \hat{a}^{\dagger}_{-k,\downarrow}\hat{a}_{-k,\downarrow} - 1\right]\\
&= \sum_{k}\frac{V(k,k)}{V}\left[\hat{n}_{k,\uparrow} + \hat{n}_{-k,\downarrow}\right] - \sum_{k}\frac{V(k,k)}{V}\\
&= \sum_{k,\sigma}\frac{V(k,k)}{V}\hat{n}_{k,\sigma} - \sum_{k}\frac{V(k,k)}{V}
\end{aligned}
\tag{20.105}
$$

考察数量级大小，我们知道哈密顿量 $\hat{H}$ 是 N 的量级，而 $[\hat{A},\ \hat{B}]$ 是 N/V 的量级。所以在热力学极限下，与 $\hat{H}$ 相比，$[\hat{A},\ \hat{B}]$ 是远小于它的量：$[\hat{A},\ \hat{B}] = 0$。

(2)

$$
\begin{aligned}
[\hat{A},\ \hat{H}_0] &= \sum_{k}\frac{V(k)^*}{\sqrt{V}}\hat{a}^{\dagger}_{k,\uparrow}\hat{a}^{\dagger}_{-k,\downarrow}\sum_{k',\sigma}\epsilon_{k'}\hat{a}^{\dagger}_{k',\sigma}\hat{a}_{k',\sigma}\\
&\quad - \sum_{k',\sigma}\epsilon_{k'}\hat{a}^{\dagger}_{k',\sigma}\hat{a}_{k',\sigma}\sum_{k}\frac{V(k)^*}{\sqrt{V}}\hat{a}^{\dagger}_{k,\uparrow}\hat{a}^{\dagger}_{-k,\downarrow}\\
&= \sum_{k,k'}\frac{V(k)^*}{\sqrt{V}}\hat{a}^{\dagger}_{k,\uparrow}\hat{a}^{\dagger}_{-k,\downarrow}\,\epsilon_{k'}\left(\hat{a}^{\dagger}_{k',\uparrow}\hat{a}_{k',\uparrow} + \hat{a}^{\dagger}_{-k',\downarrow}\hat{a}_{-k',\downarrow}\right)\\
&\quad - \sum_{k,k'}\frac{V(k)^*}{\sqrt{V}}\,\epsilon_{k'}\left(\hat{a}^{\dagger}_{k',\uparrow}\hat{a}_{k',\uparrow} + \hat{a}^{\dagger}_{-k',\downarrow}\hat{a}_{-k',\downarrow}\right)\hat{a}^{\dagger}_{k,\uparrow}\hat{a}^{\dagger}_{-k,\downarrow}
\end{aligned}
\tag{20.106}
$$

从费米子对易关系

$$
\begin{aligned}
& (\hat{a}_{k',\uparrow}^{\dagger}\hat{a}_{k',\uparrow} + \hat{a}_{-k',\downarrow}^{\dagger}\hat{a}_{-k',\downarrow})\,\hat{a}_{k,\uparrow}^{\dagger}\hat{a}_{-k,\downarrow}^{\dagger} \\
=\; & \hat{a}_{k',\uparrow}^{\dagger}\hat{a}_{k',\uparrow}\hat{a}_{k,\uparrow}^{\dagger}\hat{a}_{-k,\downarrow}^{\dagger} + \hat{a}_{-k',\downarrow}^{\dagger}\hat{a}_{-k',\downarrow}\hat{a}_{k,\uparrow}^{\dagger}\hat{a}_{-k,\downarrow}^{\dagger} \\
=\; & \hat{a}_{k',\uparrow}^{\dagger}\,[\delta_{k,k'} - \hat{a}_{k,\uparrow}^{\dagger}\hat{a}_{k',\uparrow}]\,\hat{a}_{-k,\downarrow}^{\dagger} + (-1)\,\hat{a}_{-k',\downarrow}^{\dagger}\hat{a}_{k,\uparrow}^{\dagger}\hat{a}_{-k',\downarrow}\hat{a}_{-k,\downarrow}^{\dagger} \\
=\; & \delta_{k,k'}\,\hat{a}_{k',\uparrow}^{\dagger}\hat{a}_{-k,\downarrow}^{\dagger} - \hat{a}_{k',\uparrow}^{\dagger}\hat{a}_{k,\uparrow}^{\dagger}\hat{a}_{k',\uparrow}\hat{a}_{-k,\downarrow}^{\dagger} - \hat{a}_{-k',\downarrow}^{\dagger}\hat{a}_{k,\uparrow}^{\dagger}\hat{a}_{-k',\downarrow}\hat{a}_{-k,\downarrow}^{\dagger} \\
=\; & \delta_{k,k'}\,\hat{a}_{k',\uparrow}^{\dagger}\hat{a}_{-k,\downarrow}^{\dagger} - (-1)\,\hat{a}_{k,\uparrow}^{\dagger}\hat{a}_{k',\uparrow}^{\dagger}\hat{a}_{k',\uparrow}\hat{a}_{-k,\downarrow}^{\dagger} - (-1)\,\hat{a}_{k,\uparrow}^{\dagger}\hat{a}_{-k',\downarrow}^{\dagger}\hat{a}_{-k',\downarrow}\hat{a}_{-k,\downarrow}^{\dagger} \\
=\; & \delta_{k,k'}\,\hat{a}_{k',\uparrow}^{\dagger}\hat{a}_{-k,\downarrow}^{\dagger} + \hat{a}_{k,\uparrow}^{\dagger}\hat{a}_{k',\uparrow}^{\dagger}\cdot(-1)\,\hat{a}_{-k,\downarrow}^{\dagger}\hat{a}_{k',\uparrow} + \hat{a}_{k,\uparrow}^{\dagger}\hat{a}_{-k',\downarrow}^{\dagger}\,[\delta_{k,k'} - \hat{a}_{-k,\downarrow}^{\dagger}\hat{a}_{-k',\downarrow}] \\
=\; & \delta_{k,k'}\,\hat{a}_{k',\uparrow}^{\dagger}\hat{a}_{-k,\downarrow}^{\dagger} - \hat{a}_{k,\uparrow}^{\dagger}\hat{a}_{k',\uparrow}^{\dagger}\hat{a}_{-k,\downarrow}^{\dagger}\hat{a}_{k',\uparrow} + \delta_{k,k'}\,\hat{a}_{k,\uparrow}^{\dagger}\hat{a}_{-k',\downarrow}^{\dagger} - \hat{a}_{k,\uparrow}^{\dagger}\hat{a}_{-k',\downarrow}^{\dagger}\hat{a}_{-k,\downarrow}^{\dagger}\hat{a}_{-k',\downarrow} \\
=\; & \delta_{k,k'}\,[\hat{a}_{k',\uparrow}^{\dagger}\hat{a}_{-k,\downarrow}^{\dagger} + \hat{a}_{k,\uparrow}^{\dagger}\hat{a}_{-k',\downarrow}^{\dagger}] + \hat{a}_{k,\uparrow}^{\dagger}\hat{a}_{-k,\downarrow}^{\dagger}\hat{a}_{k',\uparrow}^{\dagger}\hat{a}_{k',\uparrow} + \hat{a}_{k,\uparrow}^{\dagger}\hat{a}_{-k,\downarrow}^{\dagger}\hat{a}_{-k',\downarrow}^{\dagger}\hat{a}_{-k',\downarrow} \\
=\; & \delta_{k,k'}\,[\hat{a}_{k',\uparrow}^{\dagger}\hat{a}_{-k,\downarrow}^{\dagger} + \hat{a}_{k,\uparrow}^{\dagger}\hat{a}_{-k',\downarrow}^{\dagger}] + \hat{a}_{k,\uparrow}^{\dagger}\hat{a}_{-k,\downarrow}^{\dagger}\,[\hat{a}_{k',\uparrow}^{\dagger}\hat{a}_{k',\uparrow} + \hat{a}_{-k',\downarrow}^{\dagger}\hat{a}_{-k',\downarrow}] \tag{20.107}
\end{aligned}
$$

将这结果代入 (20.106)，我们有

$$
\begin{aligned}
[\hat{A},\,\hat{H}_0] &= \sum_{k,k'} \frac{V(k)^{*}\epsilon_k'}{\sqrt{V}}\,\delta_{k,k'}\,[\hat{a}_{k',\uparrow}^{\dagger}\hat{a}_{-k,\downarrow}^{\dagger} + \hat{a}_{k,\uparrow}^{\dagger}\hat{a}_{-k',\downarrow}^{\dagger}] \\
&= 2\sum_{k,k'} \frac{V(k)^{*}\epsilon_k'}{\sqrt{V}}\,\hat{a}_{k,\uparrow}^{\dagger}\hat{a}_{-k,\downarrow}^{\dagger} \tag{20.108}
\end{aligned}
$$

在热力学极限下，相比于 $\hat{H}$，它也趋于零。

(3)

$$
\begin{aligned}
[\hat{B},\,\hat{H}_0] &= \sum_{k,k'} \epsilon_{k'}\frac{V(k)}{\sqrt{V}}\Big[\hat{a}_{-k,\downarrow}\hat{a}_{k,\uparrow}\,(\hat{a}_{k',\uparrow}^{\dagger}\hat{a}_{k',\uparrow} + \hat{a}_{-k',\downarrow}^{\dagger}\hat{a}_{-k',\downarrow}) \\
&\quad\quad -(\hat{a}_{k',\uparrow}^{\dagger}\hat{a}_{k',\uparrow} + \hat{a}_{-k',\downarrow}^{\dagger}\hat{a}_{-k',\downarrow})\,\hat{a}_{-k,\downarrow}\hat{a}_{k,\uparrow}\Big] \tag{20.109}
\end{aligned}
$$

其中

$$
\begin{aligned}
& (\hat{a}_{k',\uparrow}^{\dagger}\hat{a}_{k',\uparrow} + \hat{a}_{-k',\downarrow}^{\dagger}\hat{a}_{-k',\downarrow})\,\hat{a}_{-k,\downarrow}\hat{a}_{k,\uparrow} \\
=\; & -\delta_{k,k'}\,(\hat{a}_{-k,\downarrow}^{\dagger}\hat{a}_{k',\uparrow} + \hat{a}_{-k',\downarrow}\hat{a}_{k,\uparrow}) + \hat{a}_{-k,\downarrow}\hat{a}_{k,\uparrow}\,(\hat{a}_{k',\uparrow}^{\dagger}\hat{a}_{k',\uparrow} + \hat{a}_{-k',\downarrow}^{\dagger}\hat{a}_{-k',\downarrow}) \\
& \tag{20.110}
\end{aligned}
$$

从而

$$
[\hat{B},\,\hat{H}_0] = -2\sum_{k}\frac{V(k)\epsilon_k}{\sqrt{V}}\,\hat{a}_{-k,\downarrow}\hat{a}_{k,\uparrow} \tag{20.111}
$$

在热力学极限下，根据同样的理由，它也趋于零。

20.3　本章结论性评注

杨振宁指出：如果用一句话概括 20 世纪的统计力学的成就，那就是"Gibbs 统计取得了辉煌的成就"[43]。统计物理作为 20 世纪的三大理论物理支柱（相对论、高能物理和统计物理）之一，据作者理解，由于与量子理论结合，量子统计可以有三种表述。

量子统计第一种表述：以量子场论为基础的量子统计。

这一分支渊源于量子多体问题研究。从 Pauli 不相容原理、Dirac 关于全同粒子不可分辨性原理和波函数对称性研究以及二次量子化表象的运用，发展到自洽场近似和 Hartree-Fock 方程的应用。由于统计物理的体系的粒子数是无穷的，自然与量子场论相结合，出现了以量子场论为基础的量子统计[44]。自然从微扰论开始移植，包括 Feyman-Daison 展式、图形技术等。自然遇到发散困难。最早人们在二级近似中考虑到相连图形可以消除发散，于是试图扩展到四级近似，遇到了图形太多的困难。但通过量子场论的帮助，证明了一个定理：无穷级的相连图形展式。这是量子统计第一种表述中的一个里程碑性的工作。这时量子场论中的困难，量子统计中也有。前者运用重正化消除整体理论的发散，后者也自然延用。

但是实际问题往往不是少数几级微扰所能奏效的。理论的有效的突破有赖于解决几个有实际意义的难题，这个重要的进展是超导微观理论的突破。自 1911 年昂内斯和他的合作者发现超导电性以来，虽然宏观理论有过许多重要进展，但超导机制一直是个谜。直到 1950—1952 年 Fröhlich 率先提出电-声子机制和 Fröhlich 哈密顿量 [23]，指出电声子模型与实验上超导临界温度的同位素效应相互独立印证。继而 Bardeen、Cooper 和 Schrieffer [24] 基于 Cooper 对的概念提出相干态尝试波函数，通过变分法建立起比较系统的超导微观理论，并引发了大量的量子统计中的近似方法的广泛研究和重大进展[32,33]。至于最后完成关键性的包含外场的超导微观理论，见本书第 13 章 **13.5.6** 小节的关于超导微观理论的一个记注。

有趣的是，以量子场论为基础的量子统计，发端于微扰论，而重大突破在于一个有奇性的体系，进而成为那个世纪的三大理论物理体系之一。

量子统计第二种表述：路径积分表述。

路径积分和费曼图形技术都由 Feynman 提出，后者被充分发展。所以 Dyson 说：路径积分失去了一次物理学中的机会（Path Integral is a missing opportunity in physics）。但随着时间的推移，路径积分实际上还提供了新一类的量子化方法，随着非线性场论的发展，路径积分理论得到新的重视。所以它能作为量子统计的第二种表述是很自然的，尽管它自身的数学基础并没有十分巩固或清晰。

量子统计第三种表述：泛函积分表述。

泛函积分方法在量子统计中最初只是作为一种计算方法提出来的，没有给出一个实际问题的数值计算。真正给出实际的物理模型做出仔细的数值计算的，始于工作 [11]、[12]、

[13]。在工作 [11] 中，首次用泛函积分来研究非对称 Anderson 模型，物理上致力于价起伏体系研究。运用了数论积分方法，克服了诸多计算困难，成功地完成数值计算，并将结果与重正化群方法的数值结果作比较。首次给出平均局域电子数的计算。完整的分析，已经呈献在第 19 章中。

在工作 [12]—[13] 中，完成下列工作：

（1）证明一个定理：一般的量子统计平衡问题可以转化为一个运动于一个（复数）依赖于时间的外场中的理想气体问题。其代价是引入泛函积分。从而首次给出相当一般的体系的量子统计的泛函积分表述，避免了未知的正则变换。

（2）给出了 Anderson 模型的严格的形式解。以物理上的 Anderson 模型（包括对称的与非对称的）为例，给出了它们的严格的形式解，证明 RPA' 近似中的发散可以消除。进而在谐波近似下给出数值计算，获得对称 Anderson 模型（物理上相当于 Kondo 体系）的数值计算，并与重正化群方法的数值结果作比较。

（3）在工作 [13] 中，首次用泛函积分表述下 Anderson 模型的图形分析理论，并获得一些严格对称结果。由于篇幅很长，这两篇就不载入本书了。

（4）在论文 [39] 对量子统计中的泛函积分表述的历史作了全面的回顾，重申作为它的第三种表述，并且对相变时在量子统计的配分函数的某些可能特征作了分析与讨论。主要内容见本章的第 2 节。

至此，量子统计中的第三种表述——泛函积分表述的基础已经奠定。我们还需要获得新的、其他表述未能达到的突破。我们选定研究高维（维数 D⩾ 2）有相变体系的渐近严格解，已经在本章第 2 节中予以论述。

回顾量子力学曾出现过两种表述。先由 Heisenberg 创建矩阵力学，后来 Schrödinger 创建了波动力学。波动力学成功地严格解出氢原子问题，从而奠定了理论体系的基础。接着 Dirac 创建表象理论，证明两种力学是等价的。后来的相对论量子力学，仍然是严格求解氢原子问题。但是两体或两体以上的量子力学问题，至今没有获得过严格解。人们相信这些一般的理论体系中，可以通过近似解而得到可信的结果。

从量子力学发展史来看，量子统计的泛函积分表述初步够格。但作为一个新的表述，还有待于解决一些其他表述难以解决的问题。事成于思。为此，我们选择可能突破的方向。

经过多年的思考，我们建议研究量子相变模型。

在杨振宁-李政道的相变理论中，认为相变点的出现，在于配分函数变为零。但实际上这只能适用于经典统计，而且在具有硬核相互作用下。

在目前，全世界能够有严格解的统计理论，只有二维经典模型可以有相变，那就是二维 Ising Model 的 Onsager 严格解。

但量子统计中，只有一维的严格解模型，即 Anderson 模型（其对称情况就是 Kondo 模型），它的严格解是用杨振宁的 Bethe Ansatz (Bethe 假设) 方法获得的。它没有相变。Bethe Ansatz 后来发展为 Yang-Baxter 方程。有一年，四位数学的最高奖（Fields 奖）得主中三位得主的工作与 Yang-Baxter 方程相关。杨振宁先生因 Yang-Baxter 方程的伟大贡献而获得诺贝尔奖第三次提名而且入围。一般认为相变必须发生在二维以上的体系，杨先生自己认为 Bethe Ansatz 不可能用于二维以上的体系，他认为量子统计中的相变理论并没有真正意义上的解决。

本章的第 2 节中，我们用第三种表述在热力学极限下研究了一个超导模型。我们是在 **极限 B** 下展开研究的。虽然人们并未证明 **极限 B** 是否一定等于 **极限 A**，但是量子统计中在热力学极限下求渐近准确的严格解，只有 **极限 B** 一条道路。我们获得了严格解，而且有相变，可以高于一维。无论如何，这是一个其他表述未能实现的有意义的尝试。

总之，量子统计力学主要通过两种方法（approaches）或表述（formulation），分别以 Gibbs 和 Feynman 为先驱。在 Gibbs 方法中，人们通过相空间积分（phase space integrations）或状态和来计算配分函数。与之不同地，Feynman 的方法则致力于路径积分的表述（path integral formulation）。量子统计的第三种表述是指泛函积分（即无穷维积分）表述。

第三种表述基于量子统计的第三种表述基本定理。

Hubbard 基于 Stratonovich 变换和基于可以找到一个正则变换、将配分函数的计算归结于泛函积分。但实际上根本无法找到这样的正则变换。

我们则基于上述定理，概述量子统计力学中的泛函积分方法，特别是避免假设的未知的正则变换的问题；推广和改进 Hubbard 的表述。我们证明如何严格减少积分的维度；如何在复数表象（complex representation）中保证配分函数的实数性，以及如何简化极值条件（extremum conditions）。这个表述可以应用到一般体系，包括超导体，从而形成一般和完整的泛函积分表述，我们称它为量子统计中第三种表述。

最关键的是，在热力学极限下获得高维有相变体系渐近准确解，这是其他任何表述所无法达到的，从而确立第三种表述的特殊的地位。

关于杨振宁的 Bethe 假设理论与如何用于严格求解统计力学问题的简介，可参阅他的 [45]。杨振宁的 Bethe 假设的原创性著作，见 [46]、[47]、[48]。欲关注更多的杨先生著作的读者，可研读杨振宁选集 [49]。

参考文献

[1] Hubbard J. Phys. Rev. Lett., 1959, **3**: 77.

[2] Stratonovich R L. Dokl. Nauk SSSR, 1957, **115**: 1097.

[3] Feynman R. P. Phys. Rev., 1951, **84**: 108.

[4] Anderson P W. Phys. Rev., 1961 ,**124**: 41.

[5] Kondo J. Prog. Theor. Phys., 1964, **32**: 37.

[6] Hubbard J. Proc. Roy. Soc. (London) A, 1963, **276**: 238; A, 1964, **277**: 237; A, 1964, **281**: 401.

[7] Schrieffer J R, Evenson W E, Wang S Q. Journal De Physique, Colloque C1, Supplement, 1971, **32** (No. 2-3): C1-19.

[8] Evenson W E, Schrieffer J R, Wang S Q. Journal of Applied Physics, 1970, **41**: 1199-1204.

[9] Hamann D R. Phys. Rev. Lett., 1969, **23**: 95.

[10] Dai X X. Feynman Diagram Analysis in Functional Integral Approach in Quantum Statistics. The Third International Conference on Path Integrals From meV To MeV. Sa-Yakanit V, Sritrakool W, Berananda J O, Gutzwiller M C, Inomata A, Lundgvist S, Klauder J R, Schuman L, eds. Bangkok: January 1989, 416-441.

[11] Dai X X, Ting C S. Functional integral study of the asymmetric Anderson model for dilute fluctuating-valence system. Phys. Rev. B, 1983, **28**: 5243-5254.

[12] Dai X X. On the functional integral approach in quantum statistics: I. Some approximations. J. Phys.: Condens. Matter, 1991, **3**: 4389-4398.

[13] Dai X X. On the functional integral approach in quantum statistics, including mixed-mode effects and free of divergences:II. Diagram analysis and some exact relations. J. Phys.: Condens. Matter, 1992, **4**: 1339-1357.

[14] 戴显熹. 泛函积分无限阶独立谐波展式与 Anderson 体系的性质. 低温物理学报, 1987, **9** (2): 93-102.

[15] Ma G C, Dai X X. Phys. Lett. A, 1998, **242**: 277-284.

[16] Krishna-Murthy H R, Wilkins J W, Wilson K G. Phys. Rev. B, 1980, **21**: 1003; 1980, **21**: 1044.

[17] Amit A, Keiter H. Low Temp. Phys., 1973, **11**: 603.

[18] Yang C N, Lee T D. Phys. Rev., 1952, **87**: 404; T. D. Lee, C. N. Yang. Phys. Rev., 1952, **87**: 410.

[19] Nagamatsu J, Nakagawa N, Muranaka T, Zenitani Y, Akimitsu J. Nature (London), 2001, **63**: 410.

[20] Bud'ko S L, *et al*. Phys. Rev. Lett., 2001, **86**: 1877 ; Hinks D G, *et al*. Nature (London), 2001, **411**: 457.

[21] Cubitt R, Lvett S. Phys. Rev. Lett., 2003, **90**: 157002.

[22] Buzea C, Yamashita T. Supercond. Sci. Technol., 2001, **14**: R115-R146.

[23] Fröhlich H. Phys. Rev., 1950, **79**: 845; Proc. Roy. Soc., 1952, **A 215**: 291.

[24] Bardeen J, Cooper L N, Schrieffer J R. Phys. Rev., 1957, **108**: 1175.

[25] Bogoliubov N N. Theory of Superconductivity. Moscow: 1960; 鲍果留伯夫等. 超导理论新方法. 北京: 科学出版社, 1959.

[26] Gor'kov L P. Sov. Phys. JETP, 1958, **7**: 505.

[27] Ambegaokar V, Griffin A. Phys. Rev., 1965, **137 A**: 1151.

[28] Eliashberg G M. Zh. Eksp. Teor. Fiz., 1960, **38**: 966.

[29] McMillan W L. Phys. Rev., 1968, **167**: 331.

[30] Allen P B, Dynes R C. Phys. Rev. B, 1975, **12**: 905.

[31] Wu H S, Chai J H, Gong C D, Ji G D, Chai J D. Chinese Science No.1, 1978: 28.

[32] Schrieffer J. R. *Theory of Superconductors*. New York, Amsterdam: W. A. Benjamin, INC., 1964: 33.

[33] Bogoliubov N N. Nuovo Cimento, 1958, **7**: 794.

[34] Ginzberg D M. *Physical Properties of High Temperature Superconductors*, I-IV. Singapore: World Scientific, 1989-1994.

[35] Singh P P. Phys. Rev. B, 2003, **67**: 132511.

[36] Mitra J, Raychaudhuri A K, Gayathri N. Phys. Rev. B, 2002, **65**: 140406.

[37] Kotegawa H, Ishida K, Kitaoka Y, Muranaka T, Nakagawa N, Takagiwa H, Akimitsu J. Phys. Rev. B, 2002, **66**: 064516.

[38] Heid R, Renker B, Schober H, Adelmann P, Ernst D, Bohnen K P. Phys. Rev. B, 2003, **67**: 180510.

[39] Dai X X, Evenson W E. Functional Integral Approach: A Third Formulation of Quantum Statistical Mechanics. Phys. Rev. E, 2002, **65**: 026118-(1-5).

[40] Dai X X. Low Temperature Physics (低温物理), 1979, **1** (No. 4): 273-283; 费米二次型哈密顿的对角化定理. Nature Journal (自然杂志), 1978, **1**(No. 8): 466 (in Chinese).

[41] Bogoliubov N N. Lectures on Quantum Statistics (Chinese edition). Beijing: Science Publishing House, 1959.

[42] Sun L, Dai X X, Dai J X. A Unified and Asymptotically Exact Theory of Superconductivity from Weak to Strong Coupling in an Electron-Phonon Model. J. Low Temp. Phys., 2005, **139** (3/4): 419-428.

[43] Yang C N. Statistical Mechanics. 20th Encyclopedia. 中文译文，杨振宁. 统计力学. 戴显熹译，周世勋校. 现代物理专辑（第一辑）. 上海: 上海科学技术出版社; 低温与超导，1980 年第 1 期: 1-16 转 75.

[44] 戴显熹. 量子统计教程（复旦大学研究生教程）. 未出版.

[45] 杨振宁. 统计力学重的某些严格可解问题. 低温与超导，1989, **17** (3):1-11; 译自预印本: Yang C N. Some Exactly Soluble Problems in Statistica Mechanics. 戴显熹译.

[46] Yang C N, Yang C P. One-Dimensional Chain of Anisotropic Spin-Spin Interactions I. Proof of Bethe's Hypothesis for Ground States in a Finite System. Phys. Rev., 1966, **150**(1): 321-327.

[47] Yang C N. Some Exact Results for the Many-Body Problem in One-Dimension with Repulsive Delta-Function Interaction. Phys. Rev. Lett., 1967, **19** (23): 1312-1315.

[48] Yang C N, Yang C P. Thermodynamics of a One-Dimensional System of Bosons with Repulsive Delta - Function Interaction. J. Math. Phys., 1969, **10** (7): 1115-1122.

[49] Yang C N. Selected Papers 1945-1980 with commentary. New York: W. H. Freeman and company, 1983; 北京-广州-上海-西安: 世界图书出版公司.

第 21 章　一个兼容奇性态的量子力学体系

21.1　引　言

众所周知，量子力学从它的创建时刻起，取得了公认的伟大成就，它可以说是所向披靡的。但即使在人们为它的辉煌业绩感到欢欣鼓舞之际，难免存在个别不和谐的问题。细心的学者们，不难注意到其中之一，就是奇性态问题。

所谓奇性态问题是指波函数在个别点存在发散或不解析。由于人们很少遇到这类事例，很难引起人们的注意，因而自然被忽略。特别在业绩辉煌的背景下，这类稀少而又看起来似乎不起眼的问题，即使被注意到，也很容易被埋没，正如黑体辐射中紫外发散问题和 Michelson 实验的负的结果，在经典物理取得辉煌成就的背景下被忽视那样。历史上，19 世纪末，Kelvin 首次敏锐地注意到当时晴朗的物理学天空正飘荡着这两片乌云，正是这两片乌云在 20 世纪初，演化为灿烂的彩霞。就是在研究了这两个令经典物理极端困惑的难题以后，量子论和相对论被建立起来，从而开创了壮丽的现代物理的新时代。

我们考虑到奇性态问题涉及量子力学理论体系的完整和推广，决心将问题郑重地提出来，并专心致志研究这一课题。但是，一个物理学的基础研究，往往需要掌握推动这项研究的契机，不然难免得不到重视、支持，最后在淡忘之中消失。

我们将通过几个物理问题的研究，去发现基础性问题，在分析和解决问题中，逐步发展一个既可以包含通常量子力学所能解释的全部物理结果，又可以同时兼容奇性态的统一又自洽的量子力学体系。

21.2　磁荷偶的能级、正交完备系和正交判据

本文通过与 Maxwell 方程的类比及 Dirac 磁荷量子化条件、对应关系 (21.5)，建立正负磁荷体系的相对论协变与规范不变的 Dirac 方程，指出它具有性质不同的两组解：$j \geqslant 34.5$ 的解是与类氢原子相似的 (21.11)；而 $j < 34.5$ 的解具有本性奇点。切断近似确定能级的方程为 (21.24)。这里详细讨论了不用切断近似的严格解法。指出 $j < 34.5$ 时的

解一般不是正交的，建立了 Dirac 方程定态的正交判据，从而得到确定能级的方程以及连续谱的波函数，对如何确定常数 θ_0 作了一些讨论与建议。

最后指出磁荷的固有电矩和磁荷气体的抗电性。

21.2.1 引言

磁单极的存在问题，众说纷纭。寻求电与磁在理论上的对称性以及规范场理论的发展，显然是引起磁荷讨论的原因之一。此外，现代理论物理本身所遇到的重大困难（强相互作用中点模型的发散困难、量子电动力学的非封闭性等），可能也促使了人们对磁荷及其相关问题的更加重视。

为什么长期以来未发现磁荷呢？结合能的巨大，也许是其中的一个原因。我们将证明，由于磁荷间的作用是极强的，磁荷间的束缚态具有巨大的质量亏损率，如果磁荷本身质量不太小，则结合能是巨大的，所以不超过三倍质子质量的高能研究中未能发现磁荷是可以理解的。

研究磁荷间的束缚态是必要的，因为当加速器能量不能足以使其分离时，有可能利用态间跃迁的辐射（例如来自其他天体）来探测它。

杨振宁等[1] 利用整体规范场理论证明电子-磁荷间不能形成束缚态，现在我们讨论正负磁荷所形成的束缚态。

Dirac[2] 在 1931 年已证明了磁荷是量子化的。谷超豪[3] 利用整体规范场理论，在一般情况下，证明磁荷的量子化条件为

$$g = \frac{Ze}{2\alpha} = \frac{\hbar c}{2e} Z \tag{21.1}$$

Z 为整数，α 为精细结构常数。

计入二磁荷间的静磁库仑作用，在非相对论近似下，Schrödinger 方程的准确解给出束缚态的全部能谱为

$$E_n = -\left(\frac{Z_1 Z_2}{4\alpha^2}\right)^2 \left(\frac{M}{M_e}\right) \left(\frac{M_e e^4}{2\hbar^2 n^2}\right) \qquad (n = 1,\, 2,\, 3, \cdots)$$

M 为磁荷质量，M_e 为电子质量。如果用 Price[4] 的质量数据，$M = 200 M_p$（M_p 为质子质量），则结合能是十分巨大的

$$-E_1 = 2.92 \times 10^4 \text{GeV}$$

第一轨道半径是极小的，约为 $6.15 \times 10^{-18} \text{cm}$。

考虑到 Price 数据的不可靠性，磁荷质量尚无可靠的理论与实验数据。是否可判断正负磁荷体系纯属相对论性的呢？这是可以的。因为利用测不准关系可以证明在基态中磁荷平均速度

$$\sqrt{\bar{v}^2} \simeq 5.12 \times 10^{11} \text{cm/s} \gg c \tag{21.2}$$

这说明磁荷偶必须是相对论性的，凡用非相对论方式讨论磁荷偶问题在原则上是不通的。所以下面我们讨论 Dirac 方程的解。

21.2.2　磁荷的 Dirac 方程与临界角动量 $j_0 = 34.5$

存在磁荷时，电磁场的宏观方程应推广为

$$\begin{cases} \nabla \cdot \boldsymbol{E} = 4\pi\rho_{\mathrm{e}} & \nabla \cdot \boldsymbol{B} = 4\pi\rho_{\mathrm{m}} \\[2mm] \nabla \times \boldsymbol{E} = -\left(\dfrac{1}{c}\dfrac{\partial}{\partial t}\boldsymbol{B} + \dfrac{4\pi}{c}\boldsymbol{j}_{\mathrm{m}}\right) & \nabla \times \boldsymbol{B} = \dfrac{1}{c}\dfrac{\partial}{\partial t}\boldsymbol{E} + \dfrac{4\pi}{c}\boldsymbol{j}_{\mathrm{e}} \end{cases} \tag{21.3}$$

其中，ρ_{e}、$\boldsymbol{j}_{\mathrm{e}}$、$\rho_{\mathrm{m}}$、$\boldsymbol{j}_{\mathrm{m}}$ 分别为电荷、磁荷所产生的荷密度及流密度。设考察的空间中无电荷的场为 $\{\vec{\mathscr{E}}, \vec{\mathscr{B}}\}$，无磁荷的场为 $\{\boldsymbol{E}, \boldsymbol{B}\}$，则它们存在下列对应关系

$$\boldsymbol{E} \to \vec{\mathscr{B}} \qquad \boldsymbol{B} \to -\vec{\mathscr{E}} \qquad \boldsymbol{j}_{\mathrm{e}} \to \boldsymbol{j}_{\mathrm{m}} \qquad \rho_{\mathrm{e}} \to \rho_{\mathrm{m}} \tag{21.4}$$

在正负磁荷体系（磁荷偶）中，没有电荷存在，因此完全可以类似地引入规范场 $(\vec{\mathscr{A}}, \Phi)$，满足下列关系

$$\begin{cases} \vec{\mathscr{E}} = -\nabla \times \vec{\mathscr{A}} & \boldsymbol{A} = \vec{\mathscr{A}} \\[2mm] \vec{\mathscr{B}} = -\nabla\Phi - \dfrac{1}{c}\dfrac{\partial}{\partial t}\vec{\mathscr{A}} & \phi \to \Phi \end{cases} \tag{21.5}$$

考虑到磁荷与电荷间的对称性（对偶关系），自然地可把磁荷看作 Dirac 粒子。满足相对论协变与规范不变的定态 Dirac 方程为

$$\hat{H}\psi = E\psi \qquad \hat{H} = \left[-\frac{Zg^2}{r} + \hat{\beta}Mc^2 + c\hat{\boldsymbol{\alpha}} \cdot \frac{\hbar}{\mathrm{i}}\nabla\right] \tag{21.6}$$

其中，考虑 $-Z_1 g$ 的磁荷绕不动的 $+Z_2 g$ 磁荷作运动 $(Z = Z_1 \cdot Z_2)$。$\hat{\boldsymbol{\alpha}}$、$\hat{\beta}$ 为 4×4 的 Dirac 矩阵。因为势具有球对称性，所以可以寻求具有确定的总角动量 j、m 和宇称的定态解。例如 $j = l + \dfrac{1}{2}$ 时，ψ 具有下列形式

$$\psi = \begin{bmatrix} \pm\sqrt{\dfrac{l \pm m + \dfrac{1}{2}}{2l+1}}\, g(r)\, Y_{l,\,m\mp\frac{1}{2}}(\theta,\varphi) \\[6mm] -\sqrt{\dfrac{l \mp m + \dfrac{3}{2}}{2l+3}}\,\mathrm{i}f(r)\, Y_{l+1,\,m\mp\frac{1}{2}}(\theta,\varphi) \end{bmatrix} \tag{21.7}$$

$j = l - \dfrac{1}{2}$ 具有相似的形式。引入量子数 κ

$$\begin{cases} \kappa = -\left(j + \dfrac{1}{2}\right) = -(l+1) & \text{当 } j = l + \dfrac{1}{2} \\[2mm] \kappa = \left(j + \dfrac{1}{2}\right) = l & \text{当 } j = l - \dfrac{1}{2} \end{cases}$$

使径向波函数的方程组对 $j = l \pm \dfrac{1}{2}$ 具有统一的形式（记 $\varepsilon = E/Mc^2$）

$$\begin{cases} \dfrac{\mathrm{d}}{\mathrm{d}r}[rf(r)] - \kappa\dfrac{[rf(r)]}{r} = \left[\dfrac{Mc}{\hbar}(1-\varepsilon) - \left(\dfrac{Z}{4\alpha}\right)\dfrac{1}{r}\right][rg(r)] \\[4mm] \dfrac{\mathrm{d}}{\mathrm{d}r}[rg(r)] + \kappa\dfrac{[rg(r)]}{r} = \left[\dfrac{Mc}{\hbar}(1+\varepsilon) + \left(\dfrac{Z}{4\alpha}\right)\dfrac{1}{r}\right][rf(r)] \end{cases} \tag{21.8}$$

（21.8）的解非全为零的条件要求解中的一个参数 γ 满足下列关系

$$\gamma = \pm\sqrt{\kappa^2 - (Z/4\alpha)^2} \tag{21.9}$$

当 $Z = 1$ 和 $j \geqslant 34.5$ 时，γ 为实数，解与类氢原子的典型解相似[5]。平方可积的条件要求 $\gamma > 0$ 且波函数中合流超几何级数中断为多项式，因此 $\varepsilon^2 < 1$ 的能量量子化了

$$E = Mc^2\left[1 + \dfrac{(Z/4\alpha)^2}{(n - |\kappa| + \sqrt{\kappa^2 - (Z/4\alpha)^2})}\right]^{-\frac{1}{2}} \tag{21.10}$$

$$n_r = n - |\kappa| = \begin{cases} 0,\, 1,\, 2\cdots & \kappa < 0 \\[3mm] 1,\, 2,\, 3\cdots & \kappa > 0 \end{cases}$$

归一化波函数与类氢原子的相似[5]。

$$\begin{cases} f(r) = -\dfrac{\sqrt{\Gamma(2\gamma + n_r + 1)}}{\Gamma(2\gamma + 1)\sqrt{n_r!}}\sqrt{\dfrac{1-\varepsilon}{4N(N-\kappa)}}\left(\dfrac{2k_0 Z}{a_0 N}\right)^{\frac{3}{2}}\mathrm{e}^{-\frac{Zk_0}{Na_0}\left(\frac{r}{4\alpha^2}\right)}\left(\dfrac{2k_0 Z}{Na_0}r\right)^{\gamma-1} \\[4mm] \quad\cdot\left[n_r F\left(-n_r + 1, 2\gamma + 1; \dfrac{2k_0 Z}{a_0}r\right) + (N-\kappa)F\left(-n_r, 2\gamma + 1; \dfrac{2k_0 Z}{Na_0}r\right)\right] \\[6mm] g(r) = -\dfrac{\sqrt{\Gamma(2\gamma + n_r + 1)}}{\Gamma(2\gamma + 1)\sqrt{n_r!}}\sqrt{\dfrac{1+\varepsilon}{4N(N-\kappa)}}\left(\dfrac{2k_0 Z}{a_0 N}\right)^{\frac{3}{2}}\mathrm{e}^{-\frac{Zk_0}{Na_0}\left(\frac{r}{4\alpha^2}\right)}\left(\dfrac{2k_0 Z}{Na_0}r\right)^{\gamma-1} \\[4mm] \quad\cdot\left[-n_r F\left(-n_r + 1, 2\gamma + 1; \dfrac{2k_0 Z}{a_0}r\right) + (N-\kappa)F\left(-n_r, 2\gamma + 1; \dfrac{2k_0 Z}{Na_0}r\right)\right] \end{cases} \tag{21.11}$$

其中

$$k_0 = \dfrac{M}{M_e} \qquad a_0 = \dfrac{\hbar^2}{M_e e^2} \qquad N = \left[\kappa^2 - 2n_r(|\kappa| - \sqrt{\kappa^2 - (Z/4\alpha)^2})\right]^{\frac{1}{2}}$$

与类氢原子作比较，具有明显的特点：

第一，只有当 γ 为实数时，即 $(j \geqslant j_0 = 34.5)$ 总角动量超过某临界值时，才能形成上列形式的定态，这是因为磁荷间相互作用如此之强，只有当角动量大于某临界值时，才能克服强大的吸引作用。这在非相对论量子力学及相对论的氢原子问题中都是没有的。

第二，$j = 34.5$、$n_r = 0$ 是这个解系中最低的能态，$\varepsilon = 0.204$，能量亏损率为 $1 - \varepsilon = 0.796$，因此结合能至少为 $0.796\, Mc^2$，它是十分巨大的。

第三，不能认为 $\varepsilon = 0.204$ 的态就是基态，因为有这样高的角动量、简并度（70 度简并）的基态在物理上是不可能的；不能认为 $j < 34.5$ 的态不存在，因为不然将与本征函数系的完备性相矛盾。$j < 34.5$ 的态必须仔细研究。

21.2.3　$j < 34.5$ 的态，径向流、实性判据

当 $j < 34.5$ 时，γ 为复数，能量表式（21.10）要取复值，这是磁荷偶问题及 $Z > 137$ 的类氢原子问题中所出现的新特点。处理这个问题看来有两种做法：

第一种，因为 $\hat{H}$ 是厄米算符，复本征值不能取，因此 $j < 34.5$ 没有物理态。下面将看到这种断言是不谨慎的并且是错误的做法。

第二种，仔细探求出现复本征值的原因。为什么 $\hat{H}$ 的本征值会出现复值呢？例如 $1\mathrm{s}_{\frac{1}{2}}$ 态

$$
\begin{cases}
g(r) = -\dfrac{1}{\Gamma(2\gamma+1)}\sqrt{\dfrac{1-\varepsilon_1}{2}}\left(\dfrac{2k_0}{a_0}\right)^{\frac{3}{2}}\left(\dfrac{2k_0}{a_0}r\right)^{\gamma-1}\mathrm{e}^{-\frac{k_0}{a_0}\cdot\frac{r}{4\alpha^2}} \\[3mm]
f(r) = \sqrt{\dfrac{1-\varepsilon_1}{1+\varepsilon_1}}\,g(r)\quad \gamma = \sqrt{1-(1/4\alpha)^2}\quad \varepsilon_1 = -\mathrm{i}\sqrt{(1/4\alpha)^2-1}
\end{cases}
\tag{21.12}
$$

它满足方程和标准条件（连续、平方可积、单值）。似乎没有理由排除（21.12）这样的态，因此 $\hat{H}$ 的厄米性是大可怀疑的。

为搞清这些问题，先考虑（21.12）状态的特点。由于能量出现虚部，几率密度将随时间而全面消失。粒子消失到哪里去呢？下面证明（21.12）型的状态中存在着径向的流（注意，通常定态中的流都是闭合的，没有径向流）。原点（波函数的本性奇点）是吮吸源，粒子从这里消失。而且证明由于吮吸源的存在，导致 $\hat{H}$ 的厄米性的破坏。

可以证明，存在外场时（电磁场为实场），Dirac 流的表式仍为：$\boldsymbol{J} = \psi^{+}c\hat{\alpha}\psi$，具有确定的总角动量和宇称的束缚态（形如（21.7）式）中，通过环绕原点的球面的几率流为（利用球旋量基本性质可以严格导出，冗长推导略）

$$
\mathrm{I} = \oint \boldsymbol{J}\cdot d\boldsymbol{\sigma} = -2cr^2\,\mathrm{Im}\{f^*(r)g(r)\}
\tag{21.13}
$$

当 $f^*(r)g(r)$ 为实数时，$\mathrm{I} = 0$，正如通常的情况那样。但当 $f^*(r)g(r)$ 为复数时，如 $1\mathrm{s}_{\frac{1}{2}}$ 态，当球半径收缩到原点时，I 趋于常数 $\mathrm{I} = \dfrac{c_0}{\Gamma(2\gamma_1+1)}\left(\dfrac{2k_0}{a_0}\right)\mathrm{Im}\,\varepsilon$，因此原点为吮吸源，几率密度由此消失，体系不稳定，能量出现复数的物理原因盖出于此。

现在证明，吮吸源的存在，必然导致 $\hat{H}$ 厄米性的破坏。实际上 $\hat{H} = \hat{\beta}Mc^2 - g\Phi + c\hat{\alpha}\cdot\left(\dfrac{\hbar}{\mathrm{i}}\nabla + g\dfrac{\boldsymbol{A}}{c}\right)$，因为 $\hat{\alpha}$、$\hat{\beta}$ 的厄米性可以直接证明，但 $\boldsymbol{P} = \dfrac{\hbar}{\mathrm{i}}\nabla$ 的厄米性需要仔细追究。

可以证明，在未假定 $\boldsymbol{P}$ 的厄米性的条件下，总有

$$\psi^+\hat{H}\psi - (\hat{H}\psi)^+\psi = \frac{\hbar}{\mathrm{i}}\nabla\cdot(\psi^+c\hat{\alpha}\psi)$$

当 ψ 为平方可积时，有

$$\int\psi^+\hat{H}\psi\,\mathrm{d}\tau - \int(\hat{H}\psi)^+\psi\,\mathrm{d}\tau = E - E^* = -\frac{\hbar}{\mathrm{i}}\lim_{S\to 0}\oint_S\boldsymbol{J}\cdot\mathrm{d}\boldsymbol{\sigma}$$

$$= 2\mathrm{i}c\lim_{r\to 0}r^2\,\mathrm{Im}\{f^*(r)g(r)\} \tag{21.14}$$

所以，关于本征值取实数的判据为

$$\lim_{r\to 0}r^2\,\mathrm{Im}[f^*(r)g(r)] = 0 \tag{21.15}$$

因此，吮吸源的出现直接破坏了 $\hat{H}$（主要是动量算符）的厄米性。(21.15)、(21.14) 同时也指出了寻求实本征值的解的方向，即要求 $f^*(r)g(r)$ 必须是实数。我们知道，原点为本性奇点，不宜用级数解法，而宜作函数代换。通过波函数在零点及无穷远点渐近行为的分析，可对 $f(r)$、$g(r)$ 作下列代换

$$\begin{cases} f(r) = [\phi_1 - \Phi_2]\sqrt{1-\varepsilon}\,(2\lambda r)^\gamma\,\dfrac{1}{r}\,\mathrm{e}^{-\lambda r} & \lambda = \dfrac{Mc}{\hbar}\sqrt{1-\varepsilon^2} \\[3mm] g(r) = [\phi_1 + \Phi_2]\sqrt{1+\varepsilon}\,(2\lambda r)^\gamma\,\dfrac{1}{r}\,\mathrm{e}^{-\lambda r} & \varepsilon = E/Mc^2 \end{cases}$$

解的非全为零的条件仍为 (21.9)，Φ_1、Φ_2 满足合流超几何方程，如

$$\Phi_2''(\rho) + \left(\frac{2\gamma+1}{\rho} - 1\right)\Phi_2'(\rho) - \left(\gamma - \frac{Z\varepsilon}{4\alpha}\frac{1}{\sqrt{1-\varepsilon^2}}\right)\frac{1}{\rho}\Phi_2(\rho) = 0 \qquad \rho = 2\lambda r$$

它的解是合流超几何级数 F，如果在 γ 为复的情况下，不对合流超几何级数进行切断，则 (21.8) 的解的实部、虚部均是发散的；当 ψ 切断以后，其虚部、实部均是收敛的实函数，但不是定态，因为 ψ 与 ψ^* 的本征值不相等（$E \neq E^*$）。是否存在在无穷远处仍为有界的实函数解呢？这是可能的。如果不对 F 进行切断，则 E 并未确定，再令 Ψ 和 Ψ^* 作适当的线性组合，利用合流超几何级数在复平面上的渐近性质，令两者的发散部分相互抵消，而同时保证为实函数，这组解为

$$\begin{Bmatrix} rf(r) \\ rg(r) \end{Bmatrix} = -2\sqrt{1\mp\varepsilon}\,\mathrm{e}^{-\rho/2}\,\mathrm{Im}\Big\{\rho^\gamma\,\Gamma(1-2\gamma)\,\Gamma(\gamma-Q\varepsilon)\,[\,AF(\gamma$$

$$+1-Q\varepsilon, 2\gamma+1; \rho) \mp F(\gamma-Q\varepsilon, 2\gamma+1; \rho)]\Big\}$$

其中

$$A = \left\{\begin{array}{c} \gamma - Q\varepsilon \\ -\kappa + Q \end{array}\right\} \qquad Q = \frac{Z/4\alpha}{\sqrt{1-\varepsilon^2}} \tag{21.16}$$

这样的解的能量本征值连续地分布在 $-1 \leqslant \varepsilon \leqslant +1$ 的区域中，这在物理上是难以接受的。为使能谱在此区域中分立，一种简单化的做法是认为磁荷具有一定的半径 r_0，正如超重核那样。Pomeranchuk 等[6] 在 1945 年提出这种简化方案，后继的一系列超重核工作均不出这个框架。他们对超重核引入一定的半径 r_0，认为 $r < r_0$ 的势不再是点电荷的势，这样就回避了波函数的本性奇点这样一个原则问题的讨论，实际上是换了哈密顿量，讨论另一些体系的能谱。这样处理虽然在物理上勉强还可以讲得通，但存在下列问题：

（i）切断的方法有任意多种，因此求解的方案带有相当大的任意性。

（ii）求解的方案强烈地依赖于切断半径。超重核的半径可以用构成它的核子的核子云平均半径来近似，也可以用经验公式外推，而作为基本粒子的磁荷的半径目前还没有可靠的理论依据，物理上的未定性就更大了。

（iii）下面将指出，即使用了切断近似，对一般的量子力学方程（例如非相对论的方势阱问题），并不能使能谱分立。为使能谱分立，还必须假定：波函数在 $r = 0$ 处有界。这个假定在一般情况下是不允许的，因此必须在理论上深究这个问题。

先讨论 $r < r_0$ 为方势阱的情况（均匀的面分布）

$$U(r) = -g\Phi = \begin{cases} -\dfrac{Z}{4\alpha}\dfrac{1}{r} & (r \geqslant r_0) \\ -\dfrac{Z}{4\alpha}\dfrac{1}{r_0} = -U_0 & (r < r_0) \end{cases}$$

这时在 $r < r_0$ 区域中的波函数为

$$\begin{cases} rg(r) = \sqrt{r}\left\{ A_1 J_{|\kappa+\frac{1}{2}|}(\beta r) + B_1 N_{|\kappa+\frac{1}{2}|}(\beta r) \right\} & \beta = \sqrt{\left(\dfrac{Mc\varepsilon}{\hbar} + U_0\hbar c\right)^2 - \dfrac{M^2 c^2}{\hbar^2}} \\ rf(r) = \dfrac{\dfrac{\mathrm{d}}{\mathrm{d}r}[rg(r)] + \kappa g(r)}{\left[\dfrac{Mc}{\hbar}(1+\varepsilon) + \hbar c U_0\right]} \end{cases} \tag{21.17}$$

通常有关方阱问题的论著，都认为波函数在原点的有界性要求导致 $B \equiv 0$，从而波函数的衔接条件导致能量分立。但是，波函数在原点的有界性要求是不合理的，如果坚持这个要求作为量子力学中的定解原则，那么氢原子的 Dirac 方程无解，因为基态的波函数为

$$f(r) = -\sqrt{\dfrac{1-\varepsilon_1}{1+\varepsilon_1}}g(r) \sim \mathrm{e}^{-\frac{Zr}{a_0}}\left(\dfrac{2Zr}{a_0}\right)^{(\sqrt{1-\alpha^2 Z^2}-1)} \tag{21.18}$$

它在原点是发散的。光谱的精细结构证明这种个别点发散的波函数在物理上是允许的。因此人们在讨论氢原子问题时就提出"波函数平方可积"的条件。但对 Schrödinger 方程的三维方势阱问题，某些波函数虽是平方可积的，但仍有一线性组合系数是任意的，所以能量仍不能分立。我们不能在不同问题中使用不同的原则，必须寻求统一的原则。为解决这个

问题，分析（21.16）的具体性质：这个函数具有下列渐近行为

$$\left\{\begin{array}{l} rf(r) \\ rg(r) \end{array}\right\} \sim \mathrm{e}^{-\rho/2} \rho^{\gamma - Q\varepsilon} \qquad (\rho \geqslant 1)$$

可见它们是平方可积的，因此是束缚态，但能量本征值 ε 却是连续的。这是物理上不允许的。因为数学上已严格证明：有限个变元的就范函数所组成的 Hilbert 空间的正交就范基必须是可列的，而量子力学中用 Hilbert 空间的矢量描写状态，因此带连续谱的束缚态是量子力学原则所不允许的。为解决这个问题，必须同时考虑力学量的厄米性问题。在 [8] 和 [16] 中鉴于目前关于相干态研究等方面提出的许多事实，提出量子力学中力学量并不对一切函数存在下列关系

$$\int \psi^+ \hat{F} \varphi \, \mathrm{d}\tau = \int (\hat{F}\psi)^+ \varphi \, \mathrm{d}\tau \tag{21.19}$$

厄米性并不是算符的固有属性，（21.19）只对物理态成立，对一般函数并不成立。因此，本征函数系的正交性并不能由 $\hat{F}$ 的性质直接导出。什么是物理态的条件呢？就是标准条件（波函数单值、连续，有界（除个别点外），对束缚态要求平方可积）。由于本征态是 $\hat{F}$ 具有确定值的态，因此不同本征值的态一定是彼此正交的。这一点在 [8] 和 [16] 中证明，可以由量子力学原理直接证明，不涉及 $\hat{F}$ 的厄米性。因此得到下列结论：有物理意义的本征态必然是正交的。引用这个量子力学中本征态的正交性要求，就可以使（21.16）的能谱分立。为实现这个方案，必须先导出正交性的判据。因为两个函数的内积计算一般是困难的，是否可以找到利用二函数的渐近行为即可以判断它们是否正交呢？经过仔细摸索，证明这个条件是存在的。

正交判据：满足 Dirac 方程（21.6）并且具有确定角动量、宇称的二个态 [形如（21.7）式] 是否正交，可由下面特征行列式的渐近行为判定

$$q(r, E_1, E_2) \equiv r^2 \begin{vmatrix} f_1^*(r) & g_1^*(r) \\ f_2(r) & g_2(r) \end{vmatrix} \tag{21.20}$$

(i) 当两个态平方可积或其中之一为平方可积（束缚态）时，正交的充要条件为

$$\lim_{r \to 0} q(r, E_1, E_2) = 0 \tag{21.21}$$

(ii) 当两个态平方不可积（非束缚态），正交归一条件为

$$-\lim_{r \to 0} \frac{q(r)}{E_2 - E_1} + \lim_{r \to \infty} \frac{q(r)}{E_2 - E_1} = \frac{1}{\hbar c} \delta(E_1 - E_2) \tag{21.22}$$

以上判据对于势能具有第一类间断点而波函数平滑相接的态也适合（证明见 21.2.5）。

应用正交判据（21.21），立刻可以看出，为了各个态都彼此正交，（21.17）中必须有 $B_1 \equiv 0$，这样能谱就分立了。故在磁荷具有有限尺寸（$r < r_0$ 时为方势阱）的假定下，磁荷

偶的束缚态的分立能级由下列超越方程解出

$$\left[\frac{f(r)}{g(r)}\right]_{r\to r_0{}^+} = \left[\frac{f(r)}{g(r)}\right]_{r\to r_0{}^-} \tag{21.23}$$

对 s 态，有简单的方程

$$\begin{cases} rf(r) = \dfrac{\sqrt{\dfrac{2}{\beta\pi}}\left[\beta\cos\beta r - \dfrac{1}{r}\sin\beta r\right]}{\left[\dfrac{Mc}{\hbar}(1+\varepsilon) + \hbar c U_0\right]} & (r < r_0) \\[4mm] rg(r) = \sqrt{\dfrac{2}{\beta\pi}}\,\sin\beta r & \end{cases}$$

$$-\sqrt{\frac{\dfrac{Mc}{\hbar}\varepsilon + \hbar c U_0 - \dfrac{Mc}{\hbar}}{\dfrac{Mc}{\hbar}\varepsilon + \hbar c U_0 + \dfrac{Mc}{\hbar}}}\left[\frac{1}{\beta r_0} - \cot\beta r_0\right] = \left[\frac{f(r)}{g(r)}\right]_{r\to r_0{}^+} \tag{21.24}$$

$\left[\dfrac{f(r)}{g(r)}\right]_{r\to r_0{}^+}$ 由 (21.16) 给出。从 (21.24) 可以求出 s 态的能级。如要求基态能量 $E > -Mc^2$，

则要求磁荷的半径 $r_0 \geqslant \left(\dfrac{\hbar}{Mc}\right)$，而 $\dfrac{\hbar}{Mc}$ 即为磁荷的 Compton 波长。

为克服切断处理的任意性的缺点，保持理论结构的内在自洽性，下面我们准备用正交条件来求问题的严格解。用正交条件处理问题时要解决下面几个问题：

(i) 所确定的态全部彼此正交（包括分立谱、连续谱）；

(ii) 所确定的正交系与作为基准的态的选择无关，因而是唯一的；

(iii) 对于通常方法能够处理的问题给出同样正确的结果，而且还能消除某些定解标准上的不统一性。

首先，正交条件摒弃全部型如 (21.12) 的具有复本征值的态，因为它们无法满足正交条件，虽然它们是平方可积的（其他标准条件无法摒弃它们），因此只须讨论 (21.16) 形式的态。先讨论 $\varepsilon^2 < 1$ 的情况。

令

$$\Gamma(1 - 2\gamma_0 \mathrm{i})\,\Gamma(\gamma_0 \mathrm{i} - Q\varepsilon) = K\mathrm{e}^{\mathrm{i}(\xi_0 + \xi)} \qquad \gamma = \mathrm{i}\gamma_0$$
$$A + 1 = \Sigma^+\mathrm{e}^{\mathrm{i}\delta^+} \qquad A - 1 = \Sigma^-\mathrm{e}^{\mathrm{i}\delta^-}$$

$\rho \ll 1$ 时，有

$$\begin{aligned} rf(r) &\simeq -\sqrt{1-\varepsilon}\cdot 2\mathrm{Im}\left[\Gamma(1-2\gamma)\,\Gamma(\gamma - Q\varepsilon)\,\rho^\gamma\,(A-1)\right] \\ &= -\sqrt{1-\varepsilon}\,2K\Sigma^-\sin\left[\gamma_0\ln\left(\frac{2Mc}{\hbar}\sqrt{1-\varepsilon^2}\,r\right) + \xi_0 + \xi + \delta^-\right] \end{aligned} \tag{21.25}$$

$$rg(r) \simeq -\sqrt{1+\varepsilon}\,2K\Sigma^+\sin\left[\gamma_0\ln\left(\frac{2Mc}{\hbar}\sqrt{1-\varepsilon^2}\,r\right) + \xi_0 + \xi + \delta^+\right] \tag{21.26}$$

$\delta^{\pm}$ 和 $\Sigma^{\pm}$ 都是能量 ε 的函数，为了在正交判据中消去无确定极限的量 $\ln r$，必须知道它们与能量间的某些一般的关系。可喜的是这些关系是确实存在的，仔细计算证明

$$\frac{A+1}{A-1} = \frac{\Sigma^+}{\Sigma^-}\, \mathrm{e}^{\mathrm{i}(\delta^+-\delta^-)} = \sqrt{\frac{\varepsilon-1}{\varepsilon+1}}\left[\frac{\kappa-\mathrm{i}\gamma_0}{Z/4\alpha}\right]$$

因此

$$\left.\begin{aligned} &\tan\delta_0 = \tan(\delta^+-\delta^-) = -\frac{\gamma_0}{\kappa} \\[2mm] &\sqrt{\frac{1+\varepsilon}{1-\varepsilon}}\,\frac{\Sigma^+}{\Sigma^-} = 1 \end{aligned}\right\}\ \text{此关系对各种能量 } \varepsilon^2 < 1 \text{ 均成立。}$$

故正交条件 (21.21) 导致

$$\gamma_0 \ln\left(\frac{2Mc}{\hbar}\sqrt{1-\varepsilon^2}\right) + \xi + \delta^- = n\pi + \eta_0 \tag{21.27}$$
$$\xi = \arg\Gamma(\gamma_0\mathrm{i} - Q\varepsilon) \qquad \delta^- = \arg(A-1)$$

(21.27) 便是确定能级必须满足的正交条件。因为 δ_0 与能量无关，因此一切 $\varepsilon^2 < 1$ 的态的正交条件是一致的。

我们已经证明了正交条件 (21.27) 使能谱分立了。我们还必须证明正交条件并不使非束缚态的能级分立，而且非束缚态与束缚态仍保持正交。此外，(21.27) 中 η_0 是未定的，我们希望从非束缚态的研究中予以确定。

现在来研究连续谱波函数的正交判据。在 $\varepsilon^2 > 1$ 的区域，实值判据 (21.14) 要求 $r \to 0$ 时 $f^*(r)g(r)$ 为实数。因此准确到一个相因子，可以取 $f(r)$ 及 $g(r)$ 为实函数而不失普遍性。由方程 (21.8) 解得

$$\omega_1 = \mathrm{e}^{-\rho/2}\rho^{\gamma}\Phi_1 \qquad \omega_2 = \mathrm{e}^{-\rho/2}\rho^{\gamma}\Phi_2$$

$$\begin{cases} \Phi_1 = A_0\,F(\mathrm{i}\gamma_0 + 1 + \mathrm{i}Q_0\varepsilon,\, 2\gamma_0\mathrm{i} + 1;\, \rho) \\[2mm] \Phi_2 = F(\mathrm{i}\gamma_0 + \mathrm{i}Q_0\varepsilon,\, 2\gamma_0\mathrm{i} + 1;\, \rho) \end{cases} \qquad A_0 = \frac{\mathrm{i}\gamma_0 + \mathrm{i}Q_0\varepsilon}{-\kappa - Q_0\mathrm{i}} \qquad Q_0 = \frac{Z/4\alpha}{\sqrt{\varepsilon^2-1}}$$

波函数必须作下列合理的组合

$$\begin{cases} rf(r) = c_0\{-\mathrm{Im}\,(\omega_1-\omega_2) + b(\varepsilon)\,\mathrm{Re}\,(\omega_1-\omega_2)\} \\[2mm] rg(r) = c_0\sqrt{\dfrac{\varepsilon+1}{\varepsilon-1}}\{\mathrm{Re}\,(\omega_1+\omega_2) + b(\varepsilon)\,\mathrm{Im}\,(\omega_1+\omega_2)\} \end{cases} \tag{21.28}$$

其中，$b(\varepsilon)$ 是 ε 的实函数，因此保证 (21.28) 的本征值为实数。以后 $b(\varepsilon)$ 简记为 b。

现在讨论正交判据 (21.22)。首先注意到 (21.22) 只是一条方程，它只要求二项之差的极限为零，而不要求分别为零。通常情况下，例如 $j \geqslant 34.5$ 时，$\lim\limits_{r\to 0} q(r, E_1, E_2) = 0$ 自然满足，正交条件等价于 $-\lim\limits_{r\to\infty}\dfrac{q(r, E_1, E_2)}{E_1 - E_2} = \dfrac{\delta(E_1 - E_2)}{\hbar c}$，因此能谱仍连续。但对 $j < 34.5$ 的

情况，$\lim\limits_{r\to 0} q(r, E_1, E_2)$ 一般不为零，必须这样选择 $b(\varepsilon)$，使得连续谱彼此正交，满足 (21.22)，又能与分立谱正交，满足 (21.21)，又要保证能谱是连续的。经过长期摸索，证明这种选择是可能的，即先满足 $\lim\limits_{r\to 0} q(r, E_1, E_2) = 0$，定下 $b(\varepsilon)$，证明 $\lim\limits_{r\to\infty} \dfrac{q(r, E_1, E_2)}{E_1 - E_2} = \dfrac{\delta(E_1 - E_2)}{\hbar c}$ 自然满足，不再使能谱分立。

实际上，利用 F 的渐近式，在 $r \to 0$ 时，有

$$\omega_1 \pm \omega_2 \simeq (A_0 \pm 1)\,\mathrm{e}^{-\frac{\pi}{2}\gamma_0} \exp\left[-\mathrm{i}pr + \gamma_0 \mathrm{i}\ln 2pr\right] \simeq S_0^{\pm}\,\mathrm{e}^{-\frac{\pi}{2}\gamma_0} \exp\left[+\mathrm{i}\gamma_0 \ln 2pr + \mathrm{i}\sigma^{\pm} - \mathrm{i}pr\right]$$

其中

$$p = \frac{Mc}{\hbar}\sqrt{\varepsilon^2 - 1} \qquad A_0 \pm 1 = S_0^{\pm}\,\mathrm{e}^{\mathrm{i}\sigma^{\pm}}$$

令

$$\frac{1}{\sqrt{1 + b^2}} = \cos\beta \qquad \Delta^{\pm} \equiv \gamma_0 \ln 2pr + \sigma^{\pm}$$

则

$$\begin{cases} rf(r) \approx -c_0 \sqrt{1 + b^2}\,\mathrm{e}^{-\frac{\pi}{2}\gamma_0} S_0^{-} \sin\left(\Delta^{-} - \beta\right) \\[2mm] rg(r) \approx c_0 \sqrt{\dfrac{\varepsilon + 1}{\varepsilon - 1}}\sqrt{1 + b^2}\,\mathrm{e}^{-\frac{\pi}{2}\gamma_0} S_0^{+} \cos\left(\Delta^{+} - \beta\right) \end{cases}$$

但

$$\frac{A_0 + 1}{A_0 - 1} = \frac{S_0^{+}}{S_0^{-}}\,\mathrm{e}^{\mathrm{i}(\sigma^{+} - \sigma^{-})} = \frac{\gamma_0 + \mathrm{i}\kappa}{(Z/4\alpha)\sqrt{\dfrac{\varepsilon + 1}{\varepsilon - 1}}}$$

因此

$$\left.\begin{aligned} \tan\left(\delta^{+} - \delta^{-}\right) &= \frac{\kappa}{\gamma_0} \\[3mm] \frac{S_0^{+}}{S_0^{-}}\sqrt{\frac{\varepsilon + 1}{\varepsilon - 1}} &= 1 \end{aligned}\right\}$$

此二关系对一切 $\varepsilon^2 > 1$ 成立。故

$$\begin{cases} rf(r) \approx -c_0' \sin\left(\gamma_0 \ln 2pr + \sigma^{-} - \beta\right) = -c_0' \sin\Delta \\[2mm] rg(r) \approx c_0' \cos\left[\gamma_0 \ln 2pr + \sigma^{-} - \beta + (\sigma^{+} - \sigma^{-})\right] = c_0' \cos\left(\Delta + \sigma_0\right) \end{cases}$$

$$\therefore \qquad \lim_{r\to 0} q(r, E_1, E_2) = c_{01}' c_{02}' \sin\left[\Delta_1 - \Delta_2\right]\cos\delta_0$$

$$\therefore \qquad \gamma_0 \ln 2p_1 r + \sigma_1^{-} - \beta_1 = \gamma_0 \ln 2p_2 r + \sigma_2^{-} - \beta_2 + n\pi$$

此式必须对一切 $\varepsilon^2 > 1$ 的态成立，因此

$$\beta(\varepsilon) = \gamma_0 \ln \frac{2Mc}{\hbar} \sqrt{\varepsilon^2 - 1} + \arg \left(\frac{i\gamma_0 + i \dfrac{Z\varepsilon}{4\alpha \sqrt{\varepsilon^2 - 1}}}{-\kappa - i \dfrac{Z}{4\alpha} \dfrac{1}{\sqrt{\varepsilon^2 - 1}}} \right) - \theta_0 + m\pi \tag{21.29}$$

即

$$b(\varepsilon) = \tan \beta(\varepsilon) = \tan \left[\gamma_0 \ln \left(\frac{2Mc}{\hbar} \sqrt{\varepsilon^2 - 1} \right) + \sigma^- - \theta_0 \right] \tag{21.30}$$

$$\begin{cases} rf(r) \approx -c_0' \sin \left(\gamma_0 \ln r + \theta_0 \right) & \tan \sigma_0 = \dfrac{\kappa}{\gamma_0} \\ rg(r) \approx c_0' \cos \left(\gamma_0 \ln r + \theta_0 + \sigma_0 \right) & (\varepsilon^2 > 1) \end{cases} \tag{21.31}$$

因此与 $\varepsilon^2 < 1$ 的状态具有完全相同的渐近行为

$$\begin{cases} rf(r) \approx -c_0' \sin \left(\gamma_0 \ln r + \eta_0 \right) & \left[\tan \delta_0 = - \left(\dfrac{\gamma_0}{\kappa} \right) \right] \\ rg(r) \approx c_0' \cos \left(\gamma_0 \ln r + \dfrac{\pi}{2} + \delta_0 + \eta_0 \right) & (\varepsilon^2 < 1) \end{cases}$$

故而，为了使连续谱与分立谱正交，必须有

$$\theta_0 \equiv \eta_0 \tag{21.32}$$

它们与能量无关。

为了证明正交关系自动满足，并出 (21.22) 求出归一化常数，首先计算波函数在 $r \to \infty$ 时的渐近式。

在 $r \to \infty$ 时，$pr \gg 1$，有

$$\omega_1 \simeq \frac{\Gamma(2\gamma_0 i + 1) A}{\Gamma(\gamma_0 i + Q_0 \varepsilon i + 1)} e^{ipr + Q_0 \varepsilon i \ln pr + \frac{\pi}{2} Q_0 \varepsilon i} \tag{21.33}$$

注意到 F 的渐近性质，在 ω_2 中起主要作用的是另一些项，有

$$\omega_2 \simeq e^{\pi \gamma_0 + Q_0 \varepsilon} \frac{\Gamma(2\gamma_0 i + 1)}{\Gamma(\gamma_0 i - Q_0 \varepsilon i + 1)} e^{-ipr - Q_0 \varepsilon i \ln pr - \frac{\pi}{2} Q_0 \varepsilon i} \tag{21.34}$$

令

$$\frac{\Gamma(2\gamma_0 i + 1) A}{\Gamma(\gamma_0 i + iQ_0 \varepsilon + 1)} = \eta e^{iu} \qquad \frac{\Gamma(2\gamma_0 i + 1)}{\Gamma(\gamma_0 i - iQ_0 \varepsilon + 1)} = \zeta e^{iv}$$

(21.33)、(21.34) 代入 (21.28)，详细计算结果为

$$\begin{cases} rf(r) \approx c_0' \sqrt{\varepsilon - 1} \, h \sin \left(pr + Q_0 \varepsilon \ln pr + \dfrac{\pi}{2} Q_0 \varepsilon + \omega \right) \\ rg(r) \approx c_0' \sqrt{\varepsilon + 1} \, h \sin \left(pr + Q_0 \varepsilon \ln pr + \dfrac{\pi}{2} Q_0 \varepsilon + \omega' \right) \end{cases} \tag{21.35}$$

其中

$$\cos \omega = \frac{-1}{h \cos \beta} \left[\eta \cos (u - \beta) + \zeta \cos (v - \beta) \right]$$

$$\cos \omega' = \frac{1}{h \cos \beta} \left[-\eta \sin (u - \beta) + \zeta \sin (v - \beta) \right]$$

$$h = \frac{1}{\cos \beta} \left[\eta^2 + \zeta^2 + 2 \cos (\eta + \zeta - 2\beta) \right]^{\frac{1}{2}}$$

可以证明 ω 与 ω' 之间存在一个与能量无关的关系

$$\cos (\omega' - \omega) = 0 \qquad \sin (\omega' - \omega) = -1$$

故

$$\omega' - \omega = -\frac{\pi}{2}$$

因此有

$$\begin{cases} rf(r) \approx c_0' \sqrt{\varepsilon - 1}\, h \sin \left(pr + Q_0 \varepsilon \ln pr + \frac{\pi}{2} Q_0 \varepsilon + \omega \right) \\ rg(r) \approx -c_0' \sqrt{\varepsilon + 1}\, h \cos \left(pr + Q_0 \varepsilon \ln pr + \frac{\pi}{2} Q_0 \varepsilon + \omega \right) \end{cases} \tag{21.36}$$

在 $E_1 \neq E_2$ 时，有

$$\lim_{r \to \infty} \frac{q(r, E_1, E_2)}{E_2 - E_1}$$

$$= \lim_{r \to \infty} \frac{c_{01}'^* c_{02}'}{E_2 - E_1} h^2 \left\{ \left(\sin \left[\frac{p_1 + p_2}{2} r + \frac{Q_{01} \varepsilon_1}{2} \ln p_1 r + \frac{Q_{02} \varepsilon_2}{2} \ln p_2 r \right. \right. \right.$$

$$\left. + \frac{\pi}{2} (Q_{01} \varepsilon_1 + Q_{02} \varepsilon_2) \right] + \sin \left[\frac{p_1 - p_2}{2} r + \frac{Q_{01} \varepsilon_1}{2} \ln p_1 r \right.$$

$$\left. \left. - \frac{Q_{02} \varepsilon_2}{2} \ln p_2 r + \frac{\pi}{2} (Q_{01} \varepsilon_1 - Q_{02} \varepsilon_2) \right] \right) \frac{\sqrt{(\varepsilon_1 - 1)(\varepsilon_2 + 1)}}{2}$$

$$- \frac{\sqrt{(\varepsilon_1 + 1)(\varepsilon_2 - 1)}}{2} \left(\sin \left[\frac{p_1 + p_2}{2} r + \frac{Q_{01} \varepsilon_1}{2} \ln p_1 r + \frac{Q_{02} \varepsilon_2}{2} \ln p_2 r \right. \right.$$

$$\left. + \frac{\pi}{2} (Q_{01} \varepsilon_1 + Q_{02} \varepsilon_2) \right] - \sin \left[\frac{p_1 - p_2}{2} r + \frac{Q_{01} \varepsilon_1}{2} \ln p_1 r \right.$$

$$\left. \left. \left. - \frac{Q_{02} \varepsilon_2}{2} \ln p_2 r + \frac{\pi}{2} (Q_{01} \varepsilon_1 - Q_{02} \varepsilon_2) \right] \right) \right\}$$

$$= 0 \tag{21.37}$$

最后一步已引用了 δ 函数的一个极限表示

$$\lim_{r \to \infty} \frac{\sin (p_1 - p_2) r}{\pi (p_1 - p_2)} = \delta (p_1 - p_2) \qquad \text{（因为 } \ln pr \text{ 比 } pr \text{ 变化缓慢得多）}$$

当 $E_1 \simeq E_2$ 时，有

$$
\begin{aligned}
\lim_{r \to \infty} -\frac{q(r, E_1, E_2)}{E_1 - E_2} &= \lim_{r \to \infty} \sqrt{\varepsilon^2 - 1}\, c_{01}'^{*} c_{01}'\, h^2 \frac{\sin (p_1 - p_2)\, r}{E_1 - E_2} \\
&= h^2 \sqrt{\varepsilon^2 - 1}\, |c_{01}'|^2\, \frac{\pi E_1}{c^2 \hbar^2 p_1}\, \delta (p_1 - p_2) \\
&= \delta (E_1 - E_2)/\hbar c
\end{aligned}
$$

因而

$$
|c_0'| = \frac{1}{h} \sqrt{\frac{1}{Mc^2 p \pi}} = \cos \beta \sqrt{\frac{1}{Mc^2 p \pi \left[\eta^2 + \zeta^2 + 2\cos(\eta + \zeta - 2\beta)\right]}} \tag{21.38}
$$

因此，(21.22) 提供了求出归一化常数的方法。(21.37) 说明当 $\varepsilon^2 > 1$ 时上列波函数的正交条件自然满足。

作为本小节的结束，我们作若干讨论。

磁荷偶的相对论量子力学问题讨论到这里尚剩一个常数 θ_0 没有确定。这是不奇怪的，因为允许波函数具有本性奇点的自然边界条件比较宽，还不足以把态和能级全部确定下来。但为了保持强相互作用的特点，本性奇点又必须保持，因此这种自然边界条件只能确定到一个任意常数 θ_0 的事实也许是强奇性相互作用的特点。曾想用本征函数系的完备性来确定 θ_0

$$
\sum_n |n> <n| + \int |E> <E| \, \mathrm{d}E = 1 \tag{21.39}
$$

后来发现它并不能定出 θ_0 来，因为在能量表象中不难证明 (21.39) 对任一 θ_0 都成立。看来对这个问题的进一步讨论存在两种可能的方案：

(1) 对磁荷偶这类相互作用势，可能本身还不足以确定 θ_0，既然数学上的边界条件不够完备，那么补充什么物理条件呢？由前面计算知道，一旦确定了 θ_0，能级、波函数全都定下来。因此也许可以把 θ_0 作为实验上待定的参数，把它作为关于强奇性势方面的知识的补充，人们对微观粒子的相互作用势的了解，实际上也是通过能级与散射相移的实验数据了解到的。

(2) 可能还存在某些适当的物理条件（或称物理输入）可以确定 θ_0，但需要人们去寻求。例如渐近自由条件，即认为在 $r \to \infty$ 处，在 $E \to \infty$ 的条件下由于势能已经趋于零，动能的强大使势能可以看作微扰，库仑作用的长程性只是微弱地影响着相移。因此可以认为相移是耦合常数 $G = Z/4\alpha$ 的解析函数。知道一个 G 值下的 θ_0，就可以知道各种 G 值下的 θ_0。我们曾用类氢原子的相移对 G 作解析开拓来定 θ_0（显然它们在 $r \to \infty$ 时波函数形式相同），但未获最后结果。看来确定 θ_0 的问题尚须进一步研究。

总之，磁荷间的耦合常数 $G = Z/4\alpha \geqslant 34.5$，因此是超强相互作用。通常对超重核在 $r = r_0$ 处作切断处理，虽然对原子核可以得到若干近似结果，但切断方式任意性很大，更重要的是没有反映超强作用的某些特点，例如方势阱切断近似中，在 $r < r_0$ 处，$-\nabla U = 0$，

相互作用大大减弱了，波函数的本性奇点反映不出来。上面已经证明，利用量子力学对本征函数的正交完备性要求，仍可以使受超强作用破坏的 $\hat{H}$ 的厄米性，重新在物理态所张的 Hilbert 空间中得到恢复，在 $|\varepsilon| < 1$ 时能级分立，在 $|\varepsilon| > 1$ 时，仍为非束缚态。它可以较好地反映超强作用的特点，容纳具有本性奇点的波函数作为物理状态。但还有一个常数 θ_0 未确定，尚须继续研究。正负磁荷的束缚态的结合能是巨大的，约 $2Mc^2$，这也许是自由磁单极不易发现的物理原因。

21.2.4　磁荷的固有电矩和磁荷气的抗电性

（1）固有电矩。

在无电荷情况下的 Dirac 方程为

$$\left\{ \left[\mathrm{i}\hbar\frac{\partial}{\partial t} + g\Phi \right] - c\boldsymbol{\alpha}\cdot\left(\frac{\hbar}{\mathrm{i}}\nabla + \frac{g}{c}\mathscr{A} \right) - \hat{\beta}Mc^2 \right\}\psi = 0$$

展开后得

$$\left\{ \left[\mathrm{i}\hbar\frac{\partial}{\partial t} + g\Phi \right]^2 - \left(c\frac{\hbar}{\mathrm{i}}\nabla + g\mathscr{A} \right)^2 + gc\hbar\hat{\mathscr{E}}\cdot\boldsymbol{\sigma}' + \mathrm{i}\hbar gc\hat{\boldsymbol{\alpha}}\cdot\mathscr{H} - Mc^2 \right\}\psi = 0$$

$$\boldsymbol{\sigma}' = \begin{pmatrix} \boldsymbol{\sigma} & 0 \\ 0 & \boldsymbol{\sigma} \end{pmatrix}$$

在非相对论近似下有 Pauli 型方程

$$\psi = \psi'\mathrm{e}^{-\mathrm{i}\frac{Mc^2}{\hbar}t}$$

$$E'\psi' = \left[\frac{1}{2M}\left(\boldsymbol{p} + \frac{g}{c}\mathscr{A} \right)^2 - g\Phi - \frac{g\hbar}{2Mc}\boldsymbol{\sigma}\cdot\vec{\mathscr{E}} \right]\psi'$$

这说明磁荷具有固有电矩

$$\boldsymbol{p_m} = -\left[\frac{137}{2\frac{M}{M_\mathrm{p}}} \right]\mathscr{M}_n\boldsymbol{\sigma} \tag{21.40}$$

$\mathscr{M}_n = \frac{\hbar e}{2M_\mathrm{p}c}$ 为核磁子。

（2）在均匀电场（$\vec{\mathscr{E}} = \mathscr{E}\boldsymbol{k}$）中运动。

非相对论情况下

$$\hat{H} = \frac{1}{2M}\left(\hat{p}_x + g\frac{\mathscr{E}y}{c} \right)^2 + \frac{p_y^2}{2M} + \frac{p_z^2}{2M} - \beta'\boldsymbol{\sigma}\cdot\vec{\mathscr{E}}$$

$$\beta' = \frac{g\hbar}{2Mc} \qquad -\beta'\boldsymbol{\sigma}\cdot\vec{\mathscr{E}} = \boldsymbol{p}\cdot\vec{\mathscr{E}}$$

仿照 Ландау 的做法，得

$$\psi = e^{\frac{i}{\hbar}(p_x x + p_z z) - \frac{1}{2}M\left(\frac{g\mathscr{E}}{Mc}\right)\left(\frac{y-y_0}{\hbar}\right)^2} H_n\left[(y-y_0)\frac{g\mathscr{E}}{\hbar c}\right] \tag{21.41}$$

$$y_0 = -(cp_x/e\mathscr{E}) \qquad E_n = \left(n + \frac{1}{2}\right)|g|\left(\frac{\hbar\mathscr{E}}{Mc}\right) + \frac{p_z^2}{2M} - \beta'\sigma\hbar\mathscr{E} \tag{21.42}$$

在相对论情况下，有

$$E^2 = \left[M^2 + p_z^2 + g\mathscr{E}(2n - \sigma + 1)\right] \qquad (\sigma = \pm 1 \qquad \hbar = c = 1) \tag{21.43}$$

(3) 自由磁荷气体的抗电性。

类似于自由电子轨道运动的抗磁性，可以建立磁荷轨道运动的抗电性。实际上，由 Fermi 统计，状态数为

$$Z(E) = \frac{2^{\frac{3}{2}}(M)^{\frac{1}{2}}Vg\mathscr{E}}{(2\pi\hbar)^2 c}\sum_n\left[E - (2n+1)\beta'\mathscr{E}\right]^{\frac{1}{2}}$$

自由能为

$$F = N\mu - A\int_0^\infty \phi(\varepsilon)\frac{\mathrm{d}}{\mathrm{d}\varepsilon}\left[1 + e^{\frac{\varepsilon-\varepsilon_0}{\theta}}\right]^{-1}\mathrm{d}\varepsilon$$

$$\phi(\varepsilon) = \sum_n\left(\varepsilon - n - \frac{1}{2}\right)^{\frac{3}{2}}$$

电极化强度为 $p = -\dfrac{\partial F}{\partial \mathscr{E}}$，因此极化率为

$$\kappa = \frac{p}{\mathscr{E}} = -\frac{g^2 p_F}{12\pi^2\hbar Mc^2} < 0 \tag{21.44}$$

抗电性是目前世界上尚未发现的一种奇特性质。如果有磁荷，则必然存在这种奇特的抗电性。

总之，对应关系 (21.5) 允许我们运用无磁荷的 Maxwell 方程，建立了有磁荷而无电荷的体系的量子力学理论，包括磁荷与其他各中性粒子的作用，磁荷在外场中的运动（外场可以是电荷产生的电场、磁场。但磁荷本身不包括在考虑的空间之内）等问题。

21.2.5　定态 Dirac 方程解的正交判据

设 ψ_1、ψ_2 为满足定态 Dirac 方程 (21.6) 的两个具有确定角动量和宇称的解，例如取 (21.7) 的形式。它们是否正交就是指下列积分是否为零。

$I_{12} \equiv \int_0^\infty \int_0^\pi \int_0^{2\pi} \psi_1^+ \psi_2 r^2 \,\mathrm{d}r \sin\theta \,\mathrm{d}\theta \,\mathrm{d}\varphi$ 但是当波函数具有本性奇点时，往往有不正交的现象，需要作判别，而这种积分计算往往很困难，因此希望通过波函数的渐近行为来表示这个积分值。现在来证明判据 (21.21) —— (21.22)。

哈密顿算符 $\hat{H}$ 中的 Dirac 算符 $\hat{\boldsymbol{\alpha}}$、$\hat{\beta}$ 的厄米性是显然的。但动量算符 $\hat{\boldsymbol{p}} = \dfrac{\hbar}{\mathrm{i}}\nabla$ 则需要将它与态一起来考察。在不假设 $\hat{\boldsymbol{p}}$ 为厄米的条件下，有

$$\hat{H} = \hat{\beta}Mc^2 - e\phi + c\boldsymbol{p}\cdot\hat{\boldsymbol{\alpha}} + e\,\hat{\boldsymbol{\alpha}}\cdot\boldsymbol{A} \tag{21.45}$$

$$
\begin{aligned}
\therefore \qquad & \int \psi_1^+ \hat{H}\psi_2 \,\mathrm{d}\tau - \int (\hat{H}\psi_1)^+ \psi_2 \,\mathrm{d}\tau \\
= & \int \psi_1^+ (c\hat{\boldsymbol{p}}\cdot\hat{\boldsymbol{\alpha}})\,\psi_2 \,\mathrm{d}\tau - \int \psi_1^+ c\hat{\boldsymbol{p}}^+\cdot\hat{\boldsymbol{\alpha}}\psi_2 \,\mathrm{d}\tau \\
= & \frac{\hbar}{\mathrm{i}}c\left[\int \psi_1^+ \nabla\cdot\hat{\boldsymbol{\alpha}}\psi_2 \,\mathrm{d}\tau + \int (\nabla\psi_1^+)\cdot\hat{\boldsymbol{\alpha}}\psi_2 \,\mathrm{d}\tau \right] \\
= & \frac{\hbar}{\mathrm{i}}c \int \nabla\cdot(\psi_1^+\,\hat{\boldsymbol{\alpha}}\,\psi_2) \,\mathrm{d}\tau \\
\therefore \qquad & \hat{H}\psi_\lambda = E_\lambda\psi_\lambda \qquad (\lambda = 1,2) \\
\therefore \qquad & (E_2 - E_1^*)\int \psi_1^+ \psi_2 \,\mathrm{d}\tau = \frac{\hbar}{\mathrm{i}}\int \nabla\cdot(\psi_1^+\,c\,\hat{\boldsymbol{\alpha}}\,\psi_2) \,\mathrm{d}\tau \tag{21.46}
\end{aligned}
$$

不能直接用 Gauss 定理直接推出后一项为零，因为 Gauss 定理只对可微函数才成立，而上面所讨论的问题中，波函数 ψ 具有本性奇点（例如上面情况中，原点为奇点），因此使用 Gauss 定理时要特别谨慎。如果挖去奇点，在无奇点的区域中（例如在 $r_0 < r < R$ 的区域中）可以运用 Gauss 定理，有

$$(E_2 - E_1^*)\left[\int_{r_0 < r < R} \psi_1^+ \psi_2 \,\mathrm{d}\tau\right] = \frac{\hbar}{\mathrm{i}}\left[\int_{r=R} \psi_1^+ c\,\hat{\boldsymbol{\alpha}}\,\psi_2 \cdot \mathrm{d}\boldsymbol{s} - \int_{r=r_0} \psi_1^+ c\,\hat{\boldsymbol{\alpha}}\,\psi_2 \cdot \mathrm{d}\boldsymbol{s}\right] \tag{21.47}$$

令

$$
\psi_1 = \begin{pmatrix} \alpha_1 \\ \alpha_2 \\ \alpha_3 \\ \alpha_4 \end{pmatrix} = \begin{pmatrix} g_1(r)\sqrt{\dfrac{l+m-\dfrac{1}{2}}{2l+1}}\,Y_{l,m-\frac{1}{2}} \\[2.2em] -g_1(r)\sqrt{\dfrac{l-m+\dfrac{1}{2}}{2l+1}}\,Y_{l,m+\frac{1}{2}} \\[2.2em] -\mathrm{i}f_1(r)\sqrt{\dfrac{l-m+\dfrac{3}{2}}{2l+1}}\,Y_{l+1,m-\frac{1}{2}} \\[2.2em] -\mathrm{i}f_1(r)\sqrt{\dfrac{l+m+\dfrac{3}{2}}{2l+1}}\,Y_{l+1,m+\frac{1}{2}} \end{pmatrix} \qquad \psi_2 = \begin{pmatrix} b_1 \\ b_2 \\ b_3 \\ b_4 \end{pmatrix} \tag{21.48}
$$

将 $\hat{\boldsymbol{\alpha}}$ 的具体形式代入 (21.46)，则

$$\psi_1^+ \, c \, \hat{\boldsymbol{\alpha}} \, \psi_2 \cdot \mathrm{d}\boldsymbol{s}$$

$$= c \left[\psi_1^+ \, \hat{\alpha}_x \, \psi_2 \sin\theta\cos\varphi + \psi_1^+ \, \hat{\alpha}_y \, \psi_2 \sin\theta\sin\varphi + \psi_1^+ \, \hat{\alpha}_z \, \psi_2 \cos\theta \right] r^2 \, \mathrm{d}\Omega$$

$$= \left\{ \left[(a_1^* b_4 + a_3^* b_2) \, \mathrm{e}^{-\mathrm{i}\varphi} + (a_2^* b_3 + a_4^* b_1) \, \mathrm{e}^{\mathrm{i}\varphi} \right] \sin\theta \right.$$
$$\left. + (a_1^* b_3 - a_2^* b_4 + a_3^* b_1 - a_4^* b_2) \cos\theta \right\} cr^2 \, \mathrm{d}\Omega \tag{21.49}$$

利用球谐函数的递推关系和正交归一条件，可以算出上面各量对立体角的积分

$$\int a_1^* b_4 \sin\theta \mathrm{e}^{-\mathrm{i}\varphi} \, \mathrm{d}\Omega = -\mathrm{i} f_2(r) \, g_1^*(r) \, k(l) \left(l + m + \frac{3}{2} \right) \left(l + m + \frac{1}{2} \right)$$

$$\int a_3^* b_2 \sin\theta \mathrm{e}^{-\mathrm{i}\varphi} \, \mathrm{d}\Omega = \mathrm{i} f_1^*(r) \, g_2(r) \, k(l) \left(l - m + \frac{1}{2} \right) \left(l - m + \frac{3}{2} \right)$$

$$\int a_2^* b_1 \sin\theta \mathrm{e}^{\mathrm{i}\varphi} \, \mathrm{d}\Omega = -\mathrm{i} f_2(r) \, g_1^*(r) \, k(l) \left(l - m + \frac{1}{2} \right) \left(l - m + \frac{3}{2} \right)$$

$$\int a_4^* b_1 \sin\theta \mathrm{e}^{\mathrm{i}\varphi} \, \mathrm{d}\Omega = \mathrm{i} f_1^*(r) \, g_2(r) \, k(l) \left(l + m + \frac{3}{2} \right) \left(l + m + \frac{1}{2} \right)$$

$$\int a_1^* b_3 \cos\theta \, \mathrm{d}\Omega = -\mathrm{i} g_1^*(r) \, f_2(r) \, k(l) \left(l + m + \frac{1}{2} \right) \left(l - m + \frac{3}{2} \right) \tag{21.50}$$

$$-\int a_2^* b_4 \cos\theta \, \mathrm{d}\Omega = -\mathrm{i} g_1^*(r) \, f_2(r) \, k(l) \left(l - m + \frac{1}{2} \right) \left(l + m + \frac{3}{2} \right)$$

$$\int a_3^* b_1 \cos\theta \, \mathrm{d}\Omega = \mathrm{i} f_1^*(r) \, g_2(r) \, k(l) \left(l + m + \frac{1}{2} \right) \left(l - m + \frac{3}{2} \right)$$

$$-\int a_4^* b_2 \cos\theta \, \mathrm{d}\Omega = \mathrm{i} f_1^*(r) \, g_2(r) \, k(l) \left(l + \frac{3}{2} + m \right) \left(l - m + \frac{1}{2} \right)$$

其中，$\quad k(l) = \dfrac{1}{(2l+1)(2l+3)}$。

所以 $\quad \displaystyle\int \psi_1^+ \, c \, \hat{\boldsymbol{\alpha}} \, \psi_2 \, \mathrm{d}\Omega = \mathrm{i} c r^2 \left[f_1^*(r) g_2(r) - g_1^*(r) f_2(r) \right] = \mathrm{i} c q \, (r, E_1, E_2)$

$$I_{12}(r_0, R) \equiv \int_{r_0 < r < R} \psi_1^+ \, \psi_2 \, \mathrm{d}\tau = \frac{\hbar c}{E_2 - E_1^*} \left[q\,(R, E_1, E_2) - q\,(r_0, E_1, E_2) \right] \tag{21.51}$$

因为

$$I_{12} = \lim_{\substack{r_0 \to 0 \\ R \to \infty}} I_{12}\,(r_0, R),$$

$$\tag{21.52}$$

所以

$$I_{12} = \int \psi_1^+ \psi_2 \, d\tau = \frac{\hbar c}{E_2 - E_1^*} \left[\lim_{r \to \infty} q\left(r, E_1, E_2\right) - \lim_{r \to 0} q\left(r, E_1, E_2\right) \right] \tag{21.53}$$

如果 ψ_1、ψ_2 中有一个是平方可积的，则 $\lim_{r \to \infty} q\left(r, E_1, E_2\right) = 0$，则正交条件归结为 (21.21)；如果 ψ_1、ψ_2 均为平方不可积的，则一般说来 $\lim_{r \to \infty} q\left(r, E_1, E_2\right) \neq 0$，因此有本性奇点的非束缚态的正交归一条件是 (21.22)。

令 $\psi_1 = \psi_2$，则对归一化的态有

$$E - E^* = -2\, c\hbar \lim_{r \to 0} \operatorname{Im} \left[f^*(r)\, g(r) \right] r^2 \tag{21.54}$$

因此本征值为实数的条件是

$$\lim_{r \to 0} \operatorname{Im} \left[f^*(r)\, g(r) \right] r^2 = 0 \tag{21.55}$$

流向原点的总几率流为

$$\oint \boldsymbol{J} \cdot d\boldsymbol{s} = -2\, c \lim_{r \to 0} r^2 \operatorname{Im} \left[f^*(r)\, g(r) \right] \tag{21.56}$$

可以证明，当势能具有间断点时，上列判据依然成立，因为波函数在间断点处要求平滑相连。

21.3　含磁荷的奇异原子的定态与能级

21.3.1　具有本性奇点的态及其完备系

随着解决具体问题中的经验与问题的积累，我们逐渐觉得原来量子力学关于力学量的理论框架有必要作某些推广。问题如下：

(1) 光的相干态的研究 [7] 指出粒子数 N 与位相 θ 的测不准关系（Dirac）$\overline{(\Delta N)^2}$ $\overline{(\Delta\theta)^2} \geqslant 1/4$ 是不严格的，因此认为对易关系 $[N,\, \theta] = \mathrm{i}$ 是近似的。同时怀疑到角动量 Z 分量 $\hat{L}_Z$ 与方位角 ϕ 的如下对易关系的正确性

$$[\hat{L}_Z,\, \phi] = \mathrm{i}\hbar \tag{21.57}$$

理由是：首先，左边的矩阵元为

$$< lm' |\hat{L}_Z \phi - \phi \hat{L}_Z| lm > = (m' - m)\hbar < lm'|\phi| lm > \tag{21.58}$$

右边的为 $< lm' |\mathrm{i}\hbar| lm > = \mathrm{i}\hbar \delta_{m,m'}$，二者不相等。

其次，如果 (21.57) 是正确的，$\hat{L}_Z$、ϕ 是厄米的，则可以证明 $\overline{(\Delta L_Z)^2}\, \overline{(\Delta\phi)^2} \geqslant \hbar^2/4$，因此在 $\hat{L}_Z$ 本征态中有 $\overline{(\Delta\phi)^2} = \infty$，但 ϕ 的定义域是 $0 \leqslant \phi \leqslant 2\pi$，因此怀疑 (21.57) 的正确性。但是 (21.57) 的正确性又可以直接从算符表示证明，因此，这是一个矛盾。

（2）对于核序数 $Z > 137$ 的类氢原子，以及正负磁荷所形成的束缚态问题，由对应原理所获得的能量算符为

$$\hat{H} = \left[-\frac{Zg^2}{r} + \hat{\beta}Mc^2 + c\boldsymbol{\alpha} \cdot \frac{\hbar}{\mathrm{i}} \nabla \right] \tag{21.59}$$

（其中 $g = \frac{\hbar c}{2e}$ 为磁荷的强度）可能具有复数的本征值 [8]，而对应的本征函数是平方可积的，例如

$$g(r) = f(r)\sqrt{\frac{1+\varepsilon}{1-\varepsilon}} = r^{\sqrt{1-(1/4\alpha)^2}}\mathrm{e}^{-a} \qquad （a为常数）$$

本征值为

$$\varepsilon_1 = -\mathrm{i}\sqrt{(1/4\alpha)^2 - 1} \qquad \alpha = \frac{\mathrm{e}^2}{\hbar c} = 1/137 \tag{21.60}$$

（3）由 (21.59) 定义的能量算符虽然也可以有实的本征值及平方可积的本征函数 [8]

$$\left\{ \begin{array}{c} rf(r) \\ rg(r) \end{array} \right\} = \sqrt{1 \mp \varepsilon}\, \mathrm{e}^{-\rho/2}\mathrm{Im}\{\rho^\gamma\, \Gamma(1-2\gamma)\Gamma(\gamma - Q\varepsilon)[AF(\gamma + 1 - Q\varepsilon, 2\gamma + 1, \rho)$$
$$\mp F(\gamma - Q\varepsilon, 2\gamma + 1, \rho)]\} \tag{21.61}$$

其中，$\rho = \frac{2M_0 c}{\hbar}\sqrt{1 - \varepsilon^2}\, r$，$F$ 为合流超几何级数，M_0 为磁荷质量。它们在 $|\varepsilon| \equiv |E/M_0c^2| < 1$ 的区域中，具有连续的本征值，而且是彼此不正交的。但是数学上已证明"Hilbert 空间的正交就范基是可列的。"因此函数 (21.61) 不能作为 Hilbert 空间的基矢，这就与量子力学基本原理相违背。

（4）量子力学径向波函数的定解条件存在某种不统一性。比如说，对 Schrödinger 方程的三维方势阱问题，$U(r) = -U_0\theta(r_0 - r)$、$E < 0$ 的 s 态波函数的径向部分为

$$R(r) = \left\{ \begin{array}{ll} \frac{A}{r}\sin\left(\sqrt{\frac{2M}{\hbar^2}(U_0 + E)r} + \delta\right) & (r \leqslant r_0) \\ \frac{B}{r}e^{-\sqrt{\frac{2M}{\hbar^2}|E|}\, r} & (r \geqslant r_0) \end{array} \right. \tag{21.62}$$

通常的量子力学书上都要求波函数 $R(r)$ 在原点有界，因此 $\delta = 0$，这可以解释氘核只有一个束缚态的事实。但是，量子力学中对波函数不能一律要求有界，因为如所周知，类氢原子的 Dirac 方程的解，例如 $1\mathrm{s}_{\frac{1}{2}}$ 态就在原点发散。

$$g(r) = \sqrt{\frac{1+\varepsilon_1}{1-\varepsilon_2}}\, f(r) = \mathrm{e}^{-\frac{Zr}{a_0}}\, r^{\sqrt{1-\alpha^2 Z^2}-1} \tag{21.63}$$

人们没有理由拒绝这种个别点发散而平方可积（更确切地说是范数有界）的波函数，因为光谱精细结构实验数据有力地证明了这种态的存在性。于是人们不得不接受平方可积作为束缚态的定解条件，而放弃波函数处处有界的条件。但这样一来，解 (21.62) 中的 δ 可以

不为零，因而束缚态的能谱就连续了，违反了量子力学基本原理。是否存在一个统一的定解原则呢？

为了自然、统一地克服上面提出的不同来源的种种困难，我们重新审查了量子力学关于力学量的理论框架，建议对理论框架作下列的调整和推广：

（1）由于态叠加原理的存在，力学量的算符必须是线性的。

（2）力学量 $\hat{F}$ 在 ψ 态中的平均值及均方偏差由下式表示

$$\bar{F} = \int \psi^* \hat{F} \psi \, \mathrm{d}\tau \qquad \overline{(\Delta F)^2} = \int \psi^* (\hat{F} - \bar{F})^2 \psi \, \mathrm{d}\tau \tag{21.64}$$

由此可得下列推论：

(i) 因为一切观察值必须是实数，所以 $\bar{F}$ 必须对一切物理态 ψ 都是实数。

(ii) 满足 $\hat{F}\psi = \lambda\psi$ 的态称为本征态，λ 为其对应的本征值，因为本征值即本征态中 $\hat{F}$ 的平均值，因此 $\hat{F}$ 的一切本征值都是实数。

(iii) 本征态 ψ_n 的物理意义是力学量 $\hat{F}$ 在其中有准确值 λ_n 的态，因为在这些态中均方偏差为零。

（3）力学量 $\hat{F}$ 的本征函数系 $\{\psi_n\}$ 必须组成正交完备系（这里仅从物理要求出发来论证，而不涉及算符的厄米性）。

(i) 力学量的本征系必须是完备的。因为在任何一个态 ψ 中测量力学量 $\hat{F}$，每次测量结果必须是本征值 λ_n 中的一个，非本征值不可能在单次测量中出现，因此检验了所有可能的本征值之后，由叠加原理，任何物理态 ψ 总可以写为

$$\psi = \sum_n c_n \psi_n \tag{21.65}$$

换言之，任何物理态总可以按本征函数系 $\{\psi_n\}$ 展开，因此本征系 $\{\psi_n\}$ 必须是完备的。

(ii) 证明态 ψ 中测得 $\hat{F}$ 的值为 λ_n 的几率为 $P_n = |c_n|^2$。

按照概率论，平均值 F 为可能值 λ_n 乘以它出现的几率 P_n 之和

$$\bar{F} = \sum_n P_n \lambda_n$$

因此

$$\bar{F} = \int \psi^* \hat{F} \sum_n c_n \psi_n \mathrm{d}\tau = \sum_n \lambda_n c_n \int \psi^* \psi_n \mathrm{d}\tau = \sum_n \lambda_n P_n \tag{21.66}$$

由于 (21.66) 对一切态成立，因此有

$$P_n = c_n \int \psi^* \psi_n \mathrm{d}\tau$$

由于几率必须是实数，$P_n = P_n^*$，故

$$c_n <\psi|\psi_n> = c_n^* <\psi|\psi_n>^* \tag{21.67}$$

由于 ψ 为任意的物理态，它可以不与 ψ_n 相同，因此 $<\psi|\psi_n>$ 总可以选为非实数（ψ 总可以乘以相因子 $e^{i\phi}$），所以一般情况下 $<\psi|\psi_n>^* \neq <\psi|\psi_n>$，但 (21.67) 必须对一切物理态成立，因此只能要求

$$c_n = <\psi|\psi_n>^* = \int \psi_n^* \psi \mathrm{d}\tau \tag{21.68}$$

因此

$$P_n = |c_n|^2$$

(iii) 本征系必须是正交的。

由于 ψ_n 态中测量 $\hat{F}$ 只能得到一个可能值 λ_n，因此 $\lambda_m \neq \lambda_n$ 出现的几率为零，故

$$\int \psi_m^* \psi_n \mathrm{d}\tau = 0 \qquad (m \neq n) \tag{21.69}$$

(iv) 因此本征系必须是封闭的：$\sum_n \psi_n^*(x)\psi_n(x') = \delta(x-x')$。

(4) 力学量 $\hat{F}$ 如果存在经典力学的对应表示式 $F(\boldsymbol{p}, \boldsymbol{r})$，则量子力学中的力学量算符采用下列对应表达式（对因原理）

$$\boldsymbol{x} \to \hat{\boldsymbol{x}} \qquad \boldsymbol{p} \to \frac{\hbar}{i}\nabla \qquad F(\boldsymbol{p}, \boldsymbol{r}) \to \hat{F}\left(\frac{\hbar}{i}\nabla, \boldsymbol{r}\right) \tag{21.70}$$

这就是我们所建议的改进后的力学量理论框架。人们不难发现，它的明显特点是：本征系的正交完备性主要是由量子力学关于力学量测量的基本原理直接要求的，并不如通常叙述的那样，由算符的厄米性得出。通常的书，如 [9]，认为力学量算符 $\hat{F}$ 必须对一切函数 u, v 满足（厄米性）关系

$$\int u^* \hat{F} v \mathrm{d}\tau = \int (\hat{F}u)^* v \mathrm{d}\tau \tag{21.71}$$

我们已指出，量子力学中所用的许多算符并不对所有函数都满足 (21.71) 式。Блохинцев 的书上说："u、v 是极广泛的函数类中的两个任意函数"，"它们应该是可微、可积，并且边界上等于零。"显然这些条件是不科学的，要求边界上为零，实际上必然排除下列各种物理态：非束缚态、球谐函数 $Y_{l0}(\theta, \varphi)$、类氢原子的 Dirac 方程的解 (21.63)，等等。

我们认为，(21.71) 不能对任意函数 u、v 成立，而只要求对一切物理态 u、v 满足。我们称 $\hat{F}$ 的这个性质为物理厄米性

$$F_{\alpha\beta} = \int \Phi_\alpha^* \hat{F} \Phi_\beta \mathrm{d}\tau = F_{\beta\alpha}^* \tag{21.72}$$

证明：因为 Φ_α、Φ_β 均为物理态，因此总可以按 $\hat{F}$ 的本征系展开

$$\Phi_\alpha = \sum_n c_{\alpha m}\psi_m \qquad \Phi_\beta = \sum_n c_{\beta n}\psi_n$$

故

$$F_{\alpha\beta} = \sum_n c_{\alpha n}^* c_{\beta n}\lambda_n = \left(\sum_n c_{\beta n}^* c_{\alpha n}\lambda_n\right)^* = F_{\beta\alpha}^*$$

什么是物理态呢？就是符合下述标准的态："单值、连续、除个别点外要求有界、对束缚要求平方可积。"

现在来解决上面所提出的一系列问题：

（1）由直接计算可以证明对易关系 (21.57) 是正确的。(21.58) 则是错误的，因为其中用了 $<lm'|\hat{L}_Z\phi|lm> = m'\hbar <lm'|\phi|lm>$，而 $\phi Y_{lm}(\theta, \varphi)$ 不是物理态，它在空间不单值，在本文的框架中，它是被排除的。同样可以证明 $\overline{(\Delta\phi)^2}\,\overline{(\Delta L_Z)^2} \geqslant \frac{\hbar^2}{4}$ 也是错误的，因为论证中误把 $\phi Y_{lm}(\theta, \varphi)$ 作为物理态处理。而 $\sin\phi\, Y_{lm}$ 及 $\cos\phi\, Y_{lm}$ 等都是物理态。因此 [7] 中用 $\sin\phi$、$\cos\phi$ 作为力学量的处理与我们的框架是不矛盾的。

（2）在 [8] 中，我们建立了 Dirac 方程的定态解的正交判据

$$\left[\lim_{r\to 0} q(r, E_1, E_2) - \lim_{r\to\infty} q(r, E_1, E_2)\right]\frac{1}{E_1 - E_2} = \frac{\delta(E_1 - E_2)}{\hbar c} \tag{21.73}$$

其中

$$q(r, E_1, E_2) \equiv r^2 \cdot \begin{vmatrix} f_1^*(r) & g_1^*(r) \\ f_2(r) & g_2(r) \end{vmatrix}$$

直接计算可以证明那些具有复本征值的解都是不正交的，因此必须摒弃。

（3）在 [8] 中，我们证明了那些平方可积而本征值为连续的实函数解一般不是正交的。经典物理中这种解是允许的，但在量子力学中几率 P_n 的实数性要求本征系必须是正交的，因此必须满足 (21.73)。可以证明 (21.73) 中 $|\varepsilon| < 1$ 的函数的本性奇点正好完全消去，因而得到能量量子化条件是

$$\frac{1}{2}\gamma_0\ln(1 - \varepsilon^2) + \arg\Gamma(\gamma_0\,\mathrm{i} - Q\varepsilon) + \arg\left(\frac{\mathrm{i}\gamma_0 - Q\varepsilon}{-\kappa - Q} - 1\right) = n\pi + \eta_0 \tag{21.74}$$

其中，$Q = \frac{Z/4\alpha}{\sqrt{1-\varepsilon^2}}$，$\eta_0$ 为与能量无关的常数，$\gamma_0 = \sqrt{(Z/4\alpha)^2 - \kappa^2}$。

并且证明了对非束缚态波函数 ($|\varepsilon| > 1$)，正交条件并不能使能谱分立。至此，我们还剩下一个与能量无关的常数 η_0 未定。它的出现是不奇怪的，因为允许波函数具有本性奇点，这种边界条件自然较宽，所以不足以完全确定能级。对于理论中出现的这个新的特点，我们设想有两种可能的处理方案，一是从实验上输入一个能级或一个能量下的散射相移，作为对超强作用下唯象势能知识的一种补充，或者也可能由适当的物理考虑，例如要求基

态能量为最小，把这个参数唯一地定出。不管哪一种，最后都可把全体能级和波函数确定下来[1]。

这样，我们就允许在量子力学中容纳具有本性奇点的态，它正好反映强相互作用的特点，并避免了切断近似的任意性。切断近似实际上是切去了相互作用中最强的区域，因而回避了对强作用和本性奇点的分析研究。

（4）在我们的理论框架中，允许波函数在个别点发散，甚至具有本性奇点。现在讨论 (21.62) 解中 δ 是否为零的问题。

我们证明了 Schrödinger 方程的定态解的正交条件为（见 21.3.5）

$$q(r, E_1, E_2) \equiv -\frac{\hbar^2}{2M}r^2 \begin{vmatrix} R_{E_1}^*(r) & R_{E_1}'^*(r) \\ R_{E_2}(r) & R_{E_2}'(r) \end{vmatrix}$$

$$\frac{1}{E_1 - E_2}[\lim_{r\to 0} q(r, E_1, E_2) - \lim_{r\to\infty} q(r, E_1, E_2)] = \begin{cases} \delta_{E_1 E_2}（至少一个是束缚态） \\ \delta(E_1 - E_2)（均非束缚态） \end{cases} \tag{21.75}$$

如果使定态解彼此都相互正交，并要求基态能量最低，可唯一地选择 (21.62) 中的 δ 值，从而能谱就分立了。注意，这里没有一概排除波函数具有奇点的可能性，而用正交完备条件和标准条件作为统一的定解条件，它们是量子力学基本原理的自然要求，而不是人为引进的附加要求。显然，Dirac 方程解 (21.63) 等是满足正交条件 (21.73) 的，因此消除了量子力学中定解条件的不统一性。

这里的正交完备条件与经典方程的边界条件有着本质的不同，它不是对个别解自身的限制，而是对函数系整体的某种特殊限制，函数相互之间都彼此正交，整体要完备。总之，这个框架容许讨论相互作用极强的体系（波函数具有本性奇点）、允许只对物理态厄米的算符作为力学量（算符一般可以具有非物理的被正交条件所摒弃的复本征值和非正交的本征函数），在这个框架中定解条件统一了。由此看来，厄米性并不是算符的固有属性，而是它在物理态中的特征表现。

21.3.2 势场为 $U(r) = -\frac{\alpha}{r} - \frac{\beta}{r^2}$ 情况下的一般解

作为上面理论框架的实例，也为了以后讨论磁荷与基本粒子的束缚态，我们讨论势为

$$U(r) = -\frac{\alpha}{r} - \frac{\beta}{r^2} \tag{21.76}$$

的 Schrödinger 方程的解。Ландау 在 [10] 中讨论了势具有 $-\frac{\beta}{r^2}$ 形式的奇性的 Schrödinger 方程的渐近解。他在方程中没有保留 $E\psi$ 的项，也就没有发现这种方程中包含复数本征值

---

[1]我们不妨回忆广义相对论中的中心场问题，那里的 Schwartzchild 解是用无穷远度规为平直以及引力势的渐近行为与牛顿势 $\left(-\frac{Gm}{r}\right)$ 一致的条件来确定的（而后来则是用实验来确定的），那时人们也不能用 $r \to 0$ 的边界条件，因为原点是奇点。

446

的解及不正交解，因此他的判据及粒子向中心"陨落"的结论需要重新证明（包括向 $\alpha \neq 0$ 情况的推广）。

波函数径向部分 $R(r)$ 满足下列方程

$$\frac{\mathrm{d}^2}{\mathrm{d}r^2}R(r) + \frac{2}{r}\frac{\mathrm{d}R(r)}{\mathrm{d}r} + \left\{\frac{2ME}{\hbar^2} + \frac{2M\alpha}{\hbar^2 r} + \frac{\left[\frac{2M}{\hbar^2}\beta - l(l+1)\right]}{r^2}\right\}R(r) = 0 \qquad (21.77)$$

引入下列变量代换

$$r = \xi\rho \qquad \xi = \sqrt{\frac{\hbar^2}{8M|E|}} \qquad A = \frac{2M}{\hbar^2}\alpha\xi \qquad \Gamma = \frac{2M}{\hbar^2}\beta - l(l+1)$$

由原点及无穷远点的渐近行为分析，对 R 作下列代换

$$R(\rho) = \rho^s \mathrm{e}^{-\frac{1}{2}\rho}u(\rho) \qquad s = -\frac{1}{2} + \sqrt{\frac{1}{4} - \Gamma}$$

$u(\rho)$ 满足下列超几何（合流）方程

$$\rho u''(\rho) + (2s+2-\rho)u'(\rho) + \{A - s - 1\}u(\rho) = 0$$

一般解为

$$u(\rho) = c_1 F(s+1-A, 2s+2, \rho) + c_2 \rho^{-2s-1}F(-A-s, -2s, \rho) \qquad (21.78)$$

(i) 当 $\Gamma < 1/4$ 时，$\rho \to 0$ 时 $R(\rho)$ 均有奇性。为保持平方可积，在 $\rho \to \infty$ 时必须有界，因此要求 F 中断为多项式，存在两组解。

第一组，$c_2 = 0$　　$R(\rho) = \rho^{-\frac{1}{2}+\sqrt{\frac{1}{4}-\Gamma}}\mathrm{e}^{\frac{1}{2}\rho}F(-n, 2s+2, \rho)$

$$E^{(1)}_{nrl} = -\frac{\alpha^2 M}{2\hbar^2\left[n_r + \frac{1}{2} + \sqrt{\left(l+\frac{1}{2}\right)^2 - \frac{2M}{\hbar^2}\beta}\right]^2} \qquad (n_r = 0, 1, 2\cdots) \qquad (21.79)$$

它们是彼此正交的，注意，$l = 0$ 时 Schrödinger 方程也可以存在有奇性的解。这里提供了一个实例。

第二组，$c_1 = 0$　　$R(\rho) = \rho^{-\frac{1}{2}-\sqrt{\frac{1}{4}-\Gamma}}\mathrm{e}^{-\frac{1}{2}\rho}F(-n, -s, \rho)$

$$E^{(2)}_{nrl} = -\frac{\alpha^2 M}{2\hbar^2\left[n_r + \frac{1}{2} - \sqrt{\left(l+\frac{1}{2}\right)^2 - \frac{2M}{\hbar^2}\beta}\right]^2} \qquad (21.80)$$

解 (21.80) 虽然本征值为实数、平方可积，但因奇性过高，故不满足正交条件 (21.75)，因此弃去。这可作为正交条件应用的一个实例。

(ii) 当 $\Gamma > 1/4$ 时，(21.79)、(21.80) 形式的两组解波函数也是平方可积的，但本征值是复数。这些态的特点是存在指向中心的径向流，原点成为吮吸源

$$\lim_{r \to 0} \oint \boldsymbol{J} \cdot \mathrm{d}\sigma = \frac{-\mathrm{i}}{\hbar}(E - E^*) = \frac{2}{\hbar}\,\mathrm{Im}\,E$$

因此，这些态不可能是稳定的。通常的标准条件不能排除这些态，但在我们的框架中，立刻可以排除这些态，因为它们是不正交的。

为了保证本征值为实数，原点的流量必须为零。可以证明 Schrödinger 方程定态解的本征值为实数的判据是

$$\lim_{r \to 0} r^2 \left[R(r) \frac{d}{dr} R(r)^* - R^*(r) \frac{\mathrm{d}}{\mathrm{d}r} R(r) \right] = 0 \tag{21.81}$$

对于 $\Gamma > 1/4$ 的情况的困难在于：(21.79)、(21.80) 形式的解的本征值为复数，解的实部与虚部又不代表定态；如果不使 F 中断为多项式，则波函数在 $r \to \infty$ 处发散。是否存在本征值为实数而波函数又在 $r = \infty$ 处不发散的解系呢？经过摸索，发现这是可能的，因为如果不使 (21.78) 中 F 中断为多项式，则 (21.78) 中两项的虚部和实部均在 $r = \infty$ 处发散。但适当选择 c_1、c_2，就可能使得既消去在 $r = \infty$ 处发散的部分，同时又保证 $R(r)$ 为实数。仔细计算得到

$$R(r) = -2c_0 \mathrm{e}^{-\frac{1}{2}\rho} \rho^{-\frac{1}{2}}\,\mathrm{Im}\left\{ \Gamma\left(-A + \frac{1}{2} + \mathrm{i}\nu\right) \Gamma(1 - 2\mathrm{i}\nu)\rho^{\mathrm{i}\nu} \right.$$
$$\left. F\left(-A + \frac{1}{2} + \mathrm{i}\nu,\, 1 + 2\mathrm{i}\nu,\, \rho\right) \right\} \tag{21.82}$$

其中

$$\nu = \sqrt{\Gamma - \frac{1}{4}}$$

它满足 (21.81)，因此有实本征值，而且它是平方可积的。但能量是连续的，一般不满足正交条件，因此还不是量子力学中所需要的本征态。这种可能存在复本征值及非正交解的问题是 Ландау 书上尚未注意与解决的。但在本框架中，正交性是根本性的物理要求，用正交性作为定解条件，就可以选出一组正交完备系。实际上正交判据 (21.75) 导致 $E < 0$ 的能量本征值分立了。直接计算不难得到

$$\lim_{r \to 0} r^2 [R_1(r)R_2'(r) - R_2(r)R_1'(r)] = \nu c_{12} \sin\left[\nu \ln\left(\xi_2/\xi_1\right)\right.$$
$$\left. + \arg\Gamma\left(A_1 - \frac{1}{2} + \mathrm{i}\nu\right) - \arg\Gamma\left(-A_2 + \frac{1}{2} + \mathrm{i}\nu\right) \right]$$

因此，对确定的 l（确定的 ν），各能级都相互正交的条件要求能级满足下列方程

$$\arg\Gamma\left(-\alpha\sqrt{\frac{M}{2\hbar^2|E_n|}} + \frac{1}{2} + \mathrm{i}\nu\right) + \frac{\nu}{2}\ln\left[\frac{8M\theta_0^2}{\hbar^2}|E_n|\right] = n\pi \tag{21.83}$$

为了确定唯一的实参数 θ_0，必须求出连续谱的波函数。计算证明本征值为实数的解为

$$R(\rho) = c[\text{Im }\omega(\rho) + b(E)\text{Re }\omega(\rho)] \qquad (E > 0) \tag{21.84}$$

$$\omega(\rho) = e^{-\frac{1}{2}\rho}\rho^s F(s+1-A, 2s+2, \rho)$$

正交条件 (21.75) 可以确定 $b(E)$ 及归一化常数，保证了一切态（不论束缚态间、非束缚态间还是二者之间）都彼此正交。因而整个函数系中只存在一个唯一的公共实参数 $\theta_0 = \eta_0$，这种情况同 (21.74) 式几乎是一样的，我们准备在以后作进一步研究。

对 $\alpha = 0$ 的特殊情况，可以证明

$$F\left(\frac{1}{2} + i\nu, 1 + 2i\nu, \rho\right) = \frac{\Gamma\left(\frac{1}{2} + i\nu\right)\Gamma\left(\frac{1}{2}\right)}{B\left(\frac{1}{2} + i\nu; \frac{1}{2} + i\nu\right)} e^{\frac{1}{2}\rho}\rho^{-i\nu}I_{i\nu}(\rho/2)$$

$$K_{i\nu}(\rho/2) = -\frac{\pi}{\text{sh }\nu\pi}\text{Im }I_{i\nu}(\rho/2)$$

因而导出

$$R(\rho) = \frac{c_0'}{\sqrt{\rho}}K_{i\nu}(\rho/2) \tag{21.85}$$

$I_{i\nu}(x)$、$K_{i\nu}(x)$ 分别为虚指标的虚宗量 Bessel 函数和 McDonald 函数。(21.85) 也可从方程 (21.76) 出发作变换 $R(r) = \frac{\chi(r)}{\sqrt{r}}$ 直接得到。能级为

$$E_n = -\frac{\hbar^2}{8m\theta_0^2}\exp\left[\frac{2\pi n - 2\zeta_\nu}{\nu}\right] \qquad \zeta_\nu = \arg\Gamma\left(\frac{1}{2} + i\nu\right) \tag{21.86}$$

因此，能级间距是以指数律迅速变化的，能级之比与 θ_0 无关：$E_2/E_1 = \exp\left[\frac{2\pi(n_2-n_1)}{\nu}\right]$。不论 α 是否为零，基态能量 $E_{\min} = -\infty$，这在非相对论量子力学中是允许的（例如均匀电场中电子基态就是 $E_{\min} = -\infty$）。在 $E \to -\infty$ 时（不仅基态），粒子对原点的平均距离都要趋于零（即 Ландау 的所谓"陨落"（падание），他在 $\alpha = 0$ 情况下得到这个结论）。在 $\alpha \neq 0$ 的一般情况

$$\bar{r} = \xi\frac{\int_0^\infty R^2(\rho)\rho^3 d\rho}{\int_0^\infty R^2(\rho)\rho^2 d\rho} \to \xi\frac{\int_0^\infty K_{i\nu}^2(\rho/2)\rho^2 d\rho}{\int_0^\infty K_{i\nu}^2(\rho/2)\rho d\rho} \sim \frac{1}{\sqrt{|E|}} \to 0$$

这是标度律的结果。相对论打破这个标度律，因为 $E < -Mc^2$ 时，波函数平方不可积。正如 [8] 所证明的，相对论的磁荷偶体系并不存在这种"陨落"。

束缚态数目的判据如下。

当 $r \to 0$ 处势的渐近行为是 $U(r) \sim -\frac{\alpha}{r} - \frac{\beta}{r^2}$ 时：

(i) 当 $\Gamma < 1/4$，解无本性奇点，能级数为 ∞，密集于 $E \simeq 0$ 处。

(ii) 当 $\Gamma > 1/4$，解具有本性奇点，能级数为 ∞，密集于 $E \simeq 0$ 处，稀疏地延伸到 $E_{\min} = -\infty$。

当 $r \to \infty$, $U(r) \sim -\frac{\alpha}{r} - \frac{\beta}{r^2}$ 时:

(i) 当 $\Gamma < 1/4$, 因 $E \to 0$ 时, $A \to +\infty$, $R(\rho) \sim \rho^{A-1/2} \mathrm{e}^{-\rho/2}$ $(\rho \to \infty)$, 因此有无穷多个束缚态 (当 $\alpha = 0$ 时, 只有有限个)。

(ii) 当 $\Gamma > 1/4$, 不论 α 是否为零, 能级数目都是无穷大。

21.3.3 具有固有电矩的磁荷与 K、π 的束缚态

磁荷与电荷之间存在对偶关系。通常电子往往作为电荷的代表, 自然地可把磁荷看作电子的对应物, 并把磁荷看作费米子。在 [8] 中已用 Dirac 方程证明, 此时磁荷必具有固有电矩

$$\boldsymbol{P}_0 = \frac{137}{2\left(\frac{M_0}{M_\mathrm{p}}\right)} \mu_n \sigma \tag{21.87}$$

其中, $\mu_n = \frac{\hbar e}{2M_\mathrm{p}c}$ 为核磁子。虽然 M_0 很大, $\boldsymbol{P}_0$ 很小, 但它所引起的相互作用在近距离有奇性, 必须计入。

现在我们讨论磁荷与基本粒子的复合体系的能级问题。由于电荷、磁荷的同时存在, 通常的矢势 $\boldsymbol{A}$ 具有奇弦, 正如吴大峻、杨振宁 [1] 所指出的, 这时应采用整体规范场来处理, 他们引入纤维丛的概念, 把磁荷作为不动中心, 而把磁荷外的空间分为三个区域 R_a $(0 \leqslant \theta < \pi/2 + \delta)$、$R_b$ $(\pi/2 - \delta < \theta \leqslant \pi)$ 和 R_{ab} $(\pi/2 - \delta < \theta < \pi/2 + \delta)$ $(r > 0, \theta \leqslant \phi \leqslant 2\pi)$。在 R_a、R_b 区域中, 粒子的波函数 ψ_a、ψ_b 均没有奇性, 而在 R_{ab} 中, 二者存在一个规范交换, $\psi_a = s_{ab}\psi_b$, 因此 ψ 称为截面 (section), 它没有间断点。这样, Dirac 磁荷在 SU_1 群中亦不具有奇弦。他们仿照 Fierz [11] 的做法, 引入角动量 $\boldsymbol{L}$

$$\boldsymbol{L} = \boldsymbol{r} \times \left(\boldsymbol{p} - \frac{Ze}{c}\boldsymbol{A}\right) - \frac{q\boldsymbol{r}}{r} \tag{21.88}$$

注意它与 21.3.2 中的 $\boldsymbol{L}$ 不同, 此后均用 $\boldsymbol{L}$ 表示这个角动量。在势能 $U(r)$ 具有球对称性时, Schrödinger 方程的解可以是能量及 $\hat{L}^2$、$\hat{L}_Z$ 的共同本征函数 $\psi(\boldsymbol{r}) = R(r)Y_{q,l,m}(\theta, \varphi)$, 其中, $Y_{q,l,m}(\theta, \varphi)$ 称为磁荷球谐函数, 具体性质已在 [1] 中详细研究过。

$$q = \frac{D(Z/2)}{\hbar e} = \frac{NZ}{2}$$

N 为磁荷数, 下面取 $N = 1$。在 $V = 0$ 时, 解得 Tamm [12] 的结果——无束缚态。

但是, 正如上面所指出的, 当磁荷作为电子的对应物时, 它应该具有固有电矩 $\boldsymbol{P}_0$, 并将与电荷发生作用, 对应的 Schrödinger 方程应换为 Pauli 型方程

$$\left\{-\frac{\hbar^2}{2M}\frac{1}{r^2}\frac{\partial}{\partial r}r^2\frac{\partial}{\partial r} + \frac{\hbar^2}{2M}\frac{1}{r^2}\left[\frac{\hat{L}^2}{\hbar^2} - q^2 + \beta_0\sigma_r\frac{2M}{\hbar^2}\right]\right\}\psi = E\psi \tag{21.89}$$

其中

$$\beta_0 = Ze\left[\frac{137}{2}\right] \cdot \frac{\hbar e}{2M_0 c} \qquad \sigma_r = \frac{\boldsymbol{\sigma} \cdot r}{r}$$

因此，固有电矩 $\boldsymbol{P}_0$ 破坏了势的球对称性，显然这样的体系的总角动量 $\boldsymbol{J} = \boldsymbol{L} + \frac{\hbar}{2}\boldsymbol{\sigma}$ 是守恒的。$[\hat{H}, J^2] = 0$，$[\hat{H}, \hat{J}_z] = 0$，$[\hat{H}, \sigma^2] = 0$，因此总可以寻求 $\hat{H}$、J^2、J_Z、σ^2 的共同本征函数 ψ_{jm}，但因 $[\hat{H}, \hat{L}^2] \neq 0$，因此耦合表象的基矢（$J^2$、$J_Z$、$L^2$、$\sigma^2$ 的共同本征矢）一般不是 $\hat{H}$ 的本征态，ψ_{jm} 的角度部分一般要写作耦合表象基矢的叠加

$$|\psi_{jm}> = c_1|1> + c_2|2> = c_1|j+\frac{1}{2}, \frac{1}{2}, j, m> + c_2|j-\frac{1}{2}, \frac{1}{2}, j, m>$$

利用吴－杨文 [1] 所证明的 $K-G$ 系数及 $Y_{q,lm}$ 的性质，可得 ψ_{jm} 在非耦合表象中的表示为

$$< r, \theta, \varphi, s_Z|\psi_{jm}> = c_1 \left[\begin{array}{c} \left(\frac{j+m}{2j}\right)^{\frac{1}{2}} Y_{q,j-\frac{1}{2},m-\frac{1}{2}} \\ \left(\frac{j-m}{2j}\right)^{\frac{1}{2}} Y_{q,j-\frac{1}{2},m+\frac{1}{2}} \end{array} \right] + c_2 \left[\begin{array}{c} -\left(\frac{j-m+1}{2j+2}\right)^{\frac{1}{2}} Y_{q,j+\frac{1}{2},m-\frac{1}{2}} \\ \left(\frac{j+m+1}{2j+2}\right)^{\frac{1}{2}} Y_{q,j+\frac{1}{2},m+\frac{1}{2}} \end{array} \right] \tag{21.90}$$

因此，现在涉及角度部分的算符只有 $\hat{F}$

$$\hat{F} = \left[\frac{\hat{L}^2}{\hbar^2} - q^2\right] + \beta_0 \frac{2M}{\hbar^2} \sigma_r$$

它在耦合表象中的矩阵元为

$$F_{11} = \left(j^2 - \frac{1}{4}\right) - q^2 + \frac{2M}{\hbar^2}\beta_0 < 1|\sigma_r|1 >$$

$$F_{22} = \left(j + \frac{1}{2}\right)\left(j + \frac{3}{2}\right) - q^2 + \frac{2M}{\hbar^2}\beta_0 < 2|\sigma_r|2 >$$

$$F_{12} = F_{21}^* = \frac{2M}{\hbar^2}\beta_0 < 1|\sigma_r|2 >$$

因为体系具有四个自由度，我们总可以用互相对易的 $\hat{H}$、$\hat{J}$、$\hat{J}_Z$、$\hat{F}$ 的共同本征态。因此问题归结为 $\hat{F}$ 的对角化，这是易于实现的，只要取

$$|\psi_{jm}> = R_{n,j,m,\lambda\alpha}(r)\{c_1^\alpha|1> + c_2^\alpha|2>\}$$

$$\left\{ \begin{array}{l} c_1^\alpha = \frac{F_{12}}{\sqrt{(F_{11}-\lambda_\alpha)^2 + |F_{12}|^2}} \qquad c_2^\alpha = \frac{\lambda_\alpha - F_{11}}{\sqrt{(F_{11}-\lambda_\alpha)^2 + |F_{12}|^2}} \\ \lambda_\alpha = \frac{1}{2}\{(F_{11} + F_{22}) - (-1)^\alpha \sqrt{(F_{11}+F_{22})^2 - 4(|F_{12}|^2 - F_{11}F_{22})}\} \end{array} \right. \qquad (\alpha = 1, 2)$$

$R(r)$ 所满足的方程为

$$\frac{\mathrm{d}^2}{\mathrm{d}r^2}R(r) + \frac{2}{r}\frac{\mathrm{d}}{\mathrm{d}r}R(r) - \frac{\lambda_\alpha}{r^2}R(r) = -\frac{2M}{\hbar^2}ER(r) \tag{21.91}$$

对 $E < 0$，平方可积的解为

$$R(r) = \frac{1}{\sqrt{r}} K_\omega(K_0 r) \qquad \omega^2 = \lambda_\alpha + \frac{1}{4} \qquad K_0^2 = -\frac{2M}{\hbar^2} E \tag{21.92}$$

显然 $\lambda_\alpha > 0$ 时肯定无束缚态，因没有吸引作用。数学上对各种 λ_α 分为三种情况讨论：

第一种，$\lambda_\alpha > 3/4$，$\omega > 1$ 为实数，波函数范数无界，故无束缚态；

第二种，$-1/4 \leqslant \lambda_\alpha < 3/4$，则 $0 \leqslant \omega < 1$，波函数范数有界，但不正交，亦无束缚态；

第三种，$\lambda_\alpha < -1/4$，$\omega = i\nu$ 为纯虚数，正如 21.3.2 中所指出的，基态 $E_{\min} = -\infty$，具有无穷多能级

$$E_n = -\frac{\hbar^2}{8M\theta_0^2} \exp\left[\frac{2n\pi}{\nu} - \frac{2\zeta_\nu}{\nu}\right] \qquad \zeta_\nu = \arg\Gamma\left(\frac{1}{2} + i\nu\right) \tag{21.93}$$

现在讨论角动量 j 最低的态 $(j = |q| - 1/2)$，它同时是耦合表象的基矢，由 [1] 可以算出

$$< r, \theta, \varphi, s_Z | \psi_{|q|-\frac{1}{2}, m} > = \begin{bmatrix} -\left[\frac{|q|-m+\frac{1}{2}}{2|q|+1}\right]^{\frac{1}{2}} Y_{|q|,|q|,m-\frac{1}{2}}(\theta, \varphi) \\ \left[\frac{|q|+m+\frac{1}{2}}{2|q|+1}\right]^{\frac{1}{2}} Y_{|q|,|q|,m+\frac{1}{2}}(\theta, \varphi) \end{bmatrix} \tag{21.94}$$

直接计算得

$$\lambda_0 = |q| + \beta_0\left(\frac{2M}{\hbar^2}\right)$$

对正磁荷与 π^-、K^-，负磁荷与 π^+、K^+，才有可能出现吸引势

$$\Gamma = -\lambda_0 = \frac{|Z|}{2}\left(\frac{M}{M_0} - 1\right) < 0 < \frac{1}{4} \tag{21.95}$$

因为 $M/M_0 \ll 1$（t'Hoft 估计磁荷质量比超重玻色子重 137 倍），故按照上面判据，不存在束缚态。

如果认为在 $r < r_0$ 时，磁荷不能看作点，荷电粒子也不能看作点，则认为有效势与 (21.89) 形式不同，而是未知的。采用所谓"切断近似"，则解与切断方式有关。最简单而且自然的切断方式是采用下列有效势（物理分析见 21.3.4）

$$\tilde{U} = U_0 \hat{F} \quad (r < r_0) \tag{21.96}$$

$$R(r) = \frac{A}{r} \sin K_0' r \quad (r < r_0) \qquad K_0' = \sqrt{\frac{2M}{\hbar^2}(E - \lambda_\alpha U_0)} $$

确定能级的函数方程为

$$K_0' r_0 \cot K_0' r_0 - \frac{1}{2} = K_0 r_0 \frac{\frac{\mathrm{d}}{\mathrm{d}\xi} K_\omega(\xi)}{K_\omega(\xi)}\bigg|_{\xi = K_0 r_0} \tag{21.97}$$

当 U_0 足够大，则此方程可以解，但只能是有限个束缚态。通常的物理条件要求有效势在 $r = r_0$ 处连续，则

$$(K_0' r_0)_{\max}^2 = -\frac{2M}{\hbar^2} U_0 r_0^2 \lambda_\alpha = -\lambda_\alpha < \frac{1}{4} \tag{21.98}$$

而 (21.97) 有束缚态的必要条件是

$$(K_0' r_0)_{\max}^2 > x_0^2 \simeq 1.1656\cdots > 1/4$$

因此，这样的切断势将不存在任何束缚态。

对具有反常磁矩的重子，则要考虑磁矩在磁荷的磁场中的附加势能，Pauli 方程推广为

$$\left[-\frac{\hbar^2}{2M} \frac{1}{r^2} \frac{\partial}{\partial r} r^2 \frac{\partial}{\partial r} + \frac{\hat{L}^2 - q^2\hbar^2}{2Mr^2} + \frac{\beta_0 \sigma_r - \beta_0' \sigma_r'}{r^2} \right] \psi = E\psi \tag{21.99}$$

其中，σ_r' 为重子的 Pauli 算符的径向投影；而

$$\beta_0' = \frac{\gamma}{r}(e\hbar N)/\alpha \tag{21.100}$$

其中 γ 为回转磁比率。此时总角动量仍然是守 label 恒的，处理时要考虑三个角动量的矢量耦合。

21.3.4　带磁荷的基本粒子与荷电粒子的束缚态

如果磁荷与电荷一样，作为基本粒子的一般属性，则玻色子或费米子均可以带磁荷，同时可以带电荷。这种可能性比数个磁荷载于一个基本粒子上的可能性大，因为磁荷质量较大，而电荷的质量较小。在这种推广下，相互作用能量可能包括电荷间、电荷与磁荷的固有电矩间、磁荷与荷电费米子的固有磁矩间的相互作用能量等项，下面分别讨论几个典型情况：

（1）带磁荷而电中性的玻色子和重子的束缚态。

吴－杨文 [1] 所考虑的实际上是带磁荷的中性玻色子与介子之间的相互作用问题。如果代替介子的是费米子，则存在磁矩与磁荷的相互作用，对应的 Pauli 方程为

$$\left[-\frac{\hbar^2}{2Mr^2} \frac{\partial}{\partial r} r^2 \frac{\partial}{\partial r} + \frac{\hbar^2}{2Mr^2} \left(\frac{\hat{L}^2}{\hbar^2} - q^2 \right) - \frac{N\hbar^2}{4M} \cdot \frac{\mu' \sigma_r'}{r^2} \right] \psi = E\psi \tag{21.101}$$

引入算符

$$\hat{F} = \left[\frac{\hat{L}^2}{\hbar^2} - q^2 \right] - \frac{\mu' N}{2} \sigma_r'$$

其中，$\mu'(\frac{e}{Mc})$ 为费米子的回转磁比率，则 (21.101) 改写为

$$\left[\frac{1}{r^2}\frac{\partial}{\partial r}r^2\frac{\partial}{\partial r}-\frac{\hat{F}}{r^2}\right]\psi=-\frac{2M}{\hbar^2}E\psi \tag{21.102}$$

求解方式与 (21.89) 相似，但解的性质有本质不同，出现了本性奇点。对角动量 j 最低的态，$j=|q|-1/2$，正好就是耦合表象的基矢 $|\psi_{|q|-\frac{1}{2},m}>=|2>$，$\hat{F}$ 在此态中的本征值为

$$\lambda_0=F_{22}=|q|-\mu'\left(\frac{N}{2}\right)=\frac{|N|}{2}(|Z|-\mu')$$

对 $N=1$，$Z=1$ 的情况，有 $\Gamma=-\lambda_0=\frac{1}{2}(\mu'-1)$，对电子、$\mu$ 子有 $\mu'\simeq 1$，因此与 21.3.3 所讨论的情况一致。对重子，由于存在反常磁矩，$\mu'>1.5$，则 $\omega=\sqrt{\lambda_\alpha+1/4}=\mathrm{i}\nu$ 为纯虚数，波函数为

$$R(r)=\frac{1}{\sqrt{r}}K_{\mathrm{i}\nu}\left(\sqrt{\frac{2M|E|}{\hbar^2}}r\right) \tag{21.103}$$

21.3.2 中严格解的能级全部为

$$E_n=-\frac{\hbar^2}{8M\theta_0^2}\exp\left(\frac{2\pi n-2\zeta\nu}{\nu}\right)\qquad \zeta_\nu=\arg\Gamma\left(\frac{1}{2}+\mathrm{i}\nu\right) \tag{21.104}$$

非相对论波方程基态能量 $E_{\min}=-\infty$ 是允许的。

切断近似的结果与切断方式有关。例如数学上最简单的刚球势近似是，当 $r<r_0$ 时 $U(r)=\infty$，则态与能级的解析解为

$$R(r)=\frac{1}{\sqrt{r}}K_{\mathrm{i}\nu}\left(\frac{s_\nu^n}{r_0}r\right)\quad(r>r_0)$$

$$E_{\nu,n}=-\frac{\hbar^2}{2M}\frac{(s_\nu^n)^2}{r_0^2}\simeq -\frac{2\hbar^2}{Mr_0^2}\exp\left\{-\frac{2}{\nu}[n\pi-\arg\Gamma(\mathrm{i}\nu+1)]\right\} \tag{21.105}$$

其中，s_ν^n 是 $K_{\mathrm{i}\nu}(x)$ 的第 n 个零点。$K_{\mathrm{i}\nu}(x)$ 随 x 增大而指数衰减，$x=0$ 为其本性奇点

$$K_{\mathrm{i}\nu}(x)\simeq\left(\frac{\pi}{2x}\right)^{\frac{1}{2}}\mathrm{e}^{-x}\quad(x\gg 1)$$

$$K_{\mathrm{i}\nu}(x)\simeq\left(\frac{\pi}{\nu\mathrm{sh}\,\nu\pi}\right)^{\frac{1}{2}}\sin\left[\nu\ln\left(\frac{2}{x}\right)+\arg\Gamma(\mathrm{i}\nu+1)\right]\quad(x\ll 1)$$

它的收敛很快的实的积分表示式为

$$K_{\mathrm{i}\nu}(x)=\int_0^\infty\mathrm{e}^{-x\cosh t}\cosh\nu t\mathrm{d}t$$

数值表已有人算过 [13]。$\arg \Gamma(x)$ 是 Euler Γ 函数的幅角，也已有现成的表 [14]。

当 r_0 取 10^{-18}cm 时，基态能量 $|E_0|$ 的数量级约为 10^6eV 。但是，这个 r_0 值在物理上不见得合理，如果认为刚球势半径为磁荷的 Compton 波长相当，则 $r_0 \sim \frac{\hbar}{Mc} \sim 10^{-10}$cm（其中 M 用了 Price 的估计，$M \simeq 200 M_{\rm p}$），而 $|E_0| \simeq 10^9$eV，由此可见，不确定性是很大的。

我们还可以作另一种考虑，鉴于上述情况下 $\hat{H}$ 中存在与自旋、方向均有关的算符 $\hat{F}$，因此在 $r < r_0$ 范围内，有效势能算符 $\tilde{U}$ 也必须与 $\hat{F}$ 有关

$$\left[-\frac{\hbar^2}{2Mr^2} \frac{\partial}{\partial r} r^2 \frac{\partial}{\partial r} + \tilde{U} \right] \psi = E\psi \tag{21.106}$$

为了能够分离变量而且能够与波函数 (21.103) 相衔接，$\tilde{U}$ 只能取下列形式

$$\tilde{U} = U(r) + U_1(r) f(\hat{F})$$

其中，$f(\hat{F})$ 是 $\hat{F}$ 的任意函数，为保持有效势在 r_0 处连续，有 $U(r) = 0$、$\tilde{U} = U_1(r)\hat{F}$，且 $U_1(r_0) = \frac{\hbar^2}{2Mr_0^2}$。

采用切断势 (21.96) 时，能级方程为

$$K_0' r_0 \cot K_0' r_0 - \frac{1}{2} = K_0 r_0 \left. \frac{\frac{\rm d}{{\rm d}\xi} K_{{\rm i}\nu}(\xi)}{K_{{\rm i}\nu}(\xi)} \right|_{\xi = K_0 r_0} \tag{21.107}$$

类似超精细相互作用理论对于原子核库仑势采用体电荷均匀分布的模型，可以考虑磁荷的体积有限但很微小，因此势能必然是 r 的解析函数，可以按 r 展开，并考虑 $r = 0$ 为平衡点（一般情况下也可以通过变数代换来解）

$$U_1(r) = U_0 - \varepsilon r^2 \quad (r < r_0) \tag{21.108}$$

(21.106) 方程在 $(r < r_0)$ 区域内的解析解为

$$\begin{aligned} R_1(r) = \quad & \exp\left(-\sqrt{\frac{2M}{\hbar^2} s|\lambda\alpha|}\, r \right) \\ & F\left[\frac{3}{4} - (E - U_0\lambda_\alpha)\sqrt{\frac{M}{2\hbar\varepsilon|\lambda_\alpha|}}\, \frac{3}{2},\ \sqrt{\frac{2M}{\hbar^2}\varepsilon|\lambda_\alpha|}\, r^2 \right] \end{aligned} \tag{21.109}$$

因此确定能级的方程为

$$2\xi \left. \frac{\frac{{\rm d}R_1(\xi)}{{\rm d}\xi}}{R_1(\xi)} \right|_{\xi = \lambda r_0^2} = \eta \left. \frac{\frac{\rm d}{{\rm d}\eta} K_{{\rm i}\nu}(\eta)}{K_{{\rm i}\nu}(\eta)} \right|_{\eta = K_0 r_0} - \frac{1}{2} \tag{21.110}$$

其中

$$\lambda = \sqrt{\frac{2M}{\hbar^2}\varepsilon|\lambda_\alpha|}$$

因为 $\frac{\mathrm{d}}{\mathrm{d}\eta}K_{\mathrm{i}\nu}(\eta)/K_{\mathrm{i}\nu}(\eta)$ 取值从 $-\infty$ 到 $+\infty$，因此 (21.110) 总有解，又因为 $\eta = 0$ 为 $K_{\mathrm{i}\nu}(\eta)$ 的本性奇点，因此 $E \to 0^-$ 时有无穷多个束缚态能级。

（2）带磁荷又带电荷的玻色子与 $e^{\pm}$、$\mu^{\pm}$、$\pi^{\pm}$、$K^{\pm}$ 的束缚态的解析解。

假设玻色子带磁荷量为 Ng，带电荷量为 $-Z_0 e$，则荷电量为 Ze 的粒子的运动方程为

$$\left[-\frac{\hbar^2}{2Mr^2}\frac{\partial}{\partial r}r^2\frac{\partial}{\partial r} - \frac{\alpha_0}{r} + \frac{\hbar^2\hat{F}}{2Mr^2} \right]\psi = E\psi \tag{21.111}$$

$$\alpha_0 = Z_0 Z e^2 \qquad \hat{F} = \left(\frac{\hat{L}^2}{\hbar^2} - q^2 \right) - \mu'\left(\frac{N}{2} \right)\sigma_r'$$

选取 J^2、J_Z、$\hat{F}$、$\hat{H}$ 的共同本征态，角度部分波函数由 (21.90) 决定，则径向方程为

$$\left[-\frac{\hbar^2}{2Mr^2}\frac{\mathrm{d}}{\mathrm{d}r}r^2\frac{\mathrm{d}}{\mathrm{d}r} - \frac{\alpha_0}{r} + \frac{\hbar^2\lambda_\alpha}{2Mr^2} \right]R(r) = ER(r)$$

无论对 π、K，还是对 e、μ，均有 $\Gamma = -\lambda_\alpha < 1/4$。故与 (21.77) 比较，得到对应的能级与波函数为

$$\begin{cases} E = & -\frac{(Z_0 Z e^2)^2 M}{2\hbar^2\left[n_r + \frac{1}{2} + \sqrt{\frac{1}{4}+\lambda_\alpha} \right]^2} \qquad (n_r = 0,\, 1,\, 2\cdots) \\ R(r) = & F\left[-n_r,\, 2\sqrt{\frac{1}{4}+\lambda_\alpha}+1,\, \sqrt{\frac{2|E|M}{\hbar^2}}2r \right]\left(\sqrt{\frac{2|E|M}{\hbar^2}}2r \right)^{-\frac{1}{2}+\sqrt{\frac{1}{4}+\lambda_\alpha}} \\ & \mathrm{cxp}\left(\frac{\sqrt{2|E|M}}{\hbar} \right)r \end{cases} \tag{21.112}$$

对 π、K 因无磁矩，故特别简单，$\lambda_\alpha = l(l+1) - q^2 > 0$。

对于重子，由于反常磁矩的存在，$\Gamma = -\lambda_\alpha > 1/4$，因此要按 21.3.2 的方式处理。平方可积、本征值为实数的径向部分波函数为

$$R(\rho) = -2\tilde{c}_0 \mathrm{e}^{-\frac{1}{2}\rho}\rho^{-\frac{1}{2}}\mathrm{Im}\left\{ \Gamma\left(-A + \frac{1}{2} + \mathrm{i}\nu \right)\Gamma(1 - 2\mathrm{i}\nu)\rho^{\mathrm{i}\nu} \right.$$

$$\left. \times F\left(-A + \frac{1}{2} + \mathrm{i}\nu,\, 1 + 2\mathrm{i}\nu,\, \rho \right) \right\}$$

$$\rho = \sqrt{\frac{8M|E|}{\hbar^2}}r \qquad \nu = \sqrt{|\lambda_\alpha| - \frac{1}{4}} \qquad A = \frac{\alpha_0}{\hbar}\sqrt{\frac{M}{2|E|}} \tag{21.113}$$

能量由下列正交条件确定到一个实参数 θ_0^2

$$\arg\Gamma\left(-A + \frac{1}{2} + \mathrm{i}\nu \right) + \frac{\nu}{2}\ln\left[\frac{8M\theta_0^2}{\hbar^2}|E| \right] = n\pi \tag{21.114}$$

最低能级 $E_{\min} = -\infty$。

当采用刚球势切断时，$U(r) = \infty$　$(r < r_0)$，则有

$$E_{q,n,j,\alpha} = -\frac{\hbar^2 [s_{j\alpha}^n]^2}{8Mr_0^2} \tag{21.115}$$

$s_{j\alpha}^n$ 为 $R(r)$ 的第 n 个零点。当采用比较物理的切断势 (21.108) 时，能级方程为

$$2\frac{\xi}{r_0} \left[\frac{\frac{\mathrm{d}}{\mathrm{d}\xi} R_1(\xi)}{R_1(\xi)} \right] \bigg|_{\xi = \lambda r_0^2} = \frac{\frac{\mathrm{d}}{\mathrm{d}r} R(r)}{R(r)} \bigg|_{r = r_0} \tag{21.116}$$

其中，$R_1(\xi)$ 由 (21.109)、$R(r)$ 由 (21.113) 定义。由于 $r \to 0$ 时，$R(r)$ 具有本性奇点，因此能级在 $E \to 0^-$ 处无限密集，即存在无穷多个束缚态。

由于 e 和 μ 与磁荷作用不涉及核力，电磁作用是主要的，因此对 g 和 e、μ 的体系，上列处理的可靠性较大，解析结果如 (21.112) 所示。

(3) 带电荷、带磁荷的费米子与荷电费米子所结成的束缚态。

这时不但要考虑到磁荷矢势的奇性（采用整体规范场来解决），还要同时考虑电荷间的库仑作用、磁荷的固有电矩与电荷的作用以及磁荷与费米子磁矩的作用。故

$$\hat{H} = -\frac{\hbar^2}{2Mr^2}\frac{\partial}{\partial r} r^2 \frac{\partial}{\partial r} + \frac{\hat{L}^2 - q^2\hbar^2}{2Mr^2} - \frac{\alpha_0}{r} + \frac{\beta_0 \sigma_r}{r^2} - \frac{\beta_0' \sigma_r'}{r^2} = \hat{H}_0 + \hat{H}' \tag{21.117}$$

因为此方程复杂，我们考虑近似计算。最重要的情况是费米子为 e、μ 的情况，后两项完全可以作为微扰。对于费米子为重子的情况，如用切断近似，则因势的奇性已切除，后两项也可近似的看作微扰。$\hat{H}_0$ 的本征态已严格解出，例如 $\hat{H}_0$ 的第一激发态为

$$E_{\frac{1}{2},1,\frac{1}{2},\pm\frac{1}{2}} = -\frac{2(Z_0 Z)^2 M e^4}{3\hbar^2 [1 + \sqrt{3}]^2} \tag{21.118}$$

$$E_{\frac{1}{2},1,\frac{1}{2},\pm\frac{1}{2}} = c_{1,\frac{1}{2}} \left[1 - \frac{1}{\gamma}\rho \right] \mathrm{e}^{-\frac{1}{2}\rho} \rho^s \equiv R_0(r)$$

$$s = \frac{1}{2}[\sqrt{3} - 1] \qquad \gamma = \sqrt{3} + 1$$

$\hat{H}_0$ 与 $\hat{s}_Z$（磁荷的自旋）和 $\hat{s}_Z'$（重子的自旋）是对易的，因此具有共同的本征态。因此非微扰的第一激发态是八重简并的。它们在 $\hat{H}'$ 微扰作用下，分裂为四个能级，每个能级都是二重简并的。其中一个能级的移动是

$$\Delta E = \frac{\varepsilon_0}{3}(\beta_0' - \beta_0) \tag{21.119}$$

$$\begin{aligned}
\varepsilon_0 &= \frac{\int_0^\infty R_0^2(r)\mathrm{d}r}{\int_0^\infty R_0^2(r)r^2\mathrm{d}r} \\
&= \frac{8M|E|}{\hbar^2} \frac{\left[1 - \frac{2}{\gamma}(2s+1) + \frac{1}{\gamma^2}(2s+2)(2s+1) \right]}{(2s+2)(2s+1)\left[1 - \frac{2}{\gamma}(2s+3) + \frac{1}{\gamma^2}(2s+4)(2s+3) \right]}
\end{aligned} \tag{21.120}$$

求另外三个能级时则要解下列三阶代数方程

$$y^3 - ay^2 - fy - g = 0 \tag{21.121}$$

其中

$$f = \frac{1}{9}[5\beta_0^2 + 5\beta_0'^2 + 2\beta_0\beta_0'] \qquad g = \frac{1}{27}(\beta_0^2 - \beta_0'^2)(3\beta_0 + 5\beta_0')$$

利用卡丹公式可以将 (21.121) 的解用三角、反三角函数表出。

总之，我们从量子力学基本原理分析出发，并利用了 [1] 的磁荷球谐函数，讨论了磁荷与基本粒子所形成复合体系的各种可能的束缚态与能级。

21.3.5 Schrödinger 方程定态解的正交判据

设 ψ_2 和 ψ_2 分别为 $\hat{H}$ 的本征值为 E_1 和 E_2 的本征函数，但可以在原点具有奇性。在有奇点时，Gauss 定理的使用必须注意，它只能在无奇点的区域中使用。为此考虑在 $r_0 < r < R$ 的球壳内积分，并在这个无奇区域内使用 Gauss 定理

$$\iiint_{r_0<r<R} [\psi_1^* \hat{H}\psi_2 - (\hat{H}\psi_1)^*\psi_2]\mathrm{d}\tau = (E_2 - E_1)\iiint_{r_0<r<R}\psi_1^*\psi_2\mathrm{d}\tau$$

$$= -\frac{\hbar^2}{2M}\iiint_{r_0<r<R}\nabla\cdot(\psi_1^*\nabla\psi_2 - \psi_2\nabla\psi_1^*)\mathrm{d}\tau = q(R, E_1, E_2) - q(r_0, E_1, E_2)$$

其中

$$q(r, E_1, E_2) \equiv -\frac{\hbar^2}{2M}r^2 \begin{vmatrix} R_1^*(r) & \frac{\mathrm{d}}{\mathrm{d}r}R_1^*(r) \\ R_2(r) & \frac{\mathrm{d}}{\mathrm{d}r}R_2(r) \end{vmatrix}$$

令 $r_0 \to 0$、$R \to \infty$，则

$$\int\psi_1^*\psi_2\mathrm{d}\tau = \lim_{\substack{r_0\to 0 \\ R\to\infty}}\iiint_{r_0<r<R}\psi_1^*\psi_2\mathrm{d}\tau = \frac{1}{E_2 - E_1}[\lim_{R\to\infty}q(R, E_1, E_2) - \lim_{r_0\to 0}q(r_0, E_1, E_2)]$$

当 ψ_1、ψ_2 中至少有一个是平方可积时，则正交条件为

$$\lim_{r\to 0}q(r, E_1, E_2) = 0$$

当 ψ_1、ψ_2 均不是平方可积时，正交归一条件为

$$\frac{1}{E_2 - E_1^*}[\lim_{R\to\infty}q(R, E_1, E_2) - \lim_{r_0\to 0}q(r_0, E_1, E_2)] = \delta(E_1 - E_2)$$

过去谈论 $\hat{H}$ 算符的厄米性时对波函数很少加限制，具体求解时又对波函数限制过严（不许有奇点），这是矛盾的。于是碰到 $\hat{H}$ 厄米性破坏时，只好认为无解。事实上，只要对波函数始终统一地提出恰如其分的限制，同时把波函数的正交完备性提升为基本假定，即使在 $\hat{H}$ 厄米性破坏时（波函数有本性奇点），也可以先用正交条件求出分立的束缚态，使 $\hat{H}$ 的厄米性在物理态所张的 Hilbert 空间恢复。此时的本征函数系对物理态是完备的。当然，这需要而且可以作严格的数学证明。

21.4 奇性态：关于相对论量子力学中某些相角不定性的消除

21.4.1 引言

在某些量子力学问题中，常存在着相角不定性的问题：例如正负磁荷所组成的相对论体系，在 $j < 34.5$ 的情况[8]，带电磁荷和荷电粒子的相对论散射态与束缚态问题等。最近，Kazama、Yang 和 Goldhaber [15] 研究了不动电中性磁荷与荷电 Dirac 粒子的散射问题，发现最小动量的态（type III）也存在相角 δ 的不定性问题。他们为了避免这个不定性，在哈密顿算符中引入一项附加的反常磁矩的作用能，然后在定态解中令反常磁矩趋于零，最后确定了相角。本节的目的之一，是不用附加反常磁矩，而用 [16] 中建议的调整了量子力学框架，利用正交判据和能量对不定参数变分的原则，唯一地确定了相角和散射截面。由于结果与 [15] 的一致，使正交－变分原则得到一次考验。这个定解原则也可以用来解荷电磁荷与荷电 Dirac 粒子或正负磁荷的散射态与束缚态的问题。

21.4.2 正交归一判据

为了将 [16] 中建立的框架（已在前一节予以论述）推广到同时含磁荷与电荷的 Dirac 方程情况，必须首先推广正交判据。当然，两个态彼此正交的原始定义是

$$\int \psi_\alpha^\dagger \psi_\beta \mathrm{d}\tau = 0 \tag{21.122}$$

因为一般两函数的内积的严格计算往往是很复杂的，特别是那些具有本性奇点的态和势能具有第一类间接点的情况。因此希望获得通过波函数的渐近行为来判定两函数是否正交的判据，正如 [8]、[16] 中所做的那样。

现在我们从下列不动的荷电磁荷的场中，荷电为 ze 的 Dirac 粒子的相对论哈密顿算符出发

$$\hat{H} = \vec{\alpha} \cdot \left(c\vec{p} - ze\vec{A} \right) + \beta Mc^2 + U(r) \tag{21.123}$$

其中 $\vec{\alpha}$、β 为 Dirac 矩阵，$\vec{A}$ 为磁荷的有奇性矢势。[15] 已经详细地研究了定态波函数的角度部分，并把波函数分成了 I、II、III 三类。

对于 I 类波函数，$j \geq |q| + 1/2$，j 为总角动量量子数，$q = zeg/\hbar c$，g 为磁荷强度，且

$$\Psi_{jm}^{(1)} = \begin{bmatrix} f(r)\xi_{jm}^{(1)} \\ g(r)\xi_{jm}^{(2)} \end{bmatrix} \tag{21.124}$$

其中，$\xi_{jm}^{(1)}$、$\xi_{jm}^{(2)}$ 均为磁荷球谐函数 $Y_{qlm}(\theta,\varphi)$ 的线性组合（见 [15]），假如 ψ_1、ψ_2 为 $\hat{H}$ 的两个本征态（属于 I 类）

$$\hat{H}\psi_\lambda = E_\lambda \psi_\lambda \qquad (\lambda = 1, 2) \tag{21.125}$$

考虑到 $\lambda = 0$、∞ 为态的奇点，计算下列积分

$$\int_{r_0 < r < R} \psi_1^\dagger \hat{H} \psi_2 d\tau - \int_{r_0 < r < R} (\hat{H} \psi_1^\dagger)^\dagger \psi_2 d\tau$$

$$= (E_2 - E_1) \int_{r_0 < r < R} \psi_1^\dagger \psi_2 d\tau = \int_{r_0 < r < R} \psi_1^\dagger (c\vec{p} - ze\vec{A}) \cdot \vec{\alpha} \psi_2 d\tau$$

$$- \int_{r_0 < r < R} [(c\vec{p} - ze\vec{A}) \cdot \alpha \psi_1]^+ \psi_2 d\tau \tag{21.126}$$

利用 [15] 中证明的引理 1，可得

$$(E_2 - E_1) \int_{r_0 < r < R} \psi_1^\dagger \psi_2 d\tau$$

$$= i\hbar c \int_{r_0}^R r^2 dr \left\{ f_1^*(r)[\frac{1}{r} + \partial_r]g_2(r) + g_2(r)\{(\partial_r + \frac{1}{r})f_1^*(r)\} \right.$$

$$\left. + g_1^*(r)(\partial_r + \frac{1}{r})f_2(r) + f_2(r)(\partial_r + \frac{1}{r})g_1^*(r)\right\}$$

$$= i\hbar c \{F_1^*(r)G_2(r) + G_1^*(r)F_2(r)\}|_{r_0}^R \tag{21.127}$$

其中

$$F(r) = rf(r) \qquad G(r) = rg(r) \tag{21.128}$$

令 $r_0 \to 0$、$R \to \infty$，则正交归一条件归结为

$$\lim_{R \to \infty, r_0 \to 0} \frac{i\hbar c}{E_2 - E_1} \{F_1^*(r)G_2(r) + G_1^*(r)F_2(r)\}|_{r_0}^R = \delta(E_1 - E_2) \tag{21.129}$$

对 II 类态，$\Psi_{jm}^{(2)} = \begin{bmatrix} f(r)\xi_{jm}^{(2)} \\ g(r)\xi_{jm}^{(1)} \end{bmatrix}$ $(j \geqslant |q| + 1/2)$，同理可证它们的正交归一判据是 (21.129)。

对 III 类态，

$$\psi_{jm}^{(3)} = \begin{bmatrix} f(r)\eta_m \\ g(r)\eta_m \end{bmatrix} \quad (j = |q| - 1/2) \tag{21.130}$$

利用 [15] 的引理 2，以及上面的证明步骤，可以证明上面的正交归一判据为

$$\lim_{R \to \infty, r_0 \to 0} \frac{i\frac{q}{|q|}\hbar c}{E_2 - E_1} \{F_1^*(r)G_2(r) + G_1^*(r)F_2(r)\}|_{r_0}^R = \delta(E_1 - E_2) \tag{21.131}$$

(21.129)、(21.131) 便是推广到同时含磁荷、电荷的 Dirac 方程定态的正交归一判据。

21.4.3 Kazama-Yang-Goldhaber 问题

1978 年，Kazama-Yang-Goldhaber [15] 详细地研究过"不动磁荷与荷电粒子的相对论散射问题"，对 $j \geqslant |q| + 1/2$ 的一切态（I、II 类态）均可得到完全确定的解，但对于 III 类

态就出现相角不定性问题，实际上在 $\hbar = c = 1$ 的自然单位制下，径向方程为

$$\begin{cases} (M - E)f(r) - \mathrm{i}\frac{q}{|q|}(\partial_r + \frac{1}{r})g(r) = 0 \\ -\mathrm{i}\frac{q}{|q|}(\partial_r + \frac{1}{r})f(r) - (M + E)g(r) = 0 \end{cases} \tag{21.132}$$

$|E| > M$ 的散射态显然是[15]

$$\begin{cases} f(r) = \sqrt{\frac{2}{\pi}}C(K)\frac{1}{Kr}\sin(Kr + \delta) \\ g(r) = -\mathrm{i}\frac{q}{|q|}\sqrt{\frac{2}{\pi}}C(K)\frac{1}{(M+E)r}\cos(Kr + \delta) \end{cases} \tag{21.133}$$

Kazama-Yang-Goldhaber 所提出的问题的尖锐性在于无论怎样选择 δ，都不能使态的奇性消失（这与三维方阱问题不同）。因为 δ 没有确定下来。[15] 为了消灭原点的奇性，根据庞加莱（Poincare）的经典工作指出，既然荷电粒子的经典轨道不能穿越磁荷（必须弹回来），那么"量子力学情况下原点的波函数应该为零"，因此引入附加磁矩，它可以在原点提供一项强大的斥力势，从而使波函数在原点趋于零。我们认为，荷电粒子经典轨道不能穿越磁荷的事实，在量子力学中应该与原点的径向几率流为零相对应。波函数为零固然可以保证径向流为零，但径向流为零并不强求原点波函数为零。因为对波函数的要求可以放宽些，允许态具有奇点。可以证明，没有径向流的要求和能量本征值为实数相当（由于矢势 $\vec{A}$ 为实数），还可以证明这一条件对波函数的要求是 $G(r)F(r)$ 在原点的数值的实部为零（参看 [16]）。(21.133) 显然满足这个要求。因此带电粒子不能穿越磁荷的条件还不足以确定 δ。是否量子力学的基本原理还不足以确定 δ，或者 δ 可以任意取值呢？不是的，根据 [16]，力学量的不同本征值对应的本征态应该彼此正交，这来自测量几率的实数性要求。而解 (21.133) 一般不满足正交条件。如果这些态构成正交系，则对 δ 要加以严格限制。实际上将 (21.133) 代入 (21.131) 得

$$\begin{aligned} &-\frac{2}{\pi}\frac{1}{K_1 K_2}\frac{C(K_1)C(K_2)}{E_2 - E_1}[\mathrm{tg}\phi_2 \sin\delta_1 \cos\delta_2 - \mathrm{tg}\phi_1 \cos\delta_1 \sin\delta_2] \\ &+\frac{2}{\pi}\frac{C(K_1)C(K_2)}{(E_2 - E_1)K_1 K_2}[\frac{\mathrm{tg}\delta_1 + \mathrm{tg}\delta_2}{2}(K_1 - K_2)\delta(K_1 - K_2)] \\ &+\frac{\mathrm{tg}\delta_1 - \mathrm{tg}\delta_2}{2}(K_1 + K_2)\delta(K_1 + K_2)] \\ =\ &\frac{\sqrt{M^2 + K_1^2}}{|K_1|}[\delta(K_1 + K_2) + \delta(K_1 - K_2)] \end{aligned} \tag{21.134}$$

其中

$$\mathrm{tg}\phi_1 = \frac{K_1}{M + E_1} \qquad \mathrm{tg}\phi_2 = \frac{K_2}{M + E_2} \tag{21.135}$$

当 $K_1 \neq K_2$ 时，正交判据导致

$$\mathrm{tg}\phi_2 \sin\delta_1 \cos\delta_2 - \mathrm{tg}\phi_1 \cos\delta_1 \sin\delta_2 = 0 \tag{21.136}$$

这个函数方程的解是

$$\frac{\mathrm{tg}\delta_1}{\mathrm{tg}\phi_1} = \frac{\mathrm{tg}\delta_2}{\mathrm{tg}\phi_2} = \ldots = Q \tag{21.137}$$

Q 是与能量无关的常数。将 (21.137) 代入 (21.134)，得

$$\frac{C(K_1)C(K_2)}{K_1^2}[\frac{E_1}{M+E_1}\delta(K_1-K_2) + \frac{E_1}{M+E_1}\delta(K_1+K_2)]$$

$$= \frac{\sqrt{M^2+E_1^2}}{|K_1|}[\delta(K_1+K_2) + \delta(K_1-K_2)]$$

可以得到归一化常数为

$$C(K) = \sqrt{\frac{K(E+M)}{2}} \tag{21.138}$$

因此，正交归一条件并不使 $|E| > M$ 的散射态的能级分立，但使 δ 全体的不定性限制到仅依赖于一个实参数 Q 的程度

$$\mathrm{tg}\delta = Q(\frac{K}{M+E}) \tag{21.139}$$

正交条件只给出了两个态之间的关系，当然不能将全部的 δ 都定出来，为了最后确定 Q，还必须有个原则。

分析径向方程，发现确实还可能存在着束缚态，它们对态的完备性和最后确定 Q 是至关重要的。实际上在 $|E| < M$ 时，(21.132) 的解为

$$f(r) = A_0\frac{K_{1/2}(K_0r)}{\sqrt{K_0r}} = A_0\sqrt{\frac{\pi}{2}}\frac{1}{K_0r}\mathrm{e}^{-K_0r} \qquad K_0 = \sqrt{M^2-E^2}$$

$$g(r) = -\mathrm{i}\frac{q}{|q|}\frac{(\partial_r+\frac{1}{r})f(r)}{M+E} = \mathrm{i}A_0\frac{q}{|q|}\sqrt{\frac{\pi}{2}}\frac{1}{r}\mathrm{e}^{-K_0r} \tag{21.140}$$

这些态显然是范数有界的，但它们的能谱又是连续的。这在物理上是不允许的，因为数学上已经严格证明：有限变元的就范函数所组成的 Hilbert 空间的正交就范基必须是可列的。量子力学中用 Hilbert 空间的矢量描写状态，由于连续谱的束缚态不可能全部正交，因此它们中的大部分态是量子力学所不允许的。[8]、[16] 曾指出，有物理意义的本征态必然是正交的，正交性要求导致束缚态能级分立。实际上将 (21.140) 代入束缚态的正交判据

$$\lim_{r_0\to 0}\frac{-\mathrm{i}\frac{q}{|q|}\hbar c}{E_2-E_1}\{F_1^*(r_0)G_2(r_0) + G_1^*(r_0)F_2(r_0)\} = 0 \tag{21.141}$$

发现对 K_0 带来下列限制：

$$\frac{K_{01}}{M+E_1} = \frac{K_{02}}{M+E_2} = \cdots = Q' \tag{21.142}$$

因此，确定能级的方程为

$$\frac{K_0}{M+E} = Q' \tag{21.143}$$

得能级的显示式为

$$E = \frac{M(\pm 1 - Q'^2)}{1 + Q'^2} \tag{21.144}$$

由于束缚态与散射态之间也必须彼此正交，因此可以建立 Q 和 Q' 的联系。实际上利用束缚态、散射态彼此正交的判据 (21.142) 得

$$Q' = -1/Q \tag{21.145}$$

因此，整个能谱依赖于一个单参数 Q。现在来最后确定这个 Q。可以证明，定态 Dirac 方程可以看作是态 ψ 中能量平均值取极值的必要条件。当存在相角不定性时，这个极小与奇性态 ψ 所满足的边值条件有关。在满足

$$F(0) - \mathrm{i}\frac{q}{|q|}QG(0) = 0$$

的函数类中，所有的极小能量平均值 $E_0(Q)$ 还不是物理基态的能量。真正的物理基态是所有态中能量最低的态，因此还要求 $E_0(Q)$ 对不定参数 Q 作变分求最小，才能选出物理基态。通常情况下，由于没有相角不定性，对 Q 变分的手续自然免去。因而这里的定解原则是通常情况下的定解原则的自然推广。其他激发态可以由正交性唯一确定下来。这就是我们建议的正交-变分定解原则。

把这个原则应用到我们的情况，相当于 (21.144) 对 Q' 作变分。显然，取负号时有 $E = -M$（Q' 为任意值）。这个解是不适用的，因为 Dirac 方程的基态是指 $E_0 \geqslant 0$ 的态。例如氢原子，负能级不能作为基态，因为它们的最低态 E 为 $-\infty$。在 $E_0 \geqslant 0$ 的条件下，能量最小的条件是

$$Q' = 1 \qquad E_0 = 0 \tag{21.146}$$

其中，考虑到 $K_0 > 0$、$Q' = -1$ 不能取，因此得到唯一确定的相移

$$\mathrm{tg}\delta = -\frac{K}{M + E} \qquad Q = -\frac{1}{Q'} = -1 \tag{21.147}$$

这样在不引入反常磁矩的情况下，而用正交 - 变分原则获得了与文章 [15]（用附加磁矩）一致的结果（包括相移、散射截面与波函数）。因此可以认为这个定解原则经受住了一次考验。这个原则可以应用到其他问题中去，例如第四节所述的问题等。

对于无磁荷的 Dirac 方程，因为 $|E| < M$ 的一切解都是范数无界的，故没有束缚态。当磁荷存在时，由于磁荷具有强大的磁场，荷电 Dirac 粒子的磁矩受到它的巨大的静磁吸引作用，荷电粒子在运动过程中又受到磁荷的 Lorentz 力的作用，使得有可能出现结合能巨大的（结合能为 Mc^2）单个束缚态。这两个因素就是这个束缚态存在的物理原因。这个束缚态出现的预兆是散射态的奇性的存在。在分离变量后的 Dirac 方程 (21.132) 中，Lorentz 力及磁矩的作用往往被掩盖起来，正是散射态的奇性促使我们去寻找这个束缚态。这一单个能级不论反常磁矩是否存在，它都是存在的。[18] 在引入反常磁矩情况下，也证明了 $E_0 = 0$ 的束缚态的存在。我们[19]证明了即使不引入反常磁矩时，$E_0 = 0$ 的束缚态的存在，而且证明不存在其他束缚态能级。

21.4.4　带电不动磁荷与荷电 Dirac 粒子的能级和正交完备系

本节考虑将推广的正交判据和正交－变分原则应用到新的问题中去，关于带电 $-z_0e$ 不动磁荷与荷电 ze 粒子的非相对论能级和正交完备系已经在 1977 年的工作[16] 中解出，辐射的光谱强度及选择规则也已在 [4] 中做了计算，现在我们讨论相对论情况：

$$\hat{H} = \left(c\vec{p} - ze\vec{A}\right)\hat{\vec{\alpha}} + \hat{\beta}Mc^2 - \frac{z'e^2}{r} \qquad z' = z_0z \qquad (21.148)$$

本节采用普通单位，利用 [15] 中建立的两个引理，可以很方便地获得径向方程。做下列变换

$$g(r) = \mathrm{i}\mathscr{F}(r) \qquad f(r) = \mathscr{G}(r) \qquad (21.149)$$

可将 I、II 类态的径向方程化为统一的实的微分方程组

$$\begin{cases} \frac{1}{\hbar c}(E + \frac{z'e^2}{r} + Mc^2)\mathscr{F}(r) - (\partial_r + \frac{1-\kappa}{r})\mathscr{G}(r) = 0 \\ \frac{1}{\hbar c}(E + \frac{z'e^2}{r} - Mc^2)\mathscr{G}(r) + (\partial_r + \frac{1-\kappa}{r})\mathscr{F}(r) = 0 \end{cases} \qquad (21.150)$$

对 I、II 类态

$$\kappa = \mp\sqrt{(j+1/2)^2 - q^2}$$

指标方程的结果是 $\gamma = \mp\sqrt{\kappa^2 - (z'\alpha)^2}$，$\alpha$ 为精细结构常数。

在 I、II 类态中，当 $z'\alpha < \sqrt{2|q|+1}$，对 $|E| < Mc^2$ 的束缚态，与类氢原子的相似

$$E = \frac{Mc^2}{\sqrt{1 + (\frac{z'\alpha}{n_r + \sqrt{(j+1/2)^2 - q^2 - (z'\alpha)^2}})^2}} \qquad (21.151)$$

其中

$$\begin{cases} n_r = 0, 1, 2, ... (\text{对 I 类态}) \\ n_r = 1, 2, 3, ... (\text{对 II 类态}) \end{cases}$$

在 I、II 类态中，$z'\alpha < \sqrt{2|q|+1}$ 的情况下，陆锬等曾用其他方法获得与 (21.154) 相同的结果。在 (21.151) 变换下，还可以获得归一化的波函数：

$$\begin{Bmatrix} g(r) \\ f(r) \end{Bmatrix} = \begin{Bmatrix} -\mathrm{i} \\ 1 \end{Bmatrix} \cdot \frac{\sqrt{\Gamma(2\gamma + n_\gamma + 1)}}{\Gamma(2\gamma + 1)\sqrt{n_\gamma!}} \sqrt{\frac{1 \mp \epsilon}{4N(N-\epsilon)}} (\frac{2z'X}{Na_0})^{3/2} e^{-\frac{z'X}{Na_0}} (\frac{2z'X}{Na_0}r)^{r-1}$$

$$\cdot \{\pm n_\gamma F(-n_\gamma + 1, 2\gamma + 1, \frac{2z'X}{a_0}r)$$

$$+ (N-k)F(-n_\gamma, 2\gamma + 1, \frac{2z'X}{Na_0}r)\} \qquad (21.152)$$

其中，N 为有效主量子数，$N = \sqrt{(n_\gamma + |\kappa|)^2 - 2n_\gamma[|\kappa| - \sqrt{|\kappa|^2 - (z'a)^2}]}$，$X = \frac{M}{Mc}$，$a_0 = \frac{\hbar^2}{Me^2}$ 为 Bohr 半径，$\varepsilon = \frac{E}{Me^2}$。

对 III 类态经过适当的变换

$$g(r) = \mathrm{i}\mathscr{F}(r) \qquad f(r) = -\frac{q}{|q|}\mathscr{G}(r) \tag{21.153}$$

也可以归结于统一的方程组 (21.152)。但 $k = 0$，因此有

$$\gamma = \mathrm{i}z'a = \mathrm{i}\gamma_0$$

即使对于 I、II 类态，当 $z'a > \sqrt{2|q|+1}$ 时，也会出现类似情况

$$\gamma = \mathrm{i}\sqrt{(z'a)^2 - (j+1/2)^2 + q^2} = \mathrm{i}\gamma_0$$

说明当角动量的离心作用不足以抵御强大的吸引作用时，出现了具有本性奇点的态。这类态的数目也是无穷的，而且基态正好在 III 类态中，因此对天文光谱中寻求磁荷的工作将是重要的。在这 $\gamma = \mathrm{i}\gamma_0$ 的三种情况下，可能出现具有复数本征值的解，它们的微分几率虽然都是有界的，但是这些解的特点是具有径向的几率流

$$I = \lim_{r_0 \to 0} \oint_{r=r_0} \vec{J} \cdot \mathrm{d}\vec{\sigma} = \lim_{r_0 \to 0} -2c\,r_0^2 Im\{\mathscr{F}^*(r_0)\mathscr{G}(r_0)\} \neq 0$$

即奇点是吮吸源，因此这些态都不可能稳定。[16] 中证明，由于测量几率和测量值的实数性的要求，量子力学中力学量的本征态必须是彼此正交的。正交性判据 (21.129)、(21.130) 排除了这些态。那么，本征值为实数的解满足怎样的判据呢？可以证明，对平方可积的态 ψ，存在下列关系

$$\int \psi^+ \hat{H}\psi\mathrm{d}\tau - \int (\hat{H}\psi)^+\psi\mathrm{d}\tau = E - E^* = -2c\mathrm{i}\lim_{r \to 0} r^2 Im\{\mathscr{F}^*(r)\mathscr{G}(r)\} \tag{21.154}$$

本征值为实数的充分必要条件是 (21.154) 式中的极限为零，因为物理上可能的解必须要求 $F^*(0)G(0)$ 的实部为零。这就是本征值为实数的一个判据。显然，如果不使 (21.150) 的解中的超几何级数中断，则波函数的实部和虚部均在无穷远处发散；如果中断，则波函数的实部和虚部都不是定态；为了获得平方可积而且本征值为实数的解，必须把两个发散的特解进行适当的线性组合，消除它们的发散部分，并保证 $F^*(0)G(0)$ 的实部为零。利用合流超几何级数在复平面上的渐近行为，确实可以得到这个解

$$\begin{cases} rg(r) = -2\mathrm{i}\sqrt{1-\varepsilon}\mathrm{e}^{-\rho/2}Im\{\rho^\gamma\Gamma(1-2\gamma)\Gamma(\gamma - Q\varepsilon)[AF(\gamma+1 \\ \qquad\qquad -Q\varepsilon, 2\gamma+1, \rho) - F(\gamma - Q\varepsilon, 2\gamma+1, \rho)]\}, \\ rf(r) = \left\{\begin{array}{c} 1 \\ -\frac{q}{|q|} \end{array}\right\}(-2\sqrt{1+\varepsilon})\mathrm{e}^{-\rho/2}Im\{\rho^\gamma\Gamma(1-2\gamma)\Gamma(\gamma - Q\varepsilon) \\ \qquad [A\,F(\gamma+1-Q\varepsilon, 2\gamma+1, \rho) + F(\gamma - Q\varepsilon, 2\gamma+1, \rho)]\} \end{cases} \tag{21.155}$$

(III 类态中，$rf(r)$ 带有 q 的符号因子)，其中

$$A = \frac{\gamma - Q\varepsilon}{-\kappa + Q} \qquad Q = \frac{z'\alpha}{\sqrt{1-\varepsilon^2}}$$

(21.155) 这类态虽然范数有界，但能量是连续的（$|\varepsilon| < 1$），而且大部分这类态并不正交，因此在物理上是不可能的。假如对势能做某种切断近似，可以给出能级分立的解，但切断的方式带有很大的任意性。即使用

$$U(r) = -U_0 = -\frac{z' \mathrm{e}^2}{r_0} \qquad (r \leqslant r_0)$$

形式的切断，则 $r \leqslant r_0$ 时有

$$rf(r) = \left\{ \begin{array}{c} 1 \\ -\dfrac{q}{|q|} \end{array} \right\} \sqrt{r}[\mathscr{A} \, J_{[k+1/2]}(\beta r) + \mathscr{B} \, N_{[k+1/2]}(\beta r)]$$

$$rg(r) = \frac{\mathrm{i}\frac{\mathrm{d}}{\mathrm{d}r}[rf(r)] + \kappa \frac{rf(r)}{r}}{[\frac{Mc}{\hbar}(1+\varepsilon) + \frac{1}{\hbar c}U_0]} \qquad \beta = \sqrt{(\frac{Mc}{\hbar}\varepsilon + \frac{U_0}{\hbar c})^2 - \frac{M^2 c^2}{\hbar^2}} \tag{21.156}$$

由条件

$$[\frac{f(r)}{g(r)}]_{r=r_0^-} = [\frac{f(r)}{g(r)}]_{r=r_0^+} \tag{21.157}$$

可以求出 $|\kappa| > 0$ 的态的能级，因为平方可积性要求 $\mathscr{B} = 0$。但对于第 III 类态，$\kappa = 0$，上述的切断近似仍不能使能级分立。此外，目前的磁荷的整体规范场理论还不能讨论磁荷连续分布在一个区域的情况。下面将说明前述的正交 - 变分原则可以使 (21.155) 或 (21.156)（包括 $\kappa = 0$ 的情况）的能级分立。

实际上，正交条件 (21.129)、(21.131) 要求能级满足下列关系

$$\gamma_0 \ln \sqrt{1-\varepsilon^2} + \arg \Gamma(\gamma_0 \mathrm{i} - Q\varepsilon) + \arg\{\frac{\mathrm{i}\gamma_0 - Q\varepsilon}{-n+Q} - 1\} = \eta_0 + n\pi \tag{21.158}$$

在使用正交条件时必须仔细地消去无确定极限的量 $\ln r$。η_0 对一切束缚态能量是一致的，但它的数值决定着整个能谱。我们利用上述的基态能量（$E_0 \geqslant 0$）对不定参数 η_0 变分求出最小的原则定出

$$\eta_0 = \arg \Gamma(\gamma_0 \mathrm{i}) + \arg\{\frac{\mathrm{i}\gamma_0}{-\kappa + z'\alpha} - 1\} \qquad E_0 = 0 \tag{21.159}$$

因此能级由下列方程决定

$$\begin{aligned} &\gamma_0 \ln \sqrt{1-\varepsilon^2} + \arg \Gamma(\gamma_0 \mathrm{i} - Q\varepsilon) - \arg \Gamma(\gamma_0 \mathrm{i}) + \\ &\arg\{\frac{\mathrm{i}\gamma_0 - Q\varepsilon}{-\varepsilon + Q} - 1\} - \arg\{\frac{\mathrm{i}\gamma_0}{-\kappa + z'\alpha} - 1\} \\ =\ &n\pi \end{aligned} \tag{21.160}$$

为了获得散射相移，并且获得正态完备正交系，还必须讨论连续谱。对连续谱，$|\varepsilon| > 1$，可以解出本征值为实数的解为

$$\left\{ \begin{array}{l} r\mathscr{F}(r) = c_0\{\mathrm{Im}(\omega_2 - \omega_1) + b(\varepsilon)\mathrm{Re}(\omega_1 - \omega_2)\} \\ r\mathscr{G}(r) = c_0 \sqrt{\frac{\varepsilon+1}{\varepsilon-1}}\{\mathrm{Re}(\omega_2 + \omega_1) + b(\varepsilon)\mathrm{Im}(\omega_2 + \omega_1)\} \end{array} \right. \tag{21.161}$$

其中

$$
\begin{aligned}
\omega_1 &= \mathrm{e}^{-\rho/2}\rho^\gamma A_0 F(\mathrm{i}\gamma_0 + 1 + \mathrm{i}Q_0\varepsilon, 2\gamma_0\mathrm{i} + 1, \rho) \\
\omega_2 &= \mathrm{e}^{-\rho/2}\rho^\gamma F(\mathrm{i}\gamma_0 + \mathrm{i}Q_0\varepsilon, 2\gamma_0 i + 1, \rho) \\
A_0 &= \frac{\mathrm{i}\gamma_0 + \mathrm{i}Q_0\varepsilon}{-\kappa - Q_0\mathrm{i}} \qquad Q_0 = \frac{z'\alpha}{\sqrt{\varepsilon^2 - 1}} \qquad \rho = \mathrm{i}\frac{2Mc}{\hbar}\sqrt{\varepsilon^2 - 1}\,r = 2\mathrm{i}pr \quad (21.162)
\end{aligned}
$$

$b(\varepsilon)$ 为 ε 的实函数。(21.161) 这些态一般也不是彼此正交的。为保证散射态彼此正交, 必须用散射态的正交判据来选定 $b(\varepsilon)$。这时必须同时考虑 $r \to 0$ 与 $r \to \infty$ 时的波函数的渐近行为。如果令

$$
A_0 \pm 1 = S_0^\pm \mathrm{e}^{\mathrm{i}\sigma\pm}
$$

可以证明对一切 $\varepsilon^2 > 1$ 的态存在下列关系

$$
\begin{cases}
\mathrm{tg}(\sigma^+ - \sigma^-) = \frac{\kappa}{\gamma_0} \\
\frac{S_0^+}{S_0^-}\sqrt{\frac{\varepsilon+1}{\varepsilon-1}} = 1
\end{cases}
\tag{21.163}
$$

在 $r \to \infty$ 时, 注意到 $pr \geqslant 1$ 时波函数的渐近式为

$$
\begin{cases}
\omega_1 \simeq \frac{\Gamma(2\gamma_0\mathrm{i}+1)A_0}{\Gamma(\gamma_0\mathrm{i}+Q_0\varepsilon\mathrm{i}+1)}\mathrm{e}^{ipr+Q_0\varepsilon\mathrm{i}\ln pr+\frac{\pi}{2}Q_0\varepsilon\mathrm{i}} \\
\omega_2 \simeq \mathrm{e}^{\pi\gamma_0+Q_0\varepsilon}\frac{\Gamma(2\gamma_0\mathrm{i}+1)}{\Gamma(\gamma_0\mathrm{i}-Q_0\varepsilon\mathrm{i}+1)}\mathrm{e}^{-ipr-Q_0\varepsilon\mathrm{i}\ln pr-\frac{\pi}{2}Q_0\varepsilon\mathrm{i}}
\end{cases}
\tag{21.164}
$$

其中, 已考虑到 $pr \gg 1$ 时, ω_2 中起主要作用的项与 ω_1 的不同。记

$$
\frac{\Gamma(2\gamma_0\mathrm{i}+1)A_0}{\Gamma(\gamma_0\mathrm{i}+\mathrm{i}Q_0\varepsilon+1)} = \eta\mathrm{e}^{\mathrm{i}u} \qquad \frac{\Gamma(2\gamma_0\mathrm{i}+1)\mathrm{e}^{\pi\gamma_0+Q_0\varepsilon}}{\Gamma(\gamma_0\mathrm{i}-\mathrm{i}Q_0\varepsilon+1)} = \zeta\mathrm{e}^{\mathrm{i}v}
$$

则

$$
\begin{cases}
r\mathscr{F}(r) \approx c_0'\Omega\sin(pr + Q_0\varepsilon\ln pr + \frac{\pi}{2}Q_0\varepsilon + \omega) \\
r\mathscr{G}(r) \approx -c_0'\sqrt{\frac{\varepsilon+1}{\varepsilon-1}}Q\sin(pr + Q_0\varepsilon\ln pr + \frac{\pi}{2}Q_0\varepsilon + \omega')
\end{cases}
\tag{21.165}
$$

其中

$$
\begin{aligned}
Q &= \frac{1}{\cos\beta}\{\eta^2 + \zeta^2 + 2\eta\zeta\cos(u + \nu - 2\beta)\}^{\frac{1}{2}} \\
\cos\beta &= \frac{1}{\sqrt{1 + b^2(\varepsilon)}}, \\
\cos\omega &= \frac{-1}{Q\cos\beta}[\eta\cos(u - \beta) + \zeta\cos(\beta - v)] = -\sin\omega' \\
\sin\omega &= \frac{-1}{Q\cos\beta}[\eta\sin(u - \beta) + \zeta\sin(\beta - v)] = \sin\omega' \\
\omega - \omega' &= \frac{\pi}{2} \\
c_0' &= c_0\sqrt{1 + b^2(\varepsilon)}S^-\mathrm{e}^{-\frac{\pi}{2}\gamma_0}
\end{aligned}
$$

利用 (21.163)、(21.164) 正交归一判据化为

$$\frac{\hbar c}{E_2 - E_1}\{c'_{01} c'_{02} \cos(\sigma^+ - \sigma^-)\sin[\gamma_0 \ln 2p_1 r + \sigma_1^- - \beta_1 -$$

$$(\gamma_0 \ln 2p_2 r + \sigma_2^- - \beta_2)]\} + |c_0|^2 \frac{Q_1 Q_2}{\varepsilon - 1}[\pi\delta(p_1 + p_2) + \pi|\varepsilon_1|\delta(p_1 - p_2)]$$

$$= \quad \delta(E_1 - E_2) = \frac{|E_1|}{\hbar^2 c^2 p_1}[\delta(p_1 + p_2) + \delta(p_1 - p_2)] \tag{21.166}$$

当 $p_1 \neq \pm p_2$ 时，要求 (21.166) 左端第一项为零，因而得到 $b(\varepsilon)$ 的函数形式

$$b(\varepsilon) \equiv \text{tg}\beta(\varepsilon) = \text{tg}[\gamma_0 \ln\sqrt{\varepsilon^2 - 1} + \arg(A_0 - 1) - \vartheta_0] \tag{21.167}$$

因此，散射态情况下，正交条件并不能导致能级分立（这是物理上所要求的，也是运用正交－变分原则时首先关心的，因为正交条件在 $|\varepsilon| < 1$ 时给出能级分立），而是给出了实函数 $b(\varepsilon)$ 的具体形式。ϑ_0 是与态无关的常数。当 $E_1 \to E_2$ 时，(21.166) 同时给出了归一化常数

$$c_0 = \frac{1}{Q}(\sqrt{\frac{\varepsilon - 1}{\varepsilon + 1}}\frac{1}{\hbar c\pi})^{1/2} \tag{21.168}$$

这样获得的散射态与束缚态并未保证正交，因为 ϑ_0 尚未确定。物理上要求散射态与束缚态彼此正交。这个要求是可以办到的。因为这时判据 (21.129) 的右端为零，左端的 $r \to \infty$ 的项也为零，故正交条件唯一地定出了 ϑ_0

$$\vartheta_0 = \arg\Gamma(\gamma_0\text{i}) + \arg\{\frac{\text{i}\gamma_0}{-\kappa + z'\alpha} - 1\} + \arg\Gamma(1 - 2\gamma_0\text{i}) \tag{21.169}$$

因此，利用正交变分原则，使束缚态能级自然分立，但不使散射态能量分立，却可以定出实函数 $b(\varepsilon)$ 的具体函数形式，最后将能级和全体定态（束缚态和散射态）及其归一化常数都确定下来，从而也解决了散射问题，同时也可以将正负磁荷的相对论定态和能级的不定性消除。

总之，量子力学中本征态全体具有整体性质，这种整体性质在某些有奇性态的问题中表现得特别明显：一个态相角的不定性牵涉到整组态和能级的不定性。正交－变分原则就是利用基态能量最小和态的正交性将这种不定性消除的。

21.5　一维氢原子关于奇性态的正交判据和一维氢原子的偶宇称定态的不存在性

21.5.1　引言

一维氢原子定态的 Schrödinger 方程为

$$-\frac{\hbar^2}{2m}\frac{\partial^2}{\partial x^2}\psi(x) - \frac{Ze^2}{|x|}\psi(x) = E\psi(x) \qquad (-\infty < x < \infty) \tag{21.170}$$

许多人[23-27] 都对这问题很有兴趣。因为在理论上和结论上存在着明显的分歧，它们可能牵涉到量子力学中奇性态的若干判据，这种兴趣就自然产生了。此外，激子模型（包括一维模型）的研究联系着高温超导电性[28]、半导体[29,30] 和聚合物（polymers）[31-33] 的理论。另一方面，在实验上，科学家们对维格纳晶体 (Wigner crystal)[34,35] 很有兴趣。这些实验将一维电子气喷在液氦的表面。由于镜像力的存在，本质上这问题可看作是一维氢原子问题，它的理论描述可能得到实验的鉴别，奇性态的定解判据也可得到检验。

如所周知，一维氢原子和三维氢原子的波函数满足相同的 Schrödinger 方程。它们间的唯一差别是变量 x，它在一维氢原子问题中可以是负的。

引入 Bohr 半径和下列变量代换

$$a_0 = \frac{\hbar^2}{m e^2} \qquad \xi = \frac{2x}{\alpha a_0} \qquad E = -\frac{\hbar^2}{2 m a_0^2 \alpha^2} \tag{21.171}$$

方程 (21.170) 转换成 Whittaker 方程（Whittaker equation）[37-39]

$$\frac{\mathrm{d}^2}{\mathrm{d}\xi^2}\psi - \frac{1}{4}\psi + \frac{\alpha}{|\xi|}\psi = 0 \tag{21.172}$$

利用函数变换 $\psi(\xi) = \mathrm{e}^{-\frac{1}{2}\xi} f(\xi)$，有

$$\xi f''(\xi) - \xi f'(\xi) + \alpha f(\xi) = 0 \tag{21.173}$$

这是库末方程（Kummer equation) 的一种特殊情况。

$$z \frac{\mathrm{d}^2 y}{\mathrm{d}z^2} + (\gamma - z)\frac{\mathrm{d}y}{\mathrm{d}z} - \alpha y = 0 \tag{21.174}$$

通常它的一般解可以写作下列形式

$$y(z) = A\,F[-\alpha, \gamma, z] + B\,z^{1-\gamma}\,F[-\alpha - \gamma + 1, 2 - \gamma, z] \tag{21.175}$$

其中，F 是合流超几何函数 (the confluent hypergeometric function) 或多库末函数。有必要详细地研究一维氢原子和三维氢原子的 s 态。这是因为（这一点与三维氢原子的非 s 态不同）在上述方程的两个特解是等价的

$$\lim_{c \to 0} \frac{1}{\Gamma(c)} F(a, c; \xi) = a\,\xi\,F(a+1, 2, \xi) \tag{21.176}$$

R. Loudon 对求解这个问题中的重要贡献在于他运用于 Whittaker 函数作为 Whittaker 方程的两个特解，因为它们在一般参数下都是线性独立的。

Flugge 和 Marschall [23] 的结论是：只存在一个奇宇称的解族。Loudon 的结论是：首先，还存在着一个偶宇称的解族；其次，基态的结合能无穷大。它们与奇宇称的态是简并的；他建议了对量子力学中一维束缚态无简并定理 [40] 的若干改进。但 M.Andrews [25] 利

用 Schwarz 不等式证明，Loudon 的基态 ψ_0 将与所有平方可积的波函数正交，将对完备性没有贡献，并且不能被观察到。进而 Andrews 质疑 Loudon 的基态的存在，但他对偶宇称的其他态不作置评。

赵书城 [26] 讨论无简并定理，并建议无简并定理破坏的条件。他还引用 Loudon 偶宇称的解作为无简并定理破坏的例子。

我们幸运地注意到在动量空间有奇性的势。以液氦表面的电子为例，我们研究了镜像势的动量表象（它具有动量空间的奇性），严格解出了在动量空间的一维氢原子问题 [41]。我们建议了消发散判据（在动量空间），证明了偶宇称态不能满足消发散判据，因而必须被摒弃。根据在动量空间的研究，我们的结论是只有奇宇称能够存在。

这些分歧与争论涉及量子力学中的基础理论和定理。Wigner 晶体问题无论在理论还是在实验上均是非常有兴趣的，并且可能验证本理论的正确性和同时考验奇性态的定解判据。我们将回到坐标空间来详细讨论一维氢原子问题。

21.5.2 疑难和目标

不仅 Flugge 和 Marschall [23]，而且 Loudon [24] 也在只讨论右半空间时就将一维氢原子的能量量子化了。他们的结果是有待商榷的。从理论的观点来看，这类处理显然是不可接受的，因为它可能导致不正确的结果。例如，如果我们将左半空间改变为负的线性势，由物理或数学分析显然可以看出，粒子将流向左半空间，从而根本就没有束缚态。因而，如果人们根据右半空间的研究，事先将能量量子化，其结论完全可能是错误的。

令人非常有兴趣的是，直至 1997 年，据我们所知，没有人根据坐标空间的完全的标准条件，自然地给出一维氢原子的能量量子化。本文的目标之一，是在坐标空间给出自然的描述和达到正确的结论以澄清争论，并讨论量子力学中定解的一般判据。

21.5.3 奇性势的边界条件

在量子力学中，人们相信当势具有有限跳跃的不连续性时，要求"波函数的平滑相连 (smooth connection of wave function)"（波函数及其微商的连续）。当势是发散的，仍然要求波函数的连续性，但并不要求其微商的连续性。这些命题的基础和其微商的不连续性的定量表述必须明确或澄清。这是一个关键议题。

根据物理的观点，边界条件是场方程在边界上的体现。通常这些条件由积分形式的场方程取极限而获得。电磁场的 Maxwell 方程的边界条件就是典型的例子。沿着这条思路，我们展开奇点处的边界条件的讨论。

如果 $x = a$ 是势 $V(x)$ 的一个奇点，那么 $x = a$ 可以看作场方程 (如 Schrödinger 方

程) 的一个边界（点）。波函数微商的对应变更可以由场方程自身获得

$$\psi'(a+\epsilon) - \psi'(a-\epsilon) = \frac{2m}{\hbar^2} \int_{a-\epsilon}^{a+\epsilon} [V(x) - E]\,\psi(x)\,\mathrm{d}x \qquad (\epsilon \to 0^+) \qquad (21.177)$$

下列几点是清楚的：

(1) 当势的跳跃是有界的，则波函数的微商在点 $x = a$ 是连续的。

(2) 在著名的具有 δ 函数势的一维多体问题中 [36]，波函数的连接条件也满足这个条件。

(3) 当波函数是有界的，而势 $V(x)$ 在 $x = a$ 点是发散的，但非 δ-函数势，例如在一维氢原子情况中，条件 (21.177) 自然变为

$$\psi'(0^+) - \psi'(0^-) = \frac{2m}{\hbar^2} \int_{0^-}^{0^+} V(x)\psi(x)\mathrm{d}x \qquad (21.178)$$

这可看作上述边界条件的一个应用。

21.5.4 一维情况下奇性态的正交判据

从我们的观点看，一维氢原子的偶宇称态是一个奇性态，因为其波函数的微商是不连续的。

在物理上，奇性态确实存在。有时它们是非常重要的，而且缺了它们，本征函数系将是不完备的。著名的氢原子 Dirac 方程的基态也是一个奇性态，它在原点处是发散的。

由于奇性态在物理上的重要性，人们对奇性态及其应用作了许多详细的研究[8,16,19-22]。

在奇性势问题中，通常没有奇性态。有趣的是某些奇性态满足方程而且是平方可积的，但能谱是连续的。有时候它们具有复数本征值。经过深入的研究后，发现这些态的特征是不正交[8,16,19,21,22]。

在传统的量子力学中，本征函数系的正交性是厄米算子的必然结果而且是由一数学定理保证的。但对奇性势则必须作适当的调整。为了建立推广了的同时包含奇性态的量子力学框架，由测量几率的实数性的物理要求，必然导致本征函数系正交性 [16]。根据正交判据，人们能够判断哪些奇性态能够存在，而另一些不能。

两个态的正交性的严格定义如下

$$\int \psi_1^* \psi_2 \,\mathrm{d}\tau = 0 \qquad (21.179)$$

但在通常情况下其计算并不容易。如果 ψ_1 和 ψ_2 满足运动方程，判断正交性的的最好方式是按照波函数在奇点的渐近行为。我们称这些标准为"正交判据"。

[8]、[16]、[22] 获得 Dirac 方程的正交判据如下

$$\lim_{r \to 0; R \to \infty} q(r)\big|_r^R = \frac{1}{\hbar c}\delta(E_1 - E_2) \qquad (21.180)$$

其中

$$q(r) = \frac{r^2}{E_2 - E_1}[f_1^*(r)\,g_2(r) - f_2(r)\,g_1^*(r)] \tag{21.181}$$

利用这个判据，作者们讨论了具有 $z > 137$ 的类氢原子[20,22]，在磁单极-磁单极系统中具有本性奇点的奇性态 [8]，还摒弃了所有具有复本征值的奇性态（它们虽仅具有极点奇性）[8,20]。

在文献 [19] 中，运用磁单极谐和函数（monopole harmonics）[1]，我们获得了电子- 磁单极体系的正交判据，特别是对于 III 类态的正交判据：

$$\lim_{r \to 0; R \to \infty} -\frac{\mathrm{i}\frac{q}{|q|}\hbar c r^2}{E_2 - E_1}\{f_1^*(r)\,g_2(r) + g_1^*(r)\,f_2(r)\}|_r^R = \delta(E_1 - E_2) \tag{21.182}$$

根据这个判据，相对论量子力学中的一类相角不定性 (the phase-angle uncertainty) 能够被锁定，而且获得与 Kazama-Yang-Goldharber [15] 用其他方法得到的同样的结果。在文献 [20] 中，我们详细地讨论了正交判据，并给出了具有 $z > 137$ 的类氢原子的能级方程（由正交判据获得）的某些数值结果。

三维 Schrödinger 方程的正交判据为[16]

$$\lim_{r \to 0; R \to \infty} -\frac{\hbar^2 r^2}{2m(E_2 - E_1)}[R_1^*(r)R_2'(r) - R_1'^*(r)R_2(r)]|_r^R = \delta(E_1 - E_2) \tag{21.183}$$

具有下列势能的奇性态问题已被讨论[16]

$$U(r) = -\frac{\alpha}{r} - \frac{\beta}{r^2} \tag{21.184}$$

现在将正交判据扩展到一维情况

$$\lim_{r \to 0; R \to \infty} Q(x)|_r^R = \delta(E_2 - E_1) \tag{21.185}$$

其中

$$Q(x) = -\frac{\hbar^2}{2m(E_2 - E_1)}[\psi_1^*(x)\psi_2'(x) - \psi_1'^*(x)\psi_2(x)] \tag{21.186}$$

这种情况与先前讨论的极点、本性奇点、相角不定性等的奇性 (the pole, essential singularity and phase angle uncertainty) 不同。这里存在函数的微商的奇性，而且这奇点是对数（支点）奇性。

21.5.5 一维氢原子的严格解

方程 (21.172) 显然是 Whittaker 方程的特殊情况

$$W'' + [-\frac{1}{4} + \frac{k}{z} + \frac{\frac{1}{4} - m^2}{z^2}]W = 0 \tag{21.187}$$

它的两个特解为 Whittaker 函数：$W_{k,m}(z)$ 和 $W_{-k,m}(z)$。选取 Whittaker 函数的优点是在一般的参数下它们都是线性独立的。它们具有如下的渐近行为

$$W_{\pm k,m}(\pm z) = \mathrm{e}^{\pm \frac{z}{2}}(\pm z)^{\pm k}\{1 + O(z^{-1})\} \tag{21.188}$$

它们可以由 Barnes 积分表示获得 [37]。当 $2m$ 为整数时

$$W_{k,m}(z) = \frac{(-1)^{2m+1}}{(2m)!\Gamma(\frac{1}{2}-k-m)}[\mathrm{e}^{-\frac{z}{2}}z^{\frac{1}{2}+m}F[\frac{1}{2}+m-k,1+2m,z]\ln(z)$$

$$+ \sum_{n=0}^{\infty}\frac{(\frac{1}{2}-k+m)_n}{n!(1+2m)_n}z^{n+m+\frac{1}{2}}\mathrm{e}^{-\frac{z}{2}}\{\psi(\frac{1}{2}-k+m+n)-\psi(1+2m+n)-\psi(1+n)\}$$

$$+ (-1)^{2m+1}\mathrm{e}^{-\frac{z}{2}}z^{\frac{1}{2}+m}\frac{(2m-1)!(2m)!\Gamma(\frac{1}{2}-k-m)}{\Gamma(\frac{1}{2}-k+m)}\sum_{n=0}^{2m-1}\frac{(\frac{1}{2}-k-m)_n}{n!(1-2m)_n}z^{n-2m}] \tag{21.189}$$

其中，$(B)_n \equiv \frac{\Gamma(B+n)}{\Gamma(B)}$ 和 $2m = 0,1,2\ldots$。

对一维氢原子有

$$k = \alpha \qquad z = \xi \qquad m = \frac{1}{2} \qquad \gamma = 1 + 2m \tag{21.190}$$

从而解为

$$W_{\alpha,\frac{1}{2}}(\xi) = \frac{\mathrm{e}^{-\frac{\xi}{2}}}{\Gamma(-\alpha)}\{\xi F[1-\alpha,2,\xi][\ln(\xi)+\psi(1-\alpha)-\psi(2)-\psi(1)]$$

$$-\frac{1}{\alpha} + \sum_{n=1}^{\infty}\frac{(1-\alpha)_n}{n!(n+1)!}\xi^{n+1}A_n\} \tag{21.191}$$

其中

$$A_n = \sum_{l=0}^{n-1}[\frac{1}{1-\alpha+l} - \frac{1}{2+l} - \frac{1}{1+l}] \tag{21.192}$$

这与 Loudon 用 Frobenius 方法获得的结果是一样的。

在正半空间，考虑到渐近行为 (21.188)，束缚态的平方可积条件摒弃了另一个特解。由于哈密顿算子的反演对称性，我们可以寻求能量和宇称的共同本证函数。我们有

$$\psi_o(x) = \begin{cases} W_{\alpha,\frac{1}{2}}(\xi) & (x < 0) \\ -W_{\alpha,\frac{1}{2}}(-\xi) & (x < 0) \end{cases} \tag{21.193}$$

$$\psi_e(x) = \begin{cases} W_{\alpha,\frac{1}{2}}(\xi) & (x < 0) \\ W_{\alpha,\frac{1}{2}}(-\xi) & (x < 0) \end{cases} \tag{21.194}$$

考虑到 $W_{\alpha,\frac{1}{2}}(\xi)$ 在 $x=0$ 处微商有对数奇性，Loudon 一般地摒弃了这类函数，除非 α 等于整数 [24]。然后即使人们只考虑右半空间，能量也已经被量子化了。这个结论与文献 [23] 的相似。

我们有些不同的见解：

其一，这种能量量子化的处理在理论上是不可接受的，因为在左半空间的势肯定对能级会有所影响。

其二，普遍地摒弃微商具有对数奇性的解是不正确的，因为氢原子的 Dirac 基态的奇性的级别（极点）更高，物理学家最终接受了这个重要的（奇性）态。按照平方可积性，Dirac 接受了这个基态。如果基于同样的标准（平方可积），这里的 Whittaker 函数也应该被接受为可能的波函数。但是随着时间的流逝，人们已经发现许多有复本征值的奇性态，也是平方可积。此外有些具有连续的实本征值的奇性态也是平方可积的。所以至此，一维氢原子的理论研究，能量量子化问题仍然未解决。

我们的观点是，本征函数系的正交性是测量几率的实数性的要求 [16]。这是物理和自然的要求，因而是一切本征函数系，包括正规的和奇性的态，都必须满足的。正规的态自然满足正交判据，对奇性态，情况就完全不同了，判据对奇性态是特别重要的。正交判据让我们在满足（波）Schrödinger 方程的函数类中筛选出可以接纳的物理态，并摒弃那些不满足正交判据的奇性态。这样，如同其他标准条件一样，正交判据是一个物理要求，正是这个要求导致许多奇性态的能量量子化。

考虑到束缚态的波函数在无穷远处趋于零，一维氢原子的正交判据可被简化为

$$[\psi_1^*(x)\psi_2'(x) - \psi_1'^*(x)\psi_2(x)]|_{0^-}^{0^+} = 0 \tag{21.195}$$

因为偶函数与奇函数彼此正交，我们只须考察 ψ_1 和 ψ_2 都是偶的或都是奇的，那么 $Q(x)$ 总是奇函数。

我们无须预先取 α 的极限值，从一般解 (21.191) 出发，我们保留所有的非零项。特别注意对数项，因为它们可能导致微商奇性。

$$W_{\alpha,\frac{1}{2}}(0^+) = \frac{1}{\Gamma(1-\alpha)} \tag{21.196}$$

$$\frac{\mathrm{d}}{\mathrm{d}x}W_{\alpha,\frac{1}{2}}(\xi)|_{\xi\to 0^+} = \frac{2}{\alpha\, a_0\Gamma(-\alpha)}\{\ln(\xi) + \psi(1-\alpha) - \psi(2) - \psi(1) + 1 + \frac{1}{2\alpha}\} \tag{21.197}$$

(1) 当 ψ_1 和 ψ_2 都是奇函数时。

$$\int_{-\infty}^{\infty} \psi_1^* \psi_2 \, \mathrm{d}x =$$

$$\frac{2\hbar^2}{m\, a_0[E_2 - E_1]\Gamma(1-\alpha_1)\Gamma(1-\alpha_2)}\{\ln(\frac{\alpha_1}{\alpha_2}) + \psi(1-\alpha_2) - \psi(1-\alpha_1) + \frac{1}{2\alpha_2} - \frac{1}{2\alpha_1}\} \tag{21.198}$$

这里特别注意到对数的微商和对数在坐标原点的不确定性已经消失。然后由正交判据，我们获得了决定能级的方程

$$I_{12} = \frac{1}{\Gamma(1-\alpha_1)\Gamma(1-\alpha_2)}\{\ln(\frac{\alpha_1}{\alpha_2}) + \psi(1-\alpha_2) - \psi(1-\alpha_1) + \frac{1}{2\alpha_2} - \frac{1}{2\alpha_1}\} = 0 \quad (21.199)$$

求解这类方程并非易事，因为它们是成对的正交关系。一般来说，对任一固定的 α_1，去解出 α_2 的总体 $\{\alpha_2\}$，我们需要求解 $N(N-1)/2$ 条方程。注意，由于正交判据必须被每两个本征态所满足，所得的 $\{\alpha_1\}$ 总体必须与 $\{\alpha_2\}$ 的总体相同。换言之，我们不能得到这样的结果：给定 α_1，解方程，得到一组 $\{\alpha_2\}$，但 α_1 并不属于 $\{\alpha_2\}$。在数学上这引来许多困难。但是，物极必反，有时候这类严厉的限制提供了很有意义的方便。对于我们的情况，显然满足所有成对的正交关系的严格解只能是自然数的全体

$$\alpha = 1, 2, 3, \ldots \quad (21.200)$$

然后我们获得了一支分立的能谱

$$E_n = -\frac{\hbar^2}{2\,m\,a_0^2\,n^2} \qquad (n = 1, 2, 3, \ldots) \quad (21.201)$$

当 $\alpha = n$ 是整数，Whittaker 函数变为蒂合 Laguerre 函数 (associate Laguerre function)：

$$\lim_{\alpha \to n} W_{\alpha,\frac{1}{2}}(\xi) = \frac{(-1)^n}{n}\xi\,\mathrm{e}^{-\frac{\xi}{2}}\,L_n^1(\xi) \quad (21.202)$$

同时这些函数满足波函数及其微商的全部连接条件

$$\psi(0^+) = \psi(0^-) \quad (21.203)$$

$$\psi'(0^+) - \psi'(0^-) = \frac{2m}{\hbar^2}\int_{0^-}^{0^+} V(x)\psi(x)\,\mathrm{d}x = 0 \quad (21.204)$$

从而我们获得了奇宇称本征函数的严格解：

$$\psi(x) = \begin{cases} N_n\xi\,\mathrm{e}^{-\frac{\xi}{2}}\,L_n^1(\xi) & (x \geqslant 0) \\ N_n\xi\,\mathrm{e}^{\frac{\xi}{2}}\,L_n^1(-\xi) & (x \leqslant 0) \end{cases}$$

$$(21.205)$$

(2) 当 ψ_1 和 ψ_2 两者都是偶函数时。

注意此情况下，$Q(x)$ 仍然是奇函数，我们获得同样的正交表达式和确定能级的方程 (21.199)，而且严格地给出相同的 α 和能级 (21.201)。但波函数具有下列形式：

$$\psi(x) = \begin{cases} N_n\xi\,\mathrm{e}^{-\frac{\xi}{2}}\,L_n^1(\xi) & (x \geqslant 0) \\ -N_n\xi\,\mathrm{e}^{\frac{\xi}{2}}\,L_n^1(-\xi) & (x \leqslant 0) \end{cases}$$

$$(21.206)$$

所有这些函数满足波函数的连接条件

$$\psi(0^+) = \psi(0^-) \tag{21.207}$$

但它们的微商不满足连接条件

$$\psi'(0^+) - \psi'(0^-) = 4\frac{(-1)^{n+1}(n-1)!}{a_0} \tag{21.208}$$

和

$$\frac{2m}{\hbar^2}\int_{0^-}^{0^+} V(x)\psi(x)\,\mathrm{d}x = 0 \neq \psi'(0^+) - \psi'(0^-) \tag{21.209}$$

从而我们可以明确地摒弃所有这些具有偶宇称的态, 这也消除了无简并定理的反例, 这些反例曾由 Loudon 所提议[24], 并被 Zhao[26] 所引用。

21.5.6 Andrews 和 Loudon 关于基态的争论

一个最有兴趣的态是那个 $\alpha \to 0$ 的态, 它被 Loudon 建议为基态, 具有无穷大的结合能, 而且 $E \to -\infty$。它的微商的对数奇性已经消失, 根据 (21.191)

$$\psi_0 = W_{\alpha,\frac{1}{2}}(\xi) = \mathrm{e}^{-\frac{\xi}{2}} \quad (\alpha \to 0) \tag{21.210}$$

这个解也可以由方程 (21.172) 直接导出。由这个表达式构成的奇宇称态显然满足微商连接条件 (21.204)。但波函数在原点具有不连续性。对由表达式 (21.210) 构成的偶宇称态的波函数是连续的。一些人们希望这个态作为物理态是可以理解的。但这偶宇称态并不满足微商连接条件 (21.204)。因为

$$\psi'(0^+) - \psi'(0^-) = -\frac{2}{\alpha\, a_0}$$
$$\frac{2m}{\hbar^2}\int_{-\epsilon}^{\epsilon} V(x)\,\psi(x)\mathrm{d}x = \lim_{\frac{\epsilon_0}{\epsilon}\to 0^+} \frac{4m}{\hbar^2}\int_{\epsilon_0}^{\epsilon} V(x)\,\psi(x)\mathrm{d}x$$
$$= -\frac{4m\,e^2}{\hbar^2}\ln(\frac{\epsilon}{\epsilon_0}) \tag{21.211}$$

后一积分是发散的, 而且是与 α 无关的。没有明确的理由认为这两个表达式是相等的。但是人们可以争论, 当 $\alpha \to 0$ 时, 两个表达式都趋于 $-\infty$。所以, 连接条件不能强有力地摒弃 Loudon "基态"。而且对三维氢原子 s 态, 也存在 Loudon "基态"问题。

根据 Schwarz 不等式, Andrews[25] 证明 ψ_0 和平方可积的态 ψ 之间的标量积为零。我们还可以证明 $\psi(x)$ 也可以是任何有限的波函数:

$$\left|\int_0^\infty \psi_0(x)\psi(x)\,\mathrm{d}x\right| < |\psi|_{\max}\int_0^\infty \psi_0(x)\,\mathrm{d}x = |\psi|_{\max}\sqrt{\alpha\,a_0} \to 0 \tag{21.212}$$

Andrews 宣称：ψ_0 并非平方可积函数系的展开式的完备性所需要的；ψ_0 是不可观察的。

但是，我们并不认为这结论是完全正确的，因为 ψ_0 的结合能 (binding energy) 是无穷大。一旦 ψ_0 确实存在，则所有的一维氢原子将待在这个"基态"中，而且永远不能被激发。所有的其他（激发）态将不被观察到。但实际上，其他态确实被观察到。这就要求量子力学的基础理论必须提供某些有意义的理由去摒弃 Loudon "基态"。

根据我们的研究，我们发现：

(1) Andrews 并不曾证明 $\psi_0(x)$ 是否与其他本征态在量子力学意义下正交，因为在 (21.212) 中的标量积的消失仅由于无穷大的结合能，但并不由于积 $\psi_0\psi$ 的符号交叉变化所致。

(2) 量子力学中的正交关系

$$\int_{-\infty}^{\infty} \psi_1^*(x)\psi_2(x)\,\mathrm{d}x = \delta(E_1 - E_2) \tag{21.213}$$

不但指明当 $E_1 \neq E_2$ 时，标量积为零，而且也完全确定其能量依赖关系。例如，我们将它乘以任一整函数，其结果必然为零

$$I(E_1 - E_2) \int_{-\infty}^{\infty} \psi_1^*(x)\psi_2(x)\,\mathrm{d}x = 0 \qquad (E_1 \neq E_2) \tag{21.214}$$

显然 (21.214) 不能被 (21.212) 所保证。例如，$I(E_1 - E_2) = E_1 - E_2$。

现在让我们核对正交关系。根据 (21.210) 和 (21.202)

$$\begin{aligned}
Q(0^+) \;\sim\;& \psi_0^*(0^+)\,\psi_n'(0^+) - \psi_0'^{\,*}(0^+)\psi_n(0^+) \\
=\;& \psi_n'(0^+) = \frac{2}{n^2 a_0}(-1)^n L_n^1(0) \neq 0
\end{aligned} \tag{21.215}$$

这表明只要具有 $\alpha \to 0$ 的，无论奇宇称还是偶奇宇称的态都不可能存在。结论是这些态的不存在性的根本理由是它们与其他本征态的非正交性。这个结论与 Andrews 运用 Schwarz 不等式获得的结论是一致的，但其基础是完全不同的。

21.5.7　三维氢原子的 s 态及其他

为了解释正交判据的正确性及其应用，我们考虑如下的势

$$V(x) = -\frac{\alpha_0}{r} - \frac{\beta}{r^2} \tag{21.216}$$

三维 Schrödinger 方程的径向波函数 $u(r) \equiv r\,R(r)$ 满足下列方程

$$u''(r) + \left[\frac{2mE}{\hbar^2} + \frac{2m\alpha_0}{\hbar^2 r} + \frac{\frac{2m\beta}{\hbar^2} - l(l+1)}{r^2}\right] u(r) = 0 \tag{21.217}$$

人们可以通过适当的变换, 将它化为合流超几何方程 (confluent hypergeometric equation), 记

$$\Gamma = \frac{2m\beta}{\hbar^2} - l(l+1) \neq 0 \qquad (21.218)$$

由两个线性独立的特解的线性组合很容易获得一般解 (或称通解)。有些人常利用相同的方法获得 $\Gamma = 0$ 时的"一般解", 但在这种情况下这两个特解实际上是相同的, 因而我们遇到先前提到的相同的问题。如同前面所述, 我们可以利用两个 Whittaker 函数表示方程的一般解 (包括 $\Gamma = 0$ 的情况, 如 Loudon 所作的那样)。重复前面的讨论, 记 $\alpha_0 = z e^2$, 主要的差别是自变量的定义域的限制 ($r \geqslant 0$)。我们也可以利用几乎相同的正交判据来判断哪些解是物理的

$$\int_0^\infty \int_0^\pi \int_0^{2\pi} \psi_1^* \psi_2 \, r^2 \mathrm{d}r \, \sin(\theta)\mathrm{d}\theta \, \mathrm{d}\phi = -Q(0^+) = 0 \qquad (21.219)$$

其中

$$Q(r) = -\frac{\hbar^2 r^2}{2m\left[E_2 - E_1\right]}[R_1^*(r)\, R_2'(r) - R_2(r)\, R_1'^{\,*}(r)] \qquad (21.220)$$

当 $u(r)$ 是 Whittaker 函数, 由 (21.191) 表示, 则正交判据变为确定能级的方程

$$\frac{1}{\Gamma(1-\alpha_1)\Gamma(1-\alpha_2)}\{\ln(\frac{\alpha_1}{\alpha_2}) + \psi(1-\alpha_2) - \psi(1-\alpha_1) + \frac{1}{2\alpha_2} - \frac{1}{2\alpha_1}\} = 0 \qquad (21.221)$$

那么 α 必须是自然数, 而且所有的 s 态的能级为

$$E_n = -\frac{\hbar^2}{2m\, a_0^2\, n^2} \qquad (n = 1, 2, 3, ...) \qquad (21.222)$$

值得注意的是, 在利用正交判据实现能量量子化之前, Whittaker 函数 (21.191) 是不发散的, 而且在原点趋于零。这些函数是平方可积的, 而且 α 是连续的。通常的标准条件不能够使能量量子化。正是这正交判据, 摒弃了所有连续的束缚态, 并筛选出所有的 s 态, 而且它们是实验上可观察的。

与一维情况不同, 三维时所有的 s 态具有偶宇称。波函数的连续性不是一个问题。可以证明微商的连结如下

$$\frac{\partial\psi}{\partial r} = -\frac{1}{a_0\sqrt{4\pi}} \lim_{r_0 \to 0} \int_0^{r_0} u(r)\, \mathrm{d}r = 0 \qquad (21.223)$$

可以证明当 $\alpha = n$ 时, 这个条件是肯定满足的。

研究态 $u_0 = C\, \mathrm{e}^{-\frac{\xi}{2}}$ 的存在性问题是非常有兴趣的。在 Loudon 的理论中, 这个态是被接受的。而 Andrews 认为由于这个态与其他态的内积为零, 它将是不可被观察的。但在我们的理论中, 只有在兼容奇性态的推广了的量子力学框架中, 正交判据能够明确地摒弃这类奇性态。

三维氢原子是另一个特例。在实验上，三维氢原子是非常清楚的，所以本节中的一些例子提供了考验两个理论的正确性的可靠基础。在实验上，这些一维奇性态没有被观察到。这意味着正交判据已经经受了事实的考验。

在 (21.218) 中对 $\Gamma < \frac{1}{4}$ 的情况，正交判据在两类奇性态中摒弃了具有较高阶奇性的态，而接受具有较低阶奇性的态。

21.5.8　结论与讨论

为了适应奇性态问题的研究，必须将量子力学框架推广，去兼容奇性态[16,20,22]。在这个框架中，由于动力学量测量几率的实数性，本征函数的正交判据等同于物理的自然要求[16]。对于正常态，这些正交性通常是自动满足的[16]。但对于奇性态，情况就不同了：有时候这些正交性是非常重要的，并能够摒弃许多非物理态。有时候能级本质上就由这些正交判据所决定。这里讨论的一维的和三维 s 态的氢原子能级就是正交判据的严格可解的例子，并与实验一致。而且，这些判据是确定能量量子化和摒弃非物理态所必需的。

一维氢原子问题有着漫长的历史。这也联系着 Wigner 晶体[34,35] 和一维激子 (1-D exciton)[29-33]。Loudon[24] 指出在通常解中的一些问题。然后他将通解用两个线性独立的 Whittaker 函数表示。这是一个重要的进步。但是一系列有趣的问题仍然有待解决，它们与量子力学中奇性态的基础理论紧密相连。

第一，能量量子化。

第二，Loudon 偶宇称态和无简并态定理[24,26] 的破坏。

在 Loudon 的文章[24] 里，除奇宇称态之外，还同时存在着简并的偶宇称态。它们被看作无简并态定理[24,26] 的反例。

在我们的文章中，基于物理的观点，边界条件是场方程在边界上的体现。波函数及其微商的自然连接条件可以由 Schrödinger 方程导出。这些连接条件指出，Loudon 的偶宇称态不满足这物理要求，因而必须被摒弃。所以，根本不存在这些作为无简并态定理的反例的偶宇称态。

第三，Loudon 基态问题和 Andrews 的质疑。

在论文 [24] 中，$\psi_0(\xi) = C\,\mathrm{e}^{-\frac{\xi}{2}}$ 被建议为具有无穷大结合能的基态。借助于 Schwarz 不等式，Andrews 证明 ψ_0 与任何平方可积函数的标量积为零。进而他指出 ψ_0 是不可观察的。

在我们的论文中，确认态 ψ_0 与所有其他的有界波函数的标量积为零。但我们怀疑 Andrews 问题的正确性：

首先，Andrews 文章中的证明并不意味着 ψ_0 与其他态在量子力学意义下正交。

其次，如果 ψ_0 确实存在，考虑到 Andrews 的论证，ψ_0 的能量是 $-\infty$。一维氢原子将待在 ψ_0 态中，而其他的态将不被激发。不能被观察到的将不是 ψ_0，而是其他态。实验上其他态确实被观察到。这表明量子力学必须提供确切的理由去摒弃 Loudon 基态。这个确切的理由正是奇性态的正交判据。

对三维氢原子的 s 态，存在着几乎相同的问题。正交判据能够明确地摒弃具有无穷大结合能的 Loudon"基态"。氢原子的高精度的实验数据是正交判据的试金石 (touchstone)。因为它证明了摒弃 ψ_0 态的理由是正交判据。

第四，迄今为止，正交判据的所有的应用都是成功的，包括各种各样的奇性态（极点、本性奇点、相角不定性）。现在我们又加进一类新的奇性态（微商对数奇性）。我们想，推广的、可兼容奇性态的量子力学框架，在理论上是可靠的和可信的。

21.6　小结：一个兼容奇性态的量子力学理论框架

21.6.1　引言：奇性态问题

正如在本章引言中指出的：我们考虑到奇性态问题涉及量子力学理论体系的完整和推广，决心将问题郑重地提出来，并专心致志研究这一课题。但是，一个物理学的基础研究，往往需要掌握推动这项研究的契机，不然难免得不到重视、支持，最后在淡忘之中消失。回顾我们走过的历程，特别值得注意的是如下几个物理契机。

磁单极的研究契机

1975 年，Price 等在 Phys. Rev. Letts. 上发表了一篇快报 [4]，报道了他们在宇宙射线观察中的一个发现，可以用 Dirac 在 1931 年预言 [2] 的磁单极 (monopole) 来解释。这一报道激起了世界上对磁单极的研究的热潮。在 Dirac 关于磁单极的理论中，由于磁单极的存在，矢势 $\vec{A}$ 具有奇性，为此引入奇性弦，将空间分割为单联通区域。于是杨振宁教授提出了磁单极的纤维从理论。我们研究组也抓住磁单极的研究热潮的契机，及时开展了量子力学中奇性态问题的研究。

(1) 磁荷偶 (g-g 体系) 的研究 [8]。

这方面的首次尝试是研究这个体系的定态和能级。

(2) 磁荷-电子 (g-e) 体系的研究：相对论量子力学中某些相角不定性的消除 [19]。

Kazama，Chen Ning 和 Goldhaber 在研究磁荷-电子 (g-e) 体系的研究中 [15]，利用 Tai Tsun Wu 和 Chen Ning Yang [42] 所创建的包含磁单极的球谐函数，经成功分离变量后，发现第三类 (type III) 态具有奇性：波函数的相角是连续的，并无法最后确定下来。这样就使束缚态的能级无法量子化。Kazama 和 Chen Ning [18] 运用引入反常磁矩，来解决这个问题。

当我们收到这篇论文的预印本后，对这个奇性态非常感兴趣，立即运用在研究磁荷偶中取得的经验，并导出存在磁单极时的 Dirac 方程的能量本征态的正交判据，从而由正交要求使得各自独立的相角相互锁定，从而仅仅只依赖于一个自由参数。最后利用基态能量取最小的条件，使这个唯一的自由参数确定下来。我们把这个处理奇性态的原则叫做正交-变分原则。

极为令人鼓舞的是我们 [19] 的正交-变分原则的结果与 Kazama、Chen Ning 和 Goldhaber [15,18] 的完全一致。其关键的差别是没有任何必要引入反常磁矩，一切都是自然的结果。

杨振宁教授在上海市科学会堂 (谷超豪院士为主席) 的报告中说："中国有戴显熹、倪光炯用一般的方法解决了这个问题，而我们则用特殊的方法解决了这个问题"，进而在 19 次基本粒子国际会议上杨振宁先生的"磁单极理论"(邀请报告) [43] 中引用了论文 [19]。

Dirac 定解判据的困难

杨振宁先生曾指出 Dirac 的理论往往是非常清晰、干净的。

例如， Dirac 的表象理论、全同粒子不可分辨性原理和多体波函数的对称性等。沿着他的路线，有关基础理论往往已经做得很干净了。这句断语也可以如此理解：凡 Dirac 的理论中遇到的基础理论问题，都是值得仔细研究的。

由于我们的研究涉及奇性态问题，使我们追溯到理论物理学家 Dirac 所遇到的著名的奇性态问题。实际上， Dirac 在运用他自己建立的相对论量子力学 (现今被誉为 Dirac 方程) 研究氢原子的定态问题严格解时就遇到一个奇性态：1s 态。这使得 Dirac 方程、量子力学面临着一个严峻的考验。因为如果摒弃这个奇性态，就缺了一个重要的态——基态，从而不可能与氢原子的光谱实验数据相符合，也不能保持本征函数系的完备性。保留了这个奇性态，不但有利于光谱的理论与实验观察相接近，而且比 Schrödinger 方程的具有 10^{-6} 高精度的结果又有了明显的改善，具有了更高的精度。因此，保留这个奇性态是势在必然的。而如果要保留这个奇性态，必须提出物理的理由。Dirac 提出波函数平方可积作为定解标准，并在相当长的一段时间里被普遍接受。

我们认为，Dirac 的定解标准有其一定的合理性。因为波函数的模平方只是几率密度，它本身是可以发散的，当它乘上奇点附近的体积元 (它趋于零) 才表示这体积元中出现的几率，这样就变为有限的了。正如物理上允许某些体系在临界点比热发散，但只要保证在临界点附近吸放的热量有界就可以了。

磁荷偶 (g-g 体系) 研究 [8] 的意义，在于指出 Dirac 定解标准不可能作为量子力学中一般奇性态问题的定解标准。因为我们在磁荷偶问题中，发现了下列各类奇性态：

(1) 某些奇性态虽然平方可积，符合 Dirac 定解条件，但其本征值为复数。

(2) 某些奇性态虽然平方可积，符合 Dirac 定解条件，且本征值为实数，但本征值是连续的。这就违反了量子力学的基本原理：量子力学以 Hilbert 空间的矢量表示微观粒子的状态。数学上要求，Hilbert 空间的正交就范 (平方可积) 基必须是可列的。

因此，Dirac 定解标准遇到了原则性的困难：它无法摒弃大量的未被人们注意的非物理的奇性态！

这就说明必须从理论框架的扩展上获得理论整体上的突破。我们的系列研究，旨在建立和发展一个兼容奇性态的广义的量子力学理论框架。它的详细论述发表在论文 [16]、[44] 中。

后来我们注意到，Case [22] 在讨论 $z > 137$ 的类氢原子时也发现和运用过正交判据 (无磁荷情况)。由于他没发现 Dirac 方程的解中同时存在大量的具有极点奇性 (pole) 并有复本征值的奇性态，也就没有意识到必须新建一个理论框架去获得问题的根本解决。

21.6.2 一个兼容奇性态的量子力学理论框架

对于可以兼容奇性态的广义的量子力学框架来说，需要满足以下条件：

（1）所有在一般的量子力学中正确的解析解都应该要包括在其中。

（2）需要形成更自洽的理论体系。

（3）包括奇性态的所有的物理的态都必须被保留下来，而同时要能够排除掉所有非物理的奇性态。

原来量子力学的理论框架大致如下：

（1）微观粒子的状态由波函数 (Hilbert 空间的矢量) 描写，而波函数仍然可以有几率波的统计解释。

（2）力学量由算子 (算符) 描写。

由于物理上要求力学量在一切物理态中的平均值必须为实数，量子力学断言描写力学量的算子必须为厄米算子。算子的具体形式通过下列对应关系获得：

如果在经典力学中存在的力学量为 $F(\vec{p}, \vec{r})$，其中 $\vec{r}$ 和 $\vec{p}$ 分别为粒子的坐标和动量，则

$$\hat{F}(\hat{p}, \hat{r}) = \hat{F}(\frac{\hbar}{i}\nabla, \vec{r}) \tag{21.224}$$

而粒子的坐标和动量的各分量 $\hat{x}_k$ 和 $\hat{p}_k$ 满足下列对易关系

$$[\hat{x}_j, \hat{p}_k] = i\hbar\,\delta_{j,k} \tag{21.225}$$

进而由数学证明厄米算子具有下列性质：厄米算子的一切本征值必然是实数；厄米算子的本征函数全体构成正交完备归一的函数系 (或称正一系)。

（3）态随时间的变化由波方程描写：它们可以是 Schrödinger 方程、Dirac 方程、Pauli 方程、Klein-Gordon 方程等。

我们建议的一个兼容奇性态的量子力学理论框架，其（1）和（3）两点保持不变，而第（2）点关于力学量测量理论则需要作推广：从物理量测量的实际要求出发，要求力学量的全部本征值必须为实数外，同时要求测量的几率也必须为实数，进而证明由此导致本征函数系必须是正交的。这样形成的理论体系，在无奇性态时自然地保存了原来的量子力学的全部结果，但新的框架允许奇性态存在。

以下是一般的量子力学框架和广义的量子力学框架的主要区别：

（1）正交性的区别。

在一般的量子力学框架中，我们用厄米算子来描述动力学量，于是我们能从数学上证明：本征函数集可以形成一个正交完备集。

而在广义的量子力学框架中，考虑到哈密顿算子的奇性导致奇性态的存在，算子的厄米性并没有被定义好。因而我们就不能自然地得到所有本征态会形成一个正交完备集的结论。换而言之，我们就不能认为数学上会得到正交完备集这个结论，但是我们可以考虑是物理上要求这个结果。我们可以从动力学量的平均值以及测量几率都是实数出发，证明这些本征函数相互之间是正交的。

而这个来自物理上的要求有时会使得我们的本征函数集需要包括一些奇性态。例如，在 Dirac 方程中，氢原子的基态 (1s 态)。根据 Dirac 判据，这个平方可积的奇性态是要保留的。但是根据上文的讨论，并不是所有平方可积的态都是物理的态。

（2）连接条件的区别。

在通常的量子力学框架中，边界处同时要求波函数的连续性以及波函数一阶导数的连续性。这意味着我们可以通过边界处的平滑连接条件来将能量量子化。

而在广义的量子力学框架中，波函数在边界处的连续性仍然需要满足，而波函数一阶导数的连续性却不是必要的。在戴的观点中[44]，可以用下文中将会提到的式 (21.232) 作为波函数的一阶导数在边界处自然的连接条件。由于这个连接条件是直接从 Schrödinger 方程导出的，对于奇性势来说，无论波函数的一阶导数在奇点两边是否连续，它在两边的差值必须满足这个连接条件。而当势没有奇性时，这个条件自然地就变为波函数一阶导数在边界处的连续性。

21.6.3　正交判据

在这兼容奇性态的量子力学理论体系中，关键之一是，将本征态的正交原则作为测量几率实数性的物理要求，而不是作为厄米算子的一个定理（数学性质）。这是因为出现奇性态时，算子的厄米性并未定义好。

随之而来的一个重要的观念就是"正交判据"。这是因为发现在出现奇性态时可能存在大量的非正交的本征态。如何严格鉴别这些态间是否存在正交性就成为一个重要的环节。当然，函数间的正交归一性的定义仍然是

$$\int \psi_1^* \psi_2 \, \mathrm{d}\tau = \delta(E_1 - E_2) \tag{21.226}$$

由于这个原始定义要求全空间的积分，实际使用起来很不方便。所谓"正交判据"，实际上是由这个原始定义出发导出的与之等价的条件。鉴于人们只需在满足动力学方程所对应的本征方程的函数类中鉴别它们的正交性，我们可以获得仅包含这些函数类的无穷远和

奇点邻域的渐近（值）行为。这在实际应用中显得非常方便和有效。我们将这种仅包含这些函数类的无穷远和奇点邻域的渐近值的条件统称为"正交判据"。

正如前面我们看到的，不同的方程（如 Schrödinger 方程、Dirac 方程等）、不同维数、是否含磁荷等均起源于同一的物理要求，起源于同一原始定义，可以具有各自不同的数学表示。

由于本文中我们研究的是一维问题，所以我们将详细导出一维奇性态问题的正交判据。

我们知道，在通常的量子力学里，限制在哈密顿量没有奇性的情况，可以证明它是一个厄米算子，而从数学上可以证明：本征函数系的正交性是厄米算子的一个必然结果。而两个态的正交性可以定义为

$$\int \psi_1^* \psi_2 \, \mathrm{d}\tau = \delta(E_1 - E_2) \tag{21.227}$$

对于一般没有奇性的态来说，通过方程和边界条件解出的态，它们之间的正交性都是自动满足的，所以我们经常会忽视解正交性；但是对于推广的量子力学体系，可以研究具有奇性的哈密顿算子，允许包含奇性态，由于方程的边界条件很难得到，即使有边界条件，很多情况下也没有办法直接解出严格解，这时解的正交性就显得非常重要了，它能帮助我们摒弃很多非物理解，缩小解的范围，有时甚至能通过它将能量量子化。在具体应用解的正交性的时候，由于式 (21.227) 中的积分很难计算，所以我们希望通过奇点附近渐近值来判断两个态的正交性，从而达到简化计算和判断明确的目的。

假设两个态 $\psi_1(x)$ 和 $\psi_2(x)$ 都是满足某个一维奇性态问题的 Schrödinger 方程的束缚态，为了得到正交性在奇点附近渐近行为，我们对下式进行计算得到

$$\int \psi_1^*(x) \,\hat{H}\, \psi_2(x) \,\mathrm{d}x - \int [\hat{H}\, \psi_1(x)]^* \psi_2(x) \,\mathrm{d}x$$

$$= \int [\psi_1^*(x) \,\hat{H}\, \psi_2(x) - (\hat{H}\, \psi_1(x))^* \psi_2(x)] \,\mathrm{d}x$$

$$= \int \left\{ \psi_1^*(x) \left[-\frac{\hbar^2}{2m} \psi_2''(x) - V(x)\psi_2(x) \right] \right.$$
$$\left. - \left[-\frac{\hbar^2}{2m} \psi_1^{*''}(x) - V(x)\psi_1^*(x) \right] \psi_2(x) \right\} \,\mathrm{d}x$$

$$= \int \left\{ -\frac{\hbar^2}{2m} [\psi_1^*(x)\psi_2''(x) - \psi_1^{*''}(x)\psi_2(x)] \right\} \,\mathrm{d}x$$

$$= -\frac{\hbar^2}{2m} \int \mathrm{d}\left[\psi_1^*(x)\,\psi_2'(x) - \psi_1^{*'}(x)\,\psi_2(x) \right]$$

$$\tag{21.228}$$

假设奇性势的奇点在 $x = a$ 处，那么上式就可以表示为

$$\int \psi_1^*(x) \,\hat{H}\, \psi_2(x) \,\mathrm{d}x - \int [\hat{H}\, \psi_1(x)]^* \psi_2(x) \,\mathrm{d}x$$

$$
\begin{aligned}
=&\ \lim_{\epsilon \to 0^+} \left\{ -\frac{\hbar^2}{2m} \int_{-\infty}^{a-\epsilon} \mathrm{d}\left[\psi_1^*(x)\,\psi_2{}'(x) - \psi_1^{*}{}'(x)\,\psi_2(x) \right] \right. \\
&\ \left. -\frac{\hbar^2}{2m} \int_{a+\epsilon}^{\infty} \mathrm{d}\left[\psi_1^*(x)\,\psi_2{}'(x) - \psi_1^{*}{}'(x)\,\psi_2(x) \right] \right\} \\
=&\ \lim_{\epsilon \to 0^+} \left\{ -\frac{\hbar^2}{2m} \left[\psi_1^*(x)\,\psi_2{}'(x) - \psi_1^{*}{}'(x)\,\psi_2(x) \right] \Big|_{-\infty}^{a-\epsilon} \right. \\
&\ \left. -\frac{\hbar^2}{2m} \left[\psi_1^*(x)\,\psi_2{}'(x) - \psi_1^{*}{}'(x)\,\psi_2(x) \right] \Big|_{a+\epsilon}^{\infty} \right\} \\
=&\ \lim_{\epsilon \to 0^+} \frac{\hbar^2}{2m} \left[\psi_1^*(x)\,\psi_2{}'(x) - \psi_1^{*}{}'(x)\,\psi_2(x) \right] \Big|_{a-\epsilon}^{a+\epsilon}
\end{aligned}
\tag{21.229}
$$

另一方面，由于 $\psi_1(x)$ 和 $\psi_2(x)$ 都是哈密顿量的本征态，所以我们有

$$
\begin{aligned}
& \int \psi_1^*(x)\,\hat{H}\,\psi_2(x)\,\mathrm{d}x - \int [\hat{H}\,\psi_1(x)]^*\,\psi_2(x)\,\mathrm{d}x \\
=&\ \int \psi_1^*(x)E_2\psi_2(x)\,\mathrm{d}x - \int E_1\psi_1^*(x)\psi_2(x)\,\mathrm{d}x \\
=&\ (E_2 - E_1) \int \psi_1^*(x)\psi_2(x)\,\mathrm{d}x \\
=&\ (E_2 - E_1)\,\delta(E_2 - E_1)
\end{aligned}
\tag{21.230}
$$

由式 (21.229) 和式 (21.230)，我们得到了一维奇性态问题的正交判据 [44]

$$
\lim_{\epsilon \to 0^+} \frac{\hbar^2}{2m(E_2 - E_1)} \left[\psi_1^*(x)\,\psi_2{}'(x) - \psi_1^{*}{}'(x)\,\psi_2(x) \right] \Big|_{a-\epsilon}^{a+\epsilon} = \delta(E_2 - E_1)
\tag{21.231}
$$

对于一维奇性态问题的 Schrödinger 方程的本征态集合，里面任意两个态都必须满足这个方程。这些方程组看上去解起来有很大的困难，但对于某个本征态集里面固定的态，代入式 (21.231) 以后，本征态集里面别的态都必须是这个方程的解，通过这个限制有时就能得到整个问题的解。

事实上，对于奇性态来说，正交判据是非常有用的。至今为止，所有对正交判据的应用都是很成功的 [15,16,20,22]。这当中包括：具有本性奇点的本征态的磁荷偶问题 [16]、含磁荷的奇异原子问题 [20]，以及具有相角不确定性的磁荷与荷电 Dirac 粒子的散射问题 [19,42]。Kazama、Yang、Goldhaber 曾经用另一种方法研究此问题并得到过同样的结论 [15]。

21.6.4 奇点处的连接条件以及其在 δ 函数势问题中的应用

奇点处的连接条件

我们知道，Schrödinger 方程是一个二阶微分方程，为了得到物理上的解，必须满足所有的边界条件。

在量子力学中，当势没有奇性时，波函数及其导数应当满足平滑连接条件；当势场在奇点处不连续，但只是有一个有限的跳跃时，仍然需要满足平滑连接条件，这意味着波函数及其导数在这些奇点处都是连续的；而当势在奇点处发散时，我们知道波函数在奇点处的连续性仍然应该保证，但并不要求波函数的一阶导数在奇点处的连续性。为了得到严格解，光有波函数的边界条件是不够的，所以我们必须要知道波函数的导数在奇点处是如何连接的。

对于奇性势场内的边界条件，戴[44] 认为波函数及其导数自然的连接条件可以直接由 Schrödinger 方程导出：假设 $x = a$ 是势 $V(x)$ 的一个奇点，那么根据 Schrödinger 方程可以得到

$$
\begin{aligned}
\psi'(a + \epsilon) - \psi'(a - \epsilon) &= \frac{2m}{\hbar^2} \int_{a-\epsilon}^{a+\epsilon} [V(x) - E]\psi(x)\mathrm{d}x \\
&= \frac{2m}{\hbar^2} \int_{a-\epsilon}^{a+\epsilon} V(x)\psi(x)\mathrm{d}x \\
&(\epsilon \to 0^+)
\end{aligned}
\tag{21.232}
$$

当等式右面的积分可积时，这个式子就可作为除波函数的连续性外另一个边界条件。显然，它是 Schrödinger 方程在边界的一个表示，当势没有奇性的时候，等式右面的积分就为零，这个等式就自然地简化为波函数一阶导数的连续性。在著名的一维 δ 函数势多体问题中[36]，就是用此条件作为连接条件的。

对于波函数一阶导数的连接条件的兴趣和研究，是因为我们相信，奇点左边和右边的空间应该有一个联系。这与 Andrews 的观点 [45] 有很大的不同，他认为如果势在空间上是不可积的，那么奇点的奇性就会将左右两边的空间完全隔离开，奇点两边的波函数将完全没有联系。

连接条件在 δ 函数势问题中的应用

我们知道，Schrödinger 方程的边界条件除了波函数的连续性以外，还有波函数导数的连接条件。对于一个 δ 函数势来说，其波函数的一阶导数在奇点处并不是连续的，而是有一个跳跃，但是奇点两边波函数的导数仍然满足连接条件 (21.232)。

δ 函数势可以表示为

$$
V(x) = U_0\delta(x)
\tag{21.233}
$$

根据式 (21.232)，波函数导数的连接条件可以表示为

$$
\begin{aligned}
\psi'(\epsilon) - \psi'(-\epsilon) &= \frac{2m}{\hbar^2} \int_{-\epsilon}^{\epsilon} [U_0 \delta(x) - E] \psi(x) \mathrm{d}x \\
&= \frac{2m}{\hbar^2} \int_{-\epsilon}^{\epsilon} U_0 \delta(x) \psi(x) \mathrm{d}x \\
&= \frac{2m}{\hbar^2} U_0 \psi(0) \\
&\quad (\epsilon \to 0^+)
\end{aligned}
\tag{21.234}
$$

而对于 δ 函数势来说，$x = 0$ 是一个奇点，其两边的波函数应该都是平面波，所以其通解可以表示为

$$
\psi(x) = \begin{cases} A\sin(kx) + B\cos(kx) & x > 0 \\ A'\sin(kx) + B'\cos(kx) & x < 0 \end{cases}
\tag{21.235}
$$

根据波函数的连续性以及波函数导数的连接条件，可以具体得到此问题的解的边界条件

$$
\psi(0^+) - \psi(0^-) = B - B' = 0
\tag{21.236}
$$

$$
\psi'(0^+) - \psi'(0^-) = kA - kA' = \frac{2mU_0}{\hbar^2} B
\tag{21.237}
$$

式 (21.237) 清楚地显示了波函数的一阶导数在奇点 $x = 0$ 处有一个有限的跳跃。此处我们是通过连接条件 (21.234) 直接给出了这个结论，为了使问题更明确，我们将 δ 函数势用一个方势垒表示，以消除势的奇性，然后计算波函数的一阶导数在 $x = 0$ 附近是如何连接的。当我们取 $\varepsilon_0 \to 0$ 时，δ 函数势可由以下方势阱表示

$$
V(x) = \begin{cases} \dfrac{U_0}{2\varepsilon_0} & -\varepsilon_0 < x < \varepsilon_0 \\ 0 & x < -\varepsilon_0 \text{ 或 } x > \varepsilon_0 \end{cases}
\tag{21.238}
$$

对于这个势，我们可以像计算一般无奇性势那样来解决这个问题了。

对于定态，波函数可以表示为

$$
\psi(x) = \begin{cases} A\sin(kx) + B\cos(kx) & x > \varepsilon_0 \\ Ce^{\beta x} + De^{-\beta x} & -\varepsilon_0 < x < \varepsilon_0 \\ A'\sin(kx) + B'\cos(kx) & x < -\varepsilon_0 \end{cases}
\tag{21.239}
$$

其中

$$
k = \sqrt{\frac{2mE}{\hbar^2}} \qquad \beta = \sqrt{\frac{2m[U_0/(2\varepsilon_0) - E]}{\hbar^2}}
\tag{21.240}
$$

而波函数的边界条件可写为以下四个方程

$$\psi(\varepsilon_0) = A\sin(k\varepsilon_0) + B\cos(k\varepsilon_0) = Ce^{\beta\varepsilon_0} + De^{-\beta\varepsilon_0} \tag{21.241}$$

$$\psi(-\varepsilon_0) = -A'\sin(k\varepsilon_0) + B'\cos(k\varepsilon_0) = Ce^{-\beta\varepsilon_0} + De^{\beta\varepsilon_0} \tag{21.242}$$

$$\psi'(\varepsilon_0) = Ak\cos(k\varepsilon_0) + Bk\sin(k\varepsilon_0) = C\beta e^{\beta\varepsilon_0} - D\beta e^{-\beta\varepsilon_0} \tag{21.243}$$

$$\psi'(-\varepsilon_0) = A'k\cos(k\varepsilon_0) - B'k\sin(k\varepsilon_0) = C\beta e^{-\beta\varepsilon_0} - D\beta e^{\beta\varepsilon_0} \tag{21.244}$$

根据式 (21.241) 和式 (21.243) 可得

$$C = \frac{1}{2}e^{-\beta\varepsilon_0}\left[A\sin(k\varepsilon_0) + B\cos(k\varepsilon_0) + A\frac{k}{\beta}\cos(k\varepsilon_0) + B\frac{k}{\beta}\sin(k\varepsilon_0) \right] \tag{21.245}$$

$$D = \frac{1}{2}e^{\beta\varepsilon_0}\left[A\sin(k\varepsilon_0) + B\cos(k\varepsilon_0) - A\frac{k}{\beta}\cos(k\varepsilon_0) - B\frac{k}{\beta}\sin(k\varepsilon_0) \right] \tag{21.246}$$

于是可将系数 C 和 D 消去，边界条件为以下两个方程

$$A\sin(k\varepsilon_0) + B\cos(k\varepsilon_0) + A'\sin(k\varepsilon_0) - B'\cos(k\varepsilon_0)$$
$$= \psi(\varepsilon_0) - \psi(-\varepsilon_0)$$
$$= -2\sinh^2(\beta\varepsilon_0)\left[A\sin(k\varepsilon_0) + B\cos(k\varepsilon_0) \right]$$
$$+2\sinh(\beta\varepsilon_0)\cosh(\beta\varepsilon_0)\left[A\frac{k}{\beta}\cos(k\varepsilon_0) + B\frac{k}{\beta}\sin(k\varepsilon_0) \right] \tag{21.247}$$

$$Ak\cos(k\varepsilon_0) + Bk\sin(k\varepsilon_0) - A'k\cos(k\varepsilon_0) + B'k\sin(k\varepsilon_0)$$
$$= \psi'(\varepsilon_0) - \psi'(-\varepsilon_0)$$
$$= 2\beta\sinh(\beta\varepsilon_0)\cosh(\beta\varepsilon_0)\left[A\sin(k\varepsilon_0) + B\cos(k\varepsilon_0) \right]$$
$$-2k\sinh^2(\beta\varepsilon_0)\left[A\cos(k\varepsilon_0) + B\sin(k\varepsilon_0) \right] \tag{21.248}$$

当我们取 $\varepsilon_0 \to 0$ 时，有 $\beta \to \sqrt{1/\varepsilon_0} \to \infty$，$\beta\varepsilon_0 \to \sqrt{\varepsilon_0} \to 0$ 以及 $\beta^2\varepsilon_0 \to \dfrac{mU_0}{\hbar^2}$。此时边界条件可简化为

$$B - B' = \psi(\varepsilon_0) - \psi(-\varepsilon_0) = 0 \tag{21.249}$$

$$Ak - A'k = \psi'(\varepsilon_0) - \psi'(-\varepsilon_0) = \frac{2mU_0}{\hbar^2}B \tag{21.250}$$

很明显,这样计算所得的边界条件和 (21.236) 以及由连接条件 (21.232) 计算得到的 (21.237) 完全一样。

21.6.5　对于兼容奇性态的量子力学框架的研究、应用及新的目标

高温超导、Wigner 晶体等的研究契机

随着时间的推移,Price 等发现的磁单极没获得更多实验重复和支持。后来 Stanford 大学的 Cabrera 利用 SQUID (超导量子干涉仪),宣布的确观察到磁单极 [46]。*NewsWeekly* 发表文章认为这是唯一的解释。笔者访问了 Cabrera 教授,询问这是否唯一解释,以及今后的目标。Cabrera 承认这并不能作为唯一解释,今后的目标是提高观察精度。但此后没有进一步的观察结果的报道。这件事给我们的启示是,要把考验新框架的重点放在更能直接观察的物理问题上来。

这是极端困难的,因为研究热潮往往是非常稀少的,而且研究热潮又未必与我们希望的奇性态有关,即使有关,对应的问题又未必有严格解。因为考验一个兼容奇性态的量子力学理论框架需要严格解,而严格解往往是非常稀少的。这一系列要求和困难,考验着人们的信心、耐心和毅力。

我们抓住高温超导、Wigner 晶体等的研究热潮,研究一维氢原子的严格解问题。论文 [44] 将理论框架的基础研究放在长期争论 (40 多年) 的课题中,考验自己的理论,它不仅联系着许多热门的物理理论研究上的应用,而且结论非常明确,有利于实验的检验与验证。从而可为这兼容奇性态的量子力学框架提供直接的物理基础。Physical Review A 的评审人的评论如下: 首先肯定本论文的重要性和兴趣,"其一是作为基础理论的微妙性质,国际学界上存在结论上的重要分歧: 一批态的存在与否。其二是一维氢原子模型获得一系列理论研究中的应用。例如高温超导电性、半导体、高分子、Wigner 晶体等,而且这些理论的若干方面对于实验检验和证实是敏感的。""这工作通过清晰的分析与讨论,促使人们的一系列模糊观点的澄清。并形成与此相关的问题的进一步研究的有用的出发点。"

由于本研究属基础研究,而基础研究的论文的数量一般比较少。我们并没有期望多的引用次数。但在这篇论文发表后,得到 20 多篇论文的引用 [47–67]。

J. A. Reyes 等 [61] 引用论文 [44] 两次: 认为论文 [44] 对这个国际上长期争论的理论问题,"显然是结论性的。"而且认为论文 [44] 是"对一维氢原子是极好的而且是详细的解释 (excellent and detailed account)"。

S. Nouri 在 Physical Review A 的论文 [58] 指出论文 [44]"利用了正交判据证明了 Loudon 的偶宇称态不存在";"利用一维情况下奇性态的正交判据及相关的边界条件,论文 [44] 证明 α 必须是正整数"。

这个理论,至今未有遇到反例。

非欧几何发展史的启示

当我们建议了一个兼容奇性态的量子力学理论框架以后，我们需要做些什么呢？

回顾一下非欧几何发展史可能是有益的。在欧几里得几何取得辉煌成就的时代，绝大多数数学家们都认为欧几里得几何是天然的，无与伦比的美丽，是永恒正确的。但也有极少数数学家对其第五公设有所怀疑：通过直线外一点，可以引一条，而且只能引一条直线与之平行。

他们认为这个公设是不明不暗的。他们试图去证明它，但是许多努力均没有成功，那些证明都被证明是无效的。他们的证明中可能已经隐含着与之等价的假设。在这漫长的岁月中，挫折了那些勇敢又杰出的先驱数学家们的心。

当有一位数学家得知他的儿子也在研究这第五公设时，非常惊讶，他写信给儿子，劝他坚决放弃这项努力。因为他自己年轻的时候，也研究这第五公设，从此失去了大半辈子的幸福与欢乐。可见创建一个新的理论体系是多么艰辛！

他的儿子并没有因此而退缩，继续努力，并获得了重大的成果。父亲将儿子的手稿交给著名的大数学家 Gauss 看，希望得到 Gauss 的指点。得到的回信使他们大失所望：Gauss 说他早已得到这些结果。这位年轻人以为 Gauss 侵占了他的成果，从此郁郁寡欢，英年早逝了。父亲为了弘扬儿子的伟大成就，将手稿作为附录，发表在他的书里。此后人们引用他的工作，就引这个附录。俄国数学家罗巴切夫斯基和 Gauss 对非欧几何都作了独立的研究，并作出重大的贡献。

很难知道这些大数学家是怎样走向如此辉煌的成就的。因为一个新的数学理论体系的建立是非常困难的，它与一个具体的定理的证明是根本不同的。人们推测，他们可能采用的是归谬法（反证法）。先作一个与第五公设不同的假设，例如：通过直线外一点，可以引多条直线与之平行。然后在此基础上发展理论，作各种推理，希望获得显然错误的结论。由于发现了显然的错误，而逻辑推理又没有错，那只可能是假设的错。从而否定了这个假设，反转来反证第五公设。

一个可能出乎意料的 (也许起初是令他们非常失望的) 结果是他们的所有推理并没有发现错误。这就是一个理论的转折点：他们可能意识到这个新的假设是对的，从而索性将这个新的假设与其他的公理组成新的公理系统，组成一个新的理论体系。它是封闭的，内部协调的，自圆其说的理论系统。这是一个伟大的转折，开创了一个新的几何理论体系。

对比非欧几何的发展史，主要都包括三个阶段：第一，发现问题，开始怀疑和论证第五公设；第二，归谬法研究未果，注意到发展理论体系的必要，提出新的理论框架；第三，发展新的理论系统，接受新的考验。

与此相似，兼容奇性态的量子力学理论体系的研究，也须经历类似的各个阶段。

(1) 首先是发现问题。这是一个漫长的过程。在这数十年中，人们并不把奇性态当作一回事，更没有把它与扩展理论体系联系起来。论文 [8] 的意义在于通过磁荷偶的研究，发现扩展量子力学框架，使之能兼容奇性态是势在必行的。不然就无法得到内部自洽又可以包容奇性态的理论系统。

（2）明确提出一个可以兼容奇性态的理论框架 [16,44]。进而证明在没有奇性态时，结果就与通常的量子力学的结果一致，这样就可以包含已经被实验证明了的所有合理内容。这就保证了新的理论结果不会少于通常的理论。

（3）考验新的理论框架 [44]。因为新的理论将不可避免地包含许多新的奇性态，极为严峻的物理考验是新理论不但要保留物理上需要的所有的奇性态，而且必须摒弃一切非物理的奇性态。换言之，既不可以缺一个物理态，又不可以多容纳一个非物理态，必须恰到好处。因此这是一个漫长的考验过程。如果经过大量的物理事例考验下来，我们的理论框架都是正确的，那么这个推广的理论框架才可能是对的。

新的目标

物理理论与数学理论也有许多不同之处。数学中，只要理论系统是内部自洽的、完备的，这个理论系统就是自成体系的。但物理理论却不能到此满足。物理中，不管一个理论在逻辑上多么完美、自洽，如果得不到物理事实的支持，则这个理论在物理中仍然不能成为理论。例如，人们可以假设每个单粒子态允许被 0 到 p (其中 $0 < p < \infty$) 个粒子占据，也可以建立一个自洽的统计理论，被称为仲统计 (parastatistics)，但是自然界只有两个极端情况：即 Fermi 统计 $p = 1$ 和 Bose 统计 $p = \infty$。由于得不到自然界的支持，仲统计只能无可奈何地被摒弃。这样的事例在物理学史中并非少见。

中国文学家苏东坡有言曰；"学难，学以致用实难。"他强调了学以致用的重要性。

大画家和叠加原理的提出者辽奥纳多·达·芬奇 (Leonardo Da Venci) 曾深刻地强调：大自然是我们最好的老师。一个自然科学理论的成功与否，决定于大自然的最终取舍。所以我们要尽可能地寻求大自然的教诲。

我们将所遇到的奇性态按它们的奇性分类。我们的理论系统已经历过下列奇性态的考验：

（1）本性奇点：g-g 体系，$Z > 137$ 的类氢原子 [8]。

（2）极点 (pole)：$137 > Z > 117$ 的类氢原子 [16,21]。

（3）相角不定性：g-e 体系 [15,19,43]。

（4）微商的对数奇性：一维氢原子体系 [44]。

我们这里将集中力量研究另外两类奇性态问题：

（5）非对称的奇性态：非对称一维氢原子问题。

（6）势能一边为势垒，一边为势阱的情况：界面上激子问题。

其动机在于：这两类问题既具有一定的物理背景，同时又属于新的两类奇性态。而且，它们在奇点处的衔接问题具有各自新的特点。比如说，波函数微商的不对称的对数奇性的衔接问题是这类问题中最为艰难，最具有挑战性的，因为许多尝试均没有成功。

另一方面，不少作者认为，一维氢原子的束缚态可以存在简并，如 [24] 等。这就违反了一个著名的定理："一维束缚态无简并"。还有一些作者试图列举多个实例，来说明这个定理可能不正确。尽管其中的例子均是人造的，但一维氢原子问题却是实际的。在论文 [44] 中对此已经给予了明确的回答。但我们希望非对称一维氢原子问题的研究，会给出该问题的更一般的回答和例证。

此外，Andrews 在我们发表论文 [44] 后，仍然坚持他早年提出的在论文"Singular Potential in One Dimension"[45] 中的一个断言：对于属于 Class S 的势 $V(x)$（其义为：$\int_0 x V(x) \mathrm{d}x < \infty$，但是 $\int_0 V(x) \mathrm{d}x \to \infty$）的奇点将其左右两边的空间完全隔离开来。如果他的断言是正确的，则"一维束缚态无简并"定理就在此情况下被否定。他还托他的系主任写信给论文 [44] 的作者寄来他的论文[45]。

因此，研究非对称一维氢原子和界面上激子问题既可以生动地评判 Andrews 断言的真伪、"一维束缚态无简并"定理的正确性，更可以在新的两类奇性态下考验我们的兼容奇性态的量子力学理论体系，并在更广泛的奇性态类别中找到支持的证据，也扩展这理论体系的物理实际应用的领域。

就在这样的目标的鼓励下，我们致力于这两类物理问题和奇性态的研究。

参考文献

[1] Wu T T, Yang C N. Dirac Monopole Without Strings: Monopole Harmonics (preprint 1976); Nuclear Physics B, 1976, **107**: 365-380.

[2] Dirac P A M. Proc. Roy. Soc. A, 1931, **133**: 60.

[3] 谷超豪. 电磁场和 U_1 群的整体规范场 I. 复旦学报，1975, **4**: 83.

[4] Price P B, et al. Phys. Rev. Letts., 1975, **35**: 487.

[5] Darwin C G. Proc. Poy. Soc. A, 1928, **118**: 654; Gordon W. Z. Phys., 1928, **48**: 11; Bechert K. Ann. Phys., 1930, **398**: 700.

[6] Pomeranchuk I, Smorodinsky Y. J. Phys. USSR, 1945, **9**: 97.

[7] Carruther P, Nieto M M. Rev. Mod. Phys., 1968, **40**: 411.

[8] 戴显熹. 磁荷偶的能级、正交完备系和正交判据. 复旦学报，1977, **1**: 100-116.

[9] Э. В. Шпольский. *Атомная Физика* II, (Гостехиздат), 1951; Блохинцев Д И. *Основы Квантовая Механика*, 1963.

[10] Ландау Л И, Лифшиц Е М. *Квантовая Механика*, Физматгиз, 1963.

[11] Fierz M. Helv. Phys. Acta, 1944, **17**: 27.

[12] Tamm I. Z. Physik, 1931, **71**: 141.

[13] М. И. Журина, *Таблицы Модифицированных Функций Бесселя с Мнимым Индексом* $K_{ir}(x)$. Москва: Вычислительный Центр АН СССР, 1967.

[14] *Table of the Gamma Function for Complex Arguments*. NBS. Applied Mathematics Series, 1954, **34**.

[15] Kazama Y, Yang C N, Goldhaber A S. Scattering of a Dirac particle with change Ze by a fixed magnetic monopole. preprint SB-ITP 76/63; Phys. Rev. D, 1977, **15**: 2287.

[16] 戴显熹，倪光炯. 复旦学报（自然科学），1977, **3**: 1-17.

[17] 戴显熹，沈纯理，吴子仪. 1977 年天文会议（黄山）论文集，"含磁荷奇异原子的光谱强度和选择规则"（兼论天文光谱观察中寻求磁荷的可能性）. 复旦学报（自然科学），1978, **2** (2): 89-100.

[18] Kazama Y, Yang C N. Existence of bound states for a charged spin 1/2 particle with an extra magnetic moment in the field of a fixed magnetic monopole. Preprint SB-ITP 76/65; or Phys. Rev. D, 1977, **15**: 2300-2307.

[19] 戴显熹，倪光炯. 关于相对论量子力学中某些相角不定性的消除. 高能物理与核物理, 1978, **2** (3): 225-235.

[20] Dai X X, Huang F Y, Ni G J. The Singular State Problem in the Relativistic Quantum Mechanics. Proceedings of the 1980 Guangzhou Conference on Theoretical Physics. (Science Press), 1980, **2**: 1373-1389.

[21] 戴显熹、黄发泱、倪光炯. 荷电磁荷-电子等体系的束缚态能级-相对论量子力学中的奇性态问题. 高能物理与核物理，1980, **3**: 313-321.

[22] Case K M. Phys. Rev., 1950, **80**: 797-860.

[23] Flugge S, Marschall H. Rechenmethoden der Quantentheorie. Berlin: Springer-Verlag, 1952: 69.

[24] Loudon R. American Journal of Physics, 1959, **27**: 649-655.

[25] Andrews M. American Journal of Physics, 1966, **34**: 1194.

[26] Zhao S C. University Physics (in Chinese), 1986, **1** (5): 23-25.

[27] Dai X X, Qiu J L, Hu S Z. On the Exact Solutions of Stationary States of Charged Particle on the Conductor-Surface in the Momentum Representation. Fudan Journal, 1991, **30** (3).

[28] Ginzburg V L. Once Again About High-Temperature Superconductivity. Contemporary Physics, 1992, **33**: 15-23; and the references therein.

[29] Elliott R L, Loudon R. Excitons and Photons: Theory of Fine Structure on the Absorption Edge in Semiconductors. J. Phys. Chem., 1959, **8**: 382-388.

[30] Elliott R L, Loudon R. Theory of the Absorption Edge in Semiconductors in a High Magnetic Field. J. Phys. Solids, 1960, **15**: 196-207.

[31] Heeger A J, Kivelson S, Schrieffer J R, Su W P. *Solitons in Conducting Polymers*. Rev. of Modern Phys., 1988, **60**: 781-850; and the references therein.

[32] Abe S. Exciton versus Interband Absorption in Peierls Insulators. J. Phys. Soc. Jpn., 1989, **58**: 62-65.

[33] Abe S, Su W P. [Mol. Crys. Liq. Cryst.] Proceedings of Symposium on Photoinduced Charge Transfer. Rochester, June (1990).

[34] Wigner E P. Trans. Farad. Soc., 1938, **34**: 678.

[35] Carr Jr W J, Phys. Rev., 1961, **122**: 1437.

[36] Yang C N. Phys. Rev. Lett., 1967, **19** (23): 1312-1315.

[37] Wang Z X, Guo D R. An Introduction to the Special Functions (in Chinese). Beijing: Science Press, 1979.

[38] Whittaker E T, Watson G N. A Course of Modern Analysis. New York: Cambridge University Press, 1927.

[39] Erdelyi, Magnus, Oberhettinger, Tricomi. Higher Transcendental Functions Vol. 1. New York: McGraw-Hill Book Company, Inc., 1953.

[40] Landau L D, Lifshitz E M. Quantum Mechanics, Non-Relativistic Theory (Translated from the Russian). Pergamon Press, 1958.

[41] Hu S Z, Dai X X. Fudan Journal (Natural Science), 1991, **30** (2).

[42] Wu T T, Yang C N. Nucl. Phys. B, 1976, **107**: 365.

[43] Yang C N. Progress in Theory Monopole, Proceedings of the 19-th International Conference of High Energy Physics, (Tokyo); 译文：杨振宁. 戴显熹译. 磁单极理论的进展. 大学物理, 1985, **8**: 1-3.

[44] Dai X X, Dai J X, Dai J Q. Orthogonality Criteria for singular states and the nonexistence of stationary states with even parity for the one-dimentional hydrogen atom. Phys. Rev. A, 1997, **55** (4): 2617-2624.

[45] Andrews M. Am. J. Phys., 1976, **44** (11): 1064-1066.

[46] Cabrera B. Phys. Rev. Lett., 1982, **48**: 1378.

[47] Ikhdair S M. Exact Klein-Gordon equation with spatially dependent masses for unequal scalar-vector Coulomb-like potentials. European Physical Journal A, 2009, **40**: 143-149.

[48] Dziubak T, Matulewski J. Recombination of an atomic system in one, two, and three dimensions in the presence of an ultrastrong attosecond laser pulse: A comparison of results obtained using a Coulomb and a smoothed Coulomb potential. Physical Review A, 2009, **79**: 043404(1-13).

[49] de Oliveira C R, Verri A A. Self-adjoint extensions of Coulomb systems in 1, 2 and 3 dimensions. Annals of Physics, 2009, **324**: 251-266.

[50] Saad N, Hall R L, Ciftci H. The Klein-Gordon equation with the Kratzer potential in d dimensions. Central European Journal Physics, 2008, **6** (3): 717-729.

[51] Choi J R, Yeon K H. Coherent states of the inverted Caldirola Kanai oscillator with time-dependent singularities. Annals of Physics, 2008, **323**: 812-826.

[52] de Castro A S. Orthogonality criterion for banishing hydrino states from standard quantum mechanics. Physics Letters A, 2007, **369**: 380-383.

[53] López-Castillo A, de Oliveira C R. Dimensionalities of weak solutions in hydrogenic systems. J. Phys. A: Math. Gen., 2006, **39**: 3447-3454.

[54] de Castro A S. Klein-Gordon particles in mixed vector-scalar inversely linear potentials. Physics Letters A, 2005, **338**: 81-89.

[55] Usukura J, Saiga Y, Hirashima D S. Three-Electron Systems in Quantum Nanostructures: Ground State Transition from a Spin-Doublet State to a Spin-Quartet State. Journal of the Physical Society of Japan, 2005, **74**: 1231-1239.

[56] Becker P A. On the integration of products of Whittaker functions with respect to the second index. Journal of Mathematical Physics, 2004, **45**: 761-773.

[57] Wen T, Ma G C, Dai X X, Dai J X, Evenson W E. Phonon spectrum of YBCO obtained by specific heat inversion method for real data. J. Phys.: Condens. Matter, 2003, **15**: 225-238.

[58] Nouri S. Generalized coherent states for the Coulomb problem in one dimension. Physical Review A, 2002, **65**: 062108 (1-5).

[59] Ran Y Q, Xue L H, Hu S Z, Su R K. On the Coulomb-type potential of the one-dimensional Schrödinger equation. J. Phys. A: Math. Gen., 2000, **33**: 9265-9272.

[60] Dai X X, Wen T, Ma G C, Dai J X. A concrete realization of specific heat-phonon spectrum inversion for YBCO. Physics Letters A, 1999, **264**: 68-73.

[61] Reyes J A, del Castillo-Mussot M. 1D Schrödinger equations with Coulomb-type potentials. J. Phys. A: Math. Gen., 1999, **32**: 2017-2025.

[62] Yang J F. Quantum field theory: Finiteness and Effectiveness. *An extended version of the invited talk presented at the 11-th International Conference (PQFT'98)* held in JINR, Dubna, Russia, July 13-17, 1998.

[63] de Souza Dutra A, Jia C S. Classes of exact Klein-Gordon equations with spatially dependent masses: Regularizing the one-dimensional inversely linear potential. Physics Letters A, 2006, **352**: 484-487.

[64] de Castro A S. Bounded solutions of fermions in the background of mixed vector-scalar inversely linear potentials. Annals of Physics, 2005, **316**: 414-430.

[65] Avendano C G, Reyes J A, Del Castillo-Mussot M, Vázquez G J, Spector H. Stark effect on an exciton or impurity in a finite width quantum wire with an electric field confined in a finite region. Physica E, 2005, **30**: 126-133.

[66] Weatherford C A, Red E, Wynn III A. Designer Polynomials, Discrete Variable Representations, and the Schrödinger Equation. International Journal of Quantum Chemistry, 2002, **90**: 1289-1294.

[67] Ran Y Q, Xue L H, Hu S Z. Exact solutions for Dirac equation with one-dimensional symmetric Coulomb-type potentials. Acta Physica Sinica, 2002, **51**: 2435-2439.

第 22 章　新（完备）时空理论

22.1　本书的结语与本章的引言

一种理论发展到辉煌时期，往往孕育着新的理论时代的胚胎。

好奇往往是科学发展的先驱。

记得小时候在浙南的小山村，丘陵地带，山清水秀，峰峦起伏。放羊时躺在草地上，仰望着晴明的天空，觉得天就像蓝色的锅盖，顶就在我的眼前，而锅边就架在周边的山头上。

学龄前的我，小小年纪，总想去寻找那天的边。古人说"天圆地方"，天圆确实看到了，而地方似乎是错的，因为如果真的如此，必然有些地上没有天，有些天下没有地！

我总算逮到一个机会。山村中有三月三到殿山岩头迎佛的风俗，我就吵着要去，妈妈只得拜托一位老伯领我去。我站到殿山岩头远望，没有去看迎佛，就吵着要回家。这是因为我并不是去看迎佛，而是看天的边。当我站到殿山岩头高处远远望去，看到天又把自己的边架到更远的山头了！这是怎么一回事？我非常纳闷，仍然非常好奇。虽然古话里有一句所谓"山外有山，天外有天"，但这只是一句说词，不是我要的结论。我将它记在心中，一直影响到本章的思索。

学前的另一件难忘的事是一次吃米饼的实验。我想，人吃东西会自然地落在肚子里，它的原因是否与将手里的东西放手自然地掉在地上的原因是一样的？为了证实我的想法，就向母亲要了一个米饼（温州人叫它扁儿，是用米粉做的饼），咬了一大口，嚼细，立刻爬到大凳子上，靠着墙壁，把自己倒立起来。看看这扁儿的乳液能否沿着我的喉咙上升到我的肚子里？妈妈急得不得了，喊道："这样吃勿益（对身体不好）！快下来！"

我只觉难受，就下来了，但非常满意，因为说明这两种原因是一样的。食物没有自动上升！我的猜想成功了！母亲再三问我，我只是笑，因为我不知道如何陈述我的问题和实验。

用现代的话来说，有这么几层意思：食物下咽，是否主要靠重力作用？物理学的规律是否同样可管控生物的基本规律？许多设想，都应该用实验检验！

后来长大了，看了一些科学史，人们高度评价科学发展史中伽利略的比萨斜塔实验，该实验否定了著名的先贤亚里士多德的预言，他首次将实验引入到科学。人们高度赞扬画家兼科学家列奥纳多·达·芬奇关于"大自然是我们最好的老师"的教导。

所谓理论物理，实际上是随着时代而变化的，或多或少起源于实际和理论的或社会的某种需要。四大力学就是这样发展起来的。

本书认为理论物理方法要强调下列几个关键点：

1. 鼓励学生、教师、学者们在实际中发现、提出和分析问题，进而实际解决问题，接受实际考验。

2. 在选题上，强调不要局限自己，要敞开胸怀：嬉笑怒骂皆成文章！

3. 在方法上，强调画家石涛所云："有法生（于）无法。"如果没有现成的方法，鼓励创造新的方法。一旦成功了，就形成新的方法，就发展新的方法体系。

4. 笔者相信，以前的四大力学也是这样发展起来的，因此期望在新的时代里会出现新的理论物理分支或新的理论物理领域甚至新的科学领域。实际上，这是必然的。人们要主动认识到这一点，千万不要自己局限自己，或被现成的理论所局限！

本章，在一定意义上，也渊源于孩子的童真想法：寻求时空世界的边！

22.2　新（完备）时空理论的摘要

本章将证明狭义相对论的两个原理是不自洽的。根据推广的量子力学 (generalized quantum mechanics, GQM) 和比热-声子谱反演 (SPI) 的研究，发展了一个新的完备时空理论 (complete theory of space-time, CST)，实现了光子的量子力学和新理论的光子力学的统一，从而彻底解决了狭义相对论的逻辑不自洽性问题。

新理论对基本计量学（basic metrology）、中微子物理（neutrino physics）、超高能物理（super-high energy physics）以及相关领域是很有意义的。从具有不同频率的光速到最大速度的物理世界是一新发现的、未开发的和重要的物理世界。

22.3　新（完备）时空理论的引言

当人们庆贺经典物理伟大成就的时候，开尔文（Kelvin）注意到在晴朗的物理天空飘荡着两片乌云。然后相对论和量子力学发展了，两片乌云演化为灿烂的彩霞。

如所周知，狭义相对论和量子力学自 20 世纪以来已获得伟大的成就，未来将会怎样呢？笔者预测这两片彩霞将相互融合，并变得更灿烂。人们将看到这时空世界开放得更辽阔！

早在 20 世纪的 70 年代（1978），我发现了狭义相对论的一个缺陷。我意识到与伟大的 Einstein 争论是极其困难的工作，某些准备是必须的。经历了 40 多年的艰苦工作，主要完成两项工作：第一，兼容奇性态的推广了的量子力学体系（GQM）；第二，比热-声子谱反演（SPI）及相关的逆问题研究。因此，我们积累了某些必要的经验。

现在我们将在 22.4 节中讨论非自洽性定理，在 22.5 和 22.6 节中分别讨论 GQM 和 SPI 这两项工作，新（完备）时空理论将在 22.7 节予以论述，如何统一两个力学在 22.8 节，速度作为基准问题在 22.9 节，速度分类和 Einstein 近似将在 22.10 节，量子理论中的一对神秘关系的一个解释将在 22.11 节，讨论与记注将在 22.12 节。

22.4 相对论中的一个定理

如所周知，Einstein 的狭义相对论 [1] 基于两个原理：光速不变性原理和相对性原理。然后人们可以导出著名的 Lorentz 变换并发展相对论力学。

但在 1978 年，我发现下列命题：

[非自洽性定理] Einstein 的两个原理在逻辑上是不自洽的。

第一，光或光子不能作为惯性参考系。因为根据相对论力学，在光子参考系中不能描写任何静质量非零的体系，否则会出现严重的数学错误：零分母问题。

第二，光或光子必须属于惯性参考系。因为根据光速不变性原理，它在任何惯性参考系中以普适常数传播，那么按照惯性参考系的定义，光或光子是自然的并且是理想的惯性参考系。如果拒绝这类惯性参考系，就意味着拒绝相对性原理：所有的惯性参考系在物理上是等价的！

联合这两点，从而就证明了这个定理。

基础理论中的一个逻辑不自洽问题应该是值得注意的，甚至是非常严重的。笔者预感到须要做必要的基础理论研究准备。

22.5 一个兼容奇性态的推广的量子力学

工作 [2] 和杨振宁的关于磁单极的纤维丛理论触发了磁单极理论和兼容奇性态的量子力学的新发展。我们在磁荷偶和类氢原子中发现大量的奇性态。我们注意到 Dirac 为满足氢原子光谱数据，保留了有奇性的 1s 态，并提出了保留奇性态的判据：平方可积。我们进一步研究发现，**Dirac 判据在许多体系中不适用**，例如在类氢原子、磁荷偶和甚至氢原子中。杨振宁先生说过，Dirac 解决问题往往是很彻底很干净的。这些话从另一侧面鼓励我们：**Dirac 未能解决的问题应该是非常重要的。**

通常人们很容易忽略奇性态问题，但是这个问题在许多实际应用中是常见的，例如类氢原子中。

据我们所知，在所有而又极其稀少的实际的又严格可解问题中，类氢原子是唯一的系列，它们具有大量的奇性态，并经受过高精度的实验考验。因此解决这类问题具有普遍的意义。

这是一个极其困难的问题。

我们决定发展**一个兼容奇性态的推广的量子力学（GQM）**：在不改变体系的哈密顿量的情况下，保留一切物理态，同时摒弃所有的非物理态。为满足这些要求，我们调整主要的原理。在通常的量子力学（OQM）中原理要求**力学量的平均值必须是实数，因而对应的算子应该是厄米的（hermitian）**，因而由数学可以证明它们的本征函数系必须是完备正交归一的（complete orthogonal normal (orthonormal)）。但是在一般的情况下，例如氢原子的具有奇性的哈密顿量的厄米性（hermiticity）并未定义好，所以某些补充是需要的。**这些补充必须来自物理，例如边界条件。**所以我们应该调整某些基本原理。

GQM 的一个新的原理是：不但力学量的平均值必须是实数，而且所有的测量几率也必须是实数。

在测量力学量 $\hat{F}$ 的过程中，每一次测量的结果必须是本征值谱 $\{\lambda_n\}$ 中的一个。然后根据线性叠加原理（linear superposition principle），状态波函数 ψ 可以表示为

$$\psi = \sum_n c_n u_n$$

因测量必须遍历所有的本征值，所以本征函数必须形成一个完备归一系。

$\hat{F}$ 的平均值为

$$\bar{F} = \int \psi^* \hat{F} \psi \mathrm{d}\tau = \sum_n \lambda_n c_n \int \psi^* u_n \mathrm{d}\tau = \sum_n P_n \lambda_n$$

其中，P_n 为在态 ψ 中测量力学量 $\hat{F}$ 的过程中态 u_n 出现的几率。新原理要求力学量的测量几率必须为实数，因而

$$P_n = c_n \int \psi^* u_n \mathrm{d}\tau = P_n^* = c_n^* \int \psi u_n^* \mathrm{d}\tau$$

一般情况下

$$\int \psi^* u_n d\tau \neq \int \psi u_n^* \mathrm{d}\tau$$

它们可以不是实数，因而一般情况唯一选择只能是

$$c_n = \int \psi u_n^* d\tau$$

最后我们有

$$P_n = |c_n|^2$$

在 u_n 态中测量 $\hat{F}$，人们只能得到 λ_n，而且得到 $\lambda_m \neq \lambda_n$ 的几率是零。

$$P_m = \left| \int u_m^* u_n \mathrm{d}\tau \right|^2 = \delta_{m,n}$$

从而我们得出结论：新的原理在物理上要求力学量的本征函数系必须是正交完备归一系。

两个态的正交性的定义是 $\int \psi_1^* \psi_2 \mathrm{d}\tau = 0$。当这两个态满足量子力学波方程时，这个条件将表达为边界条件，并称为正交判据（orthogonality criterion）。

仿效非欧几何（non-Euclidian geometry）的发展史，从 GQM 的新原理体系出发：

（1）我们解决了类氢原子和磁荷偶的所有问题。奇点包括极点（poles）、本性奇点（essential singularities）、具有复本征值的态（states with complex eigenvalues）、平方可积且具有连续本征值的态（square integrable states with continuous eigenvalues）[3,4]。

（2）在研究固定磁单极场中一自旋为 1/2 的荷电粒子的束缚态存在问题[5] 时，GQM 解决了相角不定性（uncertainty of face-angle）问题[6,7]。

（3）考虑到在高温超导电性（high T_c superconductivity）、Wigner 晶体（Wigner crystal）和一维激子（1 D exciton）中的重要性和可能应用，在一维氢原子（1 D hydrogen atom）的研究中，我们解决了波函数微商具有对数奇性的问题[8]。

迄今为止，我们没有遇到物理上的反例，因而我们相信新量子力学（GQM）是正确的。

考虑到在许多领域和很多应用中（诸如原子和分子问题），哈密顿量是奇性的，在 GQM 基础上发展一般的量子力学具有普遍意义。

22.6　比热-声子谱反演（SPI）和相关的逆问题

如所周知下面是声子体系的比热表达式，

$$C_\mathrm{V}(T) = k_b \int_0^\infty \left(\frac{\hbar\omega}{k_\mathrm{B}T}\right)^2 \frac{\exp(\frac{\hbar\omega}{k_\mathrm{B}T})}{[\exp(\frac{\hbar\omega}{k_\mathrm{B}T})-1]^2} g(\omega)\mathrm{d}\omega$$

此后，我们将采用玻尔兹曼常数（Boltzmann constant）$k_b = 1$ 的特殊单位制。

[严格解与黎曼猜测（Reimann hypothesis）]

为了高温超导的研究，在 1989 年 [9] 和 1990 年 [10]，我们建议一个逆问题——比热-声子谱反演问题，或简称 SPI。这是通过解积分方程而获得声子谱的新方法，并获得一个带有消发散参数 s 的严格解

$$g(\omega) = \frac{1}{\omega} \int_{-\infty}^\infty \left(\frac{\hbar\omega}{T_0}\right)^{ik+s} \frac{\tilde{Q}_0(k)\mathrm{d}k}{(ik+s+1)\zeta(ik+s+1)\Gamma(ik+s+1)} \tag{22.1}$$

其中，$Q_0(x) = C_\mathrm{V}(T_0 e^x)e^{-sx}$，$\tilde{Q}_0(k)$ 是它的 Fourier 变换，$C_\mathrm{V}(T)$ 是比热，T_0 是具有温度量纲的参数。$\zeta(z)$ 是 Riemann ζ 函数。

在原来的 SPI 方程中，$s = 0$。请注意有一个 Riemann ζ 函数 $\zeta(z)$ 在解式的被积函数的分母中，并位于 Riemann 带（Riemann trip）上。我们面对一个数学上著名的未解的问题：Reimann 猜测（Reimann hypothesis）[11]。引入 s 并选取 $0 < s < 3$，我们能够消除发散，并同时避开 Riemann 带。然后我们还能以非常简明的方式证明阿达玛定理

(Hadamard theorem)[12]：在 $\Re z = 0$ 和 $\Re z = 1$ 上，$\zeta(z)$ 没有零点。从而使 Riemann 带变为开的区域。请注意，Hadamard 定理是 Reimann 猜测研究中的一个重要贡献。

[渐近行为控制]

如所周知，$T = 0$ 和 $T = \infty$ 仅是两个极限状态，存在着无穷的世界，那些区域里的数据是不完备的。因此为获得可信赖的解，人们必须控制其渐近行为。

对声子体系，它们在 T 空间的渐近行为分别受热力学第三定律和杜隆-帕替定律（Dulong-Petit law）的控制，我们可以选取

$$0 < s < 3$$

这一渐近行为控制条件称之为 ABC-I；而在其 Fourier 变换空间（k 空间）的渐近行为控制条件可以由积分方程本身导出。由严格解 (22.1) 中的积分收敛的充分必要条件，我们得到 $\tilde{Q}_0(k)$ 在 k 空间的渐近行为控制条件，并称之为 ABC-II：

$$|\tilde{Q}_0(k)| = o[|\zeta(\mathrm{i}k + s + 1)\Gamma(\mathrm{i}k + s + 2)|] = o[k^{s+\frac{1}{2}}\mathrm{e}^{-k\tan^{-1}(\frac{k}{s+2})}]$$

这些条件是极其重要的。

Chen[13] 独立地获得另一个解，称之为默比乌斯-陈（Möbius-Chen）公式，并得到 Maddox[14] 的高度赞赏。但我们发现这个级数形式的解在许多情况下是不收敛的。因为原始的 Möbius 反演作为纯数学公式是收敛的，但是当人们将它运用到物理问题时，对物理的输入的限制是非常重要的。Möbius-Chen 公式没有获得适当的条件。**我们证明在 ABC-I 和 ABC-II 条件下，从戴氏公式出发可以导出 Möbius-Chen 公式，并保证其收敛性**[15]。我们的工作 [9] 和 [15] 得到《现代物理评论》中关于黎曼猜测的物理学专题论文 [16] 的引用。

在 SPI 研究中，面对着不适定性问题（ill-posed problem）和数据不完备问题（data incompleteness problem），在许多年内我们没能够获得可信赖的声子谱。当我们发现了 ABC-II 以后，我们意识到**从有限精度的物理数据** $Q_0(x) = C_\mathrm{V}(T_0\mathrm{e}^x)\mathrm{e}^{-sx}$ **出发去控制它们的 Fourtier 变换的无穷远（$k \to \mp\infty$）的渐近行为是极其困难的**。

经过 10 年甚至 20 年的努力，我们分别发展了一些普适函数类 (UFS-H 和 DMF) 方法。其本质是我们必须在事先满足 ABC-I 和 ABC-II 的设定的函数类中求解。

例如，我们找到了新的我们称之为 **DM 函数系**的正交完备系，$\{\mathcal{D}_m(x), \mathcal{D}_m^*(x)\}$ $(m = 0, 1, 2\cdots)$

$$\mathcal{D}_m(x) \equiv \sqrt{\frac{\xi}{2\pi}}\left(\frac{2}{\xi - 2\mathrm{i}x}\right)\left(\frac{-\xi - 2\mathrm{i}x}{\xi - 2\mathrm{i}x}\right)^m$$

ξ 是实的参量，而且我们可以选取 $\xi > \pi$。用这个函数系展开 $Q_0(x)$，那么 $\tilde{Q}_0(k)$ 能够自然地满足 ABC-II 条件，因为它的每一项的 Fourier 变换都能严格地由 Laguerre 函数 $\mathcal{L}_m(\xi k)$ 表示。那么声子谱 $g(\omega) = \mathrm{Re}\left[\sum_{m=0}^{\infty} C_m G_m(\omega)\right]$，其中

$$G_m(\omega) = \frac{2}{k_\mathrm{B}\omega}\int_0^\infty \left(\frac{\hbar\omega}{k_\mathrm{B}T_0}\right)^{\mathrm{i}k+s}\frac{\mathcal{L}_m(\xi k)\mathrm{d}k}{\zeta(\mathrm{i}k + s + 1)\Gamma(\mathrm{i}k + s + 2)}$$

基于渐近行为控制条件 ABC-I 和 ABC-II，我们发展了多个普适函数类方法，有效地克服这一系列困难，并在不同的方法下获得几乎相同的结果 [17-20]。此外我们还发展了一批逆问题及其可能的应用 [21-25]。

请注意工作 [17] 和 [20] 首次通过 SPI 分别获得了重要的体系（高温超导体 YBCO 和负膨胀体系钨酸锆 ZrW_2O_8）的声子谱，而且这是获得与温度无关的能谱的唯一方法，并以此获得内部一致的所有其他热力学函数。

在黑体辐射反问题 (BRI) 研究 25 年中，我们的工作 [21] 首次实现了它在天文学上的应用。其关键之一是渐近行为控制。

22.7 一个新（完备）时空理论（CST）

考虑到发展 GQM 的经验，当基础理论的基础发现存在基本问题时，必须改变基本原理。然后从新的原理系统出发，发展理论，进而迎接物理的考验。

让我们来发展一个新的时空理论。理论有两个基本原理：

（1）所有的惯性参考系在物理上是等价的。

这是伽利略相对性原理（Galilean principle of relativity）的推广。

（2）最大信号速度（maximum speed of signal，MSS）不变性原理。

A. 为发展一个覆盖一切高速运动的时空理论，一个有限的最大信号速度是需要的。

B. 这 MSS 必须是**无载体的**。最大讯号速度仅是一个极限，这是必须的，否则人们必然面临定理所证明的那样逻辑不自洽性。因此，引入无载体的最大信号速度是一个观念上的突破，而且是必须的。

C. **这 MSS 必须对所有惯性系是一个普适常数**。这是极其重要的。在所有的惯性系中 MSS 严格相同，没有任何差别，否则将与相对性原理相抵触。我们定义这个速度为 ξ，这意味着物理中必须有**一个新的普适常数**。

D. 自然地光速必须小于 ξ。但是我们并没有确定光在真空中的速度，而认为它应由实验或自然确定。

根据这些原理，存在一个 4 维间隔（4D interval）不变性

$$r'^2 - (\xi t')^2 = r^2 - (\xi t)^2 \tag{22.2}$$

从而容易导出下列结果：

（1）存在一个时空变换群，它类似于 Lorentz 变换群。但唯一而且是本质的差别在于这里的 ξ 是**无载体的最大信号速度**。

（2）根据变分原理（variation principle）[26]，人们可以导出新的力学及其所有预言，包括动-静质量关系

$$m = \frac{m_0}{\sqrt{1 - (v/\xi)^2}}$$

以及质量-能量关系

$$\varepsilon = m\xi^2$$

引入动量 $\vec{p} = m\vec{v}$，我们有能量-动量关系

$$\varepsilon = \sqrt{p^2\xi^2 + m_0^2\xi^4}$$

（3）新理论从根本上排除了零分母这类数学上的错误。

（4）新理论完美地实现了相对性原理：所有的惯性系在物理上是等价的。

新理论与狭义相对论的差别在于最大信号速度没有具体的载体，ξ 仅是一个极限。所有的速度 v 必须局限在一个半开的区间内

$$0 \leqslant v < \xi \tag{22.3}$$

三个时空观（space-time view）的比较：

牛顿时空观：存在超距作用（action in a distance）。速度限制在一个半开的区间 $0 \leqslant v < \infty$。空间和时间都是刚性的（rigid）：$r_1' - r_2' = r_1 - r_2$ 和 $t_1' - t_2' = t_1 - t_2$。

Einstein 时空观：存在媒递作用（action through the medium）。这是一个伟大的进步。速度限制在一个封闭的区间 $0 \leqslant v \leqslant c$。空间和时间都不是刚性的。但理论存在逻辑上的不自洽性。

我们的时空观：存在媒递作用。速度限制在半开区间内（$0 \leqslant v < \xi$）。空间和时间都不是刚性的。所以新理论可称作开式时空理论或完备的相对论。

无载体的最大信号速度 ξ 是一个非常重要的概念。

我们也强调在物理中无载体的概念至少有一些先例的。

在热力学中，很容易理解 $T = \infty$ 是一个极限概念。但很容易忽视 $T = 0K$ 也是一个无载体的概念。例如热力学定义一个零温 $T = 0K$ 状态，第三定律接踵而至：绝对零度不能通过有限手续达到。这说明绝对零度仅是一个极限状态。

事实上在 Gibbs 统计的密度矩阵中，$T = 0K$ 是一个奇点。由低温到 $T = 0K$，有一条无穷长的路。很多重要的发现出现在这个区间：超导（superconductivity）、超流（superfluidity）、量子霍尔效应（quantum Hall effects）等都在这个区域里被发现，至少 10 位以上诺贝尔物理学奖获得者们工作在这一区间内！

22.8 两个力学的统一和寻求 CST 的边界

在狭义相对论中，运用光作为惯性系时，人们面临零分母问题，然后不得不放弃它作为惯性参考系。但自光子被发现后，人们没有理由拒绝光子作为惯性参考系。在康普顿-吴有训实验中，光子与电子具有相类似的行为。因此光子应该有自己的力学。

回顾物理学史，人们发展了 Dirac 粒子和其他玻色子的相对论量子力学、量子场论和量子统计理论，但没有相对论光子力学。一个可能的原因是在相对论理论中，人们不知道在下列方程中光子的静止质量

$$m = \frac{m_0}{\sqrt{1-(v/c)^2}} \tag{22.4}$$

在 Einstein 理论中，$v = c$，零分母数学问题是内置的。

一个非常困难的问题是相对论已经取得了辉煌的成就，为何这么长的时间里没有实验显示这个严重的逻辑问题呢？**这表明大自然保存了所有合理的物理结果。我们的新理论也必须正如在 GQM 中那样，保存所有合理的结果，同时摒弃所有的错误结果。**

现在我们来发展我们的新理论。考虑到最轻的粒子可能以最高的速度运动，因而将光子的力学与它的量子理论联合是很自然的。在我们的新理论中，有三个变量是未定的：光速 v、光子的静质量和最大信号速度 ξ。它们须要等待实验去确定。最好的方法是寻求如在 SPI 研究中那样的渐近行为控制条件。

我们注意到在量子理论中有两个神秘的关系：

（1）普朗克关系（Planck relation）

$$\varepsilon = h\nu \equiv \hbar\omega \tag{22.5}$$

（2）德布罗意关系（de Broglie relation）

$$\vec{p} = \hbar\vec{k} \tag{22.6}$$

它联系着粒子的动量 $\vec{p} = m\vec{v}$ 和波矢 $\vec{k}$，波矢的方向是波的传播方向，数值为 $2\pi/\lambda$，其中 λ 为波长。

我们设想这两个神秘的关系正是大自然给我们的分别在 ω 空间和 k 空间的渐近行为控制条件，相似于在 SPI 中在 T 空间的 ABC-I 和在 k 空间的 ABC-II。

让我们将新理论 (CST) 中的质量-能量关系代入 (22.5)，

$$\varepsilon = \frac{m_0\xi^2}{\sqrt{1-(v/\xi)^2}} = \hbar\omega \tag{22.7}$$

其中，m_0 是光子的静质量，ξ 是最大速度的普适的极限，v 是光速。由 (22.7)，光速具有一个表达式

$$v = \xi\sqrt{1-\left(\frac{m_0\xi^2}{\hbar\omega}\right)^2} \tag{22.8}$$

这说明光子的速度即使在真空中总依赖于频率或波长。光在真空中必然有色散。这个结果是必须的，而且是自然的，因为光子是微观粒子，自然有波粒二象性（wave-particle duality）。光子的波也是德布罗意波（de Broglie wave）——几率波。

将新理论（CST）的动-静质量关系代入 (22.6)

$$\frac{m_0 v}{\sqrt{1-(\frac{v}{\xi})^2}} = \hbar \frac{\omega}{v}$$

我们获得在 de Broglie 关系下关于光速-静质量关系的唯一正定的严格解

$$v = \xi \sqrt{\frac{(\frac{\hbar \omega}{m_0 \xi^2})^2}{2} \left[\sqrt{1 + \frac{4}{(\frac{\hbar \omega}{m_0 \xi^2})^2}} - 1 \right]}$$ (22.9)

乍看起来，表达式 (22.9) 与 (22.8) 大相径庭，但是由量子理论的这两个关系得到的结果必须一致，因为它们描写同一物理事实。我们由这两个不同的表达式去寻求一致性条件，从而控制 CST 的渐近行为。定义 $b = (\frac{\hbar \omega}{m_0 \xi^2})^2$，将 v 展开，准确到 b^{-2}，我们得到 v 的表达式

$$v = \xi \sqrt{1 - (\frac{m_0 \xi^2}{\hbar \omega})^2 + 2(\frac{m_0 \xi^2}{\hbar \omega})^4}$$ (22.10)

从而问题的渐近准确的解得到了。待定的参数也确定了。

$$m_0 \to 0 \qquad v \to \xi$$ (22.11)

实际上从 Planck 关系得到的 m_0 的表达式代入动量表达式，我们有

$$p = mv = \frac{\hbar \omega}{\xi^2} v \to \frac{\hbar \omega}{\xi}$$

这个渐近准确的解可以用来解释康普顿-吴有训效应。

这里的处理是合理的。在 CST 理论中，所有零分母问题不再出现。无穷小量可以作为分母，正如数学中的洛必达法则（L'Hospital rule）那样。

至此实现了光子的力学与它的量子力学的统一，CST 的边界也找到了。

22.9　关于速度作为计量的一个基本基准

如果光速是一个普适常数，那么它可以作为计量的一个自然基本标准，从而三个基本标准（CGS 制或 MKS 制）可以减少为两个独立基本标准。但是根据 CST，**光速是个变量，而且依赖于频率，只有最大信号速度才是一个普适常数，因此它才可作为一个独立的基本标准。**

按照 CST 和量子理论的两个关系，光速趋于这最大信号速度，因而对于实际使用者，无须改变这个基本标准。这样的方案本质上基于一个假设：这两个关系是严格的。

但是人们仍然须要实际验证这两个关系的准确度。人们可以提出各种方案。我们建议测量不同频率的光速。根据仅由普朗克关系导出的光速表达式 (22.8)，它也与由德布罗意

关系导出表达式在准确到 b^{-1} 下一致，进而将测量数据作图：$v^2 \sim \omega^{-2}$，将可由一条直线找出 ξ^2 和 m_0。如果没有发现任何差别，结论将是在现代物理水平上这两个关系是准确的。

22.10　速度的分类与狭义相对论的近似

将速度分为三个区间。

（1）低速区

$$v \ll \xi \tag{22.12}$$

在这个（低速）区间里，牛顿力学是成立的。

（2）中高速区

这个区间的标志是非零静止质量 m_0。引用数学记号 $\not\asymp$ 表示不趋向于，则

$$\frac{\hbar \omega}{m_0 \xi^2} \not\asymp \infty \tag{22.13}$$

在这（中高速）区间里，狭义相对论是一个很好的近似。例如，在切连科夫辐射（Cherenkov radiation）、唱歌电子（singing electron）及介质中的光均在此区间，狭义相对论是适用的。

（3）超高速区间（super-high speed interval）

这一区间的标志是静止质量 $m_0 \sim 0$，引用数学记号 $\asymp$ 表示趋向于，则

$$\frac{\hbar \omega}{m_0 \xi^2} \asymp \infty \tag{22.14}$$

这个（超高速）区间的物理世界同样是无穷的，在其中只有新理论（CST）才能工作。例如，研究光子力学和中微子力学应该用 CST。

我们称新理论为完全时空理论（complete theory of space-time），其理由在于它可以覆盖整个速度区间，并且完全实现了相对性原理。

22.11　神秘关系对偶的一个解释

人们称呼关系对偶 (22.5)—(22.6) 为量子理论中的一对神秘关系。其理由可能是它们如此精确，以至于即使一些实验中有某些误差，总认为它们并不来自于这两个关系。换言之，人们认为这两个关系是严格的。由于它们是基本的和重要的，所以我们须要给出一个解释。

普朗克关系 (22.5) 是基于黑体辐射研究和微观粒子的波粒二象性。至于德布罗意关系 (22.6) 则基于变分原理 [26]，它在物理中具有普适性。因而，我们可以相信这些关系是严格的。

现在我们可以进一步理解**关系式对偶 (22.5)—(22.6) 是 CST 的一对渐近行为控制条件**。因为普朗克关系 (22.5) 不能够确定光子的静质量和最大信号速度，仅当联合这关系对偶，CST 才是完美的。这两个关系 (22.5)—(22.6) 均来自于大自然的同一性（oneness of the nature）。

作为比较，回顾在 SPI 的研究中，渐近行为控制条件对偶（ABC-pair）不仅在实际上实现具体的声子谱反演，而且在保证 Möbius-Chen 级数解的收敛性都是充分而必要的。

22.12　讨论和结论性注释

考虑到光速不变性原理不能保证一切惯性参考系在物理上的等价性，我们不得不放弃它。我们建议了一个新的理论（CST），它包含一个最大信号速度（MSS）不变性原理。运用发展 GQM 的经验，我们必须摒弃所有非物理结果，同时又保留一切物理结果。根据新的理论体系，我们可以导出类似的洛伦兹变换（Lorentz-like transformation），相关的力学和所有的预言，包括质量-能量关系等。但与 Einstein 理论的唯一的也是根本的差别在于新理论（CST）中有最大信号速度（MSS），它不是光速，而是待定的。

基于 CST 和普朗克关系，指出光子必须有静质量和色散，这是微观粒子的波粒二象性的必然结果。

得益于 SPI 研究经验的启发，我们试图寻找渐近行为控制条件。考虑到最轻的粒子可能具有最高的速度，我们找到了神秘关系对偶（普朗克关系和德布罗意关系）正是分别在 ω 和 k 空间的渐近行为控制条件，这类似于 SPI 中的 ABC-I 和 ABC-II。我们获得了它们的唯一渐近严格解 (22.11)。仅存的三个待定变量（最大信号速度、光速与光子静质量）从此完全确定下来。光子的量子理论和它的 CST 力学也实现了自然的统一。

关于如何检验量子理论中的这两个关系的方案也作了一个建议。关于计量学的基准问题也作了讨论。

相对论和牛顿理论只是分别在中高速和低速区间的近似，而新理论可以覆盖整个速度区间。

引入无载体的最大信号速度是观念上的重大突破，它的重要性可与热力学第三定律相比拟。它使时空的世界扩展得更宽，可容纳不同频率和静质量的光速，去统一两个力学。大自然设置了量子理论中这两个精确又神秘的关系，犹如 ABC 去控制渐近行为。所有的被大自然所支持的重要结果都被保留，所有错误的结果都被摒弃。大自然犹如一个伟大的艺术家对我们显示一个完美和谐的世界！

我们相信新的理论（CST）可能在红移、广义相对论、宇宙学、Einstein 空间、中微子物理和超高能物理研究中会有它的意义。

回顾这一探索中，笔者认为下列原则是极其重要的：

第一，唯真理是从。

任何理论和科学家，都必须接受大自然的最严肃的考验。一切逻辑上不自洽的理论必须改正或摒弃。

所有的物理理论，都必须遵守数学的正确性。一切数学上的错误必须摒弃。

第二，探索和延展物理世界同一性的认识。

物理世界具有极其微妙的同一性。例如光子与电子都是微观粒子，从而都具有波粒二象性，都具有德布罗意波，因而在真空中都有色散。

光子与其他粒子一样，都服从变分原理，都具有质量-能量关系。所以，光子的静质量不可能为零，否则怎么能具有非零的动质量呢？

在新的理论中，这些问题都得到自然的解决。

第三，参照物理学的合理基础。

杨振宁先生在 [27] 中指出：如果用一句话概括 20 世纪统计力学的成就的话，那就是 Gibbs 统计取得了辉煌的成就。

Gibbs 在二氧化碳有几个自由度都争论不清的年代里，把整个统计力学建立起来，成功地经受了相变和量子理论出现后的考验，究其原因，在于其严密的数学结构和参照热力学的合理基础。他形式上暂时搁置对分子具体结构的讨论，而致力于在符合热力学几个具有广泛实验基础的定律的监控的统计力学整体理论的创建，这是他伟大成功的关键。

热力学诸定律的监控在表面上十分宽松，实际上却非常严密：因为要求各热力学函数之间保持严格的内部一致。正如我们在 SPI 研究中由声子比热获得声子谱后，就立即获得声子体系的全部热力学函数。

类比于 Gibbs 统计的建立，我们的 CST 理论的无载体最大信号速度的发现，与热力学中的第三定律有些相似。热力学确定了零温度状态的存在，但不久即发现热力学第三定律：它不能用有限手续达到。换言之，它只是一个极限状态。这在 Gibbs 统计中，$T = 0$ K 对应于密度矩阵的一个奇点。从有限的低温通向绝对零度，存在着无尽的物理奇妙世界；正如 CST 理论中由有限的光速通向最大信号速度存在着一个无尽的物理世界一样。正如我们证明的那样：这是大自然的必然选择，而且也是唯一的选择！

参考文献

[1] Einstein A. The meaning of relativity: Including the Relativistic Theory of the Non-Symetric Firld, Collections. Princeton: Princeton University Press, 1956.

[2] Price P B, Shirk E K, Osborne W Z, Pinsky L S. Evidence for detection of a magnetic monopole. Phys. Rev. Letts., 1975, **35**: 487-490.

[3] Dai X X.The energy levels of Monopole-pair, Complete and Orthogonal set and Criterion of Orthogonality. Fudan Journal (Natural Science), 1977, **1**: 100-116.

[4] Dai X X, Ni G J. Fudan Journal (Natural Science), 1977, **3**: 1-17.

[5] Kazama Y, Yang C N. Existence of bound states for a charged spin 1/2 particle with an extra magnetic moment in the field of a fixed magnetic monopole. SB-ITP, 76/65.

[6] Dai X X, Ni G J. Physica Energiae Fortis et Physica Nuclearies, 1978, **2** (3): 225-235.

[7] Yang C N. Development in the theory of magnetic monopoles. Proceedings of the 19-th International Conference of High Energy Physics. Tokyo: 1978.

[8] Dai X X, Dai J X, Dai J Q. Orthogonality Criteria for singular states and the nonexistence of stationary states with even parity for the one-dimensional hydrogen atom. Phys. Rev. A, 1997, **55** (4): 2617-2624.

[9] Dai X X, Xu X W, Dai J Q. Proc. Int. Conf. on High T_c Superconductivity. Beijing: 1989, 521.

[10] Dai X X, Xu X W, Dai J Q. On a specific heat-phonon spectrum inversion problem, exact solution, unique existence theorem and Riemann hypothesis. Physics Letters A, 1990, **147** (8-9): 445-449.

[11] Riemann B. On the number of prime numbers less than a given quantity. Monatsber Berliner Akad., 1859: 671-680; Werke, 145-155.

[12] Hadamard J. Par M Sur la Distribution des Zéros de la Fonction $\zeta(s)$ et ses. Bull. Soc. Math., 1896, **24**: 199.

[13] Chen N X. Modified Möbius inverse formula and its application in physics. Phys. Rev. Lett., 1990, **64**: 1193-1195; Errata, ibid, 1990, **64**: 3203.

[14] J. Maddox. Möbius and problems of inversion. Nature, 1990, **344**: 377.

[15] Ming D M, Wen T, Dai J X, Evenson W E, Dai X X. A unified solution of the specific-heat-phonon spectrum inversion problem. Europhys. Lett., 2003, **61** (6): 723-728.

[16] Schumaye D, Hutchinson D A W. Colloquium: Physics of the Reimann hypothesis. Rev. Mod. Phys., 2011, **83** (2): 307-330.

[17] Dai X X, Wen T, Ma G C, Dai J X. A concrete realization of specific heat-phonon spectrum inversion for YBCO. Phys Lett A, 1999, **264**: 68-73.

[18] Wen T, Ma G C, Dai X X, Dai J X, Evenson W E. Phonon spectrum of YBCO obtained by specific heat inversion method for real data. J. Phys.: Condens. Matter, 2003, **15**: 225-238.

[19] Wen T, Dai J X, Ming D M, Evenson W E, Dai X X. New exact solution formula for specific heat-phonon inversion and its application in studies of superconductivity. Physica C, 2000, **341-348**: 1919-1920.

[20] Ji F M, Dai X X, Stevens R, Goates J B. Thermodynamic functions of ZrW_2O_8 from its capacity. Science China-Physics, Mechanics and Astronomy, 2012 **55** 2: 1-5.

[21] Ji F M, Dai X X. A new solution method for black-body radiation inversion and the solar area-temeprature distribution. Science China-Physics, Mechanics and Astronomy, 2011, **54** (11): 2097-2102.

[22] Wen T, Ming D M, Dai X X, Dai J X, Evenson W E. Type of inversion problem in physics: An inverse emissivity problem. Phys. Rev. E (Rapid Communications), 2001, **63**: 045601.

[23] Ming D M, Wen T, Dai J X, Evenson W E, Dai X X. Generalized emissivity inverse problem. Phys. Rev. E, 2002, **65**: R045601.

[24] Ji F M, Ye J P, Sun L, et al. An inverse transmissivity problem, its Möbius inversion solution and new practical solution method. Phys. Lett. A, 2006, **352**: 467-472.

[25] Ye J P, Ji F M, Wen T, Dai X X, Dai J X, Evenson W E. The black-body radiation inversion problem, its instability and a new universal function set method. Phys. Lett. A, 2006, **348**: 141-146.

[26] *Variational Principle of Mechanics*. Moscow, 1959. Corrector: Polaka S. National Press Bureau of Physics and Mathematics Literature.

[27] Yang C N. Statistical Mechanics. in The XX-th Century Encyclopedia. 按照杨先生提供的预印本. 杨振宁. 统计力学. 戴显熹译, 周世勋校. 发表在中国"自然杂志"增刊"现代物理专辑"第一期，转载于低温与超导，1980, **1**：1-16.

跋

苏东坡云:"学难,学以致用者实难!"

与许多其他自然科学分支一样,理论物理可能也发端于好奇,至于推动其重大进展的,往往是社会的各种需要。对于已经发展得比较成熟的物理学理论,可能还有它的发展线索可追寻[1]。

理论物理的理论,贵在标新立异。所以,标新立异更难!

但是,标新立异的理论未必能发展壮大,并进而成为有用的理论。一般来说,成功的只是凤毛麟角。所以,成功是难能可贵的。失败也不要气馁。这就需要提高研究者的鉴赏能力和素质。

笔者建议,手中经常记录下可能有兴趣的问题和课题,但不一定要立即开展工作,放在笔记里掂量,或闲置一段时间。随着时间的推移,许多题目很可能被淘汰、遗忘或否定,而长期留下的题目,经过仔细调查,如果还是很有兴趣,可以多加注意。一旦发现它非常有价值,就大力投入。不要临渴掘井,匆促上阵。要有所准备,提高成功率,以望水到渠成!

我们需要争取的崇高目标是:既能标新立异,而且能形成体系,又能得到实际应用。这才是难上难的!

本书呈献给大家的四项工作,恳请大家注意:

(1) 兼容奇性态的量子力学体系(或推广的量子力学体系,简称 GQM)。

(2) 一批逆问题(包括比热-声子谱反演等),包括它们的严格解,如何克服数据不完备性、解决病态困难,特别是渐近行为控制等,形成一整套解决问题的方法体系。

(3) 量子统计的第三种表述(泛函积分表述);这不仅是一个完整的表述,也获得过一个关于价起伏问题(包括对称的和非对称的 Anderson 模型)的严格形式解。请注意,量子力学能严格求解的实际问题,主要还是类氢原子问题。诺贝尔奖得主 K. Wilson 发展的重整化群理论主要也在于给出 Anderson 模型的重整化群理论的近似解。

我们坚信我们建议的量子统计的第三种表述会有广阔的前景。因为如所周知,对于高于一维的有限体积的量子力学问题的严格解是没有任何现实可能的。Bethe Anzatz 或 Yang-Baxter 方程取得过伟大成就,但正如杨振宁先生指出的,它对于高于一维问题是不

---

[1]戴显熹. 关于物理理论研究中若干线索. 自然辩证法通讯, 1987, **3** (3):18- 22.

适用的。第三种表述的强点在于所有的量子统计物理问题的严格解只需在热力学极限下的结果，而先取热力学极限的前提下（我们称它为极限 B），量子统计的第三种表述可以非常有效地简化，对一些高维模型可望获得有限维积分的严格结果，从而有望突破高维量子统计严格解问题的根本性困难。

（4）完备的时空理论（简称 CST 理论）。它是 Einstein 狭义相对论的推广，从根本上消除了狭义相对论的逻辑不自洽性。预言了必然存在一个新的普适常数 ξ，它是无载体的最大信号速度。CST 理论还开辟了一个新的时空领域：具有不同频率的光速 ξ。

也许人们会问：为什么本书开头就强调不惜从最常见的物理问题做起？为什么不一开头就鼓励读者去研究最基本的问题？

笔者在此特别回答这个问题。首先，任何人都必须经过实际的训练，不然怎么知道我们确实具有解决问题的能力呢？我们的知识系统是否经得起实际的考验？出了问题检查时，还可以分清是我们的基础知识系统问题，还是我们遇到了新的物理问题。更重要的是，物理学的发展史告知我们，物理学的重大发展也是从实际中细小的发现中发展起来的。鼓励从基础做起，也是希望大家不要遗漏了这些可能的重大机会。

据说法拉第首次公开演示他的伟大发现时，只见他将一根磁铁插入一个线圈的刹那间，电流表动了一动。他宣布发现了电磁感应现象！

一位听讲的官员提问说，你这有啥用？

法拉第严肃且意味深长地回答说，你可以用它来收税！

历史见证了法拉第没有撒谎，也没有开玩笑。发电机、电动机、国家电气化和信息化等，人类的许多文明，都与电磁规律息息相关！

索　引

理论物理方法精选教程